碳达峰、碳中和目标下

新能源应用技术

杨 凯 | 编著

编著者 杨 凯 李 黎 黄晓宏 叶建国 代明成 马 帅 何德刚
曾明星 熊 烈 谢雨龙 徐百川

参编单位 武汉新能源研究院

華中科技大學出版社
http://www.hustp.com
中国·武汉

内容简介

本书重点介绍了一系列促进“碳达峰、碳中和”目标达成的应用技术，包括储能，绿色氢能，碳捕集、利用与存储，绿色建筑及综合能源管理，为能源供给侧和能源消费侧的行业从业者提供了技术参考。

本书针对我国提出的“3060”双碳目标，从能源政策角度对新能源的机遇和挑战进行了分析，并从能源替代、能量存储、未来能源、数字能源、建筑节能、负碳技术六个方面对促进“碳达峰、碳中和”目标达成的一系列新能源应用技术，从技术原理、技术现状、应用案例和趋势展望四个维度进行了详细介绍，可以有效帮助公众和行业从业者了解相关技术，帮助企业培养低碳转型的人才队伍。

图书在版编目(CIP)数据

碳达峰、碳中和目标下新能源应用技术/杨凯编著. —武汉：华中科技大学出版社，2022.5(2023.6重印)

ISBN 978-7-5680-8115-3

Ⅰ.①碳… Ⅱ.①杨… Ⅲ.①新能源-应用 Ⅳ.①TK01

中国版本图书馆 CIP 数据核字(2022)第 063948 号

碳达峰、碳中和目标下新能源应用技术

Tandafeng、Tanzhonghe Mubiao xia Xinnengyuan Yingyong Jishu

杨 凯 编著

策划编辑：祖 鹏
责任编辑：朱建丽
装帧设计：原色设计
责任校对：李 弋
责任监印：周治超
出版发行：华中科技大学出版社(中国·武汉) 电话：(027)81321913
武汉市东湖新技术开发区华工科技园 邮编：430223
录 排：武汉市洪山区佳年华文印部
印 刷：武汉邮科印务有限公司
开 本：710mm×1000mm 1/16
印 张：18.75
字 数：315 千字
版 次：2023 年 6 月第 1 版第 2 次印刷
定 价：69.80 元

华中出版

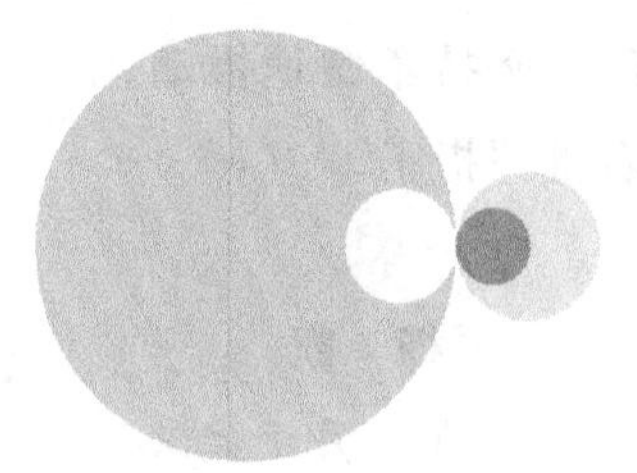

前言

能源低碳发展关系人类未来。2020 年,《巴黎协定》签署五周年之际，习近平总书记在第七十五届联合国大会一般性辩论上宣布:“中国将提高国家自主贡献力度，采取更加有力的政策和措施，二氧化碳排放力争于 2030 年前达到峰值，努力争取 2060 年前实现碳中和。”2021 年，党中央、国务院先后出台了《中共中央　国务院关于完整准确全面贯彻新发展理念做好碳达峰碳中和工作的意见》和《2030 年前碳达峰行动方案》两个“碳达峰、碳中和”的顶层设计文件。我国全社会正式拉开了全民助力“双碳”目标达成的序幕。

新时期的新能源技术不再仅仅是新的能源开发技术，而是涵盖了新能源的规模化利用技术、传统能源清洁利用技术和能源系统的高效运行技术等，从各个维度契合了“碳达峰、碳中和”目标达成的各个环节。在此背景下，新能源技术的发展和产业化将迎来前所未有的机遇，但与此同时，我国新能源技术的科技创新能否满足国家战略的需求，也将迎来现实的挑战。

本书针对我国提出的“3060”双碳目标，立足公众科普与技术传播，以期可以帮助公众和能源行业从业者了解新能源技术，帮助企业培养低碳转型的人才队伍。本书首先从能源政策的角度，对我国的能源现状和新能源面临的机遇与挑战进行了分析。随后以低碳、零碳、负碳技术的应用为着力点，从能源替代、能量存储、未来能源、数字能源、建筑节能、负碳技术六个方面对促进“碳达峰、碳中和”目标达成的一系列新能源应用技术，从技术原理、技术现状、应用案例和趋势展望四个维度进行了详细介绍。

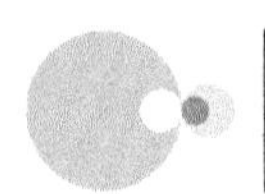

编著者所在的华中科技大学和武汉新能源研究院，长期以来共同致力于新能源的技术创新、成果转化和创业服务，立志通过新能源的开发和利用，保障人类的可持续发展。建设成为具有全球影响力的新能源产业创新中心，是武汉新能源研究院的发展愿景。我们也希望本书能够为这一愿景的实现略尽绵薄之力。

实现“碳达峰、碳中和”目标，需要全社会共同努力，坚持不懈地推动。编著者水平有限，书中难免有疏漏和不足之处，敬请读者批评指正。

杨　凯

2022 年 4 月于武汉

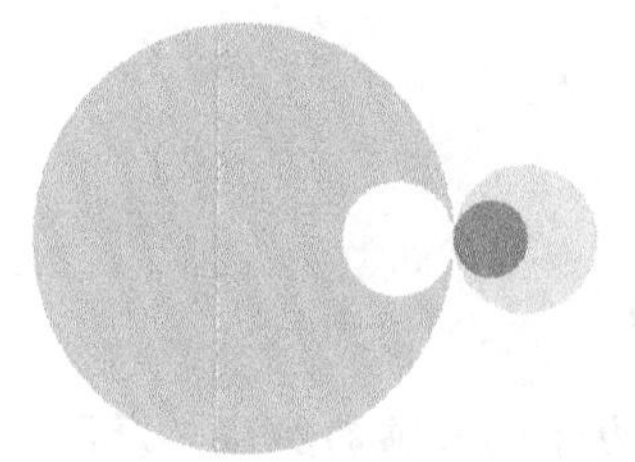

目录

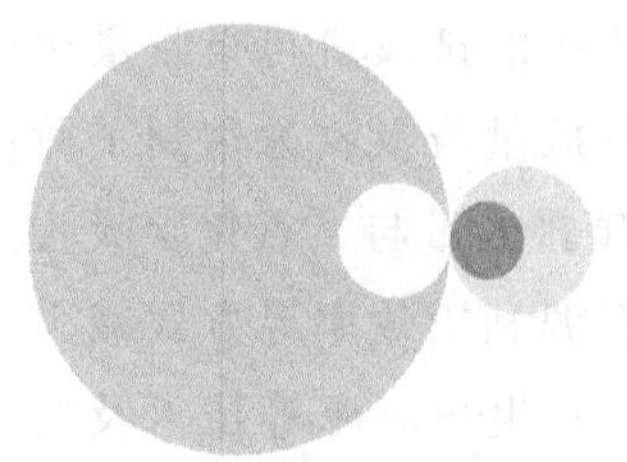

第1章 能源政策："双碳"目标下的新能源机遇与挑战

中共十八大以来，中国发展进入新时代，中国的能源发展也进入新时代。面对能源供需格局新变化、国际能源发展新趋势，习近平总书记从保障国家能源安全的全局高度，提出"四个革命、一个合作"能源安全新战略，为新时代中国能源发展指明了方向，开辟了中国特色能源发展新道路。中国坚持创新、协调、绿色、开放、共享的新发展理念，以推动高质量发展为主题，以深化供给侧结构性改革为主线，全面推进能源消费方式变革，构建多元清洁的能源供应体系，实施创新驱动发展战略，不断深化能源体制改革，持续推进能源领域国际合作，中国能源进入高质量发展新阶段。

面对气候变化、环境风险挑战、能源资源约束等日益严峻的全球问题，中国树立人类命运共同体理念，促进经济社会发展全面绿色转型，在努力推动本国能源清洁低碳发展的同时，积极参与全球能源治理，与各国一道寻求加快推进全球能源可持续发展新道路。习近平总书记在第七十五届联合国大会一般性辩论上宣布："中国将提高国家自主贡献力度，采取更加有力的政策和措施，二氧化碳排放力争于2030年前达到峰值，努力争取2060年前实现碳中和。[1]"

碳达峰就是指碳排放量达峰，即二氧化碳排放总量在某一个时期达到历史最高值，之后逐步降低。其目标为在确定的年份实现碳排放量达到峰值，形成碳排放量由上涨转向下降的拐点。

碳中和即为二氧化碳净零排放，指的是人类活动排放的二氧化碳与人类活动产生的二氧化碳吸收量在一定时期内达到平衡。其中人类活动排放的二氧化碳包括化石燃料燃烧、工业过程、农业及土地利用活动排放等，人类活动吸收的二氧化碳包括植树造林增加碳吸收、通过碳汇技术进行碳捕集等。

碳中和有两层含义，狭义上的碳中和即指二氧化碳的排放量与吸收量达到平衡状态，广义上的碳中和即为所有温室气体的排放量与吸收量达到平衡状态。碳中和的目标就是在确定的年份实现二氧化碳排放量与二氧化碳吸收量平衡。碳中和机理即为通过调整能源结构、提高资源利用效率等方式减少二氧化碳排放，并通过碳的捕集、利用与存储（CCUS）、生物能源等技术及造林/再造林等方式增加二氧化碳吸收。

碳达峰是碳中和实现的前提，碳达峰的时间和峰值高低会直接影响碳中和目标实现的难易程度，其机理主要是控制化石能源消费总量、控制煤炭发电与终端能源消费、推动能源清洁化与高效化发展。

目前世界上已有部分国家实现了碳达峰，如英国和美国分别于 1991 年和 2007 年实现了碳达峰，进入了碳达峰之后的下降阶段。在英国和美国碳达峰后，两者的碳排放量并未产生直接的下降，而是先进入平台期，碳排放量在一定范围内产生波动，之后进入碳排放量稳定下降阶段。

苏里南与不丹分别于 2014 年和 2018 年宣布已经实现碳中和目标。两国的能源需求量均较低，产生的碳排放量较少；同时苏里南与不丹的森林覆盖率分别在 90％和 60％以上，较高的森林覆盖率提升了其碳汇能力。在这两方面的作用下，苏里南与不丹达到了碳中和。

2021 年作为中国“十四五”规划的开局之年，中国全社会在政策、经济、科技等各方面都表现出了对“双碳”目标的积极响应。无论从能源的供给，还是能源的消费，碳达峰、碳中和目标的达成都离不开新能源技术的参与。要如期实现碳达峰、碳中和目标，必须加快构建以新能源为主的现代能源体系。在此背景下，新能源技术将迎来最大的历史机遇与挑战。

1.1 “双碳”政策与背景

中国“3060”双碳目标，是我国按照《巴黎协定》的规定，提出的国家自主贡献强化目标。面向 21 世纪中叶的长期温室气体低排放发展战略，“双碳”目标表现为温室气体排放水平由快到慢不断攀升、在年增长率为零的拐点处波动后持续下降，直到人为排放量和吸收量相抵。

我国力争 2030 年前实现碳排放达到峰值，努力争取 2060 年前实现碳中和，这是党中央经过深思熟虑做出的重大战略决策，也是作为一个有责任、有担当的大国在应对气候变化时对全人类的庄严承诺。

"双碳"目标的提出将把我国的绿色发展之路提升到新的高度，成为我国未来数十年内社会经济发展的主基调之一。"碳达峰、碳中和"的"双碳"目标关系到中华民族永续发展和构建人类命运共同体的大事[2]。

1.1.1 碳减排——全球在行动

不良气候变化的灾难性影响推动着全球共同减少碳排放。自从人类社会进入工业化时代以来，以二氧化碳为主的温室气体排放量迅速增加，温室气体浓度升高强化了大气层阻挡热量逃逸的能力，形成更强的温室效应，从而产生了温室气体排放与气候变化之间的紧密联系。

2019 年，二氧化碳排放量达到 364.4 亿吨，占所有温室气体的比重高达 74%，这是造成温室效应的最主要原因。全球地表平均气温与二氧化碳排放量呈现出相同的变化态势，在 2019 年全球地表平均气温达到了 10.13 ℃，与 1750 年相比升高了 2.82 ℃。政府间气候变化专门委员会在第 5 次评估报告中指出前工业时代以来二氧化碳等温室气体的浓度不断上升，这一现象极有可能是气候变化的主要原因。

虽然近些年来全球碳排放量的增长速度有所放缓，但全球二氧化碳排放量仍未达到顶峰，这意味着未来气候变化问题依旧严峻。气候变化对人类赖以生存的自然环境产生了破坏性的影响，包括极端天气事件的增多、海平面上升、农作物生长受影响等，因此控制碳排放以减缓全球气候变暖，从而促进人类社会健康发展成了重要的全球议题。

减少碳排放以应对气候变化逐步成为全球共识。全球为应对气候危机，通过历次气候大会形成了阶段性的减排原则和减排目标，"碳中和"即为 21 世纪中叶的目标。

1992 年，联合国组织签订了《联合国气候变化框架公约》，确定了"共同但有区别的责任"原则，要求发达国家先采取措施控制温室气体的排放，并逐步为发展中国家提供资金和先进技术；而发展中国家在发达国家的帮助下，采取对应的措施减缓或适应气候变化。

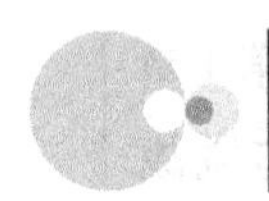

1997年制定的《联合国气候变化框架公约的京都议定书》(简称《京都议定书》)于2005年2月正式生效。《京都议定书》设定了温室气体排放控制目标，规定了缔约方的减排任务；更重要的是其以法规的形式限制温室气体排放，并确定了三种灵活合作机制：清洁发展机制、联合履约机制和排放权交易机制。

2005年，欧盟碳排放交易系统开始运行，标志着减排方式中的排放权交易开始实施，助力各国减少碳排放，同时促进碳金融产业的发展。

2015年，第二份有法律约束力的气候协议——《巴黎协定》正式通过，为2020年之后全球应对气候变化的行动做出安排：较工业化前温度水平，全球平均气温升高程度应控制在2 ℃之内，并努力做到升温在1.5 ℃之内，而且在21世纪下半叶实现温室气体净零排放；同时《巴黎协定》要求各缔约方递交国家自主贡献目标，截至2021年8月10日，共有192个缔约方递交了国家自主贡献目标，共同为控制碳排放而努力。

2020年12月12日，气候雄心峰会上，联合国秘书长强调联合国2021年中心目标是在全球组建21世纪中叶前实现碳中和的全球联盟。

面对碳排放快速增长带来的威胁，世界各国采取了立法、政策宣示等措施开展减排行动，包括中国在内的主要碳排放国家设置了实现碳中和的目标和时间。

1.1.2 国内政策形势与决心

2020年9月22日，习近平总书记在第七十五届联合国大会一般性辩论上宣布："中国将提高国家自主贡献力度，采取更加有力的政策和措施，二氧化碳排放力争于2030年前达到峰值，努力争取2060年前实现碳中和。"

2020年底，生态环境部正式发布了《2019—2020年全国碳排放权交易配额总量设定与分配实施方案(发电行业)》，印发《纳入2019—2020年全国碳排放权交易配额管理的重点排放单位名单》。

2020年12月，《新时代的中国能源发展》白皮书出版。

2021年，国家陆续推出"碳达峰、碳中和"相关政策，从引导"双碳"政策落地，到国家明确发文遏制"两高"项目盲目发展，政策指导层面已经越来越清晰——双碳目标已成为长期国家战略，它不仅被定义为能源问题、环境问题，更是经济问题和长远发展问题。

2021年3月5日，李克强总理在全国"两会"上指出，要扎实做好碳达峰、碳中和各项工作，要制定2030年前碳排放达峰行动方案。

2021年3月11日,十三届全国人大四次会议发布《中华人民共和国国民经济和社会发展第十四个五年规划和2035年远景目标纲要》,提出单位国内生产总值能源消费和二氧化碳排放分别降低13.5%、18%。落实2030年应对气候变化国家自主贡献目标,制定2030年前碳排放达峰行动方案。完善能源消费总量和强度双控制度,重点控制化石能源消费。

2021年5月26日,碳达峰碳中和工作领导小组召开第一次全体会议,强调要全面贯彻落实习近平生态文明思想,立足新发展阶段、贯彻新发展理念、构建新发展格局,扎实推进生态文明建设,确保如期实现碳达峰、碳中和目标。其中,专门强调要发挥好国有企业引领作用,带头压减落后产能、推广低碳零碳负碳技术。

2021年10月以来,国务院连发三条政策,引起全国各界高度重视。

2021年10月24日,《中共中央国务院关于完整准确全面贯彻新发展理念做好碳达峰碳中和工作的意见》下发,提到2025、2030、2060三个目标[3]。

到2025年,绿色低碳循环发展的经济体系初步形成,重点行业能源利用效率大幅提升。单位国内生产总值能耗比2020年下降13.5%;单位国内生产总值二氧化碳排放比2020年下降18%;非化石能源消费比重达到20%左右;森林覆盖率达到24.1%,森林蓄积量达到180亿立方米,为实现碳达峰、碳中和奠定坚实基础。

到2030年,经济社会发展全面绿色转型取得显著成效,重点耗能行业能源利用效率达到国际先进水平。单位国内生产总值能耗大幅下降;单位国内生产总值二氧化碳排放比2005年下降65%以上;非化石能源消费比重达到25%左右,风电、太阳能发电总装机容量(又称为装机规模)达到12亿千瓦以上;森林覆盖率达到25%左右,森林蓄积量达到190亿立方米,二氧化碳排放量达到峰值并实现稳中有降。

到2060年,绿色低碳循环发展的经济体系和清洁低碳安全高效的能源体系全面建立,能源利用效率达到国际先进水平,非化石能源消费比重达到80%以上,碳中和目标顺利实现,生态文明建设取得丰硕成果,达到人与自然和谐共生新境界。

2021年10月26日,《国务院关于印发2030年前碳达峰行动方案的通知》[4]提到以下内容。

“十四五”期间,产业结构和能源结构调整优化取得明显进展,重点行业能

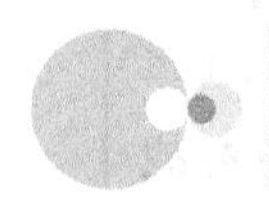

源利用效率大幅提升，煤炭消费增长得到严格控制，新型电力系统加快构建，绿色低碳技术研发和推广应用取得新进展，绿色生产生活方式得到普遍推行，有利于绿色低碳循环发展的政策体系进一步完善。到 2025 年，非化石能源消费比重达到 20%左右，单位国内生产总值能源消费比 2020 年下降 13.5%，单位国内生产总值二氧化碳排放比 2020 年下降 18%，为实现碳达峰奠定坚实基础。

“十五五”期间，产业结构调整取得重大进展，清洁低碳安全高效的能源体系初步建立，重点领域低碳发展模式基本形成，重点耗能行业能源利用效率达到国际先进水平，非化石能源消费比重进一步提高，煤炭消费逐步减少，绿色低碳技术取得关键突破，绿色生活方式成为公众自觉选择，绿色低碳循环发展政策体系基本健全。到 2030 年，非化石能源消费比重达到 25%左右，单位国内生产总值二氧化碳排放比 2005 年下降 65%以上，顺利实现 2030 年前碳达峰目标。

2021 年 12 月 30 日，发改委发布《关于推进中央企业高质量发展做好碳达峰碳中和工作的指导意见》，提出要把碳达峰、碳中和纳入国资央企发展全局，加快央企绿色低碳转型和高质量发展。

据统计，截至目前国家下发涉及“双碳”政策超过 20 项。从国家出台的政策看，主要内容围绕减少碳排放设立目标，对于高碳排放企业，以管控及鼓励节能、绿色、健康高质量发展为主。

1.1.3　地方政企界的响应与反馈

随着国家“双碳”政策的日益完善，各地方也纷纷出台政策助力早日实现“双碳”目标。从各地出台的政策来看，很多省市自治区都将实现“双碳”目标列为“十四五”期间的工作重点。此外，有些地方政府出台一些政策鼓励风电、光伏发展，以减少电力行业产生的碳排放。还有一些地方政府则从高耗能企业出发，严格设定管控目标，规范这些企业通过 CCS 或者 CCUS 等方式把排放的二氧化碳进行捕集或者存储。

以武汉和天津等地为代表，部分城市则出台了针对“双碳”目标实现的对标文件。

武汉市政府于 2021 年 9 月 18 日在官网发布的《武汉市二氧化碳排放达峰评估工作方案》明确指出，到 2022 年，武汉市碳排放量基本达到峰值，碳排放量控制在 1.73 亿吨。这是全国最早一批明确提出碳排放峰值量化目标的城市。

天津市于2021年9月27日在天津市第十七届人民代表大会常务委员会第二十九次会议审议通过了《天津市碳达峰碳中和促进条例》,条例明确了生产生活各领域绿色低碳转型要求。在优化调整能源结构方面,完善能源消费强度和总量双控制度,推进煤炭清洁高效利用,自2021年11月1日起施行。值得注意的是,这是全国首部以促进实现碳达峰、碳中和目标为立法主旨的省级地方性法规。

除此之外,内蒙古、湖南、福建等8地下发了生态环境保护“十四五”规划,明确要求,根据各地实际情况,制定碳排放达峰行动方案;贵州、江西、福建、河北等9地下发了绿色低碳循环发展经济体系方案,为各地绿色低碳发展指明了方向。

在2021年年初,全国31个省市自治区下发了“十四五”规划和2035年远景目标建议或者征求意见稿,明确表示要扎实做好碳达峰、碳中和各项工作,制定2030年前碳排放达峰行动方案,优化产业结构和能源结构,推动煤炭清洁高效利用,大力发展新能源。

在这31份正式文件中,全国25个省市自治区,明确写出了“十四五”期间新能源发展计划;16个省市自治区明确提出了新能源装机规划目标,累计达到了654 GW! 29个省市自治区关注“储能”(储能也称为蓄能)未来;16个省市自治区强化风电产业链/大基地建设! 15个省市自治区布局“风光储/源网荷一体化”!

在我国逐步“构建以新能源为主体的新型电力系统”过程中,新能源装机规模持续增长,储能产业也将迎来历史性发展机遇。从近期相关政策部署来看,从中央到地方,都在鼓励支持“新能源+储能”产业发展。在31省市自治区发布的“十四五”规划中,积极部署储能的发展势头,也得到了体现。

综上所述,“双碳”目标正逐渐变成具体的行动,国内各地都在全面绿色转型的引领下,推动产业结构升级、全国碳市场相关工作也在政策规范中健康稳定运行。

1.2 国家能源现状

中共十八大以来,中国坚定不移推进能源革命,能源生产和利用方式发生了重大变更,能源发展取得了历史性成就。能源生产和消费结构不断优化,能源利用效率显著提高。

1.2.1 能源供给现状

2020 年 12 月国务院发布的《新时代的中国能源发展》白皮书显示，我国基本形成了煤、油、气、电、核和可再生能源多轮驱动的能源生产体系。初步核算，2019 年中国一次能源生产总量达 39.7 亿吨标准煤，为世界能源生产第一大国。煤炭仍是保障能源供应的基础能源，2012 年以来原煤年产量保持在 34.1 亿～39.7 亿吨。努力保持原油生产稳定，2012 年以来原油年产量保持在 1.9 亿～2.1 亿吨。天然气产量明显提升，从 2012 年的 1106 亿立方米增长到 2019 年的 1762 亿立方米。电力供应能力持续增强，累计发电装机容量 20.1 亿千瓦，2019 年发电量 7.5 万亿千瓦时，较 2012 年分别增长 75%、50%。可再生能源开发利用规模快速扩大，水电、风电、光伏发电累计装机容量均居世界首位。截至 2019 年底，在运在建核电装机容量 6593 万千瓦，居世界第二，在建核电装机容量世界第一。中国能源生产情况如图 1-1 所示。[1]

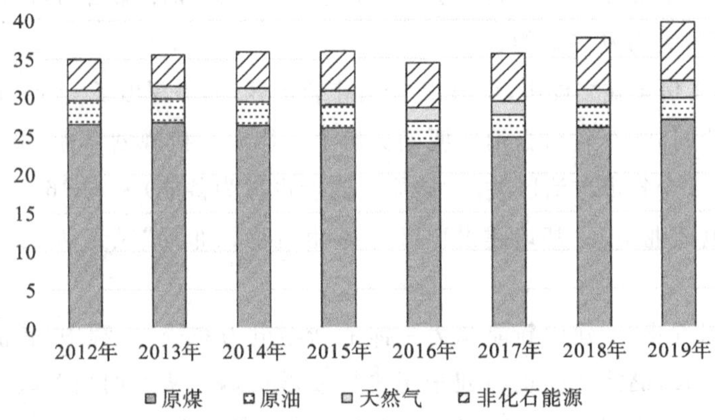

图 1-1 中国能源生产情况(2012—2019 年)(单位:亿吨标准煤)

能源输送能力显著提高。建成天然气主干管道超过 8.7 万公里、石油主干管道 5.5 万公里、330 千伏及以上输电线路长度 30.2 万公里。

能源储备体系不断健全。建成 9 个国家石油储备基地，天然气产供储销体系建设取得初步成效，煤炭生产运输协同保障体系逐步完善，电力安全稳定运行达到世界先进水平，能源综合应急保障能力显著增强。

可再生能源开发利用规模居世界首位。截至 2019 年底，中国可再生能源发电总装机容量 7.9 亿千瓦，约占全球可再生能源发电总装机容量的 30%。其中，水电、风电、光伏发电、生物质能发电装机容量分别达 3.56 亿千瓦、2.1

亿千瓦、2.04亿千瓦、2369万千瓦,均位居世界首位。2010年以来中国在新能源发电领域累计投资约8180亿美元,占同期全球新能源发电建设投资的30%。

可再生能源供热广泛应用。截至2019年底,太阳能热水器集热面积累计达5亿平方米,浅层和中深层地热能供暖建筑面积超过11亿平方米。

风电、光伏发电设备制造形成了完整的产业链,技术水平和制造规模处于世界前列。2019年多晶硅、光伏电池、光伏组件的产量分别约占全球总产量份额的67%、79%、71%,光伏产品出口到200多个国家及地区。风电整机制造占全球总产量的41%,已成为全球风电设备制造产业链的重要地区。

2020年中国可再生能源继续快速发展,2020年我国新增可再生能源发电装机容量1.39亿千瓦,特别是风电、光伏发电新增装机容量1.2亿千瓦,创历史新高;利用水平持续提升,2020年可再生能源发电量超过2.2万亿千瓦时,占全部发电量接近30%,全年水电、风电、光伏发电利用率分别达到97%、97%和98%;产业优势持续增强,水电产业优势明显,是世界水电建设的中坚力量,风电、光伏发电基本形成全球最具竞争力的产业体系和产品服务;减污降碳成效显著,2020年我国可再生能源利用规模达到6.8亿吨标准煤,相当于替代煤炭近10亿吨,减少二氧化碳、二氧化硫和氮氧化物排放量分别约达17.9亿吨、86.4万吨和79.8万吨,为生态文明建设夯实基础根基;惠民利民成果丰硕,作为“精准扶贫十大工程”之一的光伏扶贫成效显著,水电在促进地方经济发展、移民脱贫致富和改善地区基础设施方面持续贡献,可再生能源供暖助力北方地区清洁供暖落地实施[5]。

1.2.2 能源消费现状

能源利用效率显著提高。2012年以来单位国内生产总值能耗累计降低24.4%,相当于减少能源消费12.7亿吨标准煤。2012年至2019年,以能源消费年均2.8%的增长支撑了国民经济年均7%的增长。

能源消费结构向清洁低碳加快转变。初步核算,2019年煤炭消费占能源消费总量比重为57.7%,比2012年降低10.8个百分点;天然气、水电、核电、风电等清洁能源消费量占能源消费总量比重为23.4%,比2012年提高8.9个百分点;非化石能源消费占能源消费总量比重为15.3%,比2012年提高5.6个百分点,已提前完成到2020年非化石能源消费比重达到15%左右的目标。中国能源消费结构如图1-2所示。新能源汽车快速发展,2019年新增量和保

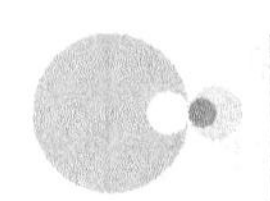

有量分别达120万辆和380万辆，均占全球总量一半以上；截至2019年底，全国电动汽车充电基础设施达120万处，建成世界最大规模充电网络，有效促进了交通领域能效提高和能源消费结构优化[6]。

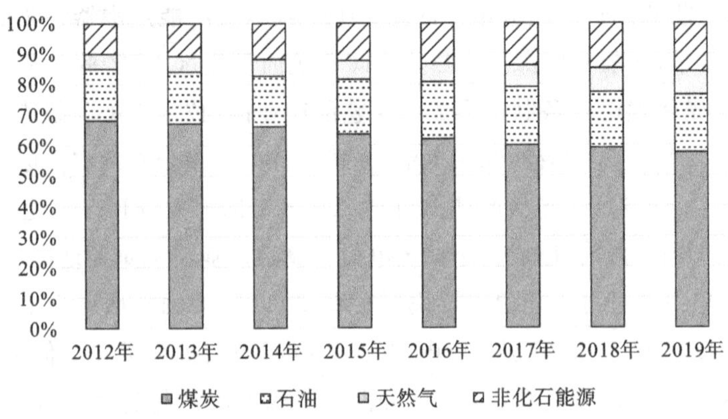

图 1-2　中国能源消费结构(2012—2019 **年**)

积极优化产业结构，提升重点领域能效水平。大力发展低能耗的先进制造业、高新技术产业、现代服务业，推动传统产业智能化、清洁化改造。推动工业绿色循环低碳转型升级，全面实施绿色制造，建立健全节能监察执法和节能诊断服务机制，开展能效对标达标。提升新建建筑节能标准，深化既有建筑节能改造，优化建筑用能结构。构建节能高效的综合交通运输体系，推进交通运输用能清洁化，提高交通运输工具能效水平。全面建设节约型公共机构，促进公共机构为全社会节能工作做出表率。构建市场导向的绿色技术创新体系，促进绿色技术研发、转化与推广。推广国家重点节能低碳技术、工业节能技术装备、交通运输行业重点节能低碳技术等。推动全民节能，引导树立勤俭节约的消费观，倡导简约适度、绿色低碳的生活方式，反对奢侈浪费和不合理消费。重点领域节能持续加强。

加强工业领域节能。实施国家重大工业专项节能监察、工业节能诊断行动、工业节能与绿色标准化行动，在钢铁、电解铝等12个重点行业遴选能效“领跑者”企业。开展工业领域电力需求侧管理专项行动，发布《工业领域电力需求侧管理工作指南》，遴选153家工业领域示范企业（园区）。培育能源服务集成商，促进现代能源服务业与工业制造有机融合。

强化建筑领域节能。新建建筑全面执行建筑节能标准，开展超低能耗、近零能耗建筑示范，推动既有居住建筑节能改造，提升公共建筑能效水平，加强可再生能源建筑应用。截至2019年底,累计建成节能建筑面积198亿平方米,占城镇既有建筑面积比例超过56%,2019年城镇新增节能建筑面积超过20亿平方米。

促进交通运输节能。完善公共交通服务体系,推广多式联运。提升铁路电气化水平,推广天然气车船,发展节能与新能源汽车,完善充换电和加氢基础设施,鼓励靠港船舶和民航飞机停靠期间使用岸电,建设天然气加气站、加注站。淘汰老旧高能耗车辆、船舶等。截至2019年底,建成港口岸电设施5400余套、液化天然气动力船舶280余艘。

加强公共机构节能。实行能源定额管理,实施绿色建筑、绿色办公、绿色出行、绿色食堂、绿色信息、绿色文化行动,开展3600余个节约型公共机构示范单位创建活动。

推动终端用能清洁化。以京津冀及周边地区、长三角、珠三角、汾渭平原等地区为重点,实施煤炭消费减量替代和散煤综合治理,推广清洁高效锅炉,推行天然气、电力和可再生能源等替代低效和高污染煤炭的使用。制定财政、价格等支持政策,积极推进北方地区冬季清洁取暖,促进大气环境质量改善。推进终端用能领域以电代煤、以电代油,推广新能源汽车、热泵、电窑炉等新型用能方式。加强天然气基础设施建设与互联互通,在城镇燃气、工业燃料、燃气发电、交通运输等领域推进天然气高效利用。大力推进天然气热电冷联供的供能方式,推进分布式可再生能源发展,推行终端用能领域多能协同和能源综合梯级利用。

1.3 新能源的机遇与挑战

中国科学院发布的《中国“碳中和”框架路线图研究》[7]提出,碳中和看似很复杂,但概括起来就是一个“三端发力”的体系:第一端是能源供应端,尽可能用非碳能源替代化石能源发电、制氢,构建“新型电力系统或能源供应系统”;第二端是能源消费端,力争在居民生活、交通、工业、农业、建筑等绝大多数领域中,实现电力、氢能、地热、太阳能等非碳能源对化石能源消费的替代;第三端是人为固碳端,通过生态建设、土壤固碳、碳捕集和存储等组合工程去除不得不排放的二氧化碳。

新时期的新能源技术的内涵与范围也发生了改变,不再仅仅是新的能源开发技术,而是涵盖了新能源的规模化利用技术、传统能源清洁利用技术和能源系统的高效运行技术三个方面。很好地契合了“碳达峰、碳中和”目标达成的各个环节。在此背景下，新能源技术的发展和产业化将迎来前所未有的机遇，但与此同时，我国新能源技术的科技创新能否满足国家战略的需求，也将迎来一个个现实的挑战。

1.3.1 “双碳”目标下新能源发展的机遇

从辩证的角度看，“双碳”目标的实现过程，也是催生全新行业和商业模式的过程，我国应顺应科技革命和产业变革大趋势，抓住绿色转型带来的巨大发展机遇，从绿色发展中寻找发展的机遇和动力。

1. 促进低碳零碳负碳产业发展

2010—2019 年，中国可再生能源领域的投资额达 8180 亿美元，成为全球最大的太阳能光伏和光热市场。2020 年中国可再生能源领域的就业人数超过 400 万，占全球该领域就业总人数的近 40%。

在“双碳”的背景下，能源结构、产业结构等方面将面临深刻的低碳转型，能源技术也将成为引领能源产业变革、实现创新驱动发展的原动力，给节能环保、清洁生产、清洁能源等产业带来广阔的市场前景和全新的发展机遇，我国应借此机遇，催生零碳钢铁、零碳建筑等新型技术产品，推动低碳原材料升级、生产工艺升级、能源利用效率提升，构建低碳、零碳、负碳新型产业体系[8]。

2. 绿色清洁能源发展佳期

在我国能源产业格局中，煤炭、石油、天然气等产生碳排放的化石能源占能源消费总量的 84%，而水电、风电、核能和光伏等仅占 16%。目前，我国光伏、风电、水电装机容量均已占到全球总装机容量的 1/3 左右，领跑全球。若在 2060 年实现碳中和，核能、风能、太阳能的装机容量将分别超过目前的 5 倍、12 倍和 70 倍。化石能源的零碳高效利用技术也将迎来大规模商业应用。为实现“双碳”目标，能源革命势在必行，加快发展可再生能源，降低化石能源的比重，巨大的清洁、绿色能源产业发展空间将会进一步打开[9]。

在“双碳”的背景下，传统能源将会优胜劣汰，推进并购重组。对传统能源来说，效率低的企业会逐步被淘汰，而效率高的企业会继续生存下去。现在能源仍然有落后的产能，这时并购重组也是必然的。

3. 绿色金融行业迎来春天

我国央行已经开始构建绿色金融标准体系，推动发展绿色信贷等绿色金融产品。2016 年央行等七部委发布《关于构建绿色金融体系的指导意见》，最早提出通过货币政策工具支持绿色金融。为发展绿色信贷,2018年央行印发《关于开展银行业存款类金融机构绿色信贷业绩评价的通知》,并制定《银行业存款类金融机构绿色信贷业绩评价方案(试行)》,开始将绿色金融纳入MPA“信贷政策执行情况”维度进行评估[10]。2017年,我国在浙江、江西、广东、贵州、新疆建立了8个首批绿色金融改革创新试验区,探索形成了可复制推广的绿色金融产品和市场模式。截至2021年一季度末,我国本外币绿色贷款余额13.03万亿元,同比增长24.6%。

4. 碳交易市场全面市场化

碳交易市场方面,我国已从2011年开始建立试点市场。2021年1月5日,生态环境部发布《碳排放权交易管理办法(试行)》,建立全国碳排放权集中统一交易市场。适用范围包括碳排放配额分配和清缴,碳排放权登记、交易、结算,温室气体排放报告与核查等活动及监督管理。全国碳排放权集中统一交易系统已于2021年6月底启动上线。北京、天津、上海、重庆、广东、湖北、深圳先后启动碳交易试点。目前,我国碳排放权交易市场主要有两种交易类型:总量控制配额交易和项目减排量交易。前者的交易对象是企业获配的碳排放配额,后者的交易对象是国家核证的自愿减排量(CCER)。

1.3.2 助力“双碳”目标达成新能源所面临的挑战

实现碳达峰、碳中和是一场广泛而深刻的社会经济变革。“双碳”目标的提出,是新能源面临的机遇,然而新能源受自然条件限制很大。作为发展中国家,我国目前仍处于新型工业化、信息化、城镇化、农业现代化加快推进阶段,实现全面绿色转型的基础仍然薄弱,生态环境保护压力尚未得到根本缓解,这是我们要面临的挑战。当前我国距离实现碳达峰目标已不足10年,从碳达峰到实现碳中和目标仅剩30年左右的时间,与发达国家相比,我国实现“双碳”目标,时间更紧、幅度更大、困难更多。

1. 国内整体能源结构长期单一

碳达峰、碳中和的深层次问题是能源问题,可再生能源替代化石能源是实现“双碳”目标的主导方向。但长久以来,我国能源资源一直是“一煤独大”,呈“富煤贫油少气”的特征。

2020年我国全年能源消费总量49.8亿吨标准煤,占能源消费总量的56.8%,相比2019年增长2.2%。我国煤炭消费量能源生产总量与煤炭消费量均居世界首位,石油和天然气对外依存度分别达到73%和43%,能源保障压力大。集能源生产者和消费者于一体的电力行业特别是火电行业，在供给和需求两端受到压力。2019 年底，我国煤电装机容量高达 10.4 亿千瓦，占全球煤电装机容量的 50%，煤电发电占据了我国约 54%的煤炭使用量。

在此能源资源背景下发展起来的我国能源供给结构，难以实现迅速转型，这将严重制约减排进程。面对碳减排要求，我国大量的化石能源基础设施将带来高额的退出成本。作为传统劳动密集型产业，煤电退出涉及数百万人，若延伸至上游煤炭行业则波及的人数会更加庞大。员工安置、社会保障问题事关社会稳定的民生大局。

2. 可再生能源难以实现稳定供给

风电、光伏、光热、地热、潮汐能等可再生能源从自身技术特性来看，受限于昼夜和气象条件等不可控的自然条件，存在较大的不确定性；生物质能由于供应源头分散，原料收集困难，农作物生长季节周期性明显，难以成为稳定主流能源形势；核电目前依然存在核燃料资源限制和核安全问题。在“双碳”目标下，我国能源系统的转型很长一段时间内依然要发挥煤电的兜底作用，保证电力供应的稳定性、安全性和经济性。同时，我国尚未建立全国性的电力市场，电力长期以省域平衡为主，跨省跨区配置能力不足，严重制约了可再生能源大范围优化配置。在高比例新能源并网目标下，新能源电力大范围消纳问题仍不容小觑，消纳形势依然充满严峻挑战，新能源电力过剩风险会随着装机攀升相应突显。从化石能源向可再生能源转变，需要在技术装备、系统结构、体制机制、投融资等方面进行全面变革。深度脱碳技术成本高且不成熟，与发达国家相比，我国要实现“双碳”目标，还存在巨大的压力与挑战。

3. 关键技术发展进入困境

从科技创新的角度看，我国低碳、零碳、负碳技术的发展尚不成熟，各类技术系统集成难，环节构成复杂，技术种类多，成本昂贵，亟须系统性的技术创新。低碳技术体系涉及可再生能源、负排放技术等领域，不同低碳技术的技术特性、应用领域、边际减排成本和减排潜力差异很大。

我国脱碳成本曲线显示，可再生能源电力可为我国最初约 50%的人类活动温室气体排放低成本脱碳，年度减排成本估算值约为 2200 亿美元。可再生能源电力的发展对诸多行业（包括发电和其他需要电气化的行业）减排提供支撑，而且在中长期内对制备“绿色”氢能十分关键。在达到 75%脱碳后，曲线将进入“高成本脱碳”区间，实现 90%脱碳的年成本可能高达约 1.8 万亿美元。

如果仅延续当前政策、投资和碳减排目标等，现有低碳、零碳和负碳技术难以支撑我国到2060年实现碳中和。被寄予期望的碳捕集、利用与存储(CCUS)技术，成本十分高昂，动辄数亿元甚至数十亿元的投资和运行成本以及收益不足，卡住了CCUS项目的顺利建设。[2]

4. 企业面临产业结构调整的阵痛

当前中国煤炭和石油消费量较高，从能源供应系统到能源消费行业、相应的重大基础设施，需在2060年前完全实现脱碳化改造升级，存在巨大挑战。“双碳”目标下，高能耗地区的产业结构调整将成为能源消费强度控制的着眼点之一，以煤炭为主的传统能源地区，将面临主体性产业替换的严重冲击；钢铁、有色、化工、水泥等高耗能产业为主导的区域也将面临同样的挑战。

5. 区域财政可持续发展面临冲击

山西、内蒙古、陕西、黑龙江等采矿大省，青海、内蒙古、云南等电力大省，贵州、甘肃、青海等建筑大省，地方财政对采矿业、电力行业、建筑业等依赖程度较高。短期内，“双碳”战略的实施将不可避免对相关区域的主导产业产能造成巨大冲击，给当地财政的可持续发展造成相当的冲击。能源和经济低碳转型，将不可避免导致高碳排放的资产价值下跌，导致资产搁浅、高碳资产泡沫破灭、高碳产业和企业消失，贷款、债券违约和投资损失风险上升，进而成为区域乃至整个金融体系稳定的风险源。

参考文献

[1] 国务院新闻办公室. 新时代的中国能源发展[R]. 北京：国务院新闻办公室，2020.

[2] 庄贵阳. 我国实现“双碳”目标面临的挑战及对策[J]. 人民论坛，2021(18)：50-53.

[3] 出版者不详. 中共中央国务院关于完整准确全面贯彻新发展理念做好碳达峰碳中和工作的意见[N]. 新华社，2021-10-25.

[4] 国务院. 国务院关于印发2030年前碳达峰行动方案的通知[R]. 北京：国务院，2021.

[5] 水电水利规划设计总院. 中国可再生能源发展报告2020[R]. 北京：水电水利规划设计总院，2020.

[6] 出版者不详. 白皮书：能源节约和消费结构优化成效显著[N]. 新华社，

2021-12-21.

[7] 丁仲礼."碳中和"框架路线图研究[R].北京:中国科学院,2021.

[8] 出版者不详.助力实现"双碳"目标地方版碳达峰路线图密集出炉[N].中国产经新闻,2021-08-28.

[9] 科技舆情分析研究所. 减碳行动:科技唱主角[J]. 今日科技,2021(05):39-41.

[10] 计紫藤,樊纲. 碳达峰碳中和背景下的央行政策研究[J]. 江淮论坛,2021(03):69-74.

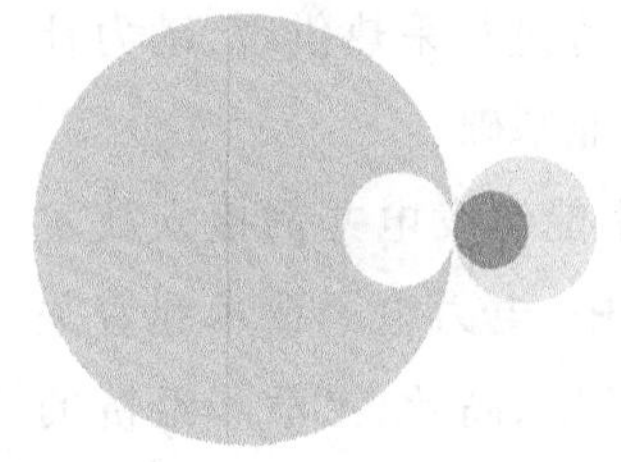

第2章
能源替代：可再生能源供给

能源是人类生存发展的必要条件之一，社会经济的发展也与能源的使用紧密相关。在过去的很长一段时间里，我国能源消费依然以大量的化石能源为主，由此带来了较为严重的环境问题与资源消耗问题，不符合绿色、可持续发展的要求。如何替代传统能源，开发和利用新一代具有无污染性、环保性、可再生性的新型能源，是当下我国能源利用领域迫切需要解决的问题。从全世界范围内的能源发展走势来看，新型的可再生能源将迎来广阔的发展前景，即将在很大程度上代替传统能源，可再生能源在我国能源结构中所占比例也逐步提高。世界的能源发展趋势具有以下的特点：高碳排放的能源将被低碳排放的能源逐步替代，低效能的能源将被高效能的能源逐步替代，具有较强污染性的能源将被绿色、环保的能源逐步替代，能源的开发利用将一步步实现可持续发展。近些年来，我国大力发展可再生能源，风能、太阳能、水能、生物质能、地热能等新型能源达到了较大程度和范围上的开发与利用，符合能源的发展利用趋势。对我国的能源变革，构建可持续环保的新能源系统，加快社会经济的发展和环境保护等方面起到了关键性的促进作用。发展可再生能源可以有效改变我国的传统化石能源消费格局，减少对其他国家的能源进口的依赖性，降低碳排放量，起到保护环境生态的作用，促进经济和社会的快速发展。因此，发展和利用可再生能源已成为我国未来能源的使用方向和总体趋势。

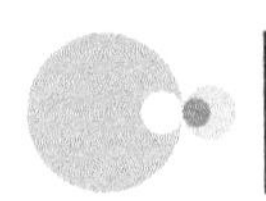

我国地域辽阔，可再生能源种类丰富，资源充足。近些年来，在国家相关政策的支持下，我国大力发展可再生能源及其相关技术，可再生能源的开发技术取得了快速的发展；在可再生能源发电领域，目前包括风力发电、太阳能光伏发电、太阳能光热发电、水力发电、生物质能发电在内的多种可再生能源发电技术已经取得了不错的进展，相关产业链均已形成，在政府的大力支持下，行业的整体发展稳中向好，前景广阔。利用可再生能源进行采热供暖、动力补给等相关技术也稳步发展，在国内也具有了一定的产业基础。

随着可再生能源发电的蓬勃发展，相关的可再生能源发电并网接入技术也取得了不错的进展。在可再生能源并网接入过程中，电力电子技术起着关键的作用。电力电子技术是实现可再生能源安全、稳定、高效、灵活和经济的高性能发电的技术保障[1]。针对不同种类可再生能源并网过程中各自存在的问题，需针对性地采取相关并网技术进行控制，以达到良好的并网效果，国内这一方面的相关技术还有待加强。

新能源发电后，需要通过电力系统进行电能的传输、分配和消费利用。现有的电力系统仍在很大程度上无法与新能源发电相匹配。因此，需要对传统的电力系统进行改革，通过技术改造和技术创新，大力推动电力系统的转型发展，构建新一代的、符合新能源发电特征的、以新能源为主体的新型电力系统。构建以新能源为主体的新型电力系统是未来电力系统改革的重要方向，电力系统的其他部分都需要围绕更高比例的新能源接入来展开。

在碳达峰、碳中和愿景的驱动下，我国政府高度重视新能源的研究与开发。近些年来，相继出台了多项利于新能源发展的相关政策。可以预见，新能源相关领域及市场投入将会越来越大，并将创造出巨大的社会效益与经济效益。新能源相关领域在未来可以说具有广阔的前景与良好的发展空间。

2.1 可再生能源开发技术概述

当前新能源种类繁多，目前对新能源的开发与利用较为广泛。我国地域面积广大，太阳能资源十分丰富，对于太阳能的利用，目前主要为太阳能光伏、光热发电技术和太阳能光热供暖技术等；对于风力、水力的开发利用，主要集中在风力发电、水力发电等；对于地热能开发利用，主要集中在地热能发电与地热能供暖等方面；生物质能发电技术也在近几年得到了较为快速的发展。另一方面，多能互补系统也有了一定的发展。据预测随着清洁能源发电技术的不断成熟和发电成本的下降，新能源及可再生能源技术将有潜力促进中国约 50%的人为温室气体排放“去碳化”，是中国实现“碳中和”目标中最重要的技术。

不同类型的新能源具有不同的特点和不同的应用场景，下面简要介绍几种典型的新能源及其相关的应用。

2.1.1 光伏发电

2.1.1.1 原理

光伏发电主要是指利用半导体的光伏效应将太阳能转化为电能的技术。所谓的光伏效应，是指半导体在阳光的照射下会产生电动势的现象。

典型的晶体硅太阳电池结构如图 2-1 所示。硅原子有 4 个外层电子，具有较为稳定的结构，倘若在纯硅中加入一些带 5 个外层电子的原子，如磷原子，两者通过共用电子的作用达到 8 个电子的稳定结构，会多出 1 个电子，从而形成电子较多的 N 型半导体的结构；同理，倘若在纯硅中加入一些带 3 个外层电子的原子，如硼原子等，通过共用电子的作用，仍缺少 1 个电子才能达到 8 个电子的稳定结构，形成了空穴较多的 P 型半导体。当 P 型半导体和 N 型导体相结合时，由于扩散作用会在中间部分形成一个内电场的空间电荷区，即 PN 结。当太阳光照射在太阳能电池上时，电子会获得能量，从 N 极区向 P 极区运动；与此同时，空穴会从 P 极区向 N 极区运动，从而形成电流，起到发电的效果。

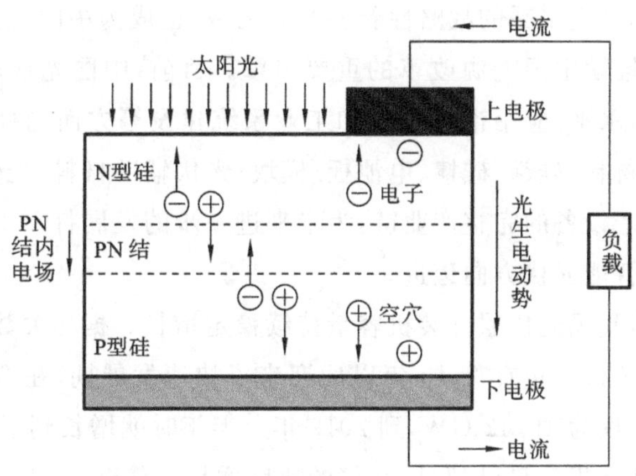

图 2-1 典型的晶体硅太阳电池结构

2.1.1.2 产业现状

经过多年发展，太阳能光伏发电在我国的应用范围逐渐扩大，从家庭用户太阳能电源到通信及石油、海洋、气象等众多领域都可以见到太阳能光伏发电的应用。表 2-1 所示的为太阳能光伏发电相关应用领域及具体介绍。

表 2-1 太阳能光伏发电相关应用领域及具体介绍

应用领域	具体介绍
用户太阳能电源	小型电源 10～100 W，用于边远无电地区如高原、海岛、边防哨所等军民生活用电；3～5 kW 家庭屋顶并网发电系统；光伏水泵等
交通领域	航标灯、交通/铁路信号灯、交通警示/标志灯、高空障碍灯、高速公路/铁路无线电话亭、无人值守道闸等
通讯/通信领域	太阳能无人值守微波中继站、光缆维护站、农村载波电话光伏系统、小型通信机、士兵 GPS 供电等
石油、海洋、气象领域	石油管道和水库闸门阴极保护太阳能电源系统、石油钻井平台生活及应急电源、海洋检测设备、气象/水文观测设备等
其他领域	太阳能汽车/电动车、电池充电设备、汽车空调、冷饮箱等；海洋淡化设备供电；卫星、航空器、空间太阳能电站等

中国的光伏产业于 2005 年在国际市场（特别是欧洲市场）的冲击下开始起步。经过十多年来的探索发展，我国光伏产业实现了从零到强的跨越式发展，创造了完善的市场环境和相关支撑，已成为中国为数不多的能够参与国际竞争、达到国际领先水平的战略性新型产业之一，也成为中国工业和经济发展的新信用卡和推动中国能源改革的重要引擎。目前，中国光伏产业在生产规模、工业化技术水平、应用市场拓展和工业系统建设等方面均处于世界前列，形成了高纯硅材料、硅锭/硅棒、电池板/模块、光伏辅助材料、光伏产品系统集成应用光伏生产设备的完整产业链，为未来进一步的发展打下了坚实的基础，接下来将朝着智能光伏方向迈进。

近些年来，我国光伏累计装机容量持续稳定增长。据相关数据显示，我国光伏发电累计装机容量在 2013 年以后迎来了快速发展期，在 2013 年上半年时，装机容量还仅为 19.42 GW，到 2019 年上半年时就增长到了 204.68 GW，在此期间，累计装机容量已超过 10 倍的速度增长。截至 2021 年上半年，全国光伏发电累计装机容量达 267.08 GW。图 2-2 所示的为 2013—2020 年每年

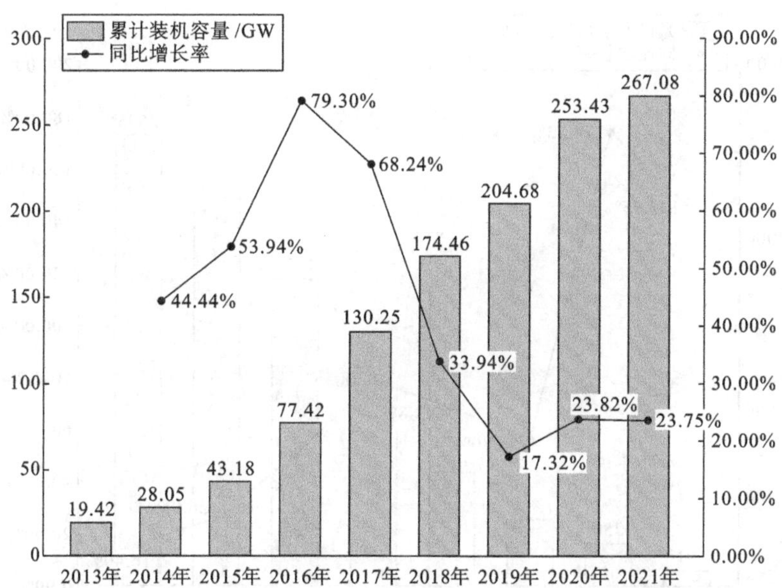

图 2-2 2013—2020 年每年上半年中国光伏发电累计装机容量变化情况

上半年中国光伏发电累计装机容量变化情况。

从 2013 年以后,我国光伏发电量进入快速发展阶段,我国光伏发电 2020 年较 2013 年增长约 28 倍。2013 年,全国光伏发电量仅为 91 亿千瓦时,到 2019 年,全国光伏发电量 2238 亿千瓦时,同比增长 26.08%。2020 年我国光伏发电量为 2605 亿千瓦时,同比增长 16.40%,如图 2-3 所示。

随着技术进步和政策扶持,中国的光伏发电成本迅速下降。2019 年光伏发电成本较 2015 年下降了 40%之多。2021 年起,国家对新备案集中式光伏电站、工商业分布式光伏项目和新核准陆上风电项目不再补贴,平价上网时代正式到来。

经过近几年的发展,我国已建立起较为完整的光伏发电产业链,国内光伏发电有较大的发展空间。光伏发电产业链(见图 2-4)主要有:上游为光伏电池相关原材料组成,包括形成电池的单晶硅和多晶硅;中游为电池片、电池组件生产企业和发电系统集成企业;下游为光伏发电应用领域,包括分布式光伏发电和集中式电站。

目前,上游多晶硅和单晶硅生产业企业主要有保利协鑫、隆基股份、通威股份、中环股份等。而硅片生产企业已经呈现双寡头格局,中国的太阳能硅片占据全球市场份额的大部分,而在中国的市场中,主流的厂商主要有隆基股

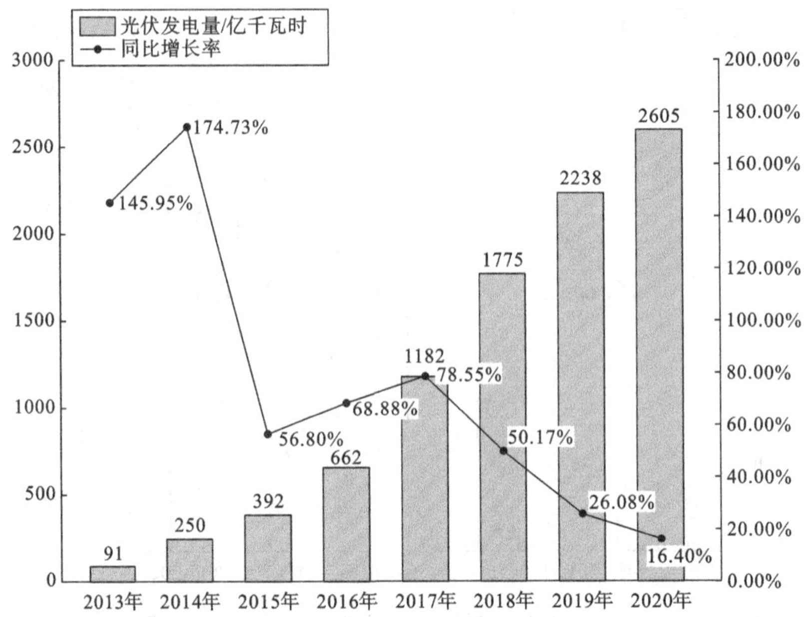

图 2-3　2013—2020 年中国光伏发电量变化情况

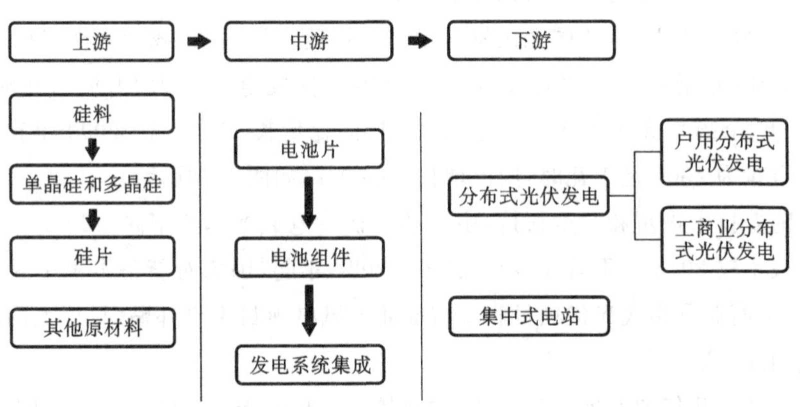

图 2-4　光伏发电产业链

份、中环股份、中晶科技等，产能格局仍高度集中，2020 年中环股份、隆基股份硅片对外销售规模分别约为 168.29 亿元和 155.13 亿元，两家公司占据绝对领先地位。

中游电池片和电池组件生产企业主要有通威股份、隆基股份、晶澳科技等。光伏发电系统中逆变器生产厂商主要有阳光电源等企业；涉及系统集成的包括亿晶光电、正泰电器等。部分企业，如隆基股份基本已经形成从单晶硅到电池组件再到电站光伏运营一套完整的光伏发电产业链。

2.1.1.3 发展前景及趋势预测

在碳中和背景下,我国将持续大力发展清洁能源,国内光伏市场仍然会有较大的发展空间,相关的国家政策将持续推动光伏行业发展。

《"十四五"规划纲要》明确提出要建设新一代能源体系,推动能源革命,建设环保、低碳、安全、高效的能源体系,提升能源供应保障能力。大力扩大光伏发电规模,加快中部地区和东部地区的分布式能源发展,建设一批多能源互补的清洁能源基地。2021 年 5 月 11 日,国家能源局发布了《国家能源局关于 2021 年风电、光伏发电开发建设有关事项的通知》,这清楚地表明,到 2021 年,全国风电和光伏发电在全社会能源消费中的比重将达到 11%左右,并将逐年增加,确保 2025 年非化石能源消费占一次能源消费比重达到 20%左右[2]。

可以预测到,光伏发电行业具有广阔的前景与良好的发展趋势。预计在未来,分布式光伏发电将进一步提速。分布式光伏发电能够做到因地制宜,配置灵活简单,靠近用户侧使用,可以有效提高用电量较多区域对太阳能资源的充分利用率。因此,分布式光伏发电也是光伏发电产业发展与推进的必然趋势。为推进分布式光伏发电的发展,浙江、山东、吉林、广东等省份已将分布式光伏发展作为推动能源转型的重要部分,写进"十四五"规划之中。表 2-2 所示的为部分省市分布式光伏"十四五"期间发展目标。

表 2-2 部分省市分布式光伏"十四五"期间发展目标

省 市	分布式光伏发展目标
浙江	新增装机容量超过 5000000 kW
山东	新增分布式光伏装机容量 10 GW 以上
吉林	中东部地区因地制宜利用分布式光伏
广东	拓展分布式光伏发电应用
河北	每个县(市、区)公共机构至少建成 10 个装机容量不低于 100 kW 的分布式光伏发电系统,省直公共机构至少建成 20 个装机容量不低于 100 kW 的分布式光伏发电系统

在政策推动和光伏发电成本下降的利好之下,光伏装机容量将持续攀升。根据中国光伏行业协会的预测,在"十四五"期间,我国光伏年均新增光伏装机容量或将为 70～90 GW[3],为达成 2030 年碳达峰,2060 年前实现碳中和,光

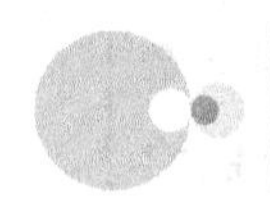

伏行业将成为长期处于高速发展的新能源行业之一，据此预测 2026 年我国光伏发电行业累计装机容量可能为 673～793 GW。结合我国国情，图 2-5 所示的为 2021—2026 年中国光伏发电行业累计装机容量预测。

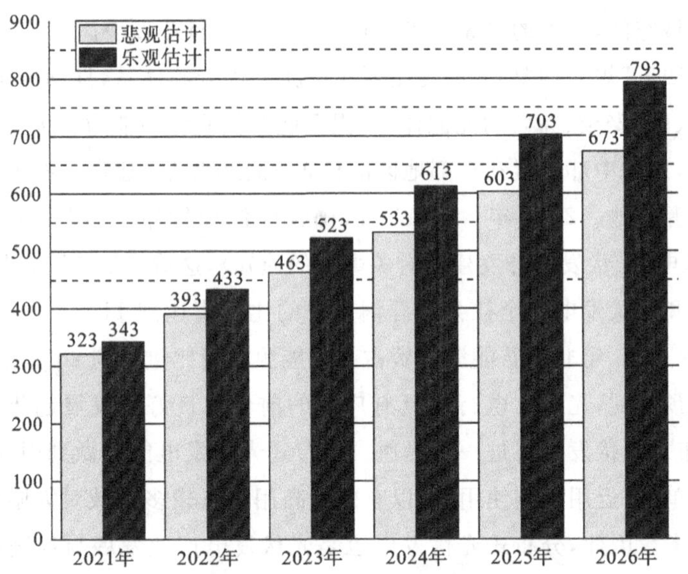

图 2-5　2021—2026 年中国光伏发电行业累计装机容量预测（单位：GW）

2.1.2　太阳能光热利用

我国太阳能光热资源充足，光热发电过程绿色环保，光热发电产业链中基本不会出现光伏电池板生产过程中的高耗能、高污染等问题，这是光伏发电不可比拟的优势。近些年来，光热发电已成为可再生能源领域开发应用的热点。

2.1.2.1　原理

太阳能光热发电原理为利用反射镜，将太阳辐射能聚集在吸热器上，加热吸热介质，将光能转化成热能，吸热介质再通过蒸汽发生系统产生高温、高压蒸汽，推动汽轮发电机组发电。其基本原理图如图 2-6 所示。

2.1.2.2　产业现状

我国于 2016 年 9 月开始了首批 20 个太阳能光热发电示范项目工程的建造计划，总装机容量约 1350 MW，但受融资及审批因素的影响，截至 2021 年 6 月，首批光热示范项目尚有约 700 MW（13 个存量项目）未全面开工建设。在我国太阳能发电示范项目政策的推动下，中国太阳能热发电新增和累计装机

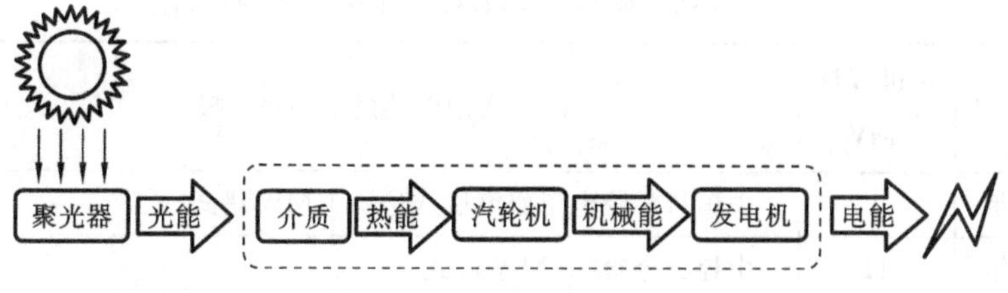

图 2-6　太阳能光热发电原理图

容量在近些年来发展迅速。

根据太阳能光热联盟统计，截至 2020 年底，全球太阳能热发电累计装机容量达到 6690 MW，我国并网的太阳能热发电累计装机容量达到 538 MW(含兆瓦级以上规模项目)。图 2-7 所示的为我国近些年来太阳能热发电累计装机容量变化情况。其中，首批太阳能热发电示范项目并网容量达到 450 MW。我国装机容量在全球占比达到 8%，较 2019 年提高了 2%。内蒙古乌拉特中旗 100 MW 导热油槽式太阳能热发电示范项目为 2020 年全球公开报道的唯一一座并网发电的太阳能热发电项目。关于我国的较大功率太阳能热发电项目，如表 2-3 所示。

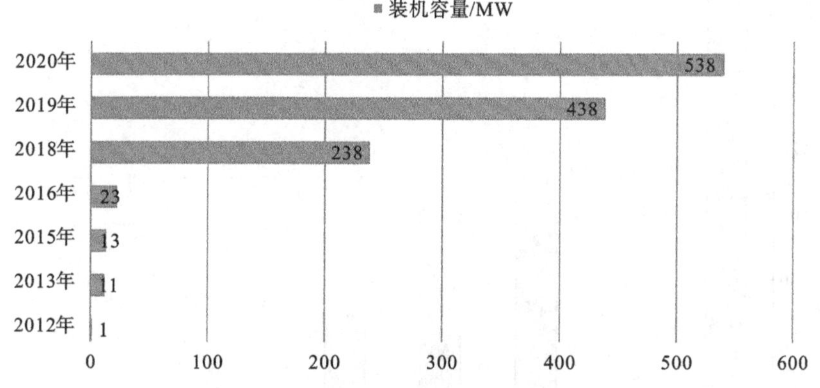

图 2-7　我国太阳能热发电累计装机容量

随着我国政府对太阳能热发电项目的投入，相关企业力量也在热发电领域起到了积极的作用。据国家太阳能光热产业技术创新战略联盟不完全统计，2020 年，我国太阳能热发电产业相关企事业单位数量达到 540 家左右。其中，聚光领域企事业单位数量最多，约为 167 家；其次是传储热领域，达到 104 家。我国 2020 年太阳能热发电产业链相关企事业单位分类及数量如图 2-8 所示。

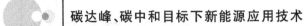

表 2-3　我国建成的兆瓦级以上太阳能热发电项目

时　　间	装机容量/MW	太阳能热发电项目规模
2012 年	1	中国科学院电工研究所八达岭 1 MW 塔式
2013 年	11	中控德令哈 10 MW 塔式
2015 年	13	兰州大成 1 MW 屋顶式聚光太阳能热电联供电站、拉萨市柳梧新区 1 MW 聚光太阳能分布式热电联供能源站示范项目
2016 年	23	首航敦煌 10 MW 塔式
2018 年	238	中广核 50 MW 槽式、首航敦煌 100 MW 塔式、青海中控 50 MW 塔式
2019 年	438	青海共和 50 MW 塔式、新疆哈密 50 MW 塔式、兰州大成 50 MW 线菲、鲁能海西多能互补 50 MW 塔式
2020 年	538	内蒙古乌拉特中旗 100 MW 导热油槽式示范项目

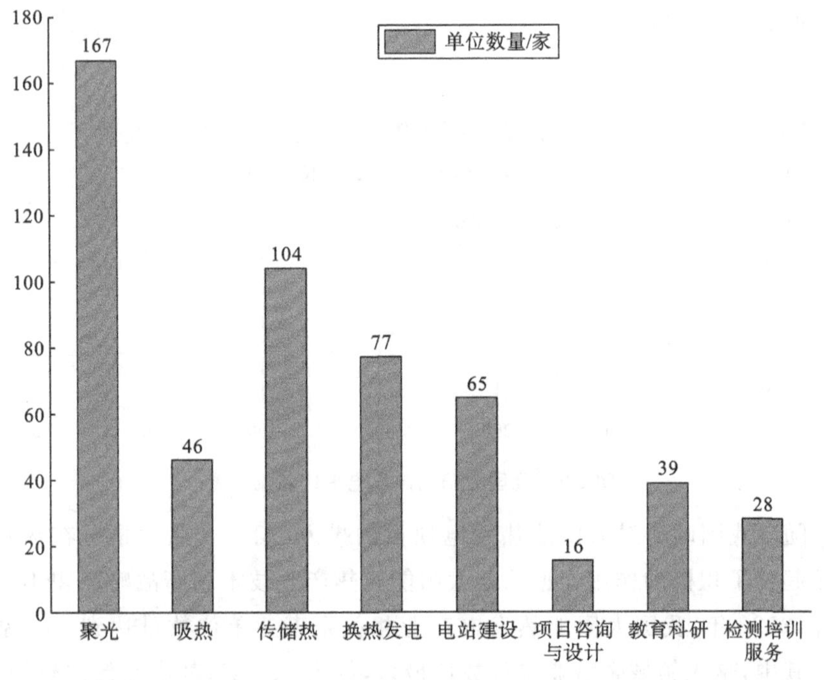

图 2-8　2020 年我国太阳能热发电产业链相关企事业单位分类及数量

据统计,参与太阳能热发电的企业数量呈现逐年快速增长的趋势,尤其是民营企业、国有企业以及事业单位。对比 2018 年企业占比情况,2020 年参与太阳能热发电的国有企业达到 153 家,比 2018 年增长了 87 家;民营企业达到 310 家,比 2018 年增长了 196 家;事业单位达到了 65 家,比 2018 年增长了 6 家。太阳能热发电技术类别中各类企事业单位分布情况如表 2-4 所示。

表 2-4　民营企业、国有企业、外企数量情况

技术类别	国有企业/家	民营企业/家	合资企业/家	外资企业/家	事业单位/家
专用材料	4	19	2	2	
专用设备	13	77		5	
吸热器	16	48			
流体输运类	10	51			1
换热器	18	54	3		
发电设备	7	7			
控制设备	5	20	1		
电站设计科研	23	2		1	16
电站投资建设	52	12		1	
服务类	5	8			7

如图 2-9 所示,参与我国太阳能热发电的企业中,占比最大的是民营企业,其次是国有企业,再者为事业单位,合资企业以及外资企业占比较小。由此可见,我国太阳能热发电产业依旧是国内企业参与为主导,外资参与建设为辅助的格局。

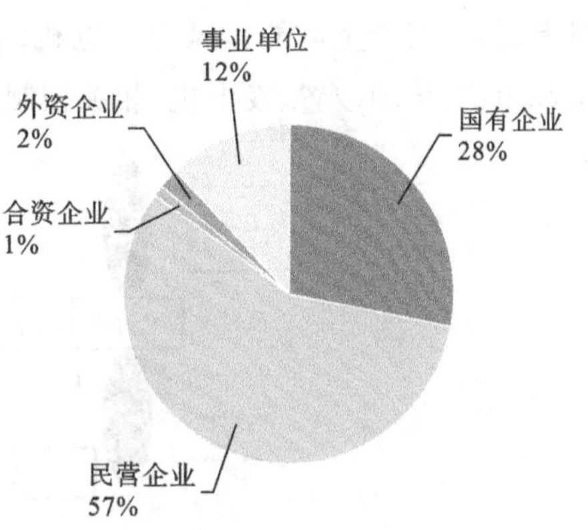

图 2-9　2020 年参与我国太阳能热发电各类企事业单位占比情况

2.1.2.3　发展前景及趋势预测

2021 年 3 月,《中华人民共和国国民经济和社会发展第十四个五年规划和 2035 年远景目标纲要》发布。根据规划,"十四五"期间将重点发展九大清洁能源基地,风电、光伏、光热都将是清洁能源基地的重要组成。

我国第一批大型风光基地已于近期有序开工，青海、甘肃、吉林等地已陆续启动了光热与光伏、风电一体化开发项目，其中就包含1010 MW光热发电项目。通过与风电、光伏发电基地一体化建设等方式，建设一定规模的光热发电项目，将是未来几年光热行业的主要方向。

按照国际能源署预测，中国光热发电市场到2030年将达到29 GW装机容量，到2050年将达到118 GW装机容量，成为全球继美国、中东、印度、非洲之后的第五大市场。以此推算，未来中国光热市场有望撬动一万亿级资金[4]。相信在我国政府和企业的共同努力下，太阳能光热发电产业必将在我国能源利用中发挥越来越重要的作用，未来发展前景广阔。

2.1.3 风力发电

2.1.3.1 原理

风能作为一种对环境没有危害的能源，可以说十分符合未来能源的发展趋势。充分利用地理环境和气候条件的优势，发展风电非常合适，具有良好的前景。

风力发电主要是利用风力发电机组，将风能所具有的能量转化为机械能，从而把机械能转化为电能[5]。风力发电的基本原理，是利用风力带动风电机片旋转，旋转起来的风电机片在传动装置和相关系统的控制作用下，带动发电机运动，从而产生电能。风力发电机结构原理如图2-10所示，主要关键部件由风力机、传动装置、发电机、相关控制系统等部分组成。

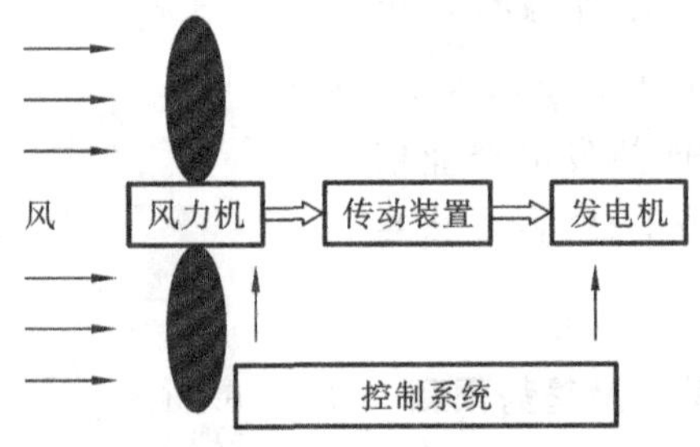

图2-10 风力发电机结构原理图

2.1.3.2 产业现状

风电产业是一种新型的可再生能源产业，大力发展风电产业，对重新构建能源结构，促进能源生产和消费革命，加快生态文明建设具有重要意义。中国已将风电产业列为国家战略性新型产业之一，在产业政策引导和市场需求拉动的双重推动下[6]，我国风能产业得到了迅速的发展，已成为我国少数几个能够参与国际竞争并获得重大优势的产业之一。

我国风电在 2020 年底迎来新增装机热潮。根据全球分能理事会(GWEC)相关数据显示，在 2019 年，中国风力发电新增装机容量是 2574 万千瓦，在全球风电新增装机容量中占比约为 42.62%。图 2-11 所示的为近些年来中国风电累计并网装机容量及在全球所占比重情况。2020 年前三季度，我国风电新增装机容量 1392 万千瓦，其中陆上风电占比较大，为 1234 万千瓦、其余 158 万千瓦为海上风电新增装机容量。从新增装机地域分布来看，“三北”地区占比极大，为 51%；中部、东部和南方地区合计占比约为 49%。

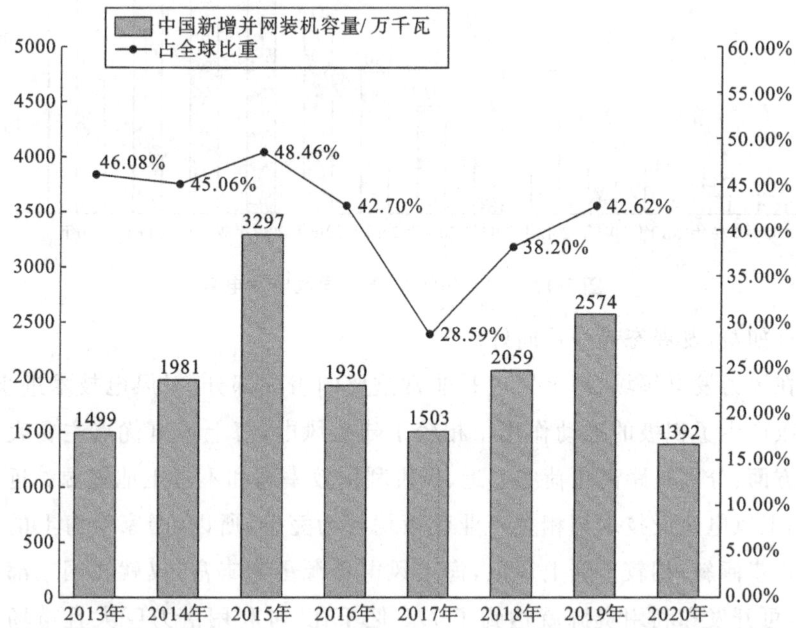

图 2-11　2013—2020 年中国风电累计并网装机容量及在全球所占比重情况

近十年来，我国风力发电量逐步增长。2019 年，中国风电发电量为 4057 亿千瓦时，同比增长 10.85%；2020 年上半年，全国风电发电量约 3317 亿千瓦时，同比增长 13.8%。关于 2008—2020 年中国风电发电量情况可参考图 2-12。

近些年来与风电相关的企业成立数量也大幅增加。在 2013 年仅仅只有 321 家新成立企业，但截至 2020 年 11 月，2020 年新成立企业有 2837 家，与 2013 年相比，上升了大约 7.84 倍。因此，整体来看，中国风电行业近些年来发

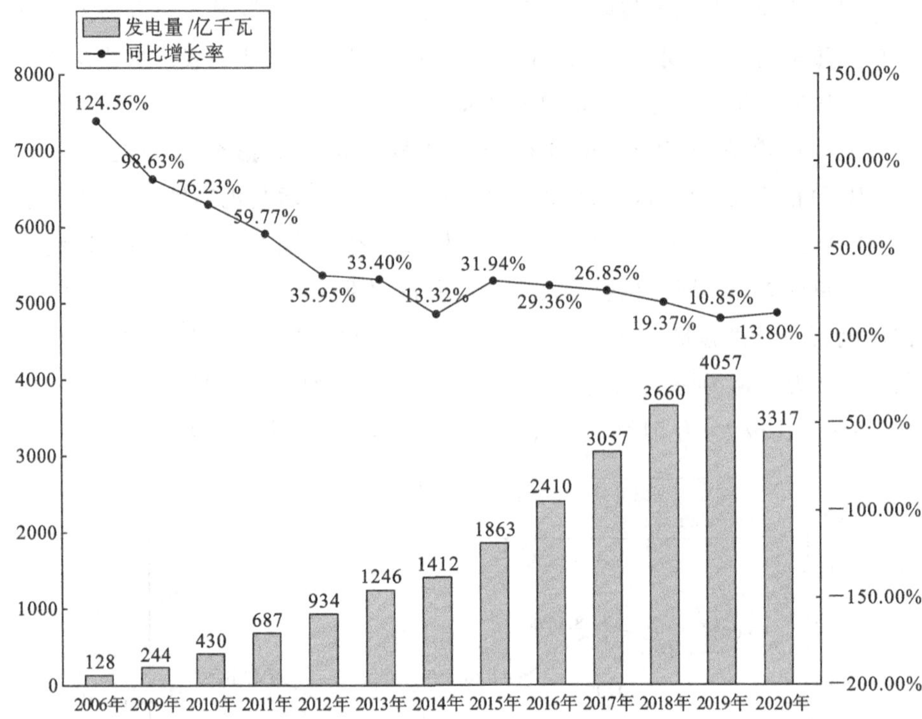

图 2-12 2008—2020 年中国风电发电量

展如火如荼，发展态势一片向好。

在风力发电领域，海上风电是非常重要的组成部分，对风电技术进步、产业升级产生了积极的推动作用。相较于陆上风电，海上风电优点主要表现在三个方面：分别是距离负荷中心近、风机利用效率高和不占土地资源。近些年来，陆上风电建设技术与相关产业政策均较为完善，所以，国家对海上的发电政策逐步倾斜；相较于陆上风电，海上风电资源更为丰富，仅就我国东部沿海而言，可开发和利用资源就达到了 7.5 亿千瓦，可利用潜力巨大且市场条件较好。

中国海上风电起步较晚。2007 年，中国第一台海上风电机组在渤海湾建成发电，到海上风电示范项目——龙源如东海上（潮间带）试验风电场建成，拉开了中国开发建设海上（潮间带）风电场的序幕；2010 年，上海东海大桥 10 万千瓦海上风电示范项目是中国建成的第一个大型近海海上风电场。在国家的规划和政策指导下，海上风电项目由潮间带到近海再到深远海，带动产业不断升级，实现中国海上风电规模化高质量发展。

据国家能源局统计数据显示,2013 年以来,我国海上风电市场份额稳步提升,2013 年,海上风电累计装机容量为 45 万千瓦,仅占总体的 0.58%,到 2020 年上半年,增长至 699 万千瓦,占总体的 3.22%[7]。图 2-13 所示的为 2013—2020 年中国风电行业竞争格局发展情况。预计未来,海上风电市场份额将进一步提升。

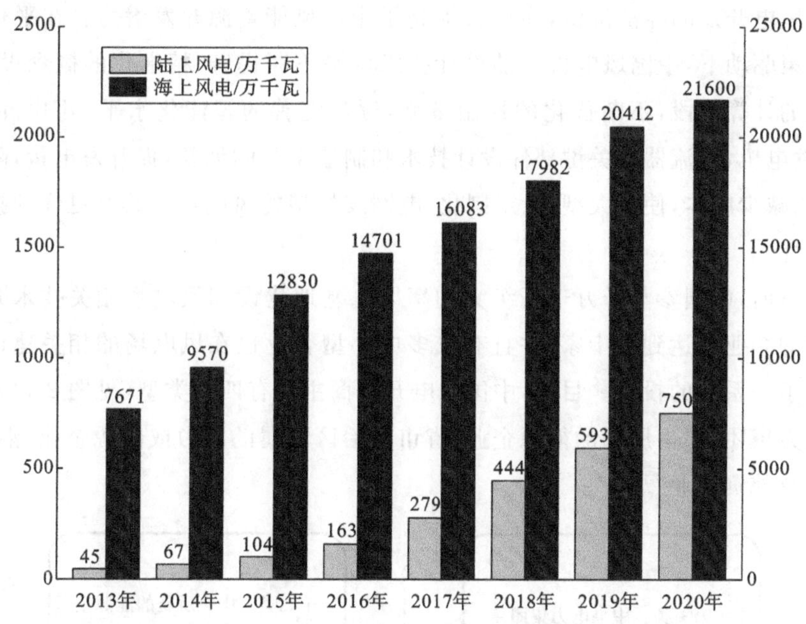

图 2-13 2013—2020 **年中国风电行业竞争格局发展情况**

关于我国的风电机组技术发展现状叙述如下:20 世纪 90 年代初,中国开始通过技贸合作的形式,引进国际上主流厂家的风电设备,开展并网风力发电场的建设,引进消化吸收风电机组技术,逐步进行国产化生产,为中国风电产业的形成奠定了基础。同时通过合资合作、技术引进、合作设计、消化吸收再创新等方式,在国家风电特许权项目的促进下,逐步实现了风电机组的国产化和技术创新。同时,中国已形成较为完备的风电设备配套产业链,风电设备零部件国产化率超过 95%。中国于 21 世纪初实现了 600 kW 级和 750 kW 级风电机组的批量生产能力,国产兆瓦级风电机组于 2006 年开始批量生产。经过十多年的发展,到 2020 年,中国陆上风电场主流机型单机容量已提高到2.0～2.9 MW(最大为 5 MW),陆上风电机组平均单机容量达到 2.6 MW,比 2010 年增长了 76%;海上风电场主流机型单机容量已超过 5.0 MW(最大为

10 MW)，平均单机容量大致为 4.9 MW，相比于 2010 年，增长了 85%。在风电机组研发创新方面，中国与国外基本保持同步，在某些方面处于领先地位。针对风电机组不同运行环境特点，中国企业开发出了低风速型、低温型、抗盐雾型、抗台风型、高海拔型等系列化风电机组。其中中国自主研发的低风速型风电机组，已将可利用的风能资源下探到 4.8 m/s 左右，这不但提高了低风速地区风电开发的经济价值，还极大提高了中国风能资源开发潜力。在平价上网政策驱动下，中国风电机组的设计技术水平不断提升，精细化的概念设计、先进的计算手段，不断优化的控制策略，逐步完善的智能化水平，叶片、齿轮箱、发电机、变流器等关键部件设计技术和制造工艺的创新，提升发电量，降低载荷、减少成本，使得大型化、定制化、电网友好型的风电机组具有更优的技术经济性。

目前，中国参与千万千瓦级大功率风电基地建设和风电场相关技术开发工作的企业已达到数十家，并且有较多中小型企业也在风电场的相关建设中做出了一系列的投入。目前，中国风电开发商主要有四大类型（见图 2-14）：中央电力集团，中央所属的能源企业，省市自治区所属的电力或能源企业，港资、民营及外资企业[8]。

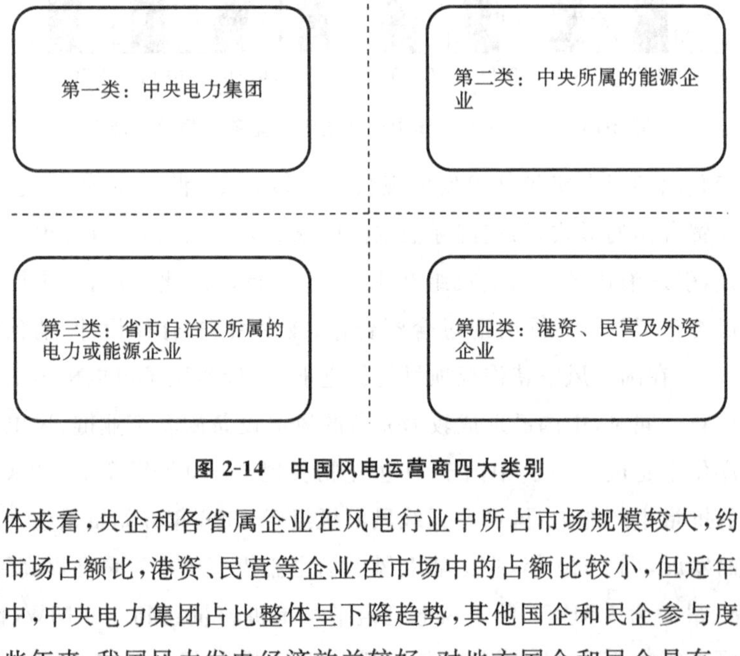

第一类：中央电力集团

第二类：中央所属的能源企业

第三类：省市自治区所属的电力或能源企业

第四类：港资、民营及外资企业

图 2-14　中国风电运营商四大类别

总体来看，央企和各省属企业在风电行业中所占市场规模较大，约达到了 90%的市场占额比，港资、民营等企业在市场中的占额比较小，但近年新增装机容量中，中央电力集团占比整体呈下降趋势，其他国企和民企参与度正在提升。近些年来，我国风力发电经济效益较好，对地方国企和民企具有一定的吸引力,越来越多的企业投入到风电行业,市场活力较强,具备良好的发展潜力。

2.1.3.3 发展前景及趋势预测

未来的五到十年是中国能源转型和绿色发展的关键期。按照习近平主席2020年12月在气候雄心峰会上提出的"到2030年,中国单位国内生产总值二氧化碳排放将比2005年下降65%以上,非化石能源占一次能源消费比重将达到25%左右,森林蓄积量将比2005年增加60亿立方米,风电、太阳能发电总装机容量将达到12亿千瓦以上"的目标要求,"十四五"期间中国可再生能源将成为能源消费增量的主体[9]。今后十年中,风电和光伏的年新增装机规模需达到1亿千瓦以上。

在2020年10月14日,来自全球400余家风能企业的代表通过了《风能北京宣言》,宣言明确表示未来将大力快速发展全球风电行业,中国政府也制定了明确的风电中长期发展规划目标,并把风电作为"碳中和国家"的建设基本方略[10]。结合我国风力资源的潜力、风电相关技术的发展速度、风电并网消纳技术的实现等多方面考量,为了实现碳中和的战略目标,在"十四五"规划中,需要为风电进行与碳中和国家战略相适应的规划设计:需确保风电年均新增装机容量超过5000万千瓦。2025年后,中国风电年均新增装机容量需在6000万千瓦及以上,到2030年中国风电累计装机容量至少达到8亿千瓦,2060年时不低于30亿千瓦[11]。

2.1.4 水力发电

2.1.4.1 原理

水力发电的基本原理主要为利用水从高处落下所具有的大量动能和重力势能进行做功,推动水轮机旋转,从而带动发电机发电。图2-15所示的为典型的水电站示意图。水力发电的效率较高,发电成本也不是很高,绿色环保,充分利用了水能的优势,但一般要在具有大江大河的地方建设相关水电站,具有一定的地域性限制。

2.1.4.2 产业概括与产业现状

自新中国成立以来,我国的水电发展主要经历了三个阶段,分别是起步发展阶段、快速发展阶段、自主创新阶段。1949年起,我国对部分水电站进行了加固、补强和改扩建工作;开展了中小河流的开发规划;设计了一批中小型水电站。这些中小型水电站建设较快,投入资金较少,充分满足了当地生产发展

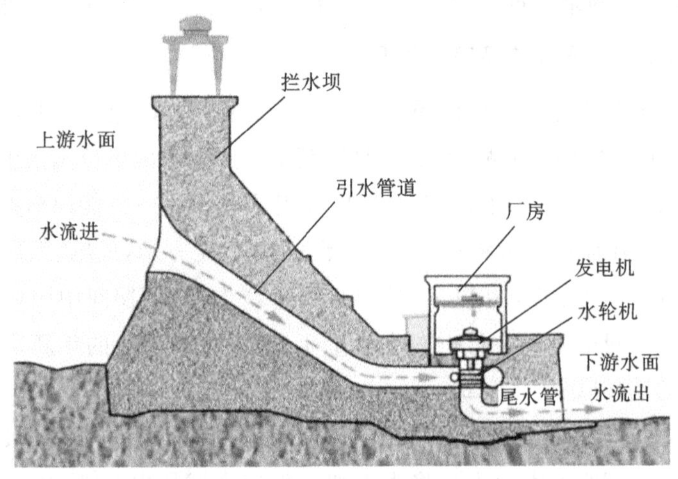

图 2-15　水电站示意图

的需求。同时，这一阶段在学术体系所提出的理论与技术成果后来成为制定水电行业规范的基础。1980 年，水电开展了建设体制改革的探索。体制改革解放了生产力，对外开放注入了新活力。两者相互促进，极大地提高了生产效率。2000 年以来，水电投资领域引入竞争机制，投资主体多元化，梯级开发流域化，现代企业管理的制度创新，加快了水电开发建设的步伐，促使水电成为促进清洁可再生能源大规模并网的平台。

我国的水能资源储量世界第一，但可开发的水能资源量还不足总量的一半。2006 年我国正式公布的水能资源量，经济可开发年发电量为每年 1.75 亿千瓦时，技术可开发量为每年 2.47 亿千瓦时，相应的还有经济可开发装机容量 4 亿多千瓦，技术可装机容量 5 亿多千瓦等。此后，在 2015 年的“十三五”水电规划中，我国的水能资源量的表述，基本上已经同国际接轨，不再区分经济可开发和技术可开发，统一表述为水电可开发资源每年 3 亿千瓦时。

不仅如此，实际上水电资源的可开发量，还会随着资源普查的深入而增加。据了解，仅根据 2017 年间新的水电勘测结果，我国的水电开发资源就已经上升到了 3.02 亿～3.07 亿千瓦时。这一最新的我国水电可开发资源量有可能会在“十四五”专项规划中披露。总之，我国的水电资源不仅十分丰富，而且，未来的可发展空间仍然巨大。

截至 2020 年底，中国水电装机容量约为 3.7 亿千瓦，约占全国发电总装机容量的 19%；发电量约为 12000 亿千瓦时，占全部可再生能源发电量的

60%以上。水力发电仍在可再生能源发电中占据主要地位。图 2-16 所示的为 2014—2020 年中国水力发电装机容量变化情况。

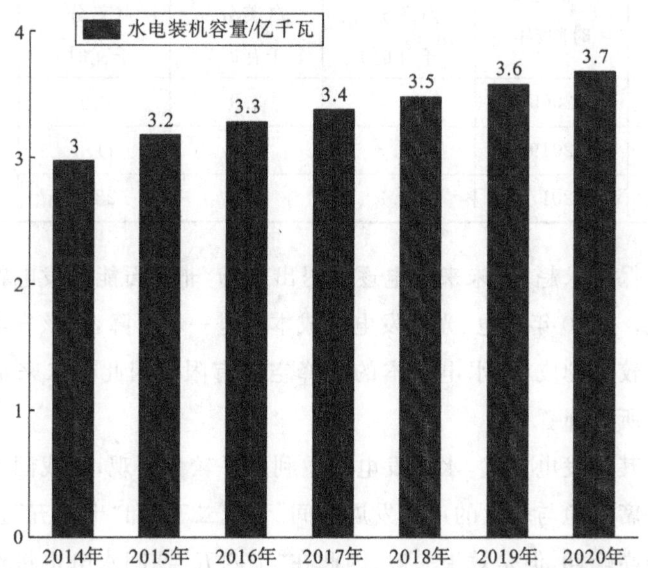

图 2-16　2014—2020 年中国水力发电装机容量变化情况

根据 Energy Intelligence 的数据及预测,目前水电是一种成本较低的发电方式,仅有 6.1 美分/千瓦时,与陆上风电、光伏发电等发电形式相近,且远低于海上风电、太阳能光热、煤电、核电、潮汐等发电形式。因此,目前水电的发电成本具有较强的竞争力。表 2-5 所示的为各类能源发电成本情况及预测情况。

表 2-5　各类能源发电成本情况及预测情况

能源种类	价格达峰时间/年	峰值价格/(美分/千瓦时)	2019 年价格/(美分/千瓦时)	2020 年价格/(美分/千瓦时)	2050 年价格/(美分/千瓦时)
陆上风电	2010	11.6	6.0	5.4	3.6
海上风电	2010	20.9	10.6	10.3	5.3
水电	2010	6.6	6.1	6.1	6.1
太阳能光伏	2000	50.0	6.5	5.9	2.4
太阳能光热	2012	23.8	14.3	14.0	9.6
煤电	2018	15.8	15.2	14.3	10.8

续表

能源种类	价格达峰时间/年	峰值价格/(美分/千瓦时)	2019年价格/(美分/千瓦时)	2020年价格/(美分/千瓦时)	2050年价格/(美分/千瓦时)
天然气	2005	10.7	3.9	3.7	6.4
核电	2019	11.3	11.3	11.1	10.1
潮汐能	2017	30.9	28.8	28.1	14.6

随着环保要求趋严，未来火电逐渐退出市场，非化石能源发电将成为主要的发电模式。2050年风电、光伏发电的成本将进一步下降，但核发电受技术因素影响仍有较高的成本，水电成本的下降空间有限。因此在未来水电的成本优势将会有所下降。

相比于其他发电方式，水力发电的盈利水平较为可观，在我国的发电市场中仍占有一席之地与较大的市场发展空间。“十二五”和“十三五”正是中国大水电投产的高峰期，但是效果一般，因此在“十四五”期间水电也将作为重点发展对象，将水力发电作为优先上网的选择，消纳水平有一定的支持保障，水电的盈利虽然不是很大，但贵在回报较为稳定且可长期持续发展，绿色环保。根据2020年部分能源电力龙头企业数据分析，火电相比风电、水电、太阳能发电的毛利率较低。风电、水电、光伏发电均属于高毛利率的发电业务。水电相较于风电、光伏的毛利率较低。综上所述，水电盈利性处于较高水平，相比于火电具有较强的盈利性竞争力，但是相比于风电和光伏，其盈利性竞争力较弱。

我国水力资源丰富，但其时间、空间分布不均。正是由于水资源的分布具有的空间性和时间性，导致我国水力发电行业呈现出一定的区域性竞争与垄断的局面。根据中国电力库数据统计，截至2020年，四川的水电装机容量7892万千瓦排在全国第一；云南位居第二，其水电装机容量为7556万千瓦；湖北排在第三，其水电装机容量仅约占云南省的一半——3757万千瓦；接着是贵州、广西等。

2020年中国水力发电量最多地区为四川，水力发电量为3541亿千瓦时，占比26%；其次是云南，水力发电量为2960亿千瓦时，占比22%；再次是湖北，水力发电量为1647亿千瓦时，占比12%。表2-6所示的为2020年水力发电量TOP5地区及占比情况。

表 2-6　2020 年水力发电量 TOP5 地区及占比情况

排　　名	地　　区	水力发电量/亿千瓦时	占　　比
1	四川	3541	26%
2	云南	2960	22%
3	湖北	1647	12%
4	贵州	831	6%
5	广西	614	5%
全国		13552.1	100%

我国的水力发电行业以国有垄断为主，三峡集团的长江电力水电装机容量达到 4560 万千瓦，位居我国第一，处于遥遥领先的水平；其次是大唐集团，其水电装机容量达到 2738 万千瓦；华电集团排在第三，其水电装机容量达到 2691 万千瓦。表 2-7 所示的为中国水电装机容量 TOP5 企业排名情况。

表 2-7　中国水电装机容量 TOP5 企业排名情况

排　　名	企 业 名 称	水电装机容量/万千瓦
1	中国长江电力股份有限公司	4560
2	中国大唐集团有限公司	2738
3	中国华电集团有限责任公司	2728
4	中国华能集团有限责任公司	2691
5	国家电力投资集团有限责任公司	2401

三峡集团的长江电力水电装机量约占到全国的 12.29%，五大发电集团旗下的水电总装机规模约占到全国的 1/3，约 33.57%。我国水力发电行业 CR2 为 19.69%，CR3 为 27.06%，CR4 为 34.34%，CR5 为 40.83%、CR6 为 45.86%。图 2-17 所示的为 2020 年水电装机容量 TOP6 企业占比情况。由此可见五大集团与长江电力总和接近市场的一半份额，行业集中度较高。

2.1.4.3　发展前景及趋势预测

在碳中和的愿景下，预计“十四五”时期水电装机规模将继续推进，水力发电产业在未来较长一段时间内具有良好的前景。

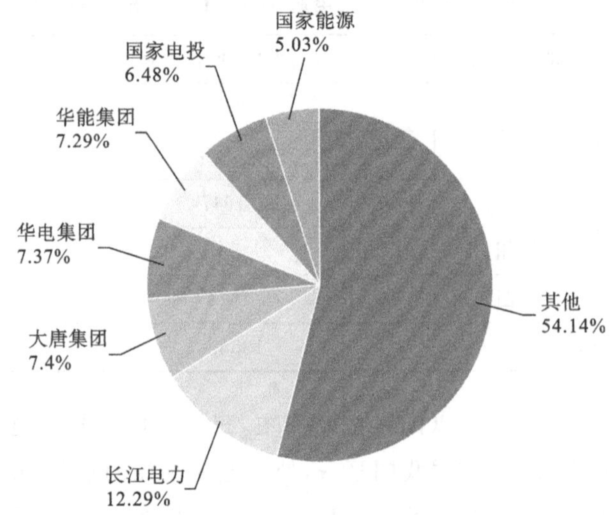

图 2-17　2020 年水电装机容量 TOP6 企业占比情况

2020 年，全国全口径发电装机容量达 220058 万千瓦，全国全口径水电装机容量达 37016 万千瓦，约占全部装机容量的 16.82%。

2021 年 2 月国家能源局下发《关于征求 2021 年可再生能源电力消纳责任权重和 2022—2030 年预期目标建议的函》，官方首次正式提出 2030 年非化石能源占比目标 25%并确保完成，明确 2030 年可再生能源占比须达到 40%。根据中国水电发展远景规划，到 2030 年水电装机容量约为 5.2 亿千瓦，其中，常规水电 4.2 亿千瓦[12]，抽水储能 1 亿千瓦，水电开发程度约 60%；到 2060 年，水电装机容量约 7.0 亿千瓦，其中，常规水电 5.0 亿千瓦，新增扩机和抽水储能 2.0 亿千瓦，水电开发程度 73%，届时基本达到西方国家的开发水平。基于以上数据，预测到 2026 年时，我国水电装机容量预计达到 4.41 亿千瓦。图 2-18 所示的为 2021—2026 年中国水力发电行业装机容量预测情况。

2.1.5　生物质能

2.1.5.1　原理

生物质在地球上广泛存在，主要包括动物、植物和微生物，以及它们派生、排泄和代谢的有关物质等。生物质能发电是指利用生物质所具有的生物质能进行的发电过程，包括农林废弃物直接燃烧发电、农林废弃物气化发电、垃圾

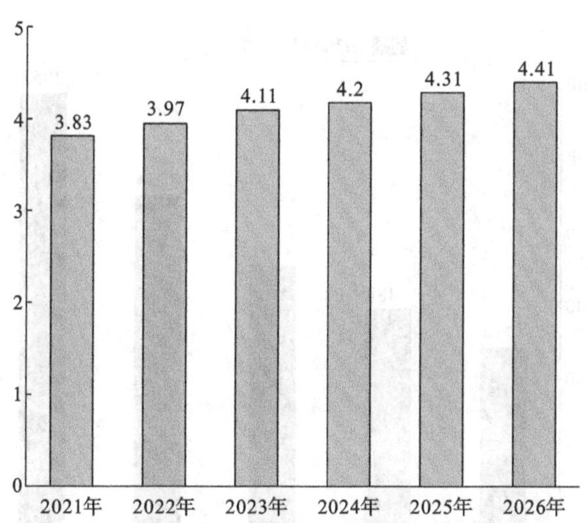

图 2-18　2021—2026 年中国水力发电行业装机容量预测情况(单位:亿千瓦)

焚烧发电、垃圾填埋气发电、沼气发电等[13]。生物质能是可再生能源发电的一种。利用生物质能发电是生物质能的相关开发利用中较为成熟、普遍利用的方式之一。在一些发达国家,生物质能发电已经非常成熟,形成了较为完整的产业结构,成为其发电和供热的重要方式之一。图 2-19 所示的为典型的生物质能利用示意图。

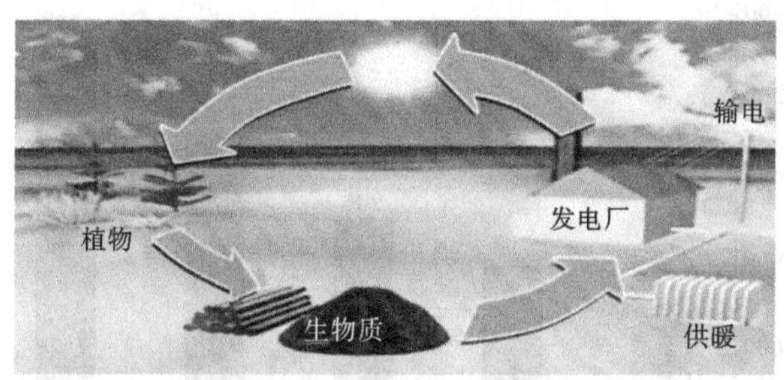

图 2-19　生物质能利用示意图

2.1.5.2　产业现状

近些年来,随着我国废弃物利用技术的提升,生物质能发电迎来行业快速增长期。数据显示(见图 2-20),2020 年,全国生物质能发电装机容量达到 2952 万千瓦,同比增长 22.6%。

由于生物质能发电装机容量逐年增长,我国生物质能发电量也呈现增长

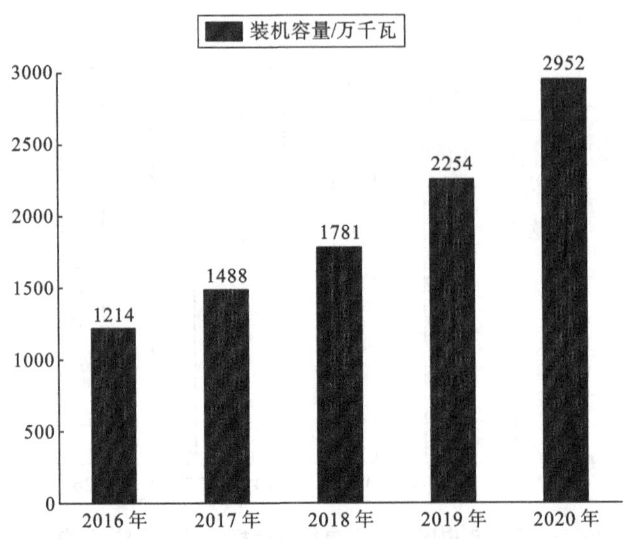

图 2-20　2016—2020 年中国生物质能装机容量统计情况

趋势。2020 年中国生物质能发电量 1326 亿千瓦时，同比增长 19.4%，继续保持稳步增长势头。图 2-21 所示的为 2016—2020 年中国生物质能发电量变化趋势图。

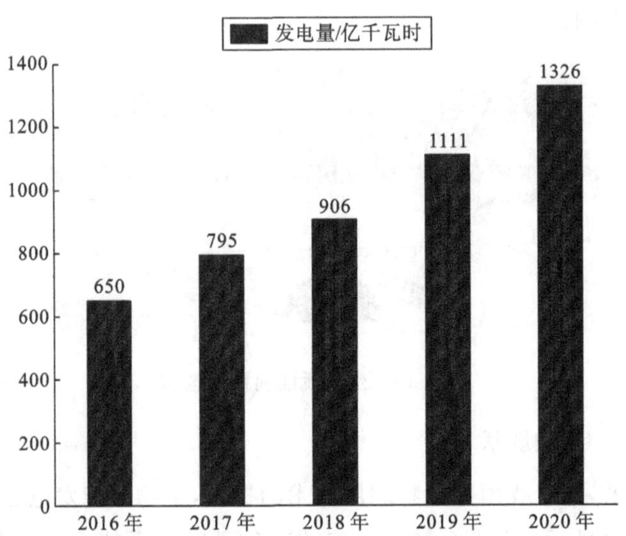

图 2-21　2016—2020 年中国生物质能发电量变化趋势图

随着生物质能发电快速发展，生物质能发电在我国可再生能源发电中的比重呈逐年稳步上升态势。截至 2020 年底，我国生物质能发电累计装机容量占可再生能源发电装机容量的 3.2%；总发电量占比上升至 6.0%。生物质能发电的地位不断上升，反映生物质能发电正逐渐成为我国可再生能源利用中的新生力量。

在生物质能发电装机容量中，垃圾焚烧发电和农林生物质能发电合计贡献 96%。根据国家能源局统计数据，截至 2020 年底，全国生物质能发电在建容量 1027.1 万千瓦。其中，垃圾焚烧发电 624.5 万千瓦，占比 60.8%；农林生物质能发电 382.9 万千瓦，占比 37.3%；沼气发电 19.7 万千瓦，占比 1.9%。截至 2020 年底，全国生物质能发电累计并网装机规模 2962.4 万千瓦。其中，垃圾焚烧发电 1536.4 万千瓦，农林生物质能发电 1338.8 万千瓦，沼气发电 87.2 万千瓦。图 2-22 所示的为 2020 年中国生物质能发电累计并网装机规模结构图。

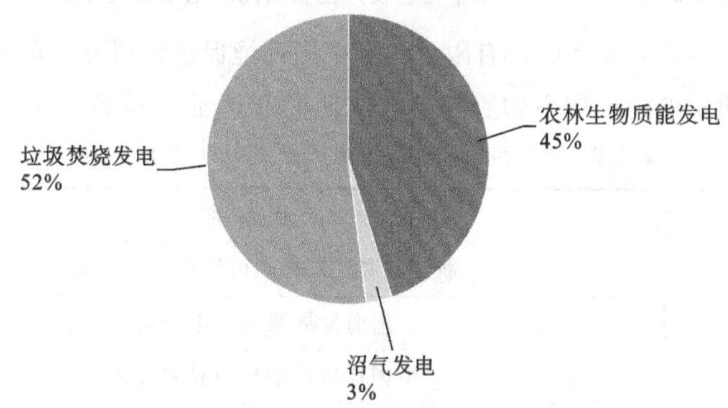

图 2-22　2020 年中国生物质能发电累计并网装机规模结构图

在国家政策和财政补贴的大力推动下，我国生物质能发电投资持续增长。数据显示，2020 年我国生物质能发电投资规模突破 1600 亿元，全国已投产生物质能发电项目 1353 个，较 2019 年增长了 259 个，较 2018 年增长了 451 个。图 2-23 所示的为 2016—2020 年中国已投产生物质能发电项目变化趋势图。

在生物质能发电相关企业方面，数据显示，我国生物质能相关上市企业共有 26 家。其中，广东有 4 家上市企业，占比达 15%；江苏有 4 家上市企业，占比达 15%；四川有 3 家上市企业，占比达 12%。

在生物质能发电行业优秀企业排行榜中，浙江富春江环保热电股份有限

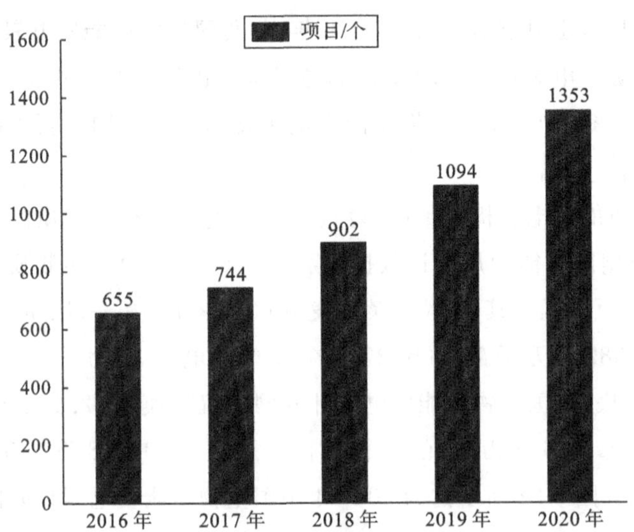

图 2-23　2016—2020 年中国已投产生物质能发电项目变化趋势图

公司排名第 1，南海发展股份有限公司和中国环境保护公司分别位列第 2 和第 3。表 2-8 所示的为中国生物质能发电行业 TOP10 企业排名。

表 2-8　中国生物质能源发电行业 TOP10 企业排名

排　名	企业名称
1	浙江富春江环保热电股份有限公司
2	南海发展股份有限公司
3	中国环境保护集团有限公司
4	桑德环境资源股份有限公司
5	杭州锦江集团有限公司
6	深圳能源环保股份有限公司
7	大唐安庆生物质能发电有限公司
8	南京协鑫热电有限公司
9	华电宿州生物质能发电有限公司
10	山东京能生物质能发电有限公司

2.1.5.3　发展前景及趋势预测

目前看来，我国生物质能发电发展已超规划预期，在相关政策的支持下，生物质能的市场潜力正逐渐释放，中长期前景良好。

生物质能发电技术是目前生物质能应用中最普遍、最有效的方法之一。若结合BECCS(生物能源与碳捕集和存储)技术,生物质能将创造负碳排放。未来,生物质能将在各个领域为我国2030年碳达峰、2060年碳中和做出巨大减排贡献。目前我国生物质能资源量能源化利用量约4.6亿吨,生物质能的各类利用途径包括生物质能发电、生物质能清洁供热、生物天然气、生物质能液体燃料、化肥替代等,共实现碳减排量约为2.18亿吨。

预计到2030年我国生物质能发电总装机容量将达到5200万千瓦,提供的清洁电力超过3300亿千瓦时,碳减排量超过2.3亿吨。到2060年,我国生物质能发电总装机容量达到10000万千瓦,提供的清洁电力超过6600亿千瓦时,碳减排量超过4.6亿吨。

2.2 可再生能源接入技术

可再生能源发电后,如何并入电网运行,使得电力能够调度运用是可再生能源发电技术利用中的重要一环。与传统能源相比,新能源发电具有波动性、随机性、间歇性与不确定性,在并入电网运行时,由于其自身固有的特点,会给电力系统带来诸如电压峰值过高、有功功率不平衡、潮流震荡等一系列问题,严重影响电力系统的稳定性与安全性。因此如何将新能源有效并入电力系统,是新能源发电过程中的重要一环。在新能源并网过程中,电力电子技术起到了重要的作用,无论是独立发电还是并网发电,无论是大规模发电还是分布式发电,都需要利用电力电子变换器进行电能变换和控制[14]。针对不同的新能源各自特点,在并网过程中存在各自相应的问题与不同并网方式与手段。

近些年来,我国光伏发电与风力发电发展迅速,相关并网技术也取得了快速突破性的发展,产业体系较为完善;随着分布式电网、微电网的发展,对大规模新能源并网技术的研究也有了一定的进展。

下面初步叙述大规模新能源并网接入过程对系统的影响,并介绍其中的相关问题与最新技术。考虑到我国国情和新能源发展的现状和趋势,对光伏发电与风力发电并网过程中的相关问题与关键技术进行进一步较为详细的叙述。与此同时,对分布式电源及其并网相关问题进行简单的介绍。

2.2.1 大规模新能源并网的系统级影响

由于新能源的间歇性、波动性使得新型电力系统的电力电量平衡困难,调峰和供电保障压力加剧，新能源弃电率、供电不足、调峰能力缺额、新能源电量占比等一系列指标高度关联，使得电力系统面临着电力电量平衡困难等问题。这就要求系统具有更多可调节资源，面临着运行更灵活的技术挑战。针对以上问题，目前可用的手段主要包括火电机组的灵活性改造，增加系统的调峰能力；需求侧响应能力的挖掘，包括大规模电动汽车的 V2G 技术；储能的广泛配置与应用，氢能在未来电力系统中跨季节平衡的应用；需要对电网的调度能力进行优化与提升，在这方面，主要通过"人工智能技术""数字化技术"为电网运行调度深化赋能。

在并网过程中将会大量使用电力电子设备，基于电力电子设备的新能源发电同步机制发生重大变化，其弱支持性及抵抗性导致新型电力系统故障响应过程中不确定性更强，对电网冲击更大，极易引发连锁反应与系统稳定破坏风险。随着新技术的发展，对新能源发电的故障穿越要求、惯性与频率支撑技术，以及新型电网稳定控制技术及新能源发电的 grid forming 技术，将帮助电力系统重新获得安全稳定的新边界。

2.2.2 并网光伏发电及相关接入技术

根据运行方式的不同，光伏发电系统可分为独立型、网络型和混合型三种类型。与独立光伏系统不同，并网光伏系统会接入电网运行，可以通过输电线路进行电能的较远距离传输利用，而且基本上不需要考虑负载特性的影响，应用范围与应用前景更为广阔，因此也是本章的重点叙述部分。图 2-24 所示的为光伏发电并网示意图。目前，连接到电网的光伏发电系统有两种发展模式，分别为"大规模发展，中高压接入"和"分散发展，低压本地接入"。因此，与中国电网相连的光伏发电系统可分为集中式光伏发电系统和分布式光伏发电系统两大类[15]。

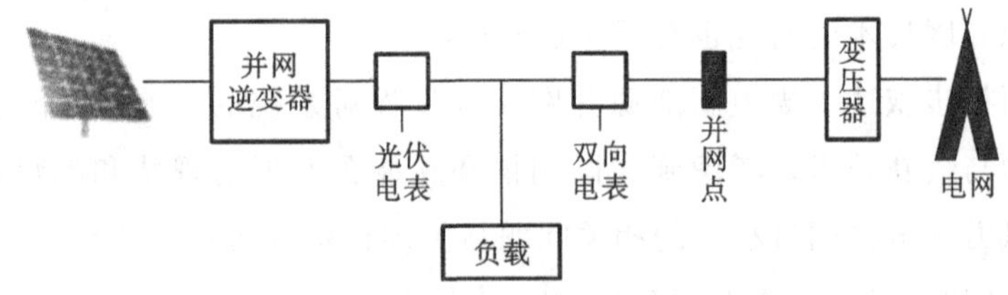

图 2-24　光伏发电并网示意图

连接到公共电网的太阳能光伏发电系统称为并网光伏发电系统，其结构如图 2-25 所示。该系统包括太阳能电池阵列、DC/DC 变换器、DC/AC 逆变器、交流负载、变压器等部件。连接到电网的光伏发电系统可以将通过太阳能电池阵列输出的电流转换为与电网电压具有相同宽度、频率和相位的交流电[16],从而通过电网对该交流电进行传送,但大规模太阳能光伏发电并入电网时,会在一定程度上对电力系统的稳定性、安全性等方面造成一定的影响,这是需要重点考虑和注意的地方。

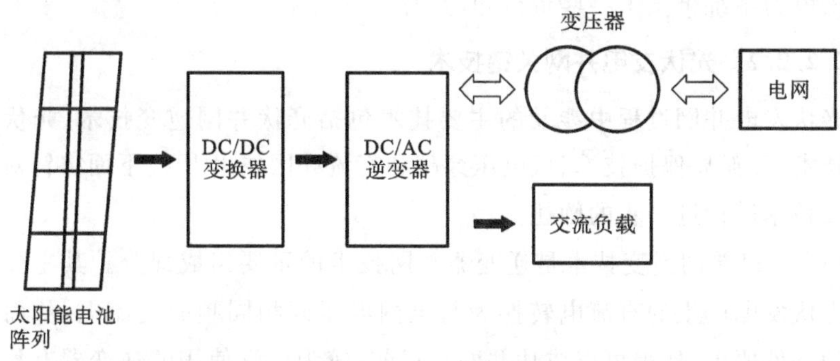

图 2-25　并网光伏发电系统结构示意图

2.2.2.1　大规模光伏发电并网对电力系统的影响

1. 对无功功率和系统电压特性的影响

为了产生光伏能源,通常需要在戈壁、沙漠和其他海拔高、日照时间长的地区建造电能生产厂。这些地区人口通常较少,对电能的需求低,导致负荷水平也偏低,光伏发电所连接的区域电网短路容量也较小,产生的大量电力需要通过高压输电网络进行较长距离的传输。在此过程中,随机浮动的有功输出将对电网的无功平衡特性产生一定的影响,从而会导致沿线的母线电压发生显著波动。无功功率水平有限,以及对目前连接到电网的大规模光伏电源电压的支持,会在一定程度上增大电压质量超限或者失去稳定性的概率。

2. 对功角稳定性的影响

大规模光伏发电后,产生的电能将通过并网逆变器和变压器接入电网,具有随机波动和无惯性矩的特性,从而在一定程度上影响原电网通道的功率传输和潮流的分布,减小电网系统的等效惯性。在穿越期间,光伏具有不同于先前常规发电机的动态支撑技术。因此,当大规模光伏发电接入电网时,电网功角的稳定性会发生一定程度的变化。这种功角的变化与光伏网络连接的规模和位置、光伏功率控制技术和电网拓扑结构均有一定的关联[17]。结合相关研究可以知道，接入光伏对功角稳定性可能起到积极作用，也可能起到消极作用，从而降低电网功角的稳定性。

3. 对电能质量的影响

大型光伏机组接入电网运行后，原有电网系统的网络结构得到了扩展，不同数量和大小的光伏机组接入改变了电网结构，这使得难以有效控制电网的潮流分布，降低了配电网的电压质量。此外，电网中用户端电子设备的不断增加也给电力系统带来了一些负荷和污染。

2.2.2.2 光伏发电并网关键技术

光伏发电并网过程中涉及的主要技术包括光伏并网逆变技术、光伏并网监测技术、反孤岛保护技术、低电压穿越和直流并网技术[18]。下面将针对以上各主要技术进行进一步的阐述。

(1) 光伏并网逆变技术是逆变器并网技术的重要组成部分。其主要功能是将光伏发电产生的直流电转换为与电网电压同相同频的交流电，从而达到并网的条件要求，使得可以成功并网。目前，较为广泛使用的逆变器有集中式逆变器、串联式逆变器和微型逆变器三大类，它们有着各自的特点和不同的适用场合。

(2) 为了保证光伏发电并网的可靠、安全高效运行，光伏并网检测技术起着十分重要的作用。目前，大多数大型发电厂都配备了监控系统。除了常规的数据采集和保护功能外，它们通常还能够管理光伏系统的能量，控制不同应用的光伏发电功率，能够对系统的安全性提供一定的保障，有些还兼有实现远程操作控制的能力。

(3) 反孤岛保护技术的主要作用是：在电网意外发生故障时，能够在很大程度上避免发电系统与本地负荷功率发生匹配，形成短时间内的孤岛系统，对电力系统中的设备造成损伤或者致使人身安全事故的发生。孤岛检测技术可大致上分为三类：远程方法、被动方法和主动方法。

(4) 连接光伏能源网络的光伏网络正在向大规模化和集群化发展。国内外已形成一批兆瓦级光伏发电基地。然而，远程电网相对薄弱，采集、直流驱动和接入交流电网的成本和效率越来越低，大规模光伏发电基地与高压直流技术的结合是必然的发展趋势。

2.2.3 风电并网接入

为确保风力发电电能供应的完成、有效输出电能，风力发电并网是一个不可取代的过程。根据系统的运行方式,风力发电机组可以分为离网型运行机组、互补运行机组和并网型运行机组。离网型风力发电系统也称为独立运行的风电系统。风电机组不接入电网运行,直接向远离电网的用户供电,主要应用在电网质量与电能条件较差、人们居住较为分散的偏远山区、海岛等地区,为当地居民提供生活所需的用电量和部分生产用电等。离网型风电机组容量为几百瓦至几十千瓦,一般配备有蓄电池等储能环节以保证供电的可靠性。互补运行方式是风力发电与光伏发电等其他发电形式联合发电,以实现不同发电形式的优势互补[19]。

并网型风力发电系统与大电网相连,向电网输送电能,并由大电网提供平抑负荷波动、无功补偿等各种辅助功能。并网运行的风力发电场能够得到大电网支撑,减小因为风电间歇性和不稳定性造成的供电不可靠性,是现代风电产业发展的主流,也是本部分重点讲述的内容。

由于风能变化的随机性和不确定性,导致风力发电不十分稳定,风力发电具有间歇性与波动性的特点,随着风电场的大规模并网,会对电网的电能质量控制,系统的安全性和稳定性等产生一定的影响。如何采用相关技术手段使风力能顺利并网,这决定未来风力发电应用的未来。

2.2.3.1 风力场并网对电力系统的影响

1. 对电能质量的影响

风电对电能质量的影响主要包括以下三个方面。

一是风速变化、湍流和风机尾部流动效应引起的紊流,会在一定程度上造成风电机组的频繁启停或者功率的变化。

二是采用软启动的方式对风电进行并网时,相关装置会产生各次不利的谐波。

三是风电经逆变器等电力电子装置并网时,脉冲宽度调制(PWM)变换器会产生谐波。谐波的次数和大小与使用的装置和滤波技术均有一定的关系。

2. 对电网电压的影响

风力发电的质量与风能的质量密切相关。由于风力资源分布上的有限性,许多风电场会建设在电网的末端,由此带来风电并网时会在一定程度上影响电网电压和稳定性的后果。此外,还有许多风力涡轮机使用感应发电机,感应发电机的工作离不开无功支持,从这个意义上讲,连接到电网的风力发电机属于无功负荷。为保证能量平衡与风电机组的正常运行,每台风电机组需配

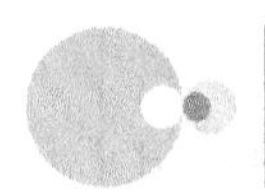

备相应的无功能量补偿装置。风力发电对电网电压的影响主要包括缓慢(静止)电压波动、闪变、波形(谐波)畸变和电压不平衡、暂态电压波动等方面。

3. 对电网稳定性的影响

风电对电网稳定性的影响主要体现在对电压稳定的影响,其形成原因如下。

(1) 利用电容器进行无功补偿是补充无功功率的一种常用手段,其补偿量的大小与接入点的电压成正比。当系统电压水平降低时,无功功率补偿量减少,但与此相矛盾的是,此时风电系统对电网的无功需求反而增加,从而加剧了电压水平的恶化。在严重情况下,甚至会出现电压崩溃并强制关闭风机的情况发生。

(2) 由于某些原因发生功角失稳时,一些风力涡轮机出于安全的考虑,从而触发低电压保护机制而停机,风力涡轮机的有功能量产生减少,系统与此同时会失去一定的无功负荷,导致电压过高,可能会超过风电系统的极限电压。

(3) 如果不及时消除故障,会导致暂态电压不稳定。

(4) 风电场过大的出力会降低电网电压的安全裕度,可能引起电压崩溃事故的发生。

总之,风电并网对电力系统的影响主要为以下两个方面:一是风能自身所具有的波动性、不持续性、随机性等特点引起的发电特性不断变化,难以预测,在并网接入时存在潜伏的安全隐患;二是容量较小的弱电网接入功率较高时会导致电压稳定性降低。

2.2.3.2 光伏发电并网关键技术

针对被接入电网系统的电压与风力发电机组的输出电力能源的电压,为保证两者在多个方面的一致性,如频率、相位、幅值等,风力发电并网技术发挥着极为重要的作用,通过运用风力发电并网技术,能够稳定供应电能。现在我国主流的风力发电并网技术大致分为同步风电机组并网技术和异步风电机组并网技术两种。

1. 同步风电机组并网技术

同步风电机组,即是由同步电机与风电机组结合产生的,在机组运行时既可保证有功功率输出还能提供无功功率,并且还能有效地确保电能质量,因此在我国风电系统中应用越来越广泛。目前,我国很多专家正在深入研究同步发电机与风力发电机的有机融合方法。一般来说,风速波动较大会导致转子转矩发生波动,无法满足机组并网调速精度。在融合同步发电机、风力发电机以后,如果未对以上问题进行充分考虑,尤其是在较大载荷条件下,电力系统极易发生无功振荡现象或者失步现象。以上问题导致同步风电机组的广泛运用受到影响,随着变频器装置广泛的运用,该问题得到了有效解决[20]。

2. 异步风电机组并网技术

异步风电机组,即是由异步发电机与风电机组结合产生的。异步风电机组的转速只要与同步发电机组的转速差不多即可,它对精度的要求并不高。另外,异步风力发电机的控制装置并不复杂,且能可靠、安全地运行。不过,异步风电机组并网技术同样也会产生许多问题,如在并网之后极易出现比较大的冲击电流,造成风电机组电气安全隐患。还有磁路饱和现象,会导致励磁电流增加而使系统功率降低。故应对异步风电机组加强运行监督,做好有效预防才能更好地保证异步风电机组并网运行的安全性。针对调速精度,异步风电机组对其并未提出较高的要求,只要风力发电机组转速与同步风电机组转速差不多即可,不需要整步操作与同步设备。但异步风电机组并网较为复杂,需要解决较多问题。如果异步风电机组直接进行并网,则极易产生极大的冲击电流,降低电压,严重影响电力系统的正常运行。故电场运行部门要做好监督工作,制定有效预防措施,以确保风电机组并网运行的可靠性与安全性。

3. 无功补偿技术

目前运用在风电系统中的无功补偿技术主要为风电场出口安装动态的无功调节装置(SVC)、具有有功/无功综合调节能力的超导储能(SMES)装置等[21]。

SVC 可以对无功补偿功率进行较为快速的无差调节,对电压及时进行动态的调节补充,有效提高系统的运行特性。

SMES 功能更加全面广泛,能够在四个象限同时调节有功功率和无功功率,为系统进行功率补偿,随时监测电气量的变化波动并做出实时反馈调节。将 SMES 装置安装在风电场出口,充分发挥其功率综合调节能力,能有效改善输出功率的波动,稳定风电系统的电压。

4. 电压波动与闪变控制

在风力发电并网中,控制电压波动与闪变主要通过以下两方面达到控制的效果。一方面,增设有源电力滤波设备。这是当前风电并网技术中较为常用的一种控制闪变的措施。具体来说,就是在负载电流出现波动之前,主动针

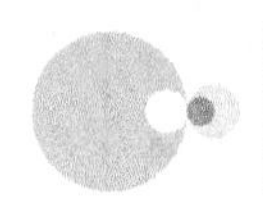

对负荷变化的无功电流实施相应的补偿，从而达到补偿负荷电流的效果。对整个风力发电系统来说，将可关断电子设备应用于有源电力滤波设备，这样就能够使电子设备发挥系统电源的效应，从而实现畸变电流向电压负荷输送，并且电流均保持为系统正弦基波电流。另一方面，增设优良补偿设备。通过这种措施能够在一定程度上对电压波动实施有效抑制，从而避免其出现电压波动，同时采用增设动态恢复设备的方式。这样一来，增加的补偿装置，因为其自身具备可存储能量单元，所以能够在提供无功功率的同时对其予以有效的补偿，这样就能够最大限度地防止电压波动引发的问题，使电网中的电能质量处于较高的水平[22]。

2.2.4 分布式电源并网接入相关问题

世界各国对发展分布式供电系统的政策不同，对分布式电源的定义也不完全一致。国内将分布式发电定义为功率不大（一般几十千瓦到几十兆瓦）、建设在负荷中心附近、采用先进信息控制技术、清洁环保、经济、高效、可靠的自主智能发电形式[23]，其一般可以理解为分布式电源是因为其容量或发电目的而被接入地区电网的某一电压等级。与传统的集中式大电源发电、大电网供电相比较，分布式发电具有如下自身的优势。

(1) 能源利用率高，节能效应好。分布式发电对环境的要求相对较低，能有效做到因地制宜，灵活性较高，不需要进行远距离的运输，可以实现能量的充分利用。由于没有输送损耗，分布式能源的利用率一般较大型电厂要高，可超过80%。

(2) 能有效提高供电可靠性。在用户侧配置的分布式发电系统，与大电网配合，可以提高供电可靠性，在系统扰动情况下，维持对重要用户的供电。

(3) 分布式电源的投资建设较为方便，不需要大面积的占地，成本较低，还可以在特殊场合满足一些特别的要求。

虽然分布式电源优势颇多，但在并入电网运行时，也会对电力系统的正常运行造成多方面的影响，简要叙述如下。

1. 分布式电源并网对电网频率的影响

电源并网时的条件之一是要求并网的电源在频率上需和电网保持一致，在大多数情况下，分布式电源的规模不是很大，启动和停止运行不会对地区电网的频率有着较大的影响和改变。但对于接入大规模分布式电源的电网，需要采取一定的措施来维持电网的稳定运行。例如，在电源中使用储能器件，来保证发电出力的稳定性;又或者在电网中配置一定数量的调峰电源,用来保证频率的稳定性。

2. 分布式电源并网对电网电压分布和稳定性的影响

分布式电源并网后,会对系统的稳态电压分布产生较大的影响。其中,电源的容量大小和电源在电网中的接入位置对电压分布的影响尤为明显。同一容量的电源,并网的位置不同,所造成的电压分布影响截然不同。一般来说,接入位置离线路末节点越近,所造成的电压变化率就越大,对电压的分布影响效果更为显著。并网的分布式电源出力越大,则电网的支撑能力会增强,总体电压水平就会越高。

3. 分布式电源并网对电网潮流分布的影响

随着分布式电源的并网,电网的结构和运行方式将会发生一定程度上的改变。由于各个电源的出力情况不尽相同,特别是其中某一部分电源具有很大程度的波动性和随机性,会使电网潮流的方向及大小难以确定。

此外,随着分布式发电及新能源发电在电力系统中的比例不断加大,为了更好地维持系统的稳定性,同时使电网具有良好的经济性,需要对分布式发电系统进行一定程度的容量存储,方便用来应对发电系统的突发故障。可以利用储能系统支撑电网,改善新能源并网的电能质量,从而使不稳定的可再生能源变成稳定的具有较高应用价值的新能源[24]。

总而言之,我国新能源发电面临的主要难题如下:新能源发电具有波动性强、稳定性差等问题;大规模直接并网发电会对电网潮流流向和电网的电能质量造成不良影响,导致电网易出现频率偏差、电压波动与闪变等问题。新能源电站上传到电网的风光资源数据、单机数据,存在数据缺失、越限及逻辑不正常等问题;发电过程中长期功率预测技术不成熟;难以量化分析弃风、弃电的原因。

针对以上主要问题,进行技术革新是关键。解决对策主要包括建立新能源发电功率预测系统,新能源发电功率预测系统有助于新能源发电企业合理申报自身发电能力、有助于电网公司统筹安排常规能源和新能源的发电计划并提高新能源消纳能力;构建新能源并网智能控制系统,新能源并网智能控制系统可使场站长期稳定安全运行,满足场站调度要求,提高电网对新能源的消纳能力,对电网运行、柔性管理和建设友好型场站具有重要意义;创建电网新能源管理系统,电网新能源管理系统基于电网海量电气、资源、预测等数据,为电网客户提供决策支撑，助力电网更好地调度与消纳新能源电力。

2.3 以新能源为主体的新型电力系统

随着可再生能源发电的不断开发与并网运行，我国电力系统将迎来一次新的变革与跨越，构建以新能源为主体的新型电力系统，有利于加快我国构建清洁低碳、安全高效的现代能源体系步伐，推动经济社会绿色转型和高质量发展。

新型电力系统应是适应大规模高比例新能源发展的全面低碳化电力系统。“十三五”以来，我国新能源装机规模占比已从11%提升到22%，发电量占比已从5%提升到10%左右。为实现碳达峰、碳中和目标，我国新能源将进一步进行跨越式发展，继续以数倍于用电负荷增长的速度新增并网。初步测算，“十四五”期间全国年均新增并网装机容量有望超过1亿千瓦，到2030年前后新能源装机占比有望达到50%，新能源将成为电力系统的主体电源。电力系统作为能源转型的中心环节，将承担着更加迫切和繁重的清洁低碳转型任务，仅依靠传统的电源侧和电网侧调节手段，已经难以满足新能源持续大规模并网消纳的需求。新型电力系统亟须激发负荷侧和新型储能技术等潜力，形成源网荷储协同消纳新能源的格局，适应大规模高比例新能源的开发利用需求。

2.3.1 新形势下新能源发展的历史机遇及电力系统面临的挑战

当前，我国正处于工业化后期，经济对能源的依赖程度高，而我国能源消费以化石能源为主，2020年化石能源占一次能源比重达84%。碳达峰、碳中和目标下，我国能源结构将加速调整，清洁低碳发展特征愈加突出。

2.3.1.1 碳达峰、碳中和目标推动新能源向“主体能源”转变

随着经济社会的转型发展和能源利用效率的不断提升，能源消费总量将会在碳排放量达到峰值后逐步下降，但电能消费总量一直呈上升趋势，预计将从2020年的7.5万亿千瓦时增长至2060年的15万亿～18万亿千瓦时。

新能源将迎来跨越式发展的历史机遇，成为电能增量的主力军，实现从“补充能源”向“主体能源”的转变。预计到2030年，风电、光伏装机规模超16亿千瓦，装机规模占比从2020年的24%增长至47%左右，新能源发电量约3.5万亿千瓦时，占比从2020年的13%提高至30%。

2030 年后,水电、核电等传统非化石能源受资源和站址约束,建设逐步放缓,新能源发展将进一步提速。预计到 2060 年,风电、光伏装机规模超 50 亿千瓦,装机规模占比超 80%,新能源发电量超 9.6 万亿千瓦时,占比超 60%,成为电力系统的重要支撑。

2.3.1.2 新型电力系统面临的挑战

新能源具有典型的间歇性特征,出力随机波动性强。以电动汽车为代表的新型负荷尖峰化特征明显,最大负荷与平均负荷之比持续提升。发电侧随机性和负荷侧峰谷差加大将对传统电力系统造成较大的冲击,要实现构建以新能源为主体的新型电力系统愿景目标,我们还需要应对以下问题。

一是电力系统的可靠容量不足。风电、光伏因其自身出力特性,可靠性偏低。经研究,到 2030 年,在全国范围内相对均匀分布的情况下,新能源装机超 10 亿千瓦,每年将有 30 天以上出力低于装机容量的 10%,置信容量仅为 1 亿千瓦。假设峰值负荷约 18 亿千瓦,水电装机容量 5 亿千瓦,可靠容量约 3.5 亿千瓦,核电装机容量 3 亿千瓦,可靠容量约 3 亿千瓦,风电、光伏可靠容量按 1 亿千瓦,其他可再生电源可靠容量按 0.5 亿千瓦估列,再考虑可中断负荷及电动汽车等可调节容量约 5 亿千瓦,那么电力系统可靠容量缺口约 5 亿千瓦,也就是说,对稳定电源(火电)的需求仍有 5 亿千瓦。

二是传统大电网难以满足未来电力输送需求。长期以来,我国能源资源与负荷呈逆向分布,大电网是连接“三北”地区等与中东部负荷区的重要途径。但随着经济社会的发展,各地区用电量需求与日俱增,预计到 2030 年,仅广东、福建、浙江、江苏和山东五省的全社会用电量就将达到 3 万亿千瓦时,未来可能会达到 5 万亿千瓦时。

如果绝大部分从“三北”地区远距离输送,按照 80%的比例测算,送电规模将达到 4 万亿千瓦时,这就需要建设约 100 条特高压送电通道,且每条特高压不受电磁环网制约,全年满功率运行,无疑这将难以实现。

三是电力系统转动惯量及长周期调节能力不足。一方面,光伏发电利用半导体的光电效应将光能转变为电能,无转动惯量,风力发电转动惯量也严重不足,因此,当电力系统中大量的新能源机组替代常规电源时,系统频率调节能力将显著下降。另一方面,目前的电化学储能等技术只能解决电力系统的短期调节问题,且受成本等因素制约,月度调节和季度调节还存在很大障碍。而氢能、CCUS 等技术在一定时期内很难取得突破性进展,进而无法实现大规模应用，当局部地区出现极端天气状况时，高比例、大规模新能源的电力系统将面临长周期调节能力不足的挑战。

2.3.2 新型电力系统的内涵、特征

新型电力系统以新能源为主体，贯通清洁能源供需各个环节，有利于体现清洁电力的多重价值，促进经济社会低碳转型，是推动能源革命落地的创新实践。

2.3.2.1 新型电力系统的内涵

新能源成为主体能源只是新型电力系统的基本特征，它有着更深刻的内涵。

首先，新型电力系统是贯通清洁能源供给和需求的桥梁。构建新型电力系统的本质，是要满足高占比新能源电网的运行需求，通过打通能源供需各个环节，实现源网荷储高效互动。

其次，新型电力系统是释放电能绿色价值的有效途径。新型电力系统有利于清洁能源的优化配置和调度，通过绿色电力能源中介，引导能源生产和消费产业链的绿色转型，实现电能绿色价值顺利传导至终端用户。

2.3.2.2 新型电力系统的典型特征

新型电力系统的核心是新型，其具有鲜明的特征。

数字技术赋能形成多网融合。物联网时代的突出特征是机器社交，能源真正的终端用户并不是个体的人，而是各类用能设备，能源网的终极形态一定是用能设备之间互联互通和机器社交。未来能源网将以能源的分布式生产和利用为突出特征，在数字化技术驱动下进化成自平衡、自运行、自处理的源网荷储一体化智慧能源系统。

因此，能源不会单独发展成孤立的能源网，未来电力基础设施将变成一个平台，数字技术将深化能源网与政务网、社群网的融合互动，实现多网融合、共同发展。

用户侧将深度参与电力系统的平衡。受限于新能源的出力特性，灵活性资源将是保障电力系统稳定运行的重要因素，有效挖掘用户侧的灵活性、减少电力系统峰谷差、提高电源利用效率将成为经济可行的重要措施。

源网荷储互动将成为新型电力系统运行常态，可使得中断负荷和虚拟电厂得到普及应用，电力负荷将实现由传统的刚性、纯消费型向柔性、生产与消

费兼具型转变。

配电网将成为电力发展的主导力量。构建新型电力系统的过程,实际上是一次配电网的革命。传统电力系统通常是骨干电网最为坚强,越到电网末端系统越脆弱。但是,新型电力系统中配电网将承担绝大部分系统平衡和安全稳定的责任,绝大多数交易也将在配电网内完成。现有的配电网最终需要在物理层面实现重构,成为电力系统的主导力量。

电力交易将主导调度体系。未来,新型电力系统将以满足用户的交易需求为主,调度的主要目的是确保用最小的系统成本完成用户交易行为的实施。用户与发电企业的直接交易将成为绝大部分电量的销售模式,灵活性资源也将随着现货市场机制的逐步完善成为核心交易内容,并且大部分交易将在配电网内完成,隔墙售电将成为主要交易方式。

2.3.3 新型电力系统的关键技术展望

构建新型电力系统是一项系统而长远的工程,离不开科技创新与技术突破。

一是源网荷储双向互动技术。通过数字化技术赋能,推动“源随荷动”向“源荷互动”转变,实现源网荷储多方资源的智能友好、协同互动。

二是虚拟同步发电机技术。通过在新能源并网中加入储能或运行在实时限功率状态,并优化控制方式,为系统提供调频、调压、调峰和调相支撑,提升新能源并网友好性。

三是长周期储能技术。长时储能与大型风光项目的组合将大概率替代传统化石能源,成为基础负载发电厂,对零碳电力系统中后期建设产生深远的影响。

四是虚拟电厂技术。源网荷储一体化项目的推广应用,以及分布式能源、微网、储能的快速发展为虚拟电厂提供了丰富的资源,虚拟电厂将成为电力系统平衡的重要组成。

五是其他技术。新能源直流组网、直流微电网、交直流混联配电网等技术的研发与突破,将有助于实现更高比例的新能源并网,为电力系统的安全稳定运行提供保障。

2.4 新能源发展趋势与展望

这些年来,“碳达峰、碳中和”成为高频热词,“双碳”目标下,各行各业都会

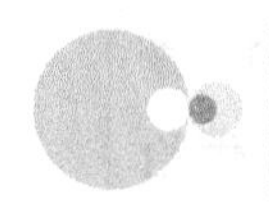

迎来新机遇，其中新能源领域将会迎来重大利好，包括风电、光伏、光热、水电，甚至核电等或将借此打开更广阔空间。

要实现“双碳”目标，发展光伏、风电等可再生能源是必不可少的重要手段。根据估计，要实现“碳中和”目标，我国必须将电力行业的排碳量控制在40.2亿万吨以内。所以，在2021年及以后的一段时间里，光伏、风电等可再生能源的发电量将大幅增加，其累计装机量有望逐年增多，在电量中所占比重越来越大。据国际可再生能源署的相关预测，到2050年左右，中国光伏、风电的发电合计占总发电机装机量比重将超过70%。

2021年10月26日，中国政府网正式发布《国务院关于印发2030年前碳达峰行动方案的通知》。方案主要目标要求，“十四五”期间产业结构和能源结构调整优化取得明显进展，重点行业能源利用效率大幅提升，煤炭消费增长得到严格控制，新型电力系统加快构建，绿色低碳技术研发和推广应用取得新进展，绿色生产生活方式得到普遍推行，有利于绿色低碳循环发展的政策体系进一步完善。到2025年，非化石能源消费比重达到20%左右，单位国内生产总值能源消费比2020年下降13.5%，单位国内生产总值二氧化碳排放比2020年下降18%，为实现碳达峰奠定坚实基础。提出要大力发展新能源。全面推进风电、太阳能发电大规模开发和高质量发展，坚持集中式与分布式并举，加快建设风电和光伏发电基地。加快智能光伏产业创新升级和特色应用，创新“光伏+”模式，推进光伏发电多元布局。坚持陆海并重，推动风电协调快速发展，完善海上风电产业链，鼓励建设海上风电基地。积极发展太阳能光热发电，推动建立光热发电与光伏发电、风电互补调节的风光热综合可再生能源发电基地。因地制宜发展生物质能发电、生物质能清洁供暖和生物天然气。探索深化地热能及波浪能、潮流能、温差能等海洋新能源开发利用。进一步完善可再生能源电力消纳保障机制。到2030年，风电、太阳能发电总装机容量超过12亿千瓦[25]。

“十四五”期间，我国要努力趋向碳达峰和碳中和愿景，必须大力推动经济结构、能源结构、产业结构转型升级，推动构建绿色低碳循环发展的经济体系，倒逼经济高质量发展和生态环境高水平保护，迈好新发展阶段、现代化时期控碳的第一步，不断为应对全球气候变化做出积极贡献。

展望“十四五”期间新能源的发展趋势，新能源行业将从“十二五”以来的追求数量增长阶段进入高质量发展阶段。新能源相关领域将具有良好的发展前景,将呈现出以下特征。

2.4.1 分布式发展

“十四五”期间,就中国能源发展的总体思路而言,将从以往的集中式大发展转变为面向用户侧的分布式发展、与地方消费充分有机结合、逐步形成大规模集中式生产与分布式补充生产利用,就地消纳有机结合的“两条腿”走路的格局。分布式能源利用效率高,对环境的危害小,能有效提高能源供应的可靠性,具有良好的经济效益,已成为世界能源技术发展的一个重要方向。分布式开发模式不仅可以实现本地能源的就地消化,避免风和光的浪费,还可以避免因输电线路远距离传输而造成的电能损耗和浪费,节约财力和物力,也可以有效解决东部发达地区经济能源需求与消费重心之间的不平衡问题。目前,在人口密集、电力需求量较大、电量价格高的中部地区和东部地区,分布式发电的方式具有良好的经济性,满足较大规模发展应用的条件。“十四五”期间,光伏、风能、生物质能等能源体系的分布式应用和发展将成为中国面对气候变化、保证能源安全应用与经济良好发展的重要支持。

2.4.2 建立以储能为核心的多能互补能源体系

在中国能源结构改革和转型的过程中,单一能源品种的使用已受到诸多因素的限制,其经济效益与社会效益等多方面有待提高,建立高效、灵活的综合能源管理系统将成为“十四五”期间能源发展的方向和重点。然而,不同的能源系统之间各方面差异较大,并且系统中各种能源的供应之间往往协调性较差,从而导致能源的利用效率偏低,迫切需要具有削峰、调频和辅助功能等优势的储能相关技术支持。通过风力、光伏光热、水能等储能技术的有效结合,充分发挥每种能源自身的优势,做到取长补短,密切联系,不仅可以为新能源电源起到调节能量峰值、调节电压、调频的作用,提高可再生能源的发电消纳水平,加大新能源应用的比重,有效缓解发电过程中的“弃风、弃光、弃水”等问题,还能有效解决火电等传统能源的高污染、高耗能、高排放的问题,为优化能源结构、节能减排、环境保护提供有力支持。因此,大力发展以储能为核心的多能互补系统,将成为中国能源改革高质量发展的关键。

2.4.3 光伏将迎来一个更快的发展速度

目前,一大批光伏产业项目和配套支持政策将陆续出台。其中包括新能源基地示范工程行动计划,并考虑在“三北”、西南布局多个千万千瓦级的新能源基地，在全国各地发展建设多批大功率光伏发电平价基地，结合当地条件将农业生产、地方消费与光伏发电有机结合的示范项目。“十四五”期间，我国将不断完善光伏行业配套支持政策，继续完善可再生能源消纳权重考核制度和绿证交易制度，推动平价时代光伏定价政策出台，做好与电力市场的衔接。在保证较好的经济效益基础上，我国将逐步把新增光伏发电项目与电力市场交易改革联系起来，促进新一代电力市场的发展建设，确保大规模光伏发电的接入和消纳，加强光伏发电和用地环保政策的结合，以及推动出台建筑上安装光伏的强制性国家标准。在相关政策的大力支持下，我国太阳能发电在今后的一段时间里将保持高速发展，光伏发电在发电规模上极有可能超过风电而成为我国第三大电源[26]。

2.4.4 风电将迎来更大的发展空间

未来，风电方面或将迎来以下五个方面的政策助力。

一是更大力度推动风电规模化发展。继续推进集中式与分散式共同发展，陆上发电与海上发电并举，大力推动“三北”等地区陆上大型风电基地的建设和规模化输出输送，进一步发展近海与深海示范项目，为中部、东部和南部地区分散式风电发展提供更多的政策支持。

二是积极促进风电技术进步与创新，促进风电产业升级，降低风电相关成本，尤其是海上风力发电成本，提高风电市场在发电中的竞争力。

三是更大力度健全完善风电产业政策。深化“放管服”改革，加快建立健全后平价时期风电开发建设运行管理政策措施，保障风电企业合法权益，促进风电产业持续健康发展[27]。

四是大力提高风电消纳能力。加快以新能源为主体的新一代电力系统的建设，有效提高系统的消纳能力，进一步完善可再生能源电力消纳保障的法律法规，加大评价考核力度，让更多的市场活力注入风电的相关建设。

五是加快推进行业体制机制的改革与创新。建立健全适应风电规模化发展的电网、价格和市场机制，为风电的快速发展、高质量发展提供良好的环境。风电产业作为清洁能源的主要力量之一，将会迎来更加广阔的发展空间。

参考文献

[1] 张兴. 新能源发电变流技术[M]. 北京：机械工业出版社，2018.

[2] 曹恩惠. 户用光伏补贴达5亿超预期 产业链涨价恐打击下游积极性[N]. 21世纪经济报道,2021-05-22.
[3] 出版者不详. 走向"碳中和"[N]. 中国经营报,2021-03-08.
[4] 黄其励,倪维斗,王伟胜. 西部清洁能源发展战略研究[M]. 北京:科学出版社, 2019.
[5] 张东. 智能电网的清洁能源并网技术分析[J]. 科技视界,2016(15):256.
[6] 前瞻产业研究院. 预见2021:风电运维行业产业链全景[J]. 电器工业, 2021(03):18-21.
[7] 王月普. 风力发电现状与发展趋势分析[J]. 电力设备管理,2020(11): 21-22.
[8] 邵丽琼. 风电行业风险特殊性及展望[J]. 中国经贸,2015(23):36-37.
[9] 王璐,向家莹,钟源. 央地绿色发展路线图明确 新投资热潮开启[N]. 经济参考报,2021-02-03.
[10] 田甜."十四五"展望系列风电机遇和挑战并存[J]. 能源,2021(3): 53-54.
[11] 于贵勇."双碳"目标下风能产业发展前景展望[N]. 中国建材报,2021-08-04.
[12] 周建平,杜效鹄,周兴波."十四五"水电开发形势分析、预测与对策措施[J]. 水电与抽水蓄能 ,2021,7(01):1-5.
[13] 江淳烁. 一种多级旋风除尘器在生物质燃烧系统中的应用[J]. 科海故事博览,2021(29):27-28.
[14] 张兴. 新能源发电变流技术[M]. 北京:机械工业出版社,2018.
[15] 戴松元,古丽米娜,王景甫. 太阳能转换原理与技术[M]. 北京:中国水利水电出版社,2018.
[16] 靳瑞敏. 新型太阳电池 材料·器件·应用[M]. 北京:化学工业出版社,2019.
[17] 阳水财. 浅析大规模光伏发电对电力系统的影响[J]. 科技与创新,2015(14):83,88.
[18] 张丽,陈硕翼. 光伏发电并网技术发展现状与趋势[J]. 科技中国,2020(02):18-21.
[19] 王曼,杨素琴. 新能源发电与并网技术[M]. 北京:中国电力出版社,2017.

[20] 林涛. 风力发电并网技术与电能质量控制要点探讨[J]. 产业与科技论坛,2021,20(05):33-34.

[21] 李会林. 浅谈风电场并网对电力系统的影响[J]. 城市建设理论研究,2014(09):1-3.

[22] 朱志成. 浅析风力发电并网技术及电能控制[J]. 魅力中国,2021(45):357-358.

[23] 王曼,杨素琴. 新能源发电与并网技术[M]. 北京:中国电力出版社,2017.

[24] 张兴. 新能源发电变流技术[M]. 北京:机械工业出版社,2018.

[25] 陆肖肖. 光伏板块全线爆发,正泰电器上涨17.73%光伏周评榜[N]. 华夏时报,2021-10-30.

[26] 王璐. 光伏“十四五”迎倍速增长 诸多难题待破解[N]. 经济参考报,2020-12-14.

[27] 任育之. 六大措施推动风电规模化发展[N]. 中国改革报,2020-10-27.

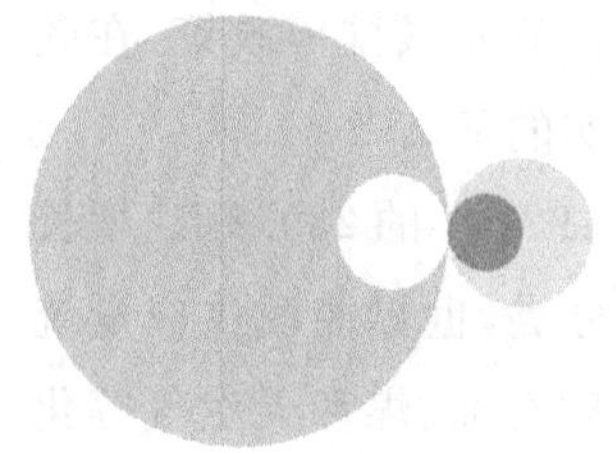

第3章 能源存储：能量存储与转换

在双碳目标的驱动下，我国加快建设以新能源为主体的新型电力系统。新能源的波动性给电力系统的稳定高效运行带来挑战，储能是平衡和协调新能源波动性的重要手段。储能将在规模化新能源接入的电力系统中发挥支撑作用，对新型电力系统具有重要意义。本章围绕储能在电力系统中的应用，首先介绍了储能产业发展的驱动力，然后介绍了各种储能技术的原理及特点，包括分类、评价准则和应用领域，最后介绍了储能产业的现状，并提出了储能产业存在的主要问题和储能的发展展望。

3.1 储能产业发展的驱动力

储能产业整体处在以示范应用为主的发展阶段。近些年来，储能应用规模不断扩大，既有能源转型的市场需求及产业政策的外部驱动，又有技术发展和经济性提升的内部驱动。储能产业在政府、行业、企业共同推进下已进入快速发展阶段。

3.1.1 能源转型推动储能发展

3.1.1.1 双碳目标加速能源转型

习近平主席在2020年9月第七十五届联合国大会一般性辩论上庄严地

提出:二氧化碳排放力争2030年前达到峰值,努力争取2060年前实现碳中和,向全世界宣告了我国"碳达峰、碳中和"双碳目标的"3060时间表"。我国提出双碳目标,是党中央的重大战略部署,也是我国对全人类的庄严承诺。双碳目标是一件关乎构建人类命运共同体的大事,也是我国生态文明建设工作的重要组成部分。我国践行"绿水青山就是金山银山"的绿色发展理念,积极推行产业结构调整、能源结构优化、重点行业能效提升和节能减排等政策,在碳减排方面取得了显著成效,为实现双碳目标奠定了坚实的基础[1]。

根据国际能源署的数据[2],全球能源供应总量由1971年的230.2 EJ增长到了2019年的606.5 EJ,增长了1.6倍多。按来源分类,世界能源供应量统计数据如图3-1所示。据统计数据,截至2019年,全球石油、煤和天然气等化石能源供应量占供应总量仍超过80%,其中可再生能源供应占比不到15%(见图3-2)。按区域能源供应份额统计,2019年全球主要区域能源供应份额如图3-3所示。据统计数据,我国能源供应已占全球份额23.5%。虽然我国可再生能源总量高居全球第一,但是,能源消费体量大,化石能源占比仍然较高。要实现双碳目标,必须进行能源转型。

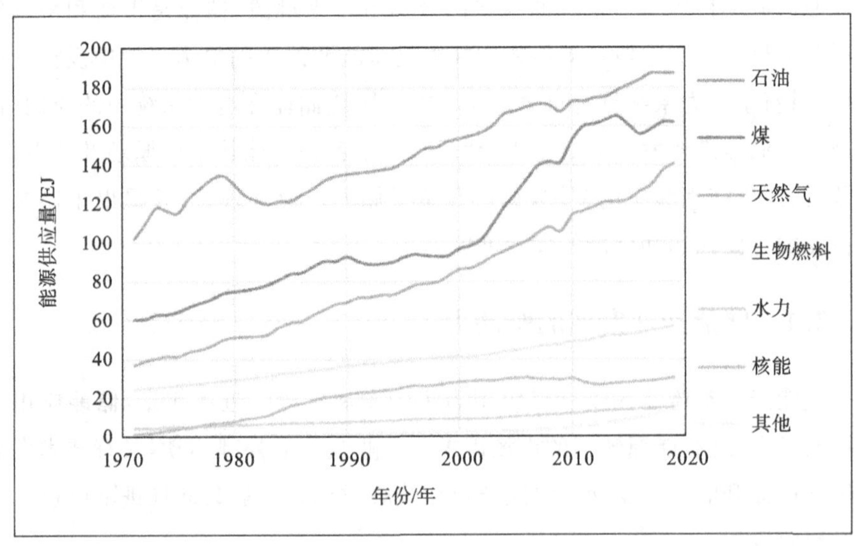

图3-1 按来源分类的世界能源供应量统计数据

3.1.1.2 可再生能源规模应用

能源主体的转变和能源消费形式的转变是能源转型的主要途径。从能源

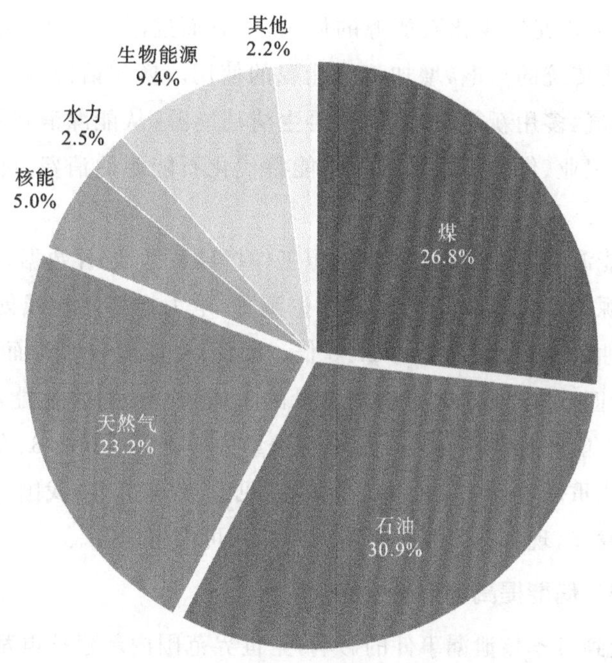

图 3-2 2019 年世界各类能源供应的份额

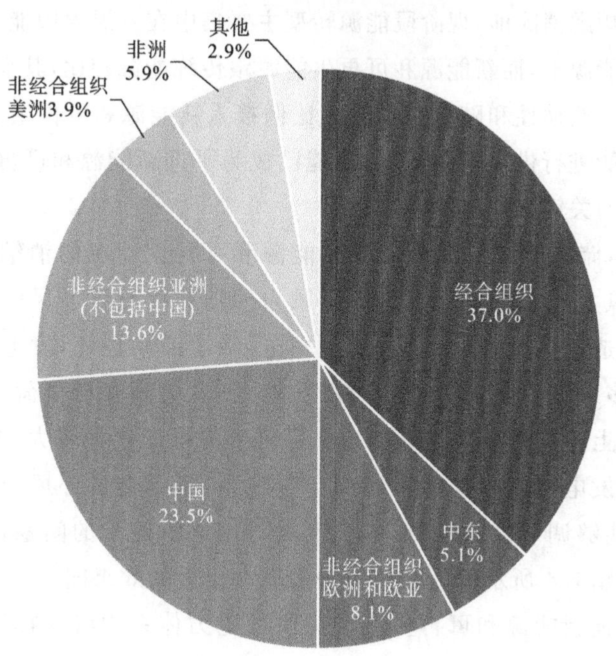

图 3-3 2019 年全球主要地区能源供应份额

主体来看，一方面是减少化石能源的使用，一方面逐渐用光伏、风电等可再生能源逐渐取代传统的火电，增加清洁能源的使用。换句话说，就是要少用煤、少用油、少用气，多用新能源、多用可再生清洁能源；从能源消费形式来看，主要是在交通、工业、供热等领域增加电能替代化石能源的消费，进一步提高电气化水平。

据国家能源局印发的《2021 年能源工作指导意见》统计数据，目前，我国电能占终端能源消费比重在 28%左右。据测算，电力在终端领域创造经济价值的效率为石油的 3.2 倍、煤炭的 17.3 倍。因此，在能源转型方面，国家能源局提出了在"十四五"末能源电力消费增量的主体转变为可再生能源的目标，同时提出可再生能源在我国全社会用电量增量中的比重达到 2/3、在一次能源消费增量中的比重超过 50%的目标。可以预见：在未来几年，我国可再生能源将迎来飞速的发展，现有电力系统中将大量接入可再生能源。

3.1.1.3 储能提高电力系统的效率

目前，受到日本核泄漏事件的影响，全世界范围内新建核电都很谨慎。由于核事故会对环境造成长期的可怕后果，仍有很多人对发展核电持否定态度。在安全性的顾虑消除前，现阶段能源转型主要集中在发展太阳能、风能等新能源和可再生能源上，而新能源和可再生能源跟传统能源相比，其显著特点就是其具有较大的波动性和随机性。较大比例接入新能源和可再生能源后，电力系统需要储能进行供需平衡调节，储能已成为平抑新能源和可再生能源波动性和随机性的关键支撑技术之一[3]。

一方面，储能能够提高风光等新能源和可再生能源的消纳能力。对于风力发电，风力时大时小、时有时无，风力的随意性导致了风电直接上网给电网可靠性造成严重影响；对于光能发电，除了波动性外，发电高峰时段在白天，而很多地区用电负荷高峰时段在晚上，发电高峰与负荷高峰错位，造成供需时间上不同步。风光新能源和可再生能源的这种较大的波动性和随机性造成的发电和用电供需不匹配，直接后果就是造成弃风、弃光的浪费。发展储能，能够调节供需平衡，解决发电与用电不匹配的问题，提高风光的消纳能力。图 3-4 所示的为某储能平抑风电出力的效果图[4]。由此可见，储能在以大规模新能源和可再生能源为主的电力体系中将发挥重要作用，提高发电效率和电网可靠性。

另一方面，在新型电力系统调度中，可通过调度策略利用储能来满足高峰

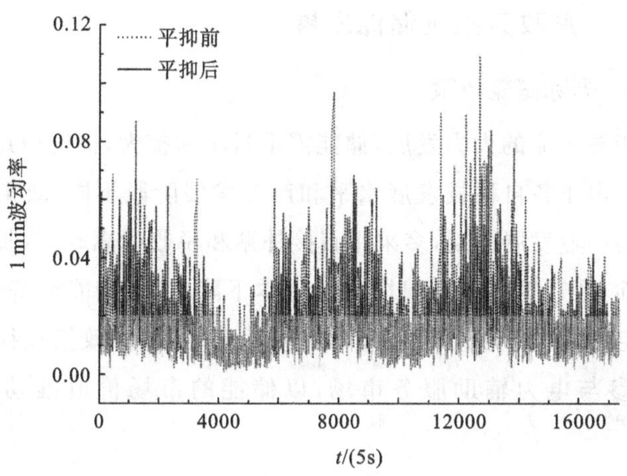

图 3-4 储能平抑风电出力的效果

时的大负荷电力需求,增加输配电系统的峰值容量和调度效率。

总之,社会的用电需求跟人类活动习惯和气候特点关联性强,昼夜和季节性用电负荷存在峰谷差。在传统的电力系统中,电力供需平衡的常规调节方式是通过改变调节机组的出力来适应需求变化的。较大比例接入新能源和可再生能源后,电力系统将面临维持电力供需平衡的持续挑战。储能能够提高电力系统对新能源的消纳能力,同时大大提高电力系统的安全性、灵活性、可靠性和效率[3]。

3.1.1.4 快速发展的储能需求

电力系统包括发、输、配、用等四个重要环节。在发电环节,储能能够解决发电和负荷的供需不平衡矛盾;在输电、配电环节,储能可以提供高效调频服务和紧急备用电力,同时提高电网输电、配电的可靠性和效率;在用电环节,储能可以为偏远的地区解决电力供应问题,削峰、填谷,分布式发电等。储能将发挥能量中转站的功能,实现波动性能源应用在时间和空间上的拓展,使波动性大的新能源和可再生能源达到常规电源的效果[5]。据国家能源局公布数据,截至 2021 年 10 月底,我国可再生能源发电累计装机容量突破 10 亿千瓦大关,在发电总装机容量中比重已达到 43.5%。在可再生能源装机容量中,风光等新能源发电占 60%以上。由于新能源和可再生能源的快速发展,给传统电力系统带来冲击,配置储能是高效的解决途径之一。因此,储能必将随着高比例的新能源和可再生能源接入电力系统而快速发展。

3.1.2 补贴政策推进储能发展

3.1.2.1 国际储能政策

随着新能源产业的大力发展，储能需求量不断扩大，储能应用引起了全球各国的重视。由于各自科技发展水平和产业发展阶段不同，政策扶持上各具特色。在储能产业发展初期，多采用直接补贴和税收优惠政策，提高储能企业的投资积极性，通过扩大应用规模促使成本下降，提高储能经济性；在储能应用发展到一定阶段且市场上储能应用比较普遍时，政府政策往往是以鼓励储能企业广泛参与电力辅助服务市场，以储能的市场价值推动储能产业的发展[6]。

1. 美国

美国以退税补贴或税收优惠为主，鼓励发展分布式储能。在 2020 年，美国批准的 2.4 万亿美元救助法案加入了可再生能源投资的税收优惠政策，给予可再生能源投资约 25%的税收抵免，有望达到 2.5 美分/度电（1 度电=1 千瓦时）的优惠幅度。针对储能，首次单独制定了对高于 5 kW·h 的储能给予最高 30%的退税政策。另外，根据美国能源和自然资源委员会提交的《更好的储能技术法案》(BEST)修订版的计划，美国每年投入 5 亿美元用于储能技术研究和开发。美国各州关注储能部署，通过制定积极的目标，采用税收减免、补贴、政府采购等激励措施，促进储能产业的发展。

2. 加拿大

加拿大主要以政府采购和公共设施建设引导储能应用。加拿大的很多地方全年气温低，电力供应保障的重要方法之一是利用储能。因此，储能在加拿大应用比较普遍。早在 2018 年 4 月，加拿大安大略省能源委员会(OEB)就宣布计划推广包括储能在内的分布式网络结构的能源开发，而加拿大艾伯塔省也打算到 2030 年达到 30%的电能由可再生能源提供。

3. 欧洲

欧洲储能市场已十分发达，发展走向明确，着重是通过产业政策引导储能应用的新需求。2019 年，欧洲 17 个国家成功实施能源网互联，对部署天然气和柴油发电的审核越来越严苛，通过限制传统化石能源发展的手段，促进可再生能源发展。为了给可再生能源接入日益增高的欧洲电网做支撑，德国、荷兰、奥地利和瑞士等发达国家正在尝试将储能系统投入电力辅助服务市场，为地区用电市场创造更高价值。而伴随分布式光伏技术的普及,欧洲不少发达国家也以补助方式支持本地区的用户侧储能市场快速发展。

4. 日本

日本通过产业政策调整和补贴促进储能发展。在产业政策上,日本通过颁布《电气事业法》修正案,打破电力行业垄断,推动电力系统改革,实现国内跨区域电力调配,并把储能技术作为改革的重要组成部分。同时,日本发布了"第五次基本能源计划",明确提出2050年日本主要电力能源转变为可再生能源,规模部署能量存储系统。在产业政策上,日本要求公用事业的风力、光伏发电要按一定比例配置储能,同时要求电网公司配置一定的储能稳定电网频率;在补贴政策上,日本对配电网或微网配置储能投资进行直接奖励,同时对住宅安装储能系统实施补贴和鼓励零能耗房屋改造等。

5. 韩国

韩国主要通过投资优惠和电价优惠的方式激励储能发展,支持大规模可再生能源领域部署储能系统。

6. 印度

印度以积极的政策规划推动储能发展。印度的智能城市规划中,可再生能源的装机容量目标175 GW。并且印度发布了一系列的能源计划,包括光储计划、电动汽车发展计划、无电地区的供电计划等,不断推动可再生能源并网和储能的应用。

3.1.2.2 国内储能政策

在国家层面,我国在"十二五"规划中首次提及储能相关概念,提出要依托储能技术推进智能电网建设,然后在"十三五"规划中进一步明确大力推进储能领域的技术创新和产业化,再到"十四五"规划中提出加速孵化储能产业、加快电化学储能示范应用和储能规模化应用等,政策一直是积极地引导和推动储能的发展。在一系列利好政策下,尽管我国储能工业开始相对较晚,但是发展十分迅速,在多个领域的储能应用量已占全球第一份额。按目前我国储能发展速度预测,到2024年,我国将成为亚太地区最大的储能市场,储能装机容量将达到32.1 GW。

在部委层面,多个部委单独或者联合发文提出加快推动储能发展的指导意见,从技术进步、市场发展、市场环境、政策监管等方方面面出台一系列政策,引导产业发展瓶颈的突破,实现储能的市场化发展。国家能源局、国家发展改革委等多部委2017年发布了《关于促进储能产业与技术发展的指导意见》，首次以指导性政策的形式提出10年内实现储能由商业化初期向规模化发展转变的指导意见。之后多个部委又单独或者联合发布了《完善电力辅助服务补偿(市场)机制工作方案》《关于加强储能标准化工作的实施方案》《国家能源局关于2021年风电、光伏发电开发建设有关事项的通知》《关于进一步完善抽水蓄能价格形成机制的意见》《关于加快推动新型储能发展的指导意见》等一系列鼓励促进储能发展的政策文件。这些政策文件的发布释放出国家大力发展储能的信号。

此外，各省市也都推出了相关政策文件，对储能配置比例有一定要求，对新能源项目配置储能从鼓励到要求配置逐渐转变。截至2021年6月，我国已有25个省市自治区发布文件明确新能源配置储能，其中青海、新疆、陕西西安三地区同时公布地方性补贴政策。还有10个省市自治区公布了储能参与调峰服务的价格文件，鼓励电网侧储能的发展。

3.1.3 经济性提升促进储能发展

产业的持续发展，经济性是必要的指标。储能要持续发展，最后必须由市场推动。目前，储能在电力系统中的主要盈利模式为新能源消纳、调频补偿收益、峰谷套利、补贴收益等。在发电侧，主要是与新能源配套，获取新能源消纳收益，另外是与火电机组联合参与电网调频等辅助服务，获得调频补偿收益；在电网侧，主要以辅助服务为主，还可以有效节约电网投资、延缓电网扩容等；在用户侧，主要是峰谷套利与灵活可控的电能供给等辅助服务。采用改进LCOE模型和IRR模型，分析比较储能系统全寿命周期度电成本和收益。目前来看，多种大工业储能应用已经有着较好的经济性[7]。

储能另一个重要应用是在交通领域替代燃油，我国替代率已达到5.7%。中国是世界上最大的新能源汽车市场，2020年销量已达136.6万辆[8]。随着电池技术提升，成本下降，储能在交通领域也将有强大的市场支撑。

“十四五”期间，电力系统建设规模的不断扩大，新能源车替代燃油车加速，储能将是其中重要的一环。经济性日益凸显，经济性的提升将促进储能行业爆发式发展。

3.2 储能技术概述

储能逐渐进入商用，储能越来越受到关注。本节围绕各种储能技术，介绍了储能的分类和技术评价准则;还介绍了各种储能技术的优缺点、关键性能指标和储能对电力系统的作用;并重点介绍了机械储能技术(抽水储能、飞轮储能和压缩空气储能)和电化学储能技术(铅酸电池、锂离子电池、钠离子电池、液流电池和钠硫电池)的原理和特点;最后简要介绍了部分化学类储能、电气类储能和储热的技术原理。

3.2.1 储能的定义与分类

3.2.1.1 定义

从广义上讲,储能即是利用特定介质进行能源的存储。通过储能,解决能量在不同时空内能量供需不匹配的问题。

从狭义上讲,储能即指电能存储,即储电。电能本身不易存储,在产生和应用之间一般有时间上的不同步和空间受限的问题,发电高峰时富余的电能一般需要转变成其他形式的能存储起来,然后在应用高峰时释放,这个过程就是我们常说的储能。常用的存储电能的方法有:利用电化学将电能存储在电池系统中,采用物理的方法将电能转变成机械能或者热能,或者利用化学反应将电能转变成化学能。典型能量产生、存储和应用的形式如图 3-5 所示。通过增加储能环节使能量的使用在时空上由“刚性”变成“柔性”,一定程度上突破能量使用的时空限制[9]。

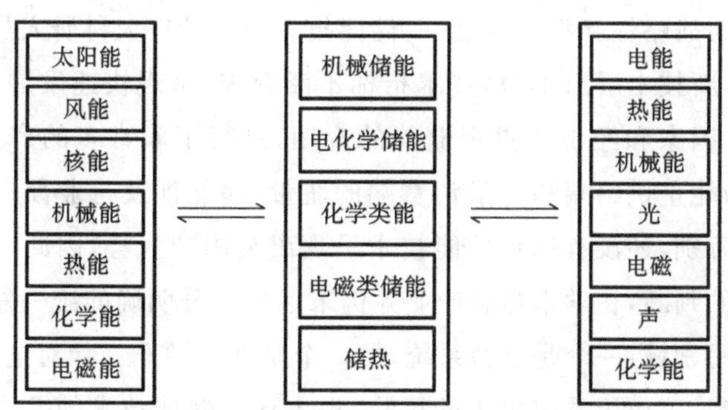

图 3-5 典型能量产生、存储和应用的形式

3.2.1.2 分类

储能从不同角度有多种分类方法。

按照储能的管理方式,储能可分为集中式储能和分布式储能。

按照储能设备的移动性特点可以分为便携式储能、移动式储能和固定式

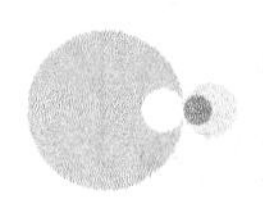

储能。

按照应用领域，储能可以分为电网储能、车载储能、基站储能、数字中心储能等。

在电力系统中，一般将储能按储能形式分类，分为机械储能、电化学储能、电气类储能、储热和化学类储能等，如图 3-6 所示。

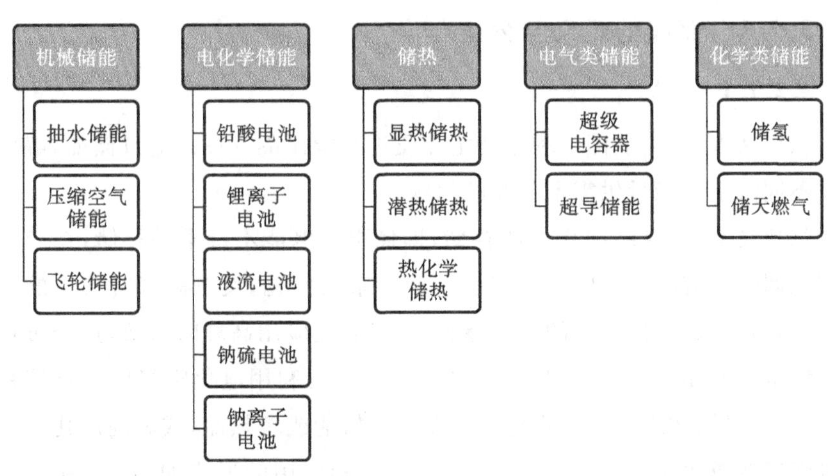

图 3-6　储能的分类

3.2.2　储能技术的评价准则

储能作为战略性新型产业之一，储能技术吸引了广大科研人员的关注，在研究开发上，新技术层出不穷，技术指标不断突破，呈现快速发展的态势。同时，全球多个国家和经济体重视储能的应用，进行了非常多的产业示范。但是，储能作为能量供给端和能量消费端的纽带，储能涉及行业面广，应用场景与需求千差万别，还没有哪种储能技术呈现出突出的优势，因此，对于储能技术路线优劣的判断，在学术界和产业界仍未达成十分明确的统一意见。目前，储能主要应用领域：一个是电力系统，另一个是新能源车。针对这两大应用领域，结合储能示范应用暴露出来的风险，提出评价储能技术的 5 个评价准则，为储能技术研究方向和制定储能产业发展计划提供参考[10]。

3.2.2.1　安全第一的原则

采用新技术来满足人类活动的需要或提高我们的生活水平，首要的是考虑安全性，否则将失去发展的基础和意义。偶然发生的事故，往往会导致产业政策的暂停，甚至转向。例如，日本福岛核电站事故，影响了全球范围内核电的发展,同时也给人类能源发展敲了一次警钟。储能系统也不例外,安全是评价储能技术首先要考虑的要素,也是基本要素。

安全性要求包括正常使用时的安全,以及偶然事件发生时的安全。就储能涉及的安全性来说,涉及功能安全、财产安全、环境安全和人身安全。安全是相对的,绝对的安全很难实现。因此,储能技术安全性的评价,前提条件是保证在可预见的各种情况下对人身不构成威胁,确保人身安全,然后考虑可控的环境安全,最终实现财产安全和功能可靠。

安全往往是一个系统工程。在储能系统中,有时一个小小的螺丝钉,或者一根不起眼的导线就可能造成整个系统无法工作,甚至造成起火爆炸的严重事故。因此,安全性是一个复杂的系统层面的问题,需要建立多层次的完备的安全保证体系和安全评价体系。

3.2.2.2 资源可持续获取的原则

储能载体是化学物质,需要消耗大量资源,如果资源禀赋不好,获取困难,将导致成本高,无法实现储能的大规模应用。对于电化学储能,矿产资源的选择尤其重要。例如,锂电池就由于钴元素在地壳中的含量低、开采难度大而影响成本。随着电池应用的猛增,消耗增多,导致电池材料多次出现大幅涨价,影响产业发展。因此,储能使用的资源应该是地壳含量丰富,且容易开采或者容易循环利用的资源。总之,技术路线上要兼顾资源可持续获取的原则。

3.2.2.3 全生命周期环境友好原则

储能的应用,应遵循全生命周期环境友好的原则。应用储能系统时,经常产生废气、噪声、废热和固体废弃物等,对环境产生或多或少的影响,甚至储能系统可能发生化学物质的泄漏而对环境产生严重破坏。另外,储能系统最终会有寿命耗尽的一天,能够方便进行资源回收利用,避免影响环境,也是储能技术评价的重要指标之一。因此,储能应优先选择容易回收的对环境无害或影响小的材料,同时在建设和运营过程中采取必要的措施,避免和预防储能系统对环境造成影响,保证储能系统全生命周期内的环境友好性。

3.2.2.4 技术适用性原则

储能系统的技术性能包括容量、功率、寿命、使用温度等。各个指标间有些不能同时兼顾或者难以发挥最大优势。例如,容量和功率密度往往不能同时兼顾,高温性能好时低温一般不好。因此,在满足安全性的前提下,储能技

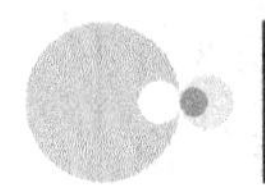

术需要与实际应用场景密切联系，确定储能技术的优化配置。在对储能技术评价时要融入具体的应用场景，综合评价储能技术对应用场景的适用性。

3.2.2.5 经济性原则

储能技术只有低成本化，才可能实现快速发展和规模化应用，并成为现代能源架构中不可或缺的一环。一般来讲，针对特定的应用场景，通过储能技术提升、储能技术融合，可以在满足客户使用功能的前提下，跟目前规模化应用的能源在成本上相当，这类储能应用将慢慢摆脱补贴，由市场需求推动储能产业发展。

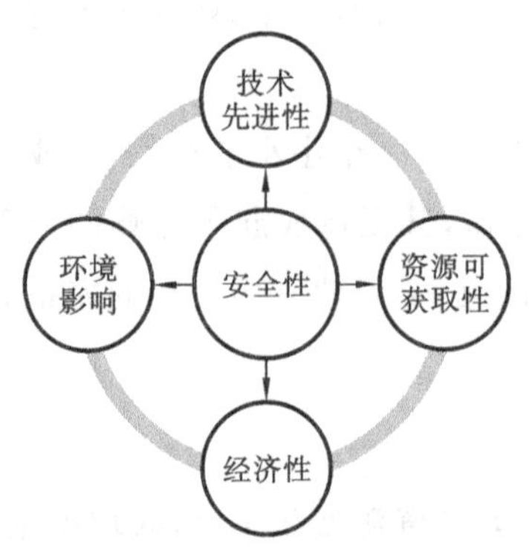

图 3-7 储能技术评价的指标体系

总而言之，需要以安全性为基础，从资源获取性、环境影响、技术先进性、成本等多方面来评价储能技术，如图 3-7 所示。通过发展高效储能技术，合理优化配置，根据应用场景配置合适技术的储能系统，实现高安全性、低成本的目标。

3.2.3 储能技术的特点

3.2.3.1 储能技术的性能指标

在安全性的基础上，储能的功率大小和储能放电时间长短（储能容量）是两个关键的指标。各种储能技术适应的功率大小与储能放电时间长短差异很大。功率上从千瓦级到十兆瓦级甚至更高，放电时间上从秒级到小时级。抽水储能、压缩空气储能及一些电化学储能技术适用于长时储能；飞轮储能、超级电容器和超导储能技术相对容量较小，但具有较快响应、系统功率大的特点，而且具有很好的灵活性，适用于短时储能，如辅助服务与电压支持等。电化学储能兼顾容量及功率特点，灵活性好，在电力系统各个领域均有较好的性能[11]。以功率规模、全功率响应时间、循环寿命等进行比较，各种储能技术在电力系统应用中有表 3-1 所示的性能特点。

3.2.3.2 储能技术的优缺点

在安全性、环境友好性、资源、容量、寿命、环境适应性、成本和应用领域等方面，储能技术有各自的特点。目前比较明确的是抽水储能在大规模低成本储能方面优势明显，但受限于地理资源。电化学储能在灵活配置方面优势明显,按照储能分类,各种典型储能技术的主要优缺点[3]如表3-2所示。

表3-1 不同储能技术在电力系统应用中的性能特点

储能技术类型		功率规模	全功率响应时间	循环寿命/次	循环效率/(%)
机械储能	抽水储能	吉瓦级	分钟级	设备期限	70～85
	压缩空气储能	百兆瓦级	分钟级	设备期限	70
	飞轮储能	兆瓦级	十毫秒级	≥20000	85～90
电化学储能	铅酸电池	十兆瓦级	百毫秒级	500～1200	75
	锂离子电池	十兆瓦级	百毫秒级	1000～10000	90
	液流电池	十兆瓦级	百毫秒级	≥12000	80
	钠硫电池	十兆瓦级	百毫秒级	2500～4500	85
电气储能	超导储能	十兆瓦级	毫秒级	≥100000	90～95
	超级电容器	兆瓦级	毫秒级	≥50000	90～95

表3-2 各种典型储能技术的主要优缺点

储能技术类型		主要优点	主要缺点
机械储能	抽水储能	大容量、低成本	安装位置有特殊要求
	压缩空气储能	大容量、低成本、寿命长	对位置有特殊要求、需气体原料
	飞轮储能	比功率高	低能量密度、噪声大
电化学储能	铅酸电池	低成本、高安全性	深度充放电时寿命较短,存在环境污染风险
	锂离子电池	高功率、高能量密度、高效率	生产成本高、安全风险较高
	液流电池	大容量、功率和能量独立设计	能量密度比较低
	钠硫电池	高功率、高能量密度、高效率	生产成本较高、安全性风险较高
电气储能	超导储能	高功率、响应快	能量密度较低、成本高
	超级电容器	响应快、效率高	低能量密度

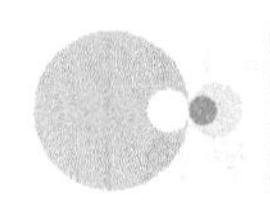

3.2.3.3 储能技术的应用

在能源生产和消费活动中，特别是电能的发、输、配、用领域，储能应用广泛。电动汽车和电力系统中的应用是其中最重要的两个应用场景。

储能在电动汽车上的应用已经发展成为一个专门的类别。储能作为电动汽车的核心部件，除了关系到新能源汽车产业发展外，也给电力系统的发展带来改变。每辆电动汽车的电池容量为几十甚至几百千瓦时，是一般家用电池储能系统的 5 至 20 倍。规模应用的电动汽车的电池可以在短时间内吸收和释放大量电力，即可以作为备用电源，又可以改变充电时间来起到削峰、填谷作用，这使其成为为电网提供辅助服务的理想工具。利用电动汽车作为分布式储能应用的相关技术和模式在探讨之中，本小节主要介绍储能在电力系统中的应用。

在电力系统中，储能将在发、输、配、用各个环节发挥重要作用，配置储能可大幅提高现有电网设备的利用率和电网的运行效率[12]。

在发电侧，配置储能可以通过缓解供需不匹配的矛盾来提高新能源的消纳，通过调频、调峰等辅助服务提高现有电网设备效率和可靠性。

在电网侧，储能系统起到调频、调峰的作用，可以大大提高电网的供电峰值负荷，提高电网响应频率，有效延缓或减少电网扩容建设的需求，提高电网整体容量的利用率，改变现有电力系统的建设模式；同时，储能系统可以在电网发生故障时，提供一定的应急电能，提高供电质量，满足社会在特定条件下的安全、可靠供电要求。

在用户侧，储能系统可以根据峰谷电价差进行削峰、填谷，同时储能可提供尖峰负荷，减少用户用电容量，降低用电成本；储能还可提升分布式发电和微网的稳定性，提高分布式发电设备的管理和并网能力。

在未来，储能系统可在新型电力系统中增加更多的电力辅助服务，展现储能的多重价值。在电力系统中配置储能，增加了一个灵活调配的资源，可以在用电低谷时存储富余电力、用电高峰时释放电力(见图 3-8)；储能会降低离网孤岛终端所需匹配的发电能力/容量；同时能够使发电机组维持运行在稳定工况，提高整个系统的能量效率和经济性能；储能的这些种种作用，最终目的是提高整个电力系统的效率、可靠性和降低运营建设成本。图 3-9 所示的为集成储能技术的未来电力系统，表 3-3 所示的为储能在电力系统中的作用[3]。

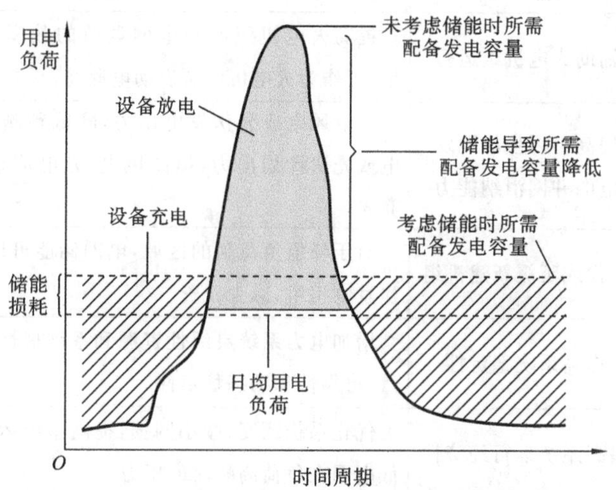

图 3-8 储能设备降低孤岛发电装机容量的示意图

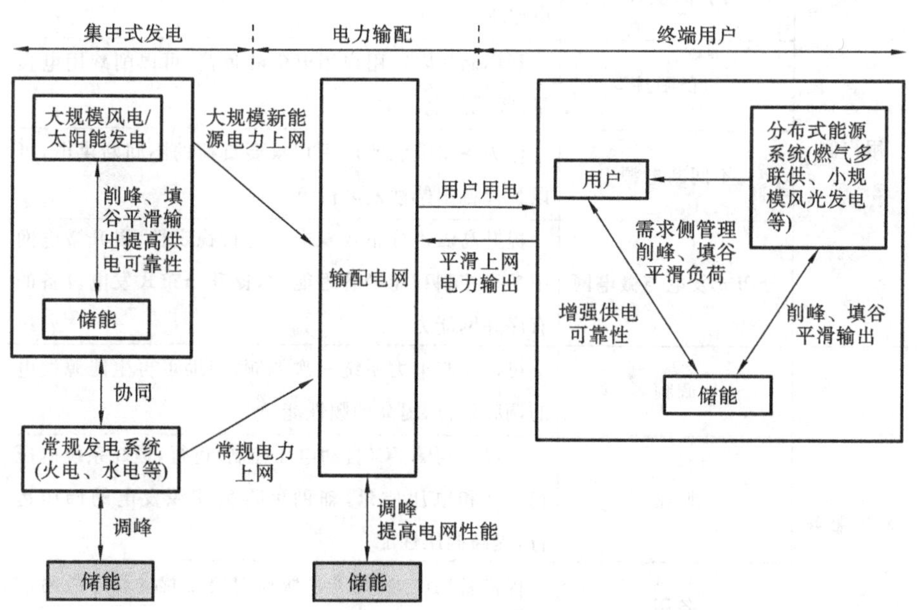

图 3-9 集成储能技术的未来电力系统示意图

表 3-3　储能在电力系统中的作用

应用领域	功　能	实现的作用
发电侧	辅助火电机组运行	提高火电机组参与电网调节的效率，增加备用容量，可作为火电机组黑启动电源
	提高可再生能源发电的并网消纳能力	平滑风电或光伏发电出力，降低预测误差，跟踪风电或光伏计划出力，提高风电、光电消纳，减少弃风、弃光
	替代或延缓新建机组	对于峰值负荷高的区域，电网储能可以代替部分新建发电机组，减少投资
电网侧	提高系统稳定性	增加电力系统灵活性资源和系统惯性，提高供电质量、可靠性和动态稳定性
	提高系统运行经济性	优化系统调度，减小网损，提高系统运行经济性，降低电网在负荷高峰时的压力
	延缓电网升级改造	储能可以对电网进行阻塞管理，延缓输配电系统升级改造，提高资产利用率
用户侧	削峰、填谷	根据峰谷电价差，利用储能进行削峰、填谷，降低用电成本
	负荷限踪	利用储能限踪用户用电尖峰负荷，可以削减用电容量，降低用电成本
	不间断电源	作为备用电源实现用户重要负荷的不间断供电，可以替代备用柴油发电机组
	分布式发电与微电网	提升高渗透分布式发电的运行稳定性，提升微电网中功率控制和能量管理能力，提升分布式发电设备的有序并网能力
辅助服务	调频	可以参与电力系统一次调频，辅助可再生能源发电的调频运行，提高调频性能
	调压	可以参与 AVC(自动电压控制)运行，提高系统电压稳定性和电压质量，辅助可再生能源发电的调压运行，提高调压性能
	备用	提供备用电力，提升系统应对突发扰动和事故时应急供电能力
	黑启动	可作为黑启动电源

3.2.4 机械储能技术

3.2.4.1 抽水储能

抽水储能技术的原理就是将富余电力转换成水的势能存储起来,在需要电力时,将水的势能释放并转换成电力。目前,装机容量最大的储能技术就是抽水储能。抽水储能电站由存储高势能水的高水位水库、电站机组和辅助调节装置组成,通常还包括一个水力发电的低水位水库。抽水储能电站的工作原理如图3-10所示。两个水库之间的高度差异一般为70～600 m。抽水储能电站的效率为70%～85%。电站机组主要分为四机分置式、三机串联式、二机可逆式[9]。通常,较高的存储容量和较低的成本使得抽水储能成为目前最常用的储能技术。但从生态友好性的角度来看,抽水储能受资源条件限制,不仅资源分布不均衡,而且建设抽水储能电站需要占用有限的土地资源,还可能会对库区的原始景观和生态环境造成较大规模的破坏。

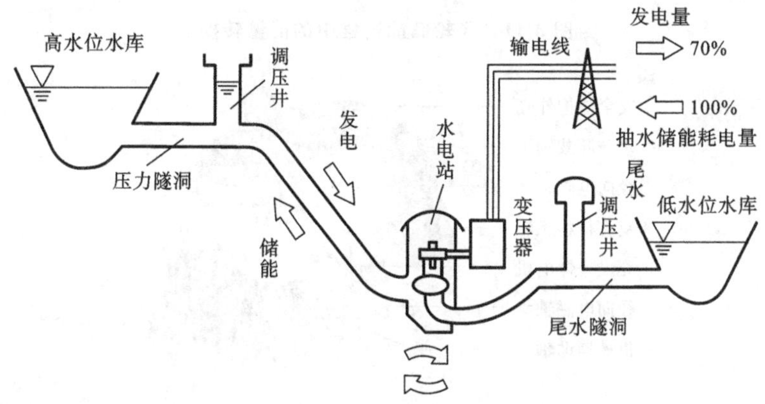

图3-10 抽水储能电站的工作原理图

3.2.4.2 飞轮储能

飞轮储能是利用高速旋转的飞轮存储动能的储能方式。飞轮转速改变存储和释放能量。当飞轮充能时,飞轮加速旋转,动能增加,充入能量以增加动能的形式存储能量;当需要释放能量时,飞轮转速因为负荷阻力而降低转速,输出动能。飞轮主要有两种形式:金属低速飞轮(转速为5000～10000 r/min,储能密度为5 W·h/kg)和现代纤维复合材料高速飞轮(转速为10000～40000 r/min,储能密度为100 W·h/kg)。

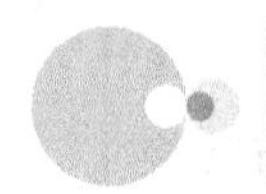

飞轮速度改变很快，可以在极短时间内释放出存储的能量，因此，飞轮储能一般有较大的功率，而且其储能效率高达 90%。然而，无法避免轴承摩擦的影响，且飞轮储能摩擦损失非常高，每小时约为 20%，导致飞轮储能的长时间保存能力差[13]。为了改进摩擦损失，可以采用真空环境或使用超导体的磁力轴承，其损耗低于滚动轴承或滑动轴承的损耗。典型的飞轮储能能量转换过程如图 3-11 所示，飞轮储能系统结构如图 3-12 所示。此外，飞轮储能通常与电动/发电机配合，方便地将动能和电能相互转化，实现电能的存储。为避免摩擦产生的热量，飞轮储能使用过程中通常需要复杂的冷却过程。

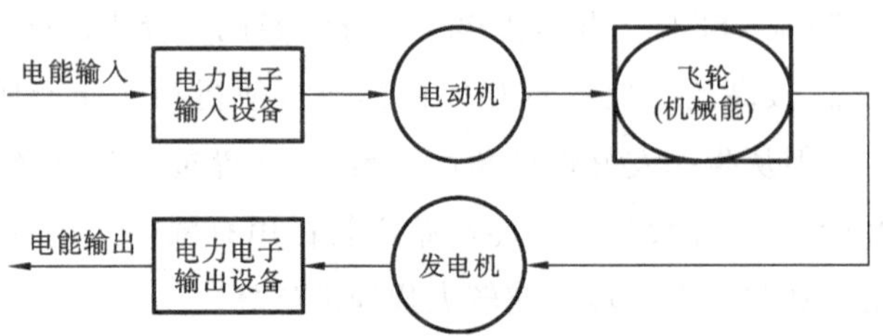

图 3-11　飞轮储能过程中的能量转换

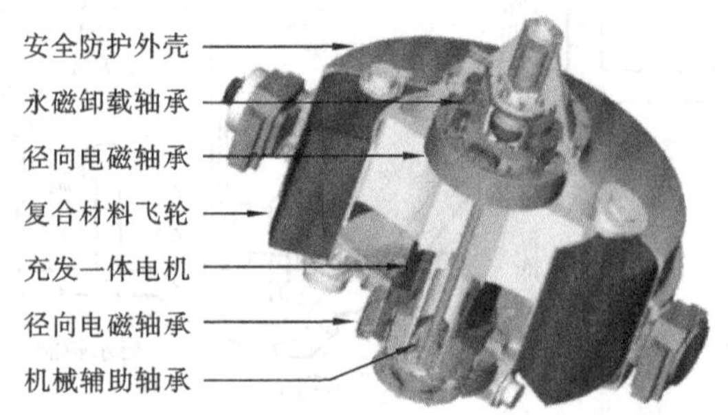

图 3-12　飞轮储能系统结构

3.2.4.3　压缩空气储能

压缩空气储能是利用空压机压缩空气储能，在需要能量时利用压缩空气推动汽轮机以进行能量释放。空气通常高压密封在储气罐、废矿的洞穴或在多孔但气密性良好的岩层中或新建储气井中。

一般需要由压缩机、储气罐(井)、膨胀机和发电机等几部分组成。空气在压缩-释放过程中会有放出-吸收热量的过程，因此，压缩空气储能实际运行时还包括散热器和燃烧室。典型压缩空气储能系统结构如图 3-13 所示。压缩空气储能存储密度较低，而且其整体效率偏低，一般不超过 70%。

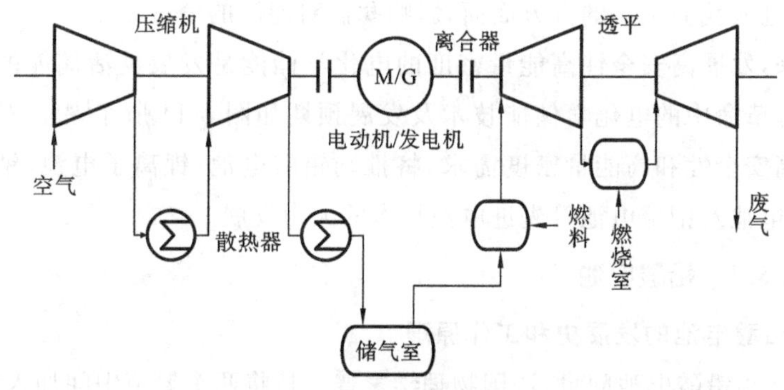

图 3-13 典型压缩空气储能系统结构示意图

压缩空气储能目前已发展到第三代。第一代始于 20 世纪 70 年代,早期的空气压缩技术是以燃气发电为基础展开的,效率只有 50%左右;20 世纪 90 年代,利用分级压缩并增加中间热交换介质的技术为第二代技术;目前研究的第三代技术是采用等温压缩空气技术,控制空气压缩过程无限接近于等温过程,来减少压缩功,理论上可以大幅度提升效率。

3.2.5 电化学储能技术

电化学储能是利用电池可逆的充放电特性存储能量的一种方式。电化学储能技术受地理、地形条件限制小,配置灵活,直接进行电能存储和释放,与电网具有天然的耦合性。而且从乡村到城市均可使用,因此电化学储能引起新兴市场和科研领域的广泛关注。

200 多年来,电化学储能技术从没像现阶段一样更引人注目。电化学储能蓬勃发展,技术形式多样,先进技术不断涌现,适用的场景不断扩展,可以说已经渗透到我们生活的方方面面。除了早期的铅酸电池一直到如今仍在广泛应用以外,锂离子电池自问世以来,在消费领域跟便携电子产品相辅相成,迅速在消费类电子市场中成为绝对的电源供应主角。近些年来,锂离子电池在交通领域迅猛发展,俨然是目前新能源汽车的首选技术。

在需求推动下,电化学储能技术经过广大科研人员、工程人员的共同努力,在多个领域获得快速应用。在大规模固定式储能领域,铅碳电池、磷酸铁锂电池、液流电池等都在较大规模地进行示范应用。固态电池、钠离子电池等先进电化学储能技术也不断取得突破,已处于产业化前沿。总之,电化学储能技术已经与日常生活息息相关,应用规模急剧扩大,在能源转型时代将迎来高光时刻，进入我们生活的方方面面，影响我们对能源的消费习惯。

未来，发展高安全性高能量密度的电化学储能是发展灵活储能的路径之一。能源革命中的电化学储能技术及发展预期如图 3-14 所示[14]。对电化学储能的高安全性和高能量密度需求，将推动铅酸电池、锂离子电池、钠离子电池、液流电池及钠硫电池等先进电池技术的大力发展。

3.2.5.1 铅酸电池

1. 铅酸电池的发展史和工作原理

1859 年铅酸电池问世，法国物理学家普兰特将两个铅箔中间加入布条，将其浸入到硫酸溶液中制成了首个实用化的铅酸电池。其他研究者紧随其后，1881 年富莱和塞隆二人通过在普兰特预处理铅板上涂覆 PbO_2 生成活性物质而制成了 Pb-Sb 涂膏式极板。之后 1935 年哈林和托马斯制成了 Pb-Ca 涂膏式极板，大大改善了铅酸电池的性能。1957 年德国阳光发明了阀控式密封胶体铅酸电池。1971 年美国盖茨利用吸附式超细玻璃纤维(AGM)隔板和气体再化合原理，解决了电池开口维护的问题，增加了电池使用寿命，这开创了铅酸电池发展历史上的一个新的里程碑。铅酸电池 160 多年的发展历程如图 3-15 所示，典型的阀控密封铅酸电池结构如图 3-16 所示。另外，研究者们也在寻找更为合适的板栅材料，如网状铅钙铝合金(2002 年)、网状树脂碳(2003 年)、碳/石墨泡沫(2009 年，2011 年)和镀铅聚合物(2009 年)等，增加能量密度的同时进一步提高铅酸电池的性能[15]。

铅酸电池是利用铅的不同价态转换实现充放电的。电池放电时，正、负极均变成中间价态的 $PbSO_4$；充电时，发生逆反应，在正极重新转换成 PbO_2，而负极被还原成 Pb。铅酸电池在室温室压下的标准槽电压为 2.1 V。铅酸电池充放电反应如图 3-17 所示[15]。

2. 铅酸电池的优缺点

目前，铅酸电池从产量上看仍是规模最大的电池产品。铅酸电池具有高安全性、技术成熟、材料价格低，但是存在重金属铅污染的风险，循环能力也较差。与其他的电池如锂离子电池、镍氢电池、镍铬电池等相比，市场竞争中铅酸电池在成本和安全性方面具有绝对优势，在二次电源中已占有 80%以上的市场份额[16]，在工业生产和日常生活的各个经济领域，铅酸电池起着重要作用。但是，由于铅酸电池大量使用重金属带来的环境风险，以及铅酸电池循环寿命短的弊端，越来越多的场景中由先进的锂离子电池取代。

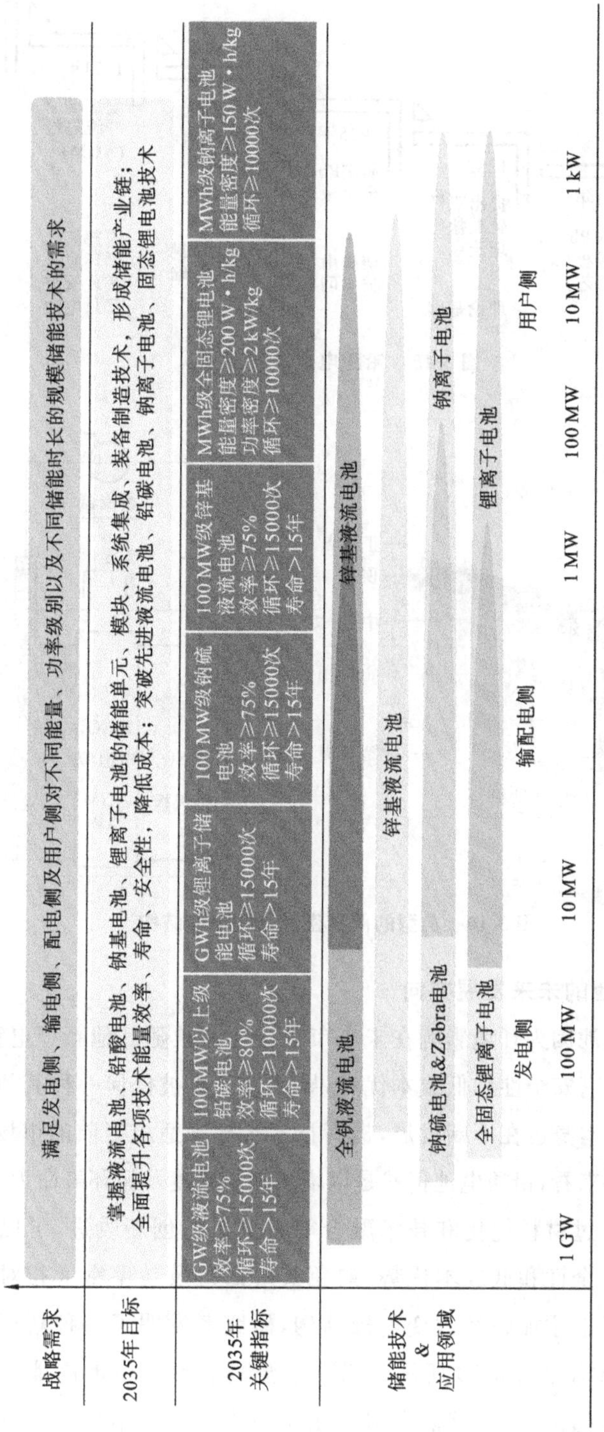

战略需求	满足发电侧、输电侧、配电侧及用户侧对不同能量、功率级别以及不同储能时长的规模储能技术的需求						
2035年目标	掌握液流电池、铅酸电池、钠基电池、锂离子电池的储能单元、模块、系统集成、装备制造技术，形成储能产业链；全面提升各项技术能量效率、寿命、安全性，降低成本；突破先进液流电池、铅碳电池、钠离子电池、固态锂电池技术						
2035年关键指标	GW级液流电池 效率≥75% 循环≥15000次 寿命＞15年	100 MW以上级铅碳电池 效率≥80% 循环≥10000次 寿命＞15年	GWh级锂离子储能电池 循环≥15000次 寿命＞15年	100 MW级钠硫电池 效率≥75% 循环≥15000次 寿命＞15年	100 MW级锌基液流电池 效率≥75% 循环≥15000次 寿命＞15年	MWh级全固态锂电池 能量密度≥200 W·h/kg 功率密度≥2 kW/kg 循环≥10000次	MWh级钠离子电池 能量密度≥150 W·h/kg 循环≥10000次

储能技术&应用领域：

全钒液流电池 → 锌基液流电池

锌基液流电池

钠硫电池&Zebra电池 → 钠离子电池

全固态锂离子电池 → 锂离子电池

发电侧　输配电侧　用户侧

1 GW　100 MW　10 MW　1 MW　100 MW　10 MW　1 kW

图 3-14　能源革命中的电化学储能技术及发展预期

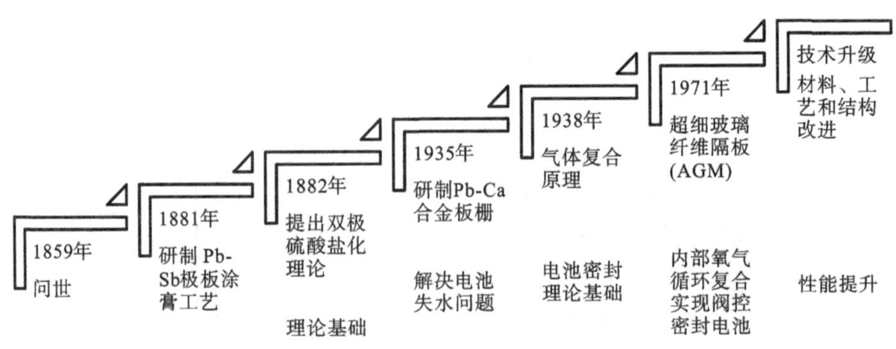

图 3-15　铅酸电池发展历程

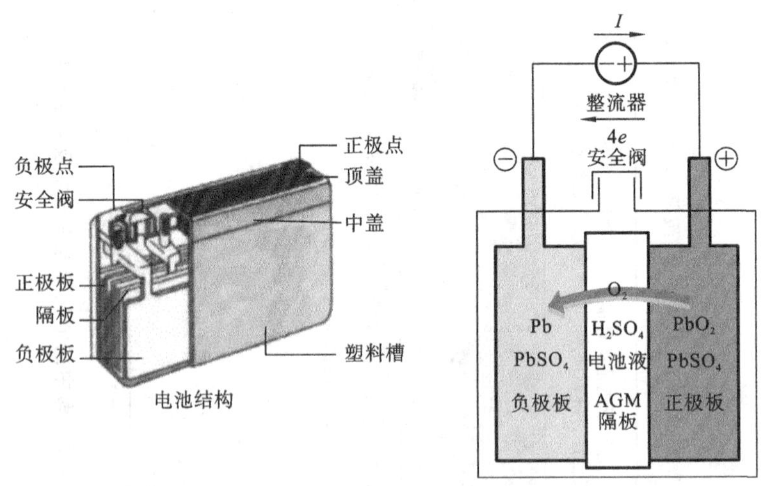

图 3-16　典型的阀控密封铅酸电池结构

3. 铅酸电池的未来发展方向

虽然铅酸电池因为环境影响在未来市场会逐渐被随其他新型电池替代，但目前铅酸电池的高安全性和低成本优势，导致其很难被任何一种其他电池完全替代。铅酸电池本身也在不断发展，提高技术水平来适应当前的市场要求。从技术发展的方向来看，铅酸电池仍然是以增加能量密度及循环寿命为重点。

铅酸电池通过材料优化和技术融合等方式进行创新改进，可以充分发挥铅酸电池的高安全性和低成本优势，避免其寿命短及功率密度相对较小的缺点。通过在负极上添加碳及改变电极结构，研究者发明了一种新型的铅碳电池。铅碳电池结构如图 3-18 所示。铅碳电池具有铅酸电池高能量密度和超级电容器高功率的优点，在储能上显示出了较大的发展潜力。而且铅碳电池

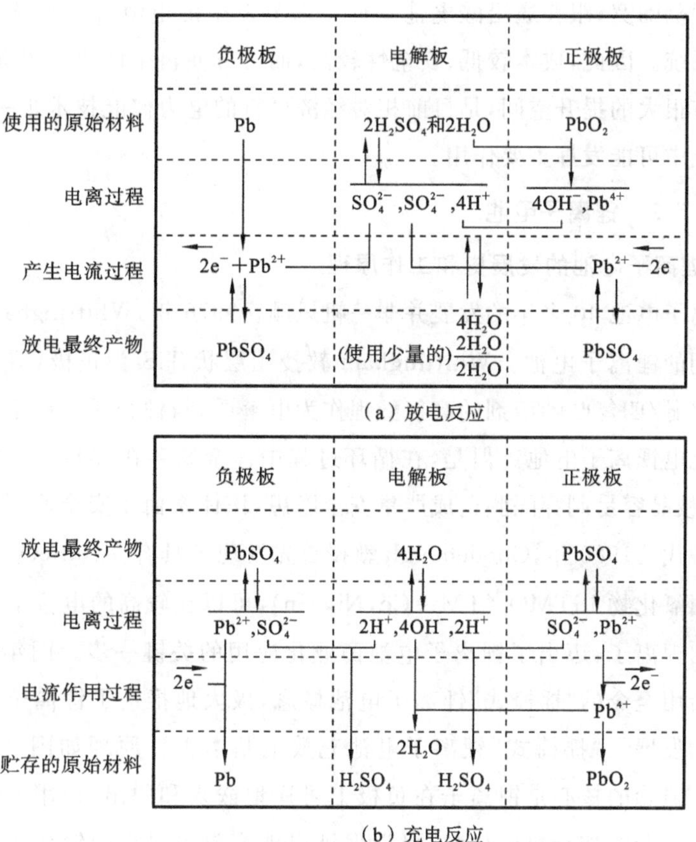

(a) 放电反应

(b) 充电反应

图 3-17　铅酸电池充放电反应

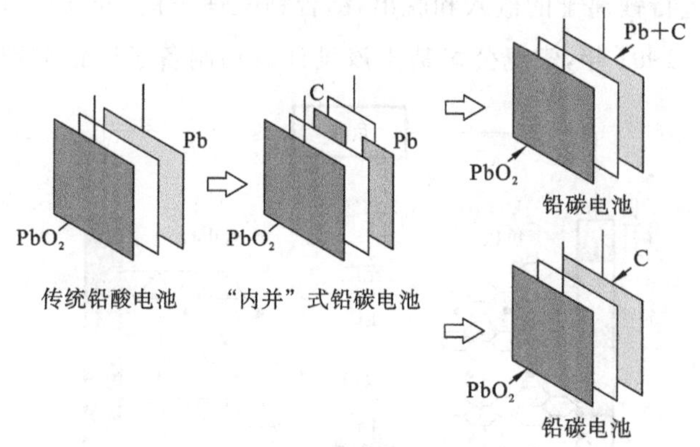

图 3-18　铅碳电池结构示意图

工作温度范围宽，跟普通铅酸电池一样不需要复杂的电池管理系统和辅助安全管理系统。因此，成本较低、安全性较高，而且方便再生回收。铅碳电池，其性能还有很大的提升空间，是目前相对经济可行的电力储能技术之一，在未来储能系统中可能发挥重要作用。

3.2.5.2 锂离子电池

1. 锂离子电池的发展史和工作原理

锂离子电池 40 多年的发展并非一帆风顺。1976 年，Whittingham 教授发明了早期的锂离子电池。Whittingham 教授用层状 TiS_2 为正极，溶于有机乙二醇二甲醚/四氢呋喃溶剂的高氯酸锂作为电解质，与锂金属负极组装成了早期的可充电锂离子电池。但是，在循环过程中锂金属存在容易产生锂枝晶的弊端，锂枝晶容易刺穿隔膜造成严重安全隐患，该体系由于安全原因很快被其他体系替代。1980 年，Goodenough 教授首先发现了具有 α-$NaFeO_2$ 型结构的过渡金属氧化物 $LiTMO_2$（TM＝Co，Ni，Mn），可以在较高的电位下可逆地嵌入和脱出锂离子，迈出了锂离子电池商业化应用的关键一步。同年，Armand 提出了沿用至今的“摇椅式”锂离子电池概念，极大地推动了锂离子电池材料和技术的发展。“摇椅式”锂离子电池充放电基本工作原理如图 3-19 所示。“摇椅式”概念的核心是锂离子在负极上可逆地嵌入和脱出，使用嵌锂电位较低的插层化合物如碳负极材料，可以保证电池充放电过程中锂离子在负极上可逆地嵌入和脱出。1985 年，日本的 Yoshino 教授发现石油焦作为负极材料，能够很好地进行锂离子的嵌入和脱出，结合钴酸锂正极，开发出世界上第一个锂离子电池。1991 年，索尼公司基于该设计成功制备了以钴酸锂和石油焦为

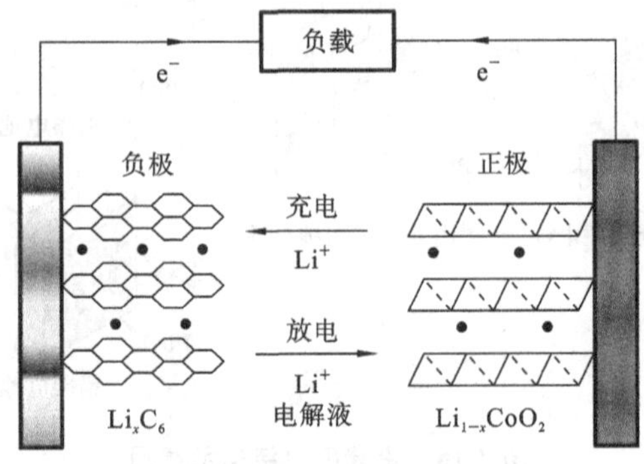

图 3-19 “摇椅式”锂离子电池工作原理

电极材料的商用锂离子电池。经过 30 多年的商用化发展,锂离子电池的正极材料、负极材料、隔膜和电解液均取得了重大突破,产品的安全性和能量密度不断提高,从消费电子领域的成熟应用已经拓展到新能源车的商用,并开始在电力系统进行示范应用。

2. 锂离子电池的关键材料

锂离子电池是由实现锂离子嵌入和脱嵌的正极、负极,以及无机锂盐的有机溶液作为电解液组成的电池体系。锂离子电池作为储能的核心单元,主要包括正极板、负极板、隔膜、电解液及外壳,最终使用的锂离子电池系统还包括必要的电力电子装置和控制系统。

按正极材料分类,锂离子电池一般分为钴酸锂电池、三元锂电池、磷酸铁锂电池等。一个理想的电池应满足容量大、质量能量密度高、体积能量密度高、充放电功率大、高安全性、耐高温/低温、循环寿命长、无毒无害,而且成本低。目前锂离子电池并不能完美地包含所有这些特点,通常的方法就是依据应用场景选取合适的体系。各种常见正极材料性能对比如表 3-4 所示[17]。

表 3-4 常见正极材料性能对比

晶型	组成	理论容量/($mAhg^{-1}$)	容量(0.1 C)/($mAhg^{-1}$)与工作电压/V(vs. Li/Li^+)	成本
层状	$LiCoO_2$	274	185(3.0～4.45 V)	高
	$LiNi_{1/3}Co_{1/3}Mn_{1/3}O_2$	278	160(2.8～4.3 V)	中
	$LiNi_{0.8}Co_{0.1}Mn_{0.1}O_2$	276	205(2.8～4.3 V)	中
	$LiNi_{0.8}Co_{0.15}Al_{0.05}O_2$	279	200(2.8～4.3 V)	中
	$Li_{1.2}Ni_{0.13}Co_{0.13}Mn_{0.54}O_2$	378	>250(2.0～4.8 V)	较低
尖晶石	$LiMn_2O_4$	148	120(3.0～4.3 V)	低
	$LiNi_{0.5}Mn_{1.5}O_4$	147	125(3.0～4.9 V)	低
聚阴离子	$LiFePO_4$	170	150(2.5～4.2 V)	低
	$Li_3V_2(PO_4)_3$	132($2Li^+$) 197($3Li^+$)	～130(3.0～4.3 V)	低
	$LiVPO_4F$	156	140(2.5～4.4 V)	低

碳负极材料作为商用锂离子电池的重要组成部分,主要分为人工石墨、天然石墨、中间相碳微球、硬碳负极等。硅碳负极、硅基负极、钛酸锂负极等也开

始商用。另外，锡基负极、氮化物负极、锂金属及合金类负极在研发上也取得重要进展。常见负极材料性能对比如表 3-5 所示[17]。

表 3-5 常见负极材料性能对比

反应类型	材料	嵌锂相	理论容量/(mAhg^{-1})	实际容量/(mAhg^{-1})	电压(vs. Li/Li^+)/V	体积变化/(%)
嵌入型	石墨/C	LiC_6	372	345	0.10～0.2	12
	$Li_4Ti_5O_{12}$	$Li_7Ti_5O_{12}$	175	162	1.0～2.5	1
合金型	Si	$Li_{4.4}Si$	4200	2725	0.01～3.0	>400
	Sn	$Li_{4.4}Sn$	994	845	0.01～3.0	260
	Bi	Li_3Bi	384	300	0.01～3.0	344
转化型	ZnS	Zn-Li_2O	963	438	0.01～2.5	—
	Co_3O_4	Co-Li_2O	890	1187	0.01～3.0	180
	CoS_2	Co-Li_2S	695	737	0.01～3.0	—

3. 锂离子电池技术的优缺点

目前商用化的锂离子电池各具特色。表 3-6 所示的为几种锂离子电池技术优缺点对比。钴酸锂电池、三元锂电池主要是能量密度高，但是钴酸锂材料或者三元锂材料会在 200 多摄氏度就发生分解，分解时会释放出氧气，增大了安全隐患，但磷酸铁锂分解温度高达 800 摄氏度，因此，三元锂材料安全性普

表 3-6 几种锂离子电池技术优缺点对比

类　型	优　点	缺　点	典型应用
钴酸锂电池	比容量高、性能稳定	安全性较差、价格高	3C 产品
锰酸锂电池	价格便宜、低温性能好	稳定性差、耐高温性差、循环寿命低	大中型号电芯、动力电池
三元锂电池	能量密度高、振实密度高	安全性较低、耐高温性差	电动工具
磷酸铁锂电池	价格便宜、稳定性很好、安全性好、循环性能好	振实密度低，单位体积容量低、低温放电性能差	动力电池、储能电池
钛酸锂电池	循环性能很好、安全性高	价格高、能量密度很低	动力电池、储能电池

遍比磷酸铁锂差,磷酸铁锂电池安全性更好,成本也比三元锂电池成本低,是目前发展最快的电力系统的储能技术。

4. 锂离子电池未来发展方向

锂离子电池的安全事故仍偶尔发生,其仍不能满足高安全性的要求,因此,解决锂离子电池安全性是重要的前沿研究方向,同时不断提高锂离子电池的能量密度、功率密度和提高系统的环境适应性也是锂离子电池的发展趋势。

现有锂离子电池具有安全风险的重要原因之一就是其采用易燃液态有机电解液。近些年来虽然电解液技术得到提高,但有机电解液有其不可攻克的易燃缺点,无法从根本上解决安全问题。固态电解质具有不易燃和不挥发的特点,弥补了液态电解液的不足,虽然固态电解质离子电导率低和界面阻抗大,但固态电池在提高安全性上展示了无穷的潜力。

未来,锂离子电池的研究已不再局限于材料体系、电极动力学、界面反应等基础科学,正朝着新电池体系、新结构、全面安全管理、热机理和失效分析等综合全面的提升技术水平的方向迈进。除了高能量密度、高安全性的固态电池和低成本的磷酸铁锂电池,锂硫电池和锂空气电池等都将是锂离子电池技术发展的重要方向。

3.2.5.3 钠离子电池

储能产业的日益增长,储能系统的经济性指标仍是储能大规模商用的关键指标之一,对低成本储能日益增长的需求促使研究开发出更多的电池体系来达成这一目标。基于资源丰富的钠离子电池在近 10 年内取得了快速发展[18]。钠离子电池充放电原理同锂离子电池相似,钠离子电池充放电过程如图 3-20 所示。实际上有关钠离子电池的研究早于锂离子电池的研究,其可以追溯到 20 世纪 70 年代。但是由于后来锂离子电池成功商业化,使锂离子电池成为关注的焦点。虽然如此,钠离子电池的发展也未停止过,由于钠离子电池的资源丰富,近些年来在储能领域得到极大关注。

1. 钠离子电池的优势

钠离子电池相对于锂离子电池有如下明显优势:

(1) 发展钠离子电池的一个重要因素是钠元素储量丰富,作为矿产资源容易获取,且分布广泛,成本低廉;

(2) 现有锂离子电池要用铜箔作为负极集流体。在钠离子电池中,正负极均不跟铝发生合金化反应,因此钠离子电池的负极集流体可使用铝,采用廉

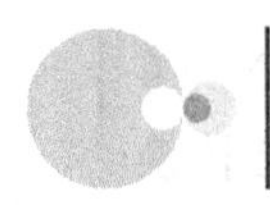

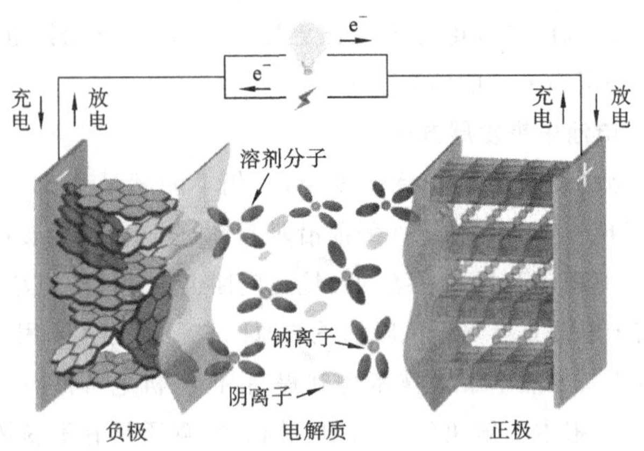

图 3-20 钠离子电池充放电示意图

价的铝代替铜以降低成本；

(3) 钠离子电池高温/低温性能更优异，工作温度范围更宽；

(4) 钠离子电池有着锂离子电池的相似结构，生产工艺也通用，可充分利用现有锂离子电池成熟的产业链；

(5) 钠离子电池相对锂离子电池安全性更高。

2. 钠离子电池的不足

钠离子电池的这些特有的优势，已随着研究的深入逐渐显现，在未来，钠离子电池技术路线将在与锂离子电池的竞争中可能占据有利地位。但是，钠离子电池的不足也比较明显，目前仍有如下突出问题需要解决：

(1) 能量密度较低；

(2) 钠离子电池循环寿命相对较短，只能达到 2000 次。按照当前储能要求 10 年以上，甚至更高要求达到 20 年，钠离子电池的寿命仍无法满足。

3.2.5.4 液流电池

液流电池是通过正、负极电解液内电解质离子价态的变化来实现电能和化学能转化的电池体系。液流电池原理图示意图如图 3-21 所示。正、负极电解液中间通过离子交换膜隔开，使得正、负极分离的同时形成离子通道。

液流电池的正、负极电解液存储于电池外部的储罐中，具有流动性，因此，可以方便实现电化学反应场所与储能活性物质在空间上的分离，以提高安全性和延长使用寿命。正、负极电解液独立的循环，拥有强大的过载能力和深放电能力，同时避免了电极枝晶生长刺破隔膜的风险，进一步地提高了安全

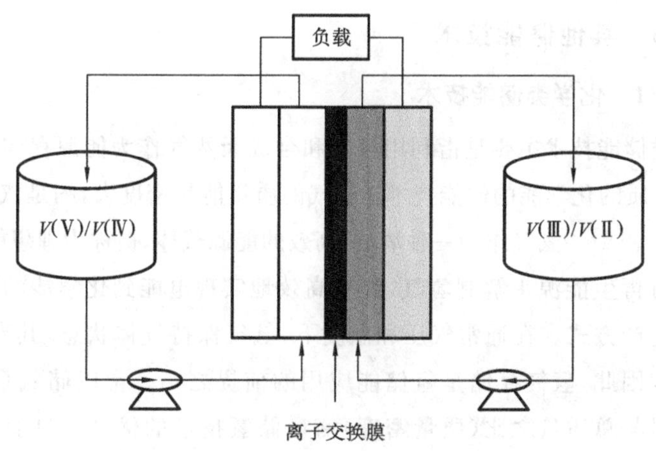

阴极反应:$V(V)+e^- \xrightleftharpoons[充电]{放电} V(IV)$

阳极反应:$V(II)-e^- \xrightleftharpoons[充电]{放电} V(III)$

图3-21 液流电池的原理图示意图

性[3]。分离存储的储液罐能够方便地实现液流电池容量的提高,同时提供超长的循环寿命。正是由于液流电池这种特殊的结构,在安全性、寿命、扩展性上拥有显著的优势。可以预见,液流电池将作为一种重要的电化学储能技术迎来快速的发展。

按电解质体系分,液流电池主要有全钒液流电池、锌溴液流电池、多硫化体系电池、铁铬电池等。目前已经开始规模应用的液流电池主要是以钒离子溶液作为电解液。实现商业化应用的另一种液流电池是基于溴化锌溶液的锌溴液流电池。

3.2.5.5 钠硫电池

钠硫电池是一种熔融盐二次电池,工作电极分别为金属钠和硫,并用陶瓷管作为电解质隔膜。钠硫电池不采用液体电解质,所以不存在液体电解质电池常见的自放电及副反应。钠硫电池工作在熔融盐状态,具有比能量和功率密度高,兼具长寿命和无自放电的优点,是一种重要的电化学储能。但是,要保持钠硫电池的工作状态,反应时要求温度达到300~350 ℃,这对电堆的安全和运行带来挑战。电池需要一直加热才能正常工作,因此,运行环境要求高、热管理困难。在集中需要大功率、大容量的储能应用场合,钠硫电池可能是一种经济的选择。

3.2.6 其他储能技术

3.2.6.1 化学类储能技术

化学类储能技术主要是指利用氢气和合成天然气作为能源存储介质，将电能转变成介质的化学能的储能技术。氢气的质量能量密度大，约是汽油、柴油和天然气的 3 倍[19]。氢气作为一种清洁、高效的能源载体，被称为理想能源。

利用可再生能源水解制氢气，能够高效地实现电能到化学能的转变，是清洁的能源生产方式。在通常气压和温度下，氢气保持气体状态，其有体积密度小的弊端。因此，氢气存储是氢储能应用的前提之一。常以储氢系统释放出的氢气质量与总质量之比（质量密度）衡量储氢技术的优劣。目前，储氢的质量密度约为 4.5%，预计 2025 年达到 5.5%，最终达到 6.5%。储氢技术通常采用加压、降温等物理方法提高氢气密度，包括高压气态储氢与低温液化储氢。氢气难以压缩和液化的特点，对储氢装置有很高要求，储氢罐是储氢技术的关键设备。图 3-22 所示的为工业上典型的储氢装备。

图 3-22 工业上典型的储氢装备

在一定条件下，一些介质材料能够吸附氢气或者跟氢气反应生成稳定化合物，而改变条件时又能释放氢气，利用这一特点也可以实现储氢密度的提高，包括纳米材料储氢、有机液体储氢、液氨储氢、配位氢化物储氢、无机物储氢与甲醇储氢等。

另一种储氢的方式是利用氢气与二氧化碳反应合成天然气。和氢气相比，天然气比较容易通过加压的方式液化，存储更方便，一些典型存储天然气设备如图 3-23 所示。天然气可以利用储气罐高压液化存储或者地下储气库储气、管道储气、水合物储气等存储方式。同时,以天然气为燃料的热电联产的技术,可以利用现有气网和电网方便地组成分布式发电和微电网,在智能配电网中发挥重要的作用。

图 3-23 储天然气装备

3.2.6.2 电气类储能技术

电气类储能技术主要是指超级电容器储能和超导储能。

1. 超级电容器储能

超级电容器储能是近年发展起来的一种将超级电容器作为储能器件的新型储能方式,具有充放电功率密度高、寿命长、无须维护等特性。

超级电容器按能量存储机理可分为双电层电容器、法拉第准电容器两类。

电容器存储电荷,一种是基于固液界面的双电层电荷存储,一种是基于电解液中阴阳活性离子通过固液双电层界面并分别在正、负极板发生嵌入-脱嵌或吸附-脱附反应的电荷存储方式。

在外电场作用下,电容器的电极和电解液接触面会在电场的作用下形成稳定的、符号相反的两层电荷,通常称为双电层界面。这种储能过程中没有产生电化学反应,因此循环次数非常多,达 10 万次以上。

继双电层电容器后,利用正、负极吸附或者嵌入电解液离子的方式,又发展出了法拉第准电容器,简称准电容。其存储电荷的过程包括双电层上的电荷存储,同时包含电解液离子由于氧化还原反应而存于电极中的电荷[20]。因此,该类电容器具有更高的容量。

正是由于超级电容器是一种具有物理电容和电池部分特性的储能器件,电池的大容量和电容的大功率是其显著特点。目前,超级电容器性能优越,利用其功率大的特点,用于提供峰值功率输出。随着超级电容器材料的研发,功率密度和能量密度的不断提高,超级电容器的应用范围将更加广阔。

应用超级电容器的主要特点如下。

(1) 充放电功率密度高,能实现快速充放电。

(2) 循环寿命超长。超级电容器的充放电过程材料结构不改变,因此,其循环寿命可达数万次以上。

(3) 可靠性高。超级电容器工作时由于不存在材料的价态和结构转变,因此,稳定性高,维护工作极少,安全可靠。

(4) 有超宽的使用温度范围。在−35～75 ℃的温度范围内都能正常工作。

2. 超导储能

超导储能是利用电流在零电阻超导线圈中无损耗的特点进行电磁能存储的储能方式。理论上,在零电阻下的超导磁体环中电流能持久地在短路情况下运行,所以这种储能称为超导储能。超导体零电阻,可通过电流密度大,因此,超导体装置一般体积小,但储能密度大,而且无损耗。降温至圆环材料的临界温度以下的超导体圆环置于磁场中,撤去磁场,圆环中便会由于电磁感应而产生电流,只要线圈处于超导状态,电流便会持续下去。试验表明,这种电流的衰减时间理论上不低于10万年,显然这是一种理想的储能装置。

超导储能的主要优点是功率大、损耗小,但缺点也非常明显,就是需要保持超导状态,需要复杂的降温和绝热系统。因此超导储能主要用于大功率需求领域,如需要在瞬时释放数千乃至上万焦耳能量的大功率激光器、军事领域的电磁炮等。另外,超导储能也可以用于电网,为电网瞬时大功率响应提供解决方案。

3.2.6.3 储热技术

储热技术是以储热材料为介质存储热能的储能技术。按照储热方式分类,储热技术分为显热储热、潜热储热和热化学储热三大类[21]。

一般自身比热容大的介质材料,通过温度的变化来进行大量热量的存储与释放的储能技术称为显热储热。

利用相变过程吸/放热量大的介质材料,实现热量的存储与释放的储能技术称为潜热储热,又称为相变储热。

利用一些热量吸收和释放大的可逆化学反应或者吸/脱附反应进行热量的存储的技术称为热化学储热。

大自然中存在无限的太阳能光热、地热,工业活动中也产生大量的工业余热、低品位废热等,而人们的生活和工业活动中也经常会需要热能供应。储热技术跟电能存储技术一样,通过储热解决热能在时间、空间或强度上的供需不匹配问题。这也是在能源利用领域研究调节热能供应和使用关系的一个技术热点。三种储热技术中,研究重点是潜热储热。储热介质的创新与储能模式的创新应是未来的储热技术创新重点。

3.3 储能产业现状

储能对能源转型的价值逐渐得到承认,在政府推动和技术水平提高的共同促进下,全球范围内储能市场规模稳步增长。储能产业从上游的材料生产和设备制造,中游的系统集成、安装和运营,以及下游的应用和资源回收等环节已经初步建立了较为完备的产业链。我国已形成一大批具有竞争力的企业,除了部分材料外,基本摆脱对国外储能技术和零部件的依赖。各种储能方式发展阶段不同,在安全、性能、技术水平、成本等方面各具特点,形成目前抽水储能规模化商用、电化学储能初步进入商业化和多种储能技术加快示范应用的产业格局。

3.3.1 市场规模

3.3.1.1 全球储能市场规模

过去几年,全球储能项目总装机规模稳步增长。据不完全统计,截至 2020 年底,全球已投运储能项目累计装机规模总量达到 191.1 GW,同比增长3.5%(见图 3-24)。储能项目累计装机规模构成如图 3-25 所示,其中抽水储能总装

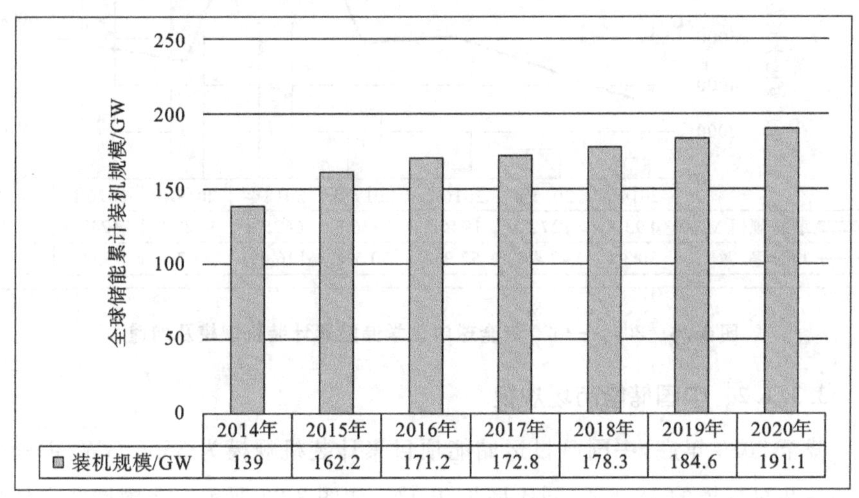

	2014年	2015年	2016年	2017年	2018年	2019年	2020年
装机规模/GW	139	162.2	171.2	172.8	178.3	184.6	191.1

图 3-24 2014—2020 **年全球储能市场累计装机规模**

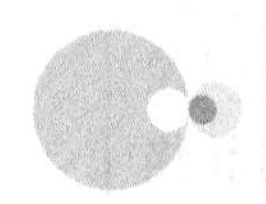
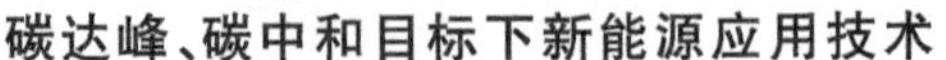

机规模占比为 90.3％；紧随其后的是电化学储能，总装机规模占比为 7.5％。抽水储能是绝对的主力，但抽水储能受地理条件限制，而电化学储能可灵活配置，增速最快（见图 3-26），被认为是最具潜力的储能技术。

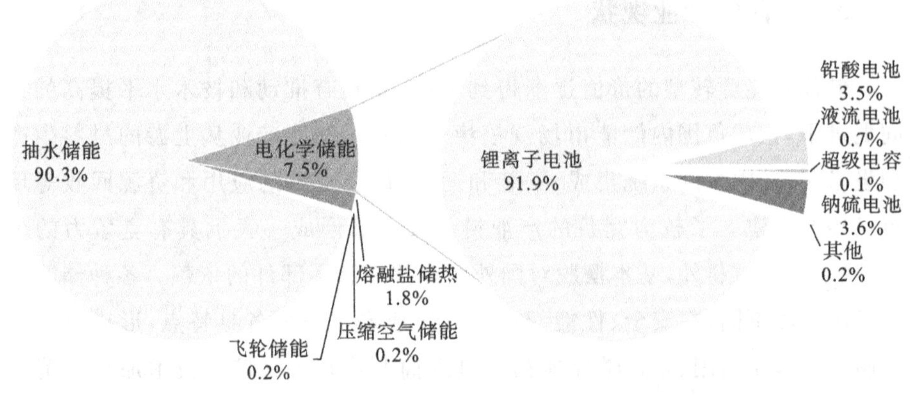

图 3-25 2020 年全球储能市场累计装机规模构成

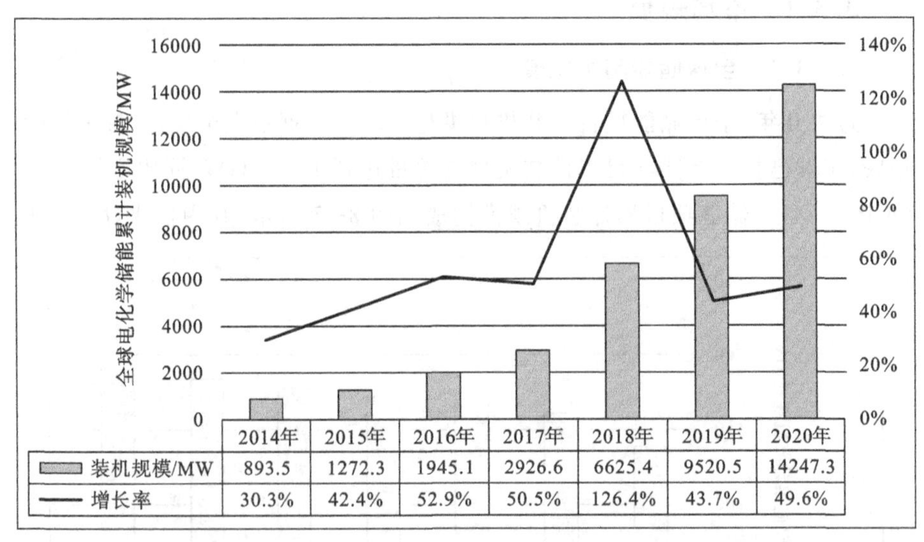

	2014年	2015年	2016年	2017年	2018年	2019年	2020年
装机规模/MW	893.5	1272.3	1945.1	2926.6	6625.4	9520.5	14247.3
增长率	30.3%	42.4%	52.9%	50.5%	126.4%	43.7%	49.6%

图 3-26 2014—2020 年全球电化学储能累计装机规模及增速

3.3.1.2 中国储能市场规模

截至 2020 年底，中国已投运储能项目累计装机规模为 35.6 GW，占全球市场总装机规模的 18.6％，同比增长 9.9％，如图 3-27 所示。我国储能市场累计装机规模构成与全球类似，抽水储能为主，占新增装机规模 89.3％；电化学储能应用最广,占9.2%,如图3-28所示。而且电化学储能增速迅速,较2019年增长91.2%,如图3-29所示。

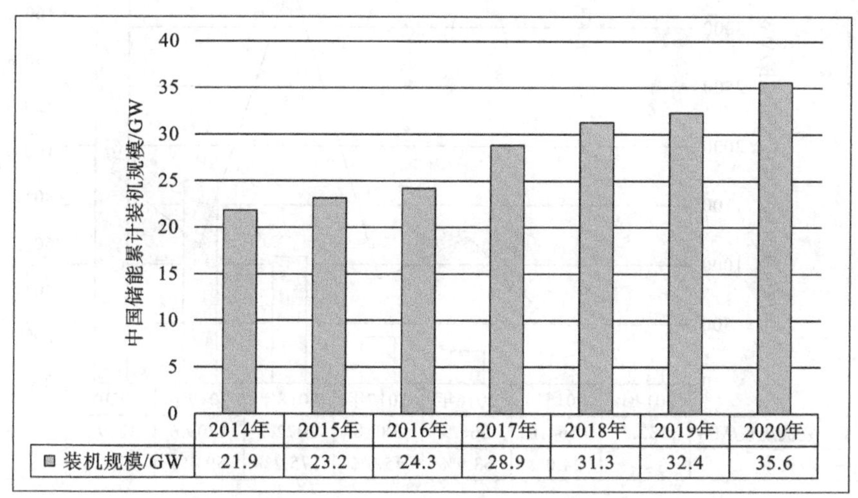

图3-27 2014—2020年中国储能市场累计装机规模

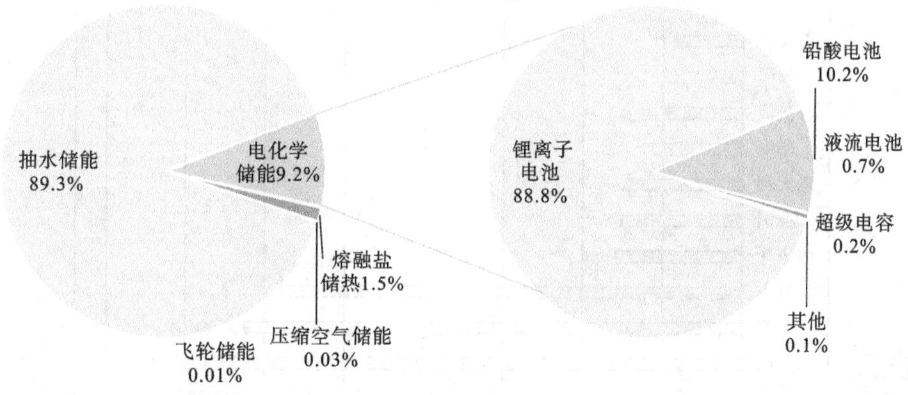

图3-28 2020年中国储能市场累计装机规模构成

3.3.2 产业格局

3.3.2.1 区域格局

目前,全球储能市场中,化学类储能如储氢、电气类储能和储热市场规模和份额都很小,全球储能市场以电力系统中的抽水储能和电化学储能方式为主。从地域来看,全球储能项目装机主要分布于美国、中国、日本、印度、韩国等(见图3-30)。截至2020年,中国、美国、欧洲占据全球新增投运总规模

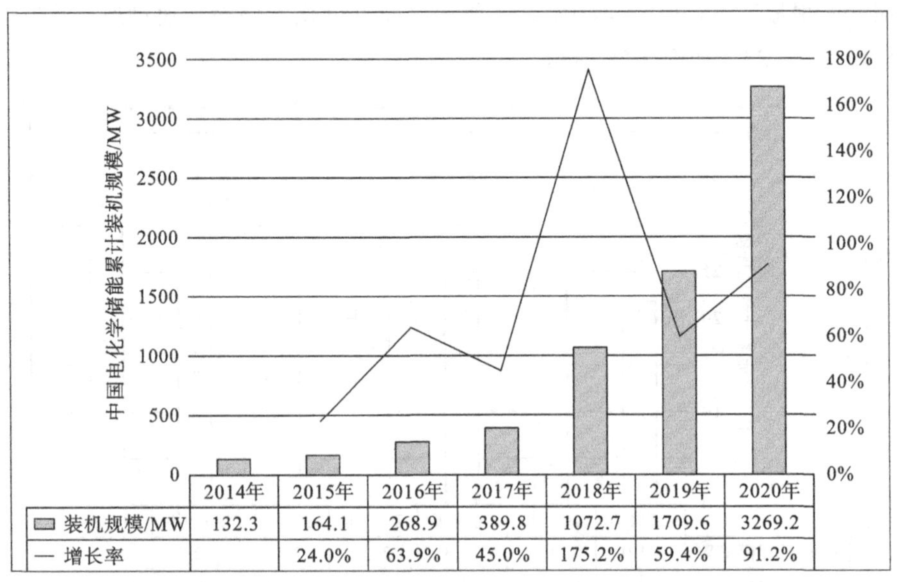

图 3-29 2014—2020 **年中国电化学储能累计装机规模及增速**

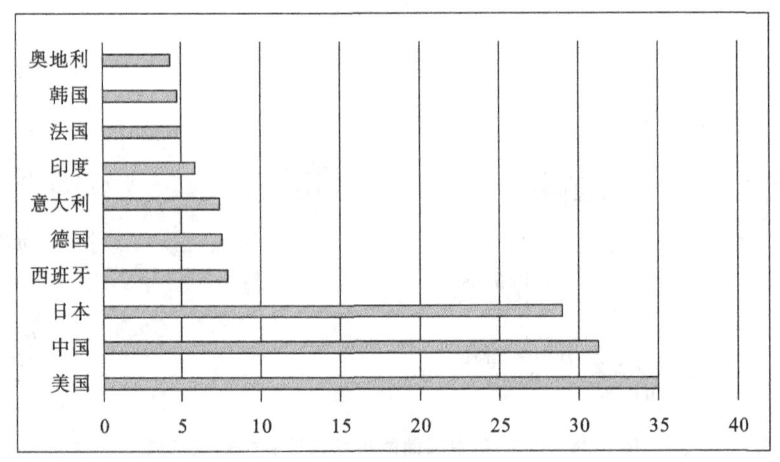

图 3-30 2018 **年全球累计运行储能装机** TOP10 **国家(单位:吉瓦)**

86%,且各自新增投运规模均突破吉瓦大关(见图 3-31)。

储能在我国大多数省份都有布局,已投运或者在建储能主要是抽水储能和电化学储能。

在抽水储能方面,我国已先后建成潘家口、广州、十三陵、天荒坪、山东泰山、江苏宜兴、河南宝泉等一批大型抽水储能电站。抽水储能主要分布在华

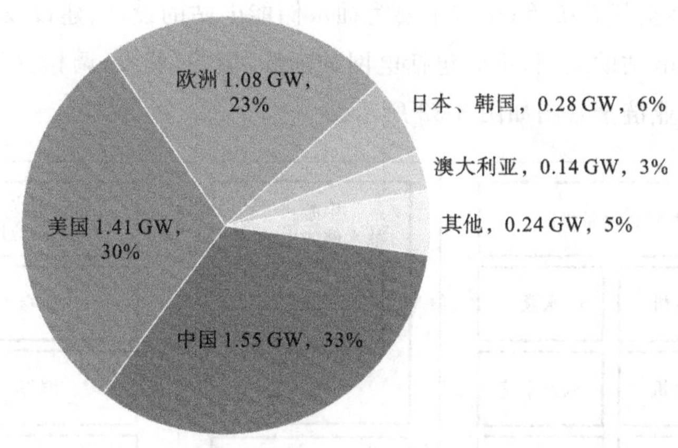

图 3-31 2020 年全球累计新增投运电化学储能项目分布(总数 4.7 GW)

东、华北和华中;在建抽水储能电站总规模 60%分布在华东和华北。

在电化学储能方面,中国已投运的电化学储能项目,分布在 30 多个省市自治区[22]。广东、江苏、青海、安徽、甘肃、西藏、山西、内蒙古、辽宁、新疆等省市自治区电化学储能项目数量分布较多。表 3-7 统计了我国储能市场地域分布。

表 3-7 我国储能市场地域分布

省市自治区	占比/(%)	省市自治区	占比/(%)	省市自治区	占比/(%)
青海	17	甘肃	6	陕西	2
江苏	15	辽宁	4	新疆	2
西藏	13	北京	3	安徽	1
广东	10	浙江	3	福建	1
山西	8	上海	2	其他	4
河北	7	山东	2		

3.3.2.2 产业分工

目前储能产业已经步入商业化初期,技术瓶颈逐步突破,储能技术渐趋成熟,储能产业在抽水储能和电化学储能方面已经形成了较为完备的产业链。我国一大批领先的企业在储能产业链上进行技术突破,形成了上游着重储能技术和设备供应、中游着重建设和运行、下游着重应用的产业分工和产业链的布局。

在抽水储能产业上,上游主要为设备供应方,包括水轮机、发电机、水泵、进水阀、压缩空气系统等；中游主要为抽水储能电站的设计、建设及运营；下游为抽水储能电站的应用，主要包括电网的削峰、填谷、调频、调相、事故备用等。抽水储能产业链全景图如图 3-32 所示。

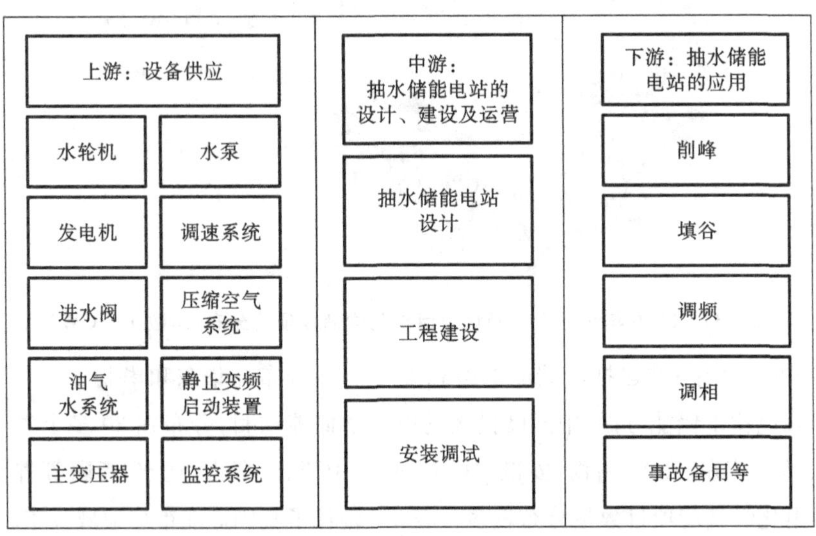

图 3-32　抽水储能产业链全景图

在电化学储能产业上，上游为电池、电池管理系统、能量管理系统及储能变流器等储能关键零部件供应商；中游为储能系统设计、集成、安装及运营服务等；下游为终端应用客户，包括发电侧、电网侧和用户侧等应用。产业链全景图如图 3-33 所示。

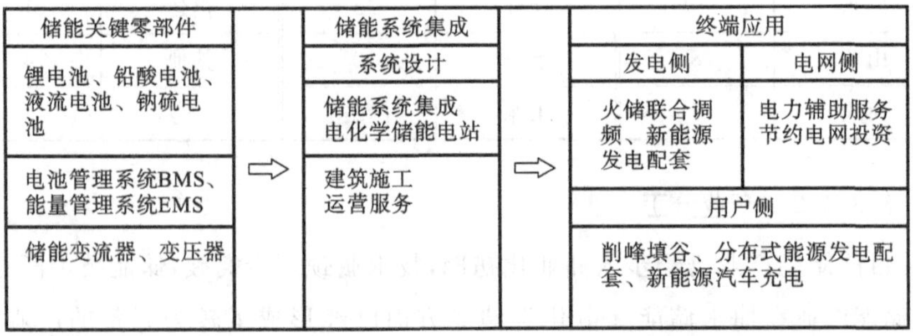

储能关键零部件		储能系统集成		终端应用	
		系统设计		发电侧	电网侧
锂电池、铅酸电池、液流电池、钠硫电池	⇨	储能系统集成 电化学储能电站	⇨	火储联合调频、新能源发电配套	电力辅助服务 节约电网投资
电池管理系统BMS、能量管理系统EMS		建筑施工 运营服务		用户侧	
储能变流器、变压器				削峰填谷、分布式能源发电配套、新能源汽车充电	

图 3-33　电化学储能产业链全景图

3.3.2.3　企业竞争布局

从产业链参与者情况来看，当前，我国有很多企业积极参与储能产业建设。在抽水储能和电化学储能上具备了一定的产业基础,涌现出了一大批技术实力突出和规模迅速增长的企业。

1. 抽水储能相关企业

目前,我国抽水储能开发建设及运营市场中,国家电网占据绝对领导地位,截至 2019 年 9 月底,国网经营区域内已投产抽水储能电站共 26 座,容量 2091 万千瓦,其中公司管理电站 20 座,容量 1907 万千瓦,占比达到 91.20%。

在产业链上游的关键设备方面,水轮机主要厂商有浙富控股、通裕重工、东方电气、上海电气等;水泵主要厂商有大元泵业、东音股份、凌霄泵业等;发电机主要厂商有国投电力、华能水电等;主变压器主要厂商有保变电气、新华都等;压缩空气系统主要厂商有丰电科技、中国电建。

在产业链中游的电站设计、建设厂商主要有中国电建、国投电力等,电站的运营主要有国家电网和南方电网等。部分抽水储能产业链企业图谱如图 3-34 所示。

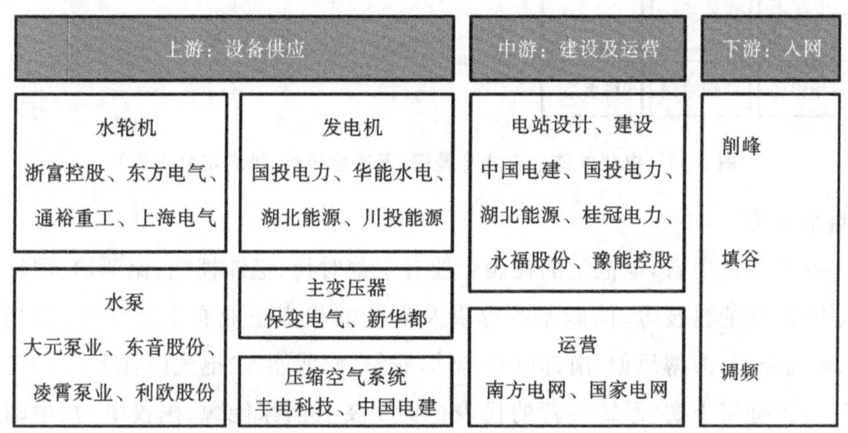

图 3-34 抽水储能产业链企业图谱(不完全统计,排名不分先后)

2. 电化学储能相关企业

电化学储能产业关键是上游的材料、中游的电池关键部件和系统集成、下游的系统运营商。电化学储能企业全景图如图 3-35 所示。

我国在电化学储能产业规模上发展迅速,已居全球首位。

在产业链上游,电池材料代表企业有德方纳米、贵州安达、贝特瑞、天赐材料、恩捷股份、星源材质等公司;电池管理系统代表企业有星云股份、深圳科列、东莞钜威、均胜电子等;储能变流器代表企业有阳光电源、盛弘股份、华为、

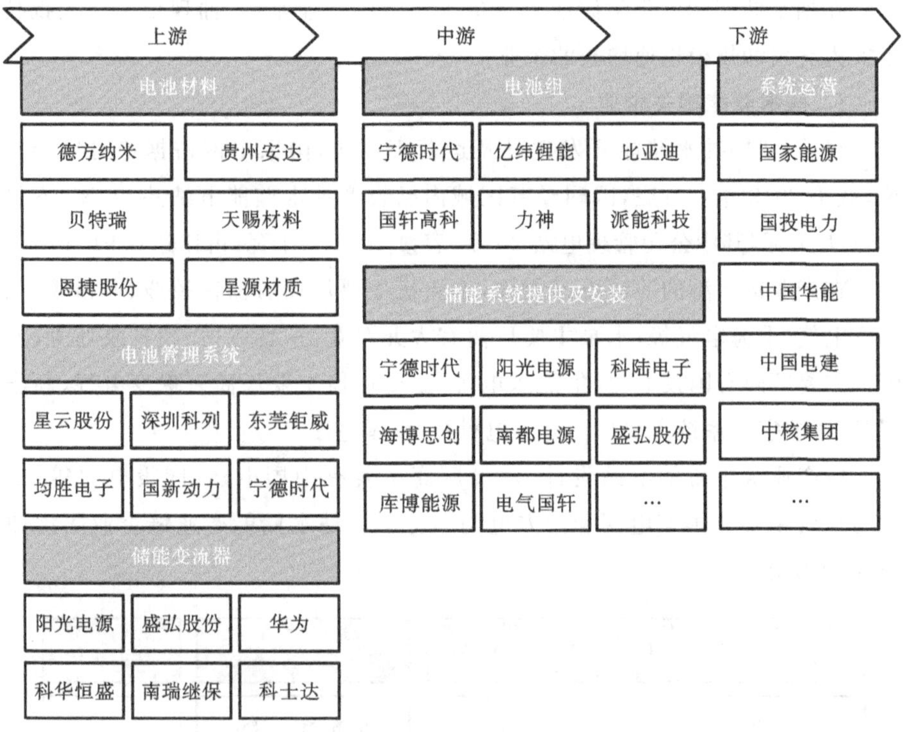

图 3-35　电化学储能企业全景图(不完全统计,排名不分先后)

南瑞继保等。

在产业链中游,电池组的代表企业有宁德时代、亿纬锂能、比亚迪、国轩高科、力神、派能科技等;储能系统提供及安装的代表企业有宁德时代、阳光电源、科陆电子、海博思创、南都电源、盛弘股份、库博能源、电气国轩等。

在产业链下游,系统运营的代表企业主要有国家能源、国投电力、中国华能、中国电建、中核集团等。

3.3.3　技术水平现状

储能技术种类繁多,应用领域各异,产业化进程处于各种不同阶段。不同储能技术路线适应的储能规模大小不同。按规模大小的不同储能技术成熟度如图3-36所示。各类储能技术中,抽水储能技术最成熟,储能容量最大、成本最低、使用规模最大,电化学储能技术较成熟、应用范围最广、潜力最大[23]。此两类储能为目前重要发展方向。在各类电化学储能中,铅酸电池和磷酸铁锂电池显示出安全和成本优势。但新技术也充满了机遇,如领先的电池厂家宁德时代在

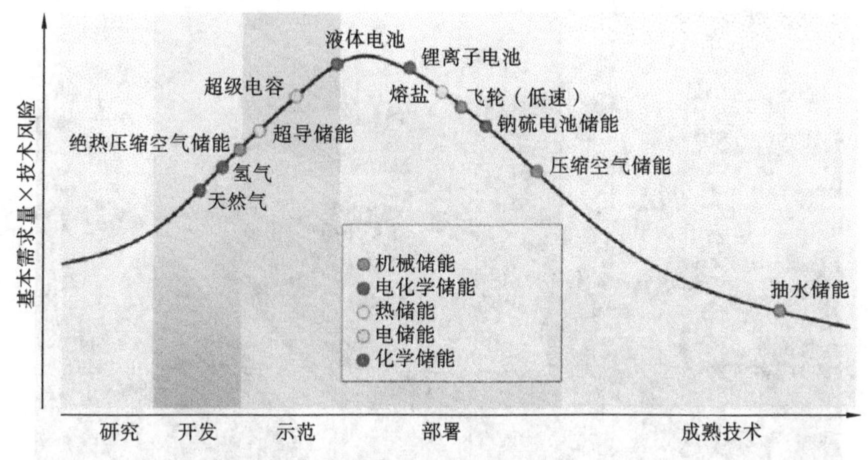

图 3-36 按规模划分的储能技术成熟度曲线

2020 年就发布了第一代钠离子电池,开启了钠离子电池商业化之路。

3.3.4 应用现状

在电力系统中,有多种储能技术同时并存,满足电力系统不同的技术需求。各种技术应用规模、技术成熟度和产业发展情况也差别很大。按产业化进程看,大规模商用的技术有抽水储能,开始商用的有部分电化学储能,包括磷酸铁锂电池、铅酸电池、液流电池等,目前研究及工程示范应用的技术包括部分抽水储能、电化学储能、压缩空气储能、飞轮储能,以及化学类、电气类储能及储热技术。一些典型工程代表了相关技术的应用水平。

3.3.4.1 抽水储能应用项目

抽水储能技术成熟,成本低,中国抽水储能电站项目已然是全国开花,技术水平显著提升,一批标志性项目开始投入建设或者运营。例如,河北丰宁抽水蓄能电站(见图 3-37),是世界装机容量最大的抽水储能电站,在 2022 年北京冬奥会前完成建设,为冬奥会电力供应提供坚强的保障。该电站项目总装机容量 360 万千瓦,每年消纳过剩电能达 88 亿度,可为 260 万户家庭提供一年的用电量;广东阳江抽水蓄能电站(见图 3-38),单机装机容量 40 万千瓦,是目前国内单机装机容量最大的抽水储能电站;2021 年 11 月 30 日首台机组正式投入试运行梅州抽水蓄能电站(见图 3-39),电站规划装机容量 240 万千瓦,工程总投资 70.52 亿元。

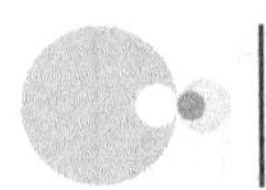

图 3-37 丰宁抽水蓄能电站

图 3-38 阳江抽水蓄能电站

3.3.4.2 电化学储能应用工程

随着电化学技术的不断突破，近些年来，涌现出一批实力强劲的电池企业，如宁德时代、BYD、亿纬锂能、中航锂电等，为电化学储能应用奠定了基础。我国大型央企和国企加大电化学储能投资力度，积极推动建立多个大型商业化应用示范工程。在社会资本和国有企业投资带动下，电化学储能实现了由商业化初期向大规模应用的转变。一大批电化学储能项目开始投入并网运

图 3-39　南方电网调峰调频梅州抽水蓄能电站(简称梅储电站)

行。例如,2019 年 1 月 22 日鲁能海西州多能互补集成优化示范工程储能电站正式投运,由宁德时代新能源科技股份有限公司独家供应电池,储能电站集风电、光伏、光热、储能于一体,是至今世界首个、中国最大的多能互补项目,配置储能 100 MW・h,配套风电 400 MW、光伏 200 MW 和聚光太阳能 50 MW,如图3-40 所示;2021 年 12 月 27 日国家电投海阳 101 MW・h/202 MW・h 储能

图 3-40　鲁能海西州多能互补集成优化示范工程储能电站

电站并网试运行，如图 3-41 所示；2021 年 12 月 29 日 6 时，济南市首座 220 千伏 100 MW/200 MW 储能电站——全福华能储能电站带负荷良好，如图 3-42 所示；2021 年 12 月 29 日上午，由中联西北院设计完成的中能建投宁夏盐池 120 MW 光伏复合发电项目顺利并网；2021 年 12 月 31 日，由长沙华能自控集团主导投资建设的、华自科技整体提供产品及实施的城步儒林 100 MW/200 MW 储能示范电站成功并网运行，该储能电站是湖南首个社会资本投资的电网侧储能示范电站，也是目前国内社会资本投资最大单体电网侧储能示范电站。

图 3-41　海阳 101 MW/202 MW **储能电站**

图 3-42　100 MW/200 MW **全福华能储能电站**

3.3.4.3 特种储能应用工程

除了抽水储能和电化学储能技术以外,多种技术在电网中也进行了多个项目的工程示范,为商用积累经验。

1. 压缩空气储能应用

在压缩空气储能方面,中国科学院工程热物理研究所技术研发工作已开始进行 100 MW/800 MW 研制。在应用方面建设了多个示范系统。例如,2013 年河北廊坊建成了国际上首个 1.5 MW 先进压缩空气储能示范系统;2016 年在贵州毕节建成了首个 10 MW 先进压缩空气储能示范系统;2021 年 8 月建成了山东泰安肥城 10 MW 压缩空气储能电站,如图 3-43 所示;2021 年 12 月张家口国际首套 100 MW 先进压缩空气储能国家示范项目顺利实现了并网,如图 3-44 所示。

图 3-43　山东泰安肥城 10 MW 压缩空气储能电站

2. 飞轮储能应用

国内飞轮储能技术水平提高很快。二重储能公司研制的 100 kW 飞轮储能系统和盾石磁能研制的 200 kW 工业化 GTR 飞轮储能系统已经走出了实验室,在数字机房、交通领域有广泛的应用需求,兆瓦级飞轮储能开始向工程示范发展。例如,兆瓦级飞轮储能技术已经在邯长铁路上成功应用(见图 3-45)。目前我国的飞轮储能技术处于国际领先水平,但目前飞轮储能在储能领域的占比仍然很小,仍需长足的发展。

3. 超导储能应用

在超导储能方面,我国综合技术性能达到国际先进水平。中国西电电气股份有限公司研制了 1 MV · A/1 MJ 超导储能-限流系统装置,如图 3-46 所

图 3-44　100 MW 先进压缩空气储能国家示范项目鸟瞰图

图 3-45　兆瓦级飞轮储能

示，在玉门低窝铺风电场 10 kV 网系统实现了并网运行，其并网谐波畸变率为 2%，功率响应时间为 0.8 ms，有效提高了电能质量和低电压穿越能力。

4. 储热应用

目前储热市场仍然以显热储能为主。随着新型储热材料的研发应用和配套设备制造工艺的提升，储热技术应用的成本逐年下降，越来越多商业化工程

图 3-46　超导储能-限流系统装置

应用得到推广。甘肃省敦煌市在 2018 年建成了 100 MW 熔盐塔式光热电站(见图 3-47)是全球最高、聚光面积最大的熔盐塔式光热电站。

图 3-47　敦煌 100 MW 熔盐塔式光热电站

3.4　存在问题与展望

储能产业在能源转型的调整中进入了高速发展时期。但是储能产业在技术、产业政策和经济性上还不能达到储能规模化商用的需求,仍然需要解决规划、技术、安全、运营等一系列问题,只有在政策、技术、商业模式上采取一系列的有力措施,才可能促进储能产业快速、健康的发展。

3.4.1　储能产业存在的主要问题

在可再生能源成为市场主流的未来电力系统中,能源保障成为新的挑战。储能系统自身存在能量密度低的问题,而且存在储能装置引发次生灾害的可

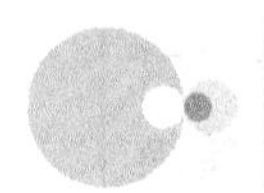

能性。目前已有的各项储能技术都还达不到承担超大规模能源战略储备的水平。储能发展还面临如下一些问题需要解决。

3.4.1.1 安全性有待提高

电化学储能是灵活的储能资源，多个应用场合只有电化学储能才能满足配置条件。但目前电化学储能安全问题仍未彻底解决，时不时发生安全风险，造成重大财产损失和人身伤害。北京储能电站曾发生了起火爆炸的严重事故(见图3-48)，给储能发展敲响了一记警钟。偶发的安全性可能阻碍储能的应用，同时大规模的储能系统如果不进行妥善的回收，对环境也会造成无法估量的破坏。因此，电化学储能的安全性有待提高。

图3-48 北京储能电站爆炸事故

3.4.1.2 技术有待突破

极端天气不可避免，而极端天气导致的新能源长时间出力受限甚至出力中断，目前储能技术还无法完全满足这类情况下的电力供应。仍需要技术的不断突破来满足大容量、长时间储能的需求。

3.4.1.3 有待健全国家层面制度保证体系

储能缺乏国家层面的制度保证，不能有效地实行新型储能电力系统的统筹规划。目前，虽然我国出台了多项储能政策，积极推动储能的发展，但仍未在国家层面或者系统层面进行储能协调发展的总体规划，在未来电力系统中可能出现区域发展不平衡、资源协调受限、政策不能因地制宜等问题，从而阻碍储能产业的快速发展。

3.4.1.4 经济性有待提高

储能成本相对较高，经济效益不明显。相对于传统电力配置，配置储能投资大、收益回收周期长。储能成本不降低,大规模应用将造成电力成本大幅上升,一定程度上提高全社会用能成本。

3.4.2 储能产业发展展望

随着现代社会的进步与发展,人类对能源需求越来越高。煤、石油等传统化石燃料的大量消耗,加速了能源危机到来的同时也给环境造成了极大破坏,违背了人民追求幸福生活的初衷。为了解决能源危机和环境污染问题,我国“双碳”目标的提出,能够有效促进大规模新能源的应用。对于风能、太阳能等可再生新能源,由于风力和光照的随机性和不确定性,导致系统电能输出质量难以保持稳定。此外,由于地域和时间的差异,风电和光伏发电还存在弃风和弃光现象,这严重地浪费了电力资源。储能系统作为解决弃风和弃光问题的有效措施,不仅可以有效稳定电力输出,大幅提高电能质量,还可以提高能源利用率,降低发电设备损耗。而且,储能系统还是电动汽车的核心部件,起到能量存储与缓冲作用。近些年来,储能行业发展迅速,储能技术作为未来新型电力系统的重要组成部分和关键支撑技术,这一观点已经为行业所接收。储能可以为电网运行提供多种辅助服务,如调峰、调频、备用等。储能技术也是解决规模化可再生能源接入对电力系统冲击的重要手段;储能技术能够提升可再生能源消纳水平,提高新能源应用效率;储能技术有利于促进能源生产和消费的共享和灵活交易,在实现多能协同的能源新业态体制改革中充当核心基础。储能发展预计将呈现如下特点和趋势。

3.4.2.1 储能将呈现良好态势的多元发展

储能技术各有优缺点,技术成熟度不一,涉及面广,依据应用的场景,多种不同的储能技术将依据应用场景快速发展。例如,抽水储能技术成熟、成本较低、容量大,但是应用受地理条件限制,可在地理条件适宜地区大规模部署。针对电化学储能布置灵活、技术相对成熟的特点,采用风电、光电加电化学储能的分布式储能发展迅速,不断提高装机容量;一些新型的具有明显特点的储能技术如压缩空气储能、飞轮储能、超导储能和超级电容器储能等在示范应用规模上预计会不断扩大,积累商业化经验;在特定领域发挥作用的储氢、储热技术也引起研究人员关注,涌现出一大批成果。为达成习近平总书记提出的“双碳”目标,构建“清洁低碳、安全高效”的新型电力系统、推进我国能源行业供给侧改革、推动能源生产和利用方式变革是重要的路径,加快储能技术与产业发展是重要支撑之一。虽然我国储能技术总体上已经初步具备了产业化的基础,但是,还没有能完美契合各种应用场景的储能技术。在未来,不同特点的储能技术将发挥各自在不同应用场景中的优势并呈现多元化的快速发展。例如,抽水储能及电化学储能装机容量规模将快速增加。国家能源局综合司印发的《抽水蓄能中长期发展规划(2021—2035 年)》(征求意见稿)提出 2035 年 300 GW 抽水储能装机容量、《储能产业研究白皮书 2020》预测我国 15 GW 的电化学储能装机规模,以及"十四五"规划中提出加快储能建设等方针政策表明:我国储能规模巨大,各种储能技术将多元化快速发展。

3.4.2.2 大规模长时储能部署增多,建设速度加快

近些年来,除了用户侧储能项目发展迅速外,电网侧应用大规模储能的项目快速增长。在数量增加的同时,单个储能项目的装机规模也不断增大。据中关村储能产业技术联盟发布的《储能产业研究白皮书 2021》统计,我国仅 2020 年新增投运发电侧储能项目装机容量超过 58 万千瓦,同比增长 4 倍多。另外,储能项目建设速度相比过去明显加快,有的大规模项目 3 个月内就能完成了从签订合同到投运。

由于可再生能源的接入规模不断增加,储能成本的持续降低,储能在新能源消纳方面的经济性日益凸显,电网级储能项目开始探索储能多重收益模式,目前逐步向大型化趋势发展,电网规模化储能应用的时代即将到来。

以新能源和可再生能源为主体的新型电力系统,由于新能源和可再生能源天生具有的波动性和随机性,大规模接入会给电网带来巨大的挑战,需要储能技术平抑供需矛盾。另外,恶劣的、极端天气的频繁出现,短时储能系统可能无法满足高质量供电的要求。因此,长时储能系统在新型电力系统中已经变得越来越重要。未来发展方向是加快储能部署,大力发展大规模储能项目。

3.4.2.3 储能技术不断同其他技术融合来提升电网安全性和可靠性

在"碳达峰、碳中和"的目标下,建设以新能源和可再生能源为主体的新型电力系统是电网升级换代发展的必然趋势。未来的电网结构复杂,除了有能量流的要求外,还有信息流的要求,典型的结构如图 3-49 所示。随着新型电力系统的建设和发展,电力电子装置、大规模储能装置等新型电力设备将获得广泛应用,电网对柔性可控和安全稳定的要求越来越高,保障电力设备的可靠运行面临巨大的挑战。同时,储能系统,特别是电化学储能系统,对储能本身

安全性都提出了极高的挑战。为此,为了新型电力系统背景下各个系统有效、高效、安全的运行,必须采用多种技术手段(数字化、智能化,4G/5G、大数据、云计算、边缘计算等技术)来融合储能技术,并且可能采用多种性能互补的储能同时并存的技术手段,通过规模化储能的云管理、电力设备运行状态监控等技术不断提升储能技术,保证储能系统本身安全的同时提高电网的安全性和可靠性。

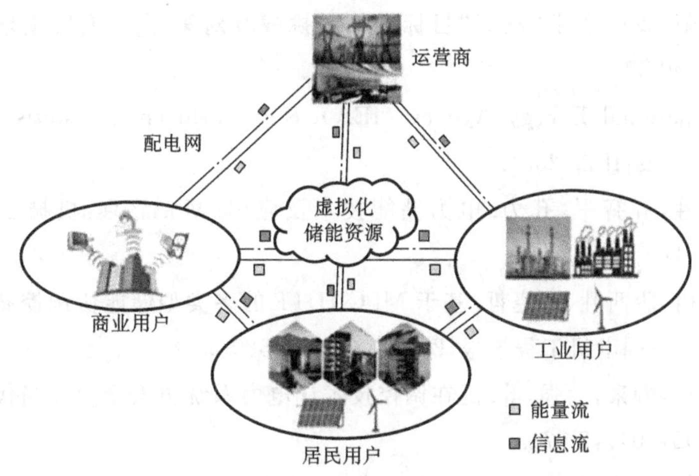

图3-49　基于数字储能的未来新型电力系统

3.4.2.4　市场机制将不断健全,储能多模式经济收益提升

在高比例可再生能源接入的电力系统中,储能与可再生能源的消纳密切相关。国家和各地方近几年来密集出台了一系列的储能措施,但大部分只是从宏观层面鼓励发展储能,没有出台一个非常明确的成体系的推动产业发展的指导性意见。

峰谷套利仍是目前用户侧储能主要盈利点,用户侧储能难以摆脱对峰谷价差的依赖。因此,现阶段仍以动态调整峰谷时段及峰谷电价为主要推动手段。但是,储能不仅有削峰、填谷套利收益,在风光新能源消纳、调频、调峰、无功调节、备用、黑启动服务等辅助电力服务市场也具有很高的经济价值。目前,提升储能在辅助电力服务市场的效益日益被电网认可。因此,在建立峰谷价差动态调整机制的同时,还要积极寻找新的盈利模式,通过挖掘储能辅助服务市场化补偿机制,促进储能的发展。

未来,在储能技术提升和突破的基础上,一方面,可以通过制定合理的峰谷电价，建立完善的入网行业标准，推动用户侧配置合适、经济性好的储能产品；另一方面，可以在电网侧，充分考虑储能对电网辅助服务收益，建立能够充分反映储能价值的市场化机制，还原储能在市场中的商品属性，推动储能产业的快速发展。

参考文献

[1] 庄贵阳.我国实现“双碳”目标面临的挑战及对策[J]. 人民论坛，2021，(06)：50-53.

[2] International Energy Agency (IEA). Key world energy statistics 2021 [R]. Paris：IEA，2021.

[3] 唐西胜，齐智平，孔力. 电力储能技术及应用[M]. 北京：机械工业出版社，2019.

[4] 孙玉树，唐西胜，孙晓哲. 基于 MPC-HHT 的多类型储能协调控制策略研究[J]. 中国电机工程学报，2018，38(09)：2580-2588.

[5] 罗卫华，卿泉，兰强，等. 泛在调控技术让电力系统更安全[J]. 当代电力文化，2021(04)：70-71.

[6] 葛稚新，杨艳，刘人和，等. 储能产业与技术发展趋势及对石油公司的建议[J]. 石油科技论坛，2020，39(03)：67-74.

[7] 袁家海，李玥瑶. 大工业用户侧电池储能系统的经济性[J]. 华北电力大学学报(社会科学版)，2021(03)：39-49.

[8] 缪平，姚祯，LEMMON John，等. 电池储能技术研究进展及展望[J]. 储能科学与技术，2020，9(03)：670-678.

[9] 黄志高，林应斌，李传常. 储能原理与技术[M]. 北京：中国水利水电出版社，2018.

[10] 陈海生，吴玉庭. 储能技术发展及路线图[M]. 北京：化学工业出版社，2020.

[11] 刘英军，刘畅，王伟，等. 储能发展现状与趋势分析[J]. 中外能源，2017，22(04)：80-88.

[12] 韦钢. 电力工程基础[M]. 北京：机械工业出版社，2019.

[13] 王一飞，杨飞，徐川. 电网规模化储能应用研究综述[J]. 湖北电力，2020，44(03)：23-30.

[14] 李先锋,张洪章,郑琼,等. 能源革命中的电化学储能技术[J]. 中国科学院院刊,2019,34(04):443-449.

[15] 邵勤思,颜蔚,李爱军,等. 铅酸蓄电池的发展、现状及其应用[J]. 自然杂志,2017,39(04):258-264.

[16] 刘大虎,郑睿鹏,唐胜群,等. 高温储能电池合金研究[J]. 电源技术,2018,42(12):1882-1884.

[17] 韩啸,张成锟,吴华龙,等. 锂离子电池的工作原理与关键材料[J]. 金属功能材料,2021,28(02):37-58.

[18] 容晓晖,陆雅翔,戚兴国,等. 钠离子电池:从基础研究到工程化探索[J]. 储能科学与技术,2020,9(02):515-522.

[19] 吉力强. 氢能产业背景下稀土系储氢材料的发展机遇[J]. 稀土信息,2021(02):29-31.

[20] 陈军,陶占良. 能源化学[M]. 2 版. 北京:化学工业出版社,2014.

[21] 汪翔,陈海生,徐玉杰,等. 储热技术研究进展与趋势[J]. 科学通报,2017,62(15):1602-1610.

[22] 孙玉树,杨敏,师长立,等. 储能的应用现状和发展趋势分析[J]. 高电压技术,2020,46(01):80-89.

[23] 朱文韵. 全球储能产业发展动态综述[J]. 上海节能,2018(01):2-8.

第4章 未来能源：绿色氢能

能源是人类赖以生存的物质基础。可持续获取的、清洁环保的、廉价安全的能源是社会可持续发展的基石。水可以制氢，氢利用的产物是水，因此，氢能资源丰富、零碳排放，是一种理想的绿色能源，被誉为理想的二次能源。抓住能源革命和汽车产业转型升级的重要机遇，布局绿色氢能产业，将有助于能源转型和双碳目标的达成。本章分析了绿色氢能产业的发展意义，并从制氢、储氢、运氢、加氢和氢燃料电池几个方面介绍了绿色氢能的技术、政策和产业现状，最后介绍了绿色氢能产业发展中存在的挑战和机遇。

4.1 绿色氢能产业的价值和意义

氢能是全球能源革命和能源战略的重要组成部分，全球各国均在大力发展绿色氢能产业。我国能源对外依存度高，大力发展绿色氢能，是优化能源结构的重要方向，也是国家能源安全战略的重要手段。

4.1.1 实现双碳目标的重要举措

“碳达峰、碳中和”双碳目标，为我国能源发展指出了方向。经济持续增长，要实现“碳达峰”就要求我们使用低碳或者无碳能源。而要长期实现“碳中和”，则要求我们必须在控制碳排放的同时，通过直接或间接的方法进行固碳、减碳，抵消无法消除的二氧化碳排放量，实现二氧化碳的“零排放”。

实现双碳目标有两种途径,即减少二氧化碳排放量和增加固碳量。固碳主要来自森林、草原等自然生态系统,以及碳捕集和存储(CCS),碳捕集、利用与存储(CCUS)等人工除碳技术,这就要求我们完善森林、草原、湿地等生态补偿机制,提高固碳能力和质量。在二氧化碳排放方面,中国主要以能源碳排放为主。我国能源消费中含碳的化石能源消费占到能源消费总量的84.7%。显然,在减排方面,我们需要降低碳基能源消费总量,进而减少能源系统的碳排放量。由于人类活动对能源消费总量是增长的,降低碳基能源消费,除了节能降耗,还要调整能源结构,减少化石能源消费,提高清洁能源比例。从世界能源发展趋势(见图4-1)看,大规模应用太阳能、风能、核能、氢能、地热能等非化石能源是当前能源转型的有效途径。能源的生产和消费应该走绿色低碳之

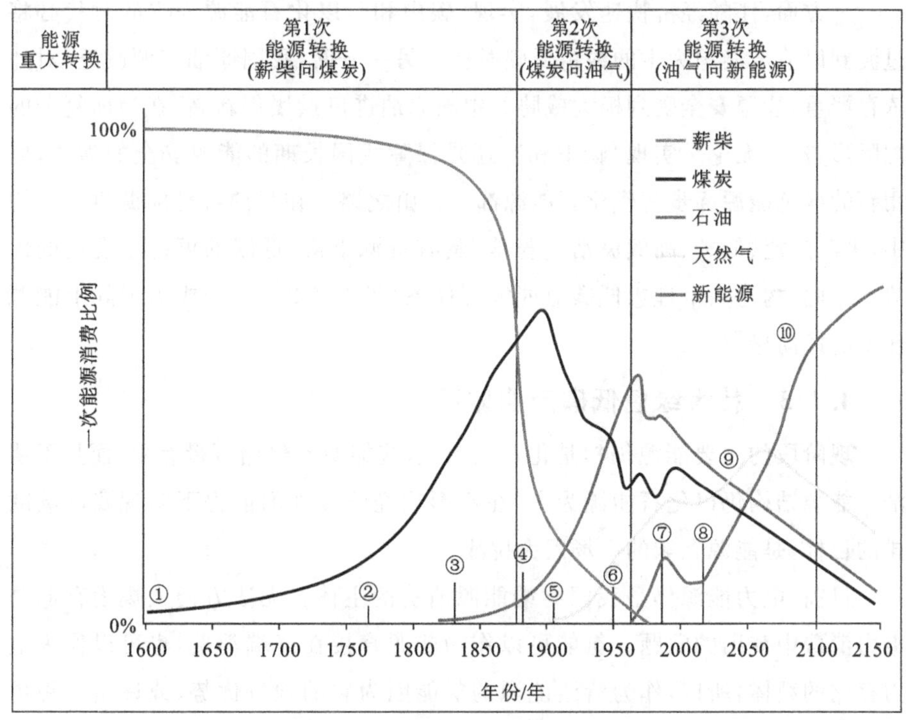

图4-1 世界能源结构发展变化趋势

注:① 人类使用薪柴作为能源;② 1776年瓦特改良蒸汽机;③ 1831年法拉第发明发电机;④ 1879年爱迪生发明电灯;⑤ 1905年爱因斯坦提出相对论;⑥ 1950年图灵等人奠基人工智能;⑦ 1980年艾尔文提出大数据概念;⑧ 2019年华为5G技术应用;⑨ 太阳能制氢气工业;⑩ 可控核聚变人造“小太阳”。

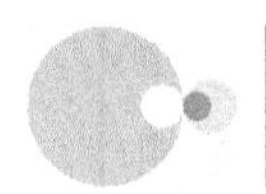

路，而作为零碳的氢能既可以作为能源供应，又可以作为能源存储，氢能将在低碳的道路上发挥重要作用。

4.1.2 能源转型的重要方向

氢能作为零碳能源，在解决能源危机、气候变暖和环境污染等方面发挥重要作用，而且氢能可以利用可再生能源从水中获取，资源丰富，从零碳和资源禀赋角度看，氢能是理想的能源，常被称为“21 世纪的终极能源”。基于此，世界主要国家如美国、德国、日本等发达国家都进行了氢能的发展规划。

目前，我国能源正在进行结构调整，处于能源转型的重要阶段。“清洁、低碳”是能源转型的根本准则。氢能是清洁高效的二次能源，是灵活理想的能源，也是绿色低碳的工业原料，氢能需求有望大幅增长。

一方面，伴随经济快速发展，实现“碳中和”，以化石能源为主的时代必将过渡到以清洁能源为主的绿色低碳时代。另一方面，我国原油资源匮乏，对外依存严重，能源安全受到极大威胁。中国原油进口量屡创新高，在当前复杂的国际形势下，无论是实现“碳中和”，还是保障我国长期的能源安全的需要，使用新的绿色能源逐步替代化石能源都是必由之路。在目前各种能源供给结构中，来源广泛、低碳、高效灵活的氢能，具有资源丰富、低碳的可持续发展的优势。因此，构建一个理想低碳氢能能源体系（见图 4-2），已经成为国际上能源转型的风向标[1]。

4.1.3 壮大绿色低碳产业体系

现阶段的主要能源仍然是化石能源，这些能源不仅储藏量有限，而且不清洁。能源结构仍以化石能源为主，在不影响经济发展的前提下实现我国碳减排的目标，是能源领域的一场巨大挑战。

目前，电力能源仍是我国终端能源消费的主体。无法方便大规模存储是电力消费中突出的问题。氢能可以作为能源直接在终端消费，也可以作为电力存储的载体，所以，作为清洁能源的氢能因为它的独特优势，或许是一种更优的能源选择，可能会逐步取代现阶段的能源，同时可解决能源危机问题。

来源广、清洁可循环再生的氢能是解决国家能源安全和环境问题的绝佳载体，据预测在 2050 年左右将进入氢能社会，氢能社会必将带来整个汽车甚至能源产业的革命性变革，氢能产业也必将成为未来产业的制高点，具有极大的产业引领效应。

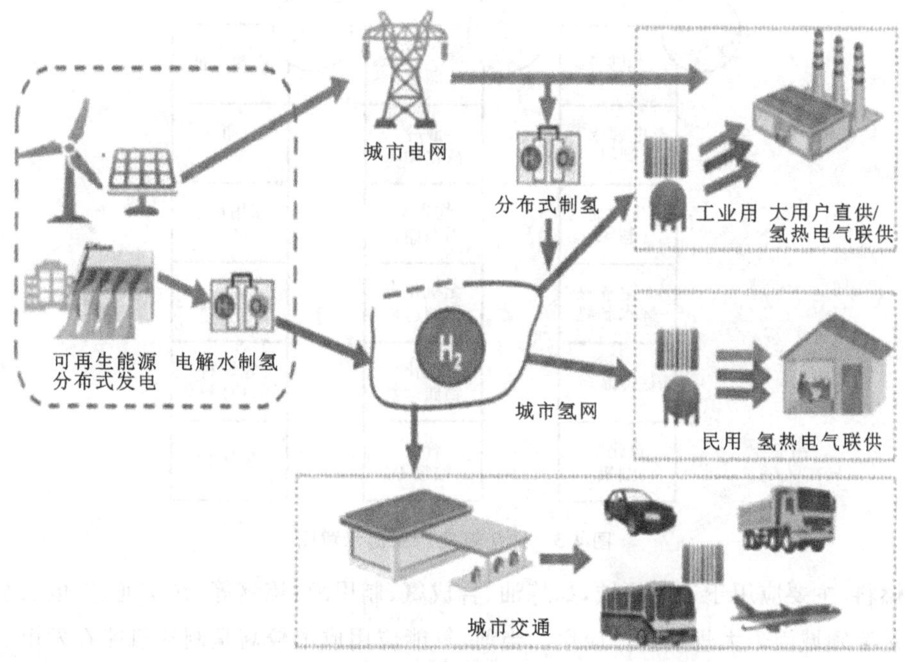

图 4-2 未来的氢能能源体系

在能源、交通运输、工业、建筑等领域,采用氢能技术,可以实现大功率、长距离的能源供应,如在长途大巴、船舶、供热等领域市场潜力巨大。同时,氢气作为重要的化工原料,可以直接为钢铁冶金等行业提供高效原料、还原剂和高品质热源,氢还可以应用于分布式发电或者直接作为燃料供热,实现清洁环保的供暖供电。

从氢能产业链(见图 4-3),新型产业涉及制氢、储运、应用,以及下游的应用产业链,涉及能源领域、先进材料、装备制造等多个领域,发展氢能产业,能够推动传统产业转型升级,打造绿色低碳产业链。

4.1.4 避免技术"卡脖子"

氢能是最清洁的二次能源,是目前已知的最理想的能量载体。在"碳中和"目标下,建设与煤炭工业、石油工业类似的全产业链氢工业体系,以绿氢为核心,涵盖氢能产业全产业链业务,将有助于构建零碳氢能社会。以绿氢为核心的氢工业将替代以石油为核心的油气工业,形成可再生能源制氢并建立完整的制备、储氢运氢、燃料电池用氢和加氢站为一体的氢能产业链,在电力、交通、工业和建筑等重点领域广泛应用氢能。目前,绝大部分氢能仍来源于化石

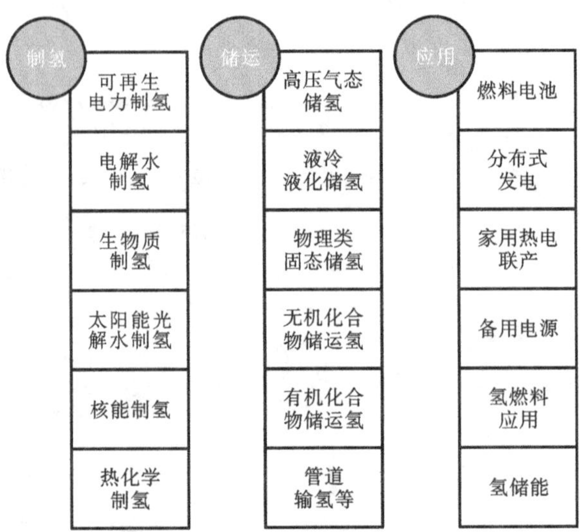

图 4-3　绿色氢能产业链示意图

燃料，主要应用于工业领域，如炼油、合成氨、制甲醇、炼钢等，在交通、发电、建筑等领域尚未大规模推广应用。当前，氢能应用成本较高是制约氢能在发电、工业和民用领域推广应用的主要原因之一。到 2050 年，预计全球氢能在终端能源消费中的占比约 1/5，将构建以氢能为核心的工业体系（见图 4-4）。氢能将作为动力电池新能源车的补充，大规模应用于实现“零碳排放”的工业、长距离交通运输等领域。

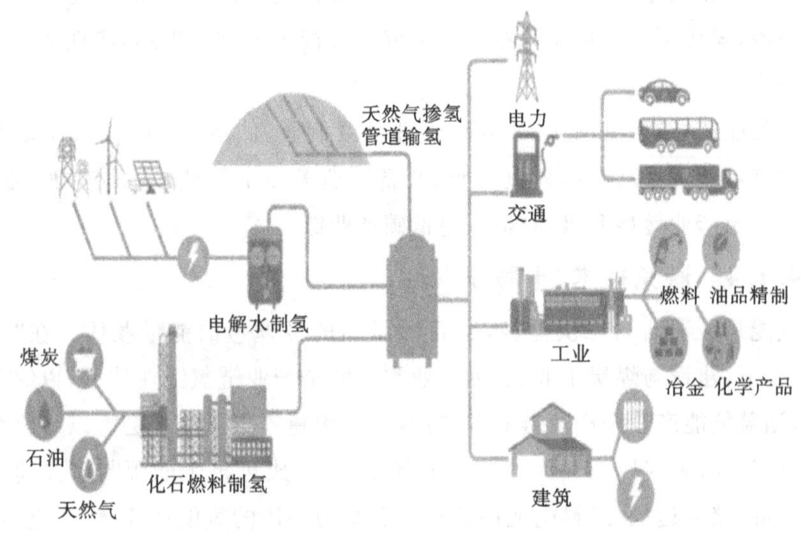

图 4-4　以氢能为核心的工业体系示意图

近些年来,我国出台了一系列引导鼓励氢能产业发展的政策,氢能技术取得了多个方面的突破。在关键零部件和技术开发方面我国已经掌握了核心技术,能够实现自主,但是与发达国家相比,在多个技术指标上仍有较大差距,而且实际应用的很多零部件仍依靠进口。比如,液氢储罐已经可以完全国产化,最大容积可达 300 m^3;而燃料电池的关键材料包括催化剂、质子交换膜及炭纸等材料大都采用进口材料;膜电极、双极板、空压机、氢循环泵等和国外也存在较大差距,仍需要工艺水平的提升;关于氢产业的安全标准也较少,仍未形成氢能应用的标准体系[2]。

目前,中国作为世界第一产氢大国,占世界氢产量的 1/3,每年产氢约 2200 万吨。在目前大力发展动力电池新能源车的同时,发展氢燃料电池车也是主要的技术路径之一。我国氢能应用的重要领域是氢燃料电池车。如果氢燃料电池车未来能大规模替代燃油汽车,将对整个工业体系带来革命性转变。在未来世界工业体系的竞争中,抓住氢能产业发展的机会,抢占氢能技术制高点,这关乎我国是否能够争取到产业领先地位。氢能产业包括一系列关键技术和装备(见表 4-1),提前布局氢能相关技术,在氢能社会到来时,可预防相关颠覆性技术受制于人。

表 4-1　氢能产业关键技术和装备

氢 制 备	氢 储 运	氢 利 用
碱性电解水制氢	地下储氢	质子交换膜燃料电池
质子交换膜电解水制氢	高压储氢	固体氧化物燃料电池
固体氧化物电解水制氢	液氢储运	制甲醇、氨等化工产品
化工副产氢	新型储氢材料	冶金、炼油等工业用氢
化石燃料制氢与 CCUS 耦合	纯氢管道输氢	燃料电池车、船等交通用氢
氢气纯化	输气管道掺氢	加氢站相关装备及建设

4.2　绿色氢能技术概述

氢能产业,包括氢气的制备、存储、运输、加注和应用等几个方面。燃料电池是氢气应用的关键设备之一,是氢能高效利用的基础。本节从氢气的制备技术、储运技术、加注技术和燃料电池技术等 4 个方面,对氢能产业的关键技术进行了阐述。

4.2.1 氢气制备技术

氢气制备技术一直是各国研究的重点，氢气的来源跟氢能的碳减排程度有很大关系。按使用原料和手段，氢气制备主要有化石燃料制氢、电解水制氢和生物质制氢。灰氢：化石燃料制氢过程中仍存在碳排放问题。绿氢：采用可再生能源电解水制氢是绿色的制氢，产生极少的碳排放或者零碳排放。灰氢技术逐渐被绿氢技术所替代。

4.2.1.1 化石燃料制氢

采用化石燃料制氢是目前主要的制氢方式。煤、石油和天然气等化石燃料的制氢工艺相对简单和成熟，但是该方法仍存在碳排放、资源消耗和污染的问题。

化石燃料中含有丰富的 C、H、O 元素，在特定条件下，利用化石原料跟 H_2O、O_2 等原料反应，将化石燃料转变为 H_2、CO_2 等气态物质，然后进行提纯可得到氢气。常用的制氢方式有甲烷制氢、煤制氢和重油制氢。

1. 甲烷制氢

甲烷蒸气重整[3]（典型工艺见图 4-5）、部分氧化、自热重整、绝热催化裂解等常用的甲烷制氢技术。

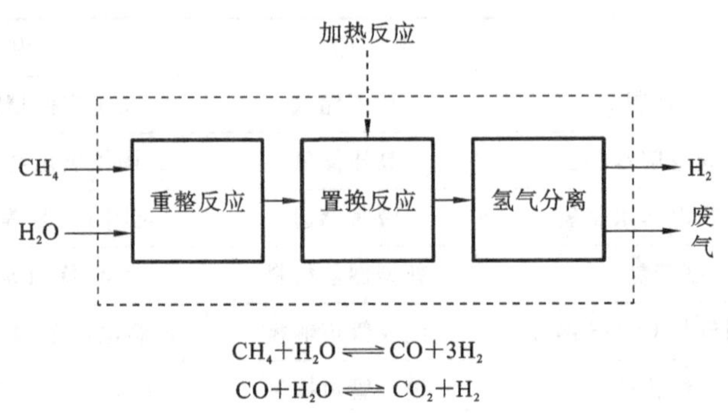

图 4-5 甲烷蒸气重整制氢工艺

2. 煤制氢

利用直接气化或者焦化技术将固态煤转化成混合气后可制备氢气。煤气化是指在高温、高压条件下将煤跟 H_2O/O_2 发生反应气化成煤气[4]。煤焦化是指在隔绝空气的条件下将煤高温加热使煤生成焦炭和焦炉气[5]。

煤转化后生成的混合气经过与水蒸气置换反应和提纯后可以制成氢气，

典型工艺如图4-6所示。目前,煤制氢污染仍十分严重,反应生成大量二氧化碳,碳排放量大。

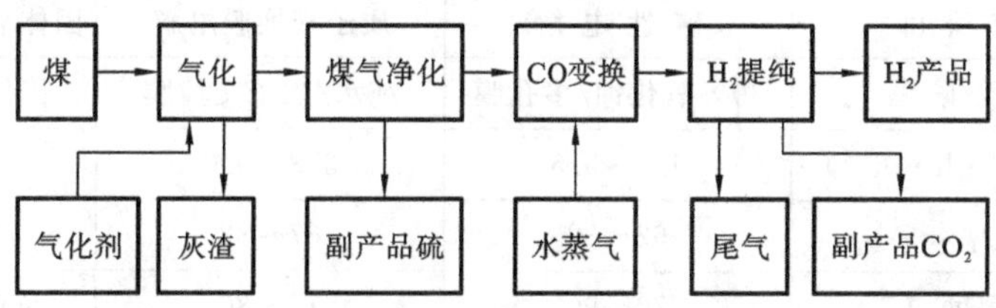

图4-6 煤气化制氢工艺流程

3. 重油制氢

通常不直接用石油制氢,而是利用石油初步裂解后产品制氢,主要包括重油、石脑油、石油焦等石油加工后产品制氢。重油由于其价值低,制氢相比其他原料更具价格优势。一般采用重油部分氧化方法制取氢气(典型工艺见图4-7)等[6]。

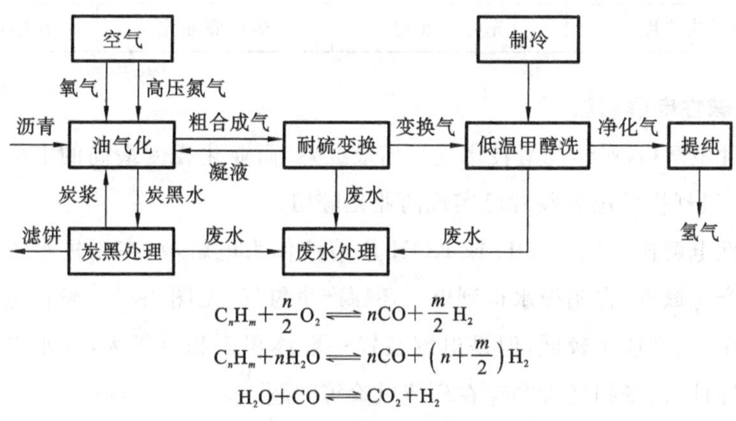

$$C_nH_m+\frac{n}{2}O_2 \rightleftharpoons nCO+\frac{m}{2}H_2$$

$$C_nH_m+nH_2O \rightleftharpoons nCO+\left(n+\frac{m}{2}\right)H_2$$

$$H_2O+CO \rightleftharpoons CO_2+H_2$$

图4-7 重油制氢工艺流程

4.2.1.2 电解水制氢

电解水制氢是利用电化学反应将水分解成H_2和O_2的技术,包括发生在带负电荷阴极的还原反应与发生在带正电荷阳极的氧化反应。利用清洁能源电解水制氢是清洁的产氢过程,无二氧化碳排放。根据电解液的不同,当前较为典型的电解水制氢技术主要分为3种:液体电解液——碱性电解(AWE)、非碱性环境中的电解——质子交换膜(PEM)电解、固体氧化物电解(SOEC)——高温电解。表4-2所示的为3种电解水制氢技术的重要特征、规格、优缺点[7]。

表 4-2 3 种电解水制氢技术比较

比较项目	碱性电解	质子交换膜电解	固体氧化物电解
电解质/隔膜	30%氧化钾/多孔膜	纯水/质子交换膜	固体氧化物
电耗/(kW·h·m^{-3})	4.5～5.5	3.8～5.0	2.6～3.6
能源效率/(%)	62～82	67～82	85～95
工作温度/℃	70～90	70～80	800～1000
产品纯度/(%)	≥99.8	≥99.99	—
电能质量要求	稳定电源	稳定或波动	稳定电源
操作特征	需控制压差,需脱碱	快速启停	启停不便
可维护性	腐蚀性,运维复杂	运堆简单	处于实验阶段
环保性	石棉膜有危害	无污染	—
设备成本/(元/千瓦)	2000	8000	—
技术成熟度	充分产业化	初步商业化	初期示范

1. 碱性电解制氢

碱性电解(AWE)制氢技术是目前最成熟、商业化程度最高的电解制氢技术,MW 级规模的电解装置已实现商业化应用。

碱性电解槽使用 NaOH 或 KOH 水溶液作为电解液,在阳极水失去电子被氧化产生氧气,在阴极水得到电子还原产生氢气(见图 4-8)。碱性电解制氢操作简单、生产成本较低,但是电解装置一般体积大和重量大,碱水电解液还有强腐蚀性,设备损耗大和存在环境风险等问题[8]。

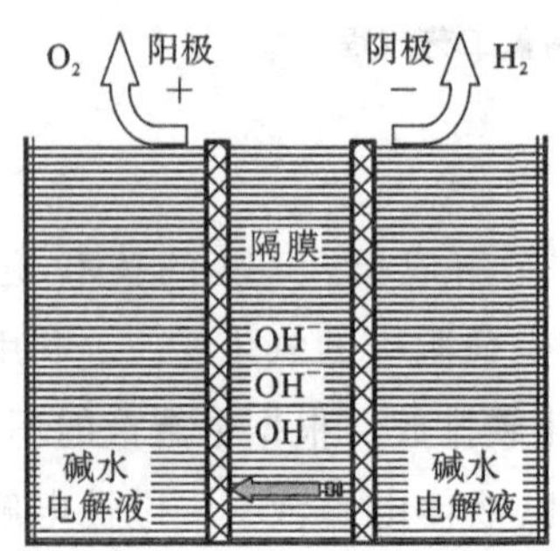

阴极：$2e^- + 2H_2O = H_2\uparrow + 2OH^-$

阳极：$4OH^- = 2H_2O + O_2\uparrow + 4e^-$

总反应式：$2H_2O = 2H_2\uparrow + O_2\uparrow$

图 4-8 碱性电解制氢结构示意图

隔膜是碱性电解池的关键部件之一,将产品气体隔开,避免氢氧混合。使用了几十年的以石棉为基础的多孔隔膜,在 20 世纪 70 年代中期因为其有毒且气体渗透性较高而被禁止。随后,各类隔膜替代材料得到发展。例如,Hydrogenics 公司的 HySTAT™模块化电解槽使用无机离子交换膜 IMET®,生产的氢气纯度>99.999%。NEL(挪威)、MacPhy(法国)、ErreDue(意大利)、Enapter(意大利)等公司也在开发和生产碱性电解槽。

目前,中国碱性电解制氢技术已经十分成熟,全国装机量已经 2 千多套,在电厂冷却用氢的制备上应用广泛。苏州竞立制氢设备有限公司、天津市大陆制氢设备有限公司等代表企业的设备,单槽规模已达国际领先水平,国内设备最大可达 1000 m^3/h(指 0 ℃、标准大气压下的氢气体积,后同)。但在电流密度、直流电耗等技术指标上与国外仍存在一定差距。

2. 质子交换膜电解制氢

PEM 单电池结构非常紧凑,主要由阴阳极端板、阴阳极扩散层、阴阳极催化剂层、质子交换膜等构成,图 4-9 所示的为一个质子交换膜电解制氢结构示意图。

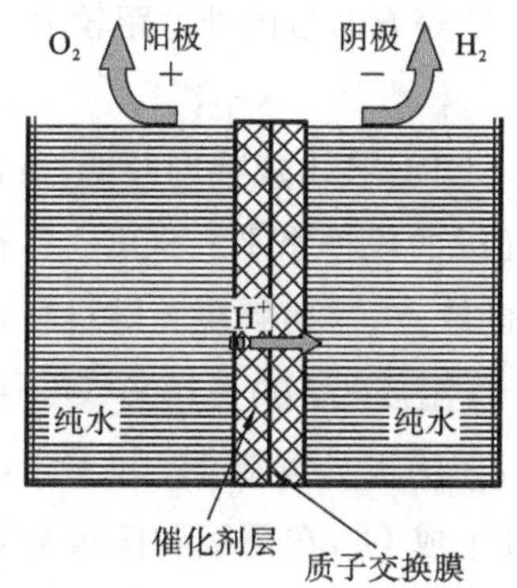

图 4-9　质子交换膜电解制氢结构示意图

目前常用的商业化质子交换膜品牌有 Nafion®、Fumapem®、Flemion® 和 Aciplex®等。

PEM 电解水催化剂应具备高电子传导率、小气泡效应、高比表面积与孔隙率、电化学稳定性和无毒无腐蚀等条件。目前催化剂主要是 Ir、Ru 等贵金属/氧化物和它们的多元合金或者混合氧化物。Ir、Ru 的资源稀缺且价格昂贵,因而迫切需要减少其用量,或用非贵金属取代含铂族金属(PGMs)催化剂。

在能源转型的框架下电解制氢技术的大规模部署终将需要使用成本更低的材料。在 PEM 燃料电池技术的快速发展下，开发了具有优异活性的碳载铂纳米颗粒，其可直接用于 PEM 电解池的阴极。近些年来，在对过渡金属（如 Ni、Co、Fe 和 Mn）的氢氧化物作为析氧反应电催化剂的研究中发现，钴基催化剂具有高活性和相对低廉的价格，是一种很有前景的替代品。

与其他电解水技术相比，PEM 电解制氢技术已被证明具有以下关键优势：高电流密度（一般 2～3 A/cm^2，也可高达 10 A/cm^2）、高产氢纯度（可达 99.9999%）、高负载灵活性（运行范围可达 5%～120%）及提供电网平衡服务的能力[27]。例如，由西门子公司开发的 Silyzer300 系统在 0%～100%的负载动态内可调，响应速率可达每秒 10%额定功率。

PEM 电解制氢技术是目前电解水制氢技术发展应用热点，美国 Proton、加拿大康明斯等公司均已研制出兆瓦级设备，十万瓦级单槽已商业化，并应用到德国、英国、挪威等多个风电制氢场中。国际上 PEM 电解制氢技术快速发展，但国内起步较晚，国内外差距明显。中国科学院大连化学物理研究所、全球能源互联网研究院、赛克赛斯等单位也已研制出十万瓦级 PEM 电解制氢装置，但在功率规模、电流密度、效率、可靠性等方面与国外差距较大。

3. 固体氧化物电解制氢

SOEC 与 AWE 与 PEM 技术相比，SOEC 技术成熟度较低，尚处于实验室研发阶段，还未实现商业化，单槽仅千瓦级的规模水平。SOEC 具有效率高的显著优点，但也有一系列限制市场应用的缺点，需要解决关键材料在高温和长期运行下的耐久性问题，SOEC 制氢，工作温度为 800～1000 ℃。在电解反应过程中，高温水蒸气进入管状电解槽后，在阴极分解成 H^+ 和 O^{2-}，H^+ 获得电子生成 H_2，而 O^{2-} 通过电解液到达阳极生成 O_2，在阴极和阳极分别反应生成氢气和氧气。SOEC 制氢结构示意图如图 4-10 所示。

SOEC 技术在未来的大规模氢气生产中具有巨大的潜力。在 SOEC 研究应用方面国内外差距较大。例如，美国 Idaho 国家实验室的项目 SOEC 电堆功率达到 15 kW，德国 Sunfire 公司已研制出全球最大的 720 kW 电堆，预计到 2022 年底，该电解槽可生产 100 t 绿氢。国内的中国科学院大连化学物理研究所、清华大学、中国科学技术大学在固体氧化物燃料电池研究的基础上，开展了 SOEC 的初步探索[9]。清华大学已搭建了千瓦级可逆固体氧化物电解池测试平台。

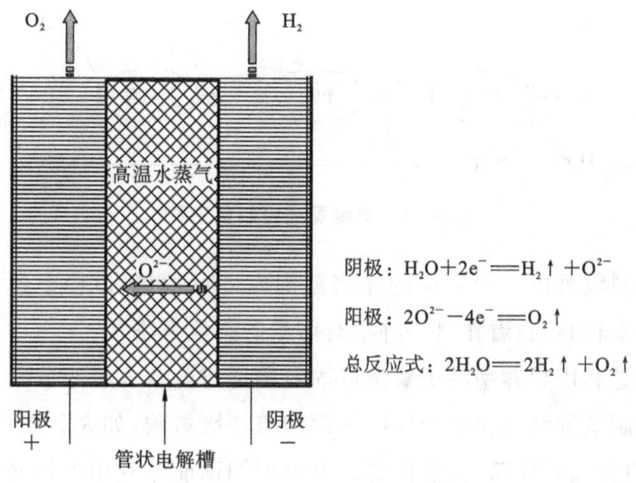

图 4-10　SOEC 制氢结构示意图

4.2.1.3　生物质制氢

生物质是一种富含 C、H 元素的分布广泛的可再生能源，相比化石燃料，生物质中硫氮含量低、灰分少、对环境污染小。因此，利用生物质可实现分散且较环保的制氢。

目前，生物质制氢方法主要分为生物质生物法制氢和生物质热化学转化制氢两类[10]。

1. 生物质生物法制氢

在常温常压下可利用微生物代谢得到氢气，利用该特性发展起来了生物制氢技术。与传统的化学法制氢相比，生物质生物法制氢条件温和，不需要消耗大量能量、不消耗矿物资源，同时资源还可再生。因此，生物质生物法制氢既可以充分利用生物资源，又可以达到防止污染、减少碳排放的目的，因而受到世界各国的重视。根据微生物产氢机理的不同，生物质生物法制氢可以分为光解水、光发酵、暗发酵与光暗耦合发酵制氢等。

微生物通过光合作用分解水可以生成氢气。目前研究较多的是光合细菌、蓝绿藻。利用光合细菌或蓝绿藻的光合作用，在制氢酶的作用下，可以以水或者有机物作为电子供体产生氢气。蓝绿藻与光合细菌的区别是，光合细菌不存在产氧的光合过程[11]。蓝绿藻光合制氢过程如图 4-11 所示。

利用各种制氢细菌生物发酵有机物制氢的技术称为生物发酵制氢技术。按发酵环境是否无氧无光，分为光发酵、暗发酵和光暗耦合发酵。

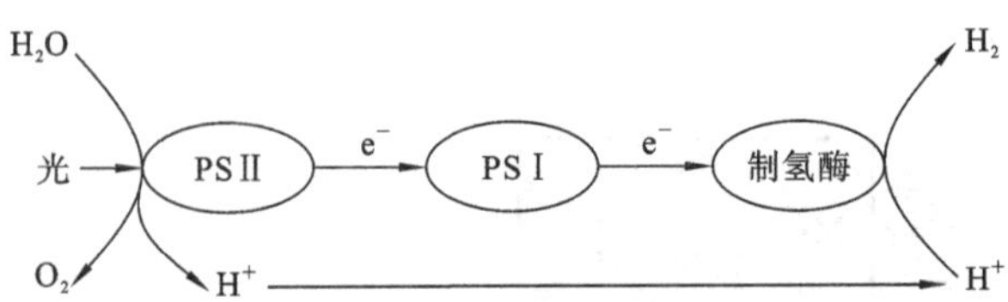

图 4-11　蓝绿藻光合制氢过程

光发酵制氢可以在较宽泛的光谱范围内进行,制氢过程不产生氧气。这类方法转化率较高,被看作是一种很有前景的制氢方法。

暗发酵是利用异养型的厌氧菌或固氮菌通过分解有机小分子制氢。能够发酵有机物制氢的细菌包括专性厌氧菌和兼性厌氧菌,如大肠埃希氏杆菌、褐球固氮菌、白色瘤胃球菌、根瘤菌等。发酵型细菌能够利用多种底物在固氮酶或氢酶的作用下将底物分解制取氢气,底物包括甲酸、乳酸、纤维素二糖、硫化物等[12]。

光暗耦合发酵利用厌氧光发酵制氢细菌和暗发酵制氢细菌的各自优势及互补特性,将两者结合以提高制氢能力并将两者耦合到一起的生物质制氢技术。

不同有机物基质的光暗耦合发酵制氢和直接发酵制氢情况[10]如表 4-3 和表 4-4 所示。例如,以葡萄糖作为发酵培养基质时,各种发酵制氢机理如下。

表 4-3　纤维素类基质直接发酵制氢情况

纤维素类基质	微　生　物	温度/℃	氢气得气率
纤维素 MN301	Clostridium cellulolyticum	37	1.7 mol/mol 葡萄糖
微晶纤维素	Clostridium cellulolyticum	37	1.6 mol/mol 葡萄糖
纤维素 MN301	Clostridium populeti	37	1.6 mol/mol 葡萄糖
微晶纤维素	Clostridium populeti	37	1.4 mol/mol 葡萄糖
脱木质素纤维素	Clostridium thermocellum ATCC 27405	60	1.6 mol/mol 葡萄糖
蔗渣	Caldicellulosiruptorsaccharolyticus	70	19.21 ml/g 原料
麦秸	Caldicellulosiruptorsaccharolyticus	70	44.89 ml/g 原料
玉米秆叶	Caldicellulosiruptorsaccharolyticus	70	38.14 ml/g 原料

表 4-4　纤维素类基质耦合发酵制氢情况

基质类型	暗发酵细菌	光发酵组菌	氢气得气率 mol/mol(糖)
葡萄糖	Ethanoligenensharbinense B49	Rhodopseudomonas faecalis RLD-53	6.32
蔗糖	Clostridium pasteurianum	Rhodopseudomonas palustris WP3-5	7.10
蔗糖	C. saccharolyticus	R. capsulatus	13.7
木薯淀粉	Microflora	Rhodobactersphaeroides ZX-5	6.51
餐厨垃圾	Microflora	Rhodobactersphaeroides ZX-5	5.40
芒草	Thermotoganeapolitana	Rhodobactercapsulatus DSMI55	4.50

1）光发酵

$$C_6H_{12}O_6+6H_2O+\text{光能}\rightleftharpoons 12H_2+6CO_2$$

2）暗发酵

$$C_6H_{12}O_6+2H_2O\rightleftharpoons 4H_2+2CO_2+2CH_3COOH$$

3）耦合发酵

暗发酵阶段：　$C_6H_{12}O_6+2H_2O\rightleftharpoons 4H_2+2CO_2+2CH_3COOH$

光发酵阶段：　$2CH_3COOH+4H_2O+\text{光能}\rightleftharpoons 8H_2+4CO_2$

2. 生物质热化学转化制氢

生物质热化学转化是指高温下首先将生物质气化或者高温无氧热裂解成生物油然后制氢的技术。按照具体制氢工艺的不同,生物质热化学转化制氢又可以分为生物质气化制氢、生物质催化裂解制氢和生物质超临界水转换制氢[13]。

生物质气化制氢是指生物质在 1000 K(726.85 ℃)左右的高温条件下,可气化成 CO 和 O_2 混合气,然后利用 CO 和 H_2O 转换反应可进一步生成 H_2,提高 H_2 含量后通过提纯可得到 H_2 的技术[14]。

生物质催化裂解制氢是指在隔绝空气和 O_2 的条件下,对生物质进行加热,使其转化得到富含氢气的气体,并对气体进行分离而得到 H_2的技术[15]。

生物质超临界水转换制氢是在超临界的条件下，将生物质和水反应，生成含氢气体和残碳并将气体分离得到 H_2 的技术。

4.2.2 氢气储运技术

4.2.2.1 高压气态储氢

在常温下利用高压压缩氢气体积以提高氢气密度的储氢技术称为高压气态储氢，存储的是高密度气态形式的氢气。高压气态储氢是目前最常用的储氢技术，也是氢燃料电池车上氢气存储的主要技术。压缩气体的密度跟压强大小关系密切。因此，要想获得较高的存储密度，就需要增加压强。而储罐的承压能力限制了压强的提高。有学者发现氢气质量密度随压强增大而增加，在 30 MPa～40 MPa 区间，质量密度增加较快，在压强大于 70 MPa 以后，质量密度增加很小[16]。因此，目前储罐工作压强通常在 35 MPa～70 MPa。车载商用的 40 MPa 储罐相对技术成熟，70 MPa 储罐开始进行应用。储氢罐是储氢的关键设备，因此，目前研究热点在于对储氢罐的改进。

高压储氢储罐按材质分，主要有金属储罐、金属内衬纤维缠绕储罐和全复合轻质纤维缠绕储罐[16]。

1. 金属储罐

金属储罐采用耐压性好的金属材料制成，通常采用钢作为储氢储罐材质。早期钢瓶的存储压强一般仅为 12 MPa～15 MPa，储氢质量密度也只有 1.6% 左右。通过增加储罐厚度、采用高强钢合金等手段，虽然能一定程度地提高储罐压强，但由于储罐要采用无缝钢管旋压收口工艺，材料强度的提高，会增强氢脆敏感性，可能增加失效的风险。因此，这类低压储氢钢罐仅适用于固定式的小储量氢气存储，能量密度远不能满足车载系统要求。

2. 金属内衬纤维缠绕储罐

金属内衬纤维缠绕储罐采用不锈钢或铝合金制成金属内衬，用于密封氢气，利用纤维增强层作为承压层，储氢压强可达 40 MPa。由于不用承压，金属内衬的厚度较薄，大大降低了储罐质量。目前，常用的纤维增强层材料为高强度玻纤、碳纤、凯夫拉纤维等，缠绕方案主要包括层板理论与网格理论[17]。多层结构的采用不仅可防止内部金属层受侵蚀，还可在各层间形成密闭空间，以实现对储罐安全状态的在线监控。目前，加拿大的 Dynetek 公司开发的金属内胆储氢储罐，已能满足 70 MPa 的储氢要求，并已实现商业化。同时，金属内衬纤维缠绕储罐成本相对较低,储氢密度相对较大,也常被用作大容积的氢气储罐。中国北京飞驰竞立加氢站使用的世界容积最大的氢气储罐($P>40$ MPa)就是金属内衬纤维缠绕储罐(见图 4-12)。

图 4-12　北京飞驰竞立加氢站的金属内衬纤维缠绕储罐

3. 全复合轻质纤维缠绕储罐

为了进一步降低全复合轻质纤维缠绕储罐重量,人们利用具有一定刚度的塑料代替金属,制成了全复合轻质纤维缠绕储罐。如图 4-13 所示[16],这类储罐的筒体一般包括 3 层:塑料内胆、纤维缠绕层、保护层。塑料内胆不仅能保持储罐的形态,还能兼作纤维缠绕的模具。同时,塑料内胆的冲击韧性优于金属内胆,且具有优良的气密性、耐腐蚀性、耐高温、耐高强度、高韧性等特点。全复合轻质纤维缠绕储罐的重量更低,约为相同储量钢瓶的 50%,因此,其在车载氢气存储系统中的竞争力较大。日本丰田公司新推出的碳纤维复合材料新型轻质耐压储氢容器就是全复合轻质纤维缠绕储罐,存储压强高达 70 MPa,氢气质量密度约为 5.7%,容积为 122.4 L,储氢总量为 5 kg。

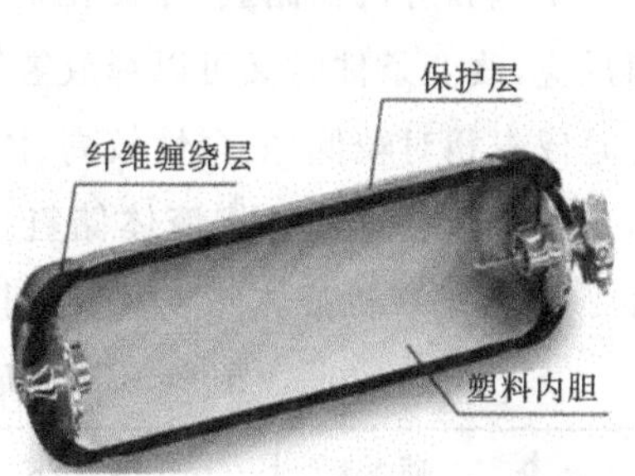

图 4-13　全复合轻质纤维缠绕储罐

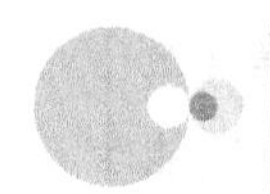

4.2.2.2 液态储氢

1. 低温液化储氢技术

液体密度和气体密度相差极大，氢气液化后的体积密度为常温常压下气态的八百多倍，将氢气在低温、高压条件下液化后存储的技术称为低温液化储氢，该方法能够极大地提高氢气的体积密度，实现高密度储氢，其输送效率也远高于气态氢。然而，氢气在通常的低温、高压下难以液化，为了保持液化储氢的低温、高压条件，不仅对储罐材质提出极苛刻的耐压耐低温要求外，还要考虑为保持低温而配套的复杂的绝热与冷却系统。因此，低温液化储氢的规模较小，储罐容积、体积也较小，该技术多用于航天航空领域。例如，目前世界上最大的液化储氢位于美国肯尼迪航天中心。

2. 液态化合物储氢技术

液态化合物储氢技术是利用有机或者无机物质在一定条件下加氢反应生成稳定的液体化合物作为载体进行氢气存储的技术。当需要氢气时，液态化合物载体进行脱氢反应释放氢气。储氢常用的液态载体有不饱和液体有机物、液氨、甲醇等。

不饱和有机物储氢：在催化剂作用下多种不饱和液体有机物可以发生加氢反应，改变条件时又可以释放氢气，因此，采用不饱和有机液体可以储氢，优点是成本相对较低、安全性较高、体积储氢密度高，缺点是氢气纯度不高，须配备加氢脱氢装置。有机液体储氢技术将在未来成为储氢技术应用的重要补充[18]。常用有机液体储氢材料及其性能如表 4-5 所示。

表 4-5 常用有机液体储氢材料及其性能

介　　质	熔点/K	沸点/K	储氢密度/(%)
环己烷	279.65	353.85	7.19
甲基环己烷	146.55	374.15	6.18
咔唑	517.95	628.15	6.7
乙基咔唑	341.15	563.15	5.8
反式-十氢化萘	242.75	458.15	7.29

液氨储氢技术：氢气与氮气在高温、高压和催化剂作用下可以反应生成液氨，以液氨为载体的氢气存储为液氨储氢技术。液氨储氢技术中常用的催化

剂有钌系、铁系、钴系与镍系等[19]。氨气在低温或者高压条件下容易液化,所以液氨的存储条件比液氢容易得多,且与目前丙烷存储条件类似,可直接利用丙烷的技术基础设施。正因为液氨容易存储,且氨工业基础好,所以液氨储氢技术被视为最具前景的储氢技术之一。

甲醇储氢技术:将一氧化碳与氢气在一定条件下反应生成液体甲醇进行储氢的储氢技术。甲醇可直接用作燃料,也可在催化剂作用下分解产生氢气,而且甲醇常温下就为液体,存储条件为常温常压,且没有刺激性气味。所以甲醇储氢技术也成为储氢的选择路线之一。

然而,液态化合物储氢存在很多缺点,存在复杂的加氢脱氢反应,要配备相应的装置(见图 4-14),成本较高;反应中都使用催化剂,催化剂容易中毒的问题严重影响了储氢装置的寿命;存在产出的氢气纯度的问题,影响了液态化合物储氢技术的应用。

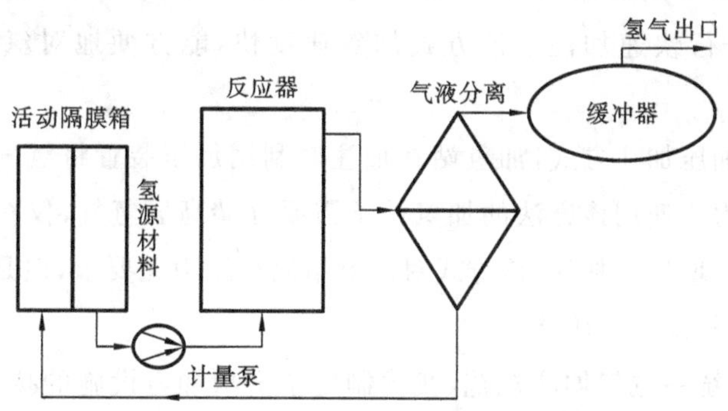

图 4-14　液态储氢加氢脱氢工作原理

4.2.2.3　固态储氢

利用一些具有氢气吸附能力或者跟氢气形成化合物的固体材料,将氢气存储在固态物质中的储氢技术。该技术主要包括金属合金、碳质材料、金属框架物等吸附储氢,还有利用配位氢化物或者基于碳酸氢盐与甲酸盐的固体化合物储氢。

常用的金属合金主要有铁系、钛系、锆系及稀土系储氢合金。

一些表面活性炭、石墨纳米纤维、碳纳米管等碳质材料,在一定条件下对氢的吸附能力较强,因此,人们开始利用这类材料开展储氢的研究。

目前固态储氢技术研究的热点是金属有机框架物(MOFs),又称为金属有机配位聚合物。MOFs具有很强的氢气吸附能力，远强于碳对氢的吸附能力，同时MOFs还可以方便地改性其中有机成分，加强材料的储氢能力，因此，MOFs的储氢量能力强，储能密度较高。同时，其还具有产率高、结构可调、功能多变等特点。目前的研究方向是通过调整MOFs结构，提高常温、中高压条件下的MOFs的吸氢能力，提升储氢的质量密度。

4.2.3 氢气加注技术

同汽油离不开加油站一样，氢气的使用也离不开加氢站。因此，重要的氢能基础设施之一就是加氢站。与之配套的安全便捷的氢气加注技术及装备也是氢能产业的重要组成部分。目前，加氢站的氢气加注技术路线主要是顺序取气加注和增压加注。

利用高压气体自然流动到低压气瓶的加气方法，称为顺序取气。顺序取气加氢站需要高压储氢装置，加注时利用加氢站高压气和储氢瓶之间的压差作用，进行快速加注。该方式加氢速度快，能方便地对氢燃料电池车加注。

而采用加压加注方式，加氢站在加注时利用加压装置将氢气压力提升到加注所需压力。使用该方法的加氢站不需要存储高压氢气，仅在加氢时采用加压装置进行增压后加注，该方式对加氢站储氢压力无要求，但是其加注速度较慢，且要额外配置加压装置。

目前，为统一氢气加注规范，我国制定了多项加氢设施的技术规范，逐步完善了加氢标准体系，制定了加氢站技术规范、加注连接装置、移动式加氢设施等的国家标准[20]。这些标准为我国加氢站建设提供了重要的技术支撑及保障。

4.2.4 氢燃料电池技术

氢燃料电池是氢气利用中重要的一个环节。氢燃料电池实质上是一种发电机，使用的燃料是氢气，输出的是电能。因此，氢燃料电池是通过转化氢气的化学能为电能的发电装置。氢燃料电池本身并不能存储能量或者产生能量，只是把氢气的化学能通过电化学反应转换成电能进行输出，因此燃料电池兼具电池和热机的特点，具有能量转化效率高、无环境污染物排放、可低温快速启动等特点。氢燃料电池单元通常由燃料电极、氧化剂电极及电解质组成。一般按其电解质不同分为质子交换膜燃料电池、固体氧化物燃料电池、磷酸燃料电池、熔融碳酸盐燃料电池和碱性燃料电池等[21]。表 4-6 列出了部分燃料电池的工作特性[22]。

表 4-6　部分燃料电池的工作特性

燃料电池类型	电解质	电解质形态	阳极	阴极	工作温度/℃	电化学效率/(%)	燃料/氧化剂	启动时间	功率输出/kW
AFC	氢氧化钾溶液	液态	Pt/Ni	Pt/Ag	50～200	60～70	氢气/氧气	几分钟	0.3～5.0
PAFC	磷酸	液态	Pt/C	Pt/C	160～220	45～55	氢气、天然气/空气	几分钟	200
MCFC	碱金属碳酸盐熔融物	液态	Ni/Al,Ni/Cr	Li/NiO	620～660	50～65	氢气、天然气、沼气、煤气/空气	大于 10 min	2000～10000
SOFC	氧离子导电陶瓷	固态	Ni/YSZ	Sr/$LaMnO_3$	800～1000	60～65	氢气、天然气、沼气、煤气/空气	大于 10 min	1～100
PEMFC	含氟质子膜	固态	Pt/C	Pt/C	60～80	40～60	氢气、甲醇、天然气/空气	小于 5 s	0.5～300

4.2.4.1　质子交换膜燃料电池

质子交换膜燃料电池(PEMFC),可广泛应用于电动汽车、移动电源、家用电源等领域[23],是目前世界各国燃料电池研究的热点,应用前景广阔,目前技术也相对成熟。PEMFC 单元构造如图 4-15 所示。

PEMFC 氢燃料电池的发电过程:在阳极上,H_2 在催化剂的作用下生成

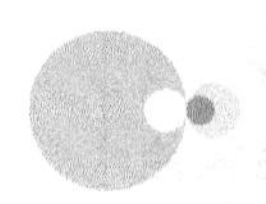

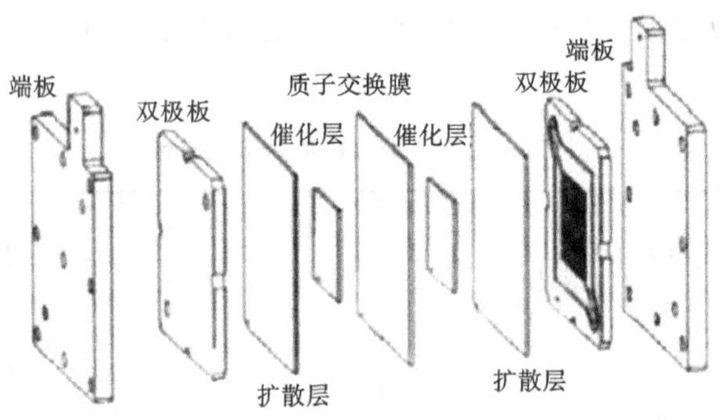

图 4-15 PEMFC **单元构造**

H^+和电子，由于质子交换膜的存在，H^+透过交换膜到阴极，而电子只能通过外电路到达阴极。在阴极，H^+同 O_2 及经过外电路而来的电子结合生成水。在阳极上有 H_2，在阴极上有 O_2，这就能将不断产生的电子通过外电路形成电流，对外做功。反应式如下。

阳极：
$$H_2 \rightleftharpoons 2H^+ + 2e^-$$

阴极：
$$\frac{1}{2}O_2 + 2H^+ + 2e \rightleftharpoons H_2O$$

总反应：
$$H_2 + \frac{1}{2}O_2 \rightleftharpoons H_2O$$

阳极和阴极都需要含有一定量的催化剂 Pt，用来加速在电极上发生的电化学反应。PEMFC 反应机理如图 4-16 所示。由于氢燃料电池催化剂要用到贵重金属，因此，研究的热点之一是开发新的高效廉价催化剂材料。

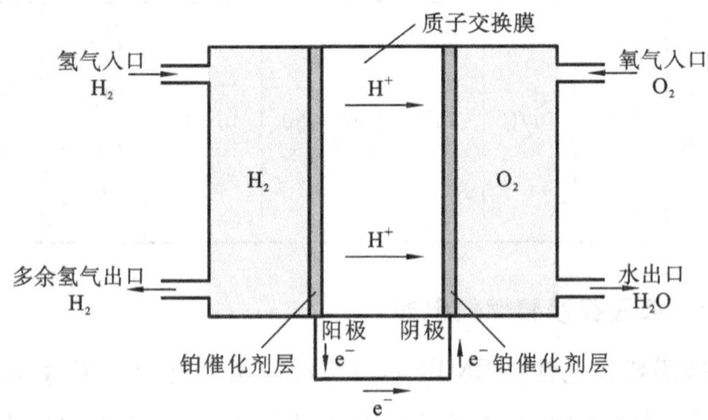

图 4-16 PEMFC **反应机理**

4.2.4.2 固体氧化物燃料电池

固体氧化物燃料电池(SOFC)是一种在中高温下将存储在燃料和氧化剂中的化学能高效转化成电能的全固态化学发电装置,SOFC 原理示意图[24]如图 4-17 所示。固体氧化物燃料电池使用的燃料范围广,可使用氢气、天然气、甲醇等,且不需要贵金属催化剂,适应性强,是一种应用前景很好的燃料电池。以氢气燃料为例,反应过程如下:当电池组工作时,随空气进入阴极的氧气获得外电路传过来的电子而变为氧负离子,通过固体氧离子导体扩散至阳极表面;在催化剂作用下,氧负离子与阳极通入的氢气反应生成水,并释放电子,电子通过外电路到达阴极,形成电流。

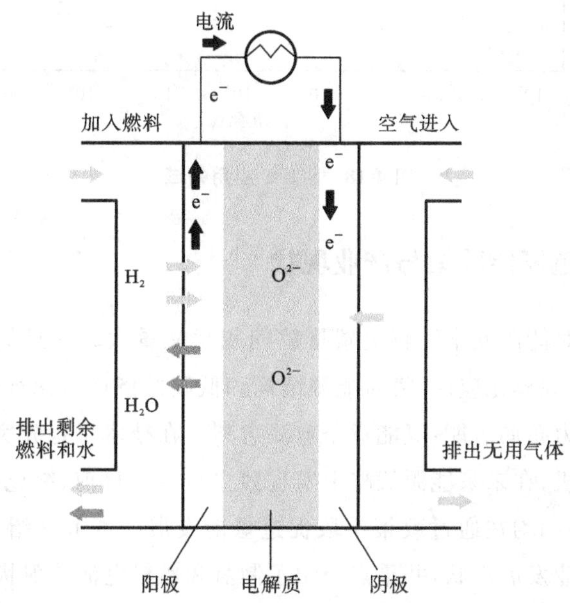

图 4-17 SOFC **原理示意图**

清洁高效发电的 SOFC,功率覆盖几十瓦级到兆瓦级,应用范围广,在便携式应用和电力系统中均有很好的应用[25](见图 4-18)。目前来看,SOFC 发电系统,在分布式及数据中心应用领域最为广泛。但 SOFC 自身还存在很多缺点,如工作温度高、启动时间长、对材料要求高,密封问题、部件制造成本高等。但 SOFC 的优势也比较明显,具有发电无燃烧过程、效率高、零污染、燃料适应性强和超静音等,SOFC 有非常大的应用潜力,是一种高效环保的发电系统。

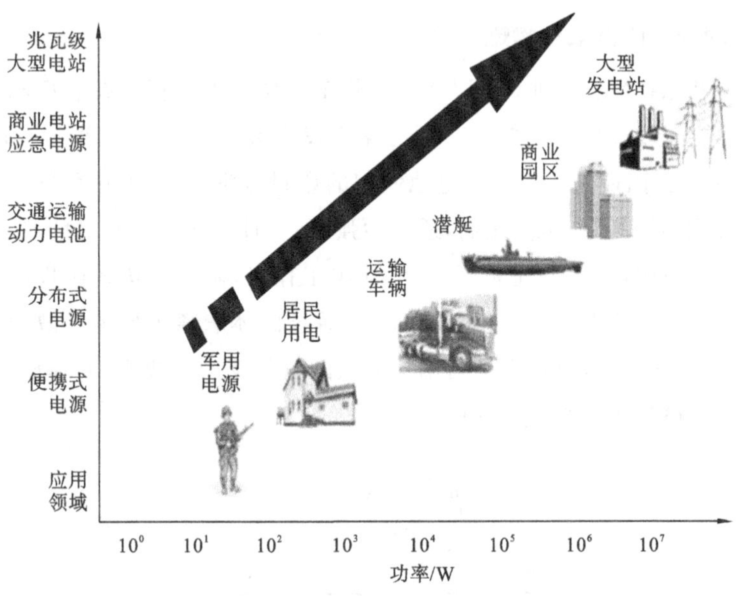

图 4-18 SOFC 应用领域

4.3 绿色氢能政策与产业现状

氢能使用对能源安全和解决碳排放问题意义重大。一旦氢能成本可控、技术安全可靠、规模化应用，将对能源结构和低碳经济产生深远影响。全球主要国家都在极力布局氢能，氢能竞争愈演愈烈。在技术上抢先突破，就能够在竞争中占得先机，在未来能源战略上实现独立自主。目前，绿色氢能已经初具产业化条件，各国均在通过政策手段促进氢能发展。本节介绍了国内外氢能政策及氢能产业发展现状，并重点介绍了制氢和燃料电池的现状。

4.3.1 绿色氢能政策

4.3.1.1 国外氢能政策

1. 美国

特朗普政府时期退出《巴黎气候协定》，这不利于清洁能源的发展，但拜登当选后立即重返《巴黎气候协定》，种种迹象表明，清洁能源利用仍是发展的主线。美国技术实力雄厚，在氢能运用方面一直处于国际领先水平，技术优势明显，因此，随着重返《巴黎气候协定》，美国必将重视氢能布局，加快氢能利用步伐。美国能源部于 2020 年发布的《氢能项目计划》明确了未来 10 年及更长时间氢能发展的整体框架。2022 年预计氢气需求量达到 1200 万吨,燃料电池叉车达到 5 万辆,燃料电池汽车达到 3 万辆。到 2030 年,氢气需求量 1700 万吨、燃料电池汽车销量 120 万辆、燃料叉车销量 30 万辆、加氢站达到 4300 座。

2. 欧盟

欧盟认为氢能利用是未来解决能源问题和实现气候目标的唯一出路,认为任何工业化国家不解决氢能利用问题都无法实现其气候目标。因此,欧盟高度重视氢能的发展,已成立"欧洲清洁氢联盟",计划未来 25 年投入 4700 亿欧元用于包括氢能在内的清洁能源应用。德、法等 7 国陆续发布氢能战略,2030 年绿氢产能 25.5 GW～27 GW。欧盟委员会认为,欧洲能源结构中氢能于 2050 年将占到 13%～14%份额。2020 年欧盟委员会发布了《欧盟氢能战略》和《欧盟能源系统整合策略》两份战略文件。从欧盟的规划可以看出,基于风电和光伏等可再生能源的绿氢为其重点鼓励和发展方向;氢能战略的投资计划涵盖制氢、储运氢、加氢的全产业链,以及碳捕集技术升级改造、氢能炼钢等。

3. 日本

日本作为一个资源十分匮乏的国家,一直在寻找化石能源的替代能源,多年前就提出"氢能社会"计划,出台《氢能基本战略》,对氢能和氢燃料电池的研发和应用进行大力推广,确立了 2030 年短期内的具体行动计划及 2050 年氢能社会建设的目标。目前,丰田氢燃料电池车 Mirai 销量全球领先,销售已过万辆,氢燃料电池车全球规模最大。

4. 韩国

韩国十分重视氢能发展,从国家层面,韩国制定了氢能产业发展战略规划及路线图,即韩国的《氢经济发展线路图》,将氢能列为优先项目,包括由风能和太阳能等可再生能源生产的"绿氢",以及天然气生产的"蓝氢"等,大力推动氢能产业发展,力图使韩国在全球氢经济中成为领先国家。另外,韩国还利用其国内健全的汽车产业链,全面加强氢燃料电池车和加氢站建设。

4.3.1.2 中国氢能政策

我国"十四五"规划和 2035 年远景目标纲要中,提出大力发展氢能。这是实现双碳目标的有效举措,也是保证国家能源安全的战略需要。近些年来发布了一系列的氢能政策文件,涉及技术路线、基础设施建设、燃料电池车应用等内容,鼓励、支持、规范和促进氢能源行业发展。近些年来中国氢能政策发展历程如图 4-19 所示。近些年来国家层面和省市氢能政策统计表如表 4-7 所示。

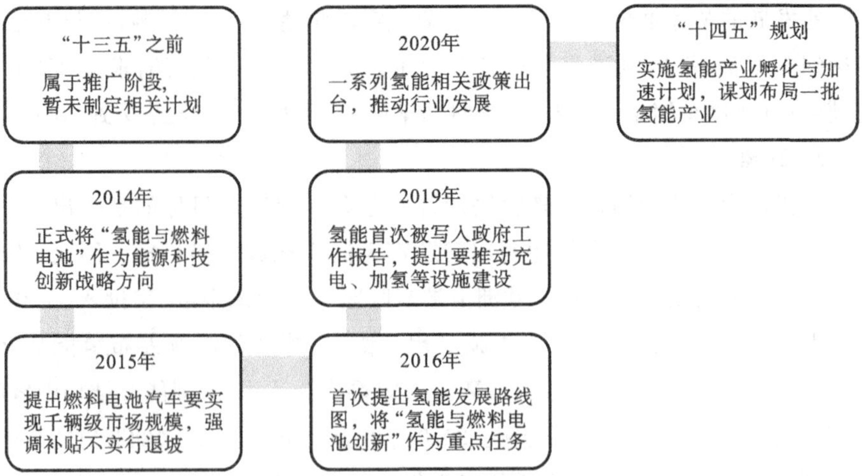

"十三五"之前
属于推广阶段，暂未制定相关计划

2014年
正式将"氢能与燃料电池"作为能源科技创新战略方向

2015年
提出燃料电池汽车要实现千辆级市场规模，强调补贴不实行退坡

2016年
首次提出氢能发展路线图，将"氢能与燃料电池创新"作为重点任务

2019年
氢能首次被写入政府工作报告，提出要推动充电、加氢等设施建设

2020年
一系列氢能相关政策出台，推动行业发展

"十四五"规划
实施氢能产业孵化与加速计划，谋划布局一批氢能产业

图 4-19　中国氢能政策发展历程

表 4-7　近些年来国家层面和省市氢能政策统计表

序号	政策名称	政策内容	部门
1	《中共中央国务院关于深入打好污染防治攻坚战的意见》	全国基本淘汰国三级以下排放标准汽车，推动氢燃料电池车示范应用，有序推广清洁能源汽车	国务院
2	《关于加强产融合作推动工业绿色发展的指导意见》	加强电力需求侧管理，推动电能、氢能、生物质能替代化石燃料；优化调整产业结构和布局方面指出，加快充电桩、换电站、加氢站等基础设施建设运营	工信部等
3	《综合运输服务"十四五"发展规划》	加快充换电、加氢等基础设施规划布局和建设，国家生态文明试验区、大气污染防治重点区域每年新增或更新公交、出租、物流配送等车辆中新能源汽车比例不低于 80%	交通运输部
4	《关于支持本市燃料电池汽车产业发展若干政策》	给予氢能产业的上下游领域的各个应用端提供相应的资金补贴，氢能车领域：中型卡车（设计总质量 12～31 吨每车每年奖励不超过 0.5 万元），重型卡车（设计总质量超过 31 吨）每车每年奖励不超过 2 万元，通勤客车每车每年奖励不超过 1 万元。加氢站领域：2022 年、2023 年、2024—2025 年取得燃气经营许可证的，每座加氢站补助资金最高分别不超过 500 万元、400 万元、300 万元，资金分三年拨付	上海市发改委、上海市财政局等

续表

序号	政策名称	政策内容	部门
5	《关于加快氢能和燃料电池汽车产业发展及示范应用的若干措施》	从四大维度出发支持氢能和燃料电池汽车产业集聚发展:支持关键核心零部件研发制造;支持氢能供应链建设;支持应用场景建设;大力构建产业生态。其中关于完善加氢设施网络方面,《措施》提出:按照相关项目固定资产投资最高不超过30%,最多不超过600万元给予投资奖励。70 MPa 高压加氢站,投资奖励标准上浮20%。非固定式加氢站,投资奖励标准下调20%	上海临港
6	《燃料电池汽车加氢站技术规程》	相关规范适用于新建、扩建和改建的加氢站、加氢加油合建站和加氢加气合建站工程的设计,施工和验收并对加氢站做了等级划分。其中在站址选择上,《规程》规定:中心城区不应建一级加氢站,加氢站宜靠近公路与城市干道或交通方便的次干道,但不应设在城市干通的交叉路口附近	上海建设市场信息服务平台
7	《唐山市氢能产业发展规划(2021—2025)》	到2023年,全市氢气产能达到35000吨/年,其中建成2座可再生能源制氢厂,可再生能源制氢产能达到15000吨/年;建成加氢站15座以上,氢燃料电池汽车运营数量达到1000辆以上	河北省唐山市人民政府
8	《河北省建设全国产业转型升级试验区"十四五"规划》	加快发展氢能产业,围绕"制氢、储运、加氢、应用"重要环节,加强氢能关键技术研发和装备制造提升,以石家庄、邯郸、保定、张家口市为重点打造制氢、运氢、储氢、加氢以及燃料电池汽车等核心装备制造基地	河北省人民政府
9	《云南省新能源汽车产业发展规划(2021—2025)》	适时开展氢能供给体系及加氢站的建设,跟踪并适度布局氢燃料汽车产业,适时开展氢燃料电池汽车示范运行	云南省工业和信息化厅

4.3.2 制氢发展现状

4.3.2.1 项目规模

在制氢方面,我国是世界第一产氢大国,每年氢产量约为2500万吨[26],占世界氢气产量的 1/3。

目前主要以煤制氢、工业副产氢为主，电解水绿色制氢占比不到 4%。但电解制氢受到重视，电解制氢项目数量增长迅速，项目规模平均在兆瓦级以上。5 年前的电解制氢项目平均规模低于 1 MW，而近 2 年的项目平均规模达到 10 MW 以上，图 4-20 统计了各国电解制氢项目时间及项目规模变化[27]。

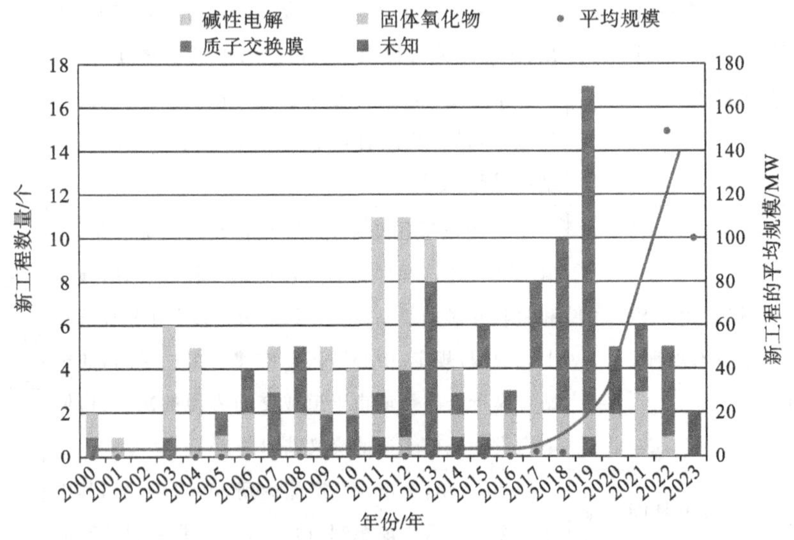

图 4-20　各国电解制氢项目时间及项目规模变化

4.3.2.2　示范应用

国际上，相继投建或者运营了多个大型绿氢制取示范项目。越来越多的国家在可再生能源电解制氢方面开展试点和商业初期项目，尤其是光电和风电等可再生能源电解水制氢方面规模不断扩大。

1. 欧洲

美因茨能源区域项目中的 6 MW 电解槽自 2017 年以来一直在运行。截至 2019 年 7 月，德国政府批准了 11 个电解制氢相关示范项目。除德国外，英国在谢菲尔德于 2015 年 9 月完成了 Hydrogen Mini Grid 项目，开展新能源制氢到氢能利用的全产业链示范和 PosHYdon 项目。

2. 美国

美国最大的独立清洁能源公司 Apex 清洁能源公司和全球绿色氢经济解决方案领先提供商 Plug Power 公司共同开发一个 345 MW 风力发电和绿色

氢能生产工厂项目。该项目将是全球最大的陆上风力发电项目之一。

3. 加拿大

加拿大魁北克省于 2019 年进行了 20 MW PEM 电解制氢装置的应用,制氢能力为 8000 kg/d。该电解制氢应用与当地电网公司联合开展,利用其调节能力,参与电网调节,在 PEM 电解制氢与电网的结合应用上进行了一些探索。

4. 日本

日本东芝公司在福岛县启动的世界上最大的单堆制氢系统——FH2R 项目,10 MW 的电解槽装置配备 20 MW 的光伏发电系统,利用新能源制氢,2020 年 3 月已对外供应氢气,每年可提供 900 t 氢气。此外,日本的氢能示范部署还包括山梨县的燃料电池谷,其中包括一个 1.5 MW PEM 电解装置和 21 MW 的太阳能光伏系统。

5. 中国

在绿氢生产上已具有较高的竞争力,技术较为成熟。昊华科技、宝丰能源、阳光电源、新天绿能、苏州竞立、淳华氢能、中节能风力发电、扬州中点、天津大陆制氢等公司制氢设备技术领先,当前单台最大产气量为 1000 Nm^3/h。

截至 2021 年底,据不完全统计,全国绿氢项目运营、在建或者拟建项目 34 个,总投资已超过 800 亿元。例如,可再生能源制氢工程之一,河北建投新能源有限公司投资的沽源风电制氢项目(见图 4-21),该示范工程包括 10 MW 电解水制氢系统,配置 200 MW 容量风电场及氢气综合利用系统;中石油在新疆库车的国内首个万吨级光伏制氢项目(见图 4-22),整个项目总投资 30 亿元,包括光伏发电、输变电、电解水制氢、储氢、输氢 5 大部分,项目预计将在 2023 年 6 月建成投产,届时将让国家拥有一年可产 2 万吨绿氢的能力,预计每年将

图 4-21 沽源风电制氢项目

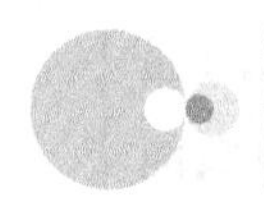

图 4-22　中石油新疆库车光伏制氢项目

减少 48.5 万吨二氧化碳排放。

4.3.2.3　成本

在绿氢成本方面，与化石能源制氢相比，绿氢成本大概是灰氢的 5～6 倍。对中国市场而言，可再生能源电价需降低至 0.3 元/千瓦时以下，制氢成本降至 20 元/千克以下，相比于化石能源制氢，电解制氢具有一定的竞争优势。据 IRENA 与 HydrogenCouncil 预测，到 2050 年可再生能源制氢成本将降至 1 美元/千克(6.5 元/千克)。不同生产路径的氢气成本变化趋势预测[27]如图 4-23 所示。

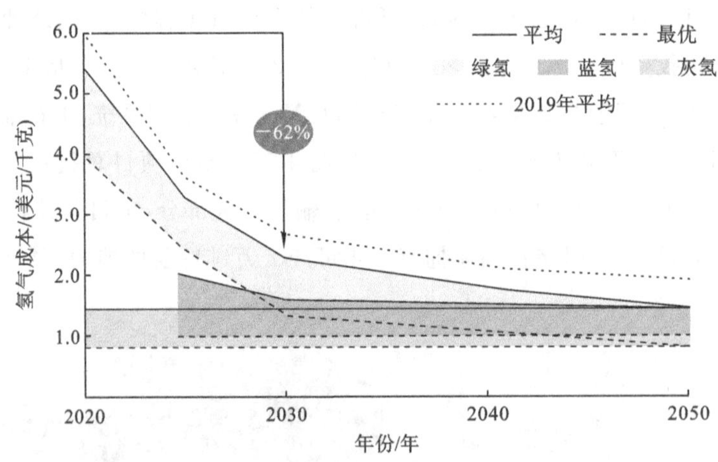

图 4-23　不同生产路径的氢气成本变化趋势

PEM 和 AWE 制氢技术成本仍然相对昂贵。但考虑到技术快速进步、相应零部件供应增加、巨大氢能市场需求和能源战略部署等因素，这两项电解制氢技术在降低成本方面极具发展潜力。对固体氧化物及阴离子交换膜电解技术而言,成本降低相对困难,其许多组件仍停留于实验室规模的水平,与 AWE 或 PEM 电解制氢相比,固体氧化物及阴离子交换膜电解技术发展任重道远。

4.3.3 储氢、运氢发展现状

目前,高压气态储氢已得到广泛应用,不同压强等级的钢质氢瓶结合碳纤等材料缠绕技术能够实现氢气的安全存储。我国 35 MPa 储氢瓶生产公司主要包括中材科技、沈阳斯林达、京城股份等,其中沈阳斯林达,已具备 70 MPa 储氢瓶生产资格[28]。液态与固态存储氢气的技术距离商业应用仍有不少距离。

由于氢气的大规模存储仍然是高压气态存储,氢气的运输通常也是采用气态运输。氢气运输通常采用高压气态长管拖车和管道运输两种方式。高压气态储氢的体积比容量低,压缩能耗高,汽车运输经济性不高,长管拖车为近距离运送氢能的方式。大规模运送氢能一般采用管道运输。当前,我国氢能基础设施明显不足,输氢管道 100 km,同美国的 2500 km、欧洲的 1569 km[26] 相比差距很大,极大地制约了氢能储运业务发展。

由于输氢管道对材质要求的特殊性,目前,科研人员在考虑用含氢化合物作为氢载体,降低储运成本。

4.3.4 加氢站发展现状

目前,在氢燃料电池车补贴不退坡的政策红利下,我国加氢站等基础设施建设取得了一定的成绩,目前全国已经建成 100 多座加氢站,主要分布在上海、广东、湖北、河南等省市。虽然加氢站等基础设施建设取得可喜的成绩,但是由于总体数量仍很少,而且分布分散,加氢站等基础设施建设相对落后已经成为产业发展的瓶颈。例如,在上海、广东等地区存在投放运营的氢燃料电池车不同程度上存在加氢难的问题。

在 2006 年,我国建成了首座加氢站,即北京永丰加氢站,至今已有十多年历史。在加氢站设计建造上,我国设计建造 35 MPa 加氢站的技术成熟,基本实现核心装备国产化,但是压缩机、加氢枪等装备整机的制造精度和性能稳定性等仍落后于国际先进水平。在 70 MPa 加氢站设计建造方面,我国仍处于示范验证阶段,70 MPa 加氢站储氢罐及其关键设备领域,我国技术相对落后,跟国际先进水平有较大差距。

近些年来,国内氢燃料电池产业发展提速,加氢站等重要配套基础设施建设也步入了快速增长期时期(图 4-24 所示的为北京永丰加氢站和中石化加氢站)。上海、云浮等地先后建成多座加氢站,全国超过 20 个城市或地区已发布了加氢站建设发展规划。中国燃料电池的阶段性目标之一便是 2020 年建成 100 个加氢站,2025 年和 2030 年分别建成 350 个和 1000 个加氢站。

图 4-24　北京永丰加氢站和中石化加氢站

4.3.5　燃料电池发展现状

目前,我国在氢燃料电池领域取得重大进展,进一步跟美国和日本等燃料电池技术的领先者拉近距离,但在功率特性、寿命等技术水平上跟美国、日本等有较大差距。国内外燃料电池整体性能对比如表 4-8 所示。相比日本等已经开始氢燃料电池车商业化起步的国家,我国氢燃料电池总体尚处于工程化开发阶段,隔膜、催化剂、储氢罐、循环泵等大多需要进口。要实现氢燃料电池产业化,仍需要核心技术突破。

表 4-8　国内外燃料电池整体性能对比

名　　称	国外现状	国内现状
体积功率密度/(kW/L)	3.0	2.7
质量功率密度/(kW/kg)	2.5	2.2
25%额定功率下的效率/(%)	65	50
客车车载工况寿命/h	12000	3000
轿车车载工况寿命/h	2500	2000
成本	60 美元/千瓦	0.5 万元/千瓦～1.0 万元/千瓦

氢燃料电池大规模应用的一个重要领域就是氢燃料电池车,典型的氢燃料电池车系统如图 4-25 所示。车载燃料电池一方面要求能量密度高、寿命长、使用方便和安全,同时需要较低的成本。因此,我国氢燃料电池研究主要

关注的是如何降低成本和提高燃料电池寿命两个方面,重点关注质子交换膜燃料电池的电极和催化剂。

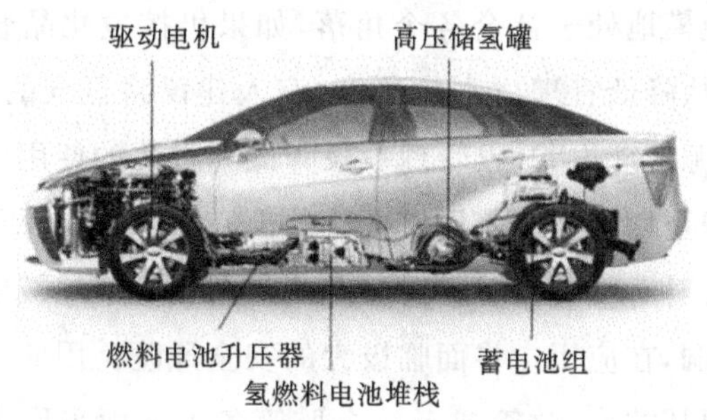

图 4-25 氢燃料电池车系统

4.4 发展绿色氢能的挑战和展望

氢能作为一种重要的清洁高效的能源载体,逐渐形成共识,氢能对能源战略的作用被认可,氢能全产业链技术逐渐成熟,全社会对发展绿色氢能给予厚望。但氢能在能源市场份额有限,特别地是,我国在氢能领域的部分技术离国际先进水平也还有一定差距,必须认识到发展氢能仍需要解决一些面临的问题,并且需要通过政策、技术、商业的手段促进绿色氢能产业健康快速的发展。

4.4.1 发展绿色氢能的挑战

4.4.1.1 发展路线存在争议

虽然我国明确提出支持氢燃料电池产业发展,甚至在新能源电动车补贴标准大幅下降的形势下,仍对购置氢燃料电池车保持补贴标准不变。但是,目前氢能大多是仍有碳排放的“灰氢”,在氢气生产过程中需要消耗较多能量和产生一定的碳排放,而且氢气使用成本较高,因此,对氢能在能源体系和能源转型中的利用场景和重点发展领域选择的合理性上仍未形成统一的认识。直接导致国家政策支持不足,产业发展空间受限,主要体现在如下几个方面。

1. 对氢能安全性的担忧

氢气必须保证安全性,才能作为能源大规模使用。氢气易燃,且易爆炸,在空气中的体积浓度为 4%～75%时均有爆炸的可能,单从化学特性看,氢气是高危险物质。如果氢气作为大规模能源使用,需要在氢气的安全使用上采取有效措施预防风险。

2. 氢能管理存在争议

关于氢应该按危化品管理还是按能源管理也存在争议。将氢作为能源使用时，氢将会大规模地处于社会各个角落，如果仍按危化品管理，将导致管理成本急剧升高。从降低管理成本的角度，有人建议将氢气的管理从危化品管理方式转变为能源管理方式，以管理手段降低不必要的使用成本，减少氢能发展的障碍，从认识上增强氢能使用安全性的信心，推动产业更快发展。但这个意见，遭到大批反对者强烈反对。反对者认为把氢简单地按能源方式管理，会带来管理上的漏洞，在应用中将面临极大的安全风险。因此，氢气的管理方式仍需要探讨，需要从技术、政策或者社会监管各个方面采取措施，共同确保氢气使用安全，形成有效的氢能使用管理体系。

3. 氢能低碳效果存在质疑

氢能虽然是理想的“零碳”能源。但是，由于氢不是自然界天然存在的能源，需要从一次能源中生产而来，从全产业链来看，氢是否“零碳、低碳”，要看氢是如何生产而来的。因此，氢能产业特别是氢燃料电池车产业是否能够迅速发展，重要前提就是能够方便的获取清洁低碳的氢气。

以天然气为主的化石燃料是目前制造氢气的主要方式。现有技术下，利用化石能源制氢的减碳效果并不能达成理想目标。而可再生能源制氢并实现工业化生产，成本远高于化石燃料，是化石燃料产品的 5 到 7 倍。由于对全产业链清洁低碳的程度存在质疑，大规模利用氢能源仍存在各种障碍。

4. 4. 1. 2　核心技术有待突破

目前，日本、美国等国家目前已掌握了大量的氢能技术及大量核心专利，技术领先。但是，从全球范围来看，氢燃料电池的发展仍然有一些共性技术问题待解决。近些年来，虽然我国氢能及燃料电池重点领域技术取得了较大进展，但我国氢能及燃料电池汽车关键技术的要求集中在科研院所或科技型企业，产业化能力不足或产业化力度不够，我国氢能技术产业化能力滞后。

作为氢能利用重要部件的氢燃料电池，国内大多数的核心零部件主要依赖于进口。目前国内大多做的是电堆集成，而国内的燃料电池的催化剂、Nafion(全氟磺酸膜)、质子交换膜、碳纸等跟国际先进水平仍有一定距离，目前仍未实现大规模国产。因此，我国燃料电池关键技术仍需突破，实现关键部件的国产化，降低成本的同时避免被国外卡脖子。

4.4.1.3 经济性有待提高

由于目前氢燃料电池技术还主要应用于商用车领域,根据国内数据,目前 10.5 m 以上的氢燃料电池公交车扣除补贴后的售价仍超过 200 万元,与市场同类客车相比优势不明显。在氢气使用成本方面,目前已经建成的少数的几家商业化运营的加氢站,都有政府补贴,补贴后的终端氢气价格一般为 40～50 元/公斤,以 10.5 m 以上氢燃料电池公交车平均每百公里 7 公斤氢气消耗量计算,百公里燃料费用为 280～350 元,远高于燃油客车的使用成本。因此,目前氢能的应用成本仍很高,经济性差,大规模产业化应用仍需大幅降低成本。

4.4.2 绿色氢能产业发展展望

4.4.2.1 绿色氢能在商用车上应用加速

我国氢能产业将优先发展商用车领域,后续拓展到乘用车领域。“十四五”规划中将氢能发展提升到了国家能源战略层面。经过多年的发展,我国整个氢能产业链的布局已经较完整,但目前存在成本高、寿命有待提高、核心技术欠缺和基础设施薄弱等问题。商用车运行环境相对固定、工况明确,而且布置空间较为充足,在氢能利用上其具有便捷性,难度相对较小。因此,在氢能技术还未达到一定成熟度时,首先开展在商用车上使用氢能的商业化应用,可有效降低应用难度,为整个产业发展培育技术,积累基础设施建设经验。

通过商用车发展,能够在相对温和的条件下进行氢能应用示范,建设氢能产业基础设施,培育氢能供应链,为氢能规模化应用创造条件,为后续拓展到乘用车领域打下基础。

目前,我国珠三角地区,在氢能产业方面进行了多个示范,具有相对较好的基础。作为汽车工业重镇的武汉,近些年来扶持并培育了武汉众宇、武汉雄韬等一批本土龙头企业,开展了燃料电池自主核心技术的攻关,并开展了公交示范运营(见图 4-26)。未来,武汉还将发挥科教优势和汽车产业优势,继续科学规划布局氢能基础设施,推动关键核心技术产业化发展,建设高质量、高水准的燃料电池产业示范区。这些氢能示范应用都将为氢能发展积累丰富经验,带动整个绿色氢能的应用。

4.4.2.2 从灰氢逐步过渡到绿氢

氢能是否零碳,取决制氢的一次能源和制氢的原料。氢气有多种工艺和来源,目前,制氢工业仍以化石能源制氢为主,俗称“灰氢”。灰氢不能避免碳

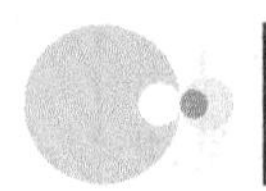

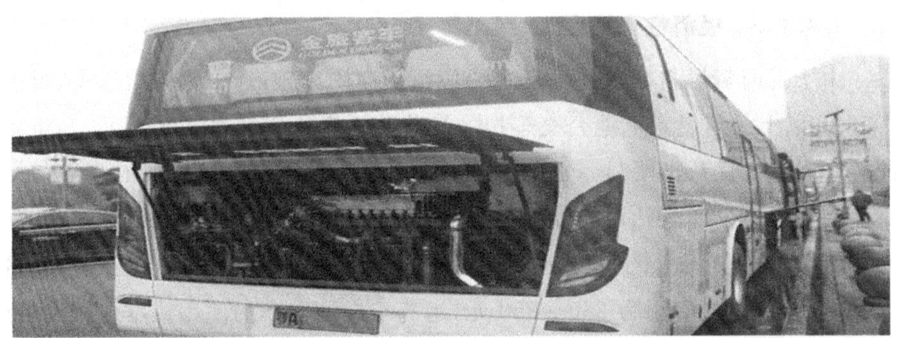

图 4-26　武汉众宇燃料电池客车

排放，不能达到高效碳减排的目的。因此，利用可再生能源制氢将是未来的主要发展方向。

目前，我国在以煤电为主的电源结构下，电解水制氢的全生命周期 CO_2 排放仍然偏高，使用氢能的减排效果不明显。在以化石能源制氢的过渡阶段，要实现减排目标，化石能源制氢需要配套碳捕集、利用与存储技术。

未来，在以可再生能源为主的能源系统下，使用可再生能源制氢，将实现零碳或者低碳排放，同时氢能与波动性可再生能源电力也更具协同能力，因此，未来以可再生能源制氢为代表的清洁氢能可能成为我国氢源供应主体。2020—2060 年氢源供给结构展望如图 4-27 所示[29]。

从结构来看，2030 年碳达峰时，以可再生能源制氢为代表的清洁氢能占比尚不足 20%，新增氢气需求以可再生能源制氢为主，但存量氢气的减碳工作更需引起重视，以 CCUS 技术为代表的技术需要规模化部署，尤其对于现有大规模煤制氢项目，其二氧化碳排放浓度高达 90%，易于捕集和利用。随着可再生能源制氢达到规模生产和具备成本竞争力，其还可以进一步转化为其他能源

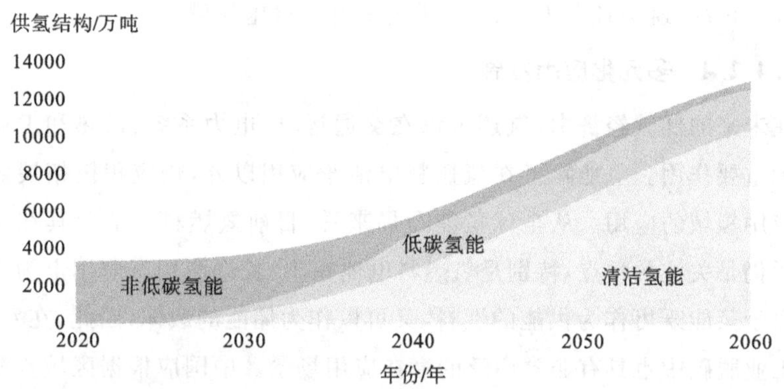

图 4-27　2020—2060 年氢源供给结构展望

载体,如氨、甲醇、甲烷和液态碳氢化合物等。从碳减排来看,通过低碳清洁氢供给体系的建立,2060 年可减排二氧化碳排放量约 17 亿吨,约占当前我国能源活动二氧化碳总排放量的 17%。

分部门来看,到 2060 年,交通部门、建筑与发电部门用氢需求几乎全部由清洁氢供给,交通部门清洁氢 CO_2 减排量约 4.6 亿吨,超过当前交通部门碳排放量的 40%,建筑与发电部门清洁氢 CO_2 减排量约 1.4 亿吨。工业部门清洁氢提供至少 66%用氢需求,低碳氢供给量占比约 26%,工业部门低碳清洁氢 CO_2 减排量约 11 亿吨,约占目前工业部门碳排放量的 28%。

4.4.2.3　基础设施不断完善

氢能产业发展的关键环节是基础设施建设,国家可将现有油气基础设施充分利用,搭建氢气长输管道,大力建设加氢站,推进氢能基础设施,并注重氢气储运环节中安全性和经济性的提高。另外,低碳经济的兴起,氢气未来应用的四种场景,即长期储能、从蓝氢到绿氢、大规模应用、燃料电池交通工具[27]。我国可以根据未来长远目标制定战略布局,积极开发氢能下游产业应用新领域。

目前,我国可结合各个地方产业优势,积极完善氢能利用公用服务的基础设施建设,提供积极的补贴政策,制定相应的管理机制来规范产业发展。

同时,持续进行关键技术的研发突破,推进技术成果转化和示范应用,加快总结经验,助推氢能发展。利用我国市场庞大的优势,通过国产化和规模化的手段降低成本,控制风险。另外,通过积极制定相关标准和测试评价体系,规范氢能及燃料电池汽车发展,为规模化、商业化运营创造条件,为基础设施建设统一标准，避免各自为政、互不兼容的基础设施建设。

4.4.2.4 多元化应用发展

在未来的低碳经济中，氢还可以在交通运输、电力系统、供热和工业服务中发挥重要作用。氢能除了在氢燃料电池车应用以外，仍应积极拓展氢能在其他应用领域的应用。从全球氢能布局来看，目前氢燃料电池及其在交通中的应用仍是关注的重点，特别是氢燃料电池在中、长途商用车应用上为主要方向。由于氢能既可作为供能的燃料，又可以作为储能的载体，因此，在发电、储能和工业脱碳中也具有非常广泛的潜在应用场景。中国应根据区域资源禀赋和经济情况发挥优势，扬长避短，避免同质化和低水平重复建设，积极拓展氢能的应用领域，在加强区域协同发展的同时推动氢能多元化利用。

随着我国能源战略转型实施，氢能作为一种非常有潜力的能源互联的载体，在氢能产业关键技术突破、关键零部件国产化、产业政策的促进作用下，氢能将随着其成本大幅下降而上升为我国能源结构中重要的组成部分。我国大力发展氢能产业，有望使我国尽早步入清洁环保的“氢能社会”。

参考文献

[1] 周奕丰. 发展氢能源 保障能源安全[J]. 小康，2021(01)：100-101.

[2] 景春梅，闫旭. 我国氢能产业发展态势及建议[J]. 全球化，2019(03)：82-92.

[3] 李子烨，劳力，王谦. 制氢技术发展现状及新技术的应用进展[J]. 现代化工，2021，41(07)：86-89.

[4] 祁威，张蕾，张磊，等. 煤催化热解制氢的研究进展[J]. 中国煤炭，2007，33(10)：57-58.

[5] 李永亮，郭烈锦，张明颛，等. 高含量煤在超临界水中气化制氢的实验研究[J]. 西安交通大学学报，2008，4(07)：919-924.

[6] 朱俏俏，程纪华. 氢能制备技术研究进展[J]. 石油石化节能，2015(12)：51-54.

[7] 李建林，梁忠豪，梁丹曦，等. “双碳”目标下绿氢制备及应用技术发展现状综述[J]. 分布式能，2021，6(04)：25-33.

[8] 黄宣旭，练继建，沈威. 中国规模化氢能供应链的经济性分析[J]. 南方能源

建设,2020,7(02):1-13.

[9] 俞红梅,衣宝廉.电解制氢与氢储能[J].中国工程科学,2018,20(03):58-65.

[10] 张晖,刘昕昕,付时雨.生物质制氢技术及其研究进展[J].中国造纸,2019,38(07):68-74.

[11] 毛宗强,毛志明,余皓.制氢工艺与技术 [M].北京:化学工业出版社,2018.

[12] 张晖,刘昕昕,付时雨.生物质制氢技术及其研究进展[J].中国造纸,2019,38(07):68-74.

[13] 杨琦,苏伟,姚兰,等.生物质制氢技术研究进展[J].化工新型材料,2018,46(10):247-258.

[14] 李琳娜,应浩.生物质热化学法制备富氢燃气的研究进展[J].林产化学与工业,2009,29(Z):247-254.

[15] 李建芬.生物质催化热解和气化的应用基础研究 [D].武汉:华中科技大学,2007.

[16] 李璐伶,樊栓狮,陈秋雄,等.储氢技术研究现状及展望[J].储能科学与技术,2018,7(04):586-594.

[17] 王瑛琪,盖登宇,宋以国.纤维缠绕技术的现状及发展趋势[J].材料导报,2011,25(03):110-113.

[18] 曹蕃,陈坤洋,郭婷婷,等.氢能产业发展技术路径研究[J].分布式能源,2020,5(01):1-8.

[19] 邓祥元.清洁能源概论 [M].北京:化学工业出版社,2020.

[20] 中国国际经济交流中心课题组.中国氢能产业政策研究 [M].北京:社会科学文献出版社,2019.

[21] 何学明.燃料电池在海警舰艇中的应用[J].现代电子技术,2015,38(23):130-132.

[22] 王吉华,居钰生,易正根,等.燃料电池技术发展及应用现状综述(上)[J].现代车用动力,2018(02):7-12.

[23] 朱雅男,张克金,于力娜.商用车燃料电池技术研究进展[J].汽车文摘,2019(07):56-62.

[24] 吴雨泽,王宇旸,范红途.固体氧化物燃料电池(SOFC)系统的研究现状

[J].能源研究与利用,2019(01):40-46.

[25] 刘少名,邓占锋,徐桂芝,等.欧洲固体氧化物燃料电池(SOFC)产业化现状[J].工程科学学报,42(03):278-288.

[26] 马国云.我国氢能产业发展现状、挑战及对策[J].石油化工管理干部学院学报,2021,23(02):67-70.

[27] 赵雪莹,李根蒂,孙晓彤,等."双碳"目标下电解制氢关键技术及其应用进展[J].全球能源互联网,2019,4(05):436-446.

[28] 陈宇,张小玉,张荣沛.中国氢能产业链现状及前景展望[J].新型工业化,2021,11(04):176-182.

[29] 刘玮,万燕鸣,熊亚林,等."双碳"目标下我国低碳清洁氢能进展与展望[J].储能科学与技术,2022,11(02):635-642.

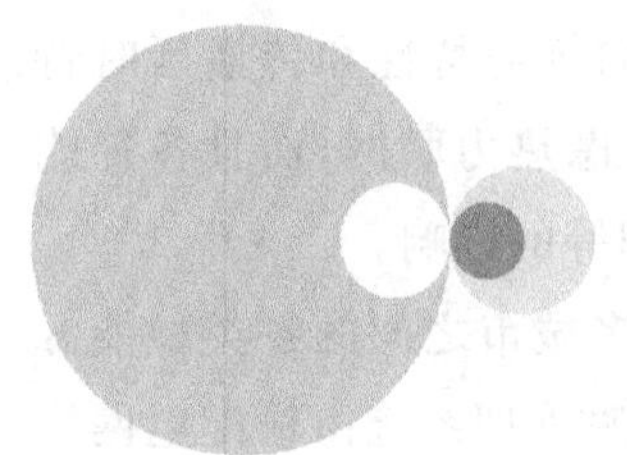

第5章 数字能源：综合能源管理

5.1 综合能源管理概述

本章从综合能源管理的基本概念认知入手，为大家介绍综合能源管理目前业内的普遍共识。“互联网＋”模式下分布式能源系统会结合多种能源优势，多种能源网络互联互通；相互融合成智慧能源网络体系。传统能源结合互联网应用中的大数据、云计算、人工智能、物联网、数字孪生、移动互联等技术来实现优化协调，实现全方位的能源协调及优化。以下将会对国外综合能源管理的一些项目及其运营模式做介绍；同时，会对国内相关发展情况及产业政策的出台做简要描述。

5.1.1 综合能源管理系统概念

到目前为止，对综合能源系统还缺乏一个全系统的概念，一般是指在各种能量子系统的开发计划、建造与运营等过程中对各类能量资源的形成、输送与分配、转化、储存、消费等各环节，加以有机统筹和优化之后而构成的生-供-销一体化能量管理系统。但从理论上说，综合能源管理系统并不是一种完整的概念，长期存在着对各种能量类型的协调优化情况。例如，冷热电联供发电机组通过高、低品位热能与电能之间的协调优化，提高了燃料的综合利用率；冰蓄冷设备协调电能和冷能(或者热能)，达到了削峰、填谷的目的。然而，上述

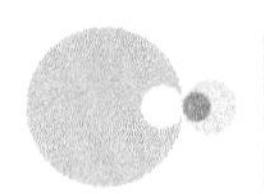

设备都属于局部综合能源管理系统，满足了局部各类用户的用能需求。通常情形下，根据地区供能跨度，可把综合能源管理系统分成跨区级、地区级和用户级三种类别，具体如下[1]。

（1）跨区级综合能源管理系统连通了各个地区的综合能源管理系统和能量产地之间的能量输送体系，以大规模输电、输气体系为骨干网架，具备长距离能量输送作用。同时，由于热力网络受制于就近的供需特性和传播延时特性，仅在局部小区域内传播，所以在研究中一般不考虑热力联网，而且各种能源体系之间的相互作用也将受到地缘政治、市场管理等的影响。

（2）地区级综合能源管理系统是指城市内部或多城市之间的各类型能源分配、转换和存储系统。通常情形下，地区级综合能源管理系统由输配电网络系统、高中低压燃气网络系统、供热/冷却/水控制系统等网络相互耦合而成。另外，电力、燃气、热力能源体系之间具有较强耦合作用，具有能量传递、转化与分配、平衡的“承上启下”功能。

（3）用户级综合能源管理系统是指楼宇建筑物及工业园区内的电力、燃气、热力、冷却等各种能源供应体系，由智能供电、用气系统、分布式/集中式供暖系统等网络耦合而成，因多能源转换设备、存储设备的广泛存在，不同能源网络之间存在着深度耦合。

园区综合能源管理系统隶属于用户级综合能源管理系统，包含学校、工厂、住宅、商业建筑等用能单元的聚集区，如苏州工业园区、中关村科技园区、厦门国家火炬高技术产业园区等。园区综合能源管理系统的核心依然在于各能源子系统的协同优化，且各类园区表现出明显特点，即自然资源不统一、气候条件不相同和地形地貌不单调，促使不同园区主导的能源类型也随之变化。

5.1.2　国外综合能源管理现状

传统能耗服务公司起源于20世纪中期的美国，一般是用来对既有的建筑物进行节能服务的。但伴随经济社会的发展，采用分布式能量的综合能耗服务公司也在欧美诞生，一般是面向建设项目开展热电联供、光电、热泵、微生物能量等可再生能源开发利用技术的推广，其投资额度也更大，模式更为灵活多样，而伴随网络、人工智能、数字孪生等新信息的出现，融合了洁净能源和可再生能源的区域微供电技术的全新综合能源业务公司模式也开始出现了。

5.1.2.1　国外综合能源管理发展现状

通过综合能源服务公司可以提高电能的利用效率，同时实现了可再生能源规模体量的发展。目前,世界各国均根据各自的经济发展需要提出了综合能源发展策略。下面对欧洲、美国和日本的经济发展状况加以说明。

1. 欧洲

欧洲早早将关于能量协同系统最佳优化的相关研究提上了议程,通过Utilities UK公司的市场调研,目前全球已涌现出上千个能源服务商。对欧盟许多成员国来说,其能量体系之间的耦合和相互作用得到大幅提升,其中以英国和德国较为典型。英国的企业越来越重视对能量体系与能源流的整合。加拿大的电能利用高压输电线路、煤气网络或通过燃气管路和亚洲大陆的电力网线路相连接。建设一种更加安全和可持续发展的综合能源管理系统也是英国政府长期所关心的问题。在英国政府,特别针对社区的分布式综合能源管理系统,政府部门也给予了很大的帮助。比如,英国政府的能耗和气候主管部门DECC,以及英国政府的科技代理组织Innovate UK(以前称为TSB)和企业,联合赞助了大量区域式综合能源管理系统的研发与使用。德国的相关公司也对能源管理系统和通信信息系统的集成问题尤为重视,他们的一个代表性项目就是E-EnErgy,于2008年选定了六个试点区域,并实施了为期四年的E-Energy创新与促进行动计划,主要涉及智慧发电、智慧电网系统、智慧消费和智慧储能等四大领域[2]。该项目意在促进世界其他企业和地方政府积极参与建设由新型的信息通信技术(ICT)、通信装置与控制系统所构成的高效电力体系,以最先进的控制手段来应对日趋丰富的分布式电源和各种复杂的应用终端负荷。通过智能区域供能系统、智能家居、储能装置、售电网络平台系统等方式试点,E-Energy的总负载和耗电量均下降了10%～20%。

2. 美国

在定价管理机制上,由美国能源部长作为对各种燃料资源的最高主管,美国政府出台相应的能量政策法规,而国家的能量监督机关则主要是监督当局能量政策的实施,以控制能量产品价格的无序波动。在此机制下,实现了全美各种能量体系之间有效的协作配套,也保证了全美的综合能量提供商(如全美加利福尼亚太平洋煤气发电有限公司、爱迪生发电有限公司等著名综合能源提供商)的蓬勃发展。在技术上,国家对综合能源政策与理论技术方面投入大批的人才进行研究。美国能源部早于2001年就制定了综合能源管理系统规划,目的是在于进一步提高清洁能源供给与使用比例,进而使整个社区供能系统的安全可靠和经济效益得以进一步提高,在规划中着重是鼓励对分布式再

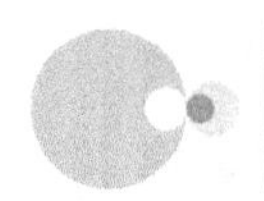

生能源和冷热电联供科学技术的进一步发展与应用。奥巴马总统在第一个总统任期，即把建设智慧电网系统作为美军的国家战略，希望在国家电网技术基础上，建立一种高效能、少投入、安全、灵活应变的综合能源管理系统，以确保美军在未来推动全球能源领域的创新和革命。在需求侧的监管技术上，全美包括加利福尼亚、纽约在内的不少地方政府在新一轮电网改造中，已明显地将以需求侧监管技术提升电力的操作灵活性视为主要方向。

3. 日本

2009 年 9 月，日本政府宣布了其在 2020 年、2030 年和 2050 年对温室废气的总减排量发展目标，其中明确提出了强力建设覆盖全国的综合能源管理系统，以此达到对国家能源结构的优化和效率的提高，同时鼓励可再生能源规模化发展。日本大部分的综合能源管理系统研发组织也都进行了此类研发工作，并产生了不同的研发方法。例如，由 NEDO 公司在 2010 年 4 月开始组建的JSCA(Japan Smart Gommunity Alliance)，主要是致力于智慧社会科技的研究与创新，该智慧社会是在社会整体综合性能量体系(包含电能、煤气、热力、可再生能源等)的技术基础上，进行与道路、给排水、信息系统及医疗保健体系的整合集成。Tokyo Gas 集团还将提供更加超前的综合能源管理系统方案，在传统综合供能(电力、煤气、热力)体系基石上，还将建立遍及整个全球的氢能供给网，以形成涵盖所有能源网络的终端，不同的能量应用装置、能量交换系统与存储单元的终端综合能量体系[3]。

5.1.2.2 国外综合能源服务典型案例

1. 德国 RegModHarz 项目[4]

RegModHarz 项目设在德国的哈慈区域，主要内容涉及 2 个光伏电站、2 个风电场、1 个微生物水力发电工程，共 86 MW 设备容量。RegModHarz 项目的重要目标，是通过实现对分布式网络结构风力作用、太阳能、生物质等可再生能源发电设备和泵送储能水电站之间的技术合作，使可再生资源通过联合循环达到最佳利用。其重点展示内容为在电力侧，集成了储能设备、汽车、可再生能源及智慧家电等的虚拟电厂，并涵盖了一系列更接近现实生活的新能源需求元素。

1) RegModHarz 项目建设的重点措施

(1) 完善了家庭能量管理体系。家电能够“即插即用”于此操作系统，而且操作系统还可以通过电价决定家用设备的工作状况，同时通过调节用户的负荷来跟踪可再生能源的发电量变化趋势，从而达到负荷调节与新能源发电的双向交互。

(2) 在配电网中装设了十个电源管理单元,通过对节点的电流和频率等运行指标进行监控,定位供电的薄弱环节。

(3) 由光伏、发电风机、微生物发电、电动汽车和储能设备一起组成了虚拟电站,与国际能源市场交易。

2) RegModHarz 项目的典型成果

(1) 由开发人员设计了基于Java语言的开源软件平台OGEMA,对外部连接的装置进行了规范化的数据信息结构和设施服务管理工作,并完全独立于技术厂商支撑的施工自动化系统和能效管理,从而可以达到低负荷装置在信号传递领域方面的"即插即用"软件系统框架。

(2) 通过虚拟电站系统直接参与电能的市场交易,大大充实了配电网系统的调度管理能力,为通过分布式网络结构电能管理系统直接参与市场调节提供了依据。

(3) 通过哈慈区域的水电系统与储能设备调整,很好地平抑了风机、光伏技术等电量产出的波动与不平衡稳定,从而有效地论证了在整个区域能源市场范畴内实现100%的洁净能源供给,是完全可以做到的。

2. 美国 OPower 公司经营模式[5]

OPower公司通过对公用事业企业的能耗数据和其他各种第三方数据进行了深入分析与数据挖掘,从而为使用者提出了一套适用于其生活方式的节约意见。截至2015年10月,按照OPower公司网络上的动态信息,其已经累计帮助用户节约了82.1亿千瓦时的发电量,节约电力10.3亿美元,减排了超临界二氧化碳121.1亿磅(1磅=453.59克)。

OPower公司主要的业务活动如下。

(1) 推出更人性化的账单业务,清晰地展现个人供电状况。OPower公司运用能源效率云网络平台(见图5-1),整合了大数据分析与行为科学分析方法,更加丰富了电力账单的服务功能。具体根据客户家庭制冷、采暖、基础负荷、其余各种用能状况等的电能状况加以划分,并利用柱状图完成了当月的用电量数据信息与前期对照,用电信息一目了然;同时,利用与相邻地区客户能耗横向比较,对比了相邻地区内最节省的20%客户能耗数值,即完成了邻里间能耗对比;利用各种方法同客户交流,其中从常规的纸质信件,到短消息、电子信件、网络信息平台等,来增进同客户之间的沟通反馈。

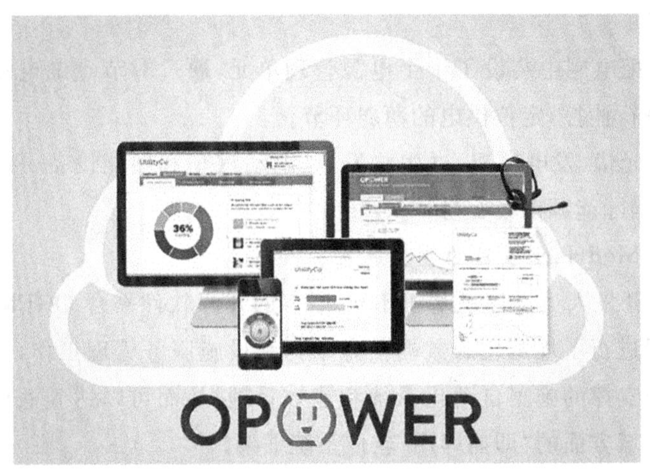

图 5-1 能源效率云平台

(2) 通过大数据分析和云平台，提出节能方法。OPower 公司通过可扩充的 Hadoop 大数据分析平台构建了其家居能源数据分析平台，通过利用云计算技术，完成了对客户家庭各类用电情况及相关信息的大数据分析，从而形成了每个家居的家庭能源档案，并在与邻里进行对比的基础上，形成了客户个性化的节电意见。而这种与邻里能源比较，也充分参考了行为科学的相关理论，将家庭能源账单概念带入到了社区元素，与所谓“微信运动”的模型非常相似，给客户带来了更直接、冲击感较强的节电动力。

(3) 建立了各方合作的业务模式(见图 5-2)。尽管 OPower 公司的主要目标是为终端用户节电服务，但由于其将自身定位为一个“公用事业云计算软件提供商”[6]，其经营管理模式也并非 B2C(公司对终端消费者)管理模式，而是 B2B(企业对企业)管理模式。电力企业选用 OPower 公司，订购相应的应用软件，并免费供应给其他用户使用。OPower 公司除了帮助终端用户提出人性化节电的意见，同样也为公用电力公司进行需求侧数据分析，协助电力公司分析终端用户的电能消费行为，为电力公司改进经营业务提出决策依据等。

3. 日本东京电力公司发展与经营模式

1) 针对用户分类，提出了不同的业务战略

日本东京电力公司将用户分成大客户和居民客户两种。

面向大客户，业务战略一般分为：① 为客户提出不同电价方法与建筑设备方法的最佳优化选择；② 向客户提出电能、煤气、生物燃料等最优化电力选择方法；③ 提供全面的节电辅助业务，以支持客户完善设施，达到节电目标；

图 5-2　OPower 公司业务模式简图

④ 兼顾包含通信内容的建筑设备设计、建造、保养及整体设计业务。

面向居民客户,东京电力公司则将其业务目标定位为:舒适性、节约、环境保护、安全性、经济效益。因此,东京电力公司制定了对居民客户的发展方针,即推广高效率用电产品所组成的生活用能智能家居系统。

2) 多手段组合式节能

一方面通过为客户提供节能咨询服务,提供包括节能检测、解决方案、维护设备和经营管理等业务。另一方面通过智慧电力系统,注重科技发展,以提升能耗效益。东京电力公司还设立了技术研究院,对现代智慧家庭、建筑节能、电动车应用等领域开展了研发工作。在现代智慧家庭的应用领域,由东京都电工研究人员将电动车辆连接现代智能家居系统,并按照系统电源负载状况的预测方法实现充电及放电。另外,东京电力公司还运用了地源热泵、太阳光发电等技术,以及利用统一储能系统和环境监测装置对居室温度实行控制,而电器用电状况和环保状况也将被引入统一监测系统,以达到家居用能的集成控制和优化,如图 5-3 所示。

东京电力公司与 GE 公司合作,利用 GE 公司成熟的资产绩效管理平台开展数据分析。在商业应用推广阶段,东京电力公司成立新的数据监测分析中心,自主开发建设物联网远程优化平台(见图 5-4),该中心于 2020 年收入达 5 亿元人民币。

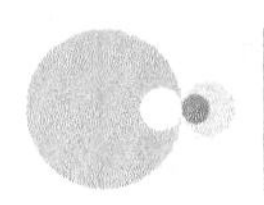

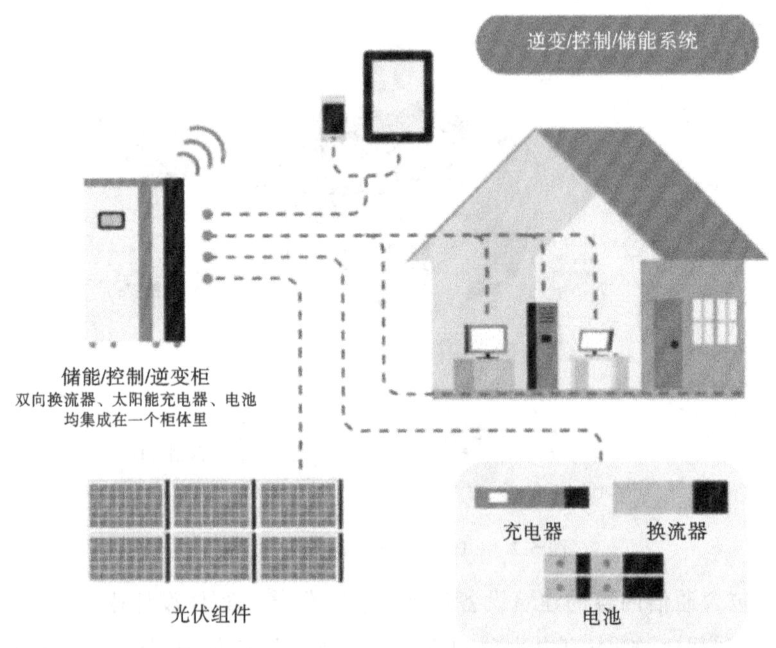

图 5-3　东京电力公司家庭太阳能发电和电池储能系统

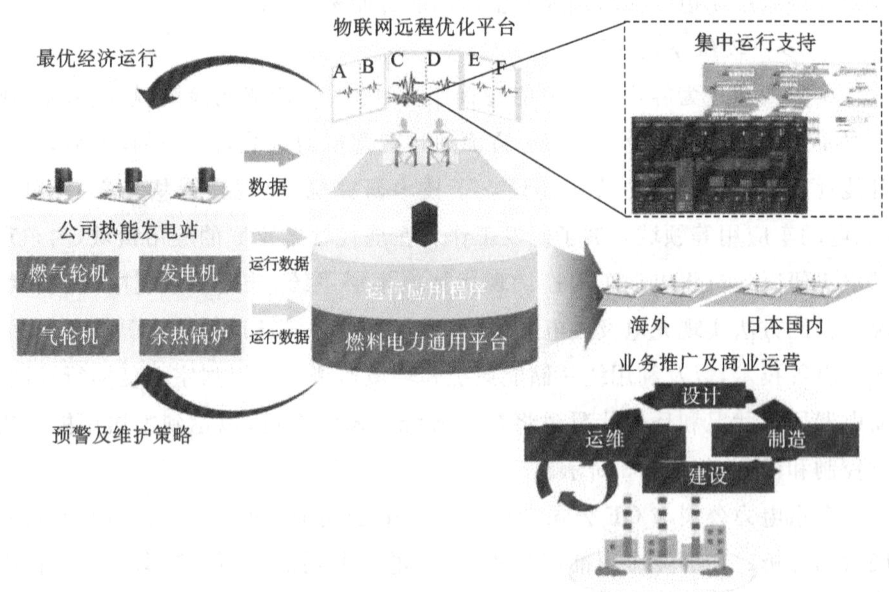

图 5-4　东京电力公司物联网远程优化平台应用体系

5.1.3 国内综合能源管理发展现状

当前中国的整体综合能源管理业务仍处于发展初期阶段,主要内容包括发售电、工程相关业务等。目前中国的综合能源管理一般有两种形式,一是工业融合方式,即对发电、冷暖、光电、燃油等的联产,并结合智能科技,进行深加工利用。二是在发售电业务基础上的综合业务,并将能源供应、节能、业务拓展等内容与智能技术融合在一起。这种形式与前一种形式比较,对工业基础的综合应用需求相对较少,用户侧更能直观体验到相关技术革新带来的时代变革。

5.1.3.1 国内综合能源管理相关政策

我国一直在不断出台综合能源管理相关政策。

2014 年 6 月 13 日,中央财经小组第六次会议:习近平总书记指出必须推动能源生产和消费革命。

2015 年 3 月 5 日,第十二届全国人大三次会议:李克强总理提出制定:“能源互联网+”行动计划。

2015 年 3 月 15 日,中共中央文件(9 号),关于进一步深化电力体制改革的若干意见。

2015 年 11 月 30 日,国家能源局:关于电力体制/改革配套文件(6 个附件)。

2016 年 2 月 29 日,国家发改委、能源局、工信部:《关于推进“互联网+”智慧能源发展的指导意见》。

2016 年 11 月 27 日,国家发改委、国家能源局印发通知,确定第一批 105 个增量配电改革试点项目。

2016 年 11 月 7 日,国家能源委员会:《能源发展“十三五”规划》审议通过。

2016 年 11 月 5 日,国务院:关于印发“十三五” 控制温室气体排放工作方案的通知,强化低碳引领,推动能源革命和产业革命。

2016 年 7 月 26 日,国家能源局:关于组织实施 “互联网+”智慧能源示范项目的通知。

2017 年 1 月 25 日,国家能源局公布首批 23 个多能互补集成优化示范工程项目。

2017 年 5 月 5 日,国家能源局公布 28 个新能源微电网示范项目名单。

2017 年 6 月 28 日,国家能源局:首批能源互联网示范项目正式批准(55 家)。

2017 年 10 月 22 日,国家电网发文进军综合能源服务。

2019 年 3 月 8 日，国家电网在 2019 年两会报告及多个场合提出要建设运营“泛在电力物联网”。

2021 年 10 月 25 日，国家电网：加快推进电网数字化转型升级，积极打造能源互联网产业生态圈。

5.1.3.2 国内综合能源管理产业现状

我国在第七十五届联合国大会上提出“二氧化碳排放力争于 2030 年前达到峰值，努力争取 2060 年前实现碳中和”。“碳达峰、碳中和”相关的能源问题，便一直是社会舆论关注的热点，也昭示着一场全面深刻的经济社会变革。现阶段，我国的能源消费市场，仍存在产能过剩、周转慢、能耗高等很多亟待解决的难题。因供应链不畅通，交付流通环节效率低等原因，消费者难以享受到更实惠、便捷的能源服务。系统性设计的综合能源管理迫切需要开展，我国很多企业也早早进行了相关内容的布局，国内参与综合能源管理的企业以发电类型的国企及以提供技术服务的民企为主；两种类型企业基因不同，下面对禀赋各异的企业做简要优劣势对比，如表 5-1 所示。

表 5-1　国内综合能源服务典型公司优劣对比

<table>
<tr><th>企业类型</th><th>代表企业</th><th>特　点</th><th>优　势</th><th>劣　势</th></tr>
<tr><td rowspan="3">国企</td><td>国网天津公司</td><td>天津是国网系统内最早开展综合能源服务的地区之一，起步早</td><td rowspan="3">公司品牌、营销渠道、电网资源、客户资源等方面有优势，同时管理经验丰富，资源整合能力强，电力专业人才储备充足，专业技术能力强，资金雄厚</td><td rowspan="2">投资决策机制不灵活。在其他能源领域、多能互补方面缺乏核心产品、技术、人才，公司缺乏设计、电力承装等相关资质，分布式能源、暖通等相关专业技术人才短缺</td></tr>
<tr><td>国网江苏公司</td><td>江苏是国网系统内用电负荷最大的省份。江苏是国际能源变革发展典范城市所在地，该公司开展综合能源服务进展快，相关示范技术领先</td></tr>
<tr><td>国网广东公司</td><td>广东是南网系统内最早开展综合能源服务，也是最积极、进展最快的省份，是侍电及现货市场化进程较快的省份</td><td>在其他能源领域，多能互补方面缺乏核心产品、技术、人才</td></tr>
</table>

续表

<table>
<tr><th>企业类型</th><th>代表企业</th><th>特　点</th><th>优　势</th><th>劣　势</th></tr>
<tr><td rowspan="2">民企</td><td>协鑫</td><td>“源网储售云”均已落地,业务全面。早期大力布局热电联产、各种清洁能源及分布式能源</td><td>具有丰富的清洁能源和多能互补项目经验。较多的客户资源,具有设备生产技术、价格、工程、服务优势,投资决策机制灵活,各方面专业人才齐全,能源服务种类及模式多</td><td rowspan="2">增量配电业务开展受限。投资风险高(先用电后结算的电费回收模式存在不确定性),不掌握能源资源</td></tr>
<tr><td>天合光能</td><td>致力于做核心产品供应商及综合能源服务解决方案提供商</td><td>以轻资产为主,资金压力小,具有设备生产技术、价格、工程服务优势,拥有一定的客户资源</td></tr>
</table>

5.2　综合能源管理规划与评估

综合能源管理规划是为了从源头设计上提出能源建设的合理实施方式,避免传统单一能源系统建设的不合理性、低耦合性及与需求不匹配的问题。以下介绍多能互补机制及典型的综合能源管理的规划、评估方法。

5.2.1　综合能源管理系统多能互补机制

多能量互补的综合能源管理系统(以下简称综合能源系统)的核心内容为分布式能量和围绕其所进行的区域能源供应。一方面,综合能源系统通过进行多能量协同优化与互补增加了可再生能源的使用率;另一方面,可以通过进行能量梯级使用,提升能量的综合利用水平。但是,由于综合能量体系是一个具有较多变数、结构特征复杂、随机性强、多为空间尺度的非线性体系,其能量设计问题往往比传统能量设计问题更加复杂。

综合能源系统集成了各种能量输入/输出设备和各种能量变换装置,可以利用信息网络与电力系统、供气系统、供暖系统和供冷系统等系统形成对应的耦合关系,其典型结构如图 5-5 所示。

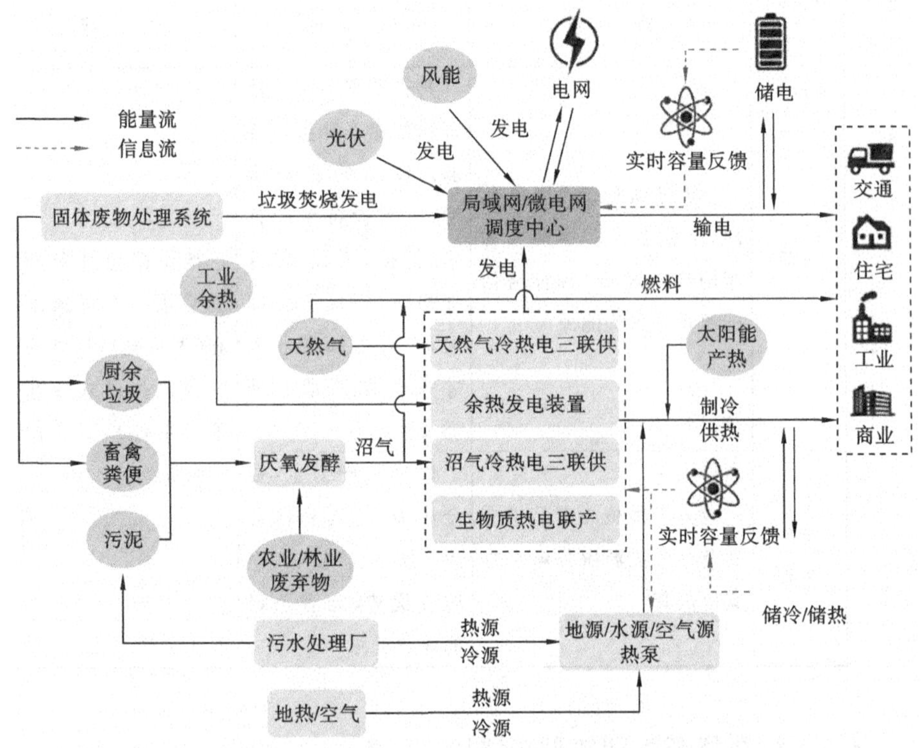

图 5-5　多能量互补的综合能源管理系统典型结构

综合能源系统的配备牵涉到确定系统器件的种类与大小等问题,而控制系统配备又直接影响联供控制系统。在工程设计中必须充分考虑单元装置的工作效能、综合控制系统的运作策略及用户的用能要求等诸多因素。以工程设计完成的综合能源系统还必须在经济效益与环境效益方面进行均衡。在综合能源系统的设计初期,工程设计人员往往会先选定控制系统的主要设施与容量,然后再选定其配合控制系统的运作策略。

5.2.2　综合负荷预测需求分析

冷热电力负荷预测通过电力负荷、国民经济、社会、气象等的历史数据,探索了发电负荷和各有关因素间的内在联系,以便对未来的负荷情况做出科学预报。负荷预期值是综合能源管理系统建设初期方案的重要基准,其准确性直接影响着系统的正常运行。而讨论初始投入、每年度运营经费及其回收周期等问题,都建立在较为精确的系统全年负荷预期的基础上。

几种常用的载荷估计方式,包括房屋构造的经典计算公式、房屋构造的简约计算公式、通过软件仿真的逐时负荷因子法及通过历史数据的逐时能耗与负载分摊比率法[7]。目前使用得较为成熟的方法是通过软件仿真的逐时负荷因子法及通过历史数据的逐时能耗与负载分摊比率法。

吴金顺教授利用 DeST 软件,统计了窗墙比、玻璃类型、墙体的传热系数等多种因素对冷负荷的影响规律,得出了冷负荷中关于各种因素变动的具体关系式。根据上海市某能源中心建设项目的具体情况,利用国际中央空调负荷测算软件 HDY-SMAD 和 DeST,对功能区的设计空调冷暖负荷和全年中央空调冷暖负荷均做出了预估。使用 DeST 软件(见图 5-6),对北京市区内的某办公区和五星级酒店开展了冷热用电负荷动态仿真试验,并对其在每年逐时、每个月和典型日期的负荷与热电比变化情况做出了分析及总结。根据对建筑物冷热用电负荷研究的技术基础,运用了我国三联供设计手册中的有关数据,采取了逐时能耗与负载分摊比率法,以旅馆建筑物为主要调研对象,模拟了该旅馆的全年逐时调节冷热用电负荷。

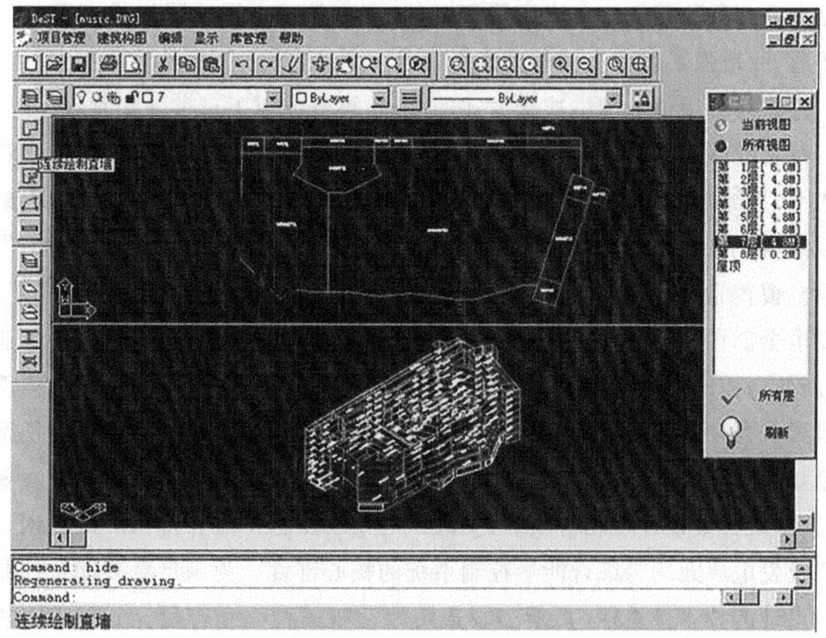

图 5-6 DeST **软件界面**

在热载荷解析方面，通过对商业、写字楼和宾馆等三类不同用途商业建筑物的冷热用电负荷情况开展调查研究与测量，制图得出了典型日负荷曲线与全年的延时热负荷曲线，并对其负荷规模、变动范围、规律性及其变化的一致性做出了解析。数据分析结果显示，在建筑负载特点的基础上设计的综合能耗控制系统和常规系统，比较具有节能效果和经济性。

5.2.3 综合能源管理系统评估方法

由综合能源管理系统向使用者进行供能，但在使用者负载需要发生变化时，出现了使用者负载的热(冷)电比与控制系统热(冷)电比具有不一致性的实际问题。从满足用户负载需要的视角出发，有四个常见的控制系统配置方式：采取补电子系统集成教学方式、采取补热子系统集成教学方式、电-热切换集成化教学方式或者采取储能手段的集成化教学方式。当热能比相应较小或使用者电负载超过原动机输出功率时，可采取并网补给能量或利用可再生能源补给电力。当综合能源管理系统的供热容量无法满足用户需要时，采取补热子系统供热。另外，当用户热(冷)电比超过控制系统最大输出比时，可通过电-热切交换系统，使热能需要转化为用电需要。在用户要求出现峰谷差时，将储能方式手段导入综合能源管理系统，可有效减少因非同步供应引起的供求矛盾，并增强系统变工况调度能力。

按照与公用供电网络连接方式的差异，可分成以下三类分配管理模式：孤岛运营管理模式、并网不上线管理模式、并网上网管理模式。在孤岛运营管理模式下，当综合能源管理系统处于单一的运营模式时，在公用供电中间不架设连接线，特别适合于拥有大量风电或太阳能等可再生能源区域，并为公用供电网没有覆盖完全的地区，提供了多种能源保障。在并网不上线管理模式下，即热发电全部自用，不足时再向公用电网购买，该模式已被应用于大中型工业园区、新建居住区及医院等人流量较大的场合，是较为经典的冷热电联供体系使用模式。在并网上线管理模式下，不仅可以直接向电网购电，而且可以把富余电量卖给国家电网以获得利润。这些模式对电力效率、稳定性和安全性要求高，其系统方案设计也相对烦琐，实际供电系统工程中没有得到广泛应用。原动机及发电单元均为综合能量控制系统的核心部件。为满足更多能量控制系统所设计的技术性指标，必须小心选用原动机的种类和容量。分布式冷热电联供体系中各种类型的原动机的应用特点，并提供了经典的应用例子。在产品设计的前期阶段，为原动机的选择提供了前期依据。

常见的原动机种类主要有燃气内燃机、煤气轮机、微型燃油轮机、燃料电池、光伏电池、风力发动机等。内燃机将汽油和压缩空气投入汽缸后产生混合压力,然后点燃并引其爆裂,形成的高温高压燃料气体膨胀带动气缸磨损做功,再利用气缸的连杆机构和曲轴旋转等原理驱动涡轮发电。内燃机的发电效能较高,输出功率范围广泛,环境适应性能较好,构造简单致密、尺寸小、材质较轻,启动转速快,运行方便、保养简便、检修期间隔长。

燃气涡轮发动机和微型燃气轮机由压气机、透平发电,升温工质的设备(点燃室)系统及一些辅助装置等构成,压气机为燃烧器供给高压室内空气,油料在焚烧室内爆炸释放出的热量进一步升温室内空气,形成高温和高压气体膨胀做功,使热能转变为机械功率。目前燃气轮机技术已经成熟,商业化运用范围广泛,效率高、体积小、产品质量轻、摩擦部件数量少、震动小、噪声低、对环境污染小。

燃料电池使能源中的化学物能经过化学反应后直接转变为能量,不经历燃烧步骤,也不受卡诺循环效果的影响,因此效率较高;没有机械传动部分,也没有噪声。虽然目前的电池大多应用于传统发电,但在冷热电联供系统中并没有大量应用。

光伏电池将太阳能转换为直流电能,无污染,不受资源分配区域的影响,可从用户侧就近发电;缺陷是受气象条件影响,电能传递不平稳。光伏电池适合在照明资源丰富、传统供电连接困难的地区。

风能发电厂可以把风力转换为电力,好处是电力洁净、环保效果好,但弊端是噪声太大,且对风场选择的条件较高,发电质量不稳定。适宜在风力资源丰富、人数稀少的地方。

吸收式制冷机利用烟气或热水驱动,再利用溴化锂或氨水等加热冷却按加工品质冷却,是工业余热再利用中常用的冷却装置。

余热燃烧锅炉运用工业生产流程中形成的余电,或可燃物质焚烧后所形成的热能将水加热,进行工业使用或采暖。包括了一般型与补燃型,一般型余电燃烧锅炉与热交换器结构相似,不具有燃烧过程。

热泵技术是指采用较低品位热能资源,可供暖而又能冷却的高效率节能的空调工艺技术。在冬季时,可利用热泵机组将户外热能送入室内供暖,而夏季时则可将室内热能送入户外降温。按照热源的不同类型,可把热泵技术分成空气源热泵技术、地下水源热泵技术、土地源热泵技术、双源热泵技术等。

热泵技术特别适合用在具有常年恒温冷电阻热源的地方。

5.3 综合能源管理建设与优化运行技术

初步设计以后，必须对系统进行优化。对系统优化能够显著提升设备利用效率、系统经济性及环境效益。优化一般包括原动机的类型、容量，系统的运行策略等。同时，随着当前信息技术应用水平的提升，大数据融合技术在综合能源管理的优化中扮演了越来越重要的作用。

5.3.1 综合能源管理系统运行策略分析

综合能源管理系统的执行策略，会直接影响综合控制系统的整体性能。几种最常见的运行策略如下[8]。

(1) 以热定电：将系统原先满足的供热需要，所产生的电能直接供应给用户，而一旦电力不足或过剩时，则由供电企业补充或上网售电。

(2) 以电定火：系统首先确保满足用户的供电需要，将产生的热能直接供应给用户以满足热需要。如果热能不够，则使用锅炉发展补燃；如果热能过剩，则丢弃或使用一个储能贮存。

(3) 连续运营：供电系统必须在预定时期内连续工作，不考虑能源需求的变动，这种运营策略很适合于在原动机上不可以灵活调整电量的状况，一旦供电系统所生产的电力能达到覆盖用户的要求后，其多余电量可以长期上网，相反，可长期向电网购电。

(4) 调峰运行：控制系统只在负载峰值阶段工作，以减少用能尖峰阶段向电网购得的电力。热能传输和燃油消耗量工作方面，分析了以燃气轮机为原动机的联供控制系统在"以热定电"和"以电定热"两个常见操作模式下的特性差异。该研究成果采用 Aspen Plus 软件进行了系统性能的测算，如图 5-7 所示。研究结果显示，在现实热能提供远小于终端用户的热能需要时，其最佳热能比(HPR)约为 1.75；当满足 1＜HPR＜1.75 时，"以热定电"为最好的方式；当满足 1.75＜HPR＜2.5 时，"以电定热"是最好的系统工作方法。

5.3.2 综合能源管理系统优化

在实际工作现场收集并获得的工作数据通常更精确、真实，同时基于这些数据做出的最佳优化也比较安全，但是获取实际工作数据往往必须耗费巨多的时间并需要以巨大的运算费用为基础，而且还不得不对具体的某个信息系

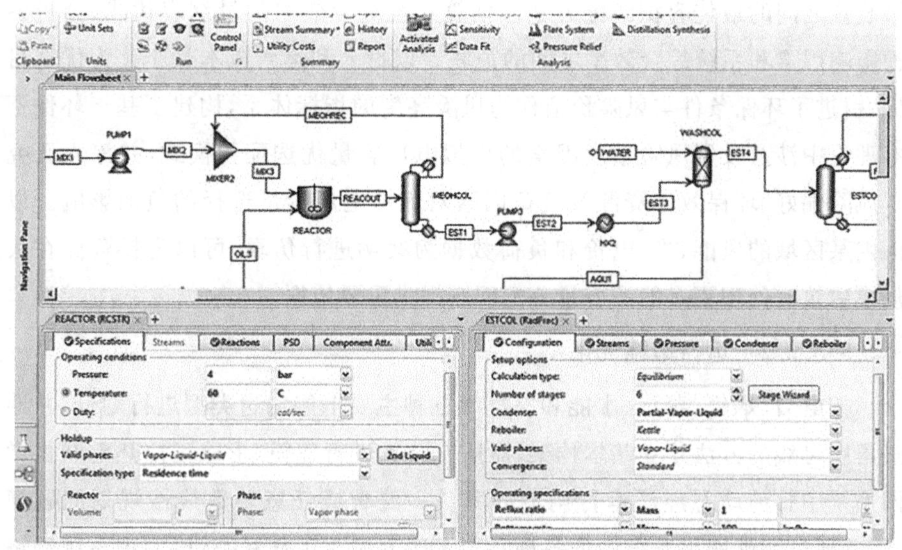

图 5-7　Aspen Plus 软件对一种工艺流程的模拟

统展开深入研究。采用瞬态模拟方式对系统加以综合优化,由于效率高,时间耗费较少,且控制系统的工作条件(包含原动机类型、容积、本地天气等)变化较简便,所以目前大多数的现有研究方法都通过计算机模拟对多能控制系统实现了综合最佳优化。比较常见的综合优化计算有混杂整数线性规划法、混杂整数非线性规划法、随机优化法、遗传算法等。

5.3.2.1　设备容量优化[9]

MRM 方案虽然在选择综合电力网络时简捷方便,但由于仅顾及了对使用者的负荷要求,而不能兼顾到设施成本、运营费用等各种因素,所以必须对多能联供网络做进一步优化。

采用了 MRM 的遗传算法以优选方式对综合能量体系加以优选,优化主要变量为原动机容积、热电制冷技术比系数、太阳能光热发电面积占比;可较大幅度提高能源利用效率。

将以联合供电系统净年值最大为优选目标,构建联合供电系统装置优选模式,对各自配备两个额定发电功率的燃气内燃机发电机组的联合供电系统实行技术经济性比选,以确保电气设备的最佳容量。运用解析法,根据在各满负载区段发生的频率数情况,可以得出在各种容积匹配方法下的装置年等效满负载运转时间和相对收益率,从而利用比较净现值确定了燃气三联供与热泵装置之间的最佳容积匹配方法。估算系统综合效率的量纲表达式，分析各种影响因素和系统综合效率之间的关联。以投入和运营成本最小化为优选目标，引进了环保条件与风险价值作为风险亮度的指标体系，构建了基于环保资本理论中涉及投资风险量度因素的虚拟电厂容量优选配置模式，并深入研究了风险偏好、环保效率资源及负荷因素对虚拟电厂容量选择的负面影响。以国内某区域的风能、光、电价和负荷数据为案例进行仿真，可以为投资商在大规模建筑时处理更多能源容量分配问题提供重要依据。

5.3.2.2 运行策略优化

按电力、烟气、蒸汽、水能和空气等五种主要电能输送类型进行划分，并通过集中母线的方法建立基本构架，对所有装置进行建模，形成了冷热电联供微网系统中日前动态经济运行调节的零负一混合或任意整数线性规划问题模式，并通过调整网络系统中的各种装置工作方法与工作状态，以实现系统经济运行。对采用光伏电池、燃油动力电池和蓄动力电池的住宅能源管理系统列为主要对象，并采用混合整数线性规划理论建立运行环境优化的数学模型。模型将年运营费用最小化为目标函数，以能源供需平衡和设备容量为约束条件，并利用 LINGO 软件进行模型求解以得到年运营费用最小化的运行策略。对针对工业设备综合能耗系统，提供一个同时兼顾冰蓄冷空调多个模式的多能协调综合优化模式，以综合日运营费用最低的综合优化工作目标构建综合优化模式，并针对工厂设备与模式的差异，给出较为精准的优化对策。构建一种在调度时间内，完成对功能设备出力组合比例的最佳优化运行决策的数学模型，优化目标是在调节时间内供能发电机组的总出力比例和全时间负荷需求比值，并采用软件程序解决混合整数规划问题，其计算采用遗传算法，以此达到在调节时间内最经济的运行方法。

5.3.2.3 设备容量与运行策略协同优化

以年费用最小为目标函数，对系统构建混合任意整数非线性计算，并通过 LINGO 软件用分支界定法，根据顺序线性计划得出对各个区域内各种建筑最优预测的系统组态与执行决策。对微型内燃机与地下水源热泵所构成的复合供能体系，以年总成本和天然气年均节约率为主要优化目标，对系统在经济运行最优预期、以热定电和节能最优预期三种运营策略下的优化选择与运作规律，展开研究。设计三级协同整体的优选方案，第一级以年一次能源使用率最大为目标求解最优预测装置选型问题;第二级以二氧化碳排放量最小为目标求解最优预测装置容量问题;第三级以年运营成本的最小化为目标,可解决最优运营参数问题。采用生命周期法,以传统系统为参照对象,构建能耗、环保和经济性的多目标优化模式,对联供体系的设备容量和运营策略都可实现优化。以某综合办公楼为例,解析在不同目标函数下的资源分配方法与运营战略。设计一个既可以综合利用太阳能光伏与光热,且又同时能够适应城市冷热用电需求的联合供电体系,并通过判断矩阵法把能量、环境、经济评价等三项指标综合为一种综合评价指数,在以热定电和以电定热的两种运营方法下各建立三种运营控制策略,并分别对系统进行容量选择与管理策略上的优选。

以燃气轮机容量为优化变量,以多目标评价指数为目标函数的系统最优预期运行决策模型,利用对南方区域某地日逐时负荷进行的算例数据分析,再通过模型搜索算法求解得出了基于负荷特性的系统最优预测容量配置,以及相应的运营对策。

微网优化方面,利用燃气轮机、风机光伏技术、燃料电池和储能设备等的数学模型,以系统经济性为优化目标,对冷热电联合供应体系开展了优化选择和优化运营研究。研究成果利用粒子群算法求解,得出了三种运营策略下系统的分配结果,包括多种能源的冷热电联供微网系统运用机会约束规划理论构建的经济运行优化模式,提供了一个采用随机过程建模技术的粒子群优化计算求解模式,并通过各种类型的原动机选择,对运行方案加以优选。

上述基本涉及了不同结构的综合能源管理系统的规划与优选问题,后面章节将结合具体案例介绍优选方案的有效性。

5.3.3 信息平台大数据分析优化

大数据的“大”主要体现在两个方面:一是指数据处理能力“大”到一定程度,可全面表现数据所描述事物的特性或某种规律;二是指数据的规模和复杂程度“大”到传统的信息处理技术、数据分析技术手段已无法适应要求,因此必须引入大数据处理技术手段。从大数据的含义出发,大数据分析的核心概念是利用范围更广、变量更大的数据,了解事件的实质变化规律与趋势。因此在不同类别的大数据分析中,迅速获取最有价信息的能力,便是大数据分析技术。

综合能源业务体系,包括分布式能源、清洁燃料、新能源、储能等各种能量供应方法，以及不同用户的用能体验，因此搭建现代能源管理平台可有效地对综合能耗体系实现更全面的控制优化。

综合能源信息服务平台构建综合能源的监测收集体系，系统进行综合能量信息检测与展现，通过采用多层级、分类别的方法部署多级采集模型和关键数据收集技术，监控范围内电力、煤气、冷、热、水等的主要能量状况和管网情况、公用建筑等多元用户的用能状况等，并采用能量均衡、效率比较等多维度指标分析方法，对综合能量系统实施优化调整。多能量优化调节与控制是实现综合智能化能源控制的最核心功能，它在兼顾系统经济运行条件与使用者生活舒适度相互约束的基础上，通过利用电力、燃气、冷、热、水等系统的优化转合，调整能量供给的最优化，以提高能量调节的及时性、可靠性与安全性，从而达到对分布式网络结构能量的有效吸引、对峰谷电价的充分利用、减少负荷峰值、提升能量的利用效益。

5.3.3.1 智能物联采集平台

综合能源信息数据收集系统综合利用了计算机科学、控制、通信和互联网等信息技术，重点任务是对综合能源管理系统内的分布式网络结构光伏、风力发电、煤气、热机、储能、采暖系统、供冷、充电桩等控制系统，进行监测控制点、各种流程和装置的信息数据收集，以及对本地或远程设备的自动控制状态、在生产过程中的全面信息监测等，为安全生产、资源调度优化和故障诊断工作提供了必要和完整的信息手段。

5.3.3.2 信息数据采集平台架构

信息数据采集平台(见图 5-8)，主要功能是汇集综合能源各子系统执行器、传感器等重要装置的工作状况及相关数据，与各子系统的本地管理系统、重要设施等互相配合。

1. 感知层

感知层一般给出分布式发电控制系统、煤气热机系统、储能控制系统、供暖控制系统、供冷控制系统、储能站控制系统、小区居民用户、大用户等控制系统中关键电气设备的关键技术参数，如中央空调、照明、空气能热水器、分布式储能系统、CCHP、分布式光伏发电的逆变器工作参数和运转状况、气冷机的供回水温度和功率情况等。具体的监测控制点则为各种受控装置及各种自动控制的电气器件，如传感器测量器件、电动阀、系统控制箱、自动变频器等。各类

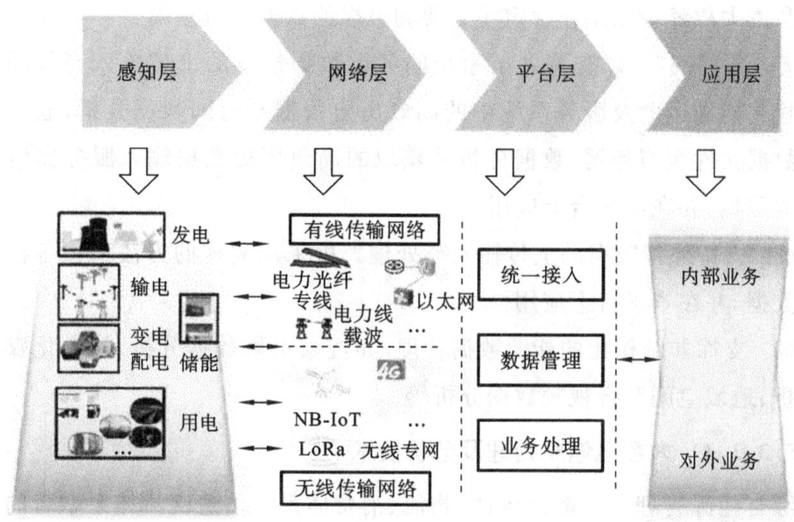

图 5-8 信息数据采集平台架构

测量器件犹如分布在人体中的神经网络,可以准确、及时地感受系统工作的细微变动,将各个关键测控节点的实际数值,以电流或压力等信号经由弱电部分控制系统,传送至 PLC 控制系统中的输入/输出模块,而控制系统的中枢神经与 PLC 中的 CPU 模块利用系统内部的监控软件,可比较出实际数值和方法与目标的差异值,再利用如比例积分(PID)运算、延时算法等的自动控制算法,估计各执行机构所实施的动作数量及其动作变化的幅度,最后再利用传输模块将测控进度与计算结果回复到网络层。

2. 网络层

网络层综合利用了计算机、控制技术、通信系统和物联网技术,对综合能源管理系统内的主要设施及各子系统实现了自控网络连接,并将有关数据即时精确地传送至监测平台。区域内通信系统以 RS-485/PLC 为主,从应用系统到能源管理集中器,通信以 RS-485/Zigbee/WiFi 为主,从能源管理集中器系统到综合能源服务管理系统,通信以光缆专网及现场总线等为主,但考虑到负荷收集与管理用的设备涉及客户信息系统,因此必须先对数据加密再进行传送。

3. 平台层

数据分析网络平台通过统一信息资源技术标准,建设多层次数据库系统,扩大数据分析来源,采取不同的手段汇总数据分析,这加大了数据分析力量,进一步增强了监控预警的准确度和有效性,为国家安全生产计划、调度、管理优化和重大故障诊断工作奠定了必要和可靠的数据分析基础。

(1) 预留端口,以支持各子系统间各类数据信息的上传输入与管理。将现在相关能源运营及服务系统中的高效历史数据和时间数据分析,通过采用上传数据文件至服务器、数据分析并获取的高效历史数据输入服务器信息库等方法采集,并在本平台上应用。

(2) 支持外接数据的上传输入与处理。可采用同样的方法采集各检测机构的数据,并在本平台上应用。

(3) 支撑非结构化的能源数据管理,如搜索引擎数据分析、社会化媒介数据分析、地域空间和音视频数据分析等。

5.3.3.3 大数据信息处理及分析技术

综合能源管理是将能源生产、物流、消费体系与信息交流体系融合的复杂体系,通过信息收集、预处理技术、信息贮存与信息管理、大数据分析与数据挖掘分析等可视化技术,与人工智能、机器学习技术等相结合,将在未来发展综合能源中起到巨大的作用。从宏观来看,人工智能不仅仅是指一种数据分析集合体,也是指以这种数据分析集合体为主要对象的一种综合性科技,还是指传感与量测科技、信息交流科技、计算机系统科学研究、数据分析挖掘技术等与应用领域科技的融合。大数据是指数据处理的质量和复杂程度已经进一步快速发展到了一定发展阶段的新产品,是对原有的数据分析发现、统计分析等技术手段的延续乃至升华。

5.3.3.4 大数据分析技术在综合能源管理中的运用

大数据平台数据整合及应用架构如图 5-9 所示。

利用大数据分析技术查询综合能源管理系统范围内燃油、电力、供冷/供热、水/热水等能源子系统生产状况、运营情况等;从经济、高效、发展、绿色、智能、交互等多维度,对区域能源结构进行全面系统分析研究。以经济发展、环保运行为前提条件,利用企业协同调控资源,进行分布式光伏网络结构的高效利用、高峰谷电价的合理利用、低负荷峰值和各种能源类型的耦合互补与最优流转,实现多能流的安全、高效率运营,协助综合能源管理系统运营商实现最高效益,为海量的终端用户建立"互联网虚拟能源管理中枢"以提高运营水平和竞争性,为决策层提出专业性、可视化、智能、交互化的综合性能力架构决策支撑。大数据分析技术在综合能源服务中的运用简介如下。

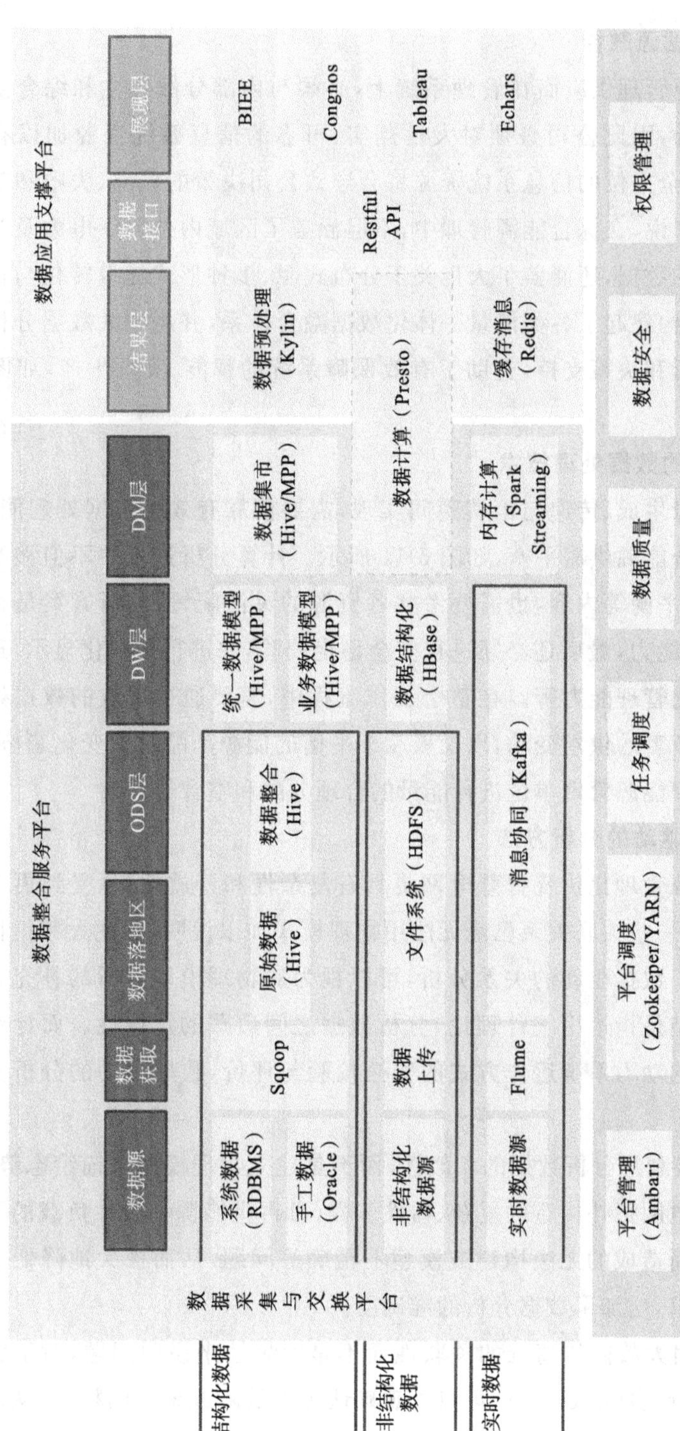

图 5-9 大数据平台数据整合及应用架构

1. 多数据源融合

综合能源管理供应商在管理系统上，必须与内部分散自主和综合协同的管理模式结合，因此公司必须对大批翔实、可靠的信息系统资源加以有效管理，一旦缺乏全方位的信息系统资源将会导致公司决策的偏离、失败和效率的下降。具体来说，在综合能源管理中，不但涵盖了区域内外关于电力及其他能量相互平衡的数据，还涵盖了大批关于分布式源、多种形式能量转化与存储等的数据，从而构建起了各类能量一体化数据融合体系，并运用大数据分析技术实现数据分析和决策支持，有助于有效保障系统的智能、安全生产，如图 5-10 所示。

2. 先进的数据处理技术

综合能量生成、传递与消费瞬间实现，需要依靠有效的数据处理能力，达到真正的综合能源供需平衡，如图 5-11 所示。计算分析过程中不但涉及了负荷预测、能量平衡等内容，也需要考察各资源的灵活配置、分析方案是否符合调峰/调频的能力，最后还必须进行安全稳定校验，并进行可视化显示，还需要极强的信息化管理能力等。在整个工作流程中，需要通过高效的数据处理预知与监控消费者的供求变动，以及极端不平衡的能源产品供给变化趋势，同时需要配合下级能源管理单位进行能量的合理分配和整合等。

3. 数据驱动的分析方法

综合能源管理比传统智慧电网更具有复杂性和开放性，且受到更多外部因素的影响，一些关联关系已经无法用物理模式加以说明，因此大数据挖掘中更多地引入了数据驱动的关系分析，可以视为对物理模型分析的补充。数据驱动分析模型是指运用统计理论，分析数据之间蕴藏的规律性。而针对具有间歇式能源的动力系统运作方式的安全校验与评价，数据驱动的分析具备了如下优点。

(1) 直接利用分析数据的相似性，而不是建立物理模型来描绘态势，从而减少了因为电网拓扑构造的复杂、器件多样、可再生能源和柔性负载的可调性及不确定性而造成的无法构建或模型不精确等问题，从而极大地降低了对硬件资源的需求，增加了数据分析的准确度。

(2) 采用大数据与高维的关联性而不是因果性来说明问题，对事物之间的关联性进行定性的划分，就可以直观确认出现故障或事件的根源，从而防止因为系统不确定性、偶发性或多重复杂性递推关联，而产生的因果难以描述的

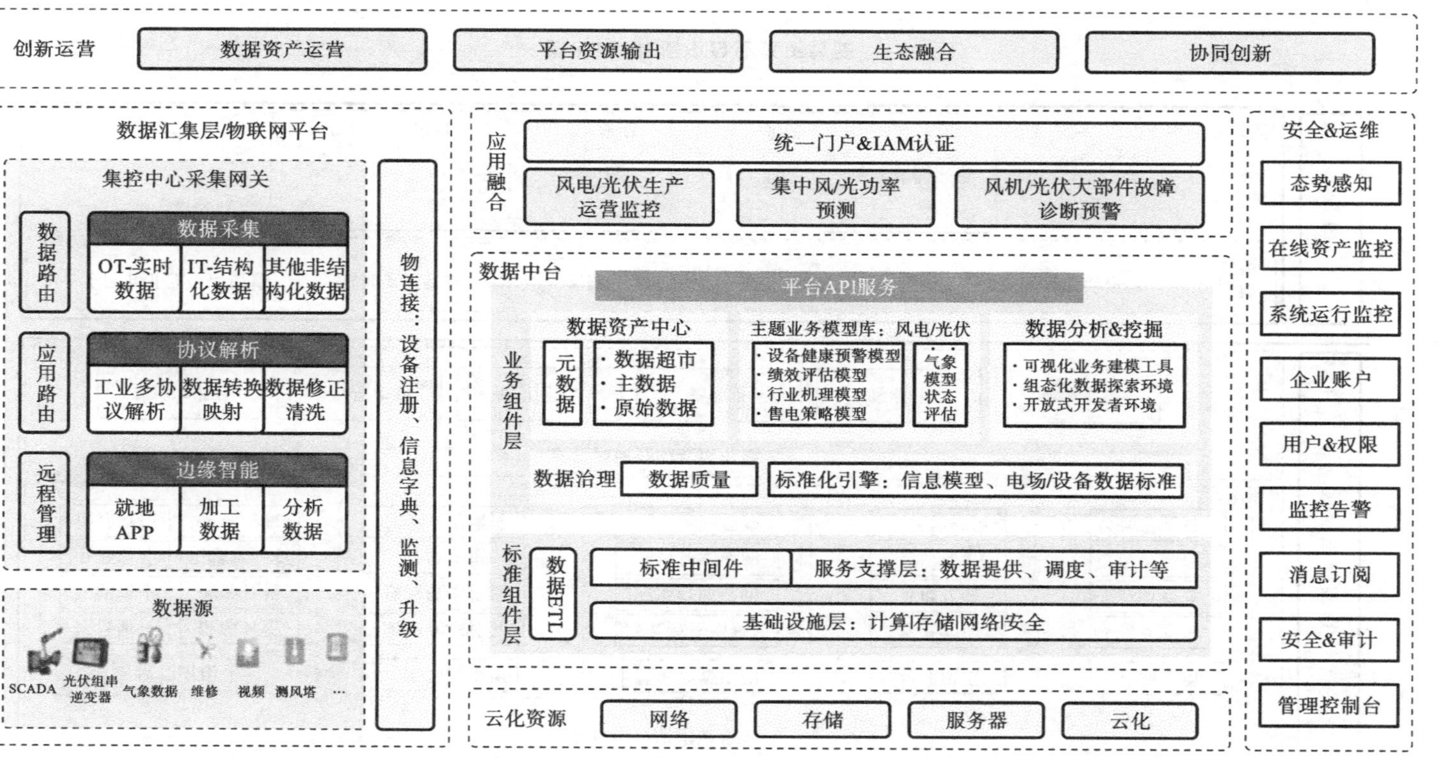

图 5-10 武汉新能源研究院大数据融合设计

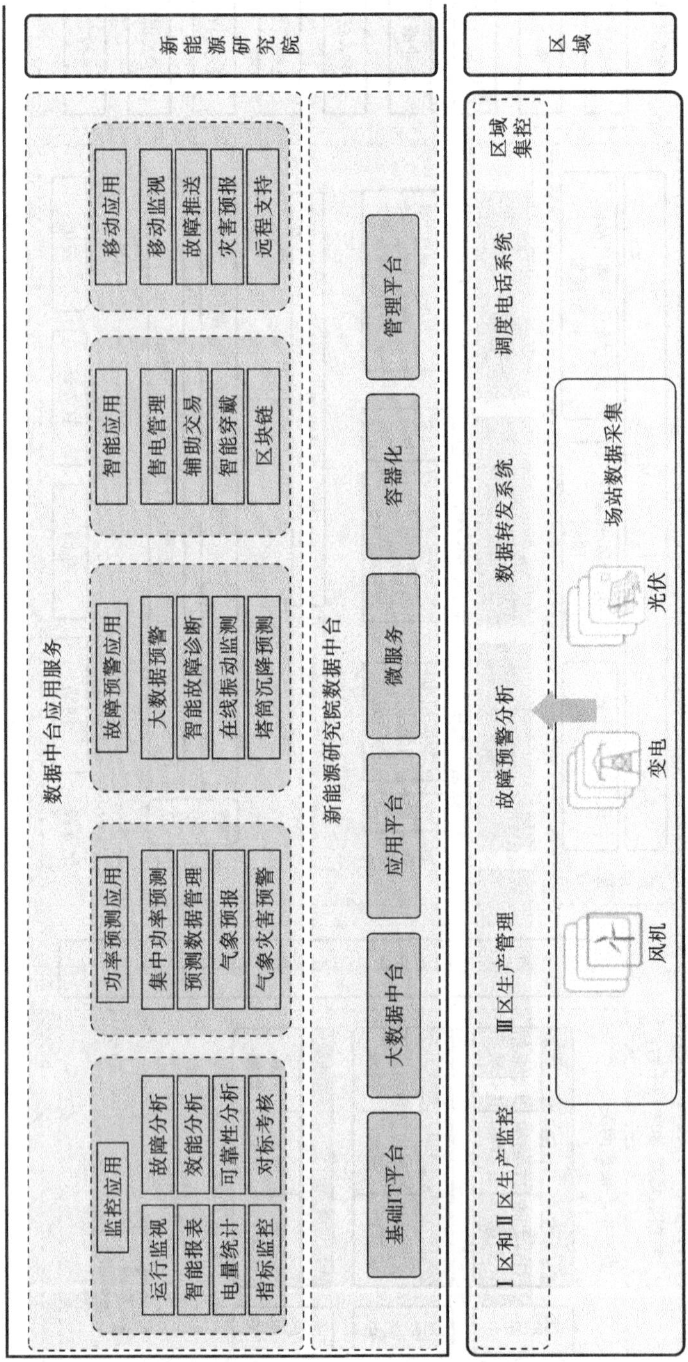

新能源研究院

数据中台应用服务

监控应用
运行监视 故障分析
智能报表 效能分析
电量统计 可靠性分析
指标监控 对标考核

功率预测应用
集中功率预测
预测数据管理
气象预报
气象灾害预警

故障预警应用
大数据预警
智能故障诊断
在线振动监测
塔筒沉降预测

智能应用
售电管理
辅助交易
智能穿戴
区块链

移动应用
移动监视
故障推送
灾害预报
远程支持

新能源研究院数据中台

基础IT平台 大数据中台 应用平台 微服务 容器化 管理平台

区域

区域集控

Ⅰ区和Ⅱ区生产监控 Ⅲ区生产管理 故障预警分析 数据转发系统 调度电话系统

场站数据采集

风机 变电 光伏

图 5-11 数据中台业务流转图

问题。

(3) 强大的数据处理的分析方法如随机矩阵方法,能够把影响因素、状态量、历史数据等与实时数据处理方法综合到一起分析,并能够在计算层次上和并行计算或分布式计算直接融合,有效处理"维数灾难"的问题,从而减少了计算资源[10]。

大数据驱动的新能源投资效益处理模型示例如图 5-12 所示。

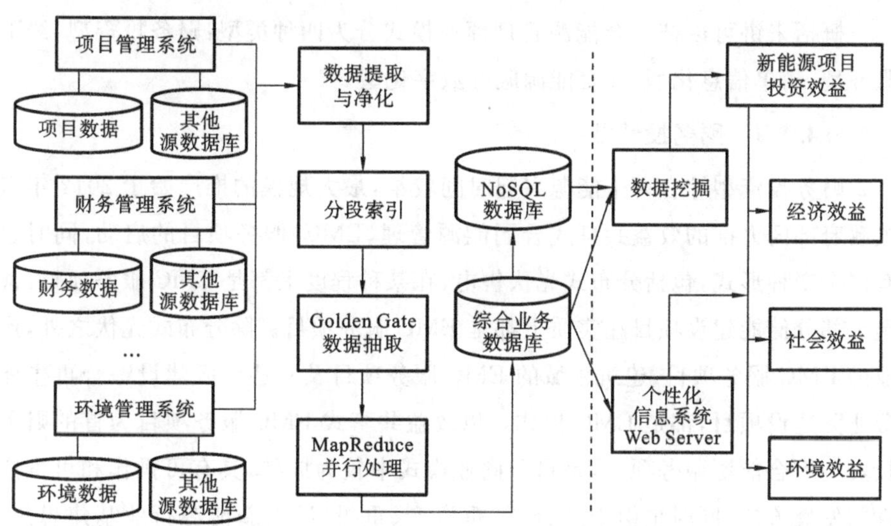

图 5-12 大数据驱动的新能源投资效益处理模型示例

5.4 综合能源管理商业模式与案例

综合能源管理是在现有的能源管理基础上通过多个阶段的演变逐步发展过渡而来的,每个阶段的系统和主体特征也是不尽相同的,其系统的运营模式也存在着些许差异。综合能源管理的商业模式及其运营更是多种已有模式的组合、创新。综合能源系统已具备了能量网络的核心特点,即"横向多能互补,纵向源网荷储协调优化",通过数字化平台将所有关联方进行了融合规整。主体功能与运营模式区别已不再明确,而是经过不断适应、反馈、整合、筛选,产生了具有综合性、复杂性、开放性、高适应性的区域多能体。区域多能体还可以通过将各自的能源供给一体化平衡,和与其他区域多能体间的相互协调工作,进而达到对整个能源管理的全局优化;伴随其商业模式也趋于多样化、综合化。

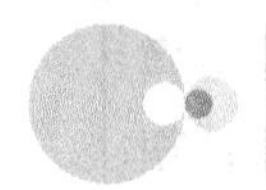

5.4.1 综合能源管理商业运营模式

典型商业模式包括合同能源管理(energy performance contracting,EMC)模式、建设-移交(build-transfer,BT)模式、建设-经营-转让(build-operate-transfer,BOT)模式、公私合营(public private partnership,PPP)模式、设计-建造-融资-运营(design-build-finance-operate,DBFO)模式、企业对企业(business to business,B2B)模式、企业对客户(business to customer,B2C)模式等。

概括来讲可以把综合能源管理商业模式分为四种类型:财务投资型、线下服务型、简单信息化型、综合能源服务数字化型。

5.4.1.1 财务投资型

财务投资型综合再生能源兴起时间较早,最大规模的推广始于2012年有关政府部门力推的效益共享式合同能源管理(EMC)服务项目的启动,同时也有多个变种形式,包括分布式光伏售电,在某种程度上都是EMC服务项目,甚至于部分储能建设项目在实质上都是EMC服务项目。除分布式光伏之外,产业的EMC服务项目、建筑领域的EMC服务项目及一些园区建设综合再生能源业务建设项目,都是EMC模式。以效益共享式EMC服务项目为首的财务投资型综合能源服务项目,是目前商业模式中较为成熟,具有可操作和可推广性的发展方向,同时也由于结合了“重资产、重投资”的新能源行业基建思想,从而最易于为能源公司所认可,成为目前发展比较主要的方向。

财务投资型综合能源管理所面临的问题主要包括重融资而轻运作,项目的前期操作难,项目初期投入较大与收益期较长的、客户黏性不够,以及部分项目对民营企业没有开放条件等问题。

单一合同能源管理模式如图5-13所示。

5.4.1.2 线下服务型

线下服务型综合能源,也就是狭义的综合能源行业;当前主导的服务行业一般是电气设备代维和电费优化两大类。以中小型企业用配电房代维为最典型的电子设备代维,其商业逻辑与车辆维护费用非常相似,也就是以保障电子设备安全为目标,并由中小型企业用户委托给第三方公司进行维护。其中又可分为劳务派遣型运维、作业外包型运维、运营外包型运维等。劳务派遣型运维即公司本身并不雇佣电工,而是由第三方企业派遣工人签订的劳动协议到公司驻地。作业外包型运维就是公司和用户之间达成的运维工作或服务合

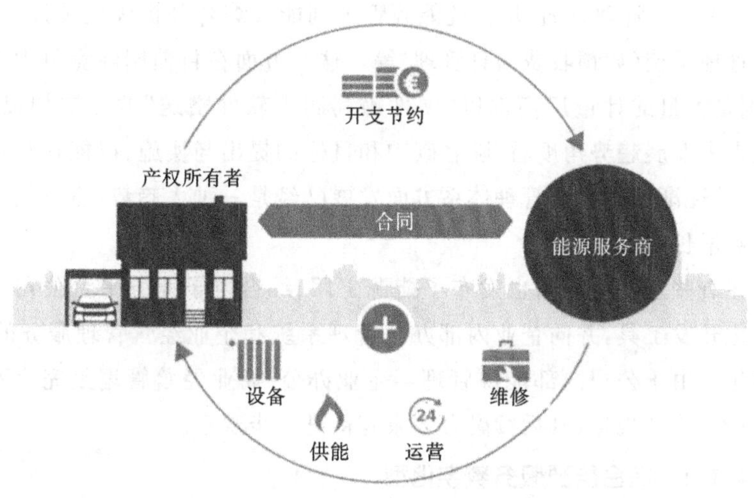

图 5-13 单一合同能源管理模式

同,将与运维有关的工程作业任务实行了外包,如抢修、巡视巡检等。而运营外包型运维,就是公司将这块服务领域整体委托给一个公司,包括了设备检修、设备评估、能源质量,甚至扩展到了电力业务,以及其他能源的运作业务(变成综合能源服务形态)。

线下服务型综合能源的最大瓶颈在于怎样走出传统本地化服务,进行更全面的规范化经营管理,而确保服务质量安全与服务质量水准的统一是当前必须破解的关键性问题之一。

5.4.1.3 简单信息化型

尽管目前不少公司都在规划和研究在线的综合能源服务平台,大部分的所谓网络平台实际上就是简单的综合能源管理信息化内部软件。部分线下数字化平台通过赠送的方法,将期待累积数量之后再完成商品变现,不过这种方式变现周期比较漫长。纯线下的数字化型服务也很少,可以大致分为两个方面。

(1) 运行监测、优化调整、运营管理,在未来向微供电、光储充一体方向去进一步发展,在有些方面还和电耗的有效优化业务紧密结合(如储能进行峰谷套利或是需量电费有效优化),所以现在也已开展形成“线上+线下”,乃至是“线上+线下+储能投资”的一体业务形式。就目前而言,监控管理系统市场竞争激烈,而微电网的经营管理模式由于受到市场政策而不完善。

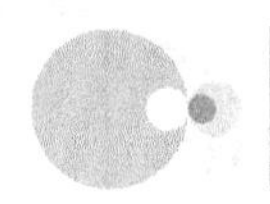

(2) 在能源管理方面,从传统能源管理到能效综合分析优化设计,再到能耗零售管理系统(如预收费信息管理)等。这个方面在目前国际竞争中十分惨烈,特别是大量的计量厂商都以"硬件赚利润＋软件赠送"的方法加以推动。不过从未来发展趋势角度看,随着碳中和目标的提出与实施,以能耗管理体系为基石,并逐渐往碳资产管理体系方面发展已经是一种大趋势,也可能会产生巨大收益增长点。

现在有些互联网公司也发布了能源工厂、综合电子商务平台公司等的实时数字化开发工具,并向企业内部办公管理系统和企业经营管理服务的 SaaS 方向转化。由于公司内部能源管理与企业办公/商业经营管理是完全不同的两个市场形式和现象,其后续融合效果有待进一步观察。

5.4.1.4 综合能源服务数字化型

综合能源服务在上述单模式推进过程中,都或多或少遇到了商业模式的阻碍,所以我们认为"综合"一词,不仅仅是"能源形态的综合",更重要的创新在于"服务形态的综合"以及管理系统的数字化综合;针对不同的能源需求场景,围绕客户价值重新进行组合式创新。而从业务形式来看,目前在市场上主要是两种方式。第一种方式相对较为传统,也只是投资＋管理运营模型,如光伏的投资＋管理运营,或是 EMC 投资项目叠加后续管理运营业务。不过这种业务的深度也相对较浅,关注重点主要是项目公司所投入的资金,而不是客户的资产或服务需求。第二种方式则是综合能源全成本托管业务模型。经营方为公司制定了一个年能耗全成本费用的基准值,并在此基础上实行打折,由经营方承担公司运营、维修、节能工程项目改造、建设投入等各项工作,尤为重要的是建立统一的数字化综合管控平台。这类项目主要适用于政府部门、高校、医院等,以及能源成本可预测性较高、业主消费意向强烈和经济承受能力较强的客户。综合能源服务商模式如图 5-14 所示。

5.4.2 综合能源管理示范案例

在工业园区传统的能源管理中,各类能源耦合不紧,不同类型能源体系相对独立,不同的公司运营不同的能量供给体系,能源使用效率整体偏低;对多类型能源的耦合集成、对数字化综合能源管理的使用可以有效改善提高能源管理水平;对我国开展综合能源管理具有重要的战略意义。

5.4.2.1 上海迪士尼度假区示范项目

项目包含大量可再生能源资源,以及具有中国最大微电网集群的区域,大

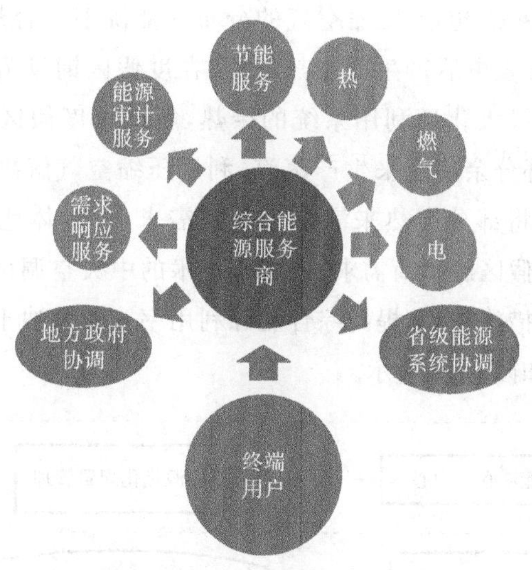

图 5-14　综合能源服务商模式

大提高了可再生能源渗透率,为建立国家主动配电网示范建设创造了有利条件。该项目通过自主管理分布式供电、储能装置与客户系统双向负荷的管理模式,为了最大化分布式能源的发电能力,中外合资开发了上海迪士尼度假区示范项目,该项目在传统电力系统基础上,考虑风电、光伏等可再生能源,设计了一套分布式能源系统(见图 5-15),以高效、环保、节能的形式满足了度假区的用电需求,改善了度假区供电方式和保护核心区电网的安全运行。

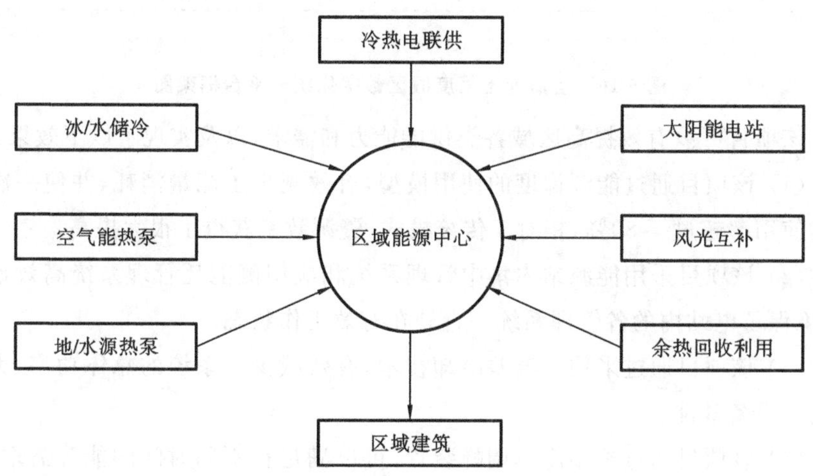

图 5-15　上海迪士尼度假区分布式能源系统

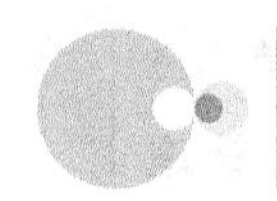

该项目采用冷-热-电能-压缩空气的分布式能源多联合热供给技术，通过最大化的使用系统发电后产生的余热，以及在度假区铺设蒸汽、冷气、热水和电能等四个管道，最大化地利用系统的余热，解决了度假区各方面的用能需求，主要包括：将部分余热用来生产蒸汽，利用压缩空气解决了度假内的各种设备用能需要，即将部分废热来满足热负荷需求，并具体地对水进行了热处理；一部分用于度假区冷负荷需求，采用新技术的中央空调可以对废热进行冷却，以及采取一些措施，有效提高综合能源利用率。上海迪士尼度假区数字化统一平台框架图如图 5-16 所示。

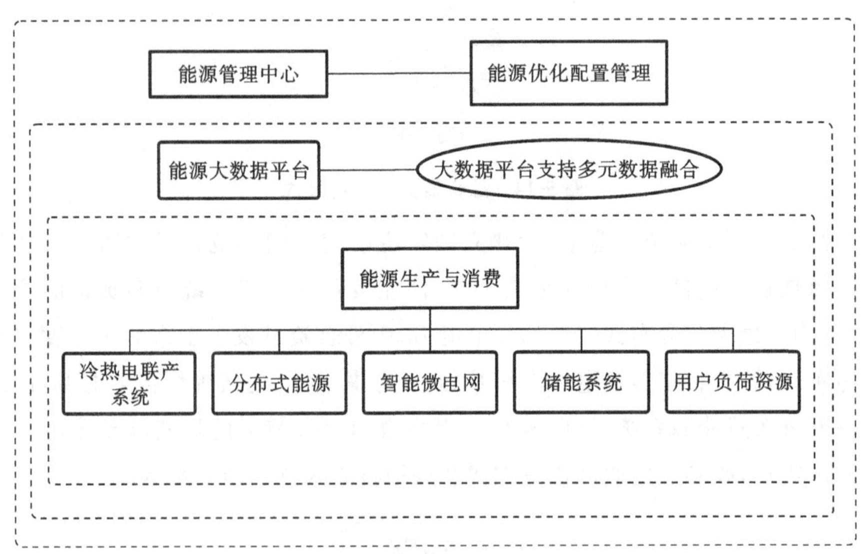

图 5-16　上海迪士尼度假区数字化统一平台框架图

该项目可以有效提高区域各类供能能力和需求，以及实现了以下效果。

(1) 该项目通过能源梯度的使用模型，有效减少了能量消耗，并使一次能源的使用率超过了 80%，相对于传统模式，资源效率获得了很大提高。

(2) 该项目采用能源站内集中管理系统和应用侧能耗管理系统高效地整合，确保了电站内的各管理系统一直处在有效工作状态。

(3) 该项目通过采用大温差冷却技术，有效减少了系统的总体功率，大大提高了设备效能。

(4) 该项目通过采用冷热调峰装置，可以满足在不同时间的能源需求，并且实现了多种储能技术的“低谷收集，高峰释放”，从而大大提高了整个系统的能量效率。

(5) 该项目具有自启动功能，当地方供电出现故障时，有效保障了地方能源系统范围内用户的用能安全性，有效防止了过度影响系统范围外的地方能源供应，并且在危急关头时对整个地方能源网络具有很大的保障意义。

5.4.2.2 上海电力大学临港新校区综合能源服务示范项目

上海电力大学临港新校区(见图5-17)的综合能源服务示范项目，采用了售电、智能车互联、风光储一体、电动汽车充电桩业务、能效检测和诊断、节能管理与电力替代改造、用电需求响应、光伏储能新能源业务、水电气冷热等综合一体的项目改造。

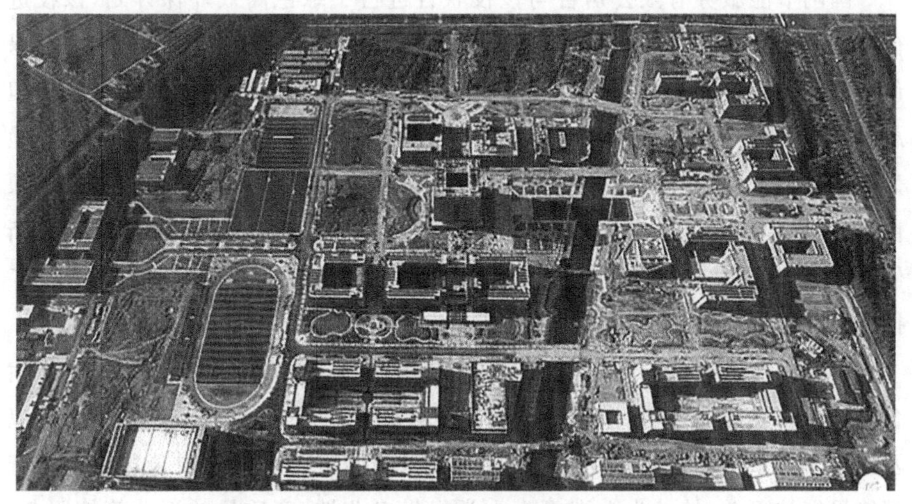

图5-17 上海电力大学临港新校区

该项目包括1套智慧能源管控系统(由智能能源管控系统总平台、智能微网子系统、建筑群能耗监测管理子系统等组成)、装机容量2061 kW光伏发电系统、300 kW风力发电系统、总容量500 kW·h多类型储能系统、49 kW光电一体化充电站、10套太阳能+空气源热水系统及5个风光互补型智慧路灯。分布于10栋公寓楼的太阳能空气源热泵热水系统，全天供应热水800 t，累计供应热水36000 t。项目综合能管控能耗降低1/4。

该项目首次集成了多目标优化控制、混合储能、大功率光储一体机等先进技术。其智慧能源管控系统结合需求响应和电能质量控制等技术，实现了用电信息自动采集、供电故障快速响应、综合节能管理、智慧办公互动、电动汽车充电服务、新能源接入管理。

该项目采用了规划、设计、投资、建设、运营全过程的综合能源服务模式。项目涵盖面广、模式创新，在先进技术集成化、能源信息融合、运营管理智慧化等方面拥有深入探索的成果。

既是商业模式，也是科研合作。一方面，通过学校计划建设投资项目和国网节能服务有限公司专项资金项目相结合的模式推进建设项目，将项目的计划建设和校方新建校区的计划建设同时进行。另一方面，早在学校的新校舍规划设计阶段，国网节能服务有限公司便开始介入其中，并已把国网节能的设计理念放到了新校舍的建筑设计中。

国网节能服务有限公司曾与该校联合进行了绿色高效环保计划，该校进行了绿色建筑(二星级别)、太阳能系统集热＋室内空气源热泵热水系统等绿色节能工程设计，同时由于绿色建筑设计的实现收益稍低，因此由该企业承担总体规划工程设计，而该校则负责在新校园建设中具体实施。该企业无偿地为校方提出了能源实时监控分析、学生公寓电能表预付费管理系统等服务项目，校方承担了光电技术基础和管网等建设。企业通过经营管理模式的不断创新，既实现了协作双方共赢目标，也实现了项目经济上的可行性，并满足了投资经济指标需求。

得到充分考虑的绿色智慧能源体系涉及教室、图文信息综合大厦、学生宿舍楼等众多功能区，包括了冷、热、电等多种能量体系之间的相互转化配合，以及对各个子系统的优化运用。工程投运后，国网节能服务有限公司将借助智慧能量管控平台，持续为上海电力大学提供专业性、高质量的运营管控服务，并不断优化新建校舍能源供应系统运营、减少学校能耗成本，同时提供相应的综合节能服务增值业务，以提高临港新建校舍的能耗保障水平和后勤服务管理水平。

以顾客需要为中心，挖掘顾客的各类需要，以达到项目经济效益最优化。上海电力大学临港新校区综合服务示范项目，利用屋顶光伏等新型能源建设技术解决了客户服务的现实需要、利用提供绿色建筑设计发掘了客户服务潜力需要、利用建立智慧微电网助力申报了高校更多项目和博士点，实实在在解决了客户服务的增值需要，从而达到了双方合作共赢。项目中同步研发的智慧能源系统，以及将智慧微电网、建筑群能效管理系统等多种前沿科技有机串联，用能策略优选对实现全景数字化数据的展示意义重大。

5.4.2.3 新大洲本田太仓工厂

基于智能物联网平台的屋顶分布式光伏+光伏车棚+充电桩+用电管理的工厂综合能源管理实践案例落户苏州，一跃成为苏州的绿色综合能源建设标杆！实施这一突破型革新的公司，竟是看似和“绿色”关系不大的汽车制造行业公司新大洲本田。新大洲的东风本田摩托车与物联网、分布式光伏和充电桩新的示范效应即将发生。

作为国内最具规模的摩托车制造企业之一，新大洲本田太仓工厂（见图5-18）是该企业在国内现代化等级最高、技术最先进，也是规模最大的工厂。新大洲本田太仓工厂的屋顶光伏电站，有效利用厂区屋顶近 30000 m^2，新建光伏车棚顶 4000 m^2，整个项目容量约 3.2 MW。该电站全年发电量预计可达 340 万度，相当于节约标准煤 1360 t，每年可减少二氧化碳排放量 3390 t，相当于种植约 7 万棵树。

图 5-18　新大洲本田太仓工厂空中俯瞰

该项目整合了屋顶分布式光伏、光伏车棚及充电桩等绿色综合能源元素，并将企业的用电管理接入到物联网平台。在物联网资产管理系统中，可以看到电站目前发电量基本能够满足企业自用需求。企业在使用绿色能源的同时还能享受电费折扣优惠，每年可以节约数十万元电费支出。同时屋顶光伏对屋面起到保护、隔热作用，降低室内温度 5～7 ℃，减少了空调能耗。

基于智能物联网平台的屋顶分布式光伏＋光伏车棚＋充电桩＋用电管理的实践案例，其还能在光伏发电之余，为企业员工提供良好的停车环境，同时解决电动车充电的用电焦虑，给企业员工带来极大的便利。工厂使用绿色综合能源，让制造业企业也可以在绿色环保和节能减排上做出自己的贡献。

新大洲本田绿色综合能源管理系统如图 5-19 所示。

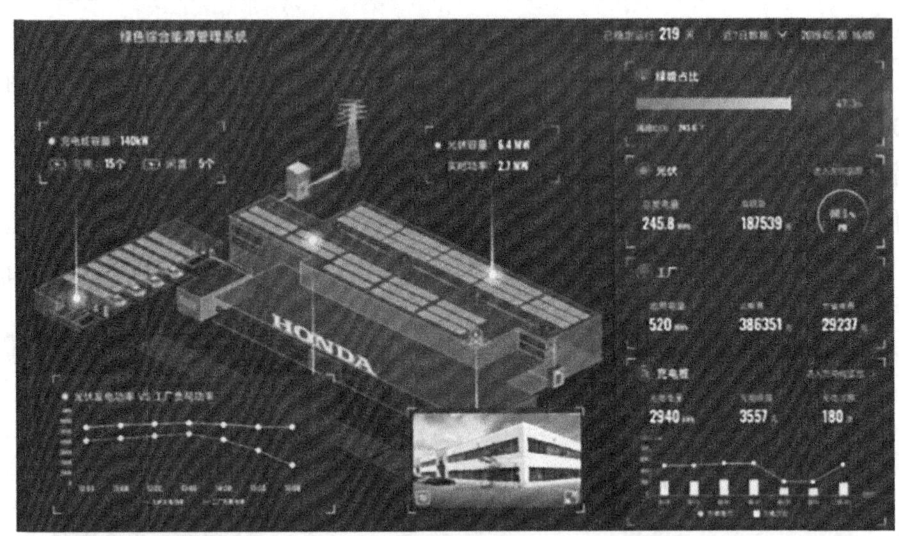

图 5-19　新大洲本田绿色综合能源管理系统

除为此次的新大洲本田太仓工厂建设项目进行的分布式光伏、充电和用电安全管理解决方案之外，新大洲控股股份有限公司本田工业还搭建了统一监控、智慧调配的综合能源管理工作“大脑”：通过智慧物联网平台建设，来调配和管控厂区的屋顶发电，用电与能源间的协调，以及分布式网络结构风电、储能、混合售电、配电房优化、工业用水用气和能效管理系统等多元化业务。新大洲本田力求把一家传统生产型公司建设成为专属的绿色能量梦工厂。

5.4.2.4　武汉新能源研究院园区综合能源管理系统

武汉新能源研究院(Institute of New Energy，Wuhan；INEW)园区建筑物群由“一枝花儿、五片绿叶、一朵蓓蕾”所组成，占地面积为 165 亩(1 亩≈666.667 平方米)，室内建筑面积达到了 6.8 万多平方米。武汉新能源研究院大楼的主塔楼采用风、光、水、储多能互补供能模式，引入风力发电、太阳能与建筑物一体化、冷辐射置换通风系统、变风量系统、自然采光、雨水回收等 11 项先进节能环保技术。

武汉新能源研究院审计人员选择了主塔楼内 2019 年 6 月至 2020 年 5 月的统计,采用专门设置的能源各项计算系统,对新能源大厦内的变配电、中央空调、照明、电梯、储能、可再生能源、雨水回收等系统进行了能源审计,可以发现:

(1) 全年大楼能源供给只有 62%来源于电网,剩下 14%由大楼光伏发电系统供给,24%由园区能源站提供热力供给;

(2) 大楼单位使用建筑面积能耗为 74.43 kW·h/(m^2·a),远低于武汉地区的写字楼 2018 年调研平均能耗 118.60 kW·h/(m^2·a);

(3) 通过多能互补供能和新风系统的耦合,新能源楼宇中央空调功耗仅为建筑能耗的 46.51%,远远小于一般超甲级写字楼能耗,占据了总体建筑能耗 60%以上的中央空调系统的总能耗;

(4) 从主塔顶部“花盘”上的太阳能光电板源源地不断汲取了太阳光,虽然已投入使用运营了 6 年,但现在每年仍然可以产生大约 30 万度的洁净能源,占塔楼年能耗的 25%,等于整个大楼内公共照明系统的耗电量,并且一年能够完成二氧化碳减排总量超过 250 万吨,是非常典型的光伏建筑一体化(BIPV)示范建筑;

(5) “花盘”每年可收集雨水约 4800 t,经处理后的中水被用于卫生间和灌溉用水,占塔楼用水量的 31%。

武汉新能源研究院持续开展新能源领域的科技创新,为新能源大楼增添新的风采。武汉新能源研究院自主开发了数字综合能源管理平台,贯彻“人性化运行与科学管理”的理念,实现公共照明能耗(占整体能耗 26.81%)和办公能耗(占整体能耗 16.47%)的显著降低。即将开工建设的深层地源热泵示范和光热建筑一体化(BIPT)示范可以为大楼提供源源不断的清洁热力,将大楼清洁能源供给占比由 14%提升至 38%。

武汉新能源研究院大楼综合智慧能源服务平台融合购售电业务、楼宇冷热空调供应服务、园区能源供应服务、节能改造服务、能源大数据服务、数字孪生、智能微电网调度服务等能源相关服务。数字化综合能源管理平台,是打开能源供应商和服务商面向能源客户的窗口,构建能源交易的桥梁,是能源管理与服务高效流转的重要载体。

根据数字化建设体系的技术特征,以“互联网+”电力数据技术为核心驱动,经过研究建立了基于源网荷储的区域网络信息管理系统关键技术框架,结构如图 5-20 所示。

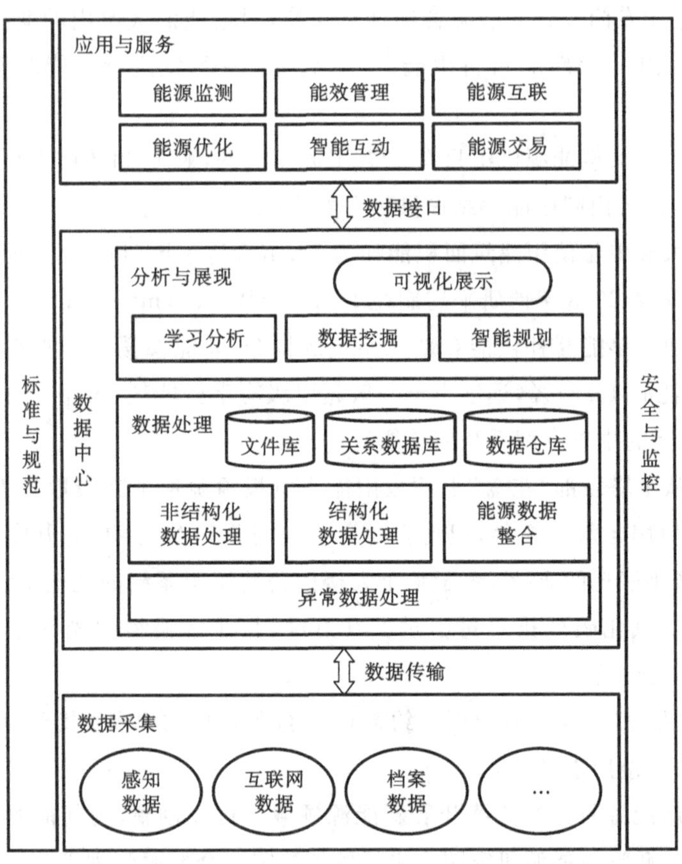

图 5-20　INEW 数字化平台技术框架

数据信息收集层通过能量数据标准端口收集各种原始数据，数据中心层接入采集层数据信息分配给数据处理模块，通过数据分析模块完成异常数据分析，并且区分出结构化与非结构化的数据实现能量数据整理、存储，形成数据管理中心；数据分析与显示模块通过各数据管理中心完成数据分析的实时可视化与显示，并且运用互联网、人工智能等网络前沿技术完成数据分析挖掘和智慧规划，并将数据分析成果通过大数据端口传输给应用和业务管理层。在整个管理技术框架中，以规范和技术标准为基石，保证了业务系统内部信息、整个管理系统业务、数据信息之间的相互融通和数据共享；以安全和监控为脉络，保障了管理系统的安全性和可控性。INEW 园区综合能源管理系统架构如图 5-21 所示。INEW 综合能源管理平台如图 5-22 所示。

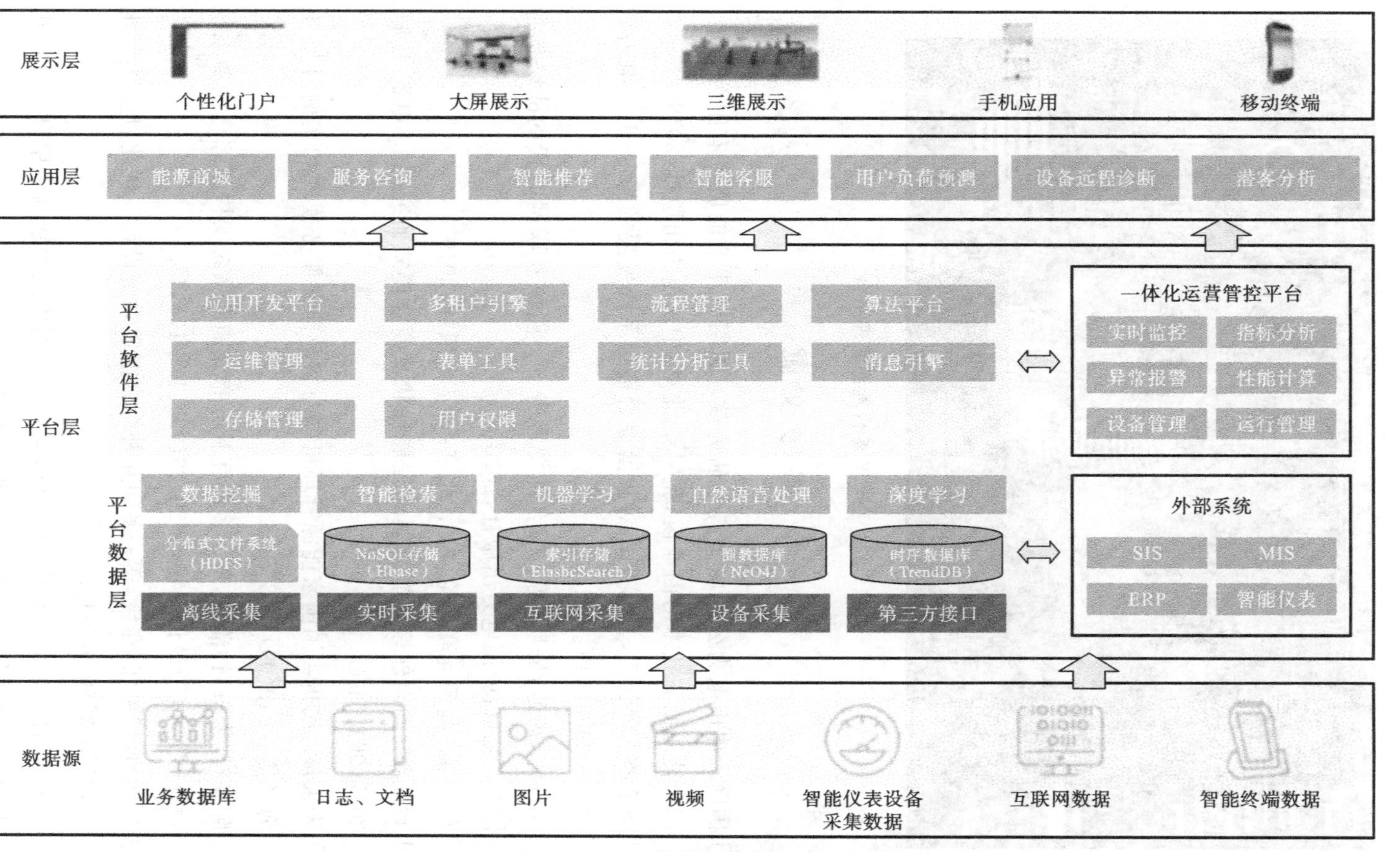

图 5-21 INEW园区综合能源管理系统架构

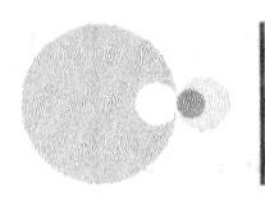

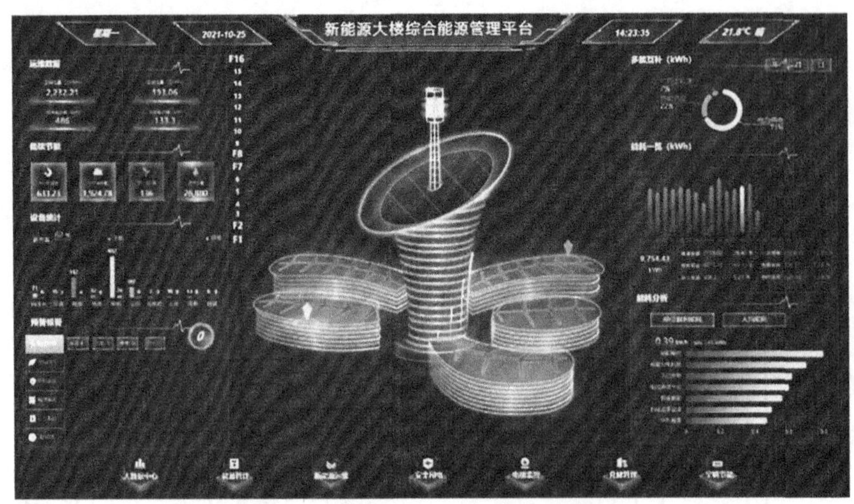

图 5-22　INEW 综合能源管理平台

参考文献

[1] 国网天津市电力公司电力科学研究院，国网天津节能服务有限公司组. 综合能源服务技术与商业模式[M]. 北京:中国电力出版社,2018.

[2] 贾宏杰，穆云飞，余晓丹. 对我国综合能源系统发展的思考[J]. 电力建设,2015,36(01):16-25.

[3] 代红才,汤芳,陈昕,等. 综合能源服务——能源互联网时代的战略选择[M]. 北京:中国电力出版社,2020.

[4] 孙宏斌. 能源互联导论[M]. 北京:科学出版社,2019.

[5] 封红丽. 国内外综合能源服务发展现状及商业模式研究[J]. 电器工业,2017(06):34-42.

[6] 宋天琦. 浅析美国国家能源管理机制与智慧能源服务模式和案例[J]. 上海节能,2019(09):733-735.

[7] 陈俊材,朱琳,钟藩远,等. 多能互补分布式能源系统架构及综合能源系统设计[J]. 电子设计工程,2020,28(09):176-178,183.

[8] 叶琪超,楼可炜,张宝,等. 多能互补综合能源系统设计及优化[J]. 浙江电力,2018,37(07):5-12.

[9] 张东霞,邱才明,王晓蓉,等. 全球能源互联网中的大数据应用研究[J]. 电力信息与通信技术,2016,14(03):20-24.

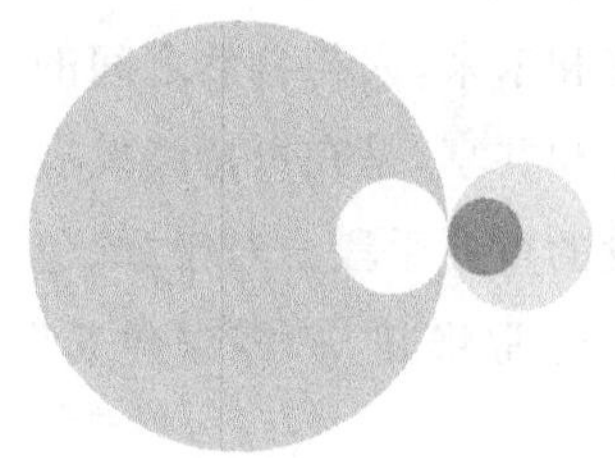

第6章 建筑节能：绿色建筑技术

随着全球气候的变暖，世界各国对建筑节能的关注程度正日益增加。建筑业不仅消耗大量的资源和能源，同时也给环境带来巨大压力，建筑业作为全球变暖的重要的驱动因素之一，转变其发展模式势在必行。在建筑领域，绿色建筑作为健康、环保及可持续的新型建筑，正符合当前的发展趋势。有效的发展绿色建筑，对我国实现建筑现代化，降低建筑能耗，实现可持续的发展战略具有重大意义。

发展绿色建筑的目的和作用在于实现与促进人、建筑和自然三者之间高度的和谐统一。“3060”双碳目标的提出，建筑行业作为碳排放的大户，发展绿色建筑，减少建筑耗能，促进建筑行业低碳转型，使其既满足人类需求又维护自然环境，“3060”双碳目标成为建筑行业发展的目标。本章基于绿色建筑的应用和发展，主要介绍了绿色建筑基础理论及发展、绿色建筑评价标准、绿色建筑所用技术及国内外绿色建筑经典案例。

6.1 绿色建筑基础理论及发展

6.1.1 绿色建筑的概念

“绿色建筑”是指在建筑的全生命周期内，最大限度地节约能源和资源，包括节水、节地、节材和节能等，减少污染和保护环境，为人们提供健康、舒适和

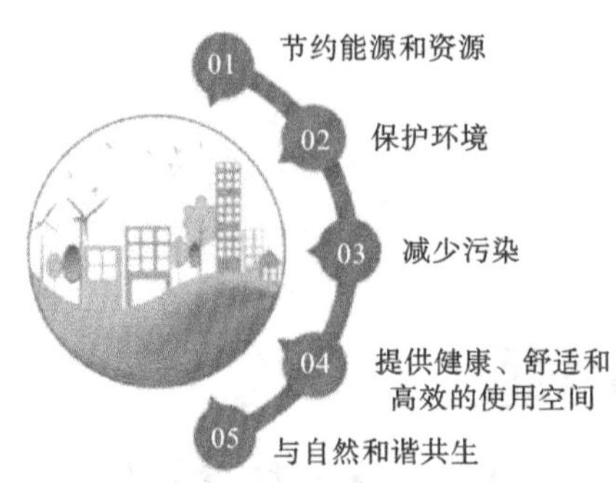
01
节约能源和资源
02
保护环境
03
减少污染
04
提供健康、舒适和
高效的使用空间
05
与自然和谐共生

图 6-1 绿色建筑的本质

高效的使用空间，最大限度地实现人与自然和谐共生的高质量建筑物。绿色建筑的本质如图 6-1 所示。

绿色建筑在高效、经济、环保、低耗、集成与功能优化等方面更为注重，是建筑在现在和未来、人与自然之间的一种利益整合和共享，是在可持续发展的背景下建设的重要手段。对于“绿色建筑”，很多人经常将其与“零碳建筑”“生态建筑”“可持续建筑”“节能建筑”等混合在一起。

“生态建筑”的本质是将建筑视为一种生态系统，即将尽可能多的自然种群和建筑物融合为一个超级建筑。通过组织(架构设计)超级建筑的内部和外部空间及建筑物中各种物理和能源因素的使用，可以有序地转换材料和能量，从而形成高效、低消耗、无浪费的超级建筑的生态环境，没有污染和生态平衡。

“节能建筑”主要是指根据气候条件设计的建筑节能的基本设计方法，低成本节能建筑的设计节能建筑主要集中在建筑物的能耗上，可以说建筑物的全寿命和循环能耗是值得关注的问题。

“可持续建筑”的概念是由查尔斯·卡博特(Charles Cabot)博士于 1993 年提出的，旨在充分解释中国建筑业在实现建筑业可持续发展目标和过程中的使命和责任。“可持续建筑”是指以可持续发展观念进行规划的低成本建筑，内容主要包括从所使用的建筑物、建筑材料、建筑规模及其大小等，到与这些因素有关的建筑功能性、经济性、社会文化和自然生态性等因素。所以我们可以把其中的健康发展关系看作从“节能建筑”“绿色建筑”“生态建筑”到“可持续建筑”是一个不断完善且逐步递进的健康发展关系，可将健康可持续建筑健康发展理解为是基于绿色建筑中健康可持续发展建筑理念的重要研究成果。

总的看来，绿色建筑的含义是泛指在其设计及施工建造的过程中，充分地考虑建筑与周围环境的协调，通过与大自然和谐共生达到降低能耗的目的。人、自然和建筑的协调发展，充分利用自然环境为人类创造出舒适、健康的生活环境，实现输入和输出的平衡，绿色建筑的内涵如图 6-2 所示。近些年来，地球臭氧层的破坏及气候变暖等现象,让人们越发意识到建筑产能带来的排气、排能对地球造成的破坏,绿色建筑越来越成为未来建筑发展的必然趋势,绿色建筑的发展在中国乃至世界工程建设中的历史性时刻应运而生。

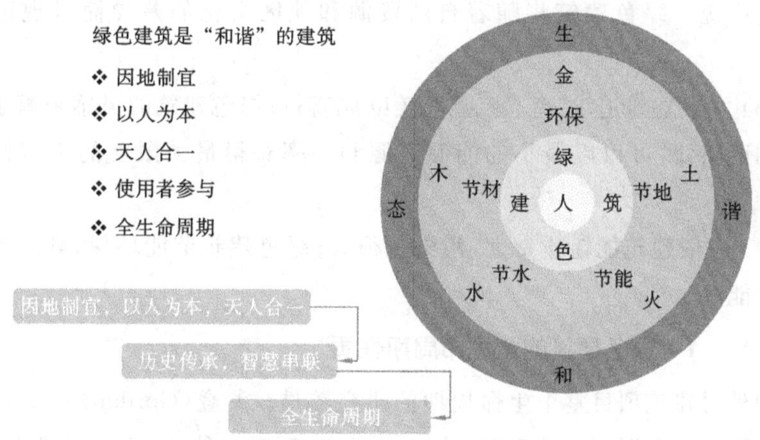

图 6-2　绿色建筑的内涵

推动绿色建筑发展,有利于提高建筑的舒适性、安全性和健康性,加快建设高品质的宜居地;有利于提高资源的使用率,减少温室气体的排放;有利于节能环保、新能源等新型产业的发展,形成地方经济新的增长点,全面提升城镇建设绿色发展水平,是住房城乡建设领域贯彻落实新发展理念、加快生态文明建设、推动社会高质量发展的重要举措。

根据住建部发布的数据,2020 年中国绿色建筑的新建比例已经占城镇新建的 77%,而且占比还在逐年增大。

6.1.2　绿色建筑的性质

绿色建筑是从传统的建筑模式中演变出的新型建筑模式,顺应了时代的发展与需要。绿色建筑坚持可持续发展的理念,通过生态集成技术手段,结合绿色技术理念,推动建筑节能的加速发展,提高建筑对资源的利用率,减少污染,降低对生态环境的不好影响。为适应现代社会,与人们和谐共生,其具备多方面的特性。

绿色建筑与一般建筑的区别如下[1]。

(1) 一般建筑在结构设计上趋向于封闭,力求与自然环境完全隔离,导致室内环境往往不利于健康。但绿色建筑的内外采取有效连通的方式设计,会对温湿度的变化自动进行自适应调节。

(2) 一般建筑随着建筑设计、用材和建设的标准化,大江南北建筑显得一律化、单调化,给人的印象是“千城一面”;而绿色建筑推行就地取材,尊重地方的文化传统。绿色建筑将随着自然资源和地区文化的差异而呈现不同的风貌。

(3) 一般建筑追求“奇、特、新”,美欧风盛行;绿色建筑的灵感来源于与大自然和谐相处,可以以最小的能源资源利用率获得最大限度的丰富性与多样性。

(4) 一般建筑能耗非常大,污染也很大;绿色建筑节能环保,其广泛应用可再生能源。

6.1.2.1 绿色建筑的全生命周期性质

国外对建筑项目整个生命周期的研究较早。戈登(Gordon)于 1974 年 6 月提出了全生命周期成本管理的概念。后来,到现在其已经进一步发展成熟,逐步发展成为一套相对完善的建筑现代化建设和工程项目造价管理的理论和操作方法体系。根据正常流程情况,建筑的全生命周期包含六个阶段,是指从建筑项目的决策阶段、设计准备阶段、设计阶段、施工阶段、动用前准备阶段、保修阶段,其建设项目全生命周期阶段划分如图 6-3 所示,绿色建筑的全生命周期在此基础上,结合与环境的资源共生和剩余资源的利用,剩余建筑资源的回收综合利用与建筑废弃物的综合处理。在项目决策阶段根据对市场的调查研究结果来决定项目投资的战略方向,进行前期建筑项目的规划和可行性研究,做好建筑项目的前期资金管理筹措战略规划等;在前期的项目规划设计和

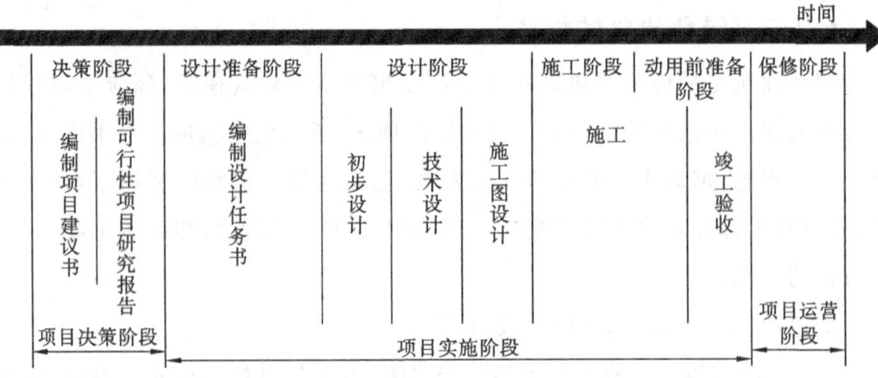

图 6-3 建设项目全生命周期阶段划分

施工方面,充分考虑到对环境的直接影响和促进建筑节能,从项目整体环境、规划和配套;考虑单体的材料选用、空间设计、室内空气。施工阶段做到安全、绿色施工,编制合理的施工方案,运用新型节能材料,订制相应的施工计划,此阶段是绿色建筑全生命周期的重要阶段。绿色的核心就是以人为本,让人们拥有良好的采光和通风环境,降低室内外的噪声污染等,从而提升品质,项目后期对建筑做好运营管理,将太阳能热水系统、雨水回收系统等进行使用,达到全生命周期的绿色建筑。

6.1.2.2 绿色建筑的社会性质

绿色建筑在本质上是与自然人类和谐相处共生的建筑,而自然、人类文明的发展和活动在本质上是自然地具有重要的社会属性的。所以,在我国绿色建筑的发展中,我们应更加注重提高人类日常生活的水平,美学和世界观的重要性和价值。通过引进和调整各种绿色建筑技术的理念与方式,不仅使我们可以有效实现建筑功能的发展和优化,而且使我们可以有效满足和提高人们的日常生活与其使用的水平,从而大大提高舒适度。不过,这也并不简简单单地说是一类绿色建筑,也应该包含理念。简单来说,给动物和人们的日常生活方式提供舒适和便捷,如生活垃圾的分类、节约用水、节约用电、合理利用和排放生活污水等。我们的绿色建筑和生活的目标应该被认为是一个全方位、全社会共同的生活向往和目标,否则将沦为空谈。这既仅仅是对我们后代的价值观负责,也是对我们的社会和家园的健康发展负责。新鲜的自然空气、干净的土壤和水源更是整个人类赖以生息的环境基础。

6.1.2.3 绿色建筑的经济性质

建筑业作为国民经济的重要支柱产业,对整个国民经济的发展、人民生活质量水平的提高都发挥着极其重要的作用。绿色建筑经济是以节能、环保、自然和谐等原则为基础的一种生态经济。中国作为世界上最大的发展中国家,发展绿色建筑经济,既是责任,也是实施可持续发展战略、转变发展模式的有效途径和难得机遇。我国的绿色建筑倡导“四节一环保”,不论国内还是国外,理论和目的大同小异,绿色建筑的全生命周期要求因地制宜,充分结合当地的气候特征、自然条件及风俗,利用可再生资源,合理采用主动策略,以保证资源的合理利用,如海绵城市、太阳能光伏、雨水回收、绿化屋面等技术的应用,做到经济效益最大化,与自然和谐共生。

6.1.3 绿色建筑的发展现状

6.1.3.1 绿色建筑国外发展现状

1992年在里约热内卢举行的“联合国环境与发展会议”上，与会者首次明确提出了“绿色建筑”工程技术的概念。始于此，国际范围内对绿色建筑逐渐形成一个完全兼顾对环境的关注与舒适健康的建筑研究工程技术体系，该体系在越来越多的发达国家的实践中得到推广，成为当今世界绿色建筑保护与发展的重要研究方向。1999年，世界绿色建筑委员会成立，其是以发展商业绿色建筑为主导的国际联盟，是有史以来致力于推动绿色建筑制造业市场发展和转型的最大的一个国际营利性组织，世界绿色建筑委员会成员分布情况如表6-1所示。现在，越来越多的发达国家成立了自己的绿色建筑委员会，并积极地参与世界绿色建筑委员会的相关活动。

表6-1 世界绿色建筑委员会成员分布情况

划分区域	正式会员	预备会员	预期会员	意向群体	合计
欧洲区域	7	7	11	6	31
美洲区域	6	3	3	10	22
非洲区域	1	0	3	2	6
亚洲太平洋区域	6	1	3	5	15
中东和东非区域	1	1	5	5	12
合计	21	12	25	28	86

发达国家通过近30年的时间，结合本国发展的实际情况，在绿色建筑领域内进行相应的研究分析，将已有规范等使用布尔运算符和关键字开发出了代码搜索在线数据库。从理论到实际，对设计概念，技术研发，成本的控制、评估及管理体系等各个方面都进行了大量的积极探索，建立了绿色建筑可持续发展模型，并采用结构方程模型对研究框架进行验证，加快了对绿色建筑的研究发展。

6.1.3.2 绿色建筑国内发展现状

自1992年举行“联合国环境与发展会议”以来，中国大力推动了绿色建筑的发展，并颁布了一些相关的计划、指南和规定。建设部于1995年发布了《建筑节能“九五”计划和2010年规划》，规定了建筑节能的目标，确定了今后分三期部署的节能目标。建设部于2004年9月颁发了“全国绿色建筑创新奖”,标志着中国绿色建筑的发展进入了全面发展阶段。

2017年,住建部发布的《建筑节能与绿色建筑发展“十三五”规划》提出了五项任务:2020年新建的绿色节能建筑项目占比超60%;各级政府加大对绿色节能建筑相关技术标准强制执行的力度;与绿色节能建筑标准相关的要求将逐步上升为一项法律制度;加大财政、土地等结构性支持政策的力度;完成的情况将进一步纳入地方政府的绩效评价。中国住建部发布的《建筑节能与绿色建筑发展“十三五”规划》,目的在于加快建设一个节能环保、集约高效和绿色生态的绿色建筑用能保障体系,从而推动中国制造业和住房城乡建设两个领域的供给侧结构性的改革。

绿色建筑是一种可持续建筑而非高成本建筑,同时也不仅仅局限于新用的绿色建筑。目前中国正在大力推行保护环境,倡导节约资源,但是能源消费体量仍然巨大,是发达国家现有建筑单位占地面积平均能源消费的2～3倍。

目前,我国的有关于绿色建筑的政策法规和绿色建筑标准质量管理体系正在建立和完善,绿色建筑研究和推广的成绩显著,但是绿色建筑在发展过程中还存在一些问题,如地域不平衡和重项目设计而不重项目运行,如雨水太阳能回收发电系统、太阳能光伏发电系统等能源利用不完全的绿色建筑现象。作为预防和解决当前中国绿色建筑能源短缺的其中一个重要途径,绿色节能建筑技术可以从根本上显著地降低其能耗并大幅提高其能效。因此我国的政府现已将持续努力提高绿色能源的占比作为一项重要的绿色建筑能源发展战略,并通过与国际的合作与国内的交流不断地学习先进的能源管理技术和成功的能源管理经验。同时我国的政府还充分意识到,绿色建筑业的蓬勃发展对我国实施建筑和能源的长期和战略发展规划具有重要的意义。在我国政府制定关于中国如何发展绿色建筑,能源利用效率和绿色城市的可持续发展的长期战略决策时,我国建筑业需要先进的建筑学知识和专业技术,知识的缺乏和落后的建筑学技术已经逐渐成为阻碍建筑业和我国绿色建筑蓬勃发展的瓶颈和障碍,中国绿色建筑需要向世界绿色建筑蓬勃发展的领域及世界领先的发达国家进行学习。

近些年来,在美国和欧盟广泛流行的建筑学和可持续绿色建筑设计理念已经证明,绿色建筑必将在全球可持续发展的方向上引领我国绿色建筑行业。我国近些年来也在大力推行装配式建筑,铝合金模板与叠合板等新工艺,提升质量的同时也降低污染，为了更好地跟上世界建筑发展的潮流和步伐，实现可持续发展，中国也必须积极进行这种观念的转变。

近些年来，我国的建筑行业犹如雨后春笋般飞速发展。1993 年，中国建筑能耗仅占全社会总能耗的 16%，而到了 2012 年，这一占比提升到了 28%。据统计，我国的建筑采暖能耗是气候条件相似的发达国家的 2～3 倍，所以绿色建筑的提倡已经迫在眉睫。2013 年，中国住房和城乡建设部从推荐“绿色建筑行动”、加大公共建筑节能管理和提升新建建筑质量等几个方面系统化推进建筑节能。

根据 UNEP(联合国环境署)2020 年全球建筑和施工状况报告，2019 年建筑和施工占全球最终能源使用量的 35%，占与能源相关的二氧化碳排放量的 38%。图 6-4 所示的为绿色建筑能耗与碳排放占比。因此，建筑成了全球能源消费的主要贡献者，可持续性建筑的实施，不论从什么层面，都会带来相当程度的环境、经济和社会效益。

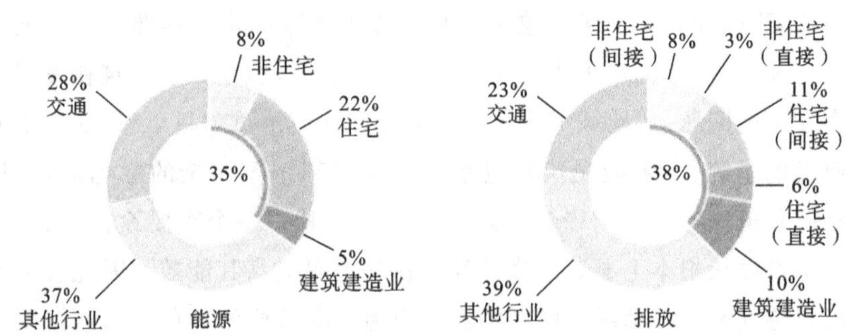

图 6-4　绿色建筑能耗与碳排放占比

可持续性建筑是通过利用生态系统的设计方法、材料、能源及开发空间，并遵守社会、经济和生态的可持续性原则，来解决建筑对环境和社会的负面影响。

相关数据显示，中国的建筑能耗占社会总能耗的 30%以上，建筑在建造、使用等过程中的能源消费量占社会总量的 46.7%，碳排放量达到了全国总量的 40%左右，这个数据比例相当之高。随着社会发展，建筑必将继续增加和更新迭代，不可避免地产生更多碳排放。

绿色建筑作为世界的热点问题和我国的战略发展产业，越来越多地受到社会的重视和关注。中国政府已经出台了一系列的支持绿色建筑产业发展的文件和政策，我国发展绿色建筑的产业也已经开始逐步驶入了发展的快车道。

由于绿色建筑研究在中国起步较晚,一系列现状问题,如信息不清晰、多学科交叉、重复性工作、发展不均衡,以及在开发阶段各专业之间缺乏相互联系,学者的专业背景只是程度的差异,使得绿色建筑难以发挥其真正作用。总之,中国现在仍处于经济高速发展的时代,随着产业转型升级,政府对绿色建筑的推广和市场的指导监督要进一步完善。绿色建筑应用型人才会越来越多,建筑行业的发展也会越发健康,中国的绿色产业发展也将走向成熟,引领世界绿色产业的发展。

6.2 绿色建筑评价标准

6.2.1 国外绿色建筑评价标准分析

绿色建筑的起源并不久远,但是发展迅速。为了落实到现实建筑,从而有效衡量绿色建筑的标准,将理论和实践结合,需要确定方法对其进行评价。西方先进国家为规范绿色建筑理念,保证绿色建筑的健康发展,根据自身经济发展情况及当地自然环境特性积极研发出绿色建筑评价体系,推动产业化发展,下文将对一些国家的先进绿色建筑政策进行分析论述。

6.2.1.1 美国LEED绿色建筑评价标准

1993年,美国成立了绿色建筑委员会(USGBC),该委员会是一个由政府部门、建筑设计有限公司、建筑师委员会等诸多成员共同组成的非盈利的社会组织。能源与环境设计先锋(leadership in energy and environmental design,LEED)是一个绿色建筑评价体系,LEED认证是美国绿色建筑委员会于1998年建立并推行的。该绿色建筑评价体系遵循美国绿色建筑协会政策和方针,其宗旨是:在设计中有效地减少环境和住户的负面影响,规范一个准确和完整的绿色建筑概念,防止建筑的滥绿色化。在世界各地的各类建筑环保评价、绿色建筑评价及可持续性评价标准中,LEED认证被认为是最完善、最具影响力的评价标准。LEED认证分认证级、银级、金级、铂金级等4个等级,如图6-5所示。

目前,全世界已经有了超过167000名专业的人员成功获得了LEED证书。LEED评价体系定期进行更新,应及时地反映最新的建筑技术和产业政策的新发展动态。2000年LEED v2.0获准并开始执行,2009年4月27日开始测试应用于LEED v3.0版本,2013年LEED再次更新了版本v4.0,引入了基于气候的采光指标“空间采光自主权”,作为基于模拟的采光信用合规路径。

图 6-5 LEED 认证等级

目前，世界上商业运作最成功的评价体系工具就是 LEED，通过认证的评价项目遍布于美国 50 个州和城市，以及全球 120 多个国家和地区，表 6-2 汇总了 LEED 认证项目情况。

表 6-2 LEED 认证项目情况

建筑类型	LEED 认证项目数/个		LEED 认证面积/亿平方英尺	
	申请 LEED 认证	通过 LEED 认证	申请 LEED 认证	通过 LEED 认证
剩余建筑	32549	11102	62.82	16.68
住宅建筑	15124	15124	—	—
总计	47673	26226	62.82	16.68

美国政府在绿色建筑产业上，不断推行政策促进和支持，由 2000 年的不足 10 项到 2010 年接近 45 项，并且根据制度划分由联邦、州和地方分为三个级别。目前制定和采取的一系列绿色建筑政策主要内容有：直接对美国联邦政府相关部门所属的绿色建筑项目提出 LEED 绿色建筑认证的要求，加快建筑审批的手续，提高建筑容积率、税收的优惠，相关建筑管理费用的减免，建立管理扶持基金等。

6.2.1.2 英国 BREEAM 绿色建筑评价标准

英国建筑研究院(British Architecture Research Institute)于 1990 年推出了绿色建筑评价体系——英国建筑研究院环境评价方法(BREEAM)，这是世界上的第一个绿色建筑评价体系。发展进程中，根据各国建筑评价类型的不同，BREEAM 的建筑评价等级标准基本体系到目前为止共有 15 种不同版本，并得到国际标准的认可，智利、哥伦比亚、捷克共和国、荷兰等国家的绿色建筑委员会都以此为参考，为今后各国能源评价方案的基准制定奠定了良好的基础。图 6-6 所示的为 BREEAM 评价流程图。

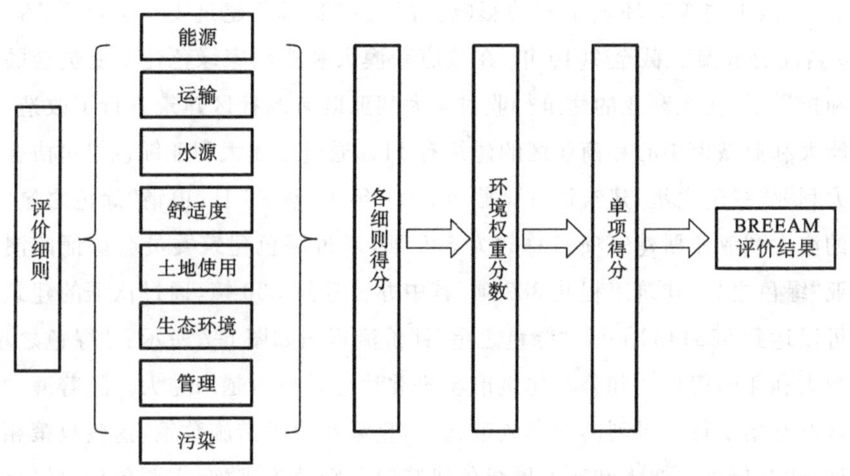

图 6-6 BREEAM **评价流程图**

1990 年以来,BREEAM 成功地设计和评价了高创新性建筑和绿色办公建筑,这些建筑占英国商业办公建筑应用市场的 25%～30%。截至 2011 年 5 月,超过 20 万幢大型办公建筑已经成功完成了英国 BREEAM 的国家认证,另有超过 100 万幢大型绿色企业办公建筑已成功通过申请了国家认证,仅 2011 年 7 月,英国以外的其他国家共有 300 多幢大型绿色企业办公建筑已成功通过申请了英国 BREEAM 的国家认证。目前英国政府致力于建立一个完善的房地产和绿色建筑的政策法规评价体系和绿色建筑评价标准体系,明确各方绿色建筑监管的权限和责任;充分利用公共财政,建立长期实用的绿色建筑节能政策和激励机制;关注民生,以家庭和社会为工作单位,积极推进房地产和住宅绿色建筑节能;充分利用地方政府的力量,积极推动建筑发展,引导建筑走向市场。由于积极推进绿色房地产和绿色建筑发展,以及地方政府资金等多种形式的政策支持,将大大减轻家庭和社会的能源消费负担。在新颁布的《气候变化法案》中,英国绿色建筑委员会规定,在 2020 年到 2050 年期间,建筑物中的二氧化碳排放量将减少 26%～32%,可见,英国是房地产和绿色建筑的倡导者和先锋,这个时期已经进入了一个稳步发展的时期,这些都要充分归功于良好的绿色建筑政策和导向。

6.2.1.3 澳大利亚 Green Star 绿色建筑评价标准

Green Star 即绿色之星,"绿色之星"的评价方法由来自澳大利亚的绿色建筑委员会自主开发和完成,该方法用于提升建筑使用者的健康素养及其工

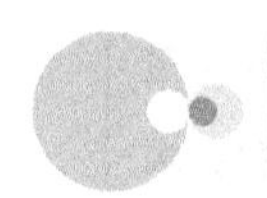

作效率，减少建筑对环境不利的影响。澳大利亚绿色建筑委员会(GBCA)有900名注册成员。截至2010年，在政府和澳大利亚国家绿色建筑委员会的牵头和指导下，澳大利亚的建筑行业对澳大利亚既有的社区建筑进行了改造，位于澳大利亚城市中心和商业区的建筑有11%通过了澳大利亚绿色建筑协会的澳大利亚"绿色之星"建筑认证。截至2011年11月27日，申请"绿色之星"认证的澳大利亚注册建筑项目总数为535项，通过绿色建筑委员会认证的澳大利亚"绿色之星"建筑工程共383项，其中办公建筑330幢，通过认证的建筑面积可以达到5684432 m^2。"绿色之星"评价流程图如图6-7所示。"绿色之星"对澳大利亚的房地产和公共建筑市场的贡献与影响力越来越大。随着澳大利亚政府开始实行一系列的配套政策、强制政策及激励措施政策，这些政策相互协调、相互促进。澳大利亚发展绿色建筑的激励政策措施，主要包括对绿色建筑设立"绿色建筑基金""可再生能源补贴制度"及降价减税等。

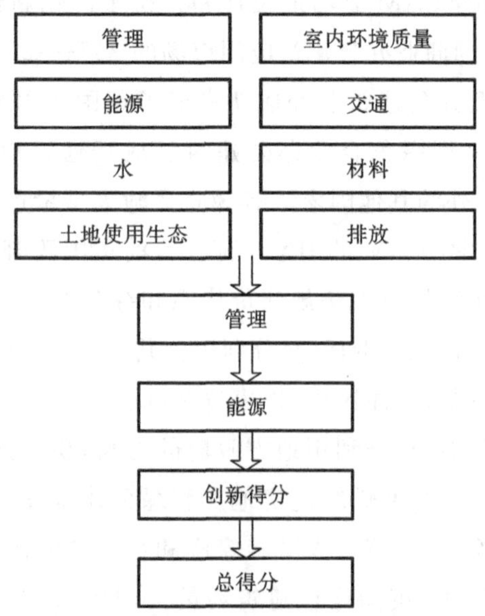

图 6-7 "绿色之星"评价流程图

"绿色之星"针对教育建筑、商业建筑、办公建筑、工业建筑等不同建筑类型制定了多种专项评价体系，主要对节能、节材、节地、节水、室内环境、创新和管理等几个方面的指标进行评价。"绿色之星"按各指标所获得的总分值划分为6个星级，其中，10～19分为1星级，20～29分为2星级，30～44分为3星级，45～59分为4星级，60～74分为5星级，75～100分为6星级。"绿色之星”认证的有效期为三年,超过三年后需重新对项目进行评价。

6.2.1.4 德国DGNB绿色建筑评价标准

2007年,德国政府与德国可持续建筑委员会联合开发编制了德国绿色建筑认证体系(DGNB),覆盖建筑行业的整个产业链,整个体系有严格全面的评价方法和庞大数据库及计算机软件的支持。DGNB是一套透明的评价认证体系,它以易于理解和操作的方式定义了建筑质量,评价标准共涉及6个领域,共60余条标准。DGNB不仅将原有的保护环境、节能理念列在其中,还对人文环境的改善进行扩充,成为第二代绿色建筑评价体系。

1. DGNB的内容

如图6-8所示,DGNB涉及6个方面的内容,具体如下。

图6-8 德国DGNB的研究评价范围

(1) 生态质量包括水、材料、自然空间的使用,危险物、污染物及垃圾的回收和处理。

(2) 经济因素包括面积使用率、使用期内的耗费、价值稳定性和使用灵活性等。

(3) 社会与功能包括空气质量、采光照明控制、热工舒适度、环境设计的协调及个性化需求。

(4) 技术质量包括室内气候环境、防火技术、耐久性、控制的灵活性等。

(5) 过程质量包括设计、施工、经营、能耗管理等。

(6) 场地质量包括基础设施管理、风险预测、质量控制及扩建发展可能等。

DGNB对每一条标准都给出了明确的测量方法和目标值,每条标准的最高得分为10分,每条标准根据其所包含内容的权重系数可评定为0～3分。根据评价达标度分为三个等级,分别为金级、银级、铜级,其中50%以上为铜级,65%以上为银级,80%以上为金级。DGNB分为两大步骤,分别为设计阶段的预认证和施工完成之后正式认证。

2. DGNB的优势

德国DGNB的突出优势如下。

(1) 不仅是建筑标准,而且是涵盖了生态、经济、社会三大方面因素的第二代可持续建筑评价体系。

(2) 包含了建筑全生命周期成本计算、建造成本、运营成本、回收成本、有效评价控制建筑成本和投资风险。

(3) 展示如何通过提高可持续性获得更大经济回报。

(4) 以建筑性能评价为核心而不是以有无措施为标准,保证建筑质量,为业主和设计师达到目标提供广泛途径。

(5) 展示不同技术体系应用相关利弊关系以利于综合应用评价。

(6) 建立在德国建筑工业体系高水平质量基础上的标准体系。

(7) 按照欧盟标准体系原则,可适用于不同国家气候与经济环境。

目前,申请DGNB的项目也越来越多,截至2011年10月,获得DGNB的项目已超过235个,包括正在和已经完成的建筑。德国推进绿色建筑的政策主要包括信息资讯、资金支持和政策法规等。例如,在2000年,德国能源署成立,主要是为建筑行业提供信息和咨询服务的。德国建筑行业发展规模极其迅速,目前已成立超过4000多家绿色建筑相关咨询机构。

6.2.1.5 日本CASBEE绿色建筑评价标准

日本可持续建筑委员会负责开发了日本的建筑性能和建筑物综合环境的评价标准体系(CASBEE),自2003年颁布了针对日本新建独立式建筑的环境性能评价体系标准后,CASBEE先后颁布了针对建筑物的改建独立式建筑、已有独立式建筑、新建建筑、城市规划、房地产风险评价等环境性能评价体系标准,但日本建筑市场对CASBEE的采用是有限的。该公共环境评价标准体系在之前已颁发的公共环境评价标准体系基础上,对公共区域的环境容量状况进行了评价、归纳,提出了新的公共环境评价体系和空间环境评价理念。图6-9所示的为CASBEE,其中Q是如何对接用于假想封闭空间外部公共环境区域的负面公共环境影响,L 是对假想中的封闭公共空间内部的建筑物和使用者的生活舒适性的改善,在此基础上对其进行再细分。CASBEE 采用 5 分评分制,基准值为水准 3(3 分),满足最低条件时评为水准 1(1 分),达到一般水准时为水准 3(3 分)。

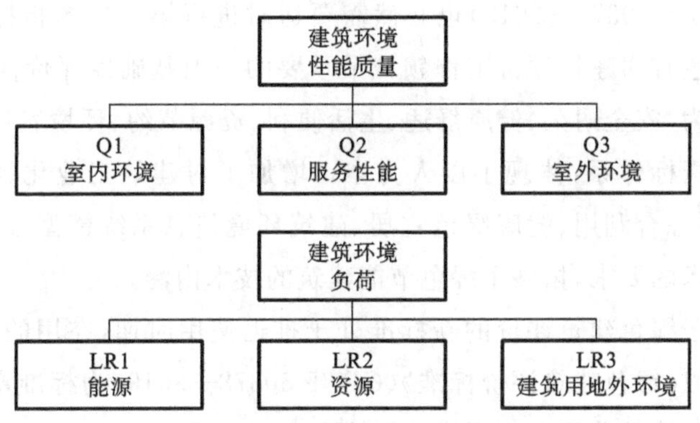

图 6-9 日本 CASBEE

在日本,越来越多的地方政府采用 CASBEE,目前已有 22 个地区的政府实行了地方政府强制提交绿色建筑评价结果及信息公示的制度。其中截至 2010 年 8 月通过财政部认证的新建、既有、改造绿色住宅项目 108 项,独立兴建绿色住宅 15 项。此外,因提倡对不同方案的优势和特点进行基准测试,对于发展绿色节能建筑的制定与推广,日本地方政府制定了一系列的绿色建筑政策法规。例如,1979 年地方政府制定了《节能法》,并于 2008 年对《节能法》进行了一系列的修订,制定了配套的节能政策、绿色建筑激励项目实施政策等共通内容。

6.2.2 国内绿色建筑评价标准分析

到 2014 年底,中国现有的保障性建筑已超过 600 亿平方米,同时每年新建 16 亿～20 亿平方米的新建筑。在 2018 年召开的中国绿色地产发展报告发布会上公布,截至 2017 年底,中国境内获得绿色建筑标识的项目累计已有 10927 个,建筑面积超过 10 亿平方米,可见中国的绿色建筑发展潜力巨大。

自 1992 年在里约热内卢召开的“联合国环境与发展会议”以来,中国开始大力支持和促进中国绿色建筑的健康发展,并颁布了一系列与绿色建筑相关的方案、方针和法规。2004 年 9 月建设部“国家绿色建筑创新奖”的设立和启动,标志着我国建筑与绿色环保公共建筑发展体系进入全面健康发展阶段。我国建筑与绿色环保公共建筑评价标准主要由建设部制定发布。由中国建筑

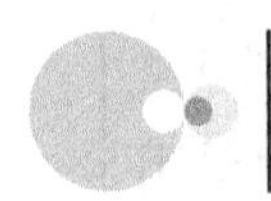

科学研究院、上海市建筑科学研究院联合组织编写的《绿色建筑评价标准》(GB/T 50378—2014),主要用于住宅办公楼、行政办公楼、商场、酒店等绿色环保公共建筑的评价。

随着全国各地新建的绿色环保公共建筑的普及和蓬勃发展,《绿色建筑评价标准》(GB/T 50378—2019)也必然需要适时进行第二次的指标修编,作为我国开展绿色宜居建筑评价工作领域最重要的一项基础性评价标准,2019 年已经发展成为“安全耐久、健康舒适、生活便利、资源节约、环境宜居”五大独具特色的评价指标体系,体现了以人为本。增加了对建筑工业化、海绵智慧城市、垃圾资源综合利用、健康绿色宜居、建筑环境信息系统模型等绿色建筑相关概念和技术的要求,拓展了绿色节能建筑的技术内涵。

国内关于绿色建筑评价的新标准处于推迟使用时期,在用的绿色建筑评价标准还是以《绿色建筑评价标准》(GB/T 50378—2019)为标准主导,针对绿色建筑室内环境的分析和模拟依然保持不变。

根据控制项和评分项的实际得分,绿色建筑可分为三个等级(一星 60 分,二星 70 分,三星 85 分)。中国绿色建筑委员会于 2008 年 3 月正式成立,负责全面深入的绿色建筑工作。目前,已建立 16 个学术团体、21 个国家和地方科研机构、1 个专业技术青年委员会、40 多个国家团体成员、15 个国际团体成员、1000 多个外国个人团体成员等。中国绿色建筑委员会与来自美国、澳大利亚、英国、新加坡等国广泛合作并进行了与绿色环境建筑的研究,扩大了其在国际的影响力。图6-10 所示的为中国绿色建筑标识图。

图 6-10　中国绿色建筑标识图

我国绿色建筑环境评价咨询工作以《绿色建筑评价标准》(GB/T 50378—2019)为评价标准,对绿色建筑的环境质量进行评分和评定,最终结果以国内的绿色建筑专篇、绿色建筑设计标识和运行管理标识的形式呈现。其中室内外建筑环境的品质则主要是使用某些绿色建筑服务公司相应的环境评价软件和工具辅助建筑工程师的环境评价和工作。目前国内市场上的环境评价软件和工具比较多,由于某些绿色建筑服务公司提供的软件和天正、CAD 的软件契合完整,可以无缝直接导入绿色建筑设计图纸。

某些绿色建筑服务公司拥有绿色健康建筑物理环境结合模拟的顶尖研发技术和专家群,围绕绿色建筑和健康建筑设计全过程为企业提供了相关的模拟采光分析的软件和全过程策划结合评价的系统。所自主研发的全过程系列分析软件从建筑通风环境、光环境、热环境和声环境等多方位对反映建筑通风环境性能的数据进行了分析和设计优化,为企业开展绿色健康建筑的全过程设计和策划评价工作提供了技术和理论支撑。CFD 软件在绿色建筑和健康通风环境结合模拟和策划评价技术领域的广泛应用,可以大大有效地降低建筑性能测试的成本,缩减建筑性能评价的周期。采光分析采用基于软件内核的 Dali 进行建模,利用 Radiance 应用程序对软件核心的建筑性能数据进行模拟,最后将计算得到的所有数据返回给 Dali 软件以进行照明分析。除此之外,还包括声环境、能耗分析、住区热环境、暖通负荷和日照分析的相应功能,其主要功能特点包含以下方面。

(1) 日照标准:总结提炼日照标准需要考虑的因素和参数,采用灵活的设置方式支持全国各地不同日照计算的要求。

(2) 日照建模:通过基本建模、屋顶坡度、体积建模和命名组等模块,快速建立三维模型。

(3) 建筑日照常规分析:为客户提供一组完整的适用于建筑日照点面分析的方法和工具,包括建筑日照阴影、窗户日照、线上阳光、单点和多点分析、等日照线等,各种分析方法和阳光分析结果可以相互校对,确保准确可靠。

(4) 高级日照分析:支持主客体范围内的计算分析规则,包括遮挡关系、窗点平面、坡地日照、单窗分析等高级分析手段,便于对日照方案进行调整。

(5) 解决方案可行性分析:采用创新的建筑优化设计算法,在满足建筑平均日照时数及最大可用搭建高度的条件下,以建筑高度递增或叠加建筑楼层等获得最大的建筑面积(容积率);先进的光锥和切割技术,可以实现建筑物的遮挡切割和建筑物的动态切割;计算建筑物的高度限值、动态日照、日照模拟等分析计算工具。

(6) 建筑指标计算:一组专门用于进行绿色环保建筑指标核算的日照分析模块。在建筑日照分析系统模型上快速准确定义乔木、亭廊等建筑属性层后,计算建筑地面日照反影率、建筑密度及用地指标等。

(7) 综合日照与集热太阳能:直接完成综合利用系统的综合日照与集热太阳能利用模型,完成系统太阳能综合利用的日照倾角强度分析、辐照强度分析。

(8) 日照规划报告:一种采用大数据分析为每个日照城市自动创建符合国家行政主管部门标准的国家级报告书。

(9) 智能化模型:二维条件图的识别转换、智能提取轴网和建筑结构。

(10) 条件数据:智能生成建筑模型的围护结构等性能参数、条件参数的规范设置。

(11) 结果分析:按照国家规范规定对建筑物进行综合性分析,结果以计算报告书的形式输出。

6.3 绿色建筑所用技术

绿色建筑并非一般意义上的立体绿化,而是指这种建筑可以在不破坏生态环境的前提下,能够充分利用环境自然资源,以有益于健康、环保、节能为宗旨,提高人们的生活质量及环境质量。绿色建筑通过建立起建筑物内外的自然资源、能源及其他物资的循环系统来进行绿色设计,并赋予建筑物以生态学的内涵。绿色建筑技术路线为:因地制宜,节能为本,整体技术,平衡发展,被动优先,主动优化,设计协调,高效运行。图 6-11 所示的为绿色建筑指标体系。绿色建筑技术应用始终贯穿于整个建筑设计,应采用实实在在的绿色技术,秉持被动优先的原则,使其增量成本控制在项目要求的范围内[2]。

近些年来,随着绿色建筑技术不断发展,建筑节能市场不断完善,也带动环保节能技术更新换代加快。目前,市场上采用的绿色建筑技术有很多,本节主要从节地与室外环境分析、绿色建筑节材分析、绿色建筑节能与能源利用、绿色建筑节水与水资源利用、光伏建筑一体化技术、智慧建筑等几个部分介绍绿色建筑技术的应用。

6.3.1 节地与室外环境分析

“节地”是绿色建筑“四节一环保”的重要组成部分。

土地利用包括节约集约用地、绿化用地设置、地下空间利用,是评价绿色建筑项目节约集约利用土地的关键性内容和指标,目的在于鼓励建设项目适度提高容积率、建设普通住宅并充分利用地下空间,从而实现提高土地使用效率、节约集约利用土地。同时引导建设项目优化建筑布局与设计,设置更多的绿化用地,提高土地使用的生态功能,从而改善和美化环境、调节气候、缓解城

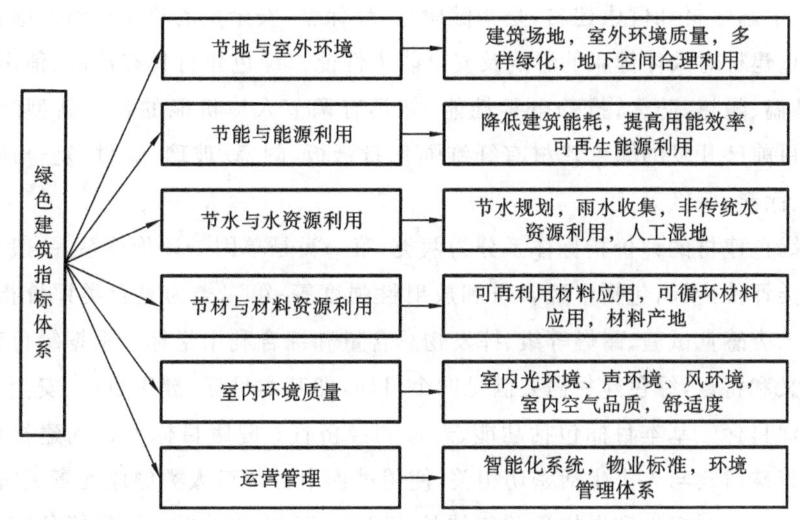

图 6-11　绿色建筑指标体系

市热岛效应。土地建筑绿化利用过程中涉及的节约建筑用地，容积率指标作为行业衡量高层公共建筑绿化节地的普遍共识和重要指标。

室外的环境主要是指声、光、热及风环境等，室外风环境对整个建筑物的室内自然通风环境有深远的影响，特别是建筑物的自然风防护与室内自然通风之间的关系。在冬季，建筑物的自然风保护有效地减少了气流渗透及供暖和空调的能耗。在夏季和过渡季节，自然通风可以有效地带动空气串流并且降低能耗。室内自然通风的主要功能是舒适的自然通风、制冷的自然通风和健康的自然通风。自然通风可以增加室内人员的舒适度，通过空气流动将室内气体排出，从而有效改善人体在室内的温暖感和舒适感。

节地和室外环境是绿色建筑的重要内容之一，旨在推行尊重自然，保护历史文化遗产、保障人身安全与健康、保护环境等发展理念。坚持以人为本，倡导低碳生活，鼓励建设项目更多地关注规划布局、建筑设计、场地利用、交通组织、公共服务配置、景观绿地设计与生态修复等先期设计工作，力争通过整合综合、高效利用土地资源、优化设计，为建筑节能、节水、节材、环保创造更好的“先天条件”，促进建筑运行达到低碳、环保的目标。

6.3.2　绿色建筑节材分析

6.3.2.1　绿色建材

绿色建筑提倡采用清洁生产技术，使用绿色建材。绿色建材，又称为环保

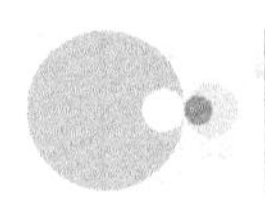

建材、生态建材和健康建材，是指健康型、环保型、安全型的建筑材料。绿色建材注重建材对人体健康的影响及安全防火性能。绿色建材具有消磁、消声、调光、调温、隔热、防火、抗静电等性能，并具有调节人体机能的特种新型功能。我国目前已开发的绿色建材有纤维强化石膏板、陶瓷、玻璃、管材、复合地板、地毯、涂料、壁纸等。

绿色建材的评价指标体系分为两类：第一类是单因子评价体系，一般用于卫生类评价指标，包括甲醛含量和放射性强度等；第二类为复合类评价指标，包括人类感觉试验、耐燃等级、挥发物总含量和综合利用指标。根据绿色建材的定义和特点，绿色建材需要满足四个目标，即基本目标、健康目标、安全目标和环保目标。基本目标包括功能、寿命和经济性；健康目标考虑到建材作为一类特殊材料与人类生活密切相关，使用过程中必须对人类健康无毒无害；安全目标包括耐燃性和燃烧释放气体的安全性；环保目标要求从环境角度考核建材生产、运输、废弃等各环节对环境的影响。

6.3.2.2 绿色建筑与绿色材料的关系

建筑材料是建筑的基础，即使有再玄妙的设计，建筑也需要通过建筑材料这个载体来实现。我国建材工业的主要材料有玻璃、陶瓷、水泥、黏土砖等，这些产品产量世界第一。我国建材行业生产企业能源与资源消耗惊人，推广绿色建材的政策引导受到各种制约，效力不足。目前，中国竣工建筑物总量每年在 20 亿平方米左右，每年消耗的资源总量超过 100 亿吨。各类建筑物使用能源消费约占全社会能耗总量的 30%，二氧化碳排放总量超过 30 亿吨。绿色建筑关键技术中的“室内空气与光环境保障技术”“建筑隔热、保温、防水技术”“居住环境保障技术”“建筑结构体系与建筑节能技术”等都与绿色建材有关。将绿色建材的研究与各种新的绿色建筑技术密切结合起来是未来绿色建筑的发展趋势。

材料资源利用与节材是建筑行业可持续发展的重要环节。绿色施工节材应从设计开始，在设计阶段应对方案进行设计优化，采用高强钢筋和高强高性能混凝土等技术，大幅降低工程材料的消耗。绿色施工节材分为管理节材和技术节材，可以通过施工技术和绿色管理，实现施工节材、降本增效。建筑在建造和运营过程中消耗了大量的资源和能源，根据统计数据，工程建设所耗资源占全国资源总消耗量的 40%～50%，其中建材的生产、运输及施工所消耗的能源占建筑总能耗的比例达 23%左右。建筑业节能减排是建筑业走可持续发展、循环经济的有力保障。

材料资源利用和节材是建筑绿色施工中建筑节地、建筑节水、建筑节材、建筑节能和保护环境这"四节一环保"中很重要的内容,是施工节材的重要举措。建筑节材措施应该从设计开始,也就是未来要推出的绿色建造,主要包括:设计阶段的方案优化措施,采用高强钢筋高性能混凝土、预制装配式结构和预应力混凝土结构等大幅度降低工程材料用量。在施工阶段,节材和材料资源利用可以从临时设施、模板支架、工程施工质量等方面加以控制,分为施工管理节材和施工技术节材。

另外,在设计阶段应选择合理的设计方案,在满足结构安全、耐久性及使用功能等情况下,选择材料消耗低的设计方案。举例如下。

(1) 采用高强钢筋,能有效降低钢筋的消耗。

(2) 考虑采用高强钢筋和高强混凝土后降低了结构自重,对钢筋和混凝土的节约量就更多了。

(3) 采用高性能混凝土后,提高了结构的耐久性,提高了建筑物的使用寿命。

(4) 对结构造型的优化设计。满足使用要求、结构承载力、耐久性等要求的情况下,对设计方案进行优化,选择便于施工、建筑材料用量小的方案。

(5) 在结构设计中,使用节材新技术,如采用预制装配式结构。

6.3.3 绿色建筑节能与能源利用

建筑节能是指在建筑物的规划、设计、新建(改建、扩建)、改造和使用过程中,执行节能标准,采用节能型的技术、工艺、设备、材料和产品,提高采暖、制冷、照明、通风、给排水和管道系统的运行效率,加强建筑物用能系统的运行管理,利用可再生能源,在保证建筑物使用功能和室内热环境质量的前提下,增大室内外能源交换热阻,以减少供热系统、空调制冷制热、照明、热水供应等因大量热消耗而产生的能耗,合理有效地利用能源。

建筑本身就是能源消费大户,据相关统计,建筑能耗占全球能源消费的50%,同时人类从自然界所获得的50%以上的物质原料也是用来建造各类建筑及其附属设施的[3]。建筑能耗主要包括建造过程的能耗及使用过程的能耗两部分。其中,建造过程的能耗主要是指建筑结构配件、建筑材料、建筑设备的生产和运输,以及建筑安装和施工中的能耗。使用过程中的能耗主要是指建筑在通风、采暖、照明、空调、热水供应和家用电器中的能耗。一般情况下,日常使用能耗与建造能耗之比，为 8∶2～9∶1。由此可见，使用过程能耗，主要以采暖能耗和空调能耗为主，故应将采暖和降温能耗作为建筑节能的重点。建筑能耗的影响因素有很多种，主要包括：① 室外热环境的影响；② 采暖区和采暖期度日数；③ 太阳辐射强度；④ 建筑物的保温隔热和气密性；⑤ 采暖供热系数热效率。

建筑节能是建筑业技术进步的一个重要体现，也是贯彻国家可持续发展的一个关键问题。建筑节能的基本要求是在建筑物建造之初就充分考虑到各种能源的合理使用，以减少能源消费，节省能源。

节能是绿色建筑必须具备的特征之一，现行的建筑节能采用的技术有很多，分为硬技术和软技术。

6.3.3.1 硬技术

硬技术主要包括以下几个方面。

(1) 高性能维护结构部件。

(2) 高效、节能的冷热源系统。

(3) 高效的暖通空调设备及先进的系统形式。

(4) 可再生能源的利用技术。可再生能源在建筑中的应用主要包括太阳能热水系统、太阳能发电系统、地源热泵供热制冷空调系统、地热供暖等。

(5) 太阳能集热器、沼气、地下储能。

(6) 污水废热利用。

(7) 太阳能光伏组件、光导管、风力发电机。

(8) 合理采用蓄冷蓄热技术。大型公共建筑空调能耗比较大，利用蓄冷蓄热技术可以起到对供电负荷“削峰、填谷”作用。

(9) 利用排风方式对新风进行预冷（或预热）处理，降低新风负荷。大型空调系统的排风常常还蕴含着相当可观的可回收能量。

(10) 全空气空调系统采取实现全新风运行或可调新风比的措施。

6.3.3.2 软技术

通过复杂的算法进行计算证明能耗被控制在规定的水平称为软技术，其主要包括以下几个方面。

(1) 先进的设计理念和方法。

(2) 通过专用计算机模拟软件进行精细设计，如对热工、风场、热岛、日照、采光、通风等进行分析。

另外,建筑节能的措施还有利用场地自然条件,设计合理的建筑体形、楼距、窗墙面积比和朝向,使建筑获得良好的日照、采光和通风。建筑体形、楼距、窗墙面积比、朝向及窗户的遮阳措施不仅影响建筑的外在质量,同时也影响建筑的采光、通风和节能等方面的内在质量[3]。作为绿色建筑应该提倡建筑设计时充分利用场地的有利条件,尽量避免不利因素,在这些方面进行精心设计。

建筑节能有利于从根本上促进能源资源节约和合理利用,缓解我国能源资源供应与经济社会发展的矛盾;有利于加快发展循环经济,实现经济社会的可持续发展;有利于长远地保障国家能源安全、保护环境、提高人民群众生活质量、贯彻落实科学发展观。在建筑中系统的能源使用方面,应尽量开发可再生能源的利用,如太阳能、地热能、风能、水能、生物质能等。利用风力发电、太阳能光伏发电、垃圾发电、太阳能热利用、地热利用和沼气发电等,来减少对煤和天然气等不可再生能源和电、蒸汽、热水等二次能源的依赖。例如,使用分体空调的建筑建议增设地源热泵,这样可大大降低空调系统能耗;关于太阳能的利用,可以在冬季利用太阳能供暖、夏季采用太阳能制冷系统,全年都可以使用太阳能光电系统和热水系统。另外,过渡季节应充分利用室外空气比较舒适的特点,尽可能利用气候的自然调节能力。

6.3.4 绿色建筑节水与水资源利用

绿色建筑是可持续发展理念引入建筑领域的结果,其中 ,建筑节水是实现绿色建筑的关键环节之一。建筑水系统不仅包含建筑内和建筑外的给排水系统,还包括与生态环境相关的人工水环境系统。建立合理的水循环系统,需要统筹管理利用好各种水资源,减少用水量和污水排放量。规划、设计、建设合理的给排水系统,应采用节能的供水系统,如采用无负压供水系统。

本着治污为本的原则,高层建筑应设有完善的污水排放和污水收集设施。对于已建设雨水排水系统的地方,室外排水系统应当实行雨水与污水分流。另外,应当合理规划设计雨水排放渠道和回渗途径,避免雨水受到污染,可以尽可能合理地利用雨水资源。通过合理的设计,让冲厕废水与其他废水分开排放和收集,可以将室内盥洗或洗浴等优质的排水作为再生水源,这些水经过处理后可以作为杂用水,这样能减少污水排放量和市政供水量,达到节水的效果。

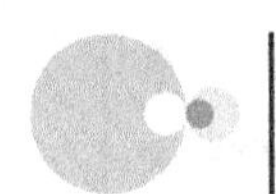

开发利用中水,因其水质介于给水和排水之间,故名中水。所谓中水系统是指将建筑内使用后的排水,经过深度处理,去除各种杂质,去除污染水体的有毒、有害物质及某些重金属离子,进而消毒灭菌,其水体无色、无味、水质清澈透明,且达到或好于国家规定的杂用水标准(或相关规定),而回用于绿化、清扫、洗车、厕所便器冲洗等各用水点的一整套工程设施。中水系统包括中水原水系统、中水处理系统及中水给水系统。中水系统有输水、配水和处理三个子系统。设置中水回用既可以有效地利用和节约有限的、宝贵的淡水资源,又可以减少污、废水排放量,减少水环境的污染,还可以缓解城市下水道的超负荷现象,具有明显的社会效益、环境效益和经济效益。

冲洗厕所的用水量约占家庭日常生活使用的总用水量的24%,再加上清洁、园艺用水,用水量占32%。如果这些杂用水能全面采用中水,显然是较为生态的设计。我国的建筑排水量中生活废水所占份额为69%,其中,宾馆、饭店的废水排放量占87.9%,办公楼建筑排水量中生活废水所占份额为40%,如果将这些水收集起来经过处理而成为中水,用作建筑杂用水,如道路清扫、车辆冲洗、城市绿化、冲厕所等,从而替代等量的自来水,将节约大量的水资源。由于中水系统的建设,初期投资较高,所以目前很多开发商难以接受。但随着水资源越发缺乏,建设第二水资源中水将是今后节约用水发展的必然趋势。规划设计好雨水、增加雨水的利用率、增强雨水的管理,如小区中公共活动场地人行道和露天停车位可以采用透水铺装材料以利于雨水渗入,雨水排放的管道使用渗透管,使其兼具渗透和排水的功能。另外,还可以采用注渗水到屋顶花园及中底花园、绿地等增加渗通,同时兼具达到削减洪峰、减轻市政雨水管给排水压力的作用。在一些降雨量大的地方,还可规划设计雨水收集、处理、存储、回用等设施。

6.3.5 光伏建筑一体化技术

光伏建筑一体化(building integrated photovoltaic,BIPV)是一种将太阳能发电产品集成到建筑上的技术。BIPV不同于光伏系统附着在建筑上(BAPV,building attached PV)的形式。光伏建筑一体化可分为两大类,一类是光伏方阵与建筑的结合,另一类是光伏方阵与建筑的集成。在这两种方式中,光伏方阵与建筑的结合是一种常用的形式,特别是与建筑屋面的结合[4]。由于光伏方阵与建筑的结合不占用额外的地面空间,是光伏发电系统在城市中广泛应用的最佳安装方式,因而备受关注。光伏方阵与建筑的集成是BIPV

的一种高级形式,它对光伏电池板的要求较高。光伏组件不仅要满足光伏发电的功能,同时还要求组件要兼顾建筑的基本功能。

BIPV 是利用太阳能发电的一种新概念,即将太阳能光伏组件安装在建筑的围护结构外表面,通过光伏发电提供电力。"瓦板分离,你是你,我是我"这种不改变建筑结构的形式即是过去大多分布式光伏项目都采用 BAPV 的形式。BAPV 采用普通型光伏电池板,称为"安装型"太阳能光伏建筑,是指将光伏组件附着在建筑上的太阳能发电系统。该结构可以发电,同时与建筑功能不发生冲突,不削弱或破坏原有建筑物的功能和形式。由于其占用面积较大,搭配建筑美观度受到影响,所以新的光伏建筑一体化(BIPV)被提出,通过合理的设计,将光伏组件与建筑集成后形成不可分割的建筑构件,其可以代替部分建筑材料进行使用。

BIPV 是与建筑物同时设计、施工和安装,并与建筑物形成完美结合的太阳能光伏发电系统,它也称为"构建型"和"建材型"光伏建筑,作为建筑物外部结构的一部分,它不仅能发电,还具有建筑构件和建筑材料的功能,可以提升建筑物的美感,与建筑物完美融合[5]。在以太阳能为主的零能耗绿色建筑范畴中,BIPV 结构被分成两块:BIPV 屋顶和 BIPV 幕墙。BIPV 幕墙如图 6-12 所示。

图 6-12　BIPV 幕墙

事实上,BIPV 在多年前就被人提出,只是一直没有得到大的发展,如今随着越来越多企业将光伏组件与建筑材料融于一体,它已成为各界关注的焦点。

作为一种全新的建筑形态,BIPV 应用形式多样,能运用到采光顶、外窗遮阳、雨棚等一系列场景，发展潜力巨大。图 6-13 所示的为 BIPV 应用之一——BIPV 遮阳棚。近些年来，越来越多的工商业主选择利用空置的屋顶建设分布式光伏电站。

图 6-13　BIPV 遮阳棚

关于光伏建筑一体化的应用，中国建筑科学研究院光电建筑总工程师王志东认为，现代建筑追求环保、绿色、节能，BIPV 恰好符合这一理念。

中国建筑科学研究院专家鞠晓磊指出："光伏建筑一体化在设计当中，通过选择光伏构件不同的安装部位(屋面平行/遮阳板安装、采光顶/窗、建筑外装饰幕墙/墙体结合安装)，结合利用建筑本身的特性(是否透光、透光程度、工作状态构件背板发热等)，可以达到不同的建筑节能效果(保温隔热/通风屋顶、遮阳作用、自然采光、调节室内采光/遮阳、降低墙面温度)，其被动节能收益可超过发电所带来的收益。"

随着光伏材料的发展，光伏与建筑从结合走向融合，建筑也将从被动接受光伏到主动拥抱光伏。建筑物的能耗可以靠自身生产的能量抵消所用能，甚至建筑自身生产的能量会超过其能耗。BIPV 是零能耗被动式建筑的必由之路，也将是未来建筑的普遍建筑形式。

6.3.6　智慧建筑

智慧建筑是指通过对建筑内设备、环境和使用者的信息进行采集、监测、管理和控制，根据使用者的需求进行最优化组合，从而为其提供一个舒适、便利、高效的人性化建筑环境。智慧建筑在进行建筑的建设过程中将智能化技术、信息技术及自动化技术运用到建筑当中，使它们融合为一体。智慧建筑主要面向商业综合楼、办公楼、学校、工业建筑、体育场馆、医院、交通、住宅小区及文化传媒等扩建、改建或新建工程,通过对建筑物内的设备进行智能化功能的配备,实现舒适、环保、安全、高效、节能和可持续发展的目标。智慧建筑是集成现代科学技术的产物,其主要技术包括通信技术、生物识别技术、计算机技术、控制技术、多媒体技术和现代建筑技术等。

智慧建筑具有三个特点:绿色、健康、智慧[6]。这三个特点使智慧建筑呈现出集美观、舒适、环保、实用而又个性化的高科技现代化景象。

绿色是指在建筑的全生命周期内,最大限度地节约能源,并做到环保,为人们提供高效、舒适与健康的使用空间,实现人与自然和谐共生的建筑物。绿色建筑技术注重经济、高效、低耗和环保,是人与自然的利益共享,是可持续发展的建设手段。

健康是指一种体验建筑室内高品质环境的方式。健康建筑不仅要满足人们对热、湿、声、光环境的要求,还要考虑满足卫生和主观性心理因素,以及建筑用户的健身设施、人际关系、生活舒适度等其他因素。

智慧是指建筑深度感知、泛在互联、数据共享及全面服务的智慧体,具备预测、推理、学习、自主调控、认知和人机交互等智慧能力,体现了科技为人类服务的本质。

智慧建筑集合了智能、健康、绿色三个特点,并以这些特点为基础延伸和扩展,由人文、技术、环境诸多要素互动构成。图 6-14 所示的为智慧建筑的三角生态体系。

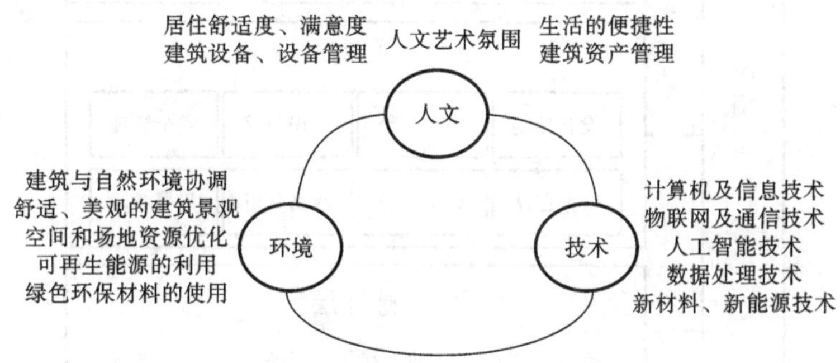

图 6-14 智慧建筑的三角生态体系

智慧建筑融合发展了智能建筑的概念和技术,并且强调以人为本和科技无处不在的理念。目前,国内智慧建筑建设从概念逐渐走向落地,创新无处不在。建筑的人文感受、环境交互、技术应用，三者相辅相成，构成了智慧建筑的三角生态体系。人文特性体现了以人为本的健康生活理念，环境特性体现了建筑环保的绿色要求，技术特性则体现了智慧化实现的途径和方式。

智慧建筑是全信息建筑，是智能建筑在空间、时间维度的扩展，图 6-15 所示的为智慧建筑的发展。智慧建筑架构可分四层，即感知层、网络层、平台层、应用层。图 6-16 所示的为智慧建筑系统架构图，四层架构系统以感知层为基

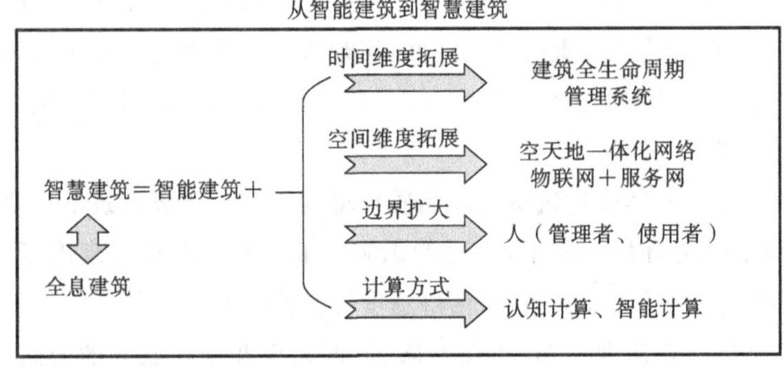

图 6-15　智慧建筑的发展

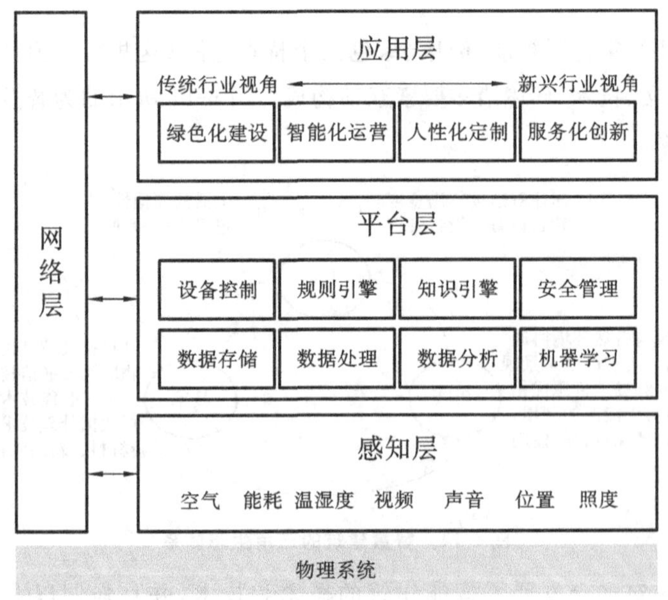

图 6-16　智慧建筑系统架构图

础,各种终端硬件设备通过不同的传输方式接入到平台层。感知层进行各种数据采集和接收。网络层可以有多种通信方式,既可以采用有线通信,也可以采用无线通信。平台层对收到的信息进行分析处理,采用的核心技术主要包括大数据、云计算、人工智能及机器学习等。应用层实现各种业务功能及各类应用服务,并且可以为其他应用系统提供交互的接口。

智慧建筑的三个特点,分别在不同的层次进行展示和体现。泛在的全面感知主要体现在感知层对建筑、附属设备,以及人的操作习惯等数据进行全面的采集,并通过不同的传输方式将这些信息传输到平台层。该系统架构图的左边是网络管理模块,主要负责对整个系统的信息通信、计算存储、数据网络、管理系统等网元进行管理。系统架构图的右边为安全管理模块,负责管理信息系统和保障基础设施的安全,以及与安全相关的技术规范、体系、保障措施等的建设。整个系统架构图构成的软硬件体系通过人机交互工程,将人、建筑、环境在应用服务上协调为一个整体[7]。

建筑智能化工程又称为弱电系统工程,主要是指楼宇自动化(BA)、通信自动化(CA)、办公自动化(OA)、安保自动化(SA)和消防自动化(FA),简称5A。智慧建筑智能化工程以 5A 智能建筑管理平台为核心,实现所有系统的集成与联动,如图 6-17 所示。

以5A智能建筑管理平台为核心，实现所有系统的集成与联动
楼宇自动化(BA)系统
暖通空调系统、给排水系统、供配电系统、照明控制系统、能源分析系统、决策分析系统
BA
CA
通信自动化(CA)系统
信息中心设备、电话交换系统、信息网络系统、综合布线系统、室内移动通信覆盖系统、有线电视及卫星电视接收系统
办公自动化(OA)系统
综合物管系统、公共信息服务系统、多媒体会议系统、信息网络和安全管理系统、协同办公系统
OA
FA
消防自动化(FA)系统
火灾自动化报警系统、灭火系统、安全疏导系统、公共广播系统
SA
安保自动化(SA)系统
安全防范综合系统、视频监控系统、巡更管理系统、应急指挥系统、门禁管理系统、停车场管理系统、周界防范系统等

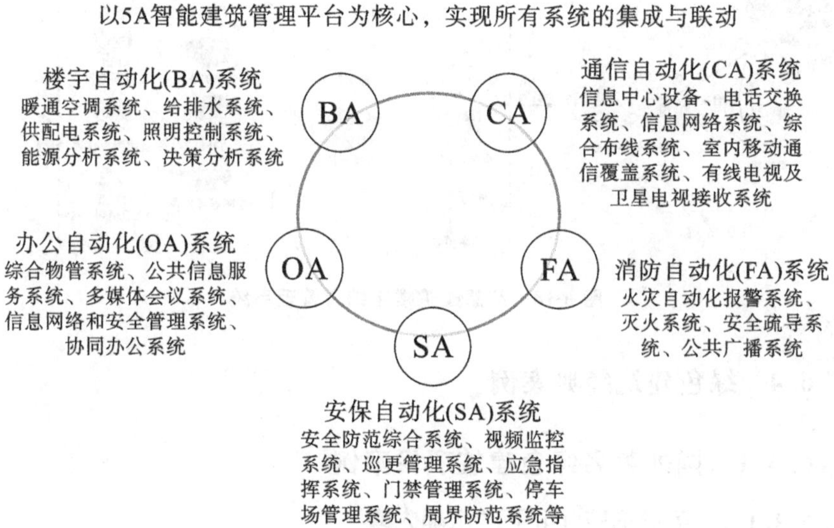

图 6-17 智慧建筑 5A 图

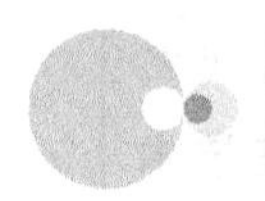

智能建筑包括了20～30个子系统，其中包括的主要子系统有智能楼宇自控系统工程，通信系统工程，计算机管理系统工程，保安监控及防盗报警系统工程，卫星及共用电视系统工程，计算机网络系统工程，车库管理系统工程，综合布线系统工程，广播系统工程，智能化小区物业管理系统工程，会议系统工程，视频点播系统工程，可视会议系统工程，一卡通系统工程，智能灯光、音响控制系统工程，火灾报警系统工程，大屏幕显示系统工程，计算机机房工程。图6-18所示的为智慧建筑楼宇综合管理系统。

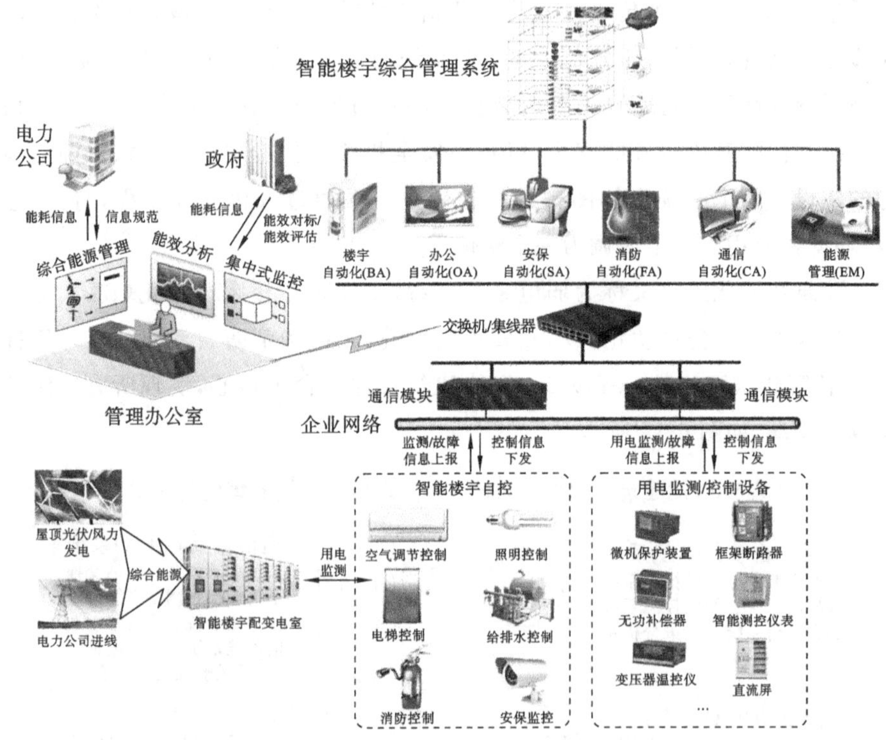

图6-18 智慧建筑楼宇综合管理系统

6.4 绿色建筑经典案例

6.4.1 国外著名绿色建筑项目案例

6.4.1.1 英国伦敦：西门子“水晶大厦”

“水晶大厦”是一座会议中心，也是一座展览馆，同时，更是向公众展示未来城市及基础设施先进理念的一个窗口。“水晶大厦”坐落在伦敦纽汉区皇家维多利亚码头,西门子公司将其在城市与基础设施领域的智慧融入该大厦。“水晶大厦”惊人的结构设计,让该建筑成为人类有史以来最环保的建筑之一。“水晶大厦”本身也为未来建筑提供了样本——它占地有 6300 m^2,却是高能效的典范,水晶大厦外形图如图 6-19 所示。与同类办公建筑相比,“水晶大厦”可节电 50%,实现二氧化碳减排 65%。“水晶大厦”里的制冷与供热的需求全部来自可再生能源,大厦屋顶有 2/3 的面积铺设光伏组件。另外,“水晶大厦”还利用智能照明技术,大大降低了照明系统的用电。

图 6-19 水晶大厦

“水晶大厦”的另一个有趣的特性是规划建设有雨水回收系统。建筑的屋顶将收集的雨水,经过污水处理,然后再生水纯化和转化为饮用水。

“水晶大厦”同时获得了 LEED 和 BREEAM 两项大奖。

6.4.1.2 巴林麦纳麦:巴林世界贸易中心

巴林,是一个岛国,邻近波斯湾西岸,气候属热带沙漠气候。巴林世界贸易中心是全球第一座利用风能作为电力来源的摩天大楼,该建筑耗资 3500 万巴币(约合 9 千万多美元)。大楼由两座传统阿拉伯式的“风塔”高楼组合而成,大楼主体平面为椭圆形,外形上尖下宽,如一对比翼的海帆,强健有力,掣风展开,傲岸于蔚蓝色的阿拉伯湾,如图 6-20 所示。

巴林世界贸易中心总高 240 m,是一座双子塔结构的建筑物。巴林世界贸易中心双塔之间凌空飞架着三座水平轴发电风车,发电风车的直径为 29 m。风帆一样的楼体形成两座楼之前的海风对流,加快了风速。这三座发电风车

图 6-20 巴林世界贸易中心

的安装费用为 100 万巴币，每年提供的电量约 1300 兆瓦时(130 万度)，相当于 200 万吨煤或者 600 万桶石油的发电量，风电机组所发电量能够支持大厦所需用电的 11%～15%。

随着全球能源的不断消耗，能源危机日益凸显，巴林世界贸易中心大楼安装的三座风力叶轮日夜不停旋转，不带来任何环境污染。风能——这种可再生、无污染且储量巨大的能源，更能激发天下有识之士各展才智，更好地开发利用可再生能源，减少二氧化碳之类温室气体的排放，保护人类赖以生存的地球[8]。

巴林世界贸易中心荣获芝加哥高层建筑和城市住区理事会(Chicago-Based Council on Tall Building and Urban Habitat)评定的 2008 年度中东北非地区高层建筑最佳奖。

6.4.1.3 波兰:集雨摩天楼

集雨摩天楼，由来自波兰的建筑学学生 Ryszard Rychlicki 和 Agnieszka Nowak 设计。大楼的顶部和外壳设有系统的排水设施，目的在于尽可能多地收集降雨以满足大楼每日的自身用水需求，图 6-21 所示的为波兰集雨摩天楼的近景图。

Rychlicki 和 Nowak 参考植物关于雨水收集与处理的结构原理，将集雨摩天楼的中央设计成一个巨大的漏斗形储水库和芦苇处理区，首先把收集到

图 6-21　集雨摩天楼

的水处理成可用的水,然后通过传输水网运送到各个区域。集雨摩天楼通过外表面的排水系统收集流经大楼侧面的雨水,收集到的雨水被运送到楼板下的管道,并存储起来。这些经过大楼处理过的雨水可以用于冲厕,清洗地板,浇灌植物等。

6.4.2　国内著名绿色建筑项目案例

6.4.2.1　中国节能绿色建筑科技馆

中国节能绿色建筑科技馆(以下简称"科技馆")是国家可再生能源利用和建筑节能示范项目。科技馆项目占地 1348 m^2,总建筑面积 4679 m^2,建筑高度 18.5 m,集研发、展示、技术交流于一体,图 6-22 所示的为科技馆外观图。科技馆除了具备科研办公功能,还身兼绿色建筑节能环保技术与产业宣传展示。

科技馆的一大特点是建筑整体向南有一个 15°的倾斜角,从而构建了一个自遮阳系统。科技馆的设计可谓匠心独运,其独特设计大大降低了太阳辐射的不利影响,能提供舒适的环境。科技馆采用了多套智能系统,包括智能化外遮阳系统、建筑自遮阳系统、能源再生电梯系统、智能控制系统、中水回用系统等,如图 6-23 所示。通过这些系统的集成并用,科技馆每平方米的能耗仅为普通建筑能耗的 1/4[9]。

科技馆的有益探索实践,不但让科技馆自身可持续发展取得重要阶段性进展,更在诸多环节和领域取得较有示范意义和突破性的初步成果。

科技馆里设计有一套地源热泵系统,建筑外围有管道深入到地下 60 m

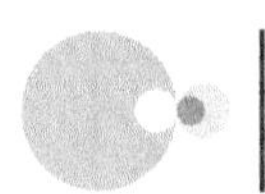

图 6-22　科技馆

图 6-23　科技馆所含智能系统

处，将地下 18 ℃左右的水取出，形成一个水循环系统，通过冷热交换的方式，调节科技馆室内的温度。该套地源热泵系统采用高温冷源，空调末端用于除去室内湿热负荷，以水作为输送介质。科技馆里设计的此系统输送能耗仅为空气输送能耗的 1/10～1/5。

科技馆内设计的智能系统采用完善的集成和先进的技术手段，使得该科技馆在建筑节能领域具有重要而广泛的示范性。

科技馆通过了国家绿色建筑运营三星级、国家绿色建筑设计三星级认证。

6.4.2.2 马蹄莲大楼

武汉新能源研究院大楼建筑群由“一枝花儿、五片绿叶、一朵蓓蕾”组成,占地 165 亩(1 亩≈666.667 平方米),建筑面积达 6.8 万平方米。其设计灵感来源于盛开的马蹄莲,是目前为止国内最大的绿色仿生建筑,图 6-24 所示的为马蹄莲大楼外观图。

图 6-24 马蹄莲大楼

马蹄莲大楼中间的主塔楼采用风、光、水、储多能互补供能模式,引入风力发电、太阳能与建筑物一体化、冷辐射置换通风系统、变风量系统、自然采光、中水回用等 11 项先进节能环保技术。

1. 风力发电

楼顶配置万瓦级垂直轴风力发电示范装置,可有效利用低风速地区的风资源。

2. 光伏建筑一体化

楼顶“花盘”配置的太阳能发电系统全年发电量超过 30 万千瓦时,可满足建筑内全年公共照明负荷,实现 CO_2 减排量超过 290 t/a。

3. 中水回收系统

“花盘”每年可收集雨水约 4800 t,经处理后的中水被用于卫生间和灌溉用水,占塔楼用水量的 31%。

4. 全钒液流储能电池

地下一楼配置一套全钒液流储能电池,容量为 100 kW·h,可用于应急负

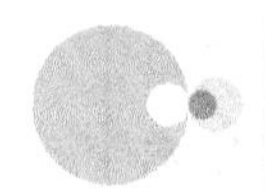

载供电和削峰、填谷。

5. 自然通风系统

大楼中央配置 9 m^2 热塔，可与外界进行零能耗自然换风，在排出室内浑浊空气的同时，将室外新鲜空气经过净化后输送到室内，彻底清新室内空气，改善大楼空气质量。

6. 光导照明系统

地面配置光导照明系统，直径不到一米的采光罩高效采集室外自然光线，并将所收集到的自然光导入系统内后重新分配，经过系统底部的漫射装置将自然光均匀分布到地下车库，供地下车库照明使用，降低照明负荷。

7. 综合能源管理系统

部署能源管理系统，对大楼多能互补系统进行信息化改造和精细化管理，减少各种能源的消耗。

8. 分布式能源站

大楼空调系统采用分布式能源站集中供冷和采暖，可同步提高空调的整体能效和用户舒适度，审计分析发现，大楼空调能耗占比仅为 35.59%，远低于一般公共建筑的 55%。

9. 变风量系统

配置变风量系统，可根据室内负荷的变化改变送入房间的风量，适配空调的优化负荷和风机负载，进而降低整体能耗。

10. 建筑围护结构节能技术

通过改善建筑物围护结构的热工性能，大楼的围护结构在夏季可以隔绝室外热量进入室内，而在冬季又能防止室内热量泄出室外，可以尽可能维持室内舒适性，以降低采暖、制冷设备使用率，从而减少能源负荷，实现节能。

11. 智能照明系统

利用先进的电子感应及电磁调压技术，改善照明电路中的不平衡负荷所带来的额外功耗。智能照明系统可以提高功率因数，同时降低灯具和线路的工作温度，达到优化供电，实现节能。图 6-25 所示的为马蹄莲大楼灯光效果图。

我们选取了主塔楼 2019 年 6 月到 2020 年 5 月的数据，基于《国家机关办公建筑和大型公共建筑能耗监测系统分项能耗数据采集技术导则》，主塔楼通过规划设计的能耗分项计量系统，对新能源大楼的变配电、空调、照明、电梯、

图 6-25 马蹄莲大楼灯光效果

信息、可再生能源、雨水回收等系统用电进行了能源审计,有了如下发现。

(1) 全年大楼能源供给只有62%来源于电网,剩下14%由大楼光伏发电系统供给,24%由园区能源站提供热力供给。

(2) 大楼单位使用建筑面积能耗为 74.43 kW · h/(m^2 · a),远低于武汉地区的写字楼 2018 年调研平均能耗 118.60 kW · h/(m^2 · a)。

(3) 基于多能互补供能与新风系统的耦合,新能源大楼空调能耗仅为建筑能耗的46.51%,远低于一般超甲级写字楼中,占总建筑能耗60%以上的空调系统的能耗。

(4) 主塔楼顶部"花盘"上的太阳能光伏板在晴朗天气时,可以源源不断吸收太阳能,虽然已经投入使用六年,现在每年依然能够产生约30万度的清洁电能,占塔楼年能耗的25%,相当于大楼公共照明的用电量,每年可以实现CO_2减排量超250 t。系统平均日照利用小时数为2.83 h,远远高于湖北地区的平均光伏日照利用小时数2.57 h,是非常典型的光伏建筑一体化(BIPV)示范建筑。

(5)"花盘"每年可收集雨水约4800 t,经处理后的中水被用于卫生间和灌溉用水,占塔楼用水量的31%。

马蹄莲大楼内部署的综合能源智能管理平台,贯彻"人性化运行与科学管理"的理念,实现公共照明能耗(占整体能耗26.81%)和办公能耗(占整体能耗16.47%)的显著降低。即将开工建设的深层地岩热泵示范和光热建筑一体化

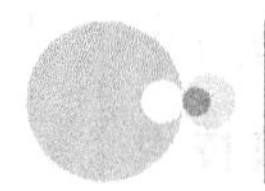

(BIPT)示范可以为大楼提供源源不断的清洁热力，将大楼清洁能源供给占比由14%提升至38%。

马蹄莲大楼以优质的室内健康舒适指数和新能源应用、低碳节能、能源再生方面的实践，获得了中国绿色建筑评价体系《绿色建筑评价标准》最高奖——三星奖。

参考文献

[1] 王树京.建筑技术概论[M].北京：中国建筑工业出版社，2008.

[2] 仇保兴.贯彻落实科学发展观 大力发展节能与绿色建筑[J].中华建设，2005(A)：62-68.

[3] 田斌守.绿色建筑[M].兰州：兰州大学出版社，2014.

[4] 朱继平，罗派峰，徐晨曦，等.新能源材料技术[M].北京：化学工业出版社，2015.

[5] 吴国楚.浅析光伏建筑一体化[J].青海科技，2011(01)：15-22.

[6] 项颢，沈洁，贾琨.智慧建筑的概念及其系统框架[J].智能建筑与智慧城市，2019(10)：19-23.

[7] 罗学超.浅析物联网时代下的智能建筑的发展[J].商场现代化，2012(29)：35-41.

[8] 柳时强.绿色理念贯穿全过程造就绿色建筑典范[N].广东建设报，2018-09-20.

[9] 富庆熙.中国节能绿色建筑科技馆[N].中国经济导报，2018-06-14.

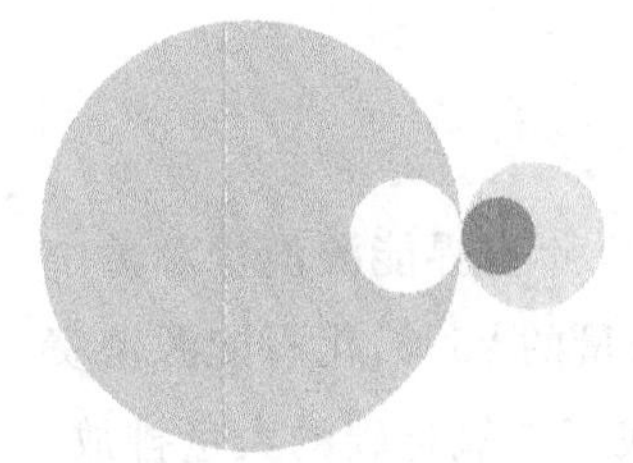

第7章 负碳技术：碳捕集、利用与存储

由于中国经济的飞速发展及煤炭在中国能源结构中的高比例造成中国二氧化碳排放量全球第一，排放量接近全世界排放量的30%。基于发展节能技术和新能源替代传统化石能源在二氧化碳减排中所面临的瓶颈问题，中国面临着巨大能源安全问题，因此迫切需要大力发展传统化石能源领域的碳捕集、利用与存储(CCUS)技术。

CCUS技术一般分为碳捕集技术、碳运输技术、碳利用技术、碳存储技术。碳捕集技术中整体煤气化联合循环(IGCC)技术能够实现传统碳基燃料的清洁化利用，但是前期投资成本高，系统可靠性不足。富氧燃烧技术主要受制于制氧所导致的高成本。在物理吸收法、物理吸附法、化学吸收法、化学吸附法、膜分离法、低温蒸馏法、直接空气碳捕集(DAC)技术等捕集技术中，化学吸收法最为成功，已有诸多应用案例。碳利用技术中的物理利用技术只是延缓了CO_2的排放时间，并未真正起到减少CO_2排放的作用。化工利用技术中CO_2、氨合成尿素、碳酸氢铵、聚碳酸酯、碳酸二甲酯等是CO_2规模固定和利用比较成功的路线。生物利用技术中微藻固碳技术和CO_2气肥技术具有相当不错的发展前景。近些年来，我国在钢渣矿化、磷石膏矿化、混凝土养护利用技术等矿化利用技术方面取得了重要突破。管道运输技术、汽车槽车运输技术、船舶运输技术、铁路运输技术各有优缺点，其中管道运输技术最成熟、最常用，在长

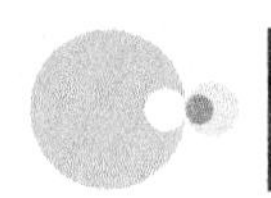

距离、大规模运输时非常具有优势。目前的碳存储技术主要分为陆地存储技术和海洋存储技术，陆地存储技术成本低，技术相对成熟，在不同的陆地存储技术中，CO_2强化石油开采(CO_2-EOR)技术商业化应用最为成功，美国已有大量应用案例，CO_2强化深部咸水开采(CO_2-EWR)技术也有少量的应用案例。海洋存储技术成本高，技术要求高，目前只有少量的应用。

7.1 碳捕集、利用与存储技术概述

世界经济高速发展造成了能源的大量消费。2020年世界能源消费总量中石油占总量的31%、煤炭占总量的27%、天然气占总量的25%，化石能源消费量超过能源总量的80%。化石能源的大量消费，造成了二氧化碳的大量排放。二氧化碳是温室气体的主要来源之一。温室气体是指诸如水蒸气、二氧化碳、氟利昂等能吸收地面反射的长波辐射，并重新发射辐射的一些气体。它们能吸收太阳辐射并加热空气使地球表面变得更暖，这种让地球变得更暖的负面影响也被称为“温室效应”。二氧化碳(CO_2)、甲烷(CH_4)、氧化亚氮(N_2O)、氢氟碳化物(HFCs)、全氟碳化合物(PFCs)、六氟化硫(SF_6)是《京都议定书》中明确规定需要限制使用的几种温室气体。其中二氧化碳在所用温室气体中的比例最高，超过1/4。温室气体会对海洋、气象、生态系统等各方面造成危害。温室效应导致全球气温升高，陆地上冰川及极地的冰盖融化会向海洋注入大量的液态水。如果气温增加1.5～4.5 ℃，海平面将上升15～95 cm，全球相当一部分城市面临被淹没的风险，将会给人类造成严重威胁。海洋中吸入了更多的二氧化碳会造成海洋pH值降低，这会对珊瑚及带有碳酸钙贝壳的海生生物造成致命影响，还会对鱼类及其他浮游生物的生长和繁殖造成影响。温室气体还会导致极端天气的出现，改变区域气候平衡。温室气体对生态系统的不利影响也不容忽视。有资料显示全球变暖会影响到动物的迁徙时间，改变动植物区域或季节习性。

目前全球碳排放形势非常严峻，如果坐视目前二氧化碳随意排放而不采取任何措施，地球气温必定将会持续升高，最后的结果将会不堪设想，人类必定会遭受到前所未有的灾难。温室效应所引发的巨大气候变迁也是人类整体面临的共同挑战，在地球村中任何一个国家都无法独善其身，所以全世界需要齐心协力才能很好地破解这一问题。

目前世界各国均意识到减少二氧化碳排放的重要性，纷纷着手布局谋划

碳中和。美国是碳排放大国,碳排放量占全球15%左右,拜登总统上台后不久宣布重返《巴黎协定》,美国提出"到2035年,通过向可再生能源转型实现无碳发电;到2050年,让美国实现碳中和"。为了实现该目标,美国政府计划投资2万亿美元到基础设施、清洁能源等重点领域。美国国务卿布林肯和美国总统气候变化特使克里在各种场合中都表明,美方期待在气候变化领域同中方通力合作。欧盟提出电力行业2040年实现碳中和,建筑行业2040年末实现碳中和,交通行业2045年实现碳中和,其他行业2050年实现碳中和。欧盟要逐步实现从碳密集型技术转向低碳技术,每年将整个欧盟总投资量的25%,约8000亿欧元投资到低碳技术,预计增加500万个就业岗位。英国能源白皮书《Powering Our Net Zero Future》(为零碳未来提供动力)是英国13年间的第一份能源白皮书,白皮书提出英国要在2050年实现净零排放,建立世界上第一个净零排放限额和交易市场,在2030年之前建立4个碳捕集群。日本发布了脱碳路线图草案,提出2050年实现碳中和,还就海上风能、电动汽车等14个不同领域制定了不同阶段的发展时间表,并试图利用创新技术和绿色融资的方法加快日本向低碳社会转型,绿色投资超2.33万亿美元。预计到2050年,日本国内电力需求将激增30%～50%,届时一半左右的电力将由可再生能源满足,10%的电力将由氢和氨提供,剩余30%～40%的电力则由核能及配有碳捕集技术的燃煤电站满足。日本政府还打算通过推出新碳价机制来助力减排量,并计划于2021年建立一个按照二氧化碳排放量收费的新机制。

我国作为当今世界上第二大经济体,在经济飞速发展的同时,二氧化碳排放量正逐年递增,目前已经超过了美国,成为全球第一大碳排放量国。正是由于我国大量的碳排放,很容易处于世界舆论的风口。中国作为有责任有担当的大国并且基于可持续发展的科学目标一直积极致力于减少二氧化碳排放。中国国家主席习近平在第七十五届联合国大会一般性辩论上表示,一氧化碳力争于2030年前达到峰值,努力争取2060年前实现碳中和。2020年中央经济工作会议上提出的八项重要工作中就包括碳达峰和碳中和,会议上提出抓紧制定2030年前碳排放达峰行动方案,支持有条件的地方率先达峰。《新时代的中国能源发展》白皮书提到贯彻"四个革命、一个合作"能源安全新战略,构建清洁低碳、安全高效能源体系的主要举措。中国将围绕实现碳达峰、碳中和目标采取有力措施,持续提升能源利用效率,加快能源消费方式转变。上海、江苏、广州、青海等地也均提出要在全国率先实现碳达峰。中国从中央到地方在“碳达峰、碳中和”上一条心。

二氧化碳捕集、利用与存储(carbon capture, utilization and storage, CCUS)技术，CCUS 技术是指捕集化石能源利用中所排放的 CO_2，并注入深部油层、页岩层、咸水层等地点，进行长期存储和增产利用的过程，如图 7-1 所示。CCUS 技术是目前国际社会普遍认可的最高效、直接的二氧化碳规模化减排手段之一。CCUS 技术由碳捕集、碳运输、碳利用与碳存储四大技术组成，碳捕集技术是指通过相应的技术手段和装置将燃煤电站、钢铁厂、水泥厂等点源污染中的二氧化碳收集起来，而非直接将二氧化碳排向大气环境中的技术；碳运输技术则是指将用所捕集的 CO_2 通过管道、汽车槽车、船舶、火车等方法运输到 CO_2 使用地或存放地的技术；碳利用技术是指用所捕集的 CO_2 资源化利用的技术；碳存储技术是指将排放源中所产生的 CO_2 捕集并安全地贮存起来而并非直接将 CO_2 释放到大气环境中的技术。本节将重点分析 CCUS 技术原理。

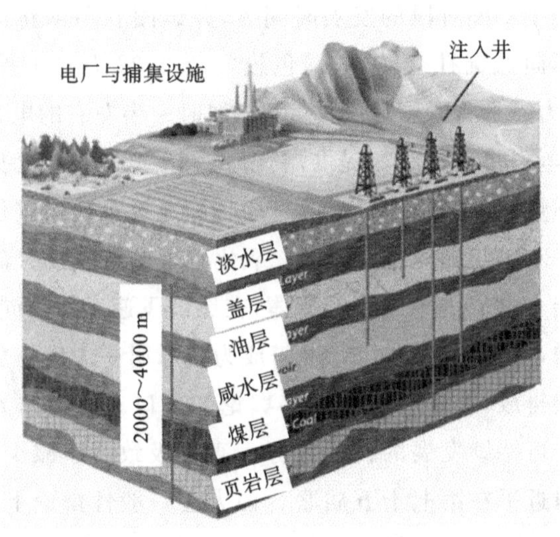

图 7-1　CCUS 技术原理图

7.1.1　碳捕集技术

发电及其他工业生产中化石能源的大量使用是 CO_2 持续增加的主要原因。CO_2 捕集系统是 CCUS 的第一个环节，也是最重要的环节，其能耗和成本在 CCUS 中的比例最高。一般而言，碳捕集技术分为燃烧前捕集技术、富氧燃烧捕集技术及燃烧后捕集技术。各种碳捕集方式的技术路线如图 7-2 所示。

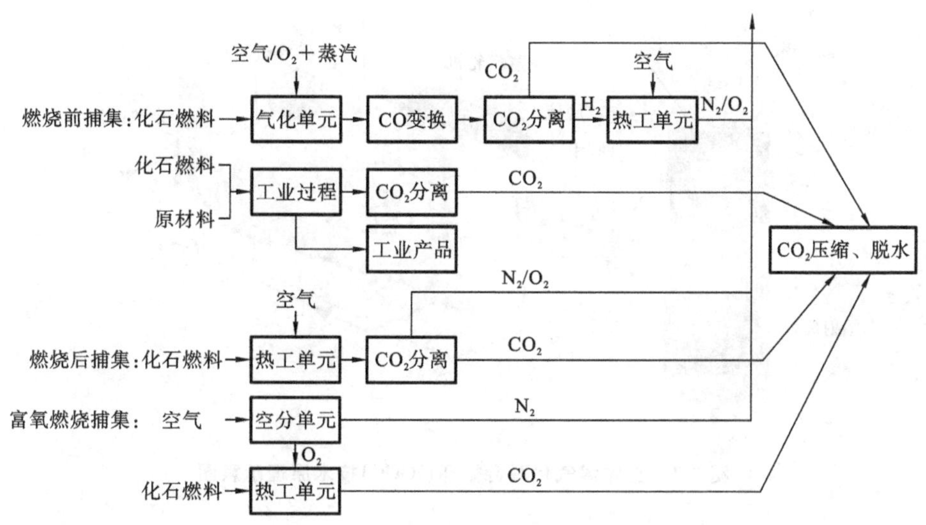

图 7-2　不同碳捕集方式的技术路线

本章将重点介绍典型碳捕集技术的特点。

7.1.1.1　燃烧前捕集

燃烧前捕集技术是指在碳基燃料燃烧前通过煤气化反应或者其他化学反应将燃料中的化学能从碳中转移出来,转化为以 CO 和 H_2 为主的煤气及以 CO_2 和 H_2 为主的水煤气。然后将碳从煤气中分离出来,碳在煤气燃烧利用前即被捕集。该技术的特点是捕集的 CO_2 浓度很高,分离容易,分离能耗很成本低,但前期设备投资成本高,可靠性不足。

目前最典型的燃烧前捕集技术是以煤气化为核心的整体煤气化联合循环(integrated gasification combined cycle,IGCC)技术。IGCC 技术原理示意图如图 7-3 所示。

IGCC 技术通过煤气化技术和燃气-蒸汽联合循环发电技术的结合实现了传统能源的高效、清洁化利用,该技术满足电力发展需求和环保的要求,是一项非常具有发展前景的碳捕集技术。IGCC 系统一般由煤气化系统和燃气-蒸汽联合循环发电系统两部分所组成,如图 7-4 所示。该系统主要设备包括气化炉、空分装置、燃气轮机、蒸汽轮机、余热锅炉、发电机。

IGCC 系统工艺流程如图 7-5 所示,其主要工艺过程为:原煤经过处理变成煤粉后进入气化炉,煤粉在气化炉内高温条件下与空分装置产生的氧气进行热化学反应,生成以 CO 和 H_2 为主的低热值煤气,煤气经过各种气体净化

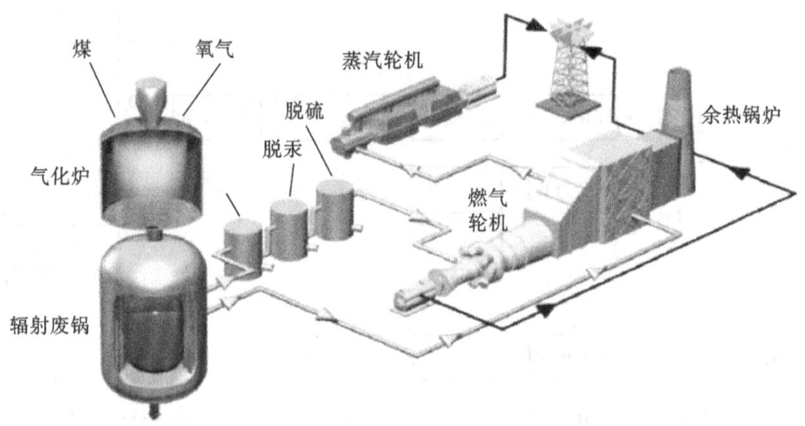

图 7-3　整体煤气化联合循环(IGCC)技术原理示意图

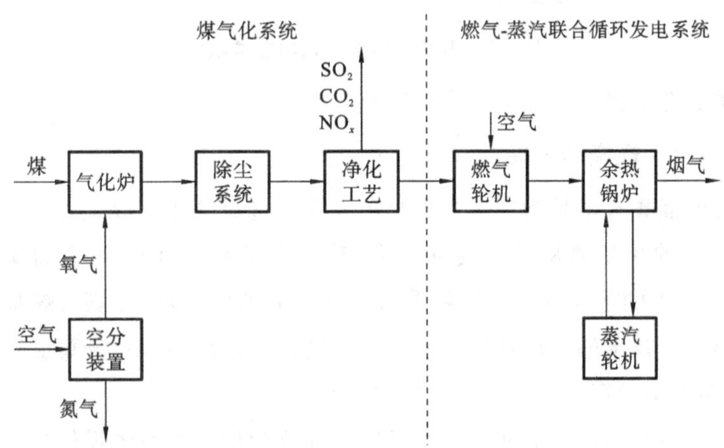

图 7-4　IGCC 系统

工艺后,其中的硫化物、氮化物、粉尘等污染物被去除,最后变为清洁的气体燃料,然后将净化后的气体燃料送入燃气轮机的燃烧室内,在燃烧室内气体燃料和压缩空气燃烧生产高温、高压的气体以驱动燃气轮机旋转做功,燃气轮机带动发电机发电,燃气轮机内做完功的高温烟气进入余热锅炉以加热余热锅炉内的给水,所产生的过热蒸汽驱动蒸汽轮机旋转做功,蒸汽轮机带动发电机发电。燃气-蒸汽联合循环发电系统的三大关键设备是燃气轮机、蒸汽轮机及余热锅炉。在燃气-蒸汽联合循环发电系统中,燃气轮机做功后的高温烟气不是直接排空而是进入余热锅炉将给水加热为过热蒸汽,过热蒸汽再进入蒸汽轮机内做功。燃气轮机排出的高温烟气余热得到了回收利用,其整体热效率远

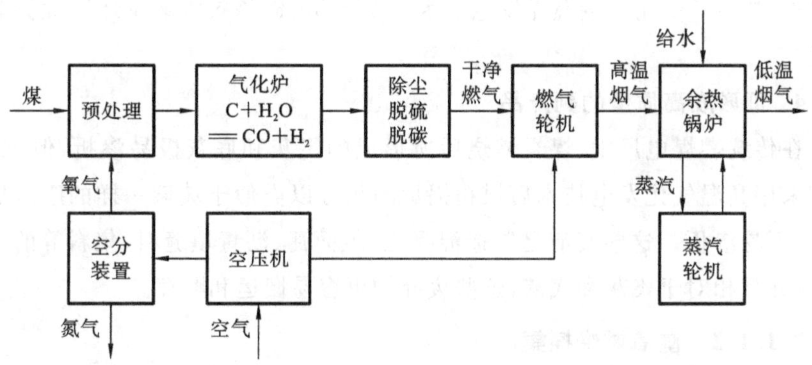

图 7-5 IGCC 系统工艺流程

高于单独的燃气轮机热力循环。

目前中国能源结构中煤炭的比例相当大,燃煤发电的比例超过 60%,IGCC 对原有燃煤机组发电技术的更改非常小,这将会是洁净煤使用技术的最佳选择,发展 IGCC 技术对我国非常有意义。

IGCC 集成煤气化和燃气-蒸汽联合循环发电技术,比传统煤电的发电效率更高,污染物的排放更低,而且具有 CO_2 捕集率高等优势。目前国内外已有相当一部分示范工程和商业化项目,已被验证是非常具有商业化前景的高效洁净发电技术。

IGCC 技术的优点如下。

1. 发电效率高

燃气-蒸汽联合循环是其高效率发电的主要原因。IGCC 的发电效率已经达到 42%～43%,正在开发的 IGCC 项目效率超过 50%。

2. 环保优势明显

传统的煤燃烧用于生产电力和热的一个主要缺点是会排放二氧化碳、二氧化硫、NO_x、微粒、汞等。IGCC 系统中合成气净化工艺包含去除大量颗粒的过滤器、去除细颗粒的洗涤设备和去除汞的固体吸附剂。净化设备的脱硫率≥98% ,脱氮率≥90% ,粉尘排放接近零。此外,气化炉中产生的氢气作为燃气轮机的燃料,在燃烧时不会产生污染物。

3. 耗水量少

因为 IGCC 电厂中燃气轮机发电量占全厂发电量的 2/3,蒸汽轮机发电量占全厂发电量的 1/3,燃气轮机发电过程中不需要冷却水,减少了冷却水的蒸发损失，故 IGCC 比直接燃煤发电节水 30%～50%，该技术缺少地区优势非常明显。

4. 可形成高质量的副产品

在传统燃煤电厂中，煤炭燃烧后所形成的飞灰和底灰极易渗析，但 IGCC 系统采用高温气化发电技术后煤粉锅炉的灰分以类似于玻璃一样的废渣形态流出，不易渗析。这些废渣是制造混凝土、屋面瓦、沥青填缝料、集料等的主要原料，并且相对于飞灰和底灰，这些废弃物更容易搬运和贮存。

7.1.1.2 富氧燃烧捕集

富氧燃烧捕集技术是指燃烧中捕集技术。富氧燃烧捕集技术是在传统煤燃烧技术的基础上，采用空分技术将空气中的 O_2 和 N_2 分离出来，将传统煤燃烧中煤粉和空气的燃烧改为煤粉和高浓度的氧气或纯氧与循环的部分烟气（烟道气）的混合气体燃烧，燃烧后烟气中 CO_2 体积分数非常高，通过冷凝便可使 CO_2 分离，CO_2 的捕集成本很低。

在传统的燃烧中，煤、石油或天然气等化石燃料与空气中的氧气发生剧烈的化学反应生成二氧化碳等物质并释放出热量。正常情况下，空气中氧气的体积分数为 21%，氮气的体积分数为 78%，二氧化碳等其他气体的体积分数为 1%。燃烧为富氧燃烧是指燃烧物中 O_2 的体积分数大于 21%。纯氧燃烧是将燃料和空气的燃烧替换为燃料和纯氧的燃烧。

目前富氧燃烧捕集技术是国际公认的可以大规模减少二氧化碳排放的碳捕集技术之一，是国内外学者研究的热点。目前该技术已被应用于燃煤电站、工业窑炉、燃料电池等领域。

由于富氧燃烧采用富氧或者纯氧替代空气作为助燃剂，其燃烧产物中 CO_2 的浓度较高，二氧化碳的捕集和存储比较容易。典型的富氧燃烧系统工艺流程如图 7-6 所示[1]，空分系统制取的富氧与锅炉尾部部分烟气按照一定的比例混合后进入锅炉内与煤粉发生剧烈的化学反应进而完成燃烧，锅炉尾部可获得高浓度二氧化碳比例的烟气。烟气进入烟气冷凝器后里面的气态二氧化碳凝结为液态二氧化碳，最后经过一定的处理和压缩后得到高纯度的液态二氧化碳，以便运输、利用与储存。

富氧燃烧条件下，氧气的压力一般高于传统燃烧，且其燃烧所产生的烟气中二氧化碳的浓度很高，故其燃烧机理区别于传统燃烧。国内外学者针对富氧燃烧的着火特性、燃烧特性、传热特性及污染物排放特性展开了大量的研

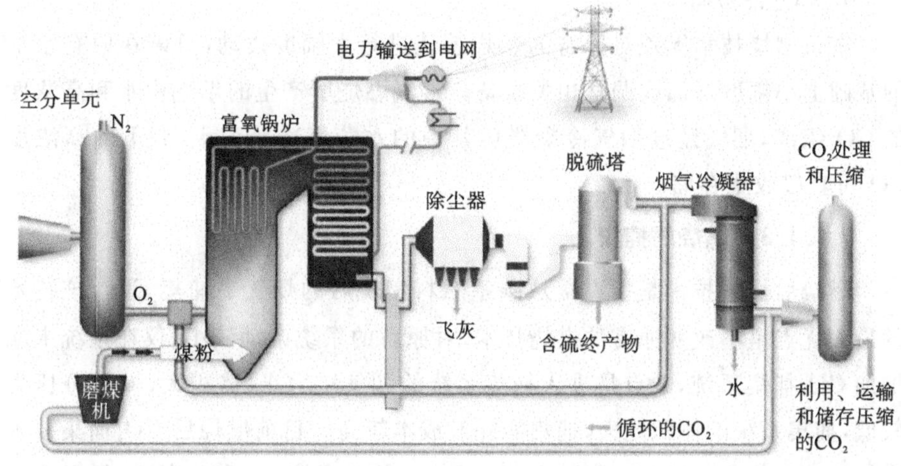

图 7-6　煤粉富氧燃烧技术原理示意图

究,该技术得到了迅猛发展,对其燃烧机理有了较为深入的了解。

与传统燃烧相比,富氧燃烧具有如下优点。

1. 燃烧效率高

富氧燃烧中氮气的体积减小,可有效减小燃烧产生的烟气量,从而显著减小排烟损失。

2. 燃烧火焰温度高

传统空气燃烧以空气为助燃剂,绝热火焰温度约为 1950 ℃,富氧燃烧中以纯氧为助燃剂,燃烧绝热火焰温度高达 2800 ℃。

3. 火焰稳定性和传热效果好

因为氧气的含量增加,燃烧所需的助燃剂更多,有效提高燃烧速度,使燃烧反应更加剧烈,传热效果更好。

4. 限制减少污染物的排放

同等条件下,富氧燃烧氧浓度增加,意味着氮气浓度减少,氮气浓度的减少可有效减少一氧化氮、二氧化氮等氮氧化物污染物的排放。

5. 可有效降低燃料的燃点温度和减少燃尽时间

燃料的燃点温度并不固定,受到燃烧条件的影响而变化。传统燃烧中以空气为助燃剂时 CO 的燃点为 609 ℃,富氧燃烧中以纯氧为助燃剂时 CO 燃点为 388 ℃,燃点较传统燃烧时大大降低,所以在富氧燃烧中燃烧所释放的热量增加,火焰强度提高。

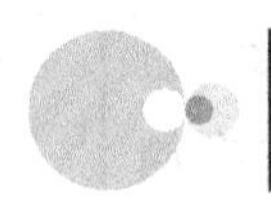

6. CO_2容易捕集

富氧燃烧技术无须对原有的燃烧系统进行大幅度改动，只需在原有系统的基础上小幅度增加或调整相关设备。富氧燃烧所产生的烟气由水和高浓度的CO_2组成，烟气经过烟气冷凝器后其中的水蒸气冷凝为水，剩下的高浓度CO_2可直接收集存储。

7.1.1.3 燃烧后捕集

燃烧后捕集技术是指直接从碳基燃料燃烧后的烟气中捕集CO_2，该技术的最大优点是不改变原有的燃烧技术，对原有的系统改动较小，仅在系统末端增加CO_2捕集系统，缺点是进入捕集系统的烟气压力小、体积大，CO_2分压力较低，捕集系统的体积庞大，捕集能耗或成本较高。目前燃烧后CO_2捕集技术包括物理吸收法、物理吸附法、化学吸收法、化学吸附法、膜分离法、低温蒸馏法、直接空气碳捕集(DAC)技术等。

1. 物理吸收法

物理吸收法的基本原理是基于亨利定律，即一定温度下气体在吸收剂中的溶解度与该气体的压力成正比，常用的吸收剂包括水、甲醇、乙二醇二甲醚、碳酸丙烯脂等，通过改变吸收剂的温度和压力从而使CO_2得到吸收与解吸。一般而言，当溶剂处于低温、高压环境时，CO_2被吸收；当溶剂处于低压高温环境时，CO_2被析出，其技术原理图如图7-7所示。二氧化碳吸收剂基本采用有机或无机化合物，故该吸收法称为二氧化碳物理吸收法。物理吸收法中所选择的吸收剂的指标包括：二氧化碳溶解度、二氧化碳的选择性、溶剂价格、溶剂腐蚀性、溶剂稳定性等。物理吸收法的主要优点有吸收量较大、选择性强、设备运行维护简单。不足之处在于吸收剂的成本高，吸收能耗高，运行成本高。

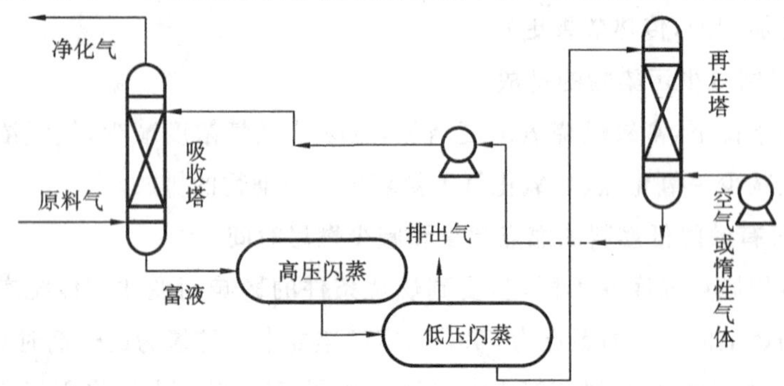

图7-7 二氧化碳物理吸收法

2. 物理吸附法

物理吸附法是指以沸石(zeollte)分子筛、活性炭等固体吸附材料来对二氧化碳进行选择性吸附,通过改变吸附材料的温度和压力以实现二氧化碳的吸附与解吸。吸附材料在低温、高压条件下吸附 CO_2,在高温、低压条件下解吸 CO_2,其技术原理图如图 7-8 所示。物理吸附法分为变温吸附法、变压吸附法及变温+变压吸附法。物理吸附法的主要优点为工艺简单、操作简单、能耗低、维护容易、成本不高。不足之处在于,吸附剂的吸附率很低,而且要先处理掉所吸附气体中的硫化物,防止其对吸附材料的毒害。目前该技术的使用范围有限。

3. 化学吸收法

化学吸收法是指利用吸收剂与 CO_2 发生化学反应实现 CO_2 的回收,并通过逆反应使吸收剂再生从而实现循环利用,其技术原理图如图 7-9 所示。常用的化学吸收法有氨水溶液吸收法、热钾碱溶液吸收法、有机胺溶液吸收法、氢氧化钠吸收法。化学吸收法的最大优势是 CO_2 的吸收率很高,且能够处理 CO_2 分压力很低的混合气体,工艺成熟。化学吸收法的主要缺点如下。

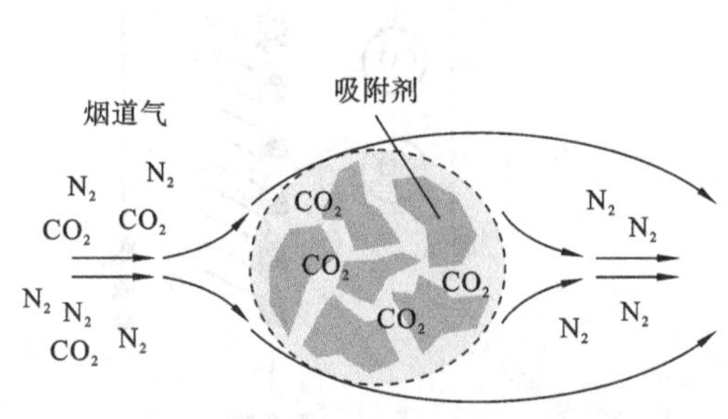

图 7-8 二氧化碳物理吸附法

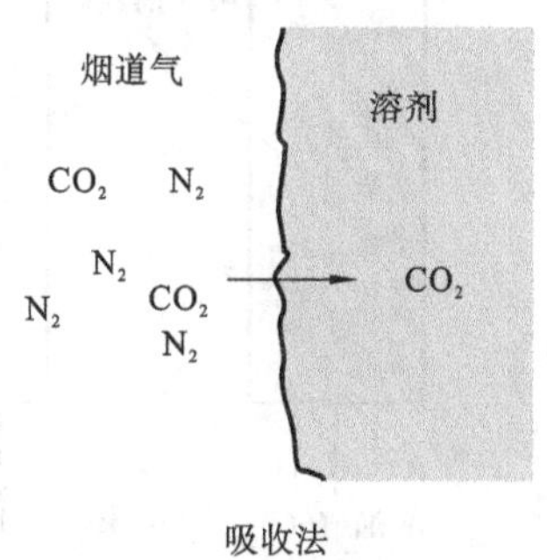

图 7-9 二氧化碳化学吸收法

(1) 吸收剂会与所处理的混合气体中的氧气、硫化物、硫化羰等物质发生不可逆的化学反应,造成吸收剂的消耗较大。

(2) 吸收剂一般为氨水溶液、热钾碱溶液、有机胺溶液,这些溶液对管道有一定的腐蚀作用,所以对设备的要求较高,前期投资成本较大。

(3) 操作流程复杂。

4. 化学吸附法

化学吸附法是指利用金属氧化物、类水滑石类固体吸附剂、负载胺、硅酸

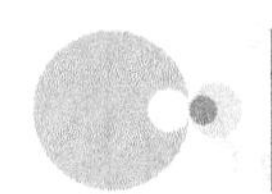

盐、碳酸盐、金属有机骨架材料(MOFs)等通过化学反应或吸附来捕集混合气中的二氧化碳,并在高温下进行解吸、再生,其技术原理图如图7-10所示。其主要优点是,吸附选择性较好,吸附效率高,工艺流程简单,部分吸附材料可在中高温条件下工作,捕集成本低。主要缺点是,温度、吸附和解吸次数对其性能的影响较大。

5. 膜分离法

膜分离技术是指将某些特殊材料制成薄膜,以薄膜两边的压力差、浓度差、电位差、温度差等作为推动力,利用膜的选择透过性实现碳捕集的技术。当薄膜两边出现推动力时,对膜渗透率较高的气体就会迅速穿透薄膜到达薄膜出气侧,而对膜渗透率差的气体则会留在薄膜进气侧,将薄膜进气侧和出气侧的气体分别引出,就可有效实现不同气体的分离,其技术原理图如图7-11所示。膜分离法的主要优点是,工艺简单、能耗低、投资小。膜分离法的缺点是,膜的使用寿命有限,捕集的CO_2纯度较低。

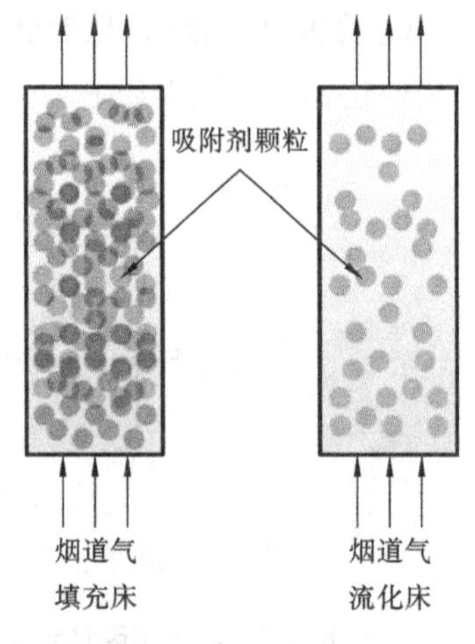

图7-10 二氧化碳化学吸附法

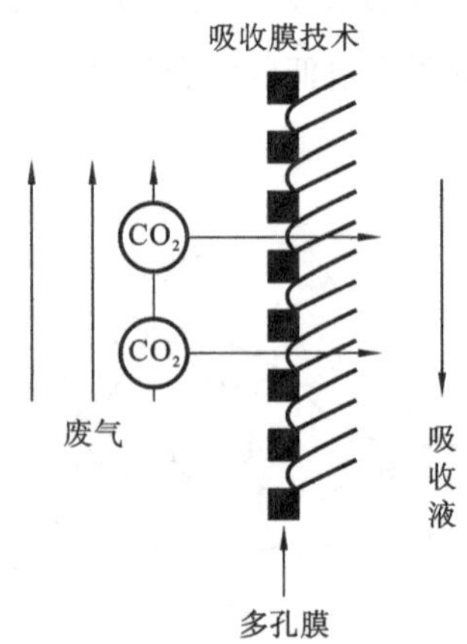

图7-11 二氧化碳膜分离法

6. 低温蒸馏法

低温蒸馏法的原理是,将含有二氧化碳的混合气体经过压缩并换热后冷却为低温液体,再将液体加热,液体中不同的组分在不同的蒸发温度下分别被分离出来,其技术原理图如图7-12所示。该方法的优点是,在不额外使用各种物理化学物质的前提下分离出高浓度的CO_2,当所处理的烟气中CO_2含量很高时,性价比比较高;其缺点是,CO_2的临界状态点温度为31 ℃,压强为7.38

MPa,临界点的压力很高,需要加压才能达到,加压系统导致能耗高,成本高。

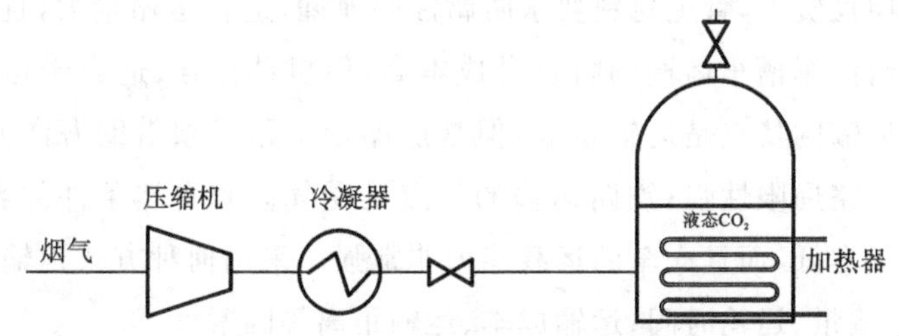

图 7-12　二氧化碳低温蒸馏法

7. 直接空气碳捕集技术

直接空气碳捕集技术区别于针对燃煤电站、水泥厂等点源碳捕集技术,是一种直接从环境空气中捕集二氧化碳(CO_2)并将捕集的 CO_2 存储或利用的过程,其技术原理图如图 7-13 所示。DAC 技术原理为:利用吸附材料捕集空气中的 CO_2,通过改变吸附材料的温度、压力让 CO_2 从中析出,吸附材料再生,再生后的吸附材料再次用于 CO_2 捕集,而被捕集的 CO_2 则被存储或利用。

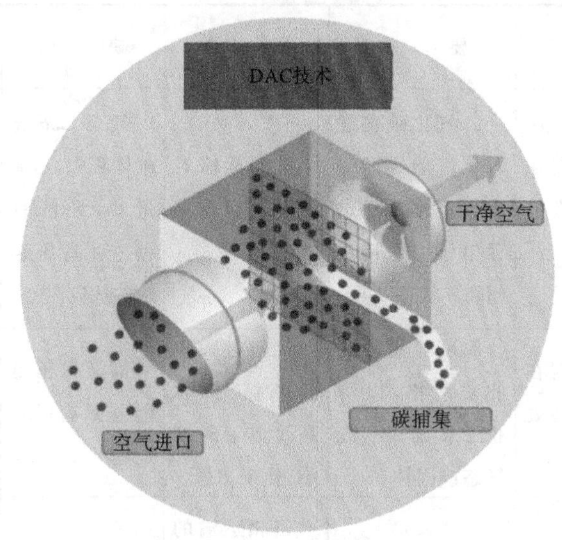

图 7-13　直接空气碳捕集技术

7.1.2　碳运输技术

二氧化碳运输技术是碳捕集、利用与存储系统的桥梁,在 CCUS 技术中起着至关重要的作用。CO_2 的主要运输方式有管道运输、汽车槽车运输、船舶运输、铁路运输，这四种方式各有特点。管道运输的特点是运输量大、成本低、稳定性高、前期投资大，管道材料要求防腐蚀和泄漏，适合运输量大，且位置相对固定的场合；汽车槽车运输的特点是成本高，但机动性强、适合于运输量小的场合；船舶运输的特点是运输量大，但是船舶走水路必须借助海洋或江河，成本比较高，线路局限性强；铁路运输的特点是受气候和自然条件的影响较小，运输量大，成本低，而且火车的运载能力非常强。采用何种方式运输 CO_2 必须综合考虑运输量、运输时间、运输成本、运输距离等因素。

7.1.2.1 管道运输

管道运输是二氧化碳最常用的运输方法，且是最为成熟的运输技术。管道运输中的二氧化碳可以是气体、液体、密相、超临界状态。这四种运输状态特点如表 7-1 所示[2]。最常见的做法是将所捕集的二氧化碳用压缩机压缩到临界压力以上，使管道内的压力处于超临界状态以提高二氧化碳的密度及避免气液两相流的出现，超临界二氧化碳便于运输和降低成本。

表 7-1 二氧化碳不同运输状态

运输状态	技术特点	要求	优点	缺点	应用
气体	二氧化碳在管道内始终处于气态	二氧化碳在进入管道前经过节流和减压，输送过程中压力保持在超临界状态以下	气态运输对管道材料要求较低	气态二氧化碳体积大，运输量小，经济性差。对高压运输的适应性差	容量小、短距离输送。适用于人口密度高的地区
液态	二氧化碳在管道内始终处于液态	温度控制需要非常严格，以防止二氧化碳变成气态或固体	运输过程中的摩擦力小，黏度小，密度小，便于运输	高蒸气压可能会影响正常运输	容量小，管道距离短。适用于人口密度高的地区，如油田
密相	二氧化碳在运输过程中始终处于密相	运输温度应略低于超临界输送，整个压力范围不应改变	密相运输的投资成本远低于气态运输和液体运输，但更接近超临界运输	仅适用于人口相对较少的地区	管道容量大，距离远。适用于人口密度较低的地区

续表

运输状态	技术特点	要求	优点	缺点	应用
超临界状态	二氧化碳在运输过程中始终处于超临界状态	运输温度和压力均高于临界值	经济实惠	由于温度和压力的变化，许多杂质可能会从二氧化碳中沉淀出来并形成气相	管道容量大，距离远。适用于人口密度较低的地区

7.1.2.2 汽车槽车运输

汽车槽车运输是指以汽车或者槽车为运输工具运输二氧化碳,该技术在交通不发达地方、偏远落后地区、山区等地势崎岖的地方非常具有优势。汽车运输具有的特点如下。

(1) 机动性强,公路运输网比铁路运输网、水路运输网密集很多,且公路分布广,汽车槽车可以随时、随地在各个不同地点来回穿梭,有效实现“门对门”直达运输,与其他运输方式相比,运输速度相对较快。

(2) 汽车槽车运输技术要求较低,门槛很低,只要有对应的驾驶执照的人员都可以胜任运输任务。

(3) 运输量小,汽车槽车体积有限,每次运输量都很小。

(4) 成本高,汽车槽车燃料都是市面上价格相对比较高的汽油或柴油,成本较高,而且如果经常在路况较差的地方行驶,车辆损耗问题会比较突出。

(5) 安全性不高,汽车槽车所走的路线不固定,尤其在路况复杂的地方易发生交通事故。

7.1.2.3 船舶运输

船舶运输是指以船舶为运输工具运输二氧化碳,该技术在大规模运输、远洋航线、长距离运输时比较具有优势。船舶运输的主要特点是:船舶运输的运输量比汽车槽车运输量大,基本上和火车运输量相当,但必须借助江河或海洋,成本相对比较高,而且船上必须配备能承受低温、高压条件的CO_2存储设备,前期投资成本很大。

7.1.2.4 铁路运输

铁路运输是指以火车为运输工具运输二氧化碳，该技术在大规模运输时非常具有优势，铁路运输的主要特点是：几乎不受恶劣气候和自然条件的影响；运载能力非常强；运输速度特别快；安全性、稳定性非常高；运输成本相对较低。

7.1.3 碳利用技术

将所捕集的CO_2资源化利用是实现“碳中和”的重要途径之一。资源化利用CO_2不仅能有效减缓或减少二氧化碳的排放，还能创造出一定的经济价值，从而降低“碳中和”的成本。CO_2的资源化利用技术主要包括CO_2物理利用技术、CO_2化工利用技术、CO_2生物利用技术、CO_2矿化利用技术。

7.1.3.1 CO_2物理利用技术

CO_2物理利用主要是把CO_2用作制冷剂、灭火剂、食品添加剂、保鲜剂等。CO_2物理利用只是延迟了CO_2排入大气的时间，并未真正起到碳中和的作用。CO_2直接物理利用应用于许多行业和部门。例如，制冷行业和暖通行业使用CO_2作为制冷剂用于加热或冷却。CO_2用作制冷剂有很多优点，包括：不会破坏臭氧层、全球变暖潜能值（GWP）较低、低密度低及制冷量高（比传统制冷剂高5～22倍），制冷性能系数（COP）更高，对于蒸汽压缩制冷系统，相对于使用纯碳氢化合物，使用共沸制冷剂混合物（碳氢化合物和CO_2的组合）可将COP提高多达40%[3]；高浓度的CO_2能有效阻碍抑制需氧菌和霉菌的滋生，起到防腐防霉的作用，从而延长食物保鲜时间。瑞典一家公司推出一种肉类保鲜技术，该技术将贮藏制品包装或容器内的气体全部置换为二氧化碳，使肉在不需要冷冻的条件下可保存120 d，如果采用加压处理，贮藏的时间会更长，该技术引起国内外的极大关注。日本某公司推出了一款新型冰箱，该冰箱的冷冻室内的压强为0.8个大气压，并能够产生CO_2，通过增加冷冻室内的CO_2可有效降低O_2的含量，使冷冻室内保存的食品像休眠了一样。能使鱼和肉变成弱酸性，抑制酶对蛋白质的分解，从而达到保鲜的效果。二氧化碳浓度的增加会使冰箱内的蔬菜表面的气孔关闭，抑制蔬菜的呼吸作用，从而减小蔬菜中营养物质的消耗。食品行业用CO_2作为生产碳酸饮料及食品保鲜剂，据统计食品和饮料行业CO_2的消耗量每年约为1100万吨；二氧化碳作为灭火剂有无毒、灭火能力强、不损坏设备等诸多优点，被广泛应用于电力系统、钢铁车间、造纸厂、印刷厂、油漆厂、制药厂、图书馆、档案馆、博物馆、物流中心、通信系统等。

7.1.3.2 CO_2化工利用技术

CO_2分子非常稳定，但是在催化剂或一定的条件下可以将CO_2活化，活化后的CO_2可以和其他物质发生化学反应后合成小分子或固定为高分子材料。CO_2化工利用是指以CO_2为原料，通过与其他物质发生化学转化产出所需的化工产品的工程，化工利用技术真正意义上消耗了CO_2。利用CO_2化工利用技术能够生产出很多有价值的化工材料，创造出可观的经济价值。CO_2化工路线图如图7-14所示。

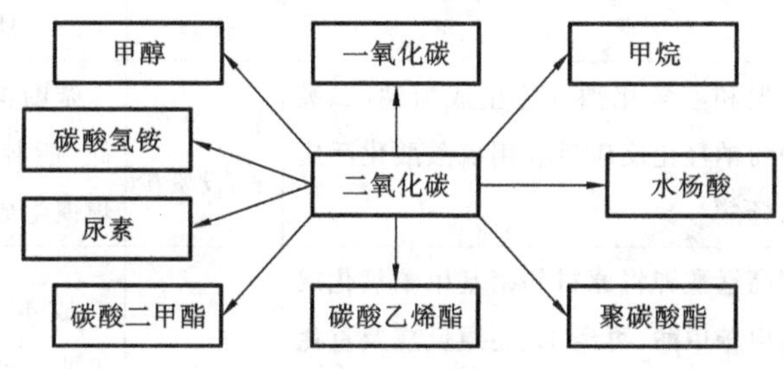

图7-14　CO_2 化工路线图

目前已经开发和研究出了很多种利用二氧化碳合成其他化学产品的工艺，相关工艺包括二氧化碳合成尿素、合成水杨酸，生产无机碳酸盐、纯碱等，此外还有二氧化碳制甲醇、合成气、合成烃、合成碳酸乙烯酯、合成碳酸二甲酯、合成各种有机碳酸酯及合成聚碳酸酯等系列产品。本章将重点介绍市面上主流的二氧化碳化工利用技术。

1. 二氧化碳合成尿素

尿素是由碳、氮、氧和氢组成的有机化合物，其化学式为CON_2H_4、$(NH_2)_2CO$或CN_2H_4O，外观是无色晶体或粉末，大约90%的尿素被用作农业肥料，尿素是氮肥的主要来源，10%的尿素用于工业生产，能够利用尿素生产出三聚氰胺、氰尿酸、脲醛树脂、三羟基异氰酸酯、氯化异氰尿酸、盐酸氨基尿、尿烷、氨基磺酸等。

工业上尿素是液氨和CO_2通过两步化学反应合成得到的，第一步反应中液氨和CO_2在高温、高压的条件下发生化学反应生成氨基甲酸铵(NH_2COONH_4)，氨基甲酸铵是中间产物；第二步反应中通过调节温度使中间产物氨基甲酸铵处在融熔状态下，通过高压使氨基甲酸铵发生强烈的发热反应,最后氨基甲酸铵失去一个水分子生成尿素。

2. 二氧化碳合成水杨酸

水杨酸(英语为 salicylic acid,源于拉丁文的“杨柳” salix),又名柳酸、邻羟基苯甲酸、2-羟基苯甲酸,其化学式为 $C_6H_4(OH)COOH$,水杨酸是和阿司匹林(乙酰水杨酸)的结构和药效类似,可用作止痛剂、解热药和消炎药。水杨酸是一种植物激素,能调节植物的光合作用、离子的吸收和运输作用及蒸腾作用。

水杨酸的主要合成方法如表 7-2 所示。

表 7-2 水杨酸合成方法

名称	原理	优点	缺点
苯酚法	苯酚先和氢氧化钠反应生成酚钠,二氧化碳和酚钠羟化反应后利用硫酸酸化反应得到水杨酸	常压法安全、投资少	苯酚消耗高、转化率低、能耗高、不适合大规模生成
邻硝基甲苯法	利用高锰酸钾将原料邻硝基甲苯氧化成邻硝基甲苯甲酸,再经 H_2 还原反应及重氮化反应得到水杨酸	—	成本高、副反应多、工业生产流程烦琐
邻甲基苯磺酸法	原料邻甲基苯磺酸经氧化反应得到邻羧基苯磺酸,得到的产物与氢氧化钠反应得到钠盐,最后经碱熔、酸化得到酸杨酸	—	成本高、效率低、基本无工业应用
邻甲酚法	原料邻甲酚与乙酐反应生成邻甲基苯甲酸甲酯,再经氧化反应生成邻甲酸苯甲酸甲酯,最后经氢氧化钠水解置换、硫酸酸化得到水杨酸	—	工艺复杂,成本高,工业应用较难

3. 二氧化碳固定为无机碳酸盐

碳酸钙、碳酸钠(纯碱)、碳酸镁、碳酸钾、碳酸锌等是几种最为常见的无机碳酸盐。碳酸钙是生产水泥和玻璃的主要原料,水泥的生产工艺为:先将石灰石和黏土破碎,再经过配料、磨细后制成生料投入到回转窑内,经过高温煅烧变成熟料,再将一定量的石膏混合到熟料中,最后经过磨细变成成品水泥。玻璃的生产工艺为:将石英砂、石灰石、长石、纯碱、硼酸等原料经过配料、熔制、成形、退火等工序后成为玻璃。水泥玻璃是建材行业的重要原材料,对国家经济的快速增长起着重要的推动作用,所以二氧化碳固定为无机碳酸盐技术非常有意义。下面将重点介绍二氧化碳固定为碳酸钙和碳酸钠工艺。

1）二氧化碳制碳酸钙

传统轻质 $CaCO_3$ 生产工艺和主要化学反应式如下。

(1) 石灰石在高温(超过 900 ℃)条件下煅烧，分解为生石灰(氧化钙)并释放出二氧化碳气体，其化学反应式为

$$CaCO_3 \rightleftharpoons CaO + CO_2 \quad (1)$$

(2) 生石灰(氧化钙)与水反应生成消石灰(氢氧化钙)，其化学反应式为

$$CaO + H_2O \rightleftharpoons Ca(OH)_2 \quad (2)$$

(3) 在消石灰(氢氧化钙)中注入 CO_2，反应生成轻质碳酸钙，其化学反应式为

$$Ca(OH)_2 + CO_2 \rightleftharpoons CaCO_3 + H_2O \quad (3)$$

2）二氧化碳制碳酸钠

碳酸钠，化学分子式为 Na_2CO_3，俗称纯碱、苏打、洗涤碱。正常情况下为白色粉末，易溶于水，呈碱性。历史上比较经典的制碱方法为“侯氏联合制碱法”，又称为侯氏制碱法，该方法在索尔维方法的基础上进行了两项改进：第一项改进是将制碱和制氨工艺联合，制碱所需的氨和二氧化碳由氨厂提供，二氧化碳取自氨厂水煤气制氢气所产生的废气；第二项改进是在索尔维方法所得到的残留溶液中加入食盐固体，首先将残液的温度控制在 30～40 ℃，再向残液内注入二氧化碳气体和氨气使残液饱和，然后将残液温度冷却到 10 ℃以下，最后从残液中析出氯化铵晶体。残液可用于下一次的制碱循环工艺，避免了残液的浪费。主要原因是在 30～40 ℃时氯化铵的溶解度比氯化钠的大，而在 10 ℃以下时氯化铵的溶解度比氯化钠的小。侯氏制碱法利用了生产氨时的副产品二氧化碳而不是用石灰石高温煅烧分解生产二氧化碳，简化了生产设备，降低了成本。此外，侯氏联合制碱法获得的副产品是氯化铵，氯化铵可用作农业肥料，非常环保，而传统的氨碱法获得的副产品是氯化钙，氯化钙用处不大。侯氏制碱法的总反应式为

$$NH_3 + CO_2 + H_2O + NaCl \rightleftharpoons NH_4Cl + NaHCO_3 \downarrow$$

$$2NaHCO_3 \overset{\triangle}{\rightleftharpoons} Na_2CO_3 + CO_2 \uparrow + H_2O$$

4. 二氧化碳制甲醇

甲醇，化学分子式为 CH_3OH，又称为木醇或木精。甲醇是重要的化工原料，可用作溶剂、变性剂、防冻剂等，也可用作燃料。在现在的工业生产中，可

通过一氧化碳或二氧化碳和氢的催化反应来制备。目前主要是通过 CO 和氢的加压催化反应制备甲醇。CO 主要是通过煤气化或天然气改质制气获取，制取 CO 投资大、成本高。而 CO_2成本低、来源广，用 CO_2加氢制取甲醇，还能消耗 CO_2，这起到了减排的作用，助力碳中和。二氧化碳制甲醇具有非常重大的意义。

CO_2加氢制甲醇的主要化学反应式为

$$CO_2+3H_2 \rightleftharpoons CH_3OH+H_2O \quad (1)$$

$$CO_2+H_2 \rightleftharpoons CO+H_2O \quad (2)$$

5. 二氧化碳制甲烷

甲烷俗称瓦斯，是天然气、沼气、煤矿坑道气、油田气的主要成分，是无色无味的可燃气体，主要用作燃料。甲烷燃烧生产二氧化碳和水，是一种清洁能源。甲烷也是制造氢、一氧化碳、炭黑、乙炔、氢氰酸及甲醛等物质的原料。甲烷的获取有几种不同的途径：油气田开采、矿井气收集、有机废物分解、化石燃料中提取、生物物质缺氧加热或燃烧产生等。CO_2在一定温度和压力下，在催化剂（或微生物）作用下，与 H_2反应，可以生成甲烷。目前，国内外针对 CO_2加氢制甲烷开展了相当多的研究，取得了一些进展，其化学反应式为

$$CO_2+4H_2 \rightleftharpoons CH_4+2H_2O$$

7.1.3.3 CO_2 生物利用技术

CO_2生物利用技术（见图 7-15）主要是利用植物、藻类等生产者或某些细菌的光合作用，将 CO_2吸收并固定。绿色植物吸收光能，在酶的作用下，将 CO_2和水转化为有机物，并释放出氧气。微藻具有生长周期短、光合作用强、繁殖快、能净化水质、产物附加值高、环境适应性强、绿色环保等优点，不与农作物和土地竞争，不仅能在淡水环境下生存，也能在海水、盐碱湖、废水中生存，其固碳能力是森林的 10～50 倍。微藻富含油脂，在某些特定的生长条件下，微藻内部可积累 90%的油脂，而油脂中的成分接近 70%由甘油三酯组成，可以通过提炼加工，将这些成分转化为生物柴油、生物乙醇、生物丁醇、生物碳氢化合物、生物氢等，这一直是科学家研究的重点。

7.1.3.4 CO_2 矿化利用技术

CO_2矿化利用技术（见图 7-16）是将 CO_2与碱土金属氧化物（氧化钙（CaO）或氧化镁（MgO））发生化学反应，生成固态碳酸盐（碳酸钙（$CaCO_3$）或碳酸镁

图 7-15　二氧化碳生物利用技术:微藻固碳技术

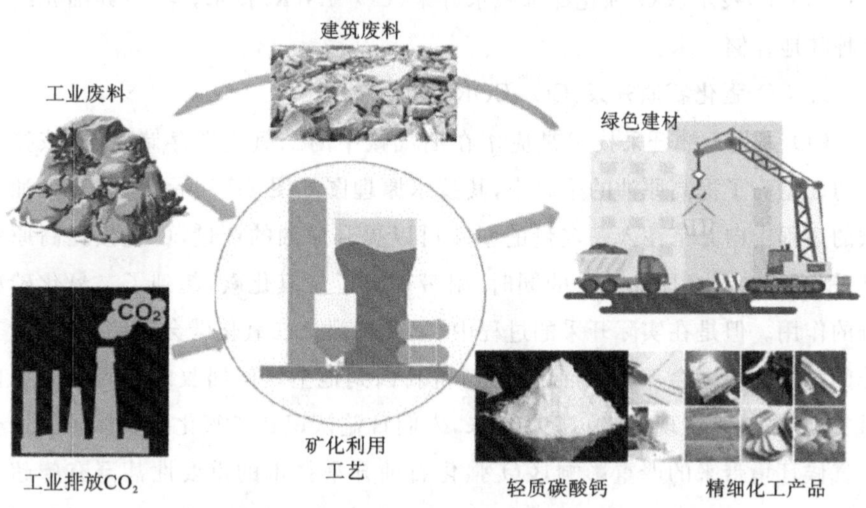

图 7-16　二氧化碳矿化利用技术

($MgCO_3$))等物质,所生成的固态碳酸盐能够稳定保存成千上万年,从而实现CO_2永久存储。该技术的特点是:所生成的碳酸盐(如碳酸钙和碳酸镁等)性质非常稳定,不会存在CO_2泄漏的问题,但是矿化反应在自然条件下反应速度非常缓慢,必须采取高能耗的处理措施。自然界的某些天然矿物,如蛇纹石、硅灰石等具有矿化CO_2的能力，工业中富含钙、镁的固体废弃物，如粉煤灰、水泥窑灰、炼钢废渣、磷石膏等都具有矿化CO_2的能力，采用固体废料固定CO_2，不仅能起到减少CO_2排放的作用，还能将固废转化为有一定价值的化工产品，可谓一举多得，可以说二氧化碳矿化利用技术非常具有发展前景。

7.1.4 碳存储技术

二氧化碳存储技术是将所捕集的二氧化碳压缩后送到指定地点长期存储，而不是直接将二氧化碳排放到大气中。目前CO_2存储技术主要分为陆地存储技术和海洋存储技术。

7.1.4.1 陆地存储技术

陆地存储是将所捕集的CO_2注入诸如不可开采的煤层、枯竭的油气田、地下咸水层等深层地质结构中。陆地存储技术上可行，存储量巨大，且是成本相对较低的一种存储方式。目前主要的陆地存储技术包括CO_2强化石油开采(CO_2-EOR)技术、CO_2驱替煤层气(CO_2-ECBM)技术、CO_2强化天然气开采(CO_2-EGR)技术、CO_2强化深部咸水开采(CO_2-EWR)技术。本节详细介绍这几种陆地存储技术。

1. CO_2强化石油开采(CO_2-EOR)技术

CO_2强化石油开采技术是应用在油气藏中的二氧化碳存储技术，该技术的初衷是为了提高原油的采收率，其技术原理图如图7-17所示。在开采油气藏的过程中向井下注入一定量的CO_2可以提升原油的产量，可直接提高原油开采收益，在提高原油开采的同时，附带存储了二氧化碳，起到了二氧化碳减排的作用。但是在实际开采的过程中，只有一部分二氧化碳会存储到地下，其他的二氧化碳则会随着原油的开采，重新回到地上。但回收的二氧化碳可以重复利用，最终实现存储。近些年来，人们日益认识到二氧化碳气体排放给全球气候环境带来的严重影响，CO_2强化石油开采技术的重要性甚至有望超过石油增产。该技术的经济效益非常明显，非常具有发展前景。CO_2强化石油开采技术中CO_2提高石油产量的主要原因是：常温常压下，二氧化碳是一种比空气重的气体，当二氧化碳的温度超过31 ℃，且压强超过7.38 MPa时，二氧化碳变成超临界状态，超临界二氧化碳的物性会发生很大变化，它是气态、液态并存的流体，密度接近液体，黏度接近气体，扩散系数约为液体的100倍。超临界二氧化碳是一种非常好的溶剂，可以非常轻易与井下原油混合。

图 7-17　CO_2强化石油开采(CO_2-EOR)技术

二氧化碳驱油的主要机理如下。

(1) 降低原油的黏度,超临界二氧化碳是一种非常好的溶剂,能很好地与原油互溶,混溶后原油的黏度显著降低,仅为原来的1/10。原油黏度降低后流动性大大增强,很容易从细缝内流出,从而提高原油产量。

(2) 增加原油的膨胀性,二氧化碳混入原油后,原油的体积大幅度膨胀,原油体积膨胀后更容易脱离水、岩石、缝隙的束缚。

(3) 改善原油和水的流动比,二氧化碳溶于原油后,在水的作用下使原油碳酸化,使油和水的速度接近,扩大了波及面积。

(4) 混相效应。原油与二氧化碳混合后,两者之间不存在界面,因此不存在界面张力。并且二氧化碳与原油混合后,不仅能萃取和汽化原油中的轻质烃,而且还能形成二氧化碳和轻质烃混合的油带。油带移动是最有效的驱油过程,可使采收率达到90%以上。

(5) 分子扩散、弥散作用。分子扩散作用、对流弥散作用使CO_2向周围迁移,延迟了CO_2的突破时间,增大了波及面积,提高了CO_2存储系数,该作用对井下注CO_2驱油有重要意义,尤其对裂缝型油气藏意义更大[4]。

(6) 溶解气驱作用。随着CO_2不断注入井下,井下压力持续升高,CO_2不断溶于原油。而随着石油的不断开采,井下石油的油气容量不断减小,压力持续下降,原本溶解于原油的CO_2被分离出来,形成了一股从地层内驱替石油的能量。

(7) 提高渗透率作用。在水的作用下二氧化碳会与原油发生碳酸化反应。碳酸水在与油藏的碳酸盐发生反应后生成易溶于水的碳酸氢盐。该机理

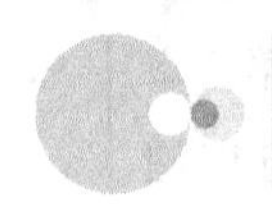

使得水和二氧化碳在井下碳酸盐中的渗透率得到有效提高，整个地层渗透率明显上升，砂岩渗透率提高 5%～15%。

2. CO_2驱替煤层气(CO_2-ECBM)技术

CO_2驱替煤层气(CO_2-ECBM)技术是陆地存储技术的一种。中国煤炭资源丰富，分布面广，煤炭资源里面有大量的煤层气(CBM)，煤层气的主要成分是 CH_4；煤层渗透性低的问题一直困扰着业内人士，煤层渗透性低进而导致煤层可开采率低，利用 CO_2-ECBM 技术可效将 CO_2存储到地下煤层内，还可以提高煤层气的开采量，在存储二氧化碳的同时获得了一定的经济收益，可谓一举两得。

该技术的主要原理是：煤含有大量的微孔隙，比表面积大，且孔隙表面存在不饱和能，与非极性气体分子之间产生一种范德华力，从而吸附气体分子[5]，煤对不同气体的吸附能力不同，其技术原理图如图 7-18 所示。试验表明，煤对 CO_2的吸附能力大于 CH_4的吸附能力，在保持煤层压力的同时注入 CO_2，CO_2再置换 CH_4。国外研究表明，在一定的温度压力条件下，每个吸附的 CH_4分子可被至少 2 个 CO_2分子所置换[6]。因此，基于该技术原理通过向其注入一定的 CO_2，CO_2和 CH_4形成竞争吸附，可以有效地将把煤空隙中的 CH_4驱替出来，并实现二氧化碳的存储。该技术的特点是：二氧化碳存储量大，可存储约 120×10^8 t CO_2[7]，CO_2注入能力低下，目前该技术还有待完善。

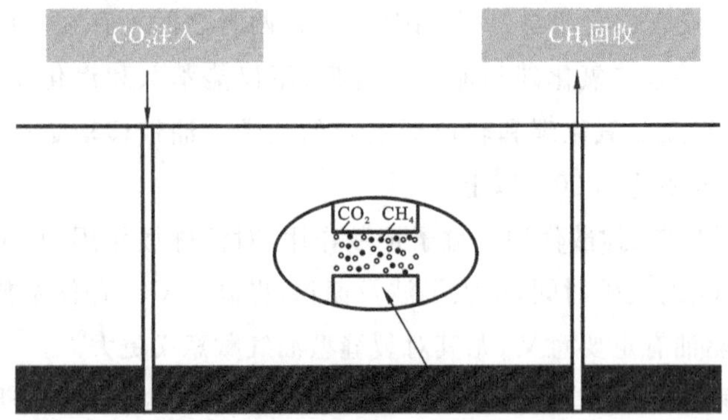

图 7-18 CO_2驱替煤层气(CO_2-ECBM)技术

3. CO_2强化天然气开采(CO_2-EGR)技术

CO_2强化天然气开采(CO_2-EGR)技术也是陆地存储技术的一种。天然气开采完后，天然气田中其实还有一部分气体滞留在井下，并未彻底开采完，且有大量的剩余空间可用于存储 CO_2。CO_2-EGR 技术的原理是:将 CO_2 注入天然气井下,随着 CO_2 的不断注入,井下压力不断增加,CO_2 变成超临界状态,超临界 CO_2 的密度和黏度远大于 CH_4 的密度和黏度,CO_2 由上而下运到天然气藏的底部和各种缝隙中,而原本处在天然气藏底部和缝隙中的 CH_4 被 CO_2 驱替出来,CH_4 由下而上被采集回收,该技术实现了提高天然气采集率的同时又存储了二氧化碳,其技术原理图如图 7-19 所示。

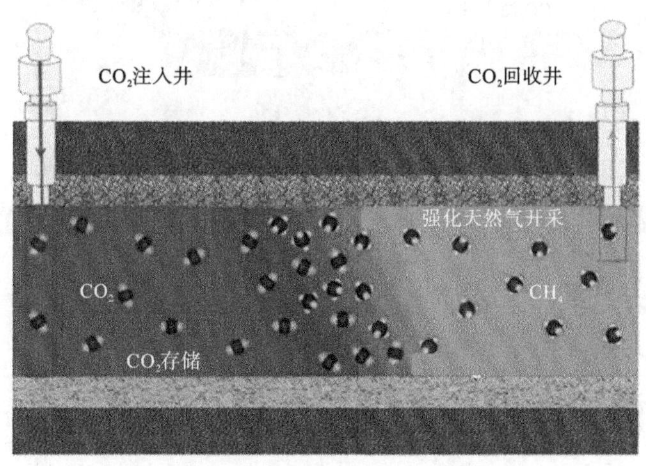

图 7-19　CO_2 强化天然气开采(CO_2-EGR)技术

4. CO_2 强化深部咸水开采(CO_2-EWR)技术

地下咸水层存储 CO_2 的基本原理,就是将加压后高密度的 CO_2 注入地下岩层的孔隙空间中以替代原有位置的地下咸水。在此过程中 CO_2 会部分溶解于地下咸水,或者与地下咸水中的矿物成分、构成岩石骨架的矿石颗粒发生化学反应生成稳定的碳酸盐,从而达到永久存储 CO_2 的目的,其技术原理图如图 7-20 所示。

7.1.4.2　海洋存储技术

海洋存储是将捕集的 CO_2 存储在海洋内,其技术原理图如图 7-21 所示。

海洋浩瀚无比,面积占到地球表面的 72%,是最大的 CO_2 贮库。海洋存储技术主要有四种方式:海洋水柱存储技术、海洋沉积物存储技术、CO_2 置换天然气水合物存储技术和海洋增肥技术[8]。海洋水柱存储技术是通过船舶及配套的管道系统将所捕集的 CO_2 以一定的速度注入海洋中。海洋中 HCO_3^-、CO_3^{2-}、H_2CO_3、溶解态 CO_2 等构成相对稳定的庞大缓冲体系,经过各种物理化

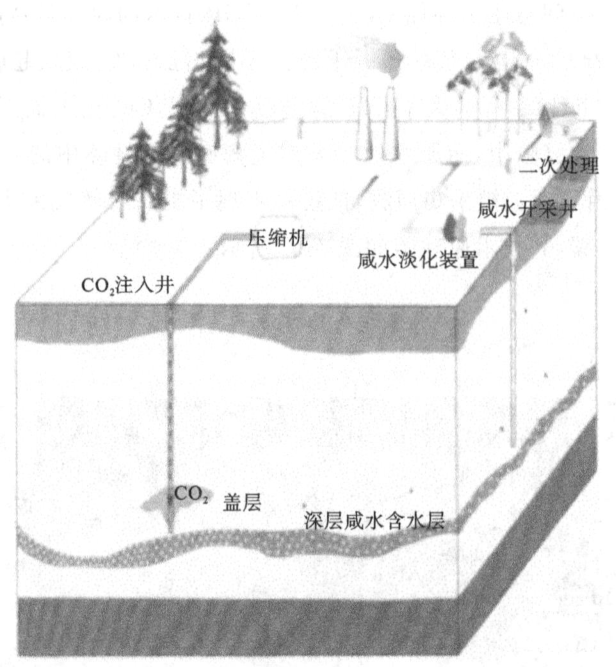

图 7-20　CO_2强化深部咸水开采(CO_2-EWR)技术

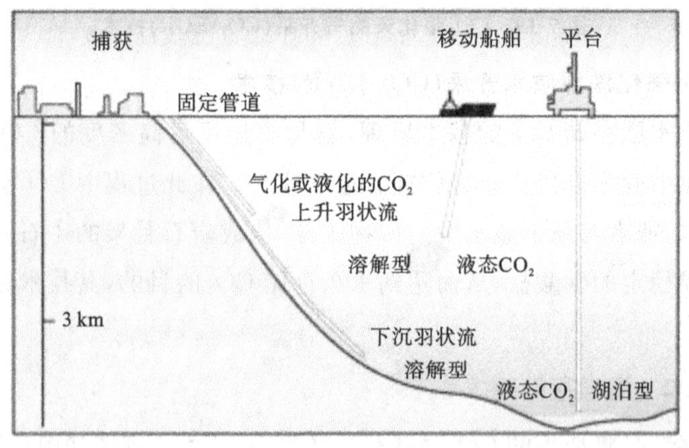

图 7-21　海洋存储技术

学反应后 CO_2被溶解吸收，最终被存储在海洋中。海洋沉积物存储技术是将CO_2注入海床的沉积层中，由于 CO_2密度大于沉积层中孔隙水的密度，CO_2便可存储到沉积层的孔隙水下面。CO_2置换天然气水合物存储技术是向海底天然气水合物层中注入 CO_2气体以促使可燃冰分解，可燃冰分解之后产生的水

与 CO_2 气体可以结合生成更稳定的 CO_2 水合物从而实现 CO_2 存储。海洋增肥技术是通过向海洋投加微量营养素(如 Fe)和常量营养素(如 N 和 P),增强浮游植物的光合作用,加速浮游植物的繁殖生产,借助海洋内部的生物链提高 CO_2 由无机分子向有机碳的转化率,从而增加海洋对大气中 CO_2 的吸收和存储,最终实现碳存储[8]。

7.2 碳捕集、利用与存储技术现状

从 CCUS 概念被首次提出一直到现在,CCUS 技术经过几十年的发展,全球科研人员围绕碳捕集技术、碳运输技术、碳利用技术、碳存储技术这四大技术开展了大量的研究,目前相当一部分技术得到了长足的发展和显著的进步,从实验室到示范工程及商业项目中的应用,技术得到了有效验证与熟化。

在碳捕集技术中整体煤气化联合循环(IGCC)技术在不同国家均开展了很多示范工程,发电净效率能达到 41%以上,脱硫效率能达到 99%以上,能有效减少 CO_2 排放。但该技术最大问题在于投资成本高,运维费用高,目前该技术没能很好地商业化。科研人员对富氧燃烧技术也开展了大量的研究,该技术能够实现烟气中 CO_2 浓度高于 80%、CO_2 捕集率高于 90%,但是该技术的主要缺点是制氧成本很高,富氧燃烧二氧化碳捕集技术目前还处于工业示范阶段。各种燃烧后捕集技术在实验室里取得了可喜的成果,非常具有发展前景,但是受制于材料的使用温度、压力及材料的成本和使用能耗等问题,商业化应用还比较困难。目前化学吸收法的应用非常成功,CO_2 捕集率超过 80%,可以获得纯度大于 99%的 CO_2。

目前 CO_2 主要是以管道运输为主,其他运输技术为辅。美国在 2015 年时国内就有超过 7200 km 的 CO_2 运输管道,其 CO_2 管道运输技术非常成熟。我国 CO_2 运输管道数量少、距离短,与世界发达国家还有较大的差距。

CO_2 用作制冷剂在热泵热水器、汽车空调及冷冻冷藏系统都有广泛应用,其节能效果明显。二氧化碳化工利用技术非常具有优势,CO_2 合成尿素可以实现年存储 CO_2 112 兆吨;CO_2 合成无机碳酸盐,每年消耗 CO_2 达 3000 万吨;CO_2 加氢还原合成 CO,每年消耗 CO_2 达 600 万吨。二氧化碳生物利用技术中微藻固碳技术不仅能实现二氧化碳减排,还能提炼出高附加值的生物燃料,CO_2 气肥技术能有效实现农作物增产。

二氧化碳矿化技术中钢渣矿化利用技术不仅能有效减少二氧化碳排放,

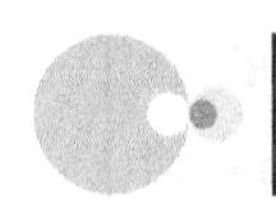

还能有效处理没用的固废钢渣，并生产出高纯碳酸钙和铁料等有价值的产品；磷石膏矿化利用技术在实现二氧化碳减排的同时将磷石膏废渣转化为硫铵和碳酸钙；二氧化碳矿化养护混凝土不但能减少二氧化碳的排放，还能得到具有相当商业应用价值的早强、高强的混凝土产品。在二氧化碳的诸多存储技术中 CO_2 强化石油开采技术是商业化最为成功的一项技术，该技术在强化油气开采的同时实现二氧化碳的存储，目前已有很多商业化案例。

7.2.1 碳捕集技术现状

为了降低碳捕集技术的能耗和成本，近些年来国内外对 CO_2 捕集技术进行了大量的研究，目前比较具有代表性的碳捕集技术如下。

7.2.1.1 整体煤气化联合循环(IGCC)技术

世界第一座 IGCC 电站于 1972 年在德国北莱茵-威斯特法伦州建成，而公认的第一座实现长周期稳定运行的 IGCC 电站是美国的 Cool Water 电站，于 1984 年 5 月在美国加州建成[9]。Cool Water 电站成功实现了从理论设计到实际工程的跨越，验证了 IGCC 技术，IGCC 技术由此走向了稳定、高效发展的道路。之后，美国、德国、英国、荷兰、西班牙、意大利、德国、日本、捷克、中国、印度等国纷纷建起了 IGCC 商用化示范电站。

华能天津 IGCC 电站示范工程项目是以国家“十一五”期间的 863 计划重大项目为依托。整体煤气化燃气-蒸汽联合循环发电机组是我国首台 250 MW 机组，气化炉采用华能自主研发的 2000 t/d 级设备，动力系统采用 265 MW 的西门子燃气-蒸汽联合循环发电机组。2012 年项目投产运行，2015 年基于 IGCC 的 60000～100000 t CO_2 捕集系统装置建成。这一示范系统是中国容量最大的燃烧前 CO_2 捕集系统，能在不同负荷和运行条件下开展不同的试验研究，为探索高效率、低能耗的 CCUS 技术积累各种经验，对减少二氧化碳排放具有重要的意义。该 IGCC 电站建成后，与常规的、同等容量的燃煤电站相比，年煤消耗量减少 7 万多吨，相应的减排二氧化碳 20 多万吨，脱硫效率可以达到 99.8%，副产品是硫黄，没有二次污染。该项目发电净效率达 41%，脱硫效率大于 99%，投资成本为 1900 美元/千瓦时[10]。位于美国佛罗里达州波克县的 Tampa IGCC 电站是世界上最先进的 IGCC 发电厂之一，项目总装机容量 260 MW，采用 Texaco 煤气化工艺，气化炉容量在 2000 t/d 以上，动力系统由一台功率为 192 MW 的燃气轮机和一台 121 MW 的汽轮发电机组组成。该项目发电净效率达 41.6%,脱硫效率大于 96%,投资成本为 2400 美元/千瓦时[10]。

7.2.1.2 富氧燃烧技术

目前,富氧燃烧技术已在多个国家完成了工业示范,验证了其技术可行性,并对相关技术点进行了研究。2008 年,瑞典瀑布电力公司在德国黑泵建成了世界上第一套全流程的 30 MWth 富氧燃烧试验装置。该项目 2014 年终止,运行时间约 18000 h,其中在富氧燃烧下运行超过 13000 h。由 Alstom 和 Air Liquid 公司合作建成的法国道达尔 Lacq 30 MW 改造电厂[11],从 2009 年建成到 2013 年停止运营,累计运行超过 11000 h,成功存储了约 51000 t CO_2。澳大利亚 CSEnergy 公司在 Calide 建成了世界上第一套富氧燃烧发电示范电厂,该示范电厂的容量为 30 MW(电),是世界上容量最大的富氧燃烧发电示范电厂,项目始于 2012 年,终止于 2015 年,在富氧燃烧下运行 10200 h,成功捕集 5600 t CO_2。2012 年西班牙 CIUDEN 技术研发中心建成了一套 30 MWth 富氧流化床试验装置,该装置是世界上第一套富氧流化床试验装置。国内从 20 世纪 90 年代便开始研究富氧燃烧技术 ,华中科技大学、清华大学、华北电力大学、东南大学等各大高校针对富氧燃烧的燃烧理论、污染物生成及控制机理、系统集成优化方面展开了广泛研究。

华中科技大学郑楚光教授团队富氧燃烧技术在国内首屈一指!团队依托华中科技大学煤燃烧国家重点实验室、中美清洁能源研究中心、国家能源清洁低碳发电技术研发(实验)中心、湖北省(国际)CCUS 研发及产业促进中心等平台,在国家科技支撑计划、973 计划、863 计划及国家自然科学基金重点项目等的支持下,制定了从基础/小试研究到中试/工业示范再到大型示范/商业推广的煤粉富氧燃烧技术发展路线图,如图 7-22 所示。2006 年开展了 0.3 MW 富氧燃烧中试试验,2011 年建成了 3 MW 富氧燃烧全流程验证试验系统,2014 年建成了 35 MW 富氧燃烧工业示范项目。

3 MW 富氧燃烧全流程试验系统(见图 7-23)是依托华中科技大学建设的国家能源局“国家能源煤炭清洁低碳发电技术研发(实验)中心”和武汉市“武汉新能源研究院碳减排与资源化利用研究中心”的主要研发平台,是富氧燃烧技术从中试实验走向产业开发的重要环节,主要解决其产业化过程中急需的关键技术、工艺流程、工业放大规律及工程实现的可行性和有效性等重大问题。试验平台的任务是建设 3 MWth 的富氧燃烧全流程半工业示范/试验系统,系统主要包括空分系统、富氧燃烧炉、烟气净化系统、CO_2 压缩纯化系统,

图 7-22　华中科技大学煤粉富氧燃烧技术路线图[1]

图 7-23　3 MW **富氧燃烧全流程试验系统**

通过该系统在燃烧器设计、燃烧炉换热面布置、系统工艺、系统集成优化、系统调试运行方面积累了大量工程经验，为大型工业示范项目打下良好的基础。该系统是中国首套 3 MWth 富氧燃烧全流程中试试验系统，富氧燃烧器、燃烧炉内换热系统、数据采集与分析、烟气除尘、脱硫、脱水净化系统、空分-压缩-燃烧过程热耦合等关键技术完全自主研发，通过该项目完成空分制氧、富氧燃烧、烟气净化、CO_2 分离与压缩全流程搭建与试验验证。项目设计年 CO_2 捕集量 7000 t，完成从制氧到 CO_2 资源化的全过程的中等规模示范，成功实现烟气中 CO_2 浓度 82%的目标；基本代表了我国在相关领域的最新进展和整体实力，达到了国际领先水平。

35 MWth 富氧燃烧工业示范项目（见图 7-24）是富氧燃烧 CO_2 规模捕集技术走向商业化运营过程（0.4 MWth→3 MWth→35 MWth→200 MWe→600 MWe）中的关键一环。项目在国家支撑计划的支持下，依托国家能源煤炭清洁低碳发电技术研发（实验）中心，总投资超过 1 亿元，示范工程于 2012 年 12 月 31 日在湖北应城开工建设，2014 年底完成主体工程建设，2015 年 1 月 28 日开始点火试验。项目完成后，实现烟气中 CO_2 浓度高于 80%、CO_2 捕集率高于 90%的 CO_2 富集和捕集目标。

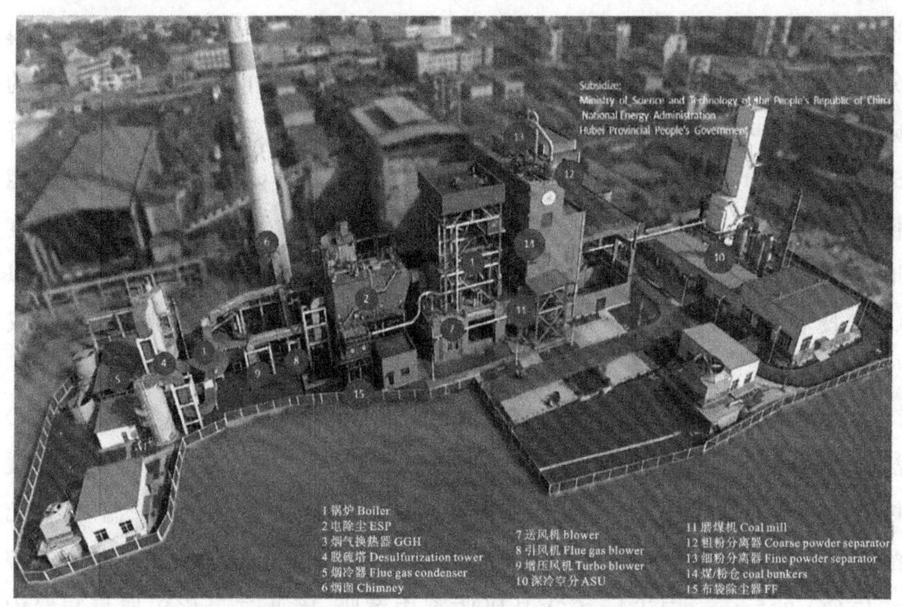

图 7-24　35 MW 富氧燃烧工业示范项目

该示范工程的主要特点是：① 兼顾“空气燃烧”和“富氧燃烧”两种运行方式；② 兼具有“干循环”和“湿循环”两种烟气循环方式；③ 控制锅炉微正压运行，保证烟气中 CO_2 的高浓度富集；④ 实现多种污染物的综合脱除，降低运行成本；⑤ 设计新型燃烧器，确保着火的稳定性和良好的后期混合。

现阶段，富氧燃烧技术基本还处在工业示范阶段，还没能很好商业化的主要原因是制氧成本太高，空分技术中富氧燃烧技术受制于制氧技术，制氧成本很高。目前工业上主要有三种制氧方法：深冷法、变压吸附法及膜分离法。深冷法是主流技术，该方法投资大、运行成本高，能够大规模制氧。变压吸附法和膜分离法技术还不成熟。

7.2.1.3 燃烧后捕集技术

目前主要的燃烧后捕集技术有物理吸收法、物理吸附法、化学吸收法、化学吸附法、膜分离法、低温蒸馏法、直接空气碳捕集(DAC)技术等。物理吸收法很大的问题在于吸收或再生能耗较高，运行成本高，商业推广难。物理吸附法由于CO_2吸附材料消耗大，且分离效率低，吸附材料再生效果容易受到工业运行条件下苛刻的温度、压力、粉尘、毒物的影响，离大规模商业化应用还有一段较大的差距，如果能在材料上实现巨大突破，其应用前景相当乐观。化学吸附法面临的问题和物理吸附法类似，主要问题都是吸附材料的性能问题。膜分离法分离气体具有能耗低、投资少、结构简单、易于操作等优点，具有良好的应用前景，但特效分离膜的成本较高，且长期运行可靠性也有待进一步解决[12]。低温分离法主要用于分离提纯油田伴生气中的CO_2，所需设备庞大、能耗较高、分离效果较差[12]。直接空气碳捕集(DAC)技术能直接从任何低浓度地方捕集二氧化碳，由于正常情况下大气环境中二氧化碳的浓度非常低，所以DAC技术消耗的能量必定非常大，其商业推广必定非常困难，目前该技术仅处于研究和示范阶段。目前燃烧后捕集技术运用最为成功的是化学吸收法。

上海的华能集团石洞口第二电厂碳捕集示范项目采用化学吸收(MEA)法实现脱碳，其技术原理为：采用一乙醇胺为主要吸收剂，并加入抗氧剂和缓蚀剂。由于一乙醇胺与CO_2的反应为可逆放热反应，将溶液冷却降温时，一乙醇胺与CO_2的反应正向进行，CO_2被吸收剂吸收；而将溶液加热升温时，一乙醇胺与CO_2的反应逆向进行，CO_2从吸收剂中解吸，因此二氧化碳捕集装置中CO_2的捕集分为正向反应(CO_2的吸收)和逆向反应(CO_2的解吸)：在低温条件(40～65 ℃)下吸收剂一乙醇胺溶液吸收CO_2；在较高温度(100～150 ℃)下从吸收剂一乙醇胺解吸CO_2。反应方程式如下[13]：

$$CO_2+HOCH_2CH_2NH_2 = HOCH_2CH_2HNCOO^-+H^+ \tag{1}$$

$$HOCH_2CH_2HNCOO^-+H_2O = HOCH_2CH_2NH_2+HCO_3^- \tag{2}$$

$$H^++HOCH_2CH_2NH_2 = HOCH_2CH_2NH_3^+ \tag{3}$$

工艺流程图如图 7-25 所示,烟气先经过除尘、脱硫等净化工艺后进入旋风分离器,旋风分离器除去烟气中的石膏颗粒杂质,烟气再进入烟气分离器,烟气分离器除去烟气中的水分,最后经过多重净化处理后的烟气由脱碳引风机送入吸收塔。烟气在吸收塔内自下而上流动,与自下而上流动的吸收剂在吸收塔内逆流接触,吸收剂吸收烟气中的二氧化碳后形成富液,被除去二氧化碳的烟气由吸收塔顶部排出。吸收二氧化碳后的富液由泵打入到再生塔内,在再生塔内富液经蒸汽加热后发生分解反应再生,CO_2从富液中解吸出来,再经过冷却、分离除去水分后得到纯度 99%(干基)以上的产品 CO_2气体,富液经过再生塔后变为贫液,贫液再由泵打入吸收塔以循环利用。采用该工艺后二氧化碳捕集率超过 80%,可以获得纯度大于 99.5%的二氧化碳,年生产食品级二氧化碳 10 万吨。

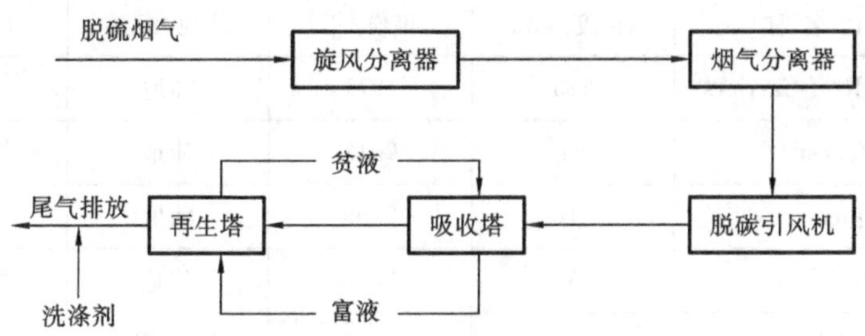

图 7-25　华能集团石洞口第二电厂 MEA 吸收法工艺流程

7.2.2　碳运输技术现状

目前二氧化碳运输主要是以管道运输为主,其他多种运输方式为辅。据统计,全球 CO_2管道长度在 2015 年已超过 8000 km,其中美国拥有最大的份额(2015 年超过 7200 km),美国从 20 世纪 70 年代开始便大力发展 CO_2管道运输技术,其 CO_2管道大多分布在工业发达的中部和南部地区。世界上比较典型的二氧化碳管道项目如表 7-3 所示[14]。加拿大艾伯塔省斥资 4.7 亿美元的新管道用于建设一条二氧化碳运输管道,该管道总长 330 km,建成后该管道将是世界上最长的二氧化碳运输管道,主要将化肥厂和爱德蒙顿附近的新鲟鱼精炼厂收集捕集的二氧化碳输送到艾伯塔省的油田并用于强化石油开采;壳牌集团在位于加拿大艾伯塔省的奎斯特(Quest)二氧化碳捕集和存储(carbon capture and storage,CCS)项目中修建了一条约 84 km 长的二氧化碳运输管道,通过该管道将二氧化碳注入地下 2000 m 深的地方存储;中国石化股份公司华东分公司建设了一条二氧化碳集气管道，该管道总长 52 km，年输送二氧化碳量为 40 万吨；吉林油田建设了长约 8 km 的 CO_2 气体运输管道；大庆油田在萨南东部过渡带进行的 CO_2-EOR 先导性试验中建设了 6.5 km 的 CO_2 运输管道，用于将大庆炼油厂加氢车间的副产品 CO_2 低压输送至试验场地。这些管道的设计执行《油气集输设计规范》(GB 50350—2005)，属于油田内部的集输管道，算不上真正意义上的 CO_2 运输管道[15]。2006 年中国和加拿大合作的“深煤层注入/埋藏二氧化碳开采煤层气技术研究项目”中建成了一条长约 116 km 的二氧化碳运输管道，具有重要意义。总体上来看，国内二氧化碳管道运输技术起步较晚，管道长度较短，管道设计水平有限，整体技术水平与西方发达国家有较大的差距。

表 7-3　世界上比较典型的二氧化碳管道项目

工 程 名 称	长度/km	年份/年	陆地/海洋	国　家
Canyon Reef Carriers	225	1971	陆地	美国
Quest	84	2012	陆地	加拿大
Qinshui	116	2006	陆地	中国
Weyburn	330	2008	陆地	加拿大
ROAD	25	2010	陆地/海洋	荷兰
Gorgon	9	2011	陆地	澳大利亚

7.2.3　碳利用技术现状

7.2.3.1　物理利用技术现状

CO_2 物理利用技术不仅能有效延缓 CO_2 的排放时间，还能够在废物利用的基础上生成新的产品，更可以有效提高制冷行业和暖通行业的能源利用效率。目前主要在三个领域用二氧化碳作为制冷剂，这三个领域分别是热泵热水器、汽车空调及冷冻冷藏系统。

传统热泵采用氟利昂作为制冷剂，而二氧化碳热泵采用二氧化碳作为制冷剂，传统热泵和二氧化碳热泵的工作原理相似，略有不同，传统热泵中氟利昂制冷剂在冷凝器内由气体冷凝为液体释放出热量，而二氧化碳处于超临界状态，不会冷凝为液体。

二氧化碳热泵的主要优点如下。

(1) 传统热泵的排气温度不超过 55 ℃,二氧化碳热泵采用的跨临界循环排气温度很高,在高压侧的温度变化为 80～100 ℃,传统热泵不能获得高温热水,而二氧化碳热泵可获得 90 ℃的高温热水,而且热水和排气温度的传热温差很小,传热效率很高,热泵制热系数很高。

(2) 可以显著减少加热所需的燃料用量,有研究表明在蒸发温度为 0 ℃时,水温可以从 10 ℃加热到 60 ℃,其性能系数可达到 4.3,比电加热热水器和燃气热水器能耗可降低 75%以上。

(3) 在寒冷地区,环境温度低,热泵的制冷量和效率会下降明显,因此传统热泵在寒冷地区的使用效果很差,而 CO_2 热泵系统的出水温度受环境温度的影响非常小,在低温条件下出水温度还非常高。二氧化碳热泵节能潜力巨大,世界发达国家已开始大力发展二氧化碳热泵系统。1996 年,世界上第一台热泵热水系统试验台在挪威 SINTEF 研究所的 Nesk 和 Petterson 热能实验室建成。原型机电动机的效率为 0.9,当蒸发温度为 0 ℃时,可以将水温由 9 ℃加热到 60 ℃,系统性能系数 COP 高达 4.3,热泵热水器能够提供 90 ℃的热水。研究结果表明,相比电热水器 CO_2 热泵热水器可节约能耗 75%左右[16]。世界各国都有对二氧化碳制冷剂的研究,在日本热泵热水器已经逐渐成为市场的新宠儿,很多新建的小区和商用楼都把热泵热水器作为首选的家庭供热中心。

目前汽车空调中的制冷剂主要是 R134a,R134a 是氟利昂的一种,对臭氧层有很大的破坏力。1997 年,84 个国家在日本签署了《京都议定书》,R134a 被列为被淘汰的制冷剂。自挪威 SINTEF 研究所的 G. Lorentzen 和 J. Petterson 等人首次提出二氧化碳汽车空调的概念以来,二氧化碳汽车空调的优势很快被大众所了解,它的优势主要体现在如下几个方面。

(1) 非常安全环保,不存在因氟利昂泄漏而引起的对臭氧层的破坏。

(2) 价格低廉。

(3) CO_2 单位容积制冷量比其他制冷剂高很多倍,传热和流动特性很好,可显著减小压缩机与系统的尺寸,整个制冷系统会非常紧凑,更适合车内有限空间。奔驰、宝马、丰田、大众等众多世界知名大公司纷纷着手二氧化碳汽车空调制冷剂的研发。

在冷冻冷藏系统中的复叠式制冷系统中将二氧化碳用作跨临界 CO_2 制冷系统,这是很不错的应用前景。主要原因是二氧化碳即使在低温条件下,其黏度也非常小,流动传热特性非常好,相比其他的制冷剂其制冷能力非常强。可口可乐公司宣布在其自动售货机的冷冻系统中使用二氧化碳。目前全世界有超过 10000 家超市或便利店已经采用了跨临界 CO_2 制冷系统，其中 80%集中在欧洲，其次是日本[17]。很多国家都反馈跨临界 CO_2 制冷技术节能明显。挪威特隆赫姆的 REMA1000 超市所应用的带热回收的跨临界 CO_2 系统，能够节能。瑞典最大的超市之一 Nordby 超市所使用的跨临界 CO_2 增压制冷系统能够节能 20%～30%。芬兰零售商 Kesco 在其商店中使用 CO_2 制冷技术后发现采用 CO_2 作为制冷剂的商店比没采用 CO_2 作为制冷剂的商店节能 30%。可以说跨临界 CO_2 正在发达国家中兴起，且节能效果明显。中国在跨临界 CO_2 制冷技术方面起步比较晚，应该紧跟其后，跟上世界的步伐，大力推广 CO_2 替代 HFCs 类制冷剂，体现出一个负责任的大国形象。

7.2.3.2 化工利用技术现状

尿素作为主要的农业肥料，在化学品市场中占据着相当大的份额。尿素的产量为 150 Mt/a，CO_2 存储量约为 112 Mt/a[18]；其次是无机碳酸盐，每年 CO_2 消耗量达 3000 万吨；将 CO_2 加氢还原合成 CO 的消耗量也已经达到 600 万吨[19]。此外，每年有 2 万多吨 CO_2 用于合成药物中间体水杨酸及碳酸丙烯酯等。氨合成尿素、碳酸氢铵、聚碳酸、酯碳酸二甲酯等是 CO_2 规模固定和利用比较成功的路线。

尿素除能被用作农业肥料外还能被用作制作药品，以及其他化学品和聚合物。四川泸天化工股份有限公司采取 Flour 的 Eonamine 醇胺法碳捕集工艺，处理来自 NH_3 重整单元的废气，能每天捕集 160 t CO_2，所捕集的 CO_2 用于生产尿素。印度 Farmers Fertilizer Company 采用 MHI(三菱重工)的 KS-1 醇胺法工艺，能每天捕集 900 t CO_2，所捕集的 CO_2 用于生产尿素。

碳酸二甲酯，是一种有机化合物，化学分子式为 $C_3H_6O_3$，可看作碳酸的二甲基酯，其具有毒性低、环保等特点，被广泛用作化工原料。碳酸二甲酯是一种重要的有机合成中间体，分子结构中含有羰基、甲基和甲氧基等官能团，具有多种反应性能，因此可用来代替光气、氯甲烷、硫酸二甲酯等高毒性和危险性物质进行羰基化、甲基化、甲酯化及酯交换等反应，在电子化学品、医药、农药、染料、合成材料、油品添加剂、食品添加剂、车用燃料等领域得到广泛应用[20]。在生产中具有安全、低污染、易运输等优点。我国碳酸二甲酯生产技术已趋于成熟，目前主要有五种工艺：光气法、尿素醇解法、二氧化碳直接氧化法、酯交换法、甲醇氧化羰化法。其中，光气法对环境污染严重已基本被淘汰；

尿素醇解法生产成本较高;二氧化碳直接氧化法尚处于研究阶段,还不太成熟。目前国内碳酸二甲酯生产企业主要采用的技术是酯交换法,产能占60.3%;甲醇氧化羰化法,产能占23.5%;尿素醇解法,产能占4.7%。到2020年,我国主要碳酸二甲酯DMC生产企业有16家,总产能接近110万吨/年。全国产量碳酸二甲酯产能52万吨左右[21]。

聚碳酸酯又称为PC塑料,是分子链中含有碳酸酯基的高分子聚合物,是一种无色透明的无定性热塑性材料。该材料被广泛应用于各个领域,主要的应用有CD/VCD光盘、树脂镜片、桶装水瓶、防弹玻璃、婴儿奶瓶、动物笼子、车头灯罩、行李箱、智能手机的机身外壳等。在国内,从2000年到2019年聚碳酸酯的需求量从20万吨/年扩大到250万吨/年,年平均消费增速超过14%。产量由2000年的0.1万吨/年扩大到120万吨/年,自给率接近50%。国内企业聚碳酸酯生产技术取得了长足进步,已经打破了国外的垄断,完全拥有自主知识产权[22]。

7.2.3.3 生物利用技术现状

2006年,美国公司设计出一套可与1040 MW电厂烟道气相连接的二氧化碳捕集系统,该系统可实现电厂烟气的大规模回收利用,利用微藻的光合作用吸收固定二氧化碳,成功地将微藻中的有机物提炼为生物“原油”。2007年,以色列一家公司展示的海藻固碳技术,能有效地将太阳能转化为生物质能,达到了5 kg海藻生产1 L生物燃油的目的。2010年,新奥集团在内蒙古鄂尔多斯达拉特旗建设了微藻固碳生物能源产业化示范项目,该项目以当地60万吨煤制甲醇项目为依托,在项目周围的沙漠里利用煤制甲醇项目产生的CO_2及含盐的浓排水养殖微藻用于提炼生物柴油。该项目实现废水废气的资源化利用,节水量高达65%~80%。2013年,中国石化石家庄炼化分公司建成全国首个以炼厂CO_2废气为碳源的“微藻养殖示范装置”,该示范装置吸收二氧化碳能力相当于森林的10~50倍,可为炼厂减排二氧化碳20%以上。同时养殖的微藻为生物柴油的开发奠定原料基础,实现循环利用。

CO_2气肥技术先从工农业生产的排气或大气中捕集二氧化碳,再将CO_2的浓度调节到适合农作物生长的范围,然后将CO_2注入温室内以提升农作物的光合作用,最终达到增产的目的。我国大棚种植面积世界第一,该技术具有非常广泛的应用前景。农作物光合作用中二氧化碳是关键因素之一,其重要性和肥料一样,缺少二氧化碳会对光合作用造成直接的影响进而导致农作物减

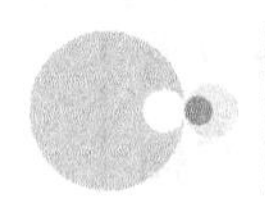

产。试验研究表明：当 CO_2 浓度在 50 PPM 以下时，光合作用会停止；当 CO_2 浓度由 300 PPM(正常大气环境中 CO_2 浓度)增加到 1000 PPM 时，植物的光合作用效率可翻一番。在其他条件一定的情况下，当 CO_2 浓度由 100 PPM 增加到 2000 PPM 时，作物产量随产量逐渐提高。各地在草莓、茄子、西瓜、番茄、黄瓜、南瓜等作物上增施 CO_2 气肥后成效显著，采用二氧化碳气肥技术后主要带来以下 5 点好处：

(1) 农作物光合作用明显提高，农作物更加健壮；

(2) 产量明显提高，尤其是瓜果类农作物早期产量增加明显；

(3) 农产品的内外品质明显提升，卖相更佳，经济效益明显；

(4) 可使上市时间有效提早，抢占市场先机；

(5) 植株的抗病性明显增强，产品的贮藏时间得到有效提升。

酶法催化二氧化碳制备高附加值化学品也是近些年来研究的热门。甲酸又称为蚁酸，化学分子式为 HCOOH，是一种重要的化工原料，被广泛应用于医药、皮革、染料、橡胶等行业。甲酸是酶法还原 CO_2 的重要产物或中间产物之一。研究表明甲酸与 H_2 可在相近的电位下被氧化，在制备低温燃料电池方面有巨大潜力[23]。甲酸脱氢酶(formate dehydrogenase，FDH)在辅因子 NADPH 作用下可催化 CO_2 还原并转化为甲酸，其反应式为

$$CO_2 + NADPH \rightleftharpoons HCOO^- + NAD^+$$

7.2.3.4 矿化利用技术现状

我国非常重视二氧化碳矿化利用技术的发展，近些年来，在钢渣矿化利用、磷石膏矿化利用、混凝土养护利用技术方面取得重要突破。

1. 钢渣矿化利用

钢铁行业每年会排放大量的固体废渣，这些废渣很多没有有效利用，钢渣就是其中的一种，钢渣中不同成分的比例为：氧化钙 40%～60%，氧化镁3%～10%，铁 2%～8%，氧化锰 1%～8%。这些都是有用的成分，可回收利用。我国钢铁产量全世界第一，钢渣的产量也随着钢铁产量的快速增长而飞速提升。如何有效处理废弃的钢渣一直是社会各界关注的重点。钢渣中氧化钙的比例高达 40%～60%，如果能将钢渣中的钙离子提取出来用于固定 CO_2 并生产碳酸钙，既能有效减少二氧化碳排放，还可以让钢渣变成有利用价值的资源，所得到的碳酸钙还可广泛应用于水泥生产。2021 年，包钢集团碳化法钢铁渣综合利用示范产业化项目举行开工奠基仪式。该项目为全球首套 CO_2 碳矿化示

范项目,该项目采用美国哥伦比亚大学的最新技术,以钢渣为原料,对钢渣进行综合处理后得到高纯碳酸钙、铁料等产品。高纯碳酸钙是造纸、橡胶、涂料、塑料等行业的原料之一。该项技术可以减少石灰石资源的消耗及高温煅烧工艺带来的高能耗,还可以有效减少造纸企业对木材等森林资源的破坏,是一项节约资源、降低能耗、有效减少二氧化碳排放的绿色低碳环保技术。该项目投产后预计每年可处理钢渣 42.4 万吨,减排二氧化碳约 10 万吨,年产高纯碳酸钙 20 万吨,年产铁料 31 万吨。

2. 磷石膏矿化利用

磷石膏是采用硫酸、硝酸或盐酸分解磷矿制取磷酸过程中所产生的固体废渣,目前的工艺水平,每生产 1 t 湿法磷酸会产生 4.5～6 t 磷石膏废渣。我国每年会产生大量的磷石膏废渣,随意丢弃堆放这些废渣不仅浪费了大量有用的土地资源,废渣中所含的磷、氟等杂质还严重污染了周边环境。由中国石油化工集团公司和四川大学合作开发的 CO_2 矿化磷石膏($CaSO_4 \cdot 2H_2O$)技术,采用石膏氨水悬浮液直接吸收 CO_2 尾气制硫铵,已建立 100 Nm^3/h 尾气 CO_2 直接矿化磷石膏联产硫基复合肥中试装置,尾气 CO_2 直接矿化为碳酸钙使磷石膏固相 $CaSO_4 \cdot 2H_2O$ 转化率超过 92%,72 h 连续试验中尾气 CO_2 捕集率 70%[24]。该技术的原理是:富含 CO_2 的烟气与磷石膏悬浮液及氨气形成气-液-固三相流,三者发生化学反应,烟气中的 CO_2 和氮气与磷石膏悬浮液发生化学反应生成 $CaCO_3$ 及 $(NH_4)_2SO_4$。反应生成的 $CaCO_3$ 经过过滤、洗涤、干燥等工艺后用于生产水泥。$(NH_4)_2SO_4$ 溶液通过蒸发、浓缩、结晶、分离等工艺后用作化肥。其反应式为

$$2NH_3 + CO_2 + CaSO_4 \cdot 2H_2O \rightleftharpoons CaCO_3 \downarrow + (NH_4)_2SO_4 + H_2O$$

该方法的主要创新点在于:以废治废、减少二氧化碳排放的同时获取了有价值的化工产品。通过石膏氨水与含 CO_2 的烟气直接发生化学反应,实现了二氧化碳的直接存储,减少了捕集二氧化碳的成本。通过将磷石膏废渣转化为硫铵和碳酸钙,不仅可以减少废渣的占地面积,还显著减少了废渣堆放过程中对环境的污染,所生成的产物硫酸铵可作为肥料,碳酸钙可作为水泥生产的原料。

3. 混凝土养护利用

研究者通过不断尝试,发现 CO_2 能应用在建材行业内,CO_2 能增强水泥基材料强度,起到养护混凝土的作用。该技术不但能减少二氧化碳的排放,还能

得到具有相当商业应用价值的、高强的混凝土产品。正常条件下，大气中 CO_2 的浓度仅为 0.04%，碳酸化反应在如此低的 CO_2 浓度下进行，反应速率非常低，还可能造成混凝土内部 pH 中性化甚至酸化，从而引起混凝土钢筋锈蚀问题，如图 7-26 所示，这对混凝土的整体强度、性能有不利影响[25]。

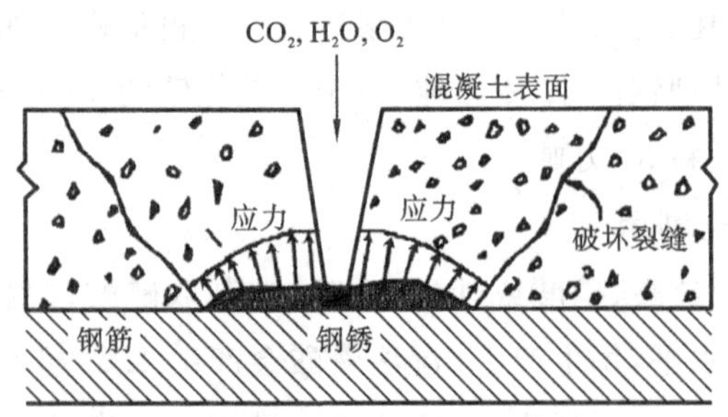

图 7-26　混凝土内钢筋碳化锈蚀过程示意图

研究人员发现，在预制件的加速酸化实验过程中，混凝土胶凝材料及混凝土骨料中的碱性组分：水化产物氢氧化钙、未水化的硅酸二钙和硅酸三钙可以在一定条件下与 CO_2 发生碳酸化反应，实现 CO_2 的矿化利用，从而减少二氧化碳排放。二氧化碳与水化产物氢氧化钙碳酸化反应式如下。

二氧化碳溶于水生产碳酸，其反应式为

$$CO_2 + H_2O \rightleftharpoons H_2CO_3$$

$$H_2CO_3 \rightleftharpoons HCO_3^- + H^+$$

生成的碳酸与部分水化产物氢氧化钙生成碳酸钙，其反应式为

$$H_2CO_3 + Ca(OH)_2 \longrightarrow CaCO_3 \downarrow + 2H_2O$$

2020 年 8 月，由浙江大学与河南强耐新材股份有限公司合作的"'十三五'国家重点研发计划"课题"CO_2 深度矿化养护制建材关键技术与万吨级工业试验"示范工程在河南强耐新材股份有限公司通过 72 h 运行。该项目是全球第一个工业规模 CO_2 养护混凝土示范工程。该示范工程中所采用的 CO_2 矿化养护技术每年可存储 1 万吨 CO_2 温室气体，并生产 1 亿块 MU15 标准的轻质实心混凝土砖。

7.3　碳捕集、利用与存储示范案例

CCUS 全流程示范工程集碳捕集技术、碳运输技术、碳利用技术、碳存储技术于一体，示范工程是各项技术的最终体现，是各项理论研究、技术分析、工

程经验的最终检验。本节列举了国内外具有代表性的 CCUS 全流程示范工程,并从示范工程的建设情况、技术配置、运行状况、相关评论等方面进行了详细介绍。

7.3.1 CCUS 国际示范案例

截至 2020 年,全世界共有 65 个商业性的 CCUS 项目。其中 26 个项目正在运行,2 个项目由于火灾或经济原因暂停运行,3 个项目正在建设中,13 个项目已进入工程设计阶段,21 个项目还处在早期开发阶段[30]。全世界商业性 CCUS 项目如表 7-4 所示。

表 7-4 全世界商业性 CCUS 项目

项　　目	状态	国家	投运时间/年	行业	最大捕集能力/(万吨/年)	捕集类型	存储类型
Terrell Natural Gas Processing Plant (Formerly Val Verde Natural Gas Plants)	运行中	美国	1972	天然气处理	0.4	工业分离	EOR
+Enid Fertilizer	运行中	美国	1982	化肥生产	0.2	工业分离	EOR
Shute Creek Gas Processing Plant	运行中	美国	1986	天然气处理	7.0	工业分离	EOR
Sleipner CO_2 Storage	运行中	挪威	1996	天然气处理	1.0	工业分离	专用地质存储
Great Plains Synfuels Plant and Weyburn-Midale	运行中	美国	2000	合成天然气	3.0	工业分离	EOR
Core Energy CO_2-EOR	运行中	美国	2003	天然气处理	0.35	工业分离	EOR
中石化中原油田 CO_2-EOR 项目	运行中	中国	2006	化工生产	0.12	工业分离	EOR
Snøhvit CO_2 Storage	运行中	挪威	2008	天然气处理	0.7	工业分离	专用地质存储
Arkalon CO_2 Compression Facility	运行中	美国	2009	乙醇生产	0.29	工业分离	EOR

续表

项　目	状态	国家	投运时间/年	行业	最大捕集能力/(万吨/年)	捕集类型	存储类型
Century Plant	运行中	美国	2010	天然气处理	5.00	工业分离	EOR 和地质存储
Bonanza BioEnergy CCUS EOR	运行中	美国	2012	乙醇生产	0.10	工业分离	EOR
PCS Nitrogen	运行中	美国	2013	化肥生产	0.30	工业分离	EOR
Petrobras Santos Basin Pre-Salt Oil Field CCS	运行中	巴西	2013	天然气处理	4.60	工业分离	EOR
Lost Cabin Gas Plant	暂停运行	美国	2013	天然气处理	0.90	工业分离	EOR
Coffeyville Gasification Plant	运行中	美国	2013	化肥生产	1.00	工业分离	EOR
Air Products Steam Methane Reformer	运行中	美国	2013	制氢	1.00	工业分离	EOR
Boundary Dam Carbon Capture and Storage	运行中	加拿大	2014	发电	1.00	燃烧后捕集	EOR
Uthmaniyah CO_2-EOR Demonstration	运行中	沙特阿拉伯	2015	天然气处理	0.80	工业分离	EOR
Quest	运行中	加拿大	2015	制氢油砂升级	1.20	工业分离	专用地质存储
新疆敦华公司项目	运行中	中国	2015	化工生产甲醇	0.10	工业分离	EOR
Abu Dhabi CCS (Phase 1 being Emirates Steel Industries)	运行中	阿联酋	2016	钢铁制造	0.80	工业分离	EOR
Petra Nova Carbon Capture	暂停运行	美国	2017	发电	1.4	燃烧后捕集	EOR

续表

项　　目	状态	国家	投运时间/年	行业	最大捕集能力/(万吨/年)	捕集类型	存储类型
Illinois Industrial Carbon Capture and Storage	运行中	美国	2017	乙醇生产-乙醇厂	1.00	工业分离	专用地质存储
中石油吉林油田EOR研究示范	运行中	中国	2018	天然气处理	0.60	工业分离	EOR
Gorgon Carbon Dioxide Injection	运行中	澳大利亚	2019	天然气处理	4.00	工业分离	专用地质存储
Qatar LNG CCS	运行中	卡塔尔	2019	天然气处理	1.00	工业分离	专用地质存储
Alberta Carbon Trunk Line (ACTL) with Nutrien CO_2 Stream	运行中	加拿大	2020	化肥生产	0.30	工业分离	EOR
Alberta Carbon Trunk Line (ACTL) with North West Redwater Partnership's Sturgeon Refinery CO_2 Stream	运行中	加拿大	2020	石油精炼	1.40	工业分离	EOR

7.3.1.1　挪威 Snøhvit 项目

北欧五国之一的挪威,在 CCUS 技术的推进上非常积极。其国内的油田 Sleipner 油田于 1996 开始使用 CCUS 技术,Snøhvit 油田于 2007 年开始使用 CCUS 技术。截至 2020 年,这两座油田累计存储了超过 2500 万吨 CO_2。其中 Snøhvit 项目更是全球第一个商业化存储 CO_2 项目。Snøhvit 油田于 1984 年被发现,该油田开发计划于 2002 年获得挪威政府的批准,2007 年 8 月开始生产,是挪威巴伦支海的第一个海上油田开发项目,油田主要生产天然气,如图 7-27 所示。目前该油田由多家企业持股,其中 Equinor Energy 持股 36.79%,是运营商,其他合作伙伴 Petoro 持股 30%、Total E&P Norge 持股 18.4%、Neptune Energy Norge 持股 12% 、Wintershall Dea Norge 持股 2.81%。Snøhvit 项目还包括 Albatross 和 Askeladd 油田,代表了挪威大陆架

图 7-27　挪威 Snøhvit 项目

(NCS) 上的第一个完全海底开发项目，其表面没有可见的海上设施。这些油田通过几个环节与陆上工厂相连，其中最大的是天然气管道，该管道长 143 km，内径为 65.5 cm。此外，还有两条化学管道，一条脐带管和一条用于运输二氧化碳的单独管道，管道系统如图 7-28 所示。Snøhvit 的海底装置通过脐带缆进行操作。油田的海底生产和管道运输都将在 Melkøya 岛上的气体液化厂的控制室进行监控。操作员能够通过光纤电缆及高压电力和液压输电线传输信号，在 150 km 外的海床上打开和关闭阀门。控制室和海底装置之间的所有通信都将通过脐带电缆进行。该项目先将位于挪威大陆架北部的巴伦支海海域 Snøhvit 天然气田中开采出的天然气运送到挪威北部沿岸 Melkøya 岛上的工厂转化为液态天然气(LNG)。再将该过程中分离出的二氧化碳通过管道运送回 Snøhvit 油田区域海床下 2600 m 的砂岩层进行存储，当 Snøhvit 满负荷生产时，该工艺每年存储 700000 t 二氧化碳排放量。这相当于 280000 辆汽车的排放量，Snøhvit 每年出口 57.5 亿立方米液化天然气。一直到现在，该项目运行良好，一直保持高产状态。该项目的成功主要归结于几个因素：① 当时挪威出台了碳税政策，政策上对该项目有一定的激励作用；② 该项目挪威政府直接持股，为项目投入了充足的资金；③ 挪威国际关系良好，项目得到了

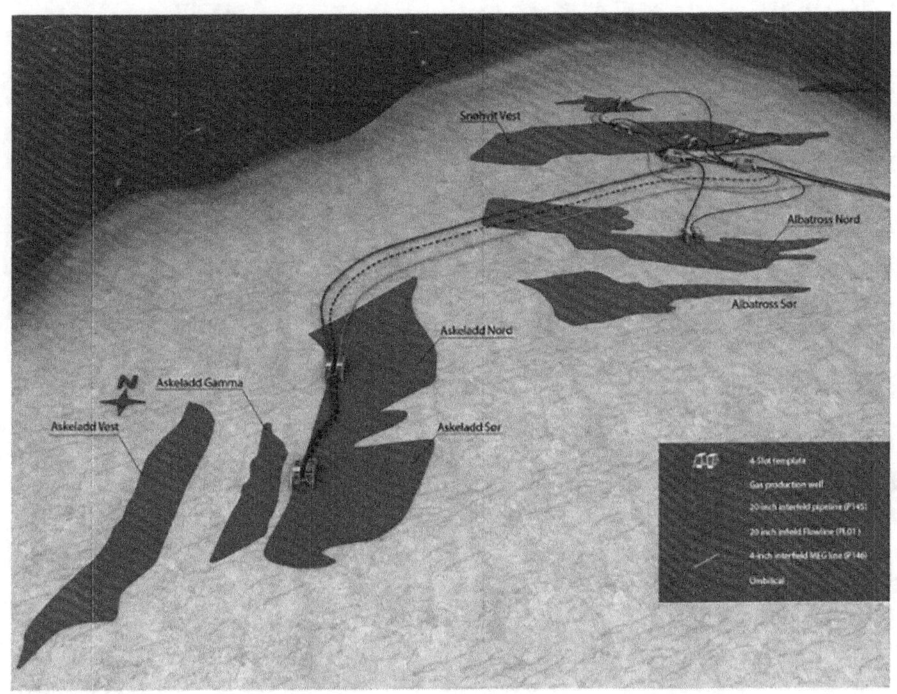

图 7-28　挪威 Snøhvit 项目海底管道系统

诸多发达国家的先进技术输入。

7.3.1.2　加拿大边界大坝(Boundary Dam)CCUS 项目

位于加拿大萨斯喀彻温省边界大坝(Boundary Dam)CCUS 项目是用碳捕集系统改造以褐煤为燃料的 3 号机组的项目,项目如图7-29 所示。其主要目的是为 Weyburn 油田提供低成本的二氧化碳来源,以提高石油采收率。Boundary Dam 燃煤电站是世界上第一个配备碳捕集和存储技术的商业规模的褐煤发电厂。Boundary Dam 燃煤电站总装机容量约 16 万千瓦,所采用的碳捕集技术是壳牌 CANSOLV 公司提供的二氧化硫-二氧化碳联合捕集工艺。该工艺包括 SO_2 吸收段和 CO_2 吸收塔,燃煤电站煤粉燃烧产生的高温烟气经过冷却降温后进入 SO_2 吸收段,SO_2 在吸收段内被捕集后输送到化学车间用于制硫酸,最后烟气进入 CO_2 填料吸收塔内被捕集,捕集后的 CO_2 经脱水后纯度可达到 99%,最后提纯后的 CO_2 被压缩至超临界状态。这些超临界二氧化碳再通过管道被送到约 70 km 远的 Weyburn 油田,注入油田深处用于强化石油开采(EOR)或送到 2 km 远的 Aquistore 碳存储研究基地,注入 3400 m 深的

图 7-29　加拿大萨斯喀彻温省边界大坝(Boundary Dam)CCUS 项目

咸水层进行永久地质存储。边界大坝 CCUS 项目自 2014 年底运行以来，已累计捕集二氧化碳 415 万吨。目前该项目运行情况一般，2015 年，SaskPower 的内部文件显示，碳捕集系统存在“严重的设计问题”，导致经常出现故障和维护问题，致使该装置只有 40％ 的时间可以运行，某些缺陷企业无维修的意愿和能力；有专家指出，虽然燃煤电站中 90％ 的 CO_2通过碳捕集系统被捕集，但只有一部分被存储。几乎一半被捕集的二氧化碳最终通过油田处理和捕集过程释放到大气中；另外，据相关资料统计显示，边界大坝 CCUS 项目发电成本相比以前翻了一番。该项目的部分成功原因主要归结于以下几个因素。

(1) 政策的强制性，2012 年加拿大政府颁布实施了《燃煤发电二氧化碳减排条例》。条例规定，自 2015 年 7 月起，所有新建和已达到设计寿命的燃煤电厂，二氧化碳排放必须在每 420 g CO_2/(kW・h)以下。这实际上是强制要求新建和已达到寿命的电厂建设配套 CCUS 项目。

(2) 政府的大力支持，边界大坝(Boundary Dam)CCUS 项目改造工程总投资约 15 亿加元，政府补贴 2.4 亿加元，补贴力度相当大。

(3) 通过回收运行中所产生的副产品,如二氧化碳、硫酸、粉煤灰等副产品所产生的利润抵消了一部分二氧化碳捕集成本。

7.3.1.3 美国佩特拉诺瓦(Petra Nova)碳捕集项目

美国佩特拉诺瓦(Petra Nova)碳捕集项目位于美国得克萨斯州,由 NRG 能源和捷客斯石油开发股份有限公司联合承建完成,旨在为其 WA Parish 发电站的一台锅炉改造一个燃烧后碳捕集处理系统,以处理改造后的部分大气废气排放。该项目是世界上最大的燃煤电站燃烧后捕集的商业化 CCUS 项目,该项目如图 7-30 所示。Petra Nova 燃煤电站的总装机容量为 240 MW。所采取的碳捕集工艺是由三菱重工和关西电力公司共同开发的 KM-CDR 工艺,该工艺类似于其他溶剂吸收法,烟气经过降温预处理并去除二氧化硫后进入二氧化碳主吸收塔。在主吸收塔中烟气的 90%以上的二氧化碳被 KS-1 溶剂吸收,富含二氧化碳的溶剂进入解吸塔中,从解吸塔释放出来的二氧化碳纯度高达 99.9%。最后所捕集的二氧化碳气体被压缩至 13 MPa,通过一条约

图 7-30 美国佩特拉诺瓦(Petra Nova)碳捕集项目

80英里(1英里≈1.6千米)长的管道,将捕集的二氧化碳注入 West Ranch 油田用于强化石油开采(EOR),返回地面的二氧化碳经分离后被重新注入地下存储。West Ranch 油田以前每天生产 300 桶石油。随着向油田新注入高压二氧化碳,该油田的石油产量每天增加 50 至 15000 桶石油,佩特拉诺瓦碳捕集项目总体投资约 10.4 亿美元,美国政府捐赠 1.9 亿美元,日本政府贷款 2.5 亿美元。当该项目首次被提出时,油价非常高(每桶 100 美元),假设油价不下跌的情况下,通过二氧化碳强化石油开采所得到的收益能够抵消二氧化碳的捕集成本,企业可以获得可观的收益。但是到 2017 年,油价跌到约为每桶 50 美元,因此该油田的石油产量出现净亏损。之后由于全球石油价格大跌更是对该项目产生了很大的冲击,该项目至 2020 年 5 月起停运。自该项目启动累计捕集了二氧化碳 100 万吨。

7.3.2 CCUS 国内示范案例

国内具有代表性的 CO_2 捕集示范工程项目如表 7-5 所示[31]。

表 7-5　国内代表性 CO_2 捕集示范工程项目

项　　目	地址	规模	捕集类型	捕集技术	存储/利用	投运年份/年	现状
大庆油田 EOR 示范项目	黑龙江大庆	20 万吨/年	天然气处理	燃烧前(伴生气分离)	EOR	2003	运行中
中石化华东油气田 CCUS 全流程示范项目	江苏东台	4 万吨/年	化工厂	燃烧前	EOR	2005	运行中
中联煤驱煤层气项目(柿庄)	山西沁水	0.1 万吨/年			ECBM	2004	运行中
中联煤驱煤层气项目(柳林)	山西柳林	0.1 万吨/年			ECBM	2012	运行中
中石油吉林油田 EOR 示范项目	吉林松原	一阶段 15 万吨/年,二阶段 50 万吨/年	天然气处理	燃烧前 MEA 吸收(伴生气分离)	EOR	2008/2017	运行中

续表

项　目	地址	规模	捕集类型	捕集技术	存储/利用	投运年份/年	现状
华能高碑店电厂捕集试验项目	北京	0.3 万吨/年	燃煤电厂	燃烧后（化学吸收）	食品级 CO_2	2008	运行中
华能集团石洞口电厂碳捕集项目	上海	12 万吨/年	燃煤电厂	燃烧后（化学吸收）	工业利用与食品	2009	间歇式运行
中石化胜利油田 EOR 项目	山东东营	一阶段 4 万吨/年，二阶段 50～100 万吨/年	燃煤电厂	燃烧后胺吸收（南化研究院复合胺捕集溶剂）	EOR	一阶段 2010	运行中
中电投重庆双槐电厂碳捕集示范项目	重庆	1 万吨/年	燃煤电厂	燃烧后（化学吸附）	工业利用	2010	运行中
国家能源集团鄂尔多斯咸水层存储项目	内蒙古鄂尔多斯	10 万吨/年	煤制油	燃烧前（低温甲醇洗）	咸水层存储	2011	
连云港清洁能源动力系统研究设施	江苏连云港	一期 3 万吨/年，二期 100 万吨/年	燃煤电厂	燃烧前	咸水层存储	一期 2011	一期运行中
国电集团 CO_2 捕集和利用示范工程	天津	2 万吨/年	燃煤电厂	燃烧后（化学吸附）	食品行业利用	2012	运行中
延长石油陕北煤化工 5 万吨/年 CO_2 捕集与示范	陕西榆林	5 万吨/年	煤制气	燃烧前（低温甲醇洗）	EOR	2013	运行中
华中科技大学 35 MW 富氧燃烧示范	湖北应城	10 万吨/年	燃煤电厂	富氧燃烧	市场销售，工业应用	2014	间歇运行
华能绿色煤电 IGCC 电厂捕集、利用与存储	天津	10 万吨/年	燃煤电厂	燃烧前（化学吸收）	EOR 及地质存储	2015	运行中

续表

项　　目	地址	规模	捕集类型	捕集技术	存储/利用	投运年份/年	现状
中石化中原油田	河南濮阳	50万吨/年，注入10万吨/年	化肥厂	燃烧前（化学吸收）	EOR	2015	运行中
克拉玛依敦华石油-新疆油田EOR项目	新疆克拉玛依	10万吨/年，注入2万吨/年	甲醇厂	燃烧前（化学吸收）	EOR	2015	运行中
长庆油田EOR项目	陕西榆林	5万吨/年	甲醇厂	燃烧前	EOR	2017	运行中
海螺集团芜湖白马山水泥厂5万吨/年CO_2捕集与纯化示范项目	安徽芜湖	5万吨/年	水泥厂	燃烧前（化学吸收）	食品级和工业级CO_2产品	2018	运行中
华润电力海丰碳捕集测试平台	广东海丰	2万吨/年	燃煤电厂	胺吸收法和膜分离法	食品级液态CO_2，未来利用EOR及地质存储	2019	运行中
华东油田江苏华扬液碳项目	江苏南京	10万吨/年	CO_2液化厂	燃烧后（低温甲醇洗）	CO_2-EOR	2020	运行中

7.3.2.1　华能集团石洞口第二电厂碳捕集示范项目

位于上海的华能集团石洞口第二电厂碳捕集示范项目于2009年完工，该项目由华能集团自主研发、设计并建成了国内第一套燃煤电厂烟气二氧化碳捕集装置，该项目如图7-31所示。1992年上海的华能集团石洞口第二电厂一期工程两台600 MW超临界机组投产。二期工程建设两台660 MW国产超临界机组。与主体工程配套建成的还有烟气脱硫、脱硝、脱碳等设备。二期工程

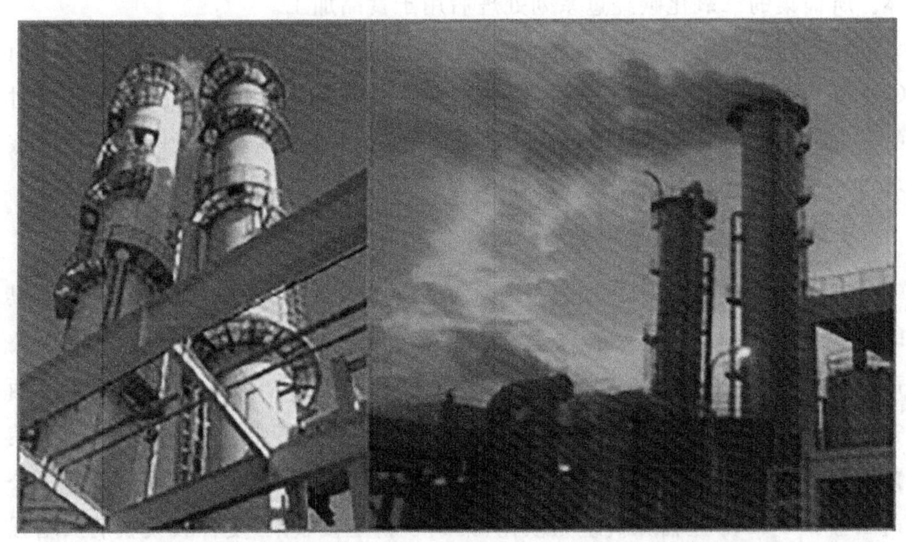

图 7-31　上海的华能集团石洞口第二电厂碳捕集示范项目

配套的脱碳装置及二氧化碳捕集和精制系统，工程总投资额约 1 亿元，全部为国内自主设计生产。其脱碳装置于 2009 年 12 月 30 日正式投运，它的建成投产，开创了我国燃煤电站大规模二氧化碳捕集的先例，项目的成功实施标志着我国燃煤电厂二氧化碳捕集技术和规模已达到世界领先水平。其技术原理主要是采用了燃烧后捕集技术中的化学吸收法，化学吸收法也是目前国外燃煤电站所采用的主流技术，该技术先对燃煤电站排放的烟气进行脱硫、脱硝及除尘处理，再采用 MEA 法脱除烟气中的二氧化碳。碳捕集装置主要由烟气预处理系统、吸收系统、再生系统、压缩干燥系统、制冷液化系统等组成。电厂锅炉烟气先经过脱硝、除尘、脱硫等预处理净化系统，经过预处理净化系统后，烟气中对后续工艺有害的物质被去除，然后烟气进入吸收塔，在吸收塔内烟气中的二氧化碳与吸收剂发生化学反应，二氧化碳被脱除；在一定条件下，吸收了二氧化碳的吸收剂在再生塔内获得再生，二氧化碳从吸收剂中释放，将被释放后的二氧化碳经压缩、净化处理、液化后可得到高纯度的液体二氧化碳产品。目前上海的华能集团石洞口第二电厂二期工程配套的脱碳装置处理烟气量 66000 Nm^3/h，烟气处理量约占单台机组额定工况总烟气量的 4%，设计年运行小时数 8000 h，年生产食品级二氧化碳 10 万吨，二氧化碳捕集率超过 80%，通过这样的工艺流程，可以获得纯度大于 99.5%的二氧化碳。再将二氧化碳精制处理后，可以产生达到食品级标准的、纯度为 99.9%以上的二氧化碳液体。所捕集的二氧化碳经过系列处理后用于食品加工。

在运行过程中，水、电、蒸汽、化学药剂等资源的消耗价格较高。捕集 1 t CO_2，除了要消耗一定量的蒸汽，还要消耗约 75 kW·h 的电量。项目运行时的发电成本从每千瓦时 0.26 元提高到 0.5 元，发电成本翻了近一番。目前该项目处于间歇式运行状态。

7.3.2.2 陕西国华锦界能源有限公司 15 万吨/年 CCS 示范工程

2021 年 6 月 25 日，成功通过 168 h 试运行后，目前国内规模最大的燃煤电厂二氧化碳捕集与驱油存储全流程示范项目——陕西国华锦界能源有限公司 15 万吨/年 CCS 示范工程正式投产，如图 7-32 所示。该示范工程位于陕西省榆林市，由中国化学工程第十四建设有限公司承建，项目的二氧化碳捕集装置国内规模最大、设计性能参数全球最优。项目以陕西国华锦界能源有限公司 1 号 600 MW 亚临界机组为依托，集成了新型吸收剂（复合胺吸收剂）、增强型塑料填料、降膜汽提式再沸器、超重力再生反应器和高效节能工艺（级间冷却＋分流解吸＋机械式蒸汽再压缩）等新技术、新工艺和新设备，开展了先进的燃煤电厂化学吸收法二氧化碳捕集技术研究和工业示范。试运期间该项目连续生产出纯度 99.5%的工业级合格液态二氧化碳产品，成功实现了燃煤电厂烟气中二氧化碳大规模捕集。该项目的成功投运，为我国燃煤电站推进实现“近零排放”提供了技术支撑，为我国火电厂开展百万吨级大规模碳捕集项

图 7-32 陕西国华锦界能源有限公司 15 万吨/年 CCS 示范工程

目积累了实践经验,对落实“碳达峰、碳中和”目标具有重要意义。

该碳捕集工艺流程如图 7-33 所示[31]:从 1 号机组脱硫塔出口抽取一定量(烟气流量约为 105 Nm^3/h)的烟气送入到烟气洗涤塔,烟气在洗涤塔内经过洗涤降温和深度脱硫后由脱碳引风机送入吸收塔内,烟气中的二氧化碳在吸收塔内被新型吸收剂(复合胺吸收剂)吸收。吸收塔中部配置了级间冷却器,级间冷却器对吸收剂冷却降温以提高吸收塔的吸收能力。被脱除二氧化碳后的烟气由吸收塔塔顶排出。吸收剂吸收了烟气中的二氧化碳后成为富液,从吸收塔塔底排出的富液经过富液泵加压后分成两股,一股富液经过贫富液换热器与贫液发生热交换,温度降低后进入解吸塔中部;另外一股富液直接进入解吸塔顶部,在解吸塔内自上而下流动,再沸器通过加热将富液中的二氧化碳汽提解吸出来,富液总的二氧化碳被解吸后变为贫液,贫液从解吸塔塔底流出。贫液流出后进入贫富液换热器换热,再经过贫液冷却器冷却后进入吸收塔,进而达到循环利用的目的。从富液中解吸出的二氧化碳和水蒸气混合气体由解吸塔顶流出,混合气体经过气液分离器后,二氧化碳和水蒸气分离,可以得到纯度 99.5%以上的二氧化碳气体,高纯度的二氧化碳气体经过压缩机

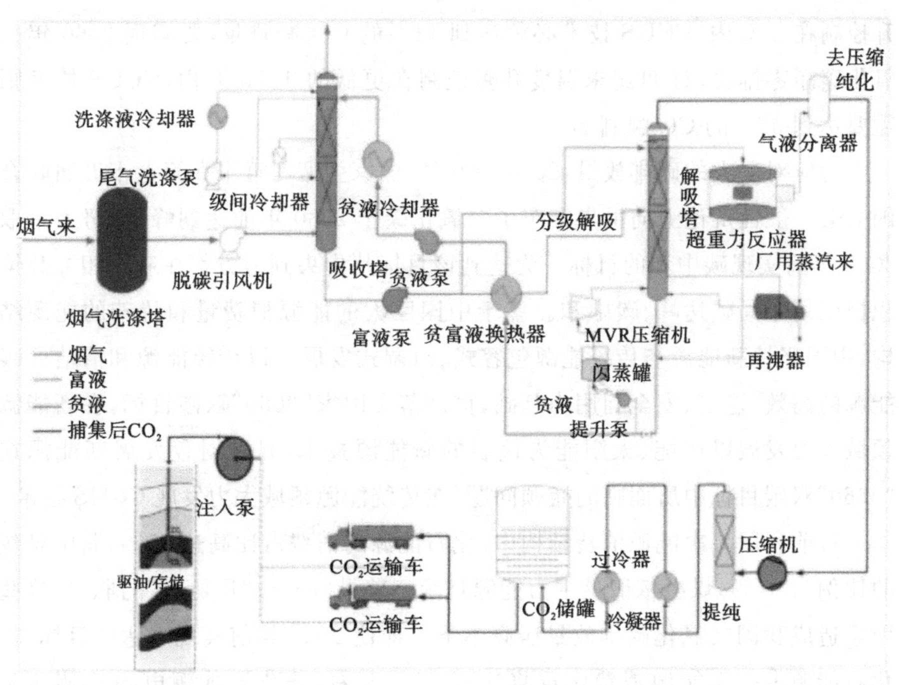

图 7-33　陕西国华锦界能源有限公司 15 万吨/年 CCS 示范工程工艺流程图

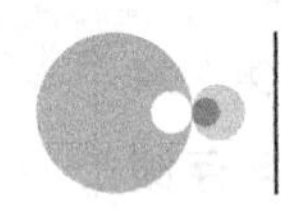

加压后压强为 2.5 MPa，温度为 40 ℃，压缩后的二氧化碳气体在提纯塔内经过脱水干燥处理后再依次进入过冷器和冷凝器，经过两次冷却后二氧化碳温度为 20 ℃以下，此时二氧化碳已经完全被液化，被液化的二氧化碳送入二氧化碳储罐存储。项目投运后可实现二氧化碳捕集率大于 90%、二氧化碳浓度大于 99%，整体性能指标达到国际领先水平。

项目所生产出的工业级液体二氧化碳，可用于强化石油开采（EOR）、咸水层存储及矿化利用等。

7.4 面临的机遇与挑战

我国于 2006 年在北京香山会议上首次提出碳捕获、利用与存储（CCUS）的概念，建议 CO_2减排和利用要紧密结合。2015 年 12 月 12 日，联合国 195 个成员国在联合国气候峰会中通过《巴黎协定》，《巴黎协定》中各国达成共识共同遏制全球变暖趋势，提出要全球平均气温升幅控制在工业革命前水平以上低于 2 ℃内，并努力将气温升幅限制在工业化前水平以上 1.5 ℃内。国际能源署（IEA）在《能源技术展望报告 2017》中指出，要实现在 21 世纪末将全球温升控制在 2 ℃内，CCUS 技术必须达到 14%的 CO_2减排量，要实现 2060 年二氧化碳净零排放，21 世纪末温度升幅控制在更低的 1.75 ℃内，CCUS 技术则需要达到 32%的 CO_2减排量。

为应对巨大的碳排放量，2020 年 9 月，国家主席习近平在第七十五届联合国大会一般性辩论上向世界宣布了二氧化碳于 2030 年前达到峰值，努力争取 2060 年前实现碳中和的目标。为达到该目标从中央到地方都在制定相关政策积极谋划布局碳达峰、碳中和。鉴于中国巨大的能源消费量和特殊的能源结构，中国坚持新能源与传统能源包容式、协调式发展。以传统能源和清洁低碳能源的高效、稳定、安全利用为基础，贯彻落实国家“3060”双碳目标，在新能源领域大力发展以风能、太阳能为代表的新能源技术，且针对仅发展新能源在“3060”双碳目标中所面临的瓶颈问题，在传统能源领域大力发展 CCUS 技术。

目前我国一次能源消费结构中，化石能源的消费占比高达 85%，其中煤炭的比例为 59%，煤电依旧是主力能源且承担着供电安全“压舱石”的职责，这些因素造成我国二氧化碳排放量居高不下。即使 2030 年前实现碳达峰目标，非化石能源占一次能源消费比重将达到 25%左右，非化石能源电力比例达到 50%，国家的能源消费还是严重依赖化石能源。在整个国家的不懈努力下，中国全社会的节能意识及节能减排的技术水平有了大幅度提升,能源的高效利用技术已达到世界先进水平。如果完全依赖新能源替换及节能技术,要实现国家"3060"双碳目标非常困难。因此在传统领域必须配套发展CCUS技术。CCUS技术是实现碳达峰、碳中和的重要途径,是国家重大需求和产业发展的迫切需要,能为抢占百万亿规模的CCUS战略性新型产业技术高地奠定坚实的基础,展现大国责任担当,具有特殊的战略意义。

CCUS技术无论是在政策、技术、市场方面都有许多发展机遇,具体如下。

7.4.1 政策方面

目前全世界已达成共识,采取有力措施共同应对全球气候变暖,习近平总书记更是向全世界做出了庄严的承诺,"二氧化碳力争于2030年前达到峰值,努力争取2060年前实现碳中和"。在国际国内"碳达峰、碳中和"的大背景下,相信不久国家就会出台针对CCUS技术的专项法律法规,国家必定在政策上有效地激励CCUS技术,从税收方面特别关照CCUS项目,通过各种政策手段为CCUS项目提供人才保障、资金保障、技术支持、土地资源等,配套的法律法规将会随着时间的推移不断更新和完善,势必朝着有利于CCUS技术的方向发展。

7.4.2 技术方面

目前很多CCUS技术基于传统技术,或者是在传统技术上升级后得到的,技术有相当的借鉴性。如碳捕集技术中的富氧燃烧技术、碳利用和存储技术中的强化石油开采(EOR)技术,这些技术都发展了几十年,相当成熟。在CCUS技术中采用的这些成熟技术减少了相当一部分研发投入,无疑可让项目风险可控,让投资者信心十足,积极投入资本到项目的运营中。CCUS技术可促进传统能源的低碳化利用,如燃烧前碳捕集技术中所涉及的煤制氢技术,该技术将传统化石能源煤转化为清洁能源——氢气,燃烧过程中几乎没有产生任何污染物,与传统的天然气制氢技术相比,该技术的最大特点是制氢的原料是煤而不是天然气,我国天然气短缺,严重依赖进口,2020年中国天然气消耗量约3300亿立方米,天然气进口量达1414亿立方米,对外依赖度为44.07%。天然气对外如此高的依赖度严重威胁着国家能源安全。煤制氢技术的原料为煤,我国煤炭资源丰富,且长期供应稳定,大力发展煤制氢技术有利于保障国家能源安全,具有较广泛的发展前景。CCUS技术还可有效促进新能源的高效利用。新能源在使用过程中不会产生二氧化碳等温室气体，因此新能源替代传统能源无疑是最佳的二氧化碳减排方式。CCUS 技术的发展无疑会对各种风电、光伏项目起着很大的促进作用，新能源企业势必会大力发展新能源高效利用技术，在能效利用水平上力争做到极致。在碳中和目标激励下，预计非化石能源电力需求将逐年递增。其中，光伏风电发电将得到大力发展，风光发电量需求也将显著提升，相比于 2019 年的 661.2 TW·h，2030 年风光发电量需求预测将达到 2950.1 TW·h。一大批亟待产业化的新型低碳能源技术，在未来十年可能加速发展。例如，高效光伏组件、固态电化学电池等处于产业化初期的技术，燃料电池、微型堆供暖、钙钛矿电池等还在产业化准备阶段的技术，以及处于孵化之中绿氢及衍生技术，零碳能源化工耦合系统，CCUS 技术等，预计都会获得加速发展机会。

7.4.3 市场方面

中国 CCUS 技术应用市场广阔，煤、石油、天然气等化石能源的消耗年年递增，预计到 2030 年二氧化碳排放量约为 120 亿吨，二氧化碳是一种用途广泛的资源，能被广泛应用于农业、石油、化工、食品、建材、消防等行业。据中石油研究院估计，全国约 130 亿吨石油地质储量适合二氧化碳强化采油，采用 EOR 技术后，油气开采率可提高约 15%，可有效增加油气产量约 19 亿吨，并实现二氧化碳存储 47 亿～55 亿吨。初步预计全球 CCUS 产业规模可达数万亿美元，到 2060 年中国 CCUS 相关配套产业所涉及的总投资规模将达到数万亿元人民币。CCUS 技术是现阶段最有可能实现传统化石能源大规模低碳利用的技术，能有效减少温室气体的排放，对国家能源安全起着重要保障作用，对国家的可持续发展有着重要影响，随着国际国内各种示范项目的不断推进，CCUS 技术的新机理、新技术不断被探索突破，相关工程经验不断丰富完善，技术不断成熟，大规模、可复制的全流程示范工程不断建成，为 CCUS 技术的发展提供了有效的技术保障。

但是 CCUS 技术总体上还是处于研发和示范阶段，面临着经济、技术、环境、政策等多方面的挑战，在经济层面上，CCUS 示范项目普遍存在成本高的问题，如上海的华能集团石洞口碳捕集示范项目，该项目总投资额约 1 亿元。在项目运行时的发电成本从每千瓦时 0.26 元提高到 0.5 元。美国佩特拉诺瓦(Petra Nova)碳捕集项目，该项目总投资额约 10.4 亿美元。然而国际油价大跌造成项目中所捕集的二氧化碳在 EOR 中不能产生足够利润，进而导致该项目关停。CCUS 技术虽然实现了碳中和，但是过高的经济成本无疑冲击着企业的积极性。在技术层面上，虽然很多有关 CCUS 技术的新理论、新技术被提出，但是相当一部分还处在实验室研发阶段，还在探索阶段，技术不成熟。或者基于现有的技术水平下，CCUS 技术将会增加额外过高的能耗。因此，低成本、低能耗的 CCUS 技术将是后续发展的重点方向。在环境层面上，如果所捕集的高浓度和高压下的液态 CO_2 在运输、注入和存储过程中发生泄漏，将会对泄漏源附近的生态环境和人员安全构成严重威胁。因此现阶段二氧化碳监测技术、存储技术是否稳定成熟，配套的事故应急措施是否完善，安全防御体系是否健全都直接影响着外界对 CCUS 技术的接受度。在政策层面上，我国针对 CCUS 示范项目的全流程各个环节均有相关法律法规可供参考，但并无强制性法律法规，主要是引导性的法律法规，企业积极性不高。

参考文献

[1] 郭军军，张泰，李鹏飞，等，中国煤粉富氧燃烧的工业示范进展及展望[J]. 中国电机工程学报，2021，41(04)：1197-1208，1526.

[2] Yu J，Zhu H，Guo X，et al. Thermodynamic propertiesduring depressurization process of supercritical CO_2 pipeline[J]. CIESC Journal，2017，68(09)：3350-3357.

[3] Sai C Yelishala，Kumaran Kannaiyan，Reza Sadr，et al. Performance maximization by temperature glide matching in energy exchangers of cooling systems operating with natural hydrocarbon/CO_2 refrigerants[J]. International Journal of Refrigeration，2020，119：294-304.

[4] 姚约东，李相方. CO_2 地下埋存及驱油效果影响因素[J]. 新疆石油地质，2009，30(04)：493-495.

[5] 钟玲文. 煤的吸附性能及影响因素[J]. 地球科学，2004，29(03)：327-332.

[6] 哈瑞·史瑞尔斯. 荷兰煤层气开发应用 CO_2 注入技术的可行性——潜力与经济性评价[C]//罗新荣，卡尔·舒尔兹，胡予红. 2002 年第三届国际煤层气论坛论文集. 北京：中国矿业大学出版社，2002.

[7] 刘延锋，李小春，白冰. 中国 CO_2 煤层储存容量初步评价[J]. 岩石力学与工程学报，2005，24(16)：2947-2952.

[8] 孙玉景，周立发，李越. CO_2 海洋封存的发展现状[J]. 地质科技情报，2018，

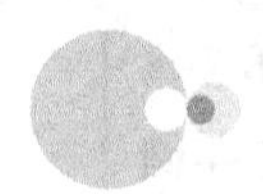

37(04):212-218.

[9] 焦树建.IGCC 技术发展的回顾与展望[J].电力建设，2009,30(01):1-7.

[10] 白尊亮.中美日典型 IGCC 电站对比研究[J].中外能源，2021,26(05):9-15.

[11] 桂霞,王陈魏,云志,等.燃烧前 CO_2 捕集技术研究进展[J].化工进展，2014，(07):1895-1901.

[12] 吴善淼.工业化规模二氧化碳捕集装置在燃煤发电厂的应用[C]//2010年中国电机工程学会年会论文集.海口:中国电机工程学会,2010.

[13] Lu Hongfang，Ma Xin，Huang Kun,et al. Carbon dioxide transport via pipelines：a systematic review[J]. Journal of Cleaner Production,2020，266：1-17.

[14] 刘建武.二氧化碳输送管道工程设计的关键问题[J].油气储运，2014,33(04):369-373.

[15] NEKSa P. CO_2 heat pump systems[J]. International Journal of Refrigeration,2002,25(04):421-427.

[16] 曹锋,叶祖樑.商超跨临界 CO_2 增压制冷系统及技术应用现状[J].制冷与空调，2017,17(09):68-75.

[17] 张娟利,杨天华.二氧化碳的资源化化工利用[J].煤化工，2016,44(03):1-5.

[18] 史建公,刘志坚,刘春生.二氧化碳为原料合成碳酸二甲酯研究进展[J].中外能源，2019,24(10):49-71.

[19] 米多,孔庆国.2020 年碳酸二甲酯技术与市场[J].化学工业，2021,39(03):76-80.

[20] 张雷.我国聚碳酸酯发展新趋势[J].化学工业，2021,39(01):35-44.

[21] 梁珊,宗敏华,娄文勇.酶法催化二氧化碳制备高附加值化学品研究进展[J].化学学报，2019,77(11):1099-1114.

[22] 叶云云,廖海燕,王鹏,等.我国燃煤发电 CCS/CCUS 技术发展方向及发展路线图研究[J].中国工程科学，2018,20(03):80-89.

[23] 胡戌涛.固体废弃物轻质混凝土的二氧化碳矿化养护研究[D].杭州:浙江大学,2019.

[24] 陆诗建.碳捕集、利用与封存技术[M].北京:中国石化出版社,2020.

[25] 秦积舜,韩海水,刘晓蕾.美国 CO_2 驱油技术应用及启示[J].石油勘探与开发,2015,42(02):209-216.

[26] 吕玉民,汤达祯,许浩,等.提高煤层气采收率的 CO_2 埋存技术[J].环境科学与技术,2011,34(05):95-99.

[27] 谷丽冰,李治平,侯秀林.二氧化碳地质埋存研究进展[J].地质科技情报,2008,(04):80-84.

[28] 出版者不详.全球碳捕集与封存现状 2020[R].墨尔本:全球碳捕集与封存研究院,2020.

[29] 梁锋.碳中和目标下碳捕集、利用与封存(CCUS)技术的发展[J].能源化工,2021,42(05):19-26.

[30] 米剑锋,马晓芳.中国 CCUS 技术发展趋势分析[J].中国电机工程学报,2019,39(09):2537-2544.

[31] 方圆.落实"双碳"目标化工建设企业大有可为——陕西国华锦界15万t/a二氧化碳捕集(CCS)示范工程建设纪实[J].石油化工建设,2021,43(05):1-5.

内 容 简 介

微纳电动流体输运是微纳流控芯片中常见的现象，由于电动力在流体与粒子操控方面的优势，其在生物检测、能源化工、材料合成等领域有重要应用。本书主要阐述微米、亚微米至纳米尺度下流体及颗粒在电驱动下流动及输运规律，采用 COMSOL Multiphysics 有限元软件对颗粒与流体输运问题进行直接数值实现，案例包括基本的双电层理论、微尺度电泳及电渗现象，及其较为热门的纳米孔相关应用等，为微纳流控系统中的精准电动流体操控与多学科交叉提供数值解决方案，可作为相关方向研究生和学者的参考资料。

图书在版编目(CIP)数据

微纳电动流体输运基础及数值实现/周腾，闻利平，史留勇著.—武汉：华中科技大学出版社，2022.11

ISBN 978-7-5680-8878-7

Ⅰ.①微… Ⅱ.①周… ②闻… ③史… Ⅲ.①纳米技术-应用-电流体动力学-流体输送-研究 Ⅳ.①O361.4

中国版本图书馆 CIP 数据核字(2022)第 234717 号

微纳电动流体输运基础及数值实现
Weina Diandong Liuti Shuyun Jichu ji Shuzhi Shixian

周 腾 闻利平 史留勇 著

策划编辑：张 毅
责任编辑：狄宝珠
封面设计：廖亚萍
责任监印：朱 玢
出版发行：华中科技大学出版社(中国·武汉) 电话：(027)81321913
武汉市东湖新技术开发区华工科技园 邮编：430223
录 排：武汉正风天下文化发展有限责任公司
印 刷：武汉科源印刷设计有限公司
开 本：710mm×1000mm 1/16
印 张：12.5
字 数：245 千字
版 次：2022 年 11 月第 1 版第 1 次印刷
定 价：79.00 元

国家重点研发计划资助（2022YFB3805900以及2022YFB3805904）

微纳电动流体输运基础及数值实现

周腾　闻利平　史留勇 ◎ 著

WEINA DIANDONG LIUTI SHUYUN JICHU JI SHUZHI SHIXIAN

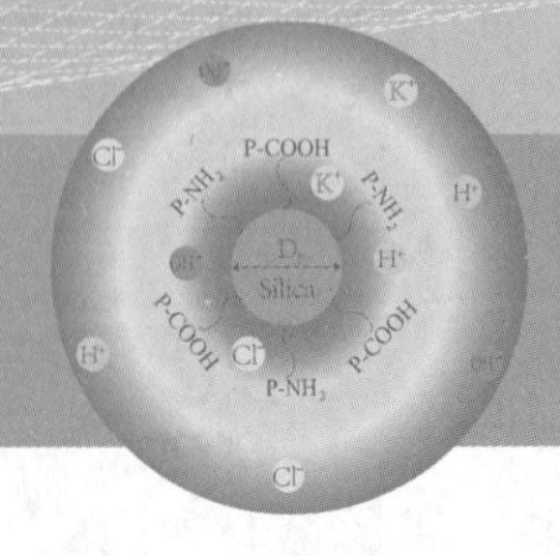

華中科技大學出版社
http://press.hust.edu.cn
中国 · 武汉

前　言

本书针对微纳通道中的流体以及颗粒在电驱动下的电泳、电渗等现象进行了讨论，重点阐述了微纳尺度下的颗粒、流体相关的数值模拟。相关的数值模拟均采用 COMSOL Multiphysics 有限元软件完成，通过求解偏微分方程或偏微分方程组来实现实际物理现象的仿真，进而达到使用数学方法求解物理现象的目的。通过数值计算能够将宏观与微观相连接，能够对实验结果进行补充解释，并验证实验的正确性。

微流控芯片技术已发展成为一个生物、化学、医学、流体、电子、材料、机械等学科交叉的崭新研究领域。部分研究者并不擅长数值模拟的 COMSOL 程序的构建，本书在提供案例的同时还附带程序构建的具体步骤，读者在使用时可以根据需求对程序进行拓展以加深研究，获得更深入的思考。

本书的正文部分包括了微纳流体力学基础知识（第 1 章）、纳米通道中双电层的流体特性（第 2 章）、交流电场中胶体粒子之间的相互作用（第 3 章）、光诱导介电泳原理下的微颗粒运动机理（第 4 章）、一种二维拓扑优化混合器（第 5 章）、功能基团修饰的纳米颗粒刷层电荷特性（第 6 章）、纳米颗粒在聚电解质刷层修饰纳米孔内的电动输运（第 7 章），以及纳米尺度受限空间中表面电荷调节的非对称离子输运（第 8 章）。

值得注意的是，本书并不是对微纳芯片的研究综述，主要是针对微纳尺度下流体以及颗粒在电驱动下的数值模拟研究，不涉及相关的微纳尺度加工技术和材料制备。

本书主要是基于一些已发表的期刊文章来撰写，在此感谢在读博士生何孝涵、王天义，在读硕士生吴之豪、李沛然、赵明星、卞钦、赵俊程等同学在书稿整理、绘图等工作中给予的大力支持。感谢海南大学机电工程学院和中科院理化技术研究所的关心与帮助，感谢国家重点研发计划资助（2022YFB3805900 和 2022YFB3805904）、海南省重点研发项目（ZDYF2022SHFZ301 和 ZDYF2022SHFZ033）、国家自然科学基金（52075138 和 61964006）提供的支持。

目　录

1 微纳流体力学基础知识

自微米纳米技术产生以来，针对微米纳米尺寸下生物微颗粒的操控一直都是热点之一，通过何种方法能够实现颗粒的分离、富集、捕获、排列和融合是科学家们迫切想要解决的问题。随着生物学和医学技术的迅速发展，生物粒子例如肿瘤细胞(Goralczyk et al.,2022;Guerzoni et al.,2022;Guo et al.,2022;Habibey et al.,2022)和 DNA 分子(Kurleya et al.,2022;Yang et al.,2022;Yin et al.,2022;Zhang et al.,2022)的检测和跟踪以及操控逐渐受到了科学家们的关注(Beh et al.,2014;Chen and Jiang 2017;Fornell et al.,2017;Hatori et al.,2018;Islam et al.,2018;Liu et al.,2022;Solsona et al.,2019;Zhang and Chen 2021)。微流控芯片(microfluidic chip),又称微全分析系统(micro total analysis system,μ-TAS)或者芯片实验室(lab-on-a-chip),指的是在一个尽可能小的平台上分离、固定、纯化以及分析生物粒子(Udoh et al.,2016;van Oudenaarden and Hollfelder 2022;Wang et al.,2017;Wang et al.,2011;Wang et al.,2019;Zhu et al.,2015;Zou et al.,2019;Zubaite et al.,2017)。微流控芯片技术的出现给我们提供了一种全新的思路，它能够将生物、化学、医学分析过程的基本操作单元集成到一块微米尺度的芯片上，自动完成分析的全过程(Takken and Wille 2022;Tomov et al.,2017;Tonin et al.,2016;Tresset and Iliescu 2016;Tsui et al.,2011;Wang et al.,2019;Wang et al.,2022;Xuan et al.,2022;Yang et al.,2022;Yao et al.,2018;Yin et al.,2022)。

本章将简要介绍微流体的起源、发展和应用以及从微流体到纳流体的演变。微纳流体在微米、纳米级通道中质点运动方面的许多应用是相关的。在微纳流体领域中，电动力学已经成为操纵质点方面最有前途的工具之一。因此，对质点在电动力下微纳级通道中运动的综合理解对于微流控装置的发展至关重要。

1.1 微纳流体简介

微流体是一种处理液体(包括液滴和悬浮颗粒)的技术，它在几何上局限于一个很小的范内，通常大于 1 pm、小于 1 mm。最初发展微流体体系是因为生物和化学领域的微量分析工具的需要，特别是由于 20 世纪 80 代基组爆炸式发展(Sachdev et al.,2016)。同时，在精密加工技术上的重要发展，成功运用在微电子学上，这也推动了微流体的发展(Perez-Gonzalez 2021;Perez et al.,2015;Solsona et al.,2019;

Zagnoni and Cooper 2011;Zhang et al.,2019)。类似于集成电路对计算和自动化的重要影响,微流体对各种生物和化学上的运用,有着同样重要的革新化的作用。狭小的微通道和高集成通信网络满足了生化领域的许多要求,例如样本体积小、花费低、响应快速、大规模并行、自动分析、灵敏度高和可携带性强,以及最小的交叉污染。图 1-1 所示为基于液滴的微反应器和 DEP 的细胞分选器,图 1-2 所示为微流控装置中 CTCS 的磁分选。

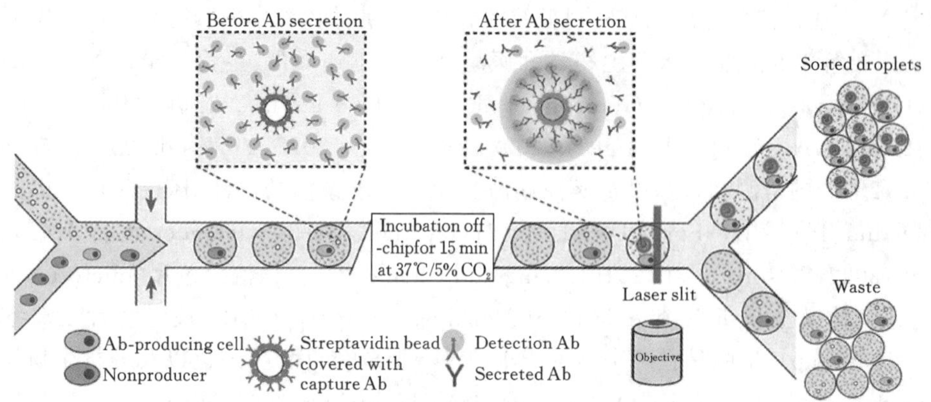

图 1-1 基于液滴的微反应器和 DEP 的细胞分选器

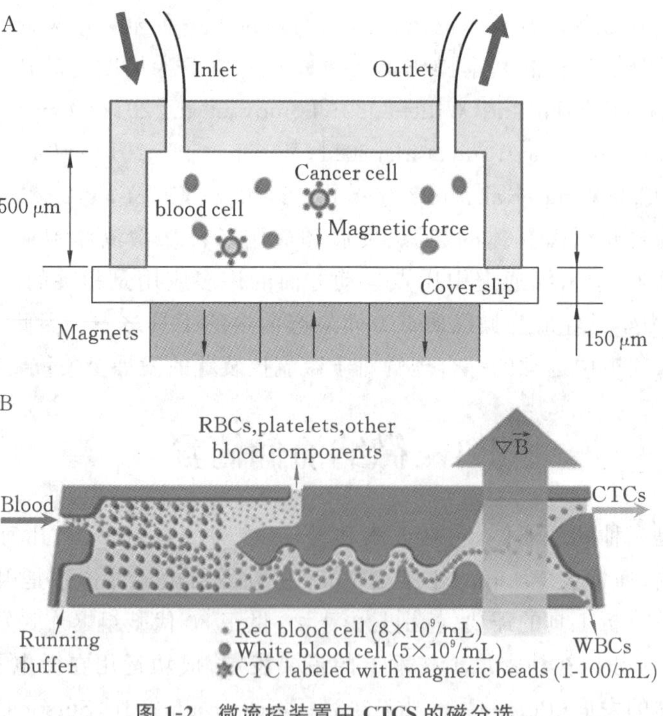

图 1-2 微流控装置中 CTCS 的磁分选

微流体系统有着广泛且潜在的运用，包括生物检测、化学和生物反应器、医药合成、临床诊断和环境监测等（Chan et al.，2021；Conners-Burrow et al.，2013；Mazutis et al.，2009；Mihai et al.，2013；Pekin et al.，2011；Thon et al.，2013）。

近年来，在单分子研究方面，人们对基于纳流体检测的兴趣逐渐上升，这要求至少一个典型尺寸的微管道在 100 nm 以下。从微流体向纳流体的演变过程中，伴随着新的物理现象（Thomas et al.，2018；Thomas et al.，2021；Ud-Din et al.，2016；Udoh et al.，2016；van der Veeken et al.，2019；van Horik et al.，2020；van Oudenaarden and Hollfelder 2022；Vardaka et al.，2020）。例如，离子在纳流体中的移动是通过表面电荷控制的，体离子浓度的独立是由于不断提高的面体比（Vella et al.，2015；Vella et al.，2016；Villasmil et al.，2021；Visaveliya et al.，2022；Vitiello et al.，2015；Vorkas et al.，2022；Vrablik et al.，2019；Wang et al.，2011）。这种独特的现象提供了一种可能性，即选择性地控制离子通过纳米孔来达到不同的目的（Vella et al.，2015；Vella et al.，2016；Villasmil et al.，2021；Visaveliya et al.，2022；Vitiello et al.，2015；Vorkas et al.，2022；Vrablik et al.，2019；Wang et al.，2011；Whiteside and Strauss 2014；Whiteside et al.，2017a；Whiteside and Zebryk 2015；Whiteside and Fowler 2014；Whiteside et al.，2022；Whiteside 2016；Whiteside et al.，2017b；Whiteside et al.，2014）。当这种典型的纳流体的长度变得可与德拜长度相比较时，这种电荷可控性变得更加重要。

1.2 电动力学基础知识

1.2.1 双电层

双电层理论研究的是电极-溶液界面结构，本质上是界面化学（物理）。在一般情况下，当大多数固体表面与离子水溶液接触时，它们往往会获得表面电荷。在带电表面的附近会形成由相反电荷离子所构成的一层薄膜，即双电层（electrical double layer，EDL）。如图 1-3 所示，双电层由紧密层和扩散层组成，其中在紧密层内的离子受到强大的静电力作用是固定不动的，而在扩散层内的离子则可以自由移动，图中包括固相（电极）和液相（溶液），橙色带正号的圆表示正电荷，蓝色带负号的圆表示负电荷。在扩散层内由净电荷所产生的电势服从经典的泊松方程（Poisson's equation）：

$$-\varepsilon_0\varepsilon_f\nabla^2\varphi=\sum_{i=1}^{n}Fz_ic_i$$

式中：ε_0 和 ε_f 分别表示真空中的绝对介电常数和溶液中相对介电常数；φ 指的是流体中的电势；F 指的是法拉第常数；z_i 指的是第 i 个离子的化合价；c_i 指的是第 i 个

粒子的摩尔浓度;n 指的是粒子的总价数。

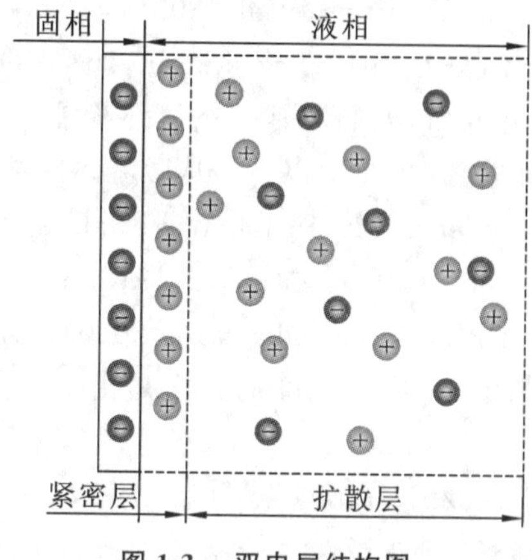

图 1-3　双电层结构图

固体表面形成的表面电荷一般分为三种形式:离子双电层、吸附双电层、偶极双电层(Double et al.,2007)(Double,At,and Interfaces 2007)(Double,At,& Interfaces,2007)。

(1) 离子双电层。当表面带有易解离分子基团时,例如羧基在盐溶液中出现电离现象,导致固体表面产生负电荷或正电荷形成电场,从而吸引溶液中离子在固体表面形成双电层,如图 1-4(a) 所示。

(2) 吸附双电层。液体与固体界面之间产生电荷或质子的转移,导致溶液中的离子在固 / 液界面上均匀排布,产生双电层,如图 1-4(b) 所示。

(3) 偶极双电层。当固 / 液界面受到电场影响时,溶液中的离子在界面处形成偶极子,并且进行定向均匀排布,从而产生双电层,如图 1-4(c) 所示。

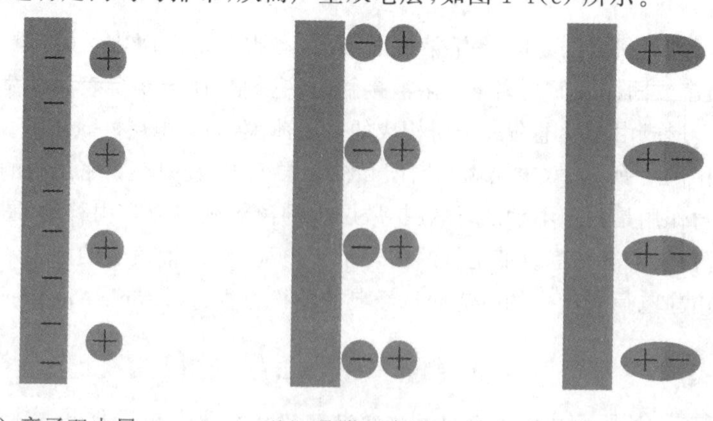

(a) 离子双电层　　(b) 吸附双电层　　(c) 偶极双电层

图 1-4　三种形式的双电层

德拜长度一个是描述双电层厚度的物理量，一般情况下用 λ_D 来表示：

$$\lambda_D = \sqrt{\varepsilon_0 \varepsilon_f RT / \sum_{i=1}^{n} F^2 z_i{}^2 C_{i0}}$$

式中：ε_0 和 ε_f 分别代表真空中绝对介电常数与溶液中相对介电常数；z_i 是第 i 种离子的化合价；C_{i0} 是溶液中离子的体积浓度；T 是溶液温度；F 是法拉第常数；R 是通用气体常数。

一般情况下离子在溶液中的运动主要由扩散、对流通量和电迁移来控制，这三项组成了著名的 Nernst-Planck 方程用来描述溶液中的离子通量：

$$N_i = -D_i \nabla c_i + u c_i - z_i \frac{D_i}{RT} F c_i \nabla \varphi$$

对式中的离子浓度利用 Boltzmann 分布进行解析求解：

$$c_i = C_{i0} \exp\left(-z_i \frac{F\varphi}{RT}\right)$$

得到 Poisson-Boltzmann 方程：

$$\nabla^2 \frac{zF\varphi}{RT} = \frac{1}{\lambda_D^2} \sinh\left(\frac{zF\varphi}{RT}\right)$$

式中：z 是 z_i 的绝对值，并且我们通过德拜长度的公式可以得出结论，双电层的 EDL 厚度主要是由各离子的体积浓度决定的。例如，在 25 ℃ 的室温下，将一个固体表面浸入 100 mMKCl 溶液中，得到的双电层厚度约为 1 nm。通过 Poisson-Boltzmann 方程我们可以得到当溶液域的外边界满足 Boltzmann 分布时，双电层在没有外部电场及流场的干扰下处于平衡状态。

去质子化 / 质子化反应是自然界中一种十分常见的化学反应，例如氧化还原反应、大分子物质发生水解反应等。当分子中的质子(H) 在外加作用下脱出从而产生碱性基团的过程被称为去质子化反应；同样分子获得质子(H) 产生酸性基团的过程被称为质子化反应。有些固体表面与离子溶液接触时也会在固 / 液界面处发生去质子化 / 质子化反应，从而导致固体表面产生离子双电层。这一现象在表面涂层技术和膜结构设计中得到了广泛应用。

$$A + H^+ \leftrightarrow AH^+$$

$$BH \leftrightarrow B^- + H^+$$

上述式中两个反应均为平衡反应，反应平衡系数分别为 K_a 和 K_b，一般来说反应平衡系数越大，反应越容易进行。同时当溶液中的质子(H) 量增加时，也会对反应平衡产生影响。

电场能量密度一般指的是单位体积内所蕴含的电场能量，可以用来描述区域内电场强度或两物体发生交互作用时的充放电效果。在一个存在自由电荷的水溶液系统中，当我们向溶液中添加少量电荷 $\delta\rho_f$ 时，系统中的总能量密度增加量如下：

$$\delta\omega = \int \varphi \delta\rho_{\mathrm{f}} \mathrm{d}^3 r$$

其中 φ 是静电势，假设原始的电荷密度与溶液不发生改变。通过 Gauss 定律我们可以得出电位移 D 与电荷密度增量 ρ_{f} 之间的关系：

$$\nabla \cdot D = \rho_{\mathrm{f}}$$

电能密度增量 w 与电位移 D 的关系：

$$\delta\omega = \int \varphi\ \nabla \cdot \delta D \mathrm{d}^3 r$$

其中 δD 是与电荷量相关的电位移增量，所以得出：

$$\delta\omega = \int \nabla \cdot (\varphi \delta D) \mathrm{d}^3 R - \int \nabla\varphi \cdot \delta D \mathrm{d}^3 r$$

$$\delta\omega = \int \varphi \delta D \cdot \mathrm{d}S - \int \nabla\varphi \cdot \delta D \mathrm{d}^3 r$$

根据 Gauss 定律，如果介质处于有限空间范围，则可以忽略表面项，得出：

$$\delta\omega = -\int \nabla\varphi \cdot \delta D \mathrm{d}^3 r = \int E \cdot \delta D \mathrm{d}^3 r$$

由传统方法得出 $D = \varepsilon_0 \varepsilon_{\mathrm{f}} E$，且溶液中的 ε_{f} 不受电场影响。我们假设位移场的增量从 0 到 D，得到：

$$\omega = \int_0^D \delta\omega = \int_0^D \int E \cdot \delta D \mathrm{d}^3 r$$

$$\omega = \int \int_0^E \frac{\varepsilon_0 \varepsilon_{\mathrm{f}} \delta(E^2)}{2} \mathrm{d}^3 r = \frac{1}{2} \int \varepsilon_0 \varepsilon_{\mathrm{f}} E^2 \mathrm{d}^3 r$$

通过上述式子可以推出：

$$\omega = \frac{1}{2} \int E \cdot D \mathrm{d}^3 r$$

这一结果表明了电场能量密度与电位移之间的关系，经常被大多数经典线性理论模型引用。

1.2.2 电渗

当外部电场平行施加在一个静止的带电表面时，在带电表面的双电层内部，多余的反离子将会向相反带电的电极运动，并拖曳黏性流体。由双电层内净电荷和外加电场之间的静电相互作用产生的诱导流动称为电渗或者电渗流(electroosmotic flow，EOF)，其示意图如图 1-5 所示，带正号的圆表示正电荷，带负号的圆表示负电荷，E 表示外部施加的电场，u 表示流体的速度。

根据动量守恒定律，流体的运动是由修正后的纳维-斯托克斯(Navier-Stokes)方程和连续性方程所控制：

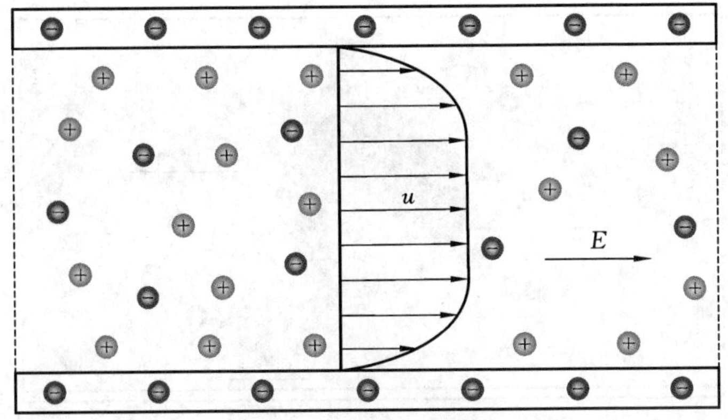

图 1-5 电渗流示意图

$$\rho\left(\frac{\partial u}{\partial t}+u\cdot\nabla u\right)=-\nabla p+\mu\ \nabla^2 u-\varepsilon_0\varepsilon_f\ \nabla^2\varphi E$$

$$\nabla\cdot u=0$$

式中：ρ 指的是流体密度；u 指的是流体速度；t 指的是时间；p 指的是压力；μ 指的是流体动力学黏度；E 指的是外部施加电场的强度。

双电层的厚度为纳米级，远小于微流控器件的特征长度，因此在微通道内的电渗流速度分布几乎是均匀的，属于柱塞流，所以可以使用一恒定的速度来描述双电层外的电渗流速度，即 Helmholtz-Smoluchowski 速度，公式如下：

$$u_{\mathrm{EOF}}=-\frac{\varepsilon_0\varepsilon_f\zeta E}{\mu}$$

式中：ζ 是指双电层的 Zeta 电势。

1.2.3 电泳

电泳（electrophoresis，EP）指的是悬浮在水溶液中的带电粒子在外部施加电场的作用下，与其表面周围流体介质发生相对运动的现象。如图 1-6 所示，微通道中间悬浮有一个带负电荷的粒子，其外表面的双电层会吸引流体介质中的正电荷并产生聚集，在外部施加电场 E 的作用下，该带负电粒子会产生速度大小为 u_p 且运动方向与电场方向相反的运动，而带电粒子周围流体的速度大小为 u_f，运动方向与粒子运动方向相反，粒子与流体产生相对运动，则粒子的电泳速度大小为 $u_{\mathrm{EP}}=u_p+u_f$，除此之外，上下两个固相和液相的交界面处还存在一个电渗流速度 u_{EOF}。

当悬浮粒子的半径尺寸远大于粒子表面的双电层厚度时，满足双电层薄层假设，双电层局部放大可视为一个平面，此时电泳的速度可以表述为：

$$u_{\mathrm{EP}}=-\frac{\varepsilon_0\varepsilon_f\zeta_p E}{\mu}$$

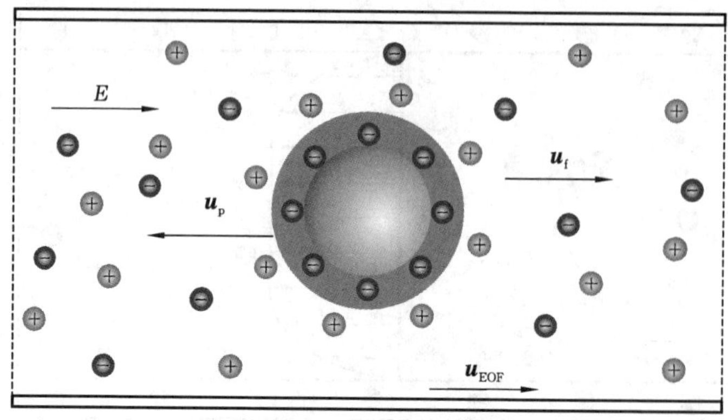

图 1-6 电泳示意图

式中，ζ_p是指颗粒的 Zeta 电势。

1.2.4 介电泳与光诱导介电泳

电泳运用在微流控芯片中，以其快速高效且易于操控的优点可用于各类样品的分离分析当中。然而在实际的运用中，也有许多待操控的微颗粒是不带电的，这就意味着这些不带电粒子无法利用电泳技术来实现操控功能，在这种情况下介电泳(dielectrophoresis，DEP)技术应运而生。介电泳也称双向电泳，指的是浸入在水溶液中的可极化粒子在空间非均匀电场中被极化，并受到电场力作用从而发生泳动的现象(Pohl，1978)。介电泳相对于电泳最大的区别在于受到介电泳作用的粒子带电与否均可，同时需要外部施加的电场是非均匀的。粒子所受介电力的大小与粒子本身带电与否无关，只与粒子的大小和电学性质、周围流体介质的电学性质以及外部施加电场的场强和频率等参数有关。

介电泳示意图如图 1-7 所示，悬浮在流体介质中的可极化粒子在外部施加非均匀电场的作用下被极化，进而发生泳动的现象。根据粒子与流体介质的不同极化程度可以将介电泳分为正介电泳和负介电泳两种情况。如图 1-7(a)所示，当粒子的极化程度大于周围溶液的极化程度时($\varepsilon_p > \varepsilon_f$)，粒子所受介电泳力指向电场强度高的方向，称为正介电泳(positive DEP，p-DEP)。如图 1-7(b)所示，当粒子的极化程度小于周围溶液的极化程度时($\varepsilon_p < \varepsilon_f$)，粒子所受介电泳力指向远离电场强度高的方向，称为负介电泳(negative DEP，n-DEP)。这里还需要补充的是，及时改变图 1-7 中所示的电场方向，即改变正负极位置，对应的正负介电泳也不会发生改变，颗粒的运动方向也不会发生改变，这是因为改变外加交流电场的方向时，颗粒周围由于极化所产生的感应电荷也会随之改变，而决定颗粒运动方向的电场梯度并没有发生改变。

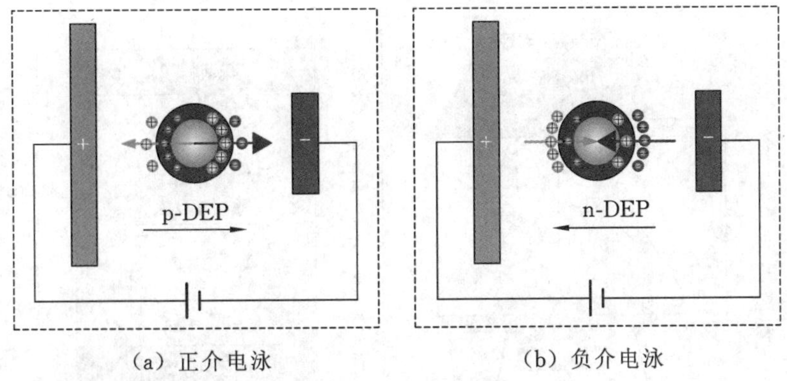

(a) 正介电泳　　(b) 负介电泳

图 1-7　介电泳示意图

采用介电泳技术的微流控芯片中使用的物理电极多为金属材料，为实现精确操控一些生物粒子的功能，往往需要设计形状复杂的电极，加工成本高的同时对加工工艺的要求也较高，并且加工出的物理电极适用范围小，往往只能在单一种类的芯片中使用，扩展性低意味着使用成本的增加。光诱导介电泳是在介电泳原理的基础上，用光学图案照射光导层形成的虚拟电极代替实体的物理电极，形成非均匀电场后与介电泳相结合的一种技术。采用光诱导介电泳的微流控芯片操控粒子与传统的介电泳芯片相比，受力机制是一样的，不同之处在于光诱导介电泳对粒子本身带电与否不做限制，同时对电场的要求是需要有局部的空间非均匀电场，光诱导介电泳芯片基本原理示意图如图 1-8(a)所示。图 1-8(b)所示为光诱导介电泳芯片的截面示意图，上下两层皆为有氧化铟锡(indium tin oxide，ITO)的导电玻璃，其中下层的玻璃上还有沉积的光导层，材料为氢化非晶硅等光电导材料。这种光电导材料的特性是在光照条件下会产生电子空穴对，即光生载流子，由于光照区域光生载流子的浓度升高使得该区域的电导率随之增大，在光照区和暗区就会产生不同的电压降，进而在中层充满溶液的微通道内形成一个空间非均匀电场，最后对通道内的粒子实现介电操控。

电泳力作为介电泳技术中几个重要的物理量之一，能否准确地计算其数值的大小直接影响使用介电泳技术的芯片的效果。电偶极子法是计算介电泳力的常用方法，通过该方法获得的作用在半径为 r 的球形颗粒上的时间平均介电泳力可以表示为：

$$F_{\mathrm{DEP}}=2\pi r^{3}\varepsilon_{0}\varepsilon_{\mathrm{f}}\mathrm{Re}[K(\omega)]\nabla|E_{\mathrm{rms}}|^{2} \tag{1-1}$$

式中：Re 指的是虚数的实部；$K(\omega)$ 指的是克劳修斯-莫索提因子(Clausius-Mossotti factor)；ω 指的是交流电场的频率；E_{rms} 指的是均方根电场强度。外加电场为 $E=-\nabla\varphi$，其与电势有关且满足拉普拉斯(Laplace)方程：

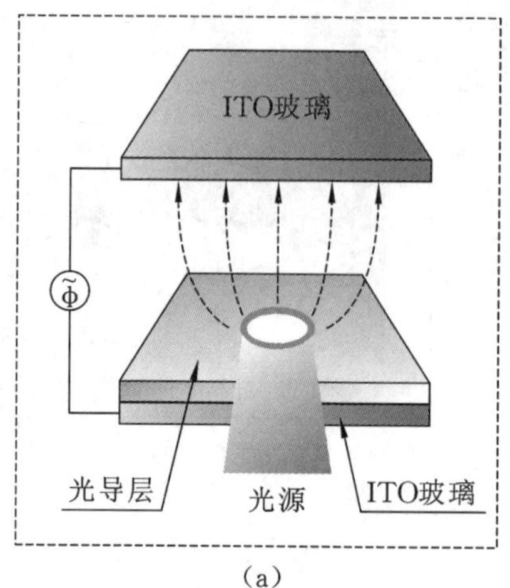

(a)

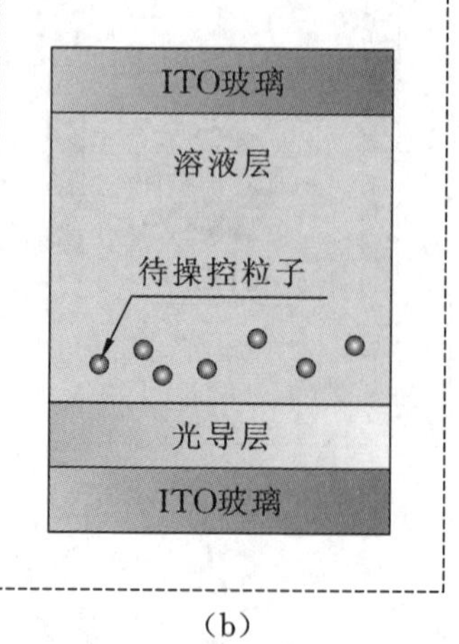

(b)

图 1-8　光诱导介电泳示意图

$$\nabla \cdot (\bar{\varepsilon}\, \nabla \varphi) = 0 \tag{1-2}$$

克劳修斯 - 莫索提因子的实部与介电泳的性质有关，当它的值为正时，说明此时粒子受到正介电泳的影响会往电场强度高的区域运动，反之当它的值为负时，粒子受到负介电泳的影响会往电场强度低的区域运动，它的计算公式如下：

$$K(\omega) = \frac{\bar{\varepsilon}_{\mathrm{p}} - \bar{\varepsilon}_{\mathrm{f}}}{\bar{\varepsilon}_{\mathrm{p}} + \bar{\varepsilon}_{\mathrm{f}}} \tag{1-3}$$

式中：$\bar{\varepsilon}_{\mathrm{p}}$ 和 $\bar{\varepsilon}_{\mathrm{f}}$ 分别是颗粒和流体介质的复介电常数，且它们的值分别为 $\bar{\varepsilon}_{\mathrm{p}} = \varepsilon_0 \varepsilon_{\mathrm{p}} - \mathrm{i}\sigma_{\mathrm{p}}/\omega$ 和 $\bar{\varepsilon}_{\mathrm{f}} = \varepsilon_0 \varepsilon_{\mathrm{f}} - \mathrm{i}\sigma_{\mathrm{f}}/\omega$，而 σ_{f} 和 σ_{p} 分别是颗粒和流体介质的电导率，$\mathrm{i} = \sqrt{-1}$ 代表虚数的单位。

使用电偶极子法计算介电泳力时也有一定的局限性，该方法仅在粒子的存在并不会显著影响电场且粒子的尺寸远小于微通道的特征长度时才有效，但是如果当微流控设备的特征长度和粒子的尺寸大小相当时，用电偶极子法计算介电泳力是不够精确的。先前的研究表明，直接积分粒子表面上的麦克斯韦应力张量（Maxwell stress tensor，MST）是计算介电泳力最严密的方法，即使对于高度不均匀的电场和形状不规则的粒子也能求得严格的解（Al-Jarro et al.，2007 ；Rosales et al.，2005 ；Wang et al.，1997），公式如下：

$$F_{\mathrm{DEP}} = \int T \cdot n\,\mathrm{d}\Gamma = \int \bar{\varepsilon} \left[EE - \frac{1}{2}(E \cdot E) I \right] \cdot n\,\mathrm{d}\Gamma \tag{1-4}$$

式中：T 指的是麦克斯韦应力张量；Γ 指的是粒子的表面；I 为单位张量。有学者揭示，通过电偶极子法计算得出的介电泳力只是由麦克斯韦应力张量法导出的一阶介电泳力（Wang et al.，1997）。该方法在静电场和交变电场下均能使用，只是推导出的公式组成略有区别。在静电场下，$\bar{\varepsilon}=\varepsilon_0\varepsilon_f$，将 E 分为 x、y、z 三个方向的分量，即 $E=[E_x, E_y, E_z]^{\mathrm{T}}$，那么 EE 和 $(E\cdot E)I$ 的公式如下：

$$EE=\begin{bmatrix} E_x^2 & E_xE_y & E_xE_z \\ E_yE_x & E_y^2 & E_yE_z \\ E_zE_x & E_zE_y & E_z^2 \end{bmatrix}^{\mathrm{T}}$$

$$(E\cdot E)I=(E_x^2+E_y^2+E_z^2)I=\begin{bmatrix} E_x^2+E_y^2+E_z^2 & 0 & 0 \\ 0 & E_x^2+E_y^2+E_z^2 & 0 \\ 0 & 0 & E_x^2+E_y^2+E_z^2 \end{bmatrix}$$

代入式(1-4)可得，静电场下 MST 方法计算介电泳力的公式为：

$$F_{\mathrm{DEP}}=\int T\cdot n\mathrm{d}\Gamma=\int\bar{\varepsilon}\left[EE-\frac{1}{2}(E\cdot E)I\right]\cdot n\mathrm{d}\Gamma$$

$$=\varepsilon_0\varepsilon_f\int\begin{bmatrix} \frac{1}{2}(E_x^2-E_y^2-E_z^2)\cdot n_x+E_xE_y\cdot n_y+E_xE_z\cdot n_z \\ E_yE_x\cdot n_x+\frac{1}{2}(E_x^2-E_y^2-E_z^2)\cdot n_y+E_yE_z\cdot n_z \\ E_zE_x\cdot n_x+E_zE_y\cdot n_y+\frac{1}{2}(E_x^2-E_y^2-E_z^2)\cdot n_z \end{bmatrix}\mathrm{d}\Gamma \tag{1-5}$$

对于交变电场，式(1-5)中的 $\bar{\varepsilon}=\varepsilon_0\varepsilon_f-\mathrm{i}\sigma_f/\omega$，进行分析时需要引入欧拉公式，有如下方程：

$$\mathrm{e}^{\mathrm{i}\omega t}=\cos(\omega t)+\mathrm{i}\sin(\omega t),\quad \mathrm{e}^{-\mathrm{i}\omega t}=\cos(\omega t)-\mathrm{i}\sin(\omega t)$$

$$\cos(\omega t)=\frac{\mathrm{e}^{\mathrm{i}\omega t}+\mathrm{e}^{-\mathrm{i}\omega t}}{2},\quad \sin(\omega t)=\frac{\mathrm{e}^{\mathrm{i}\omega t}-\mathrm{e}^{-\mathrm{i}\omega t}}{2\mathrm{i}}$$

令交变电场 $E(t)=E_0(\cos(\omega t)+\mathrm{i}\sin(\omega t))=E_0\mathrm{e}^{\mathrm{i}\omega t}$，$E_0$ 为它的峰值电压，则它的共轭 $E^*(t)=E_0(\cos(\omega t)+\mathrm{i}\sin(\omega t))=E_0\mathrm{e}^{-\mathrm{i}\omega t}$，取其实部得到它的瞬时值表达式，即：

$$\mathrm{Re}(E(t))=\mathrm{Re}(E\mathrm{e}^{\mathrm{i}\omega t})=\frac{1}{2}(E(t)+E(t)^*)$$

代入麦克斯韦应力张量 T 中，可得：

$$T=\frac{1}{4}\bar{\varepsilon}\{[(E+E^*)(E+E^*)]-\frac{1}{2}[(E+E^*)\cdot(E+E^*)]I\}$$

将麦克斯韦应力张量 T 分为两部分，第一部分是时间平均下的应力张量 T_1：

$$T_1=\frac{1}{4}\mathrm{Re}(\bar{\varepsilon})\left[EE^*+E^*E-\frac{1}{2}(E\cdot E^*+E^*\cdot E)I\right]$$

第二部分是在时间平均下消失的瞬时项 T_2：

$$T_2=\frac{1}{4}\mathrm{Re}(\bar{\varepsilon})\left[EE+E^*E^*-\frac{1}{2}(E\cdot E+E^*\cdot E^*)I\right]$$

将 E 和 E^* 分为 x、y、z 三个方向的分量，则有：

$$E = [E_x e^{i\omega t}, E_y e^{i\omega t}, E_z e^{i\omega t}]^T, \quad E^* = [E_x e^{-i\omega t}, E_y e^{-i\omega t}, E_z e^{-i\omega t}]^T$$

$$EE^* = \begin{bmatrix} E_x^2 & E_xE_y & E_xE_z \\ E_yE_x & E_y^2 & E_yE_z \\ E_zE_x & E_zE_y & E_z^2 \end{bmatrix} = E^*E$$

$$\frac{1}{2}(E \cdot E^* + E^* \cdot E)I = \begin{bmatrix} E_x^2 + E_y^2 + E_z^2 & 0 & 0 \\ 0 & E_x^2 + E_y^2 + E_z^2 & 0 \\ 0 & 0 & E_x^2 + E_y^2 + E_z^2 \end{bmatrix}$$

代入式(1-4)可得，交变电场下 MST 方法计算介电泳力的公式为：

$$\begin{aligned} F_{\text{DEP}} &= \int T_1 \cdot n \mathrm{d}\Gamma = \frac{1}{4}\mathrm{Re}(\bar{\varepsilon}) \int \left[(EE^* + E^*E) - \frac{1}{2}(E \cdot E^* + E^* \cdot E)I \right] \cdot n \mathrm{d}\Gamma \\ &= \frac{1}{4}\varepsilon_0 \varepsilon_f \int \begin{bmatrix} (E_x^2 - E_y^2 - E_z^2) \cdot n_x + 2E_xE_y \cdot n_y + 2E_xE_z \cdot n_z \\ 2E_yE_x \cdot n_x + (E_x^2 - E_y^2 - E_z^2) \cdot n_y + 2E_yE_z \cdot n_z \\ 2E_zE_x \cdot n_x + 2E_zE_y \cdot n_y + (E_x^2 - E_y^2 - E_z^2) \cdot n_z \end{bmatrix} \mathrm{d}\Gamma \end{aligned} \tag{1-6}$$

需要注意的是，该公式虽然适用于大多数 DEP 的研究中，但也需要满足外部施加的电场要处于低频的范围（小于 100 MHz），其对应的波长至少为几米，比典型 DEP 的尺寸大几个数量级，因此在这种情况下，可以进行所谓的近场近似，并且可以忽略磁场分量的影响。

1.2.5 电润湿与介电润湿

从发展历程来看，利用电压来控制微液滴湿润性的方法主要有连续电润湿(continuous electrowetting)、电润湿(electrowetting)和介电润湿(electrowetting on dielectric，EWOD)。

连续电润湿(continuous electrowetting)是指金属液滴在电解质溶液中，通过电场的变化来改变金属液滴与电解质溶液之间的表面张力，进而改变金属液滴的湿润性，实现对金属液滴驱动的方法。显然，连续电润湿驱动的是金属液滴，限制了其可以驱动的液体种类，不适用于生物、医学和化学等领域。

电润湿(electrowetting)是指微液滴直接位于电极阵列上，当施加电压后，液固界面之间的表面张力发生变化，进而引起微液滴的湿润性发生变化的现象。图 1-9 所示为电润湿原理图，外加电压的正极接驱动电极单元，负极插入微液滴中形成闭合回路。由于电离作用、离子交换或吸附等化学作用，在导电微液滴与驱动电极单元的界面上会形成几十纳米厚的双电层。电极单元未加电压时，等量异号电荷集聚在双电层两侧，但密度非常低；电极单元施加电压后，双电层两侧的电荷密度增加，与电极单元直接接触的微液滴表面活化分子的浓度增加，同性电荷之间的斥力减小了微液滴扩张所需要的能量，固-液界面表面张力减小，导致微液滴的接触角 θ 减小。微液滴与电极单元的接触面由厌水变为亲水，微液滴的湿润性增加，固-液接触面铺展开来覆盖更大面积的区域。

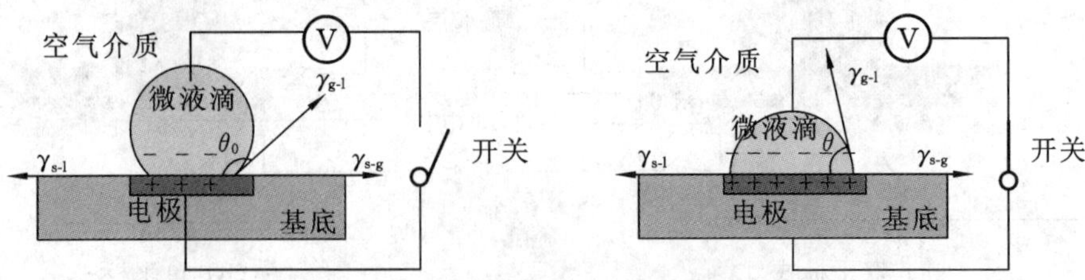

图 1-9　加电压前后电润湿原理

在电润湿中，由于导电液体直接和电极接触，因此，所施加的电压不可能很高，并且电流产生的气泡和电化学反应也不可避免。为了减小甚至消除电流所带来的不良影响，1993 年 Berge 等人在电润湿模型中加入一介电层，开创了研究介质上电润湿的先河，这就是介质上电润湿(electrowetting on dielectric，EWOD)。这样，虽然需要的驱动电压增大，但是由于没有直流电流，器件的功耗基本为零，因此也不用考虑散热的问题。和电润湿只能驱动导电液体不同，介质上电润湿对驱动的液体没有要求，这大大扩展了介质上电润湿的应用范围。并且，介质上电润湿一个突出的优点是它与无管壁结构相兼容，这样就可以直接在两个衬底之间操作。这种开放的结构更易于制作和集成，由于没有固定的微管道，它们更容易实现计算机对液滴输运路线和操作的灵活控制。

20 年来，通过介电润湿来操控微液滴运动已得到充分的实验证实，但其内在机理仍存在分歧。关于通过电压改变湿润性来控制微液滴接触角的机理主要有以下两种观点。一种是 Lippmann 等人的能量观点，即微液滴与介电层之间电荷积累产生的电容效应导致能量变化，引起微液滴表面张力改变从而使得接触角变化；另一种是 Digilo 等人的电动力观点，即微液滴三相接触线上电荷累积产生的静电力导致微液滴毛细管线张力改变，从而引起接触角变化。

基于能量观点的介电润湿原理如图 1-10 所示，在基底(硅或玻璃)上成型出驱动电极单元阵列，并在电极单元上依次沉积介电层和疏水层材料，利用液体不易润湿厌水材料的特性，位于厌水层表面的微量液体会形成大接触角的微液滴。外加电场的正极接驱动电极单元，负极接微液滴。介电层的作用是避免微液滴与驱动电极单元直接接触，防止电流穿过微液滴造成电解；阻止了电荷交换，通过电极化形成界面电荷的重新分布；此外，介电层的加入增加了数字微流控芯片材料的选择和设计的灵活性。微液滴 - 介电层 - 电极三者可看作一个平板电容器，微液滴与厌水层表面的接触面可看作电容器的上极板，驱动电极单元可看作下极板，而中间的介电层是相对介电常数为 ε_r 的电介质材料。

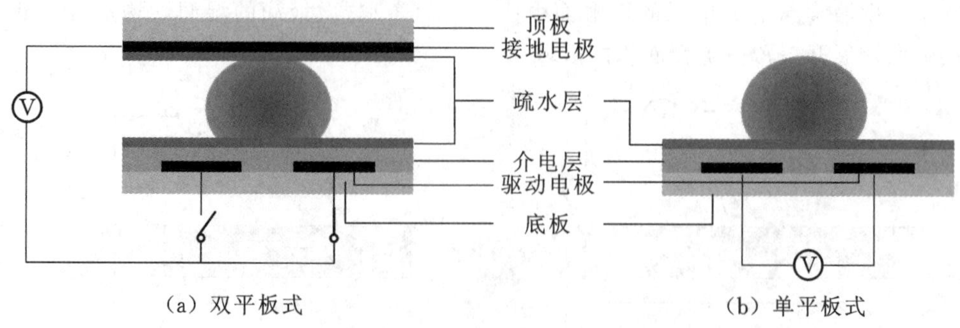

(a) 双平板式　　(b) 单平板式

图 1-10　数字微流控芯片结构示意图

在外加电压作用下，电介质中原来被束缚的电荷在微观范围内移动产生电极化，在介电层两侧形成等量异号电荷。并且将会在电介质与微液滴的接触面上感应产生负电荷，与电极单元直接接触的微液滴表面活化分子的浓度增加，同性电荷之间的斥力减小了微液滴扩张所需要的能量，固-液界面表面张力减小，导致微液滴的接触角 θ 减小。微液滴与电极单元的接触面性质由厌水变为亲水，微液滴的润湿性增加，固-液接触面铺展开来覆盖更大面积的区域。外加电场控制着"等效电容器"的充放电，介电层产生电容效应，在固-液界面形成电荷累积，此电荷累积造成固-液界面的表面自由能量改变，导致微液滴与固体接触面的表面张力变化，进而改变其亲疏水性。外加电压与微液滴的表面张力之间的数学关系可由 Lippmann 方程描述为：

$$\gamma_{s\text{-}l}=\gamma_{s\text{-}l}(0)-\frac{\varepsilon_0\varepsilon_r}{2d}\cdot V^2$$

式中：$\gamma_{s\text{-}l}(0)$ 为未加电压时固-液初始界面张力(N/m)；ε_0 为真空介电常数；ε_r 为电介质的相对介电常数；V 为外加控制电压(V)；d 为电介质层厚度(μm)。

加电压前后，Young 方程为：

$$\gamma_{s\text{-}l}(0)=\gamma_{s\text{-}g}(0)-\gamma_{g\text{-}l}(0)\cdot\cos\theta_0,\quad \gamma_{s\text{-}l}=\gamma_{s\text{-}g}-\gamma_{g\text{-}l}\cdot\cos\theta$$

加电压前后，液–气、固–气界面张力 $\gamma_{l\text{-}g}$、$\gamma_{s\text{-}g}$ 保持不变，即：

$$\gamma_{s\text{-}g}(0)=\gamma_{s\text{-}g},\quad \gamma_{l\text{-}g}(0)=\gamma_{l\text{-}g}$$

代入 Lippmann 方程进行简单运算，即可得到著名的 Young-Lippmann 方程：

$$\cos\theta=\cos\theta_0+\frac{\varepsilon_0\varepsilon_r V^2}{2d\gamma_{l\text{-}g}}$$

1.2.6　惯性聚焦

传统上，由于微流控芯片中微米级的流道水力直径极小，且多采用具有极低流速甚至准静态的流体环境，因此流道雷诺数极低(常在 $10^{-6}\sim10^{1}$ 之间)，进行流体运动计算时常忽略掉惯性项，将微流体视作 Stokes 流处理。但在具有高通量特征的惯性芯片中，流体流速较高，雷诺数较大(约为 100，但远小于层流转化为湍流的临界雷诺数 2000 ～ 2600)，此时 Navier-Stokes 方程中的非线性惯性项不可再被忽略。正是由于惯性效应的引入，使得我们可以在直流道中利用粒子的惯性迁移对其进行精确操控；而弯流道中除惯性迁移外还将额外引入 Dean 流的作用，使得操控机理更为复杂。

1961 年，Segre 和 Silberberg 在直径约 1 cm 的宏观圆管中发现入口处呈随机分散状态的毫米级悬浮粒子会逐渐迁移至距圆心 0.6 倍半径处的平衡位置并形成一个规则圆环，该圆环被称为“Segre-Silberberg 圆环”，该现象又被称作“管状收缩效应(tubular pinch effect)”[见图 1-11(a)]。同时，Di Carlo 也指出只有在粒子雷诺数 Re_p($Re_p = Re_c(a_p/D_h)^2$) 大于 1 时(式中 a_p 为粒子直径)，粒子尺度上流体的惯性效应才会足够显著，才能保证粒子聚焦现象的发生。

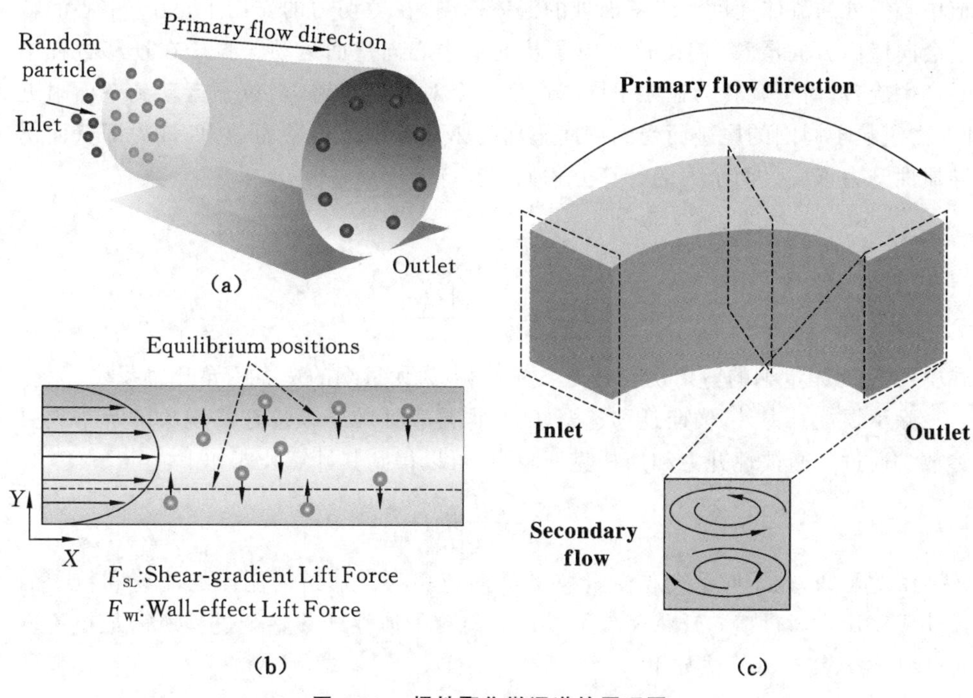

图 1-11 惯性聚焦微通道的原理图

在直通道的惯性迁移过程中，粒子受到重力、浮力、流体的拖曳力以及惯性升力 F_L 等力的作用(其中重力和浮力忽略不计)。其中，流体拖曳力的主要作用是使粒子与周围流体保持同速运动，其作用方向平行于通道；惯性升力则是使粒子发生横向迁移并运动到某个特定的平衡位置，其作用方向为垂直于主流动方向。惯性

升力 F_L 实际上是两个力即剪切诱导升力 F_{SL} 与壁面诱导升力 F_{WL} 的合力[见图 1-11(b)]。惯性升力计算公式如下：

$$F_L = \frac{\rho U_m^2 a_p^4}{D_h^2} f_L(Re_c, X_p)$$

$$Re_c = \frac{\rho_f U_m D_h}{\mu_f} = \frac{2\rho_f Q}{\mu_f (w+h)}$$

式中：U_m 为流体的最大流速，一般取值为 2 倍的流体特征流速($2U_f$)；f_L 为无量纲升力系数，其大小及符号取决于流道雷诺数 Re_c 以及粒子在流道中所处的位置 X_p。近期的研究表明在有限粒子体积条件下升力系数 f_L 表现出区域依赖性，即在靠近流道中心区域 f_L 随流道雷诺数的增大而增大，且 $F_L \propto \rho U_m^2 a_p^3 / D_h$；而在靠近流道壁面区域 f_L 随流道雷诺数的增大而减小，且 $F_L \propto \rho U_m^2 a_p^6 / D_h^4$。

剪切诱导惯性升力 F_{LS} 是由于 Poiseuille 流抛物线形速度剖面的存在，使得流道中心线处的流体速度大于壁面处的流体速度，在剪切力的作用下，处于中心的粒子会向壁面方向滑移，使得这个粒子从通道中心向壁面运动。粒子在迁移过程中会产生旋转，由于旋转会在粒子周围产生一个对称的尾迹，当粒子运动到壁面附近时，由于粒子周围的尾迹而受到壁面施加的驱动粒子远离壁面的力，该力即壁面诱导惯性升力 F_{LW}。两个力的计算公式如下：

$$F_{LS} = \frac{f_{LS} \rho U_m^2 a_p{}^3}{D_h}$$

$$F_{LW} = \frac{f_{LW} \rho U_m a_p}{D_h}$$

式中：f_{LS} 为无量纲的剪切诱导升力系数；f_{LW} 为无量纲的壁面诱导升力系数。

除了惯性升力外，横向迁移速率(U_L)也是表征粒子惯性迁移现象的一个重要参数。通过平衡惯性升力和斯托克斯阻力，可以得到其计算公式如下：

$$U_L = \frac{C_L \rho U_m^2 a_p{}^3}{3\pi \mu D_h^2}$$

由此可知，粒子向平衡位置迁移的横向速率与微通道内流体的流速和粒子的尺寸成正比。通过横向迁移速率可以计算出粒子惯性迁移整个过程所需最短流道长度(L_{min})，其计算公式如下：

$$L_{min} = \frac{U_{max} L_P}{U_L} = \frac{2U_f L_P}{U_L} = \frac{3\pi \mu D_h^2 L_P}{2\rho U_f a_p^3 C_L}$$

式中：U_{max} 为主流方向中粒子的最大速度；U_f 为粒子横向迁移的最高速度；L_P 为粒子横向迁移的最大距离。

由于弯流道中流道中心线附近流体的流速高于流道壁面附近流体，在离心力和径向梯度压力作用下，在垂直于流体运动方向上形成了一对转向相反的涡流，被称为Dean流[见图1-11(c)]。一般用De这一无量纲常数来表征Dean流的强度，其表达式如下：

$$De=\frac{\rho U_{\mathrm{f}} D_{\mathrm{h}}}{u}\sqrt{\frac{D_{\mathrm{h}}}{2R}}=Re_{\mathrm{c}}\sqrt{\frac{D_{\mathrm{h}}}{2R}}$$

式中：R为弯流道的曲率半径。采用该无量纲De数来表征Dean流时，该无量纲De数越大，Dean流越强；且Dean涡流的形状亦受该De数影响，即随着De数的增大，Dean涡流的中心会逐渐向外壁面移动。另一方面，当式中的曲率半径R取值为无限大时，De数为零，即表示直流道中不存在Dean流。微流道中粒子所受Dean力F_{D}的表达式如下：

$$F_{\mathrm{D}}=3\pi\mu a_{\mathrm{P}}U_{\mathrm{D}}$$

式中：μ为流体的动力黏度；U_{D}为Dean流的流速，其满足：

$$U_{\mathrm{D}}=1.8\times10^{-4}De^{1.63}$$

1.2.7 感生电荷电动力学

ICEK是指应用电场和理想的、可极化的通道、粒子(如导电电路和粒子)之间产生的电动流，它在微纳流体力学方面吸引了很多关注(Bazant，Squires 2004，2010；Squires，Bazant2004)。结构电动力学和ICEK之间的主要区别是表面电荷的来源。在传统电动力学中，表面电荷是由于特定化学基团的吸附或分离作用产生的，但在ICEK中，表面电荷来源于材料的极化。如图1-9所示，理想的可极化材料诱发的表面电荷通常是两极的，其中，阳极产生负的表面电荷，阴极产生正的表面电荷。

本章参考文献

[1] Beh CW, Pan D, Lee J, Jiang X, Liu KJ, Mao HQ, Wang TH. Direct Interrogation of DNA Content Distribution in Nanoparticles by a Novel Microfluidics-Based Single-Particle Analysis [J]. Nano Lett, 2014(14).

[2] Chan JM et al. Signatures of plasticity, metastasis, and immunosuppression in an atlas of human small cell lung cancer[J]. Cancer Cell, 2021(39).

[3] Chen YL, Jiang HR. Particle concentrating and sorting under a rotating electric field by direct optical-liquid heating in a microfluidics chip[J]. Biomicrofluidics, 2017(11).

[4] Conners-Burrow NA, Kyzer A, Pemberton J, McKelvey L, Whiteside-Mansell L, Fulmer J. Child and family factors associated with teacher-reported behavior problems in young children of substance abusers[J]. Child Adol Ment H-Uk, 2013(18).

[5] Double E, At L, Interfaces C (2007) Electric double layer. John Wiley & Sons, Inc., Fornell A, Ohlin M, Garofalo F, Nilsson J, Tenje M (2017). An intra-droplet particle switch for

droplet microfluidics using bulk acoustic waves[J]. Biomicrofluidics,2017(11).

[6] Goralczyk A et al. Application of Micro/Nanoporous Fluoropolymers with Reduced Bioadhesion in Digital Microfluidics[J].Nanomaterials-Basel,2022(12).

[7] Guerzoni LPB,de Goes AVC,Kalacheva M,Hadula J,Mork M,De Laporte L,Boersma AJ. High Macromolecular Crowding in Liposomes from Microfluidics [J].Adv Sci,2022.

[8] Guo YH,Liu F,Qiu JJ,Xu Z,Bao B. Microscopic transport and phase behaviors of CO_2 injection in heterogeneous formations using microfluidics[J].Energy,2022(256).

[9] Habibey R,Arias JER,Striebel J,Busskamp V. Microfluidics for Neuronal Cell and Circuit Engineering[J].Chem Rev,2022.

[10] Hatori MN,Kim SC,Abate AR. Particle-Templated Emulsification for Microfluidics-Free Digital Biology[J].Anal Chem,2018(90).

[11] Islam MM,Loewen A,Allen PB. Simple,low-cost fabrication of acrylic based droplet microfluidics and its use to generate DNA-coated particles[J].Sci Rep-Uk,2018(8).

[12] Kurleya JM,Hunt RD,McMurray JW,Nelson AT. Synthesis of U 3 O 8 and UO 2 microspheres using microfluidics[J].J Nucl Mater,2022(566).

[13] Liu YK et al.Enhanced Detection in Droplet Microfluidics by Acoustic Vortex Modulation of Particle Rings and Particle Clusters via Asymmetric Propagation of Surface Acoustic Waves [J].Biosensors-Basel,2022(12).

[14] Mazutis L,Baret JC,Griffiths AD.A fast and efficient microfluidic system for highly selective one-to-one droplet fusion[J].Lab on a Chip,2009(9).

[15] Mihai AP et al. Effect of substrate temperature on the magnetic properties of epitaxial sputter-grown Co/Pt[J].Appl Phys Lett,2013(103).

[16]Pekin D et al. Quantitative and sensitive detection of rare mutations using droplet-based microfluidics[J].Lab on a Chip,2011(11).

[17] Perez-Gonzalez VH. Particle trapping in electrically driven insulator-based microfluidics: Dielectrophoresis and induced-charge electrokinetics[J].Electrophoresis,2021(42).

[18] Perez A,Hernandez R,Velasco D,Voicu D,Mijangos C. Poly (lactic-co-glycolic acid) particles prepared by microfluidics and conventional methods. Modulated particle size and rheology[J]. J Colloid Interf Sci,2015(441).

[19] Sachdev S,Muralidharan A,Boukany PE. Molecular Processes Leading to "Necking" in Extensional Flow of Polymer Solutions: Using Microfluidics and Single DNAImaging[J]. Macromolecules,2016(49).

[20] Solsona M et al.Microfluidics and catalyst particles[J].Lab on a Chip,2019(19).

[21] Takken M,Wille R. Simulation of Pressure-Driven and Channel-Based Microfluidics on Different Abstract Levels:A Case Study[J].Sensors-Basel,2022(22).

[22] Thomas P et al. The lncRNA GHSROS mediates tumour growth and expression of genes associated with metastasis and adverse outcome[J].Clin Endocrinol,2018(89).

[23] Thomas PB et al.The long non-coding RNA GHSROS reprograms prostate cancer cell lines

toward a more aggressive phenotype[J].Peerj,2021(9).

[24] Thon JN, Mazutis L, Weitz D, Italiano JE. Platelet bioreactor-on-a-chip[J]. J Thromb Haemost,2013(11).

[25] Tomov TE et al.DNA Bipedal Motor Achieves a Large Number of Steps Due to Operation Using Microfluidics-Based Interface[J].Acs Nano,2017(11).

[26] Tonin M,Descharmes N,Houdre R.Hybrid PDMS/glass microfluidics for high resolution imaging and application to sub-wavelength particle trapping[J].Lab on a Chip,2016(16).

[27] Tresset G,Iliescu C.Microfluidics-Directed Self-Assembly of DNA-Based Nanoparticles[J]. Inform Midem,2016(46).

[28] Tsui NBY et al.Noninvasive prenatal diagnosis of hemophilia by microfluidics digital PCR analysis of maternal plasma[J].DNA Blood,2011(117).

[29] Ud-Din S,McAnelly S,Bowring A,Chaudhry I,Whiteside S,Morris J,Bayat A.Assessment of Striae Distensae through the Use of Objective Noninvasive Devices Enable Striae Classification and the Monitoring of Response to Therapy[J].Wound Repair Regen,2016(24).

[30] Udoh CE, Garbin V, Cabral JT. Microporous Polymer Particles via Phase Inversion in Microfluidics:Impact of [J].Nonsolvent Quality Langmuir,2016(32).

[31] van der Veeken J et al.Natural Genetic Variation Reveals Key Features of Epigenetic and Transcriptional Memory in Virus-Specific CD8[J].T Cells Immunity,2019(50).

[32] van Horik JO,Beardsworth CE,Laker PR,Whiteside MA,Madden JR.Response learning confounds assays of inhibitory control on detour tasks[J].Anim Cogn,2020(23).

[33] van Oudenaarden A,Hollfelder F.Profiling the total single-cell transciptome using droplet microfluidics[J].Nat Biotechnol,2022.

[34] Vardaka P et al.A cell-based bioluminescence assay reveals dose-dependent and contextual repression of AP-1-driven gene expression by BACH2[J].Sci Rep-Uk,2020(10).

[35] Vella PC,Dimov SS,Brousseau E,Whiteside BR.A new process chain for producing bulk metallic glass replication masters with micro- and nano-scale features[J].Int J Adv Manuf Tech,2015(76).

[36] Vella PC,Dimov SS,Brousseau E,Whiteside BR,Grant CA,Tuinea-Bobe CL.A new process chain for producing bulk metallic glass replication masters with micro- and nano-scale features[J].Int J Adv Manuf Tech,2016(85).

[37] Villasmil R et al.Clinicopathophysiologic traits driving progression to critical illness in hospitalized COVID-19 patients with heart failure (HF) Eur[J].Heart Fail,2021(23).

[38] Visaveliya NR,Mazetyte-Stasinskiene R,Kohler JM.Stationary,Continuous,and Sequential Surface-Enhanced Raman Scattering Sensing Based on the Nanoscale and Microscale Polymer-Metal Composite Sensor Particles through Microfluidics: A Review[J]. Adv Opt Mater,2022(10).

[39] Vitiello D,Grisso JA,Whiteside KL,Fischman R.From commodity surplus to food justice: foodbanks and local agriculture in the United States Agr[J].Hum Values,2015(32).

[40] Vorkas CK et al.Single-Cell Transcriptional Profiling Reveals Signatures of Helper,Effector, and Regulatory MAIT Cells during Homeostasis and Activation[J].J Immunol,2022(208).

[41] Vrablik MC,Hippe D,Cheever D,Morse S,Whiteside LK .Utilizing a Health Information Exchange to Improve Care Transitions After an Emergency Department Visit [J]. Ann Emerg Med,2019(74).

[42] Wang JC,Rodgers VGJ,Brisk P,Grover WH.MOPSA:A microfluidics-optimized particle simulation algorithm[J].Biomicrofluidics,2018(11).

[43] Wang JT,Wang J,Han JJ.Fabrication of Advanced Particles and Particle-Based Materials Assisted by Droplet-Based [J].Microfluidics Small,2011(7).

[44] Wang YL,Deng RH,Yang LS,Bain CD.Fabrication of monolayers of uniform polymeric particles by inkjet printing of monodisperse emulsions produced by microfluidics[J].Lab on a Chip,2019(19).

[45] Wang YP,Gao YF,Song YJ.icrofluidics-Based Urine Biopsy for Cancer Diagnosis:Recent Advances and Future Trends[J].Chemmedchem,2022.

[46] Whiteside A,Strauss M.he end of AIDS:Possibility or pipe dream? A tale of transitions Ajar-Afr[J].J Aids Res,2014(13).

[47] Whiteside A,Vinnitchok A,Dlamini T,Mabuza KMixed results:the protective role of schooling in the HIV epidemic in Swaziland Ajar-Afr[J].J Aids Res,2017A(16).

[48] Whiteside A,Zebryk N.An overview of the African Journal of AIDS Research and its future direction Ajar-Afr[J].J Aids Res,2015(14).

[49] Whiteside AC,Fowler AG.Upper bound for loss in practical topological-cluster-state quantum computing[J].Phys Rev A,2014(90).

[50] Whiteside BG,Titheradge H,Al-Abadi E.PSTPIP1-associated myeloid-related proteinaemia inflammatory (PAMI) syndrome;a case presenting as a perinatal event with early central nervous system involvement[J].Pediatr Rheumatol,2022(20).

[51] Whiteside D.Perioperative Nurse Leaders and Professionalism Assoc[J].Oper Room Nurs,2016(104).

[52] Whiteside D,Cant O,Connolly M,Reid M .Monitoring Hitting Load in Tennis Using Inertial Sensors and Machine Learning Int[J].J Sport Physiol,2017(12).

[53] Whiteside D et al.Evaluating The Validity Of Functional Movement Screen Grading Med[J].Sci Sport Exer,2014(46).

[54] Xuan CL,Liang WY,He B,Wen BH.Active control of particle position by boundary slip in inertial microfluidics[J].Phys Rev Fluids,2022(7).

[55] Yang SH et al.Controllable Fabrication of Monodisperse Poly(vinyl alcohol) Microspheres with Droplet Microfluidics for Embolization[J].Ind Eng Chem Res,2022(61).

[56] Yao XX,Liu Z,Ma MZ,Chao YC,Gao YX,Kong TT.Control of Particle Adsorption for Stability of Pickering Emulsions in Microfluidics[J].Small,2018(14).

[57] Yin BF,Wan XH,Sohan ASMMF,Lin XD.Microfluidics-Based POCT for SARS-CoV-2

Diagnostics [J].Micromachines-Basel,2022(13).

[58] Zagnoni M, Cooper JM. Droplet Microfluidics for High-throughput Analysis of Cells and Particles Method[J].Cell Biol,2011(102).

[59] Zhang DJ, Zhao WJ, Wu YF, Chen ZB, Li XR. Facile droplet microfluidics preparation of larger PAM-based particles and investigation of their swelling gelation behavior [J]. E-Polymers,2019(19).

[60] Zhang S,Zhan LW,Zhu GK,Teng YY,Shan Y,Hou J,Bin-dong L.Rapid preparation of size-tunable nano-TATB by microfluidics[J].Def Technol,2022(18).

[61] Zhang YL, Chen XY. Particle separation in microfluidics using different modal ultrasonic standing waves[J].Ultrason Sonochem,2021(75).

[62] Zhu TT,Cheng R,Sheppard GR,Locklin J,Mao LD.Magnetic-Field-Assisted Fabrication and Manipulation of Nonspherical Polymer Particles in Ferrofluid-Based Droplet Microfluidics [J].Langmuir,2015(31).

[63] Zou FX et al.Rapid,real-time chemiluminescent detection of DNA mutation based on digital microfluidics and pyrosequencing[J].Biosens Bioelectron,2019(126).

[64] Zubaite G, Simutis K, Galinis R, Milkus V, Kiseliovas V, Mazutis L. Droplet Microfluidics Approach for Single-DNA Molecule Amplification and Condensation into DNA-Magnesium-Pyrophosphate Particles[J].Micromachines-Basel,2017(8).

2 纳米通道中双电层的流体特性

2.1 引　　言

本章将采用 COMSOL Multiphysics 来演示一个圆柱形纳米孔中的双电层，EOF 的模型包括流场的 Stokes 方程、静电学中的 Poisson 方程以及离子大量运输中有对流项的 Nernst-Plank 方程。

2.2 数学模型

我们将一个半径为 R_0，长度为 H 的圆柱形纳米孔放置在含有两种离子的电解质溶液中，选用浓度为 cA_bulk 的 KCl 溶液作为电解质中的背景盐溶液。

本节将使用有限的 EDL 来仿真在带点圆柱形纳米孔中的 EOF，控制方程包括 PNP 方程和改进了的 Stokes 方程：

$$-\varepsilon_0\varepsilon_f\nabla^2\varphi=\rho_e=F(c_1z_1+c_2z_2) \tag{2-1}$$

$$\nabla\cdot N_i=0,i=1,2 \tag{2-2}$$

$$-\nabla p+\mu\nabla^2\boldsymbol{u}-F(c_1z_1+c_2z_2)\nabla\varphi=0 \tag{2-3}$$

$$\nabla\cdot\boldsymbol{u}=0 \tag{2-4}$$

式中：φ 是溶液中的电势；F 是法拉第常数；c_i、z_i、D_i 分别表示第 i 个离子的摩尔浓度、化合价及扩散系数($i=1$ 是 K^+，$i=2$ 是 Cl^-)；ρ_e 是电解质溶液中的空间电荷密度；R 是通用气体常数；T 是电解质溶液的绝对温度；ε_0 是真空中介电常数；ε_f 是电解质溶液中的相对介电常数；p 表示压力；$\boldsymbol{u}$ 表示流体速度矢量；μ 是指流体的动力黏度；我们设置在无穷远处电势 $\Phi=0$。

在图 2-1 中显示了轴对称的计算区域，在这里 $r=0$ 代表着圆柱管的轴线。在所有的模块中沿轴的边界状况是轴对称的。在 Creeping Flow(spf)中，上下边界的压力都为 0，以消除压力驱动流。在纳米孔壁上，使用着一种无滑动的边界条件，也就是 $u=0$。纳米孔壁是绝缘的。在 Electrostatics(es)中，上下边界之间的电势差产生了沿着纳米孔轴向的电场，纳米孔壁是表面电荷边界条件。

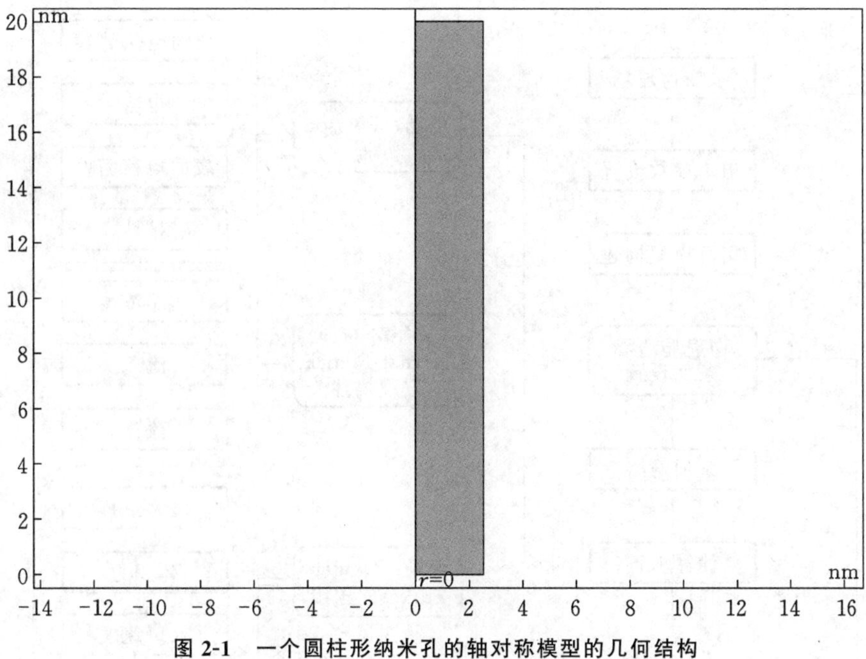

图 2-1　一个圆柱形纳米孔的轴对称模型的几何结构

2.3　数值实现

从文件菜单中选择 New。

1. 新建

在 New 中,单击 Model Wizard。

2. 模型向导

技术实现方案如图 2-2 所示。

(1) 在模型向导窗口中,单击 2D Axisymmetric。

(2) 在选择物理场树中选择 AD/DC > Electric Fields and Currents > Electrostatics(es)。

(3) 单击 Add。

(4) 在选择物理场树中选择 Chemical Species Transport > Transport of Diluted Species(tds)。

(5) 单击 Add。

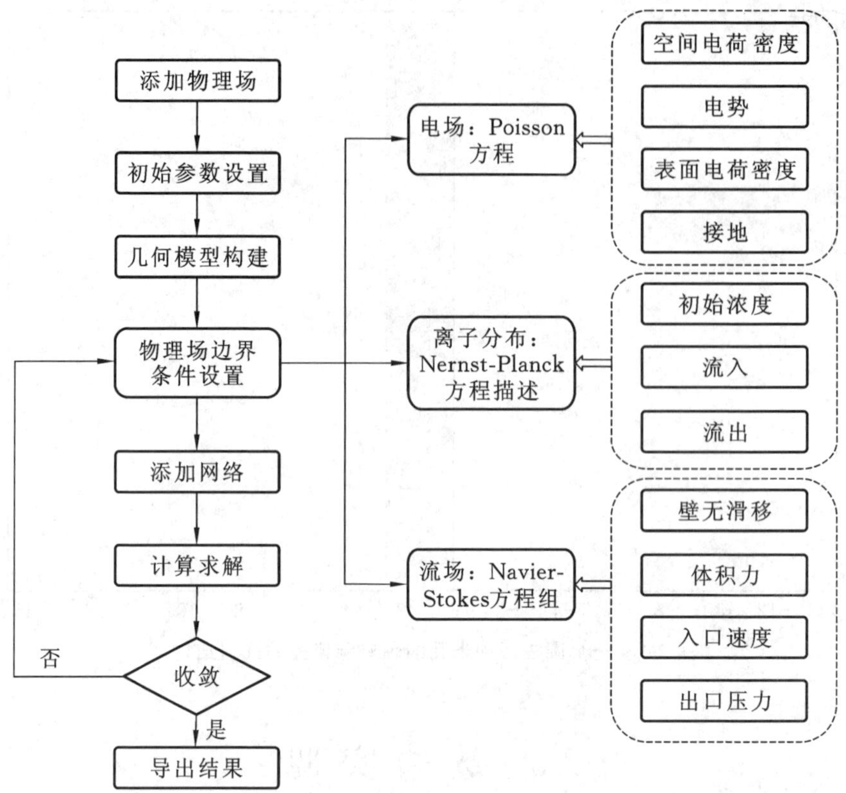

图 2-2 技术实现方案

(6) 在选择物理场树中选择 Fluid Flow>Single－Phase Flow>Laminar Flow (spf)。

(7) 单击 Add。

(8) 单击 Study。

(9) 在选择研究树中选择 General Studies>Stationary。

(10) 单击 Done。

3. 全局定义

1) 参数 1

(1) 在模型开发器窗口的全局定义节点下，单击 Parameters 1。

(2) 在表中输入设置如表 2-1 所示。

表 2-1 模型参数

名称	表达式	具体值	描述
xD	sqrt(epsilon0_const * eps_H2O * V_therm/(2 * F_const * Istr_bulk))	1.9478×10^{-9} m	德拜长度/Debye length
mu	1e-3[Pa * s]	0.001 Pa·s	溶液动力黏度/solution dynamic viscosity
rho	1e3[kg/m^3]	1000 kg/m^3	流体密度/fluid density
T0	300[K]	300 K	温度/temperature
eps_f	7.08e-10[F/m]	7.08×10^{-10} F/m	流体的相对介电常数/relative permittivity of the fluid
eps_H_2O	eps_f/epsilon0_const	79.962	水的相对介电常数/relative permittivity of water
DA	1.95e-9[m^2/s]	1.95×10^{-9} m^2/s	扩散系数，阳离子/diffusion coefficient, cation
DX	2.03e-9[m^2/s]	2.03×10^{-9} m^2/s	扩散系数，阴离子/diffusion Coefficient, Anion
rho_surf	epsilon0_const * eps_H2O * zeta/xS	−0.001062 C/m^2	表面电荷/surface charge
rho_surf_w	−0.05[C/m^2]	−0.05 C/m^2	纳米孔表面电荷/nanopore surface charge
Einput	2000[kV/m]	2×10^6 V/m	外加电场/applied electric field
zA	1	1	溶液阳离子化合价/solution cation valence
zX	−1	−1	溶液阴离子化合价/solution anion valence
V_therm	R_const * T0/F_const	0.025852 V	热电压/thermal voltage
Istr_bulk	0.5 * ((zA^2 + zX^2) * cA_bulk)	25 mol/m^3	溶液离子强度/solution ionic strength
xS	0.5[nm]	5×10^{-10} m	致密层厚度/thickness of dense layer
Cd_GCS	epsilon0_const * eps_H2O/(xD + xS)	0.28924 F/m^2	单位面积电容(GCS 理论，低电位极限)/capacitance per unit area
phiM	50[mV]	0.05 V	电极电压 vs PZC/voltage of electrode vs PZC
zeta	−0.75[mV]	-7.5×10^{-4} V	壁的 zeta 电位/wall zeta potential
G0	1e9[Pa]	1×10^9 Pa	剪切模量(控制细胞变形)/shear modulus
Bulk	1e6[Pa]	1×10^6 Pa	弹性模量或体积模量/elastic modulus or bulk modulus

续表

名　称	表 达 式	具 体 值	描　述
V0	1[V]	1 V	初始电势/initial potential
F0	96490[C/mol]	96490 C/mol	法拉第常数/Faraday constant
U0	1e-6[m/s]	1×10^{-6} m/s	流体初始速度/fluid initial velocity
H	20[nm]	2×10^{-8} m	纳米孔长度
R0	2.5[nm]	2.5×10^{-9} m	纳米孔半径
cA_bulk	2.5e-2[mol/L]	25 mol/m^3	溶液阳离子浓度/solution cation concentration
cX_bulk	cA_bulk	25 mol/m^3	溶液阴离子浓度/solution anion concentration

2）变量 1

找到 Component 1 中的 Definitions，用鼠标右击 Definitions，选择 Variables。

在 Variables 1 界面，在 Variables 选项中定义体电荷密度，在 Name 选项中输入 rho_space，在 Expression 选项中输入 F0 * (zA * cA+zX * cX)。

3）几何 1

点击 Geometry1，在 Length unit 选项中选择 nm。

4）矩形 1

(1) 用鼠标右击 Geometry1，选择 Rectangle 1。

(2) 在 Size and Shape 选项中的 Width 中填入 R0，在 Height 中填入 H。

(3) 在 Position 选项中选择 Corner。

(4) 点击 Build All Objects。

(5) 在图形工具栏中单击 Zoom Extents。

4. 材料

(1) 在模型开发器窗口的 Component 1 节点下，用鼠标右键单击 Materials 并选择 Add Material from Library。

(2) 在 Add Material 窗口点击 Liquids and Gases，再点击 Liquids，双击 Water。

(3) 在 Water(malt1)窗口下，在 Selection 选项中选择 All domains。

5. 静电(es)

双电层几何模型如图 2-3 所示。

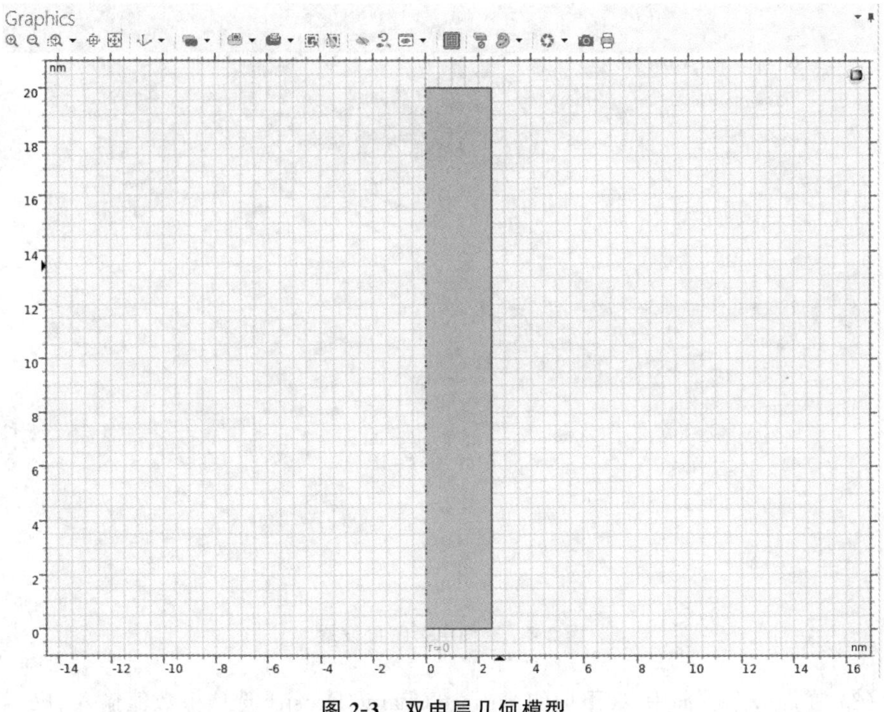

图 2-3 双电层几何模型

1）空间电荷密度 1

(1) 用鼠标右击 Electrostatics(es)，点击 Space Charge Density。

(2) 在 Space Charge Density 1 设置窗口，在 Selection 中选中 Manual，再选中域 1。

(3) 在同一个界面中，在下面的 Space Charge Density 选项中选择 User defined，数值输入 rho_space，如图 2-4 所示。

2）电势 1

(1) 用鼠标右击 Electrostatics(es)，点击 Electric Potential。

(2) 在 Electric Potential 1 设置窗口，在 Selection 中选中 Manual，再选中边界 3。

(3) 在同一个界面中，在下面的 Electric Potential 选项中数值输入 V0。

3）表面电荷密度 1

(1) 用鼠标右击 Electrostatics(es)，点击 Surface Charge Density。

(2) 在 Surface Charge Density 1 设置窗口，在 Selection 中选中 Manual，再选中边界 4。

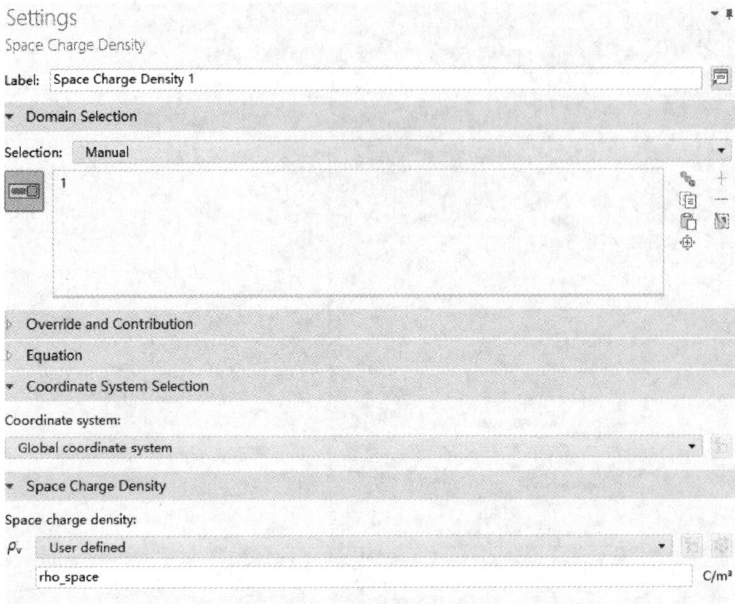

图 2-4　空间电荷密度设置

（3）在同一个界面中，在下面的 Surface Charge Density 选项中数值输入 rho_surf_w。如图 2-5 所示。

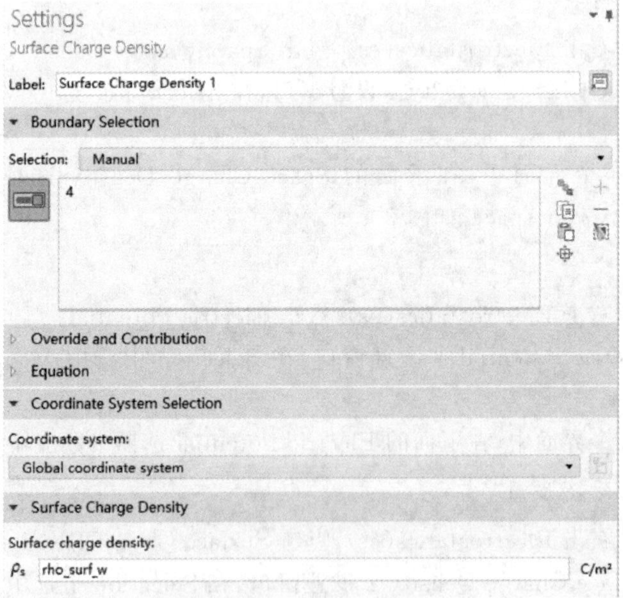

图 2-5　表面电荷密度设置

4）接地 1

（1）用鼠标右击 Electrostatics(es)，点击 Ground。

（2）在 Ground 1 设置窗口，在 Selection 中选中 Manual，再选中边界 2。

6. 稀物质传递(tds)

在 Transport of Diluted Species 设置窗口中，点击 Dependent Variables，在 Number of species 选项中输入 2，在 Concentrations 选项中输入 cA，cX。

点击 Consistent Stabilization，取消勾选 Crosswind diffusion。

点击 Advanced Settings，在 Convective term 选项中选择 Conservative form。

点击 Transport Mechanisms，勾选 Migration in electric field。

点击 Discretization，在 Concentration 选项中选中 Quadratic。如图 2-6 所示。

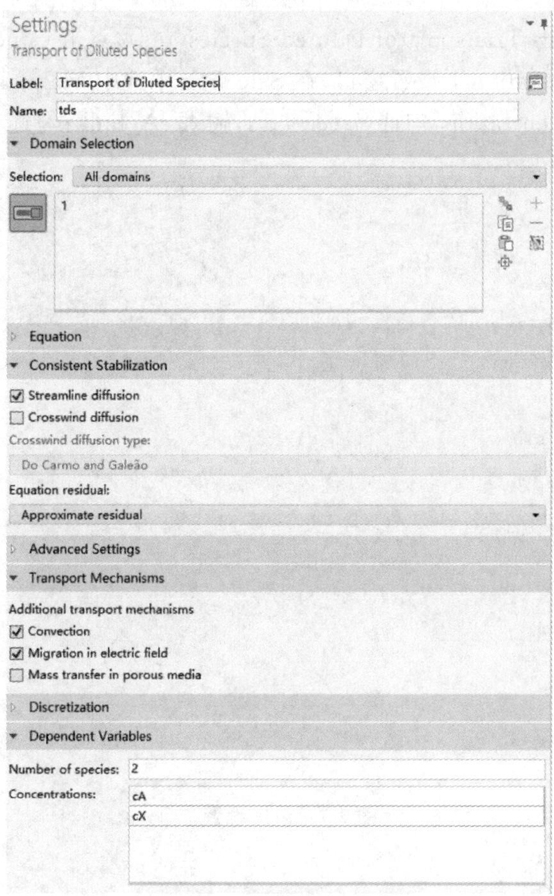

图 2-6　稀物质传递设置

1）传递属性 1

（1）点击 Transport Properties 1，在 Transport Properties 1 设置窗口，点击 Model Input，T 选项选择 User defined，数值输入 T0。

（2）点击 Convection，u 选项选择 Velocity field(spf)。

（3）点击 Diffusion，D_{cA} 选项选择 User defined，数值输入 DA；D_{cX} 选项选择 User defined，数值输入 DX。

（4）点击 Migration in Electric Field，在 Z_{cA} 中输入 zA，在 Z_{cX} 中输入 zX。

2）初始值 1

点击 Initial Values 1，在 Initial Values 1 设置窗口中点击 Initial Values，在 cA 中输入 cA_bulk，在 cX 中输入 cX_bulk。

3）浓度 1

（1）用鼠标右击 Transport of Diluted Species(tds)，点击 Concentration。

（2）在 Concentration 1 设置窗口，在 Selection 中选中 Manual，再选中边界 2。

（3）点击 Concentration，勾选 Species cA，输入 cA_bulk；勾选 Species cX，输入 cX_bulk。如图 2-7 所示。

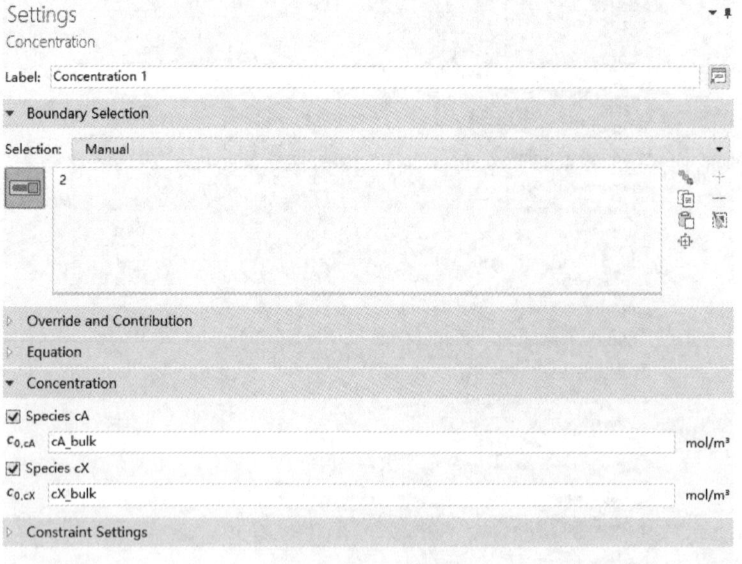

图 2-7　浓度设置

4）浓度 2

（1）用鼠标右击 Transport of Diluted Species(tds)，点击 Concentration。

(2) 在 Concentration 2 设置窗口,在 Selection 中选中 Manual,再选中边界 3。

(3) 点击 Concentration,勾选 Species cA,输入 cA_bulk;勾选 Species cX,输入 cX_bulk。

7. 蠕动流

点击 Laminar Flow(spf),在 Laminar Flow 设置窗口,点击 Physical Model,勾选 Neglect inertial term,在 T_{ref} 选项中输入 T0。

点击 Consistent Stabilization,取消勾选 Use dynamic subgrid time scale。

点击 Advanced Settings,在 Use pseudo time stepping for stationary equation form 选项中选择 On。

1) 开放边界 1

(1) 用鼠标右击 Creeping Flow(spf),点击 Open Boundary。

(2) 在 Open Boundary 1 设置窗口,在 Selection 中选中 Manual,再选中边界 2 和 3。

2) 体积力 1

(1) 用鼠标右击 Creeping Flow(spf),点击 Volume Force。

(2) 在 Volume Force 1 设置窗口,在 Selection 中选中 Manual,再选中域 1。

(3) 点击 Volume Force,在 F 选项中分别输入 −rho_space * (es.Er),−rho_space * (es.Ez)。如图 2-8 所示。

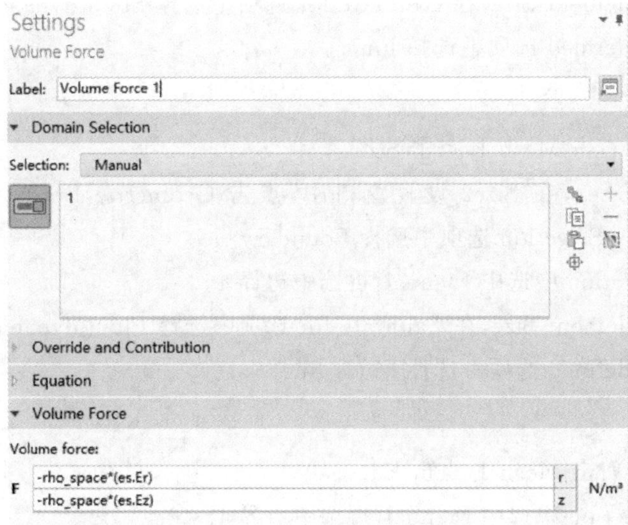

图 2-8 体积力设置

3）入口 1

（1）用鼠标右击 Creeping Flow(spf)，点击 Inlet。

（2）在 Inlet 1 设置窗口，在 Selection 中选中 Manual，再选中 2。

（3）点击 Velocity，在 U_0选项中输入 U0。

4）出口 1

（1）用鼠标右击 Creeping Flow(spf)，点击 Outlet。

（2）在 Outlet 1 设置窗口，在 Selection 中选中 Manual，再选中边界 3。

5）电位耦合 1

（1）用鼠标右击 Multiphysics，点击 Potential Coupling。

（2）在 Potential Coupling 1 设置窗口，在 Selection 中选中 Manual，再选中域 1。

8. 网格 1

1）大小 1

（1）用鼠标右击 Mesh 1，点击 Size。

（2）点击 Size1，在 Size1 设置窗口中，点击 Geometric Entity Selection，在 Geometric entity Selection 选项中选择 Domain。

（3）在 Selection 中选中 Manual，再选中域 1。

（4）点击 Element Size，在 Calibrate for 选项中选择 Fluid dynamics。

（5）在 Predefined 选项中选择 Finer。

2）大小 2

（1）用鼠标右击 Mesh 1，点击 Size。

（2）点击 Size2，在 Size2 设置窗口中，点击 Geometric Entity Selection，在 Geometric entity Selection 选项中选择 Boundary。

（3）在 Selection 中选中 Manual，再选中边界 4。

（4）点击 Element Size，在 Calibrate for 选项中选择 Fluid dynamics。

（5）在 Predefined 选项中选择 Extra fine。

3）边 1

（1）用鼠标右击 Mesh 1，点击 Edge。

（2）在 Selection 中选中 Manual，再选中边界 4。

（3）点击 Control Entities，在 Number of iterations 选项中输入 8，在

Maximum element depth to process 选项中输入 8。

4）自由三角形网格 1

(1) 用鼠标右击 Mesh 1，点击 Free Triangular。

(2) 点击 Free Triangular 1，在 Free Triangular 1 设置窗口中，点击 Geometric Entity Selection，在 Geometric entity Selection 选项中选择 Domain。

(3) 在 Selection 中选中 Manual，再选中域 1。

(4) 点击 Control Entities，在 Number of iterations 选项中输入 8，在 Maximum element depth to process 选项中输入 8。

点击 Mesh 1，再点击 Build All，构建网格。如图 2-9 所示。

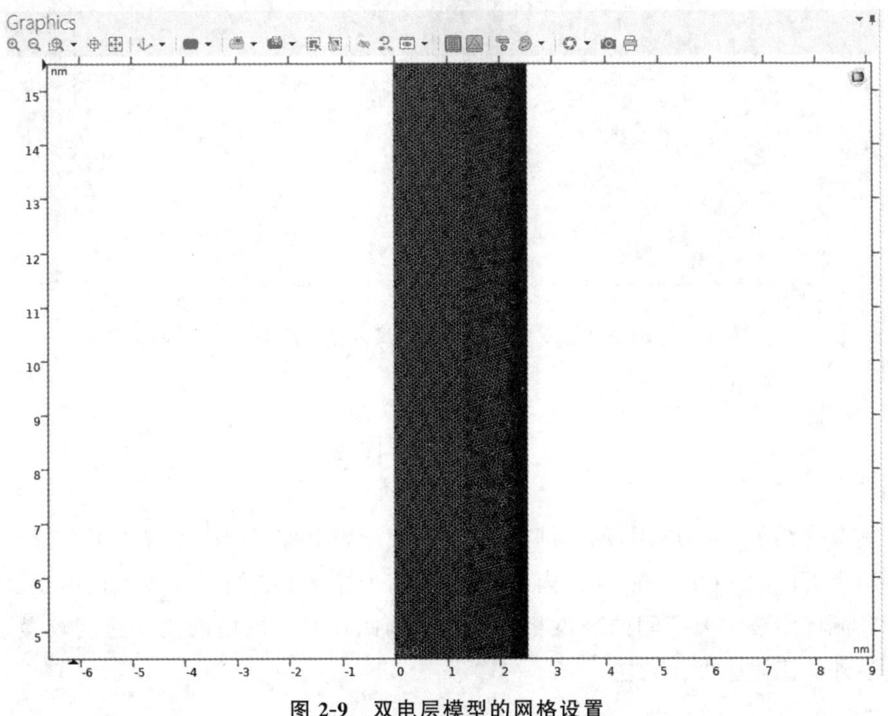

图 2-9 双电层模型的网格设置

9. 研究 1

点击 Study1，再点击 Compute。

10. 结果

(1) 点击 Results，再点击 velocity (spf)。

(2) 我们就可以得到纳米通道内的速度分布示意图，如图 2-10 所示。

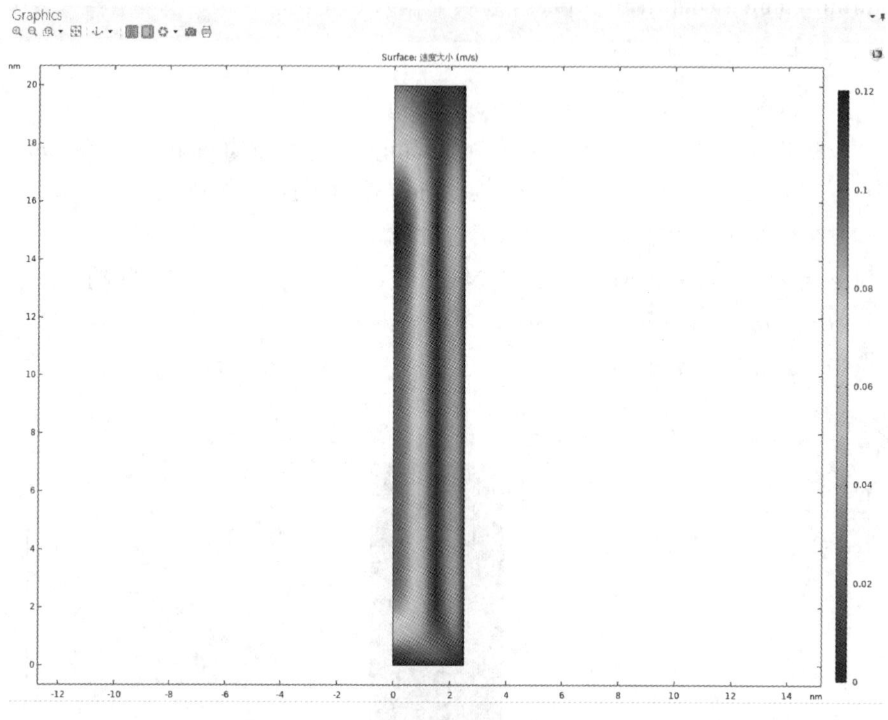

图 2-10　双电层模型的速度分布示意图

2.4　本章小结

本章介绍了 COMSOL 的详细操作步骤，使用轴对称二维模型解决了在带电圆柱形纳米管内的 EOF。在 EDL 内，相反电荷离子控制着相同电荷离子是由于表面电荷和流体溶液中离子间的静电相互作用。因此在双电层内的流体速度较慢，在双电层外的流体速度比较快。

本章参考文献

[1] He X, Wang P, Shi L, Zhou T, Wen L. Electrokinetic translocation of a deformable nanoparticle controlled by field effect in nanopores[J]. Electrophoresis, 2021, 42(21-22): 2197-2205.

[2] Li J, Chen D, Ye J, Zhang L, Zhou T, Zhou Y. Direct Numerical Simulation of Seawater Desalination Based on Ion Concentration Polarization[J]. Micromachines (Basel), 2019, 10(9).

[3] Peng Y, Zhou T, Li T, Shi L, Wen L. The polarization reverse of diode-like conical nanopore

under pH gradient[J].SN Applied Sciences,2020,2(11).

[4] Shi L,He X,Ge J,Zhou T,Li T,Joo SW.The Influence of Electric Field Intensity and Particle Length on the Electrokinetic Transport of Cylindrical Particles Passing through Nanopore[J]. Micromachines (Basel),2020,11(8).

[5] Zhou T, Deng L, Shi L, Li T, Zhong X, Wen L. Brush Layer Charge Characteristics of a Biomimetic Polyelectrolyte-Modified Nanoparticle Surface [J]. Langmuir, 2020, 36 (50): 15220-15229.

[6] Zhou T, Ge J, Shi L, Liu Z, Deng Y, Peng Y, He X, Tang R, Wen L. Electrokinetic Translocation of a Deformable Nanoparticle through a Nanopore[J]. ACS Appl Bio Mater, 2020,3(8):5160-5168.

3 交流电场中胶体粒子之间的相互作用

3.1 引　　言

现如今操控微米颗粒一般通过微流控芯片实现，通过对芯片微尺寸通道进行设计从而实现操控颗粒运动的方法称为被动式操控。被动式操控不需要借助外界能量、施加外部场，只需利用微坝和微阱等通道结构，让分离的颗粒聚集到平衡位置，修改通道结构尺寸参数，能实现颗粒平衡聚集位置的控制或精确控制大于或小于临界直径颗粒的移动轨迹，使其实现分离，从而对颗粒进行操控。被动式操控只需针对控制要求设计相应芯片内部通道结构就能实现颗粒操控，对操控配套设备要求低。但被动式操控芯片内部通道结构设计复杂，对芯片制造加工要求高，并且芯片设计完成后不能对操控进行调整，因此限制了被动式操控芯片的应用。在微流控芯片中除了有被动式操控芯片外，还有主动式操控芯片。主动式芯片操控细胞颗粒技术有电泳、光镊、声泳、磁泳、介电泳，其中电泳需要被操控颗粒自身带电，在微颗粒操控中并不是所有颗粒都带电，对不带电的颗粒无法操控；光镊与声泳操控对实验设备要求高，需要光源、声源对生物颗粒进行操控，配套设备复杂、对被操控颗粒有要求，并且在操控过程中对颗粒有伤害，限制了技术的推广应用；磁泳操控需通过磁珠对被操控颗粒进行标记，因此实验和应用需要预先使用磁珠进行标记；介电泳对操控对象并无要求，并且不需要前期对操控对象进行预处理，对操控设备要求低，现已成为操控细胞颗粒技术中应用最为广泛的技术。

在过去十年里有关研究介电泳技术对细胞颗粒操控等应用的文章超过 700 篇，介电泳技术还不仅限于对细胞颗粒的操控，在基因表达、细胞信息表达、细胞组织工程中都可应用。随着科技进步、工业制造技术的发展，微尺度下的制造工艺有了很大的突破，微尺度下制造工艺的成熟，推动微尺度下介电泳技术的应用发展，让微米尺寸级别的介电泳实验装置得以制造，介电泳实验装置的开发进一步促进介电泳技术的发展。利用介电泳技术的装置外形微小、自动化集成高，能满足所需实验样剂少、响应速度快、连续高通量等要求，该装置被称为微流控芯片。微流控芯片有效实验通道尺寸大小以及所用材料与微生物有良好的相容性，并且使用聚二甲基硅氧烷(PDMS)制造的微流控芯片具有制造工艺简单、良好的透光性和柔韧性等优点，能作为细胞的培养平台，Paul.Hung 等人实现在微流体细胞培养阵列中长期监测细胞生长周期，除了对生物细胞能进行很好的相容外，Arbel.Tadmor 等人使用微流道的方法检测细菌中的病毒，Jun Gao 等人通过微流控系统实现蛋白质消化、肽分离和蛋白质鉴定，证明微流控系统同样适用于对蛋白质的研究。随着社会的发展人口越来越多，对血液的需求增大以及对成分血的要求变高，可利用微流控对血液成分分离、提纯，或利用微流体装置分离循环肿瘤细胞（CTC）、通过微流体阵列对细胞毒性筛选等。在对上述对象进行微流控操控时，一般通过缓冲溶液作为载体让研究对象注入微流控芯片中，缓冲溶液中含有原子等其他尺寸颗粒，考虑到它们的尺寸小（小于等于 0.001 μm），对其受到的电场力可忽略不计（本研究对象尺寸均大于 1 μm）。

图 3-1 所示为介电泳实验装置图。

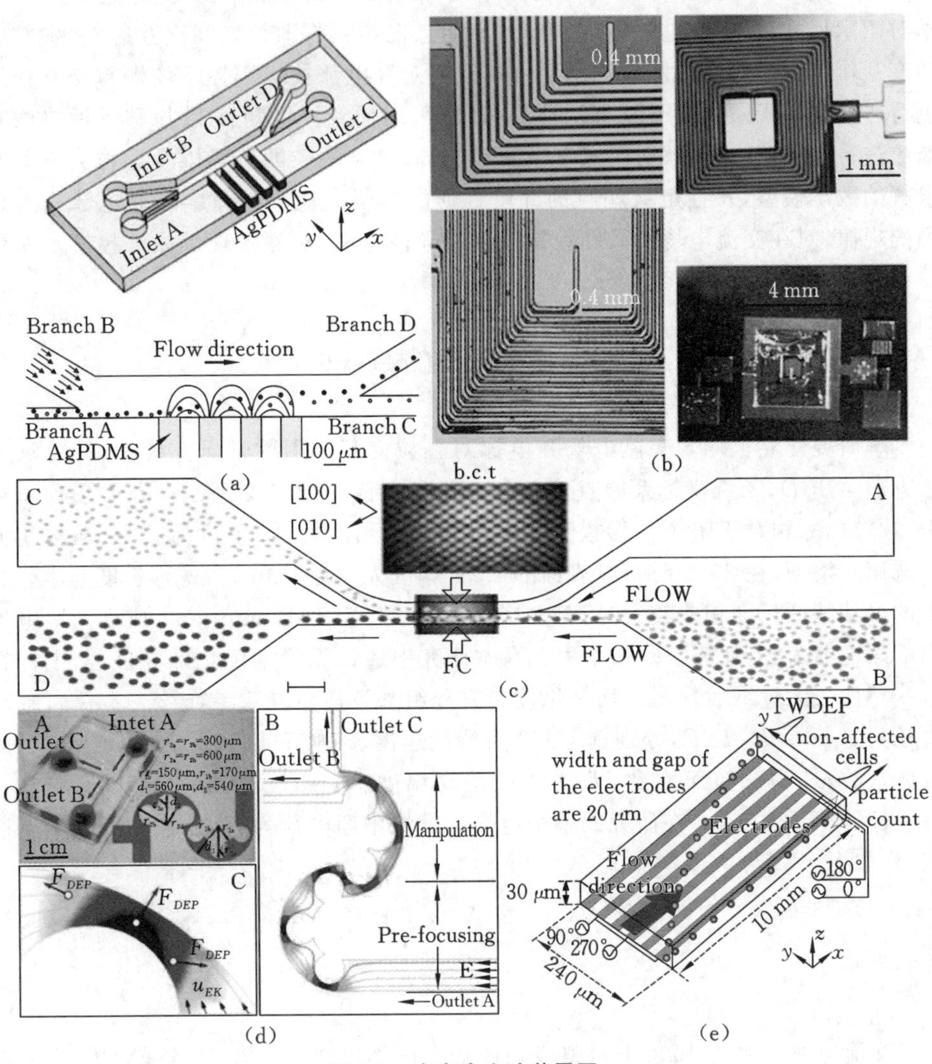

图 3-1 介电泳实验装置图

(a)介电泳；(b)磁泳；(c)光镊；(d)被动式结构；(e)行波介电泳

无论是直流电场还是交流电场，都会产生介电泳现象。2017 年海南大学周腾开发出柔性颗粒的介电泳操控数学模型，并指导学生在 2018 年开展了直流电场下球状柔性颗粒介电泳交互作用研究，在 2019 年开展了交流电场下球状柔性颗粒介电泳操控研究。

但在实际的生物学实验中，多数用到的是交流电场。交流电场的优势在于：如果颗粒本身带电，那么会在电场中产生电泳，而交流电场则可以抵消电泳对颗粒运动带来的不利影响；施加交流电场可以通过调节电场频率来实现颗粒正负介电泳运动的转换；另外，交流电场可以消除水的电解带来的弊端。另外，通过介电泳技术对微米尺寸级别圆形多颗粒操控时，不能忽视颗粒与颗粒之间交互影响，颗粒间的交互作用会影响操控颗粒的结果。本研究对介电泳技术操控下的颗粒交互作用进行研究。基于微尺度下双电层薄层假设，采用任意拉格朗日-欧拉移动网格法对颗粒进行追踪，建立能够对微尺度下交流电场、悬浮颗粒的流场以及颗粒力学同时求解的数学模型，并且定义颗粒的介电性质。本研究能揭示微颗粒介电泳交互作用的规律，对在交流电场中微颗粒操控起指导性意义，对深入理解微流控芯片中颗粒精准操控提供技术理论指导。

3.2 数学模型

本研究建立了均匀交流电场介电泳对颗粒交互作用数学研究模型，计算域为正方形 $ABCD$，二维坐标系原点建立在正方形中心，如图 3-2 所示。在方形模型域中，颗粒尺寸相对于整个方形模型域尺寸较小，且模型尺寸单位为微米，在本研究中选用水溶液，在 25 ℃时带电表面的 EDL 厚度大约为 1 nm，当德拜长度与本研究中的尺寸特征长度相差较大时，双电层薄层假设（EDLassumption）成立。双电层内部净电荷为零，忽略了范德华力。在本研究中通过无量纲优化计算过程，上标符号“*”代表无量纲后数据。均一化控制方程组如下所示：$U_\infty=(\varepsilon_f\varphi_\infty^2)/(\eta c)$，颗粒直径为 c，$\varphi_\infty=R_0T/F$，分别选定 U_∞ 为特征速度、c 为特征长度、φ_∞ 为电势，R_0 为气体常数，F 为法拉第常数，T 为水的绝对温度。$u=U_\infty u^*$，$\rho=\eta U_\infty \rho^*/c$，$t=at^*/U_\infty$，$\varphi=\varphi_{\infty x}\varphi^*$。在研究的整个电场计算域中净电荷为零，并且电势服从高斯定律，如下：

$$\nabla^* \cdot (\widetilde{\varepsilon}_f^* \nabla^* \widetilde{\varphi_f}^*)=0 \tag{3-1}$$

和

$$\nabla^* \cdot (\widetilde{\varepsilon}_p^* \nabla^* \widetilde{\varphi_p}^*)=0 \tag{3-2}$$

交流电场频率为 1000 Hz，整段 AB 边上施加电势$\widetilde{\varphi}_1=20$ V，整段 CD 边上施加电势$\widetilde{\varphi}_2=-20$ V。考虑到程序运算数据的后处理规范，我们采用平均时间介电

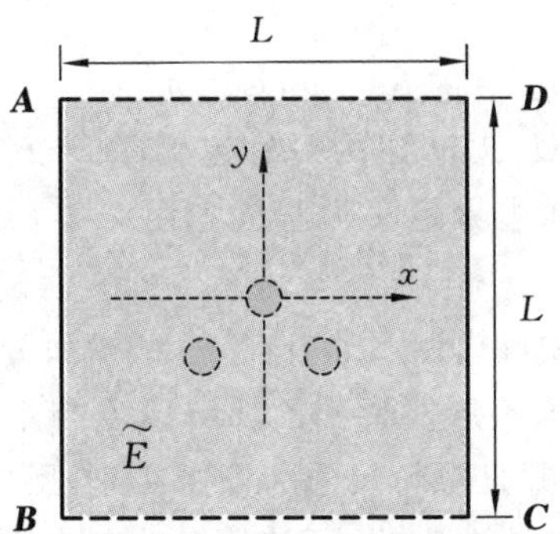

图 3-2　交流电场流体介质中悬浮着三个圆形颗粒

注：二维坐标系(x,y)的原点位于边长为 L 的方形流域 $ABCD$ 几何中心。方形流域中 AB、DC 边为交流电极，AD、BC 边为电绝缘。电场方向为水平方向。图中圆形代表所要研究的颗粒。

泳力来进行描述。为了不改变所需数据的准确性，故而在式(3-1)、式(3-2)中流体以及颗粒的介电常数体现为$\widetilde{\varepsilon_f}^*=1-j\sigma_f/(\omega\varepsilon_f)$，$\widetilde{\varepsilon_p}^*=1-j\sigma_p/(\omega\varepsilon_p)$，$\varepsilon_p$和$\sigma_p$分别是颗粒的介电常数和电导率，$\varepsilon_f$和$\sigma_f$分别是流场的介电常数和电导率，$\omega$ 为交流电场的角频率。这里 $j=\sqrt{-1}$ 是虚数单位，本研究中"～"代表复变量。产生交流电场的电势为：

在 AB 边上施加：

$$\widetilde{\varphi}^*=\frac{\widetilde{\varphi_1}}{2\varphi_\infty} \tag{3-3}$$

在 CD 边上施加：

$$\widetilde{\varphi}^*=-\frac{\widetilde{\varphi_2}}{2\varphi_\infty} \tag{3-4}$$

电绝缘边界应用于 AD 和 BC 边界：

$$n\cdot\widetilde{\varepsilon}_f^*\ \nabla^*\widetilde{\Phi}^*=0 \tag{3-5}$$

其中 n 是 AD 与 BC 边界上的单位法向量；电势和电位移法向分量在流体与界面处均为连续的，由以下方程表示：

$$\widetilde{\Phi}_f^*=\widetilde{\Phi}_p^* \tag{3-6}$$

$$n\cdot\widetilde{\varepsilon}_f^*\ \nabla^*\widetilde{\Phi}_f^*=n\cdot\widetilde{\varepsilon}_p^*\ \nabla^*\widetilde{\Phi}_p^* \tag{3-7}$$

本研究采用 Navier-Stokes equations 控制方程。因研究中的流体雷诺数小，因此可以忽略流体惯性。本研究在流场域中所用的控制方程为：

$$\nabla^*-u^*=0 \tag{3-8}$$

$$Re\frac{\partial u^*}{\partial t^*}=-\nabla^*p^*+\nabla^{*2}u^* \tag{3-9}$$

其中雷诺数为：

$$Re=\rho_f c U_m/\eta \tag{3-10}$$

方形流域 $ABCD$ 中，AB、CD 边为对称边界，AD、BC 边为开放边界。方形流域 $ABCD$ 中流速为零：对称边界定义为法向速度为零，开放边界定义为法向应力为零。

本研究采用交流电场并且模型尺寸较大，模型壁面处电渗流速度忽略不计：通过圆形刚性颗粒来模拟聚苯乙烯。聚苯乙烯的密度与水溶液密度相近，因此忽略颗粒所受到的重力与浮力，并且颗粒尺寸为微米级别，颗粒所受到的布朗力忽略不计。采用交流电场不考虑电泳速度项，颗粒的运动速度只考虑由介电泳产生，因此颗粒受力只考虑了时均电泳力 F_{DEP} 和液动力 F_H，表达式分别如下：

$$F_{DEP}^{*}=\int E^{*}\cdot n\mathrm{d}\Gamma=\varepsilon_0^{*}\varepsilon_p^{*}\int\left[E^{*}E^{*}-\frac{1}{2}(E^{*}\cdot E^{*})I\right]\cdot n\mathrm{d}\Gamma \tag{3-11}$$

$$F_H^{*}=\int T_H^{*}\cdot n\mathrm{d}\Gamma=\int[-p^{*}I+\eta^{*}(\nabla u^{*}+(\nabla u^{*})^{T}]\cdot n\mathrm{d}\Gamma \tag{3-12}$$

E^{*} 是流场区域电场强度：

$$E^{*}=\nabla^{*}\widetilde{\Phi}^{*} \tag{3-13}$$

描述颗粒运动的公式方程为：

$$m_p^{*}\frac{\mathrm{d}U_p^{*}}{\mathrm{d}t^{*}}=F_H^{*}+F_{DEB}^{*} \tag{3-14}$$

$$x_p^{*}=x_{p0}^{*}+\int_0^t U_p^{*}\mathrm{d}t \tag{3-15}$$

$$F_H=\eta U_B F_H^{*} \tag{3-16}$$

$$m=\eta cm_p^{*}/U_m \tag{3-17}$$

式中：m_p 表示颗粒的质量；U_p 表示颗粒的平均速度；x_{p0} 为颗粒的初始位置；x_p 为颗粒某一时刻的位置。

3.3 数值实现

文件中选择新建。

1. 新建

在 New 中，单击 Model Wizard。

2. 模型向导

建模流程如图 3-3 所示。

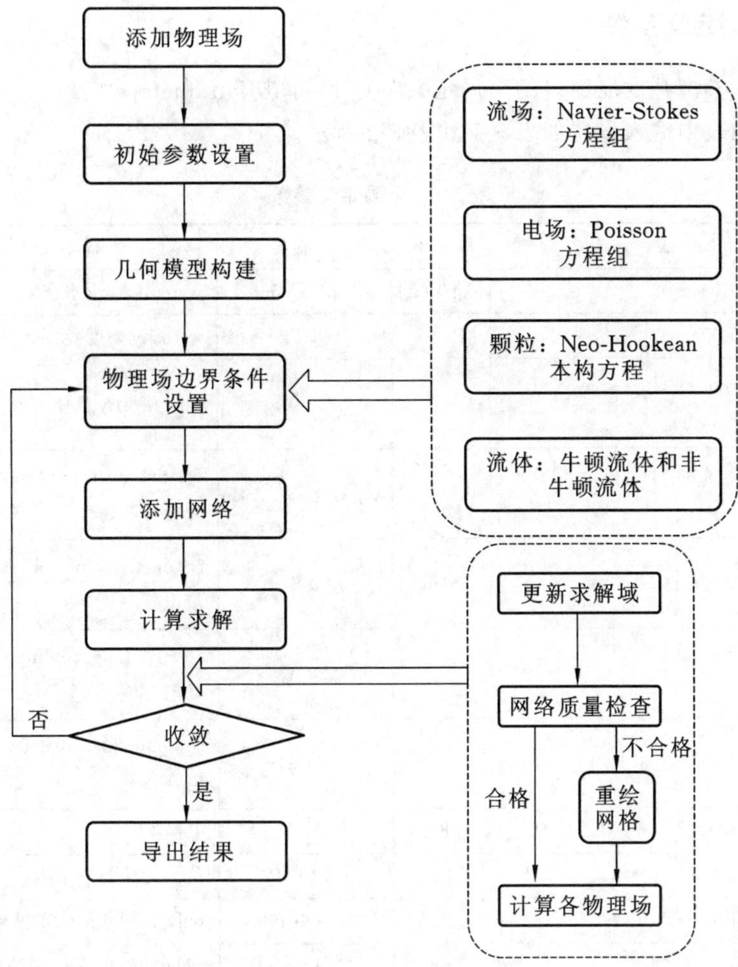

图 3-3 建模流程

(1) 在模型向导窗口中，单击 2D。

(2) 在选择物理场中选择 AC/DC>Electric Currents(ec)。

(3) 单击 Add。

(4) 在选择物理场中选择流体流动>Creeping Flow(spf)。

(5) 单击 Add。

(6) 在选择物理场中选择 Solid Mechanics(solid)。

(7) 单击 Add。

(8) 单击 Study，在选择研究树中选择 General Studies>Time Dependent。

(9) 单击 Done。

3. 全局定义参数

(1) 在模型开发器窗口的全局定义节点下，单击 Parameters 1。

(2) 在表中输入设置如表 3-1 和表 3-2 所示。

表 3-1 全局定义参数

名 称	表 达 式	单 位	值	描 述
rho	1.00e+03	[kg/m^3]	1000 kg/m^3	water density 水密度
eta	1.00e−03	[Pa * s]	0.001 Pa·s	viscosity 黏度
Re	rho * U_scale * L_scale/eta		4.73×10^{-4}	fluid density 流体密度
epsilon_f	80 * 8.854187817e−12[F/m]		7.0834×10^{-10} F/m	relative dielectric constant 相对介电常数
sigma_f	2.00e−02	[S/m]	0.02 S/m	conductivity of soil solution 溶液电导率
phi0	20	[V]	20 V	electric field potential value 电场电势值
omega	2 * pi * 1e3[Hz] * t_scale		331.81	compoundpermittivity 复合介电常数
T	300	[K]	300 K	T 温度
G0	1.00e+09	[Pa]	1×10^9 Pa	materials 材料 μ
Bulk	1.00e+04	[Pa]	10000 Pa	bulk modulus 体积模量
a	5.00e−06	[m]	5×10^{-6} m	radius of a circle 圆的半径
L	20 * a		1×10^{-4} m	length of the rectangle 矩形长度
theta	0	[deg]	0 rad	rotation angle 旋转角度
L_scale	a		5×10^{-6} m	圆的半径
V_scale	R_const * T/F_const		0.025852 V	electric field potential value 电场电势值无量纲
U_scale	(epsilon_f * V_scale^2)/(eta * a)		9.468×10^{-5} m/s	velocity field value 速度无量纲
P_scale	eta * U_scale/L_scale		0.018936 Pa	bulk modulus 体积模量无量纲
t_scale	a/U_scale		0.05281 s	the time of the particle to the velocity field 无量纲化处理

表 3-2 介电泳参数设置

<table>
<tr><th>名　称</th><th>表　达　式</th><th>描　述</th></tr>
<tr><td>ExExc</td><td>real(−ec.tEx)^2＋imag(−ec.tEx)^2</td><td rowspan="5">Dielectrophoresis in X − and Y− axis directions
介电泳在 x 轴和 y 轴方向的计算</td></tr>
<tr><td>EyEyc</td><td>real(−ec.tEy)^2＋imag(−ec.tEy)^2</td></tr>
<tr><td>ExEycaddExcEy</td><td>2 * (real(−ec.tEx) * real(−ec.tEy)＋imag(−ec.tEx) * imag(−ec.tEy))</td></tr>
<tr><td>Fdep_x</td><td>0.25 * ((ExExc−EyEyc) * nx＋ExEycaddExcEy * ny)</td></tr>
<tr><td>Fdep_y</td><td>0.25 * (ExEycaddExcEy * nx＋(EyEyc−ExExc) * ny)</td></tr>
</table>

4. 创建模型几何

(1) 用鼠标右击 Geometry1，选择 Rectangle 1，Width 中输入 2.5 * L，在 Height 中输入 2.5 * L，在 Position 选项中选择 center。

(2) 点击 Circle1，在 Radius 中输入 a，在 Position 选项中选择 base＝center，x＝−6 * a，y＝0。

(3) 点击 Circle2，在 Radius 中输入 a，在 Position 选项中选择 base＝center，x＝0 * a，y＝0。

(4) 点击 Circle3，在 Radius 中输入 a，在 Position 选项中选择 base＝center，x＝6 * a，y＝0。

(5) 点击 Geometry，在 Transforms 中点击 Rotate，在 Input 选项中选择 c1，c2，c3，在 rotation 中的 Angle 中输入 theta。

(6) 点击 union，选择 r1，rot(1)，rot(2)，rot(3)。

(7) 点击 Geometry，在 Transforms 中点击 Scale，在 Input object 选项中选择 uni1，在 Scale Factor 中的 Factor 中输入 1/(a/1[m])。

(8) 点击 Form Union，Build All。如图 3-4 所示。

5. 电流

在模型开发器窗口的组件 1 (comp1) 节点下，单击 Electric Currents；选择边界 1，2，3，4，如图 3-5 所示。

1) 电流守恒

点击 Current Conservation，在 Settings 中，点击 Model Inputs，T 中输入 293.15K；点击 Constitutive Relation Jc-E，，选择 Electrical conductivity，选择 User defined，输入 sigma_f * R_const * T/F_const/a；sigma_f * R_const * T/F_const/

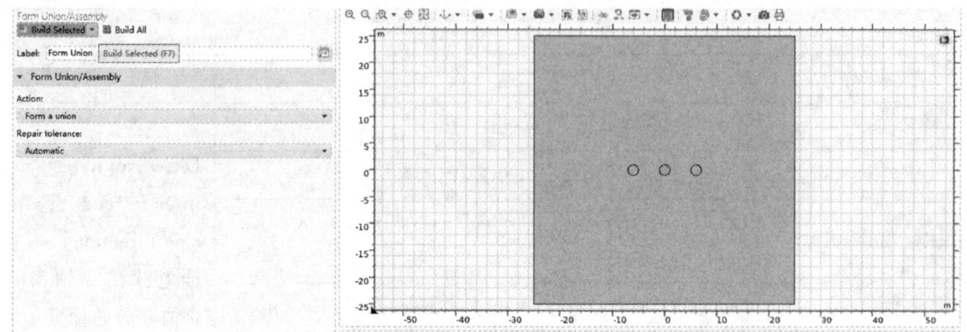

图 3-4 几何图形

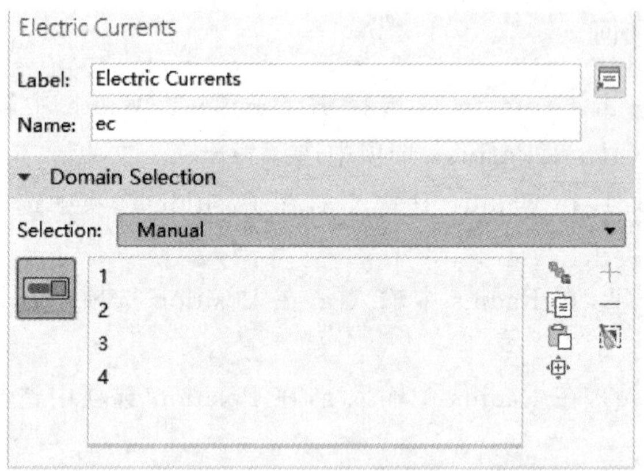

图 3-5 电流域

a；以 Diagonal 形式填写；点击 Constitutive Relation D-E，选择 Relative permittivity，选择 User defined，输入 1－i * sigma_f/(omega * epsilon_f)。如图 3-6所示。

2）电势 1

(1) 在模型开发器窗口的组件 1（comp1）节点下，用鼠标右击 Electric Currents(ec)并添加 Electric Potential 1。

(2) 在 Electric Potential 1 的设置窗口中，定位到 Electric Potential，V0 中输入 phi0/(2 * V_scale)。

(3) 在 Boundary Selection 中，选择边界 1。如图 3-7 所示。

3）电势 2

(1) 在模型开发器窗口的组件 1（comp1）节点下，用鼠标右击 Electric Currents(ec)并添加 Electric Potential 2。

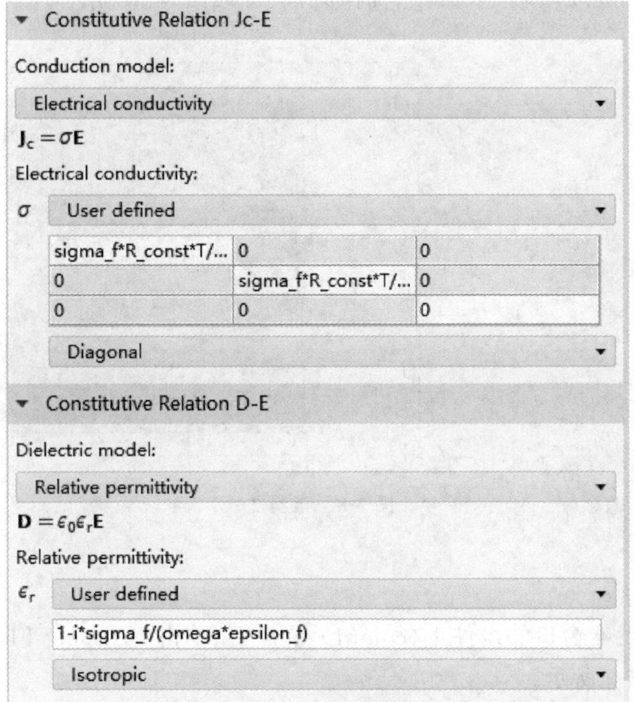

图 3-6　电流守恒

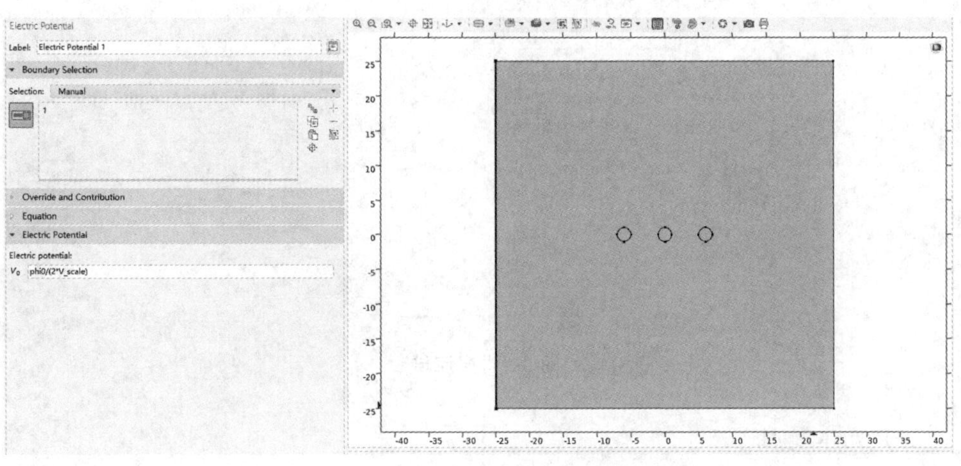

图 3-7　电势 1

(2) 在 Electric Potential 2 的设置窗口中，定位到 Electric Potential，V0 中输入－phi0/(2 * V_scale)。

(3) 在 Boundary Selection 中,选择边界 4。如图 3-8 所示。

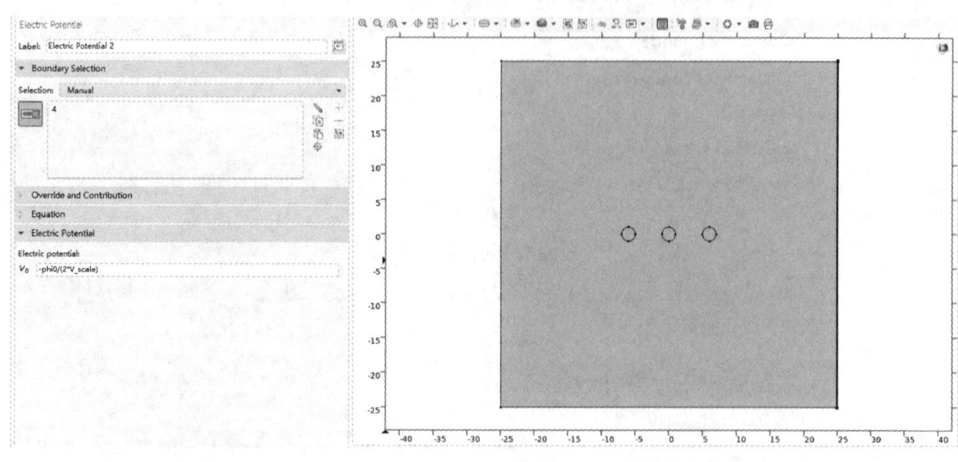

图 3-8 电势 2

6. 层流

在模型开发器窗口的组件 1 (comp1) 节点下,单击 Creeping Flow(spf),选择边界 1。如图 3-9 所示。

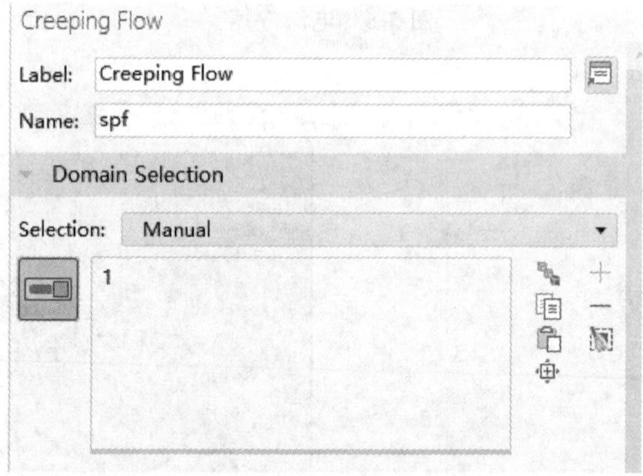

图 3-9 层流域

1) 流体属性

点击 Fluid Properties,在 Density 中输入 Re,Dynamic viscosity 选择 User defined,输入值为 1。

2) 壁 1

(1) 单击 Creeping Flow(spf),在 Physics 的 Boundaries 中,选择 Wall。

(2) 在 Wall 的 Settings 中，Boundary Selection 中选择边界 5,6,7,8,9,10,11,12,13,14,15,16。

(3) 在 Wall Movement 中，设置 Velocity of moving wall，x=u2t，y=v2t。

3) 开放边界 1

(1) 单击 Creeping Flow (spf)，在 Physics 的 Boundaries 中，选择 Open Boundary。

(2) 在 Open Boundary 的 Settings 中，Boundary Selection 中选择边界 2,3。如图 3-10 所示。

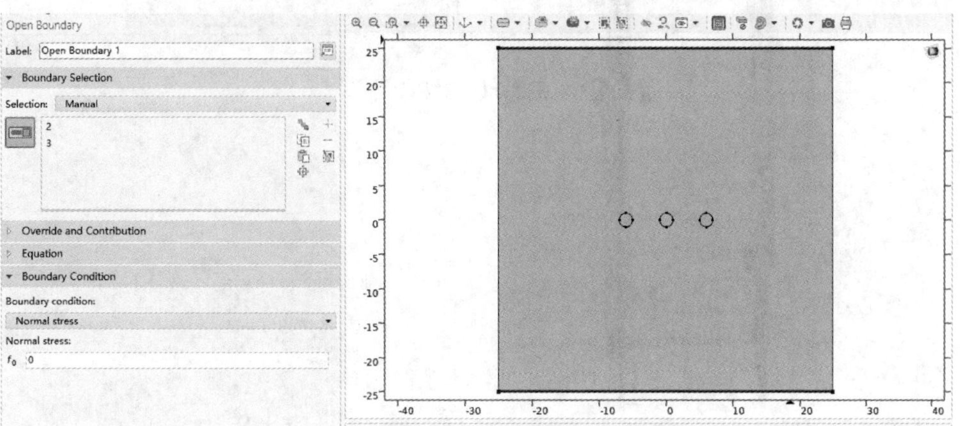

图 3-10　开放边界

4) 对称 1

(1) 单击 Creeping Flow(spf)，在 Physics 的 Boundaries 中，选择 Symmetry。

(2) 在 Symmetry 的 Settings 中，Boundary Selection 中选择边界 1,4。如图 3-11所示。

7. 固体力学

在模型开发器窗口的组件 1 (comp1) 节点下，单击 Solid Mechanics；并选择边界 2,3,4。如图 3-12 所示。

1) 超弹性材料 1

(1) 单击 Solid Mechanics(solid)，在 Physics 中添加 Hyperelastic Material 1，选择边界 2,3,4。

(2) 在 Hyperelastic Material 1 的 Settings 中，在 Hyperelastic Material 中的 lame parameter μ 下输入 G0/P_scale；在 Bulk modulus 下输入 Bulk/P_scale；在 Density 下输入 Re。如图 3-13 所示。

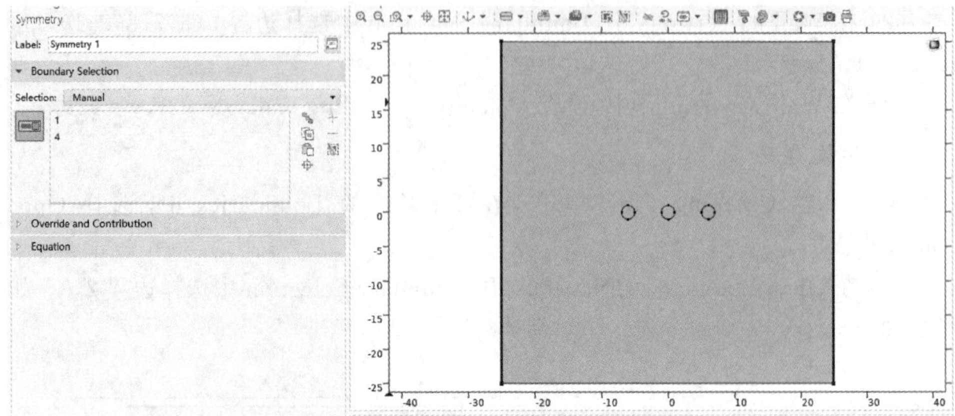

图 3-11　对称

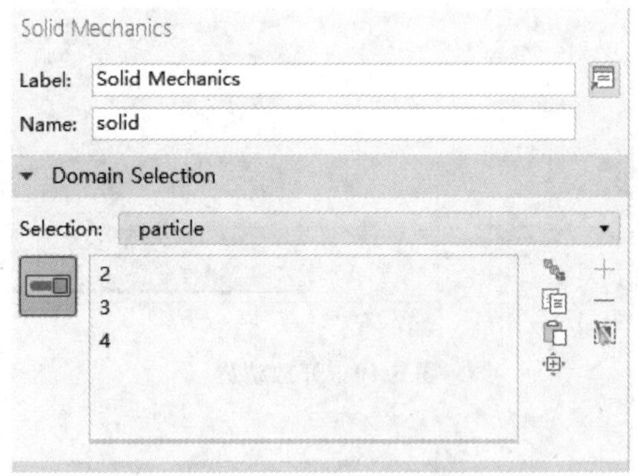

图 3-12　固体力学域

2）边界载荷 1

(1) 单击 Solid Mechanics(solid)，在 Physics 中添加 Boundary Load 1，并选择边界 5，6，7，8，9，10，11，12，13，14，15，16。

(2) 在 Boundary Load 1 的 Settings 中，选择 Force，F_L 中输入 x＝(－u_lm＋Fdep_x) * dvol_spatial/dvol；y＝(－v_lm＋Fdep_y) * dvol_spatial/dvol。如图 3-14所示。

8. 移动网格

在模型开发器窗口的组件 1（comp1）节点下，点击 Physics 下的 Add physics，选择 Mathematic—Deformed Mesh—Legacy Deformed Mesh—Moving Mesh (ale)，并在 Moving Mesh(ale)的设置中，选择边界 1。

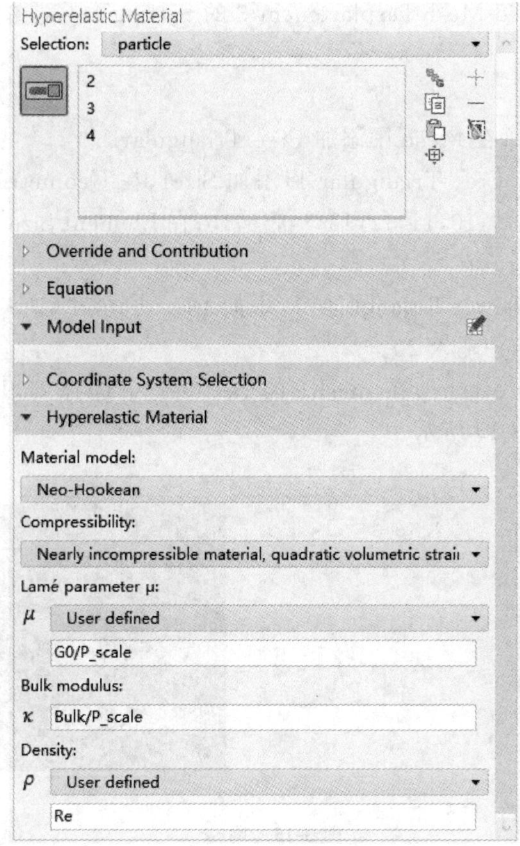

图 3-13 超弹性材料

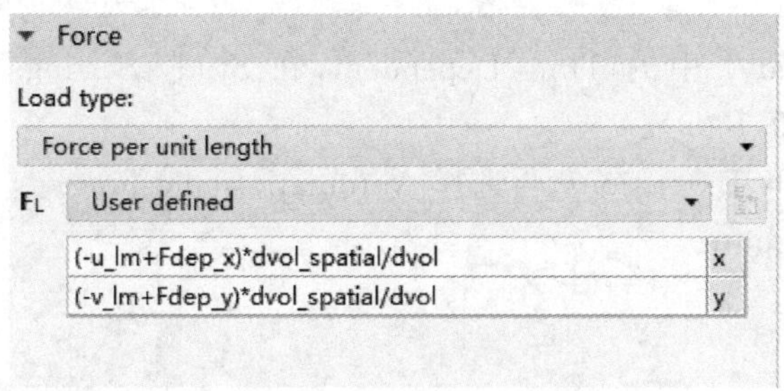

图 3-14 边界载荷

(1) 在 Prescribed Mesh Displacement 1 的 Settings 中，选择边界 2,3。

(2) 在 Prescribed Mesh Displacement 2 的 Settings 中，选择边界 5,6,7,8,9,10,11,12,13,14,15,16；并在 Prescribed Mesh Displacement 中，设置 dx＝u2；dy＝v2。

(3) 在 Prescribed Mesh Displacement 3 的 Settings 中,选择边界 1,4。

9. 网格大小

(1) 单击 Mesh1,在 Mesh 中添加 Free Triangular 1。

(2) 用鼠标右击 Free Triangular 1,添加 Size1,在 Geometric Entity Selection 中选择边界 5,6,7,8,9,10,11,12,13,14,15,16;在 Element Size 中选择 Predefined 中的 Extremely fine。

(3) 用鼠标右击 Free Triangular 1,添加 Distribution 1;在 Distribution 中的 Number of elements 中输入 20。

(4) 最后,单击 Mesh1,在 mesh1 的 Settings 中选择 Build new operations automatically,如图 3-15 所示。

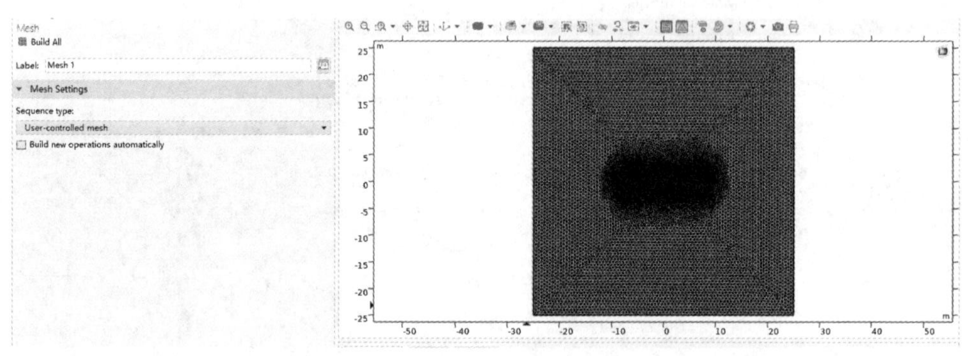

图 3-15　网格

10. 研究

(1) 点击 Study1 中的 Time Dependent,在 Study Settings 中设置 Output times:range(0,100,1000)。

(2) 选择 Study Extensions,再选择 Automatic remeshing。

(3) 点击 Compute.

11. 结果

(1) 在 Results 中点击 2D Plot Group。

(2) 用鼠标右击 2D Plot Group,并选择 Surface。

(3) 在 Surface 的 Settings 窗口,单击 Expression 栏右上角的 Replace Expression。从菜单中选择 component(comp1),点击 Electric Currents,点击 Electric,再点击 Electric field norm－V/M。

(4) 点击 Plot。

结果显示如图 3-16 所示。

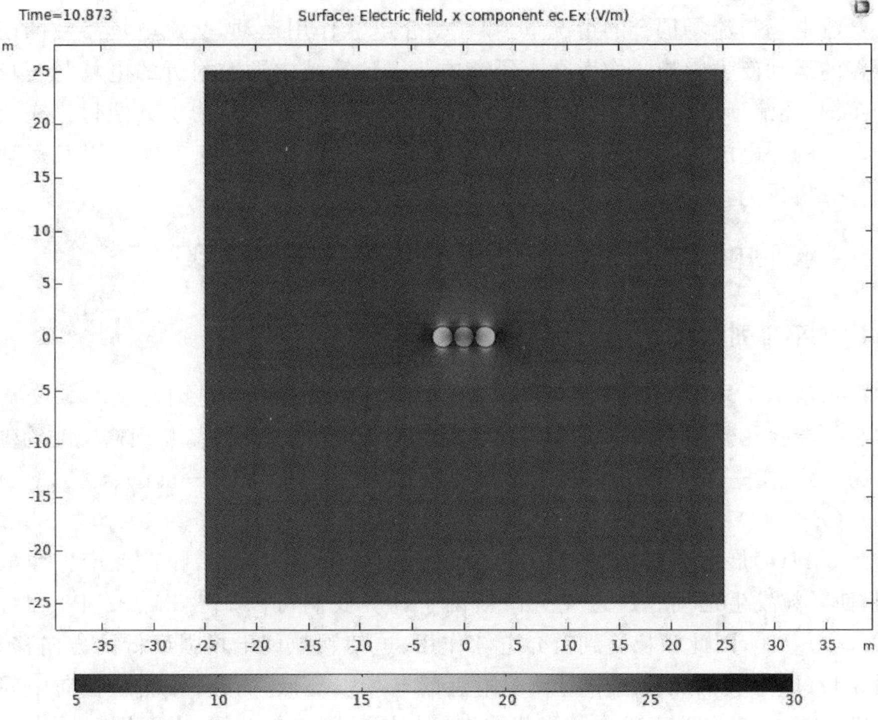

图 3-16　结果显示(电场强度)

3.4　结果与讨论

本研究讨论了颗粒初始位置、电场方向、颗粒电导率等几个关键参数对颗粒与颗粒之间的交互作用机制的影响。颗粒半径为 $r=5\ \mu\text{m}$，模型长度 $L=500\ \mu\text{m}$。为了简化计算，本研究中选择聚苯乙烯颗粒作为研究对象，同时聚苯乙烯颗粒与悬浮载体溶液密度相同，计算中不考虑颗粒 Z 轴方向作用力。颗粒密度为 $\rho_f=4\times10^{-4}$ S/m、电导率为 $\sigma_p=4\times10^{-4}$ S/m、介电常数为 $\varepsilon_p=2.6\varepsilon_0$。流体的电导率、介电常数分别为 $\sigma_f=2\times10^{-2}$ S/m、$\varepsilon_f=80\varepsilon_0$。流体的密度与黏度分别为 $\rho_f=1.0\times10^3$ kg/m^3、$\mu=2\times10^{-2}$ kg/(m・s)。

通过克劳修斯因子能判断出颗粒受到的介电泳作用正负值

$$Re\,[K(w)]=\frac{(\widetilde{\varepsilon_p}^{\,*}-\widetilde{\varepsilon_f}^{\,*})}{(2\widetilde{\varepsilon_f}^{\,*}+\widetilde{\varepsilon_p}^{\,*})}$$

其中 $\widetilde{\varepsilon_f}^{\,*}=1-j\sigma_f/(\omega\varepsilon_f)$、$\widetilde{\varepsilon_p}^{\,*}=1-j\sigma_p/(\omega\varepsilon_p)$，$\omega=1000\ \text{kHz}\cdot2\pi$。颗粒电导率的不

同，导致克劳修斯因子正负不同，因此我们可以通过克劳修斯因子正负判断颗粒受到介电泳作用的正负。

交流电场与流场耦合的情况下，颗粒受介电泳作用运动，交流电场参数的改变对颗粒的运动产生影响。作者在本研究中获得计算域内颗粒附近的电场与流场压力分布图，能清晰地表示颗粒周围的电场以及流场压力分布，为了方便讨论交流电场中颗粒的介电泳交互作用以及运动规律，我们对颗粒运动速度大小以及运动轨迹进行分析讨论。

3.4.1 水平电场方向下相同电导率颗粒间交互作用

1. 水平排列颗粒

在 AB、CD 段上施加均匀交流电势，非均匀电场的产生是因为在均匀交流电场中有颗粒存在。颗粒的存在导致其周围的交流电场发生畸变，从而产生非均匀交流电场。初始时三个颗粒 P1、P2、P3 分别放置在$(x^*,y^*)=(-6,0)$、$(x^*,y^*)=(0,0)$、$(x^*,y^*)=(6,0)$处。P1、P2、P3 三个颗粒的电导率同为 $\sigma_p=4\times10^{-4}$ S/m。

图 3-17(a)展示了初始时刻颗粒的位置，随着电场的施加，颗粒上产生介电泳作用，使颗粒发生运动。通过克劳修斯因子计算我们可以知道 P1、P2、P3 颗粒的 $Re[K(w)]<0$，因此颗粒受到负介电泳作用，迫使颗粒朝电场强度低的方向移动。在图 3-17(b)中我们能看出中间颗粒附近的电场强度低，因此，外侧颗粒向中间颗粒靠拢。图 3-17(c)为颗粒最终聚拢成链结果图。图 3-17(d)是水平排列颗粒 x 方向速度随位移变化的关系图。黑色实线空心圆代表 P1 颗粒初始位置、红色实线空心圆代表 P2 颗粒初始位置、蓝色实线空心圆代表 P3 颗粒初始位置。当交流均匀电场作用时，因颗粒的存在，颗粒周围的电场产生畸变形成非均匀电场，从而在颗粒表面产生介电泳作用。从图 3-17(d)中我们能看出两外侧颗粒以相同速度沿水平直线相向靠拢。三颗粒中任一颗粒都会改变另外两颗粒周围电场的分布。

在非均匀交流电场中颗粒受到介电泳的作用，颗粒发生运动。随着颗粒与颗粒之间的距离缩短，颗粒间的介电泳作用变大，导致颗粒运动速度增大。当 P1 颗粒靠拢到坐标为(－3,0)时、P2 颗粒靠拢到坐标为(3,0)时，颗粒速度减小，从图 3-17(a)、(b)中分析得出随着颗粒靠拢，颗粒间的压力等值线变密，表征颗粒间的溶液受到挤压，阻碍了颗粒间的相互靠拢，导致颗粒运动速度减小。对比 Ai Ye et al.(Ai et al.,2014)研究中双颗粒水平位置时颗粒间交互作用的结果，发现双颗粒与三颗粒运动速度趋势一致，速度均为先增大后变小。在本研究中发现三颗粒交互作用时中间颗粒并不发生位置的改变。该结果有助于在设计颗粒交互装配时，通过中间颗粒起到定位作用，引导两外侧需要装配颗粒向中间靠拢实现定向装配。在装配的过程中，左右外侧颗粒靠拢速度相同，以相同的速度向中间颗粒靠拢。

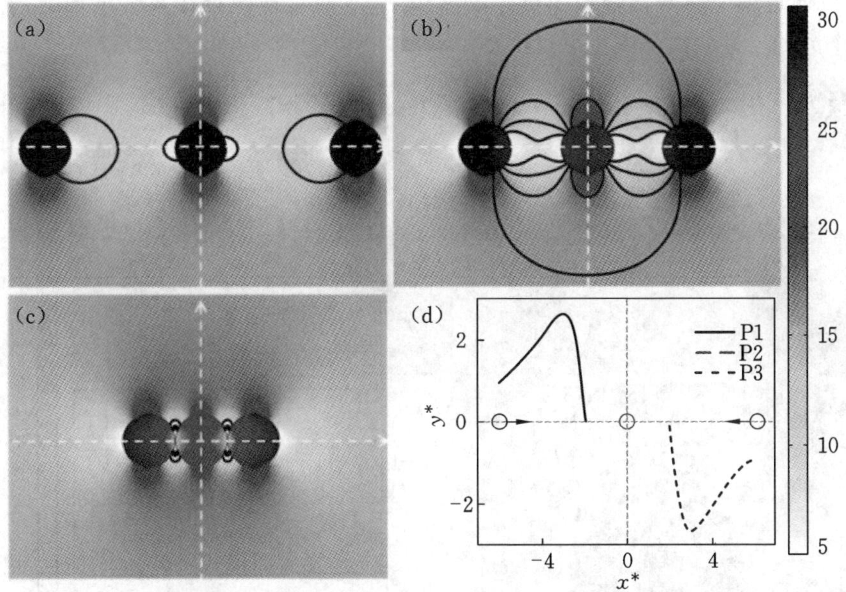

图 3-17 水平排列颗粒附近电场强度以及压力等值线图

(a) $t^*=0$;(b) $t^*=1.5$;(c) $t^*=3$;(d)颗粒运动 x 方向位移与 x 方向速度变化关系图

注:空心圆分别代表颗粒在起始位置坐标。P1、P2、P3 颗粒电导率均为 $\sigma_p=4\times10^{-4}$ S/m。P1、P2、P3 颗粒尺寸半径均为 5 μm。P1 颗粒初始位置$(x^*,y^*)=(-6,0)$,P2 颗粒初始位置$(x^*,y^*)=(0,0)$,P3 颗粒初始位置$(x^*,y^*)=(6,0)$。

2. 三角形排列颗粒

图 3-18 展示了 P1、P2、P3 颗粒分别在(−4,−4)、(0,0)、(4,−4)坐标时,颗粒尺寸大小相等,电导率相同受介电泳作用发生的运动现象。通过克劳修斯因子计算我们可以知道 P1、P2、P3 颗粒 $Re[K(w)]<0$,因此颗粒受到负介电泳作用,P1、P2、P3 颗粒朝电场强度低的方向移动。通过观察图 3-18(a)发现 P1、P2、P3 颗粒水平方向左右两侧电场强度低,因此 P1、P2、P3 颗粒分别向另外两颗粒附近电场强度低的方向移动(P1、P3 颗粒向 y 轴正半轴方向移动、P2 颗粒向 y 轴负半轴方向移动,如图 3-18(d)所示)。P1、P2、P3 颗粒垂直方向上下两侧电场强度高,在颗粒相互靠拢的过程中受到排斥影响,P1 与 P2 颗粒、P3 与 P2 颗粒相互避开对方颗粒垂直方向上下侧附近电场强度高的地方(P1、P2 颗粒朝远离 x 轴坐标中心点移动,如图 3-18(d)所示)。当颗粒处于图 3-18(c)所示三颗粒之间趋近水平排列时三颗粒相互靠拢,因此该现象说明当颗粒受到负介电泳作用时在趋近水平排列时才能发生靠拢运动。该结论有助于理解和解释在颗粒操控中,受负介电泳作用的无规律分布颗粒最终靠拢成链的现象。在实际应用中当需要操控无序排列颗粒聚拢成链

时，可以通过调节参数使颗粒受负介电泳作用，从而实现颗粒在水平电场方向上聚拢成链。

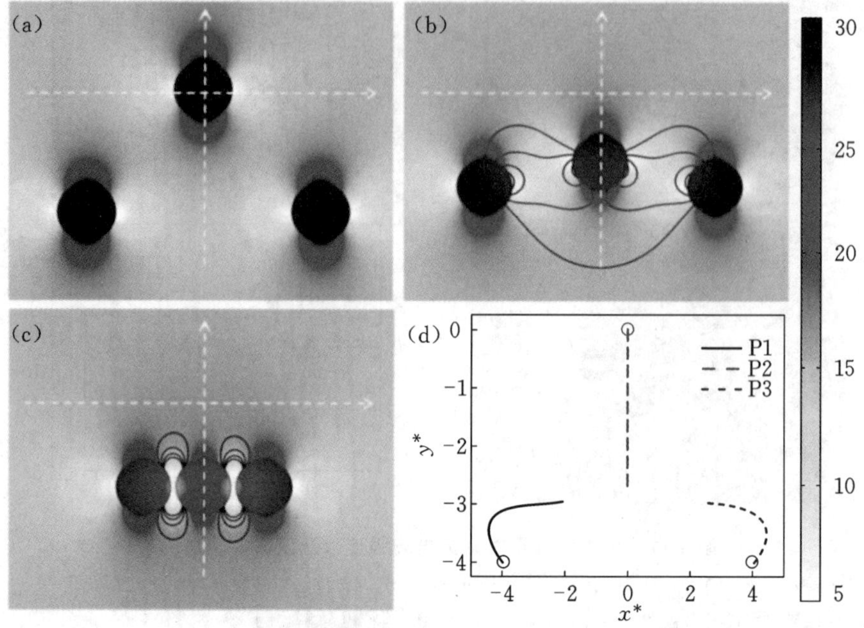

图 3-18　三角形排列颗粒附近电场强度图

(a) $t^*=0$；(b) $t^*=1.5$；(c) $t^*=3$；(d) 颗粒运动轨迹图

注：空心圆分别代表颗粒在起始位置坐标。P1、P2、P3 颗粒尺寸半径均为 5 μm。P1、P2、P3 颗粒电导率均为 4×10^{-4} S/m。P1 颗粒初始位置$(x^*,y^*)=(-4,-4)$，P2 颗粒初始位置$(x^*,y^*)=(0,0)$，P3 颗粒初始位置$(x^*,y^*)=(4,-4)$。

3. 垂直方向排列颗粒

图 3-19 中 P1、P2、P3 颗粒电导率为 4×10^{-2} S/m。P1、P2、P3 颗粒尺寸半径为 5 μm。P1 颗粒初始位置为$(x^*,y^*)=(0,4.5)$，P2 颗粒初始位置为$(x^*,y^*)=(0,0)$，P3 颗粒初始位置为$(x^*,y^*)=(0,-4.5)$。通过克劳修斯因子计算我们可以知道 P1、P2、P3 颗粒 $Re[K(w)]>0$，因此颗粒受到正介电泳作用，正的介电泳作用让颗粒朝电场强度高的方向移动。在图 3-19 中观察到 P1、P2、P3 颗粒上下两侧电场强度低，P1、P2、P3 颗粒左右两侧电场强度高，导致 P1、P3 颗粒在 y 方向上相互排斥，在 x 方向上相互吸引。由图 3-19(d)可发现垂直排列时颗粒在 y 方向上最大运动速度与倾斜排列时颗粒最大运动速度相差很大，这也说明了颗粒靠拢是受到颗粒两侧电场强度高的影响，被颗粒左右两侧电场强度高的地方吸引。中间 P2 颗粒受 P1、P3 颗粒相互作用影响，其两侧受介电泳作用力相等，方向相反，P2 颗粒位置不发生改变。

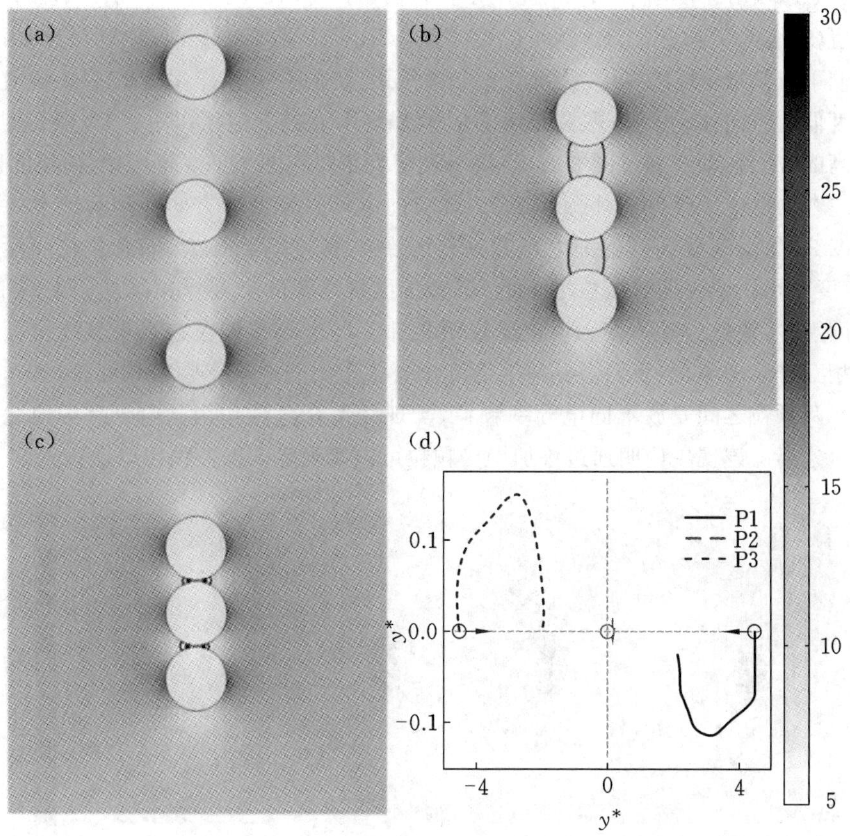

图 3-19 垂直排列颗粒附近电场强度图

(a) $t^*=0$;(b) $t^*=15$;(c) $t^*=30$;(d)颗粒运动 y 方向位移与 y 方向速度变化关系图

注:空心圆分别代表颗粒在起始位置坐标。P1、P2、P3 颗粒电导率均为 4×10^{-2} S/m。P1 颗粒初始位置$(x^*,y^*)=(0,4.5)$,P2 颗粒初始位置$(x^*,y^*)=(0,0)$,P3 颗粒初始位置$(x^*,y^*)=(0,-4.5)$。P1、P2、P3 颗粒尺寸半径均为 5 μm。

3.4.2 不同电导率颗粒间交互作用

1. 水平排列颗粒

在颗粒操控中,存在不同种类颗粒同时操控的情况。颗粒间电导率未必是相同的,因此有研究不同电导率颗粒间交互运动情况的需要。Ai Ye et al.(Ai et al., 2014)研究讨论了在直流均匀电场下溶液、颗粒在不同介电常数情况下颗粒运动的情况,本部分讨论相邻不同电导率颗粒在交流电场下的运动情况。

图 3-20 中 P1、P3 颗粒电导率为 4×10^{-4} S/m,P2 颗粒电导率为 4×10^{-2} S/m。

P1、P2、P3 颗粒尺寸半径均为 5μm。P1 颗粒初始位置$(x^*, y^*)=(-6,0)$,P2 颗粒初始位置$(x^*, y^*)=(0,0)$,P3 颗粒初始位置$(x^*, y^*)=(6,0)$。通过克劳修斯因子计算我们可以知道 P1、P3 颗粒受到负介电泳作用,负的介电泳作用让 P1、P3 颗粒朝电场强度低的方向移动。P2 颗粒受到正介电泳作用,正的介电泳作用让 P2 颗粒朝电场强度高的方向移动。通过图 3-20(a)我们观察到 P1、P3 颗粒左右两侧电场强度比 P2 颗粒左右两侧电场强度低,因此 P1、P3 向电场强度低的方向移动远离 P2 颗粒。通过图 3-20(d)观察到当施加电场后,P1、P3 颗粒速度达到最大,随着颗粒间距离变大,速度变小。说明随着颗粒之间距离变大,颗粒之间的交互作用减弱。中间 P2 颗粒速度为零,颗粒位置不变。该现象说明相邻不同电导率颗粒在水平直线排列时会出现相互排斥现象,当我们需要两个受负介电泳作用同电导率颗粒相互排斥时,可以通过在两颗粒之间安放不同电导率颗粒,实现受负介电泳作用同电导率颗粒之间相互排斥分离。该现象说明通过添加操控颗粒可以实现定向操控颗粒运动。

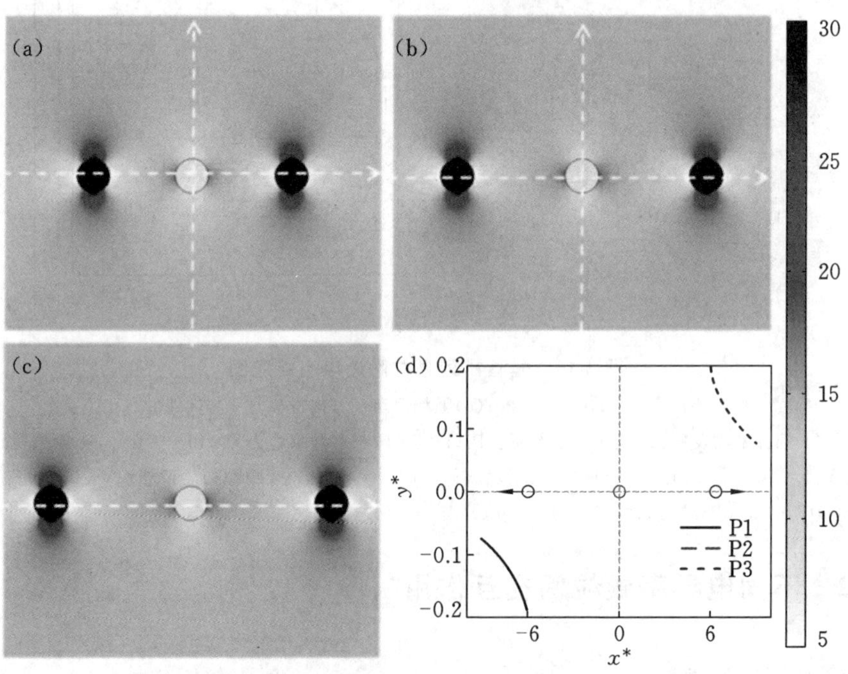

图 3-20 水平排列颗粒附近电场强度图

(a)$t^*=0$;(b) $t^*=1.5$;(c)$t^*=3$;(d)颗粒运动 x 方向位移与 x 方向速度变化关系图

注:空心圆分别代表颗粒在起始位置坐标。P1、P3 颗粒电导率为 4×10^{-4} S/m,P2 颗粒电导率为 4×10^{-2} S/m。P1 颗粒初始位置$(x^*, y^*)=(-6,0)$,P2 颗粒初始位置$(x^*, y^*)=(0,0)$,P3 颗粒初始位置$(x^*, y^*)=(6,0)$。P1、P2、P3 颗粒尺寸半径均为 5 μm。

2. 三角形排列颗粒

图 3-21 展示的是三颗粒初始位置坐标分别为(−4,−4)、(0,0)、(4,−4),P1、P3 颗粒电导率为 4×10^{-4} S/m,P2 颗粒电导率为 4×10^{-2} S/m,当颗粒受到介电泳作用发生运动的现象。

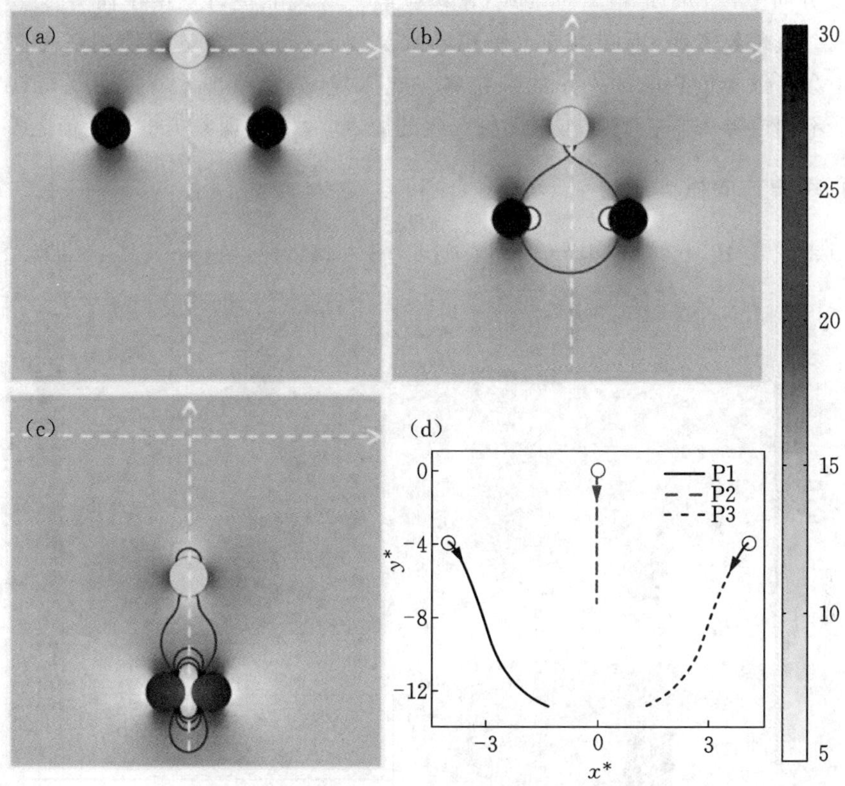

图 3-21　三角形排列颗粒附近电场强度图

(a) $t^*=0$;(b) $t^*=1.5$;(c) $t^*=3$;(d)颗粒运动轨迹图

注:空心圆分别代表颗粒在起始位置坐标。P1、P3 颗粒电导率为 4×10^{-4} S/m,P2 颗粒电导率为 4×10^{-2} S/m。P1 颗粒初始位置(x^*,y^*)=(−4,−4),P2 颗粒初始位置(x^*,y^*)=(0,0),P3 颗粒初始位置(x^*,y^*)=(4,−4)。P1、P2、P3 颗粒尺寸半径均为 5 μm。

通过克劳修斯因子计算我们可以知道 P1、P3 颗粒受到负介电泳作用,负的介电泳作用让 P1、P3 颗粒朝电场强度低的方向移动。P2 颗粒受到正介电泳作用,正的介电泳作用让 P2 颗粒朝电场强度高的方向移动。P1、P3 颗粒水平方向左右两侧附近电场强度低,颗粒垂直方向上下两侧电场强度高,颗粒向电场强度低的地方移动,两颗粒向水平中间方向靠拢(x 轴方向上两颗粒分别向坐标原点靠拢)。中间的 P2 颗粒水平左右两侧附近电场强度高，垂直方向上下两侧电场强度低，P2 颗粒被 P1、P3 颗粒垂直方向上两侧电场强度高的地方吸引，P2 颗粒向 P1、P3 颗粒方向移动(P2 颗粒向 y 轴负半轴方向移动)。在 P2 颗粒向 P1、P3 颗粒方向靠拢时通过图 3-21 可以分析出三颗粒之间介电泳作用使颗粒间相互排斥，因此导致 P1、P3 颗粒被排斥向下移动(P1、P3 颗粒向 y 轴负半轴方向移动)。当 P1、P3 颗粒与 P2 颗粒在 y 方向上拉开一定距离后，P1、P3 颗粒最终实现靠拢，P2 颗粒在 P1、P3 颗粒正上方。该现象说明，不同电导率颗粒导致出现不同正负介电泳作用在无序排列颗粒中会导致受负介电泳作用的颗粒向彼此靠拢，分析该现象有助于了解在无序排列下不同电导率颗粒交互作用现象产生的原因，为实验现象提供理论依据。

3. 垂直方向排列颗粒

图 3-22 中 P1、P3 颗粒电导率为 4×10^{-4} S/m，P2 颗粒电导率为 4×10^{-2} S/m。

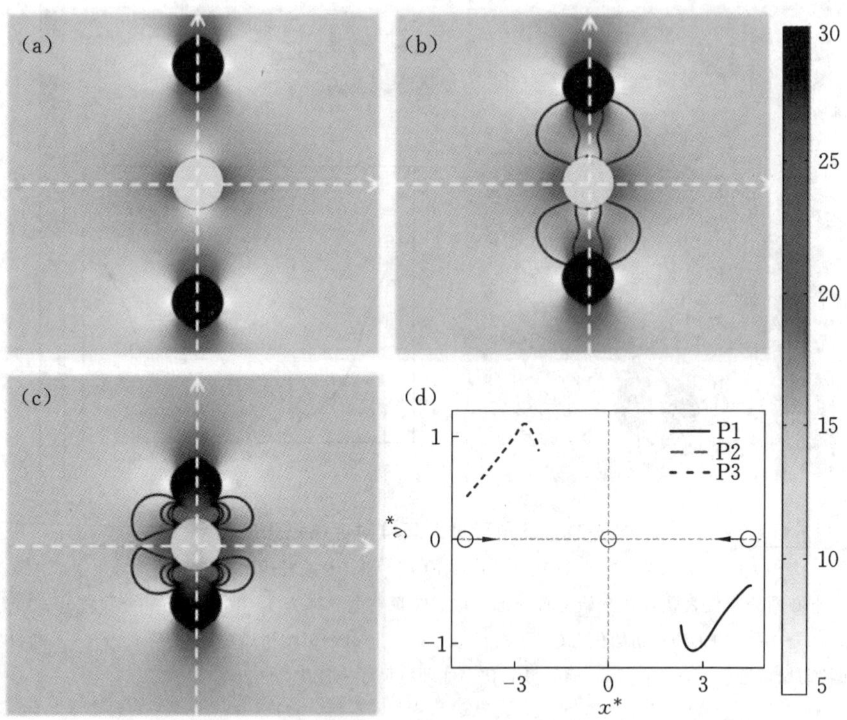

图 3-22 垂直排列颗粒附近电场强度图

(a) $t^*=0$；(b) $t^*=1.5$；(c) $t^*=3$；(d) 颗粒运动 y 方向位移与 y 方向速度变化关系图

注：空心圆分别代表颗粒在起始位置坐标。P1、P3 颗粒电导率为 4×10^{-4} S/m，P2 颗粒电导率为 4×10^{-2} S/m。P1 颗粒初始位置$(x^*,y^*)=(0,4.5)$，P2 颗粒初始位置$(x^*,y^*)=(0,0)$，P3 颗粒初始位置$(x^*,y^*)=(0,-4.5)$。P1、P2、P3 颗粒尺寸半径均为 5 μm。

P1、P2、P3 颗粒尺寸半径均为 5 μm。P1 颗粒初始位置(x^*,y^*)=(0,4.5),P2 颗粒初始位置(x^*,y^*)=(0,0),P3 颗粒初始位置(x^*,y^*)=(0,−4.5)。通过克劳修斯因子计算我们可以知道 P1、P3 颗粒受到负介电泳作用,负的介电泳作用让 P1、P3 颗粒朝电场强度低的方向移动。P2 颗粒受到正介电泳作用,正的介电泳作用让 P2 颗粒朝电场强度高的方向移动。在图 3-22(a)中 P1、P3 颗粒左右两侧电场强度低、上下两侧电场强度高,P2 颗粒左右两侧电场强度高、上下两侧电场强度低。上下 P1、P3 两颗粒向中间电场强度低的地方靠拢(上下 P1、P3 两颗粒左右两侧电场强度虽低,但是颗粒左右两侧均为对称电场,P2 颗粒内部电场强度低,因此 P1、P3 颗粒与中间 P2 颗粒间产生交互作用),中间颗粒位置不发生改变。图 3-22(d)中颗粒在 y 方向位移与 y 方向速度关系与同电导率水平直线排列时 x 方向位移与 x 方向速度关系趋势一致,颗粒速度先增大后减小。图 3-20 显示不同电导率颗粒在平行于电场方向排列时不能靠拢,但通过让不同电导率颗粒在垂直于电场方向排列时能发生靠拢现象。图 3-19 中相同电导率颗粒在垂直于电场方向排列时不能发生靠拢,通过让中间颗粒电导率改变(替换颗粒)实现在垂直方向上靠拢,达到装配要求。

3.5 本章小结

研究结果表明:颗粒与电场方向水平排列时,电导率相同颗粒受负介电泳作用初始相互水平或三角形排列时最终靠拢成链,初始水平直线排列颗粒受正介电泳作用相互水平排斥。颗粒与电场方向垂直排列时,相同电导率颗粒受负介电泳作用相互垂直排斥。颗粒与电场方向水平排列时,不同电导率颗粒排列次序的改变导致颗粒相互排斥或吸引,当外侧排列颗粒电导率比内侧排列颗粒电导率小时颗粒相互排斥,当外侧排列颗粒电导率比内侧排列颗粒电导率大时颗粒相互吸引。不同电导率颗粒三角形排列时当底边两端点颗粒电导率小于上顶点颗粒电导率时,底边颗粒聚拢成链,链与顶点颗粒相互排斥,当底边两端点颗粒电导率大于顶点颗粒电导率时,三颗粒同步移动不发生聚拢现象。该模型证明了改变颗粒电导率参数、电场方向和颗粒初始位置,能让颗粒有新的运动现象。本研究能为颗粒操控中组装、富集、分离等设计提供理论指导,并且能优化介电泳设计方案,提高设计效率,有助于更好地认识介电泳技术原理,促进介电泳技术的进一步利用与发展。

本章参考文献

[1] Novo P, Dell'Aica M, Janasek D, Zahedi RP. High spatial and temporal resolution cell manipulation techniques in microchannels[J].Analyst,2016,141(6):1888-1905.

[2] Kim J-W, Isobe T, Chang K-H, Amano A, Maneja RH, Zamora PB, Siringan FP, Tanabe S.

Levels and distribution of organophosphorus flame retardants and plasticizers in fishes from Manila Bay, the Philippines[J]. Environmental pollution, 2011, 159(12): 3653-3659.

[3] Lin L, Chu Y-S, Thiery JP, Lim CT, Rodriguez I. Microfluidic cell trap array for controlled positioning of single cells on adhesive micropatterns[J]. Lab on a Chip, 2013, 13(4): 714-721.

[4] Yarmush ML, King KR. Living-cell microarrays[J]. Annual review of biomedical engineering, 2009, 11: 235.

[5] Gossett DRC, Dino Di Particle focusing mechanisms in curving confined flows[J]. Analytical chemistry, 2009, 81(20): 8459-8465.

[6] McGrath J, Jimenez M, Bridle H. Deterministic lateral displacement for particle separation: a review[J]. Lab on a Chip, 2014, 14(21): 4139-4158.

[7] Korohoda W, Wilk A. Cell electrophoresis—a method for cell separation and research into cell surface properties[J]. Cellular & molecular biology letters, 2008, 13(2): 312-326.

[8] Lee MP, Padgett MJ. Optical tweezers: A light touch[J]. Journal of Microscopy, 2012, 248(3): 219-222.

[9] Yang Z, Goto H, Matsumoto M, Maeda R. Active micromixer for microfluidic systems using lead-zirconate-titanate (PZT)-generated ultrasonic vibration[J]. ELECTROPHORESIS: An International Journal, 2000, 21(1): 116-119.

[10] Lee H, Purdon A, Westervelt R. Manipulation of biological cells using a microelectromagnet matrix[J]. Applied physics letters, 2004, 85(6): 1063-1065.

[11] Smistrup K, Tang PT, Hansen O, Hansen MF. Microelectromagnet for magnetic manipulation in lab-on-a-chip systems[J]. Journal of Magnetism Magnetic Materials, 2006, 300(2): 418-426.

[12] Gascoyne PR, Vykoukal J. Particle separation by dielectrophoresis[J]. Electrophoresis, 2002, 23(13): 1973.

[13] Al-Jarro A, Paul J, Thomas D, Crowe J, Sawyer N, Rose F, Shakesheff K. Direct calculation of Maxwell stress tensor for accurate trajectory prediction during DEP for 2D and 3D structures [J]. Journal of Physics D: Applied Physics, 2006, 40(1): 71.

[14] Huang Y, Pethig R. Electrode design for negative dielectrophoresis[J]. Measurement Science Technology, 1991, 2(12): 1142.

[15] Murata T, Yasukawa T, Shiku H, Matsue T. Electrochemical single-cell gene-expression assay combining dielectrophoretic manipulation with secreted alkaline phosphatase reporter system[J]. Biosensors Bioelectronics, 2009, 25(4): 913-919.

[16] Huang Y, Joo S, Duhon M, Heller M, Wallace B, Xu X. Dielectrophoretic cell separation and gene expression profiling on microelectronic chip arrays[J]. Analytical chemistry, 2002, 74(14): 3362-3371.

[17] Sebastian A, Buckle AM, Markx GH. Tissue engineering with electric fields: Immobilization of mammalian cells in multilayer aggregates using dielectrophoresis [J]. Biotechnology bioengineering, 2007, 98(3): 694-700.

[18] Li M, Li W, Zhang J, Alici G, Wen W. A review of microfabrication techniques and dielectrophoretic microdevices for particle manipulation and separation[J].Journal of Physics D:Applied Physics,2014,47(6):063001.

[19] Regehr KJ,Domenech M,Koepsel JT,Carver KC,Ellison-Zelski SJ,Murphy WL,Schuler LA,Alarid ET,Beebe DJ.Biological implications of polydimethylsiloxane-based microfluidic cell culture[J].Lab on a Chip,2009,9(15):2132-2139.

[20] Hung PJ,Lee PJ,Sabounchi P,Lin R,Lee LP.Continuous perfusion microfluidic cell culture array for high-throughput cell-based assays[J].Biotechnology bioengineering,2005,89(1):1-8.

[21] Tadmor AD, Ottesen EA, Leadbetter JR, Phillips R. Probing individual environmental bacteria for viruses by using microfluidic digital PCR[J].Science,2011,333(6038):58-62.

[22] Zheng S,Lin HK,Lu B,Williams A,Datar R,Cote RJ,Tai Y-C.3D microfilter device for viable circulating tumor cell (CTC) enrichment from blood[J].Biomedical microdevices,2011,13(1):203-213.

[23] Yoon HJ,Kim TH,Zhang Z,Azizi E,Pham TM,Paoletti C,Lin J,Ramnath N,Wicha MS,Hayes DF.Sensitive capture of circulating tumour cells by functionalized graphene oxide nanosheets[J].Nature nanotechnology,2013,8(10):735-741.

[24] Wang Z, Kim M-C, Marquez M, Thorsen T. High-density microfluidic arrays for cell cytotoxicity analysis[J].Lab on a Chip,2007,7(6):740-745.

[25] Zhou T,Ge J,Shi L,Fan J,Liu Z,Woo Joo S.Dielectrophoretic choking phenomenon of a deformable particle in a converging-diverging microchannel[J].Electrophoresis,2018,39(4):590-596.

[26] Ji X,Xu L,Zhou T,Shi L,Deng Y,Li J.Numerical investigation of DC dielectrophoretic deformable particle-particle interactions and assembly[J].Micromachines,2018,9(6):260.

[27] Zhou T,Ji X,Shi L,Zhang X,Song Y,Joo SW.AC dielectrophoretic deformable particle-particle interactions and their relative motions[J].Electrophoresis,2020,41(10-11):952-958.

[28] Zhou T,Ji X,Shi L,Hu N,Li T.Dielectrophoretic interactions of two rod-shaped deformable particles under DC electric field[J]. Colloids and Surfaces A: Physicochemical and Engineering Aspects,2020,607:125493.

[29] Ai Y,Qian S.DC dielectrophoretic particle-particle interactions and their relative motions[J].Journal of colloid interface science,2010,346(2):448-454.

[30] Ai Y,Qian S,Liu S,Joo SW.Dielectrophoretic choking phenomenon in a converging-diverging microchannel[J].Biomicrofluidics,2010,4(1):013201.

[31] Ai Y,Zeng Z,Qian S.Direct numerical simulation of AC dielectrophoretic particle-particle interactive motions[J].Journal of colloid interface science,2014,417:72-79.

[32] Hossan MR,Dillon R,Roy AK,Dutta P.Modeling and simulation of dielectrophoretic particle-particle interactions and assembly[J].Journal of colloid interface science,2013,394:619-629.

4 光诱导介电泳原理下的微颗粒运动机理

4.1 引　　言

自微米纳米技术产生以来，针对微米纳米尺寸下生物微颗粒的操控一直都是热点之一，通过何种方法能够实现颗粒的分离、富集、捕获、排列和融合是科学家们迫切想要解决的问题。随着生物学和医学技术的迅速发展，生物粒子例如肿瘤细胞和DNA分子的检测、跟踪及操控逐渐受到了科学家们的关注。微流控芯片(microfluidic chip)，又称微全分析系统(micro total analysis system，μ-TAS)或者芯片实验室(lab-on-a-chip)，指的是在一个尽可能小的平台上分离、固定、纯化以及分析生物粒子。微流控芯片技术的出现给我们提供了一种全新的思路，它能够将生物、化学、医学分析过程的基本操作单元集成到一块微米尺度的芯片上，自动完成分析的全过程。

图4-1列出了部分运用了微流控芯片技术的一些实例，包括图4-1(a)利用混合声光的微流控芯片实现对白细胞亚群的精确无标记分离(Hu et al.，2018)；图4-1(b)利用微流控芯片对罕见肿瘤细胞进行声流聚焦和分离(Wu et al.，2019)；图4-1(c)使用的微流控芯片用于高通量药物筛选(Fan et al.，2016)。在微流控芯片技术不断往前推进的同时，追求更精确有效的操控技术仍然是该技术发展的一个核心。

介电泳(dielectrophoresis，DEP)，也称双向电泳，是处在非均匀电场中的微粒由于介电极化作用受力而产生平移运动的现象，它作为一种易于集成和易于控制的微纳操控技术，可以实现各种复杂的操控，如分离、输运、捕获生物细胞等。与其他操控技术例如原子力显微镜、微针、声学阱、光镊和磁镊相比，介电泳具有独特的优越性，介电泳的产生与物体本身是否带电无关，与物体的几何尺寸、本身和周围介质的电学性质以及外加电场的电学特性有关，利用介电泳技术可以实现单一或大面积的微颗粒操控，包括利用癌细胞和正常且健康的血细胞之间的生物物理特性差异，在微流控芯片中使用介电泳技术捕获循环肿瘤细胞，以及利用介电泳技术创新设计出了一种集成微电极的阵列，并将其应用于胶体颗粒的流动连续分离；另外利用微流体介电泳芯片在荧光免疫传感的基础上进行了体外快速检测登革病毒的概念验证;最后采用微阵列点电极设计了一种五层的介电泳系统,能够利用正、负介电泳效应快速、高效地操控和分离不同尺寸的微粒。图 4-2 所示为介电泳技术的运用实例。

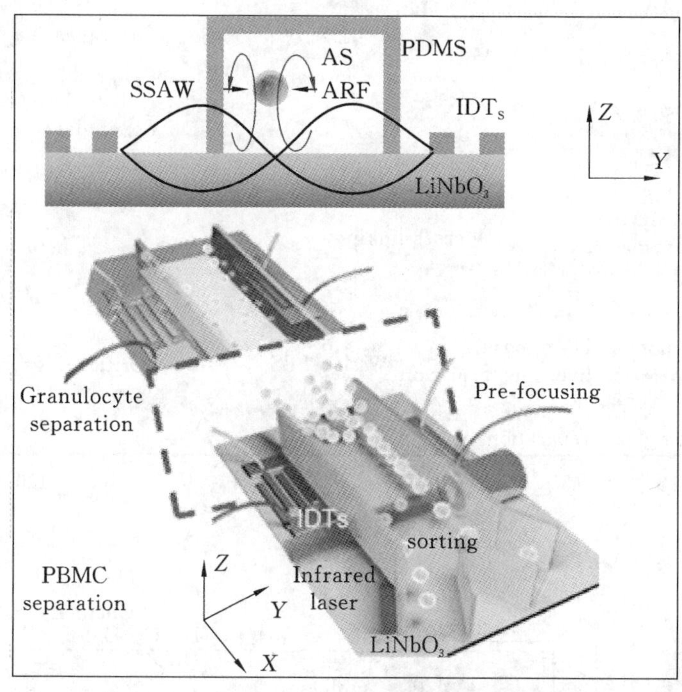

(a) 分离白细胞

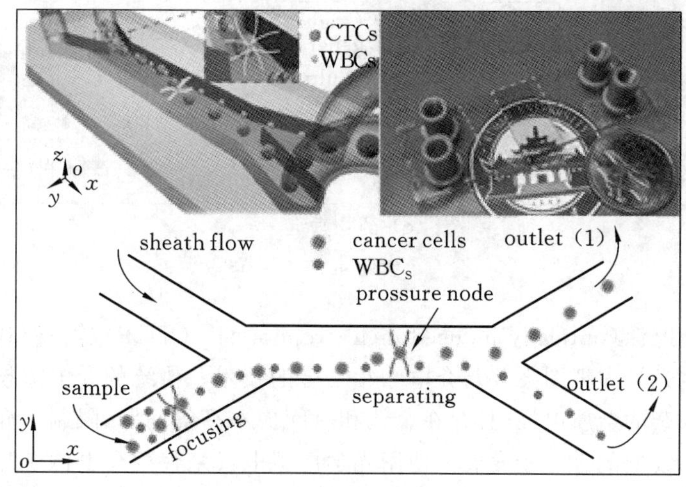

(b) 分离肿瘤细胞

图 4-1 微流控芯片的运用实例

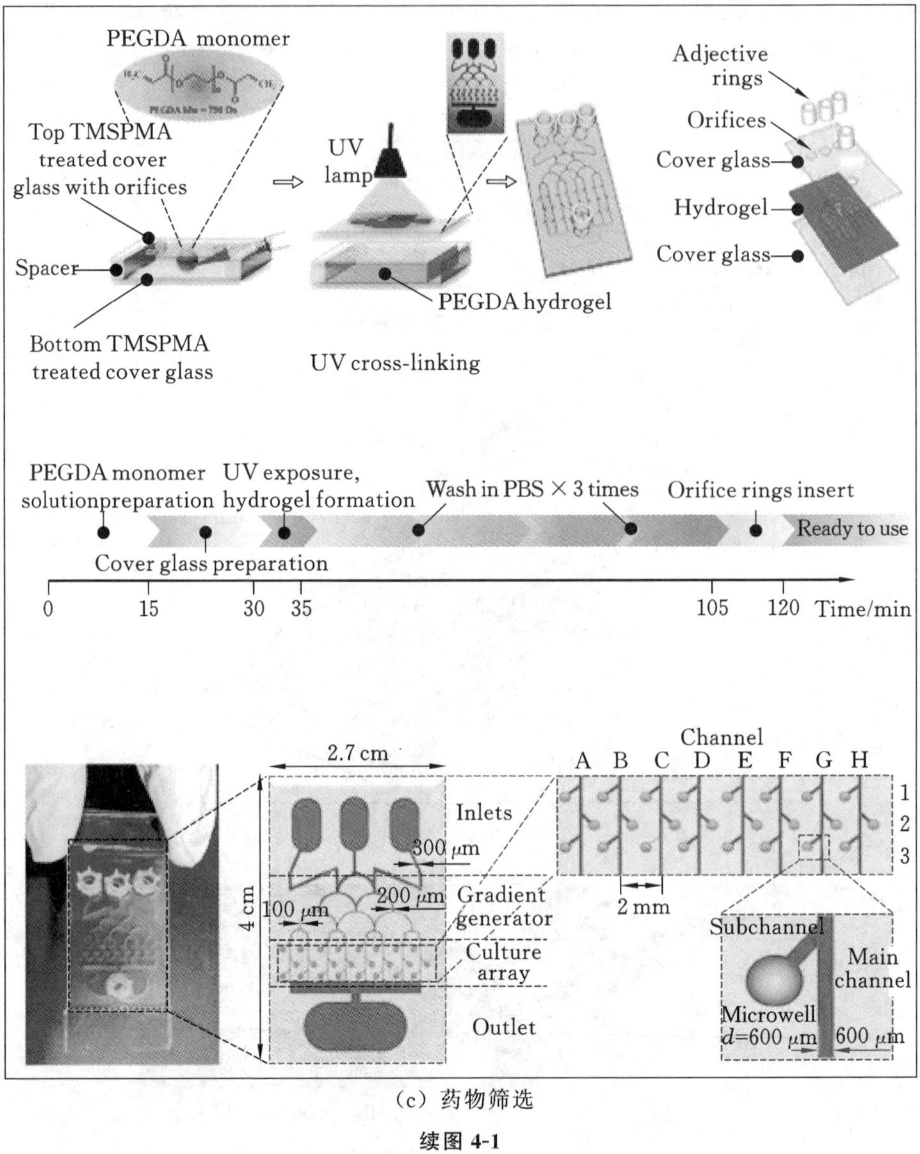

(c) 药物筛选

续图 4-1

光诱导介电泳(optically induced dielectrophoresis,ODEP)是一种利用光导材料的特性产生光学虚拟图案并与介电泳相结合的技术。传统的介电泳技术一般需要设计较为复杂的金属电极,且存在金钱和时间成本高等问题,限制了介电泳技术在微流控芯片领域的进一步发展。使用光学虚拟电极来代替介电泳芯片中的物理金属电极,与传统的介电泳相比,有成本低、时间短和效率高等优点,并且无须使用复杂的金属电极制造工艺,简化了加工过程。光诱导介电泳技术以其特有的优势

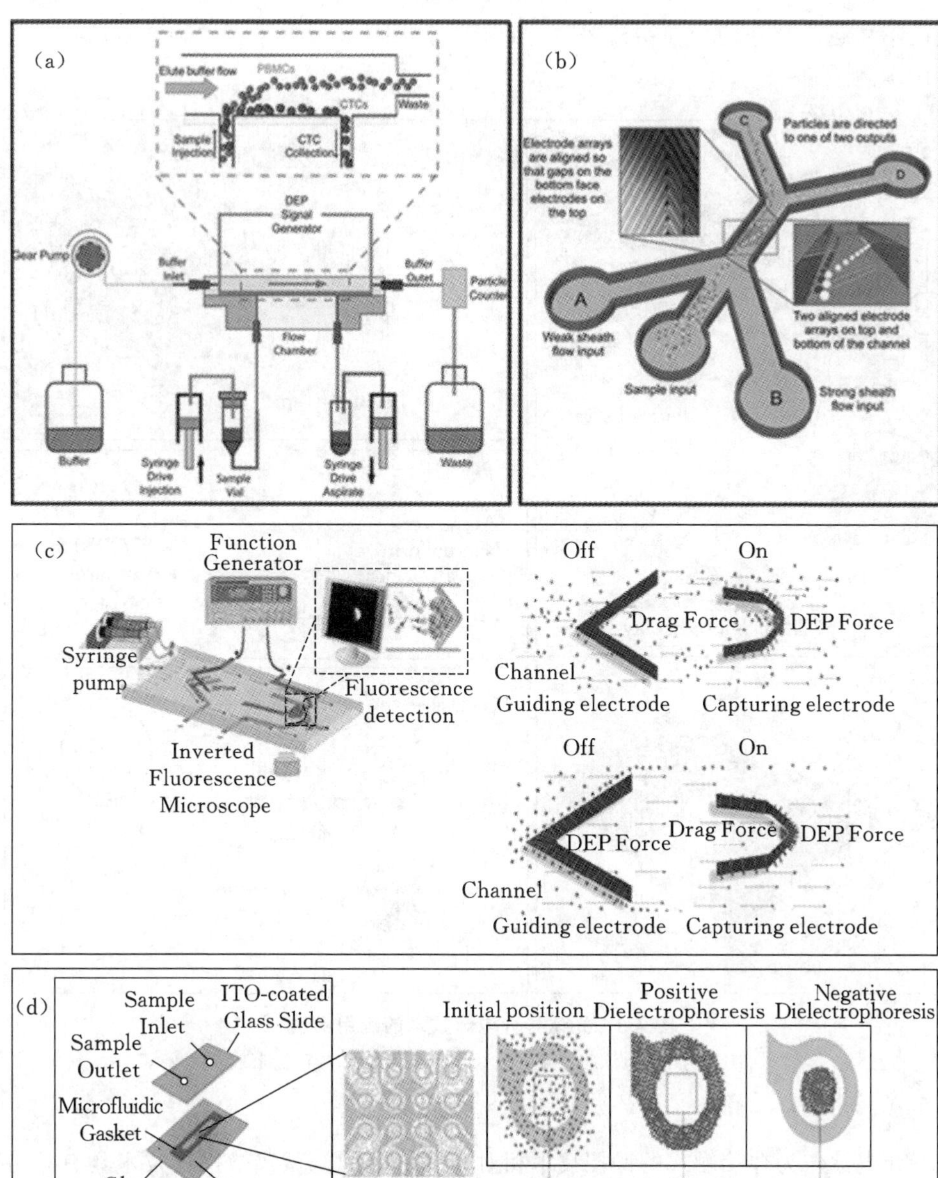

图 4-2 介电泳技术的运用实例

(a) 捕获细胞;(b) 连续分离胶体颗粒;(c) 体外检测病毒;(d) 分离不同尺寸的微粒

在微流控芯片使用的众多操控技术中脱颖而出，逐步成为微流控芯片中常采用的关键技术之一。近年来，基于光诱导介电泳的细胞操控技术以其高效和灵活的特点被越来越广泛地使用在微流控芯片设计中。图 4-3 所示为光诱导介电泳技术的运用实例。

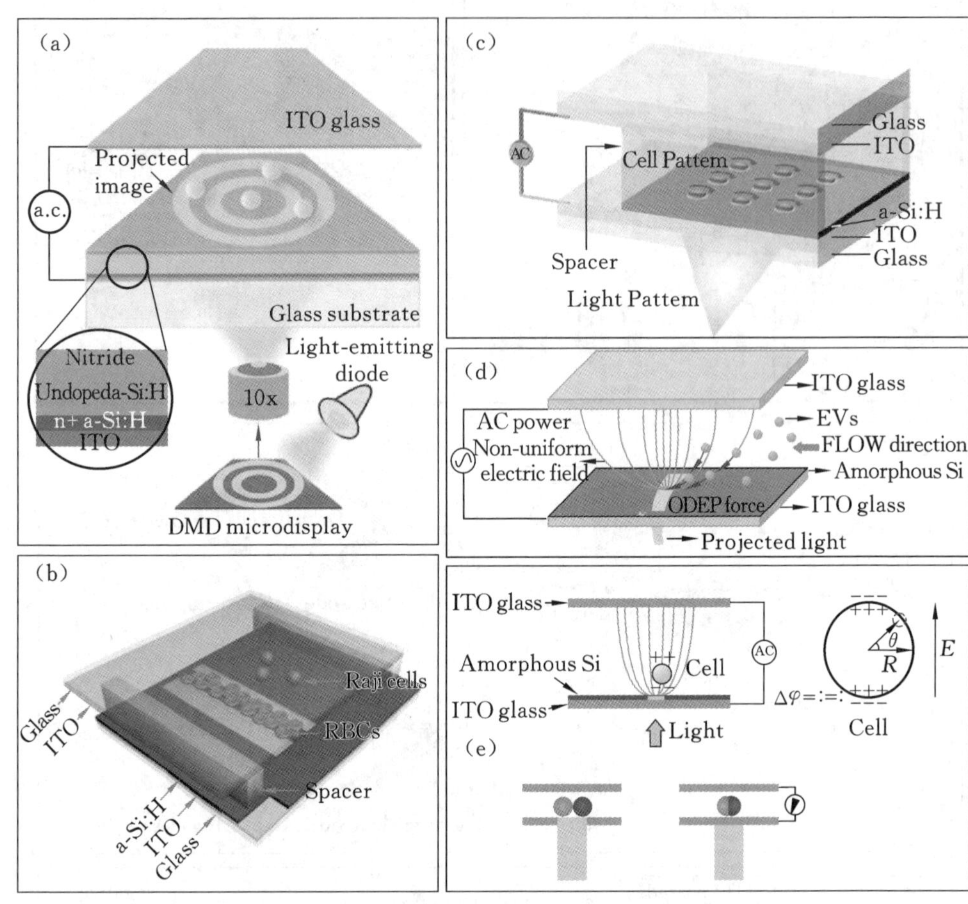

图 4-3　光诱导介电泳技术的运用实例

(a) 光诱导介电泳芯片结构简图；(b) 分离细胞；(c) 排列细胞；
(d) 囊泡的分离和恢复；(e) 细胞融合

介电泳作为非接触式的操控技术相对其他传统的机械式微操控技术具有独特的优越性，一些生物微粒子如细胞和病毒等，由于其自身的脆弱性，常规的机械操控方式容易破坏生物活性影响最终的实验效果，因此介电泳作为无损伤非侵入式的关键技术在对此类微粒子进行精确操控的领域大显身手。Song 等人设计了一种基于介电泳的干细胞及其分化子代细胞分类的连续流微流体装置，以不同的流速实现了对间充质干细胞及其分化后代的清晰分离。Qiang 等人提出了一种独特的电动微流控系统，用于研究红细胞在循环载荷下的动态疲劳行为。Wu 等人利用介电泳设计和制造了一种用于高通量的平面芯片，实现了在短短几分钟内完成细胞捕获和配对的功能。

对介电泳力的研究作为介电泳技术中相当重要的环节之一，准确预测其数值的大小对成功实施基于介电泳技术的微颗粒操控来说是必不可少的，而利用数值模拟的方式能直观便捷地提供对真实物理系统的模拟并提供可靠的数值解。当涉及介电泳的数值模拟时，首先，大多数的研究仅限于预测介电泳装置中产生的电场和粒子运动轨迹，而没有模拟实际系统当中既有流体又有粒子的真实状态，Kadaksham 和 Singh 等人开发了一种基于分布式拉格朗日乘子法的数值方法，用于直接模拟电流变液，然而在他们的工作中，采用的是点偶极子法来近似计算介电泳力。Liu 等人还提出了一种新方法，用浸入式有限元法模拟流体域中粒子的电动诱导机械运动，并利用该方法研究了不同几何形状的纳米生物材料组装过程。Ai、House 和 Kang 研究了多个粒子之间的相互作用，进而实现对粒子运动的精确控制。

许多学者利用光诱导介电泳技术已经做出许多富有创新和实际意义的实验。例如，Chu 等人研究在微流控系统中以光诱导介电泳技术为基础的细胞操控对生物细胞特性的影响，讨论在不同的实验条件下两种类型的癌细胞的细胞特性。Chiu 等人利用整合以光诱导介电泳技术为基础的细胞操作与微流控系统分离大小特征不同的癌症细胞簇，通过实验确定了利用光诱导介电泳分离细胞工艺的最佳操作条件和评估了细胞分离的性能。Wang 等人应用以光诱导介电泳技术为基础的微流控系统检测细菌的耐药性，并在细菌克隆中分离次要耐药菌株，其利用的原理是基于对不同生存能力的细菌施加不同程度的介电泳力，这是由不同程度的抗生素耐药性造成的。Chen 等人结合用于操控含药颗粒的光诱导介电泳模块和能够图形化水凝胶以形成数字药物的紫外线直接书写模块组成一种新型的集成微流体系统，可以对含药颗粒进行操控和组装。

综上所述，涉及介电泳力的预测和数值模拟时，各类方法都具有一定的局限性，缺乏一种符合真实物理系统且能适用于大多数情况的方法。在实际运用介电泳操控技术时都能通过实验达到较好的预期效果，但是在研究过程中多局限于有限的光亮区域附近颗粒从静止状态开始的运动而没有添加外部流场，没有发挥出光诱导介电泳高通量高效率的优势。

4.2　数学模型

该部分详细介绍了整个物理模型的构建过程，包括几何模型的构建和参数的选取。ODEP 芯片一般为三明治结构：上层为 ITO 导电玻璃层，中间为 SU-8 间隔层，下层为光电导层，其中光电导层是在透明玻璃上的多层膜结构，由下往上依次为:ITO 导电膜,重掺杂氢化非晶硅 n^+ α-Si:H(作用是减少衬底与 α-Si:H 之间的接触电阻),本征氢化非晶硅 α-Si:H 层(作用是形成光电导反应区)以及氮化物绝缘层(作用是防止低频高压下发生水解现象)。基于上述 ODEP 芯片结构建立的物理模型二维结构如图 4-4 所示。直径为 d_P 的圆形颗粒在一个矩形微通道内运动,其中区域 $ABFE$ 是长为 L 高为 h 的光电导层,在这里只模拟了与形成光电导反应区有关的本征氢化非晶硅 α-Si:H 层而忽略了另外两层。区域 $CDEF$ 是长为 L 高为 H 内部充满流体介质的矩形微通道,选定 $CDEF$ 的中心点 O 作为二维笛卡儿坐标系 $\sum xOy$ 的原点。交流电施加在底部的边界 AB 和顶部的边界 CD,这两边界代表 ITO 薄膜电极。边界 DE 设为流体的入口,对应的出口为边界 CF。由于底部光源的照射,光导层会产生一个宽度为 d_L 的光亮区域。

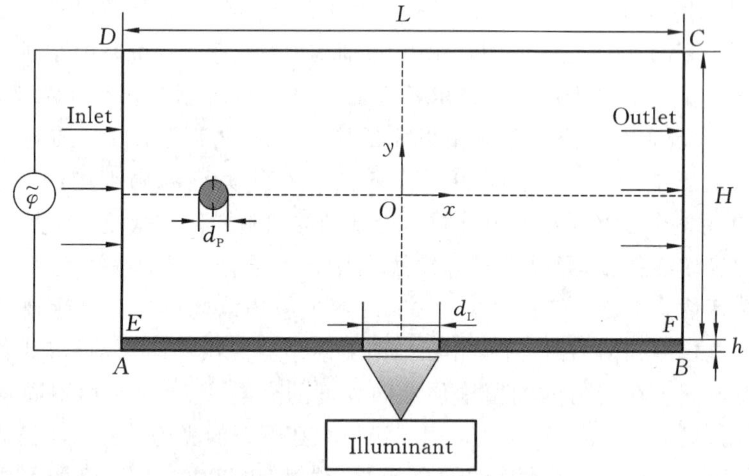

图 4-4 单圆形颗粒在矩形微通道内运动的二维结构示意图

当颗粒置于该微通道中时,由于存在光照条件下产生的非均匀电场,颗粒会受到介电泳力的作用。考虑到由介电泳引起的力与克劳修斯-莫索缔(Clausius-Mossotti,CM)因子的实部有关,该因子取决于颗粒和介质的复介电常数:

$$K(\omega)=\frac{\widetilde{\varepsilon_P}-\widetilde{\varepsilon_F}}{\widetilde{\varepsilon_P}+2\widetilde{\varepsilon_F}} \tag{4-1}$$

式中:ω 是外部施加交流电场的角频率;符号"~"表示复变量;$\widetilde{\varepsilon_P}$和$\widetilde{\varepsilon_F}$分别代表颗粒和流体介质的复介电常数。

$$\tilde{\varepsilon}=\varepsilon-\mathrm{i}\sigma/\omega \tag{4-2}$$

在上述式中,当克劳修斯-莫索缔因子的实部为正时表示正介电泳,为负时表示负介电泳。如图 4-5 所示,在其他参数均一致的前提下,选取了三种不同电导率的颗粒，绘制了不同频率时 CM 因子实部的大小。从图 4-5 中可以看出，颗粒的电导率不同，在相同的频率下也可以产生不同性质的介电泳力，基于此，我们可以进行颗粒分离。

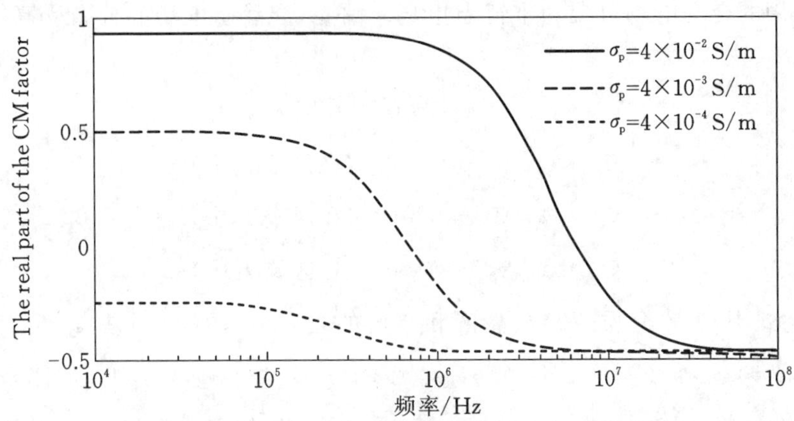

图 4-5 克劳修斯-莫索缔因子的实部与电场频率的关系

选定的参数如下：微通道和光电导层的长 $L=200\ \mu m$，微通道高 $H=100\ \mu m$，采用本征态非晶硅制成的光电导层的厚 $h=2\ \mu m$，颗粒的直径 $d_P=10\ \mu m$，亮区的宽度 $d_L=30\ \mu m$，颗粒的初始位置为 $(x^*,y^*)=(-16,0)$。矩形微通道内充满了密度、动力黏度、电导率、相对介电常数分别为 $\rho_F=1\times10^3\ kg/m^3$、$\mu=1\times10^{-3}\ Pa\cdot s$、$\sigma_F=1\times10^{-3}\ S/m$、$\varepsilon_F=80$ 的去离子水溶液作为流体介质。流体介质从边界 DE 流入的速度为 $V_{inlet}=1\ mm/s$。流体中的聚苯乙烯颗粒的密度、剪切模量、体积弹性模量分别为 $\rho_P=1.05\times10^3\ S/m$、$G_P=1\times10^9\ Pa$、$B_P=1\times10^4\ Pa$。选取了 $\sigma_{P1}=4\times10^{-2}\ S/m$ 和 $\sigma_{P2}=4\times10^{-4}\ S/m$ 两种不同的颗粒电导率分别作为正、负介电泳作用下的情况，颗粒的相对介电常数为 $\varepsilon_P=2.6$。光电导层的相对介电常数、亮区的电导率、暗区的电导率分别为 $\varepsilon_S=11.7$、$\varepsilon_L=2\times10^{-1}\ S/m$、$\varepsilon_D=6.7\times10^{-5}\ S/m$。外加交流电场的频率和电压峰值分别为 $f=1\ MHz$ 和 $\varphi_0=30\ V$。

为了简化计算，本研究采用了流体力学计算中常用的无量纲化处理方式，该方式可以减少控制方程的变量数目。选取的特征长度为 $a=d_P/2=5\ \mu m$，特征电势为 $\varphi_\infty=R_0T/F$，特征速度为 $U_\infty=(\varepsilon_F\varphi_\infty{}^2)/(\eta a)$，式中 R_0 是通用气体常数，$T=300\ K$ 是流体介质的绝对温度，F 是法拉第常数，η 是颗粒的电动迁移率。首先可以得出下列基本的物理量：

$$S=aS^*,u=U_\infty u^*,p=\mu U_\infty p^*/a,\widetilde{\varphi}=\varphi_\infty\widetilde{\varphi^*},$$
$$t=at^*/U_\infty,Re=\rho_F aU_\infty/\mu$$

式中：S 是位移；u 是速度；p 是压强；μ 是流体介质的动力黏度；φ 是电势；t 是时

间;Re 是雷诺数;上标“ * ”表示无量纲数。

考虑到本模型的特征长度远大于双电层的厚度,故满足双电层薄层假设(EDL assumption),整个计算域内的净电荷密度为零。并且本模型特征尺寸远小于电磁波长,采用的交变电场可视为准静态电场。因此,准静态电场的分布受高斯定律支配:

$$\nabla^* \cdot (\widetilde{\varepsilon_F^*} \nabla^* \widetilde{\varphi_F^*}) = 0 \quad (\text{在区域}\Omega_F\text{中}) \tag{4-3}$$

$$\nabla^* \cdot (\widetilde{\varepsilon_P^*} \nabla^* \widetilde{\varphi_P^*}) = 0 \quad (\text{在区域}\Omega_P\text{中}) \tag{4-4}$$

$$\nabla^* \cdot (\widetilde{\varepsilon_D^*} \nabla^* \widetilde{\varphi_D^*}) = 0 \quad (\text{在区域}\Omega_D\text{中}) \tag{4-5}$$

$$\nabla^* \cdot (\widetilde{\varepsilon_L^*} \nabla^* \widetilde{\varphi_L^*}) = 0 \quad (\text{在区域}\Omega_L\text{中}) \tag{4-6}$$

上述式中,流体介质、颗粒、亮区和暗区的复介电常数分别是:$\widetilde{\varepsilon_F^*} = 1 - i\sigma_F/(\omega\varepsilon_F)$、$\widetilde{\varepsilon_P^*} = 1 - i\sigma_P/(\omega\varepsilon_P)$、$\widetilde{\varepsilon_L^*} = 1 - i\sigma_L/(\omega\varepsilon_L)$、$\widetilde{\varepsilon_D^*} = 1 - i\sigma_D/(\omega\varepsilon_D)$。流体介质、颗粒、亮区和暗区的复电势分别是$\widetilde{\varphi_F^*}$、$\widetilde{\varphi_P^*}$、$\widetilde{\varphi_L^*}$、$\widetilde{\varphi_D^*}$。外加交流电场的角频率是$\omega = 2\pi f$。$\Omega_F$、$\Omega_P$、$\Omega_D$和$\Omega_L$则分别代表了流体介质区域、颗粒区域、光亮区域和光暗区域。

电场对应的无量纲控制方程和边界条件遵循以下方程:

$$\widetilde{\varphi_F^*} = \varphi_0/\varphi_\infty\ (\text{在表面 } AB \text{ 上}),\ \widetilde{\varphi_F^*} = 0\ (\text{在表面 } CD \text{ 上}) \tag{4-7}$$

$$n \cdot \widetilde{\varepsilon_F^*} \nabla^* \widetilde{\varphi_F^*} = 0\ (\text{在表面 } AD \text{ 和 } BC \text{ 上}) \tag{4-8}$$

式中:n 表示的是单位法向量。

为了保证电势和电位移在流体介质和颗粒的交界面处是连续的,有如下方程:

$$\widetilde{\varphi_F^*} = \widetilde{\varphi_P^*} \quad (\text{在表面 } \Lambda \text{ 上}) \tag{4-9}$$

$$n \cdot \nabla^* \widetilde{\varphi_F^*} = \frac{\widetilde{\varepsilon_P^*}}{\widetilde{\varepsilon_F^*}} n \cdot \nabla^* \widetilde{\varphi_P^*} \quad (\text{在表面 } \Lambda \text{ 上}) \tag{4-10}$$

式中:Λ 代表了颗粒表面。

流体介质使用连续性方程和斯托克斯方程组来描述,考虑到本研究中流体介质的雷诺数较小,方程中的惯性项可以被忽略。在整个计算过程中,边界 DE 被设置为流体介质的入口,对应的,边界 CF 被设置为流体介质的出口,边界 CD 和 EF 被设置为无滑移的墙边界。方程如下:

$$\nabla^* \cdot u^* = 0 \quad (\text{在区域}\Omega_F\text{中}) \tag{4-11}$$

$$Re \frac{\partial u^*}{\partial t^*} = -\nabla^* p^* + \nabla^{*2} u^* \quad (\text{在区域}\Omega_F\text{中}) \tag{4-12}$$

在本章节中,颗粒被定义为圆形刚体模型。由于颗粒的密度与去离子水溶液的密度相近，因此可以认为粒子的重力和浮力是相互抵消的。此外，考虑到这里使用的颗粒尺寸是微米级的，颗粒上的布朗力与介电泳力相比相差不止一个数量级，故也可以将其忽略。因此，只需要考虑时间平均的介电泳力和作用在颗粒上的液体黏滞阻力。这两个力可以通过积分麦克斯韦应力张量 T_M 和流体动力应力张量 T_H 得到。所以颗粒上的时间平均介电泳力 F_{DEP}^* 和液体黏滞阻力 F_H^* 的方程可以表示为：

$$F_{DEP}^* = \int T_M \cdot n \mathrm{d}\Lambda^* = \int \frac{1}{4}[(\widetilde{E^*}\widetilde{E'^*} + \widetilde{E'^*}\widetilde{E^*}) - |\widetilde{E^*}|^2 I] \cdot n \mathrm{d}\Lambda^* \quad (4\text{-}13)$$

$$F_H^* = \int T_H \cdot n \mathrm{d}\Lambda^* = \int [-p^* I + (\nabla^* u^* + (\nabla^* u^*)^T)] \cdot n \mathrm{d}\Lambda^* \quad (4\text{-}14)$$

式中：$F = \eta U_\infty F^*$；$T = \eta U_\infty T^*/a$；$\widetilde{E^*}$ 代表电场强度，且 $\widetilde{E^*} = -\nabla\widetilde{\varphi^*}$；$\widetilde{E'^*}$ 是 $\widetilde{E^*}$ 的共轭复数；I 表示单位张量。

考虑到这里使用的颗粒是一个刚体颗粒，所以可以忽略它的旋转运动。由于在本研究中流体区域壁面的电渗流速度相对较小，因此可以忽略电渗流的影响，在计算中体现为流体区域壁面无滑移。所以颗粒的速度可以用如下方程描述：

$$u_P^* = \frac{\varepsilon_F^* \zeta_P^*}{\mu^*}(I - nn) \cdot \nabla^* \varphi^* + \frac{\partial S^*}{\partial t^*} \text{（在表面 } \Lambda \text{ 上）} \quad (4\text{-}15)$$

式中：等号右边的第一部分是电渗流的滑移速度，ζ_P^* 代表颗粒的 Zeta 电势，由于在本研究中可以忽略电渗流的影响故此项为零；后一部分中 S^* 代表颗粒的位移，可以通过下面的公式得出：

$$Re \frac{\partial^2 S^*}{\partial^2 t^*} - \nabla^* \cdot \sigma(S^*) = 0 \text{（在表面 } \Lambda \text{ 上）} \quad (4\text{-}16)$$

式中：$\sigma(S^*)$ 表示固体的柯西应力，它是与颗粒位移量有关的函数。将粒子视为不可压缩的新胡克材料，可以用应变能密度函数 W 对其进行数学描述：

$$W = G_P(I_C - 3)/2 \quad (4\text{-}17)$$

式中：G_P 表示颗粒的剪切模量；$I_C = tr(C)$ 为右柯西-格林张量的第一不变量，且 $C = F^{*T}F^*$，其中 $F^* = \nabla_X{}^* S^* + I$ 指的是变形梯度张量，X 表示参考位置，$\sigma(S^*) = P^* F^{*T}$，$P^* = \partial W / \partial \nabla_X{}^* S^*$ 代表第一类 Piola-Kirchhoff 应力。

至此，本研究中电场、流场、颗粒受力及颗粒运动的控制方程和边界条件均已交代清楚。本章采用了 ALE 方法对强耦合的电场-流体-固体问题进行数值求解，该方法在欧拉框架下求解流场和电场，同时以拉格朗日方式跟踪粒子运动。采用商用有限元软件包 COMSOL Multiphysics（6.0 版本，COMSOL 集团，瑞典，斯德哥尔摩）对设计的模型进行二维数值模拟。本章中建立的模型采用了包括层流、电场、固体力学和移动网格在内的四个典型 COMSOL 软件内建物理模块。

4.3 数值实现

建模流程图如图 4-6 所示。

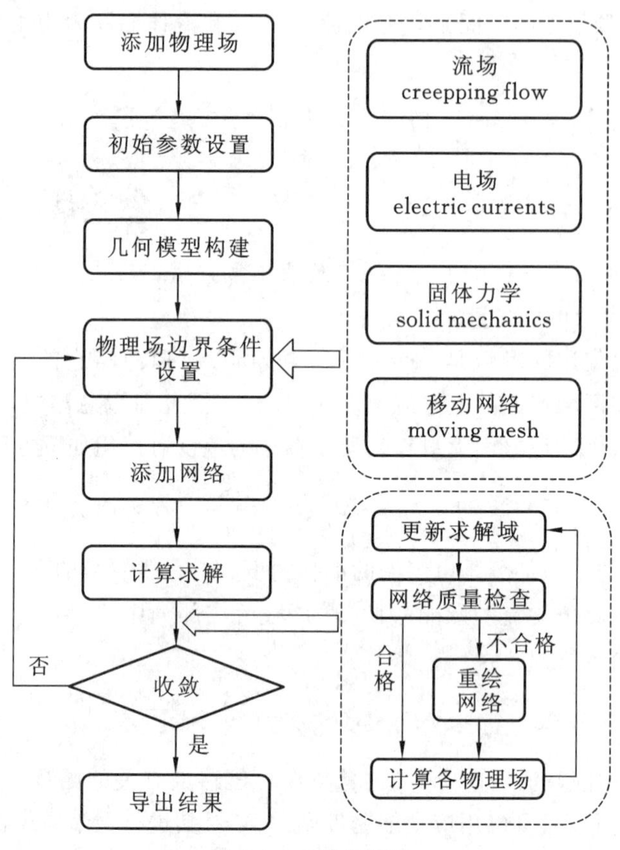

图 4-6　建模流程图

1. 新建

从文件菜单中选择 New 新建。

2. 模型向导

在 New 中，单击 Model Wizard 模型向导。

(1) 在模型向导窗口中，单击 2D Axisymmetric。

(2) 在选择物理场树中选择 AD/DC>Electric Currents(ec)。

(3) 单击 Add。

(4) 在选择物理场树中选择 structural mechanics>Solid Mechanics(solid)。

(5) 单击 Add。

(6) 在选择物理场树中选择 Fluid Flow>Single－Phase Flow>Creeping Flow(spf)。

(7) 单击 Add。

(8) 在选择物理场树中选择 Deformed mesh>Moving Mesh(ale)

(9) 单击 Study。

(10) 在选择研究树中选择 General Studies>Time Dependent。

(11) 单击 Done。

3. 全局定义参数

在表中输入设置如表 4-1 所示。

表 4-1 全局定义参数

名 称	表 达 式	描 述
a	5e－6 m	particle radius/粒子半径
Bulk	10000 Pa	elastic modulus/弹性模量
constant_1	8.3145 J/(mol · K)	niversal gas constant/通用气体常数
constant_2	96485 C/mol	faraday constant/法拉第常数
dark	2e－5 m	dark channel length/暗区通道长度
eps_f	7.0834e－10 F/m	fluid relative permittivity/流体相对介电常数
eps_p	2.3021e－11 F/m	particle relative permittivity/粒子相对介电常数
eps_s	1.0359e－10 F/m	
eta	0.001 Pa · s	fluid dynamicviscosity/流体动力黏度
G0	1e9 Pa	shear modulus/剪切模量
H	1e－4 m	channel height/通道高度
h0	2e－6 m	thickness of opticalconductivity layer/导光层厚度
K	0.8663－0.28911i	
Ks	1e－9 S	particle surface conductivity/颗粒表面电导率
L	2e－4 m	channel length/通道长度
L_scale	5e－6 m	length scale/长度尺度
light	3e－5 m	bright channel length/亮区通道长度
omega	3.32e＋05	
P_scale	0.018936 Pa	pressure scale/压力尺度

续表

名　称	表 达 式	描　述
phi0	3 V	
Re	4.73e−04	
realk	0.8663	
rho	1000 kg/m³	density/密度
sigma_d	6.7e−5 S/m	dark conductivity/暗区电导率
sigma_f	0.001 S/m	fluid medium conductivity/流体介质电导率
sigma_l	0.2 S/m	light conductivity/亮区电导率
sigma_p	0.04 S/m	particle conductivity/颗粒电导率
T	300 K	reference temperature/参考温度
t_scale	0.05281 s	time scale/时间尺度
theta	0 rad	
U_scale	9.468e−5 m/s	velocity scale/速度尺度
V_in	10.562	inletvelocity/入口速度
V_scale	0.025852 V	voltage scale/电压尺度
Re1	4.97e−4	

1）变量 1

(1) 点击 Component 1 中的 Definitions，用鼠标右击 Definitions，选择 Variables 1。

(2) 在 Variables 1 界面，在 Variables 选项中定义 Global Variables、MySp、uofP1、xofP1、yofP1，在 Expression 选项中输入 comp1.aveop1(x)、comp1.aveop1(u2t)、comp1.aveop1(y)。

2）几何 1

(1) 用鼠标右击 Geometry1，选择 Rectangle 1，在 Width 中输入 L，在 Height 中输入 H，在 Position 选项中选择 corner，x 输入−20 * a，y 输入−H/2。

(2) 点击 Rectangle 2，在 Width 中输入(L−light)/2，在 Height 中输入 h0，在 Position 选项中选择 corner，x 输入−20 * a，y 输入−(H/2+h0)。

(3) 点击 Rectangle 3，在 Width 中输入 light，在 Height 中输入 h0，在 Position 选项中选择 corner，x 输入(L−light)/2−20 * a，y 输入−(H/2+h0)。

(4) 点击 transform，选择 mirror，选择输入对象为手动，选择 r2，勾选保留输入对象，在 point on the reflection line 中，x 输入 L/2−20 * a，y 输入 0；在 Reflected Line Normal 中 x 输入 1，y 输入 0。

(5) 点击 circle，lable 命名为 particle，其中 vr：a，Scalloped angle：360；benchmark：Centered，x：dark － 20 * a，y：0，在 Cumulative selection 中选择 particle1。

(6) 点击 Scale Factor，选择输入对象为手动，选择 r1、r2、r3、mir1、c2，选择 isotropic，factor ：1/(a/1[m])

(7) 设置 Variables 2，在 Name 选项中输入 ExExc、EyEyc、ExEycaddExcEy、Fdep_x、Fdep_y，在 Expression 选项中输入(－ec.Ex)^2、(－ec.Ey)^2、2 * (－ec.Ex) * (－ec.Ey)、0.25 * ((ExExc－EyEyc) * nx＋ExEycaddExcEy* ny)、0.25 * (ExEycaddExcEy* nx＋(EyEyc－ExExc) * ny)。

(8) 选择 particle 为 ParticleSurface。

(9) 用鼠标右击 Definitions，在 nonlocal 中点击 Average，设置 aveop1 算子为 ParticleSurface。

(10) 点击 Scale Factor，设置各向同性，因子为 1/(a/1[m])。

(11) 点击 Form Union，Build All。

图 4-7 所示为 COMSOL 软件中二维建模示意图。

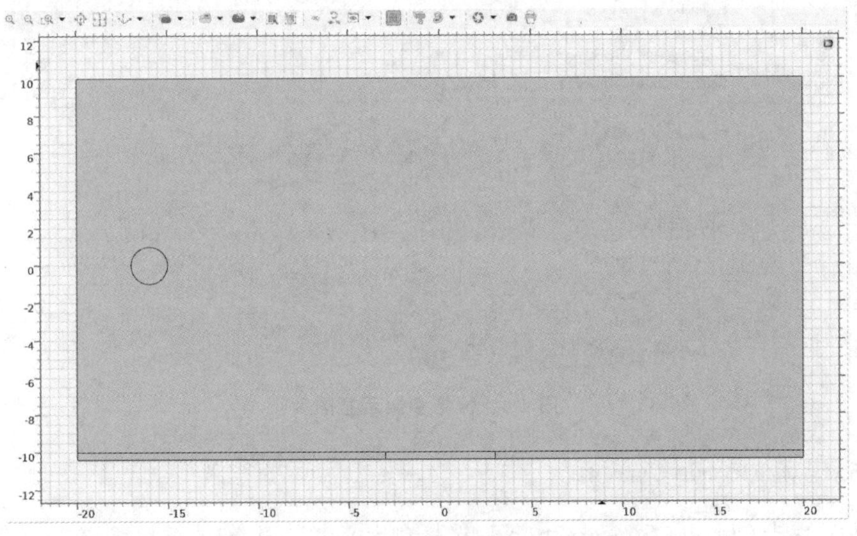

图 4-7 COMSOL 软件中二维建模示意图

4. 流场 Creeping Flow

(1) 点击 Creeping Flow，选择域 2，相对温度输入 T。

(2) 点击 Fluid Properties 1，在 density 中输入 Re，在 dynamic viscosity 中输入 1。

(3) 点击 wall 2，在 label 中输入 particle，边界选择颗粒表面，在 velocity of

moving wall 中分别输入 u2t、v2t。

(4) Inlet 1 选择边界 3,Uav:V_in,Lenter:1。

(5) Outlet 1 选择边界 13。如图 4-8 所示。

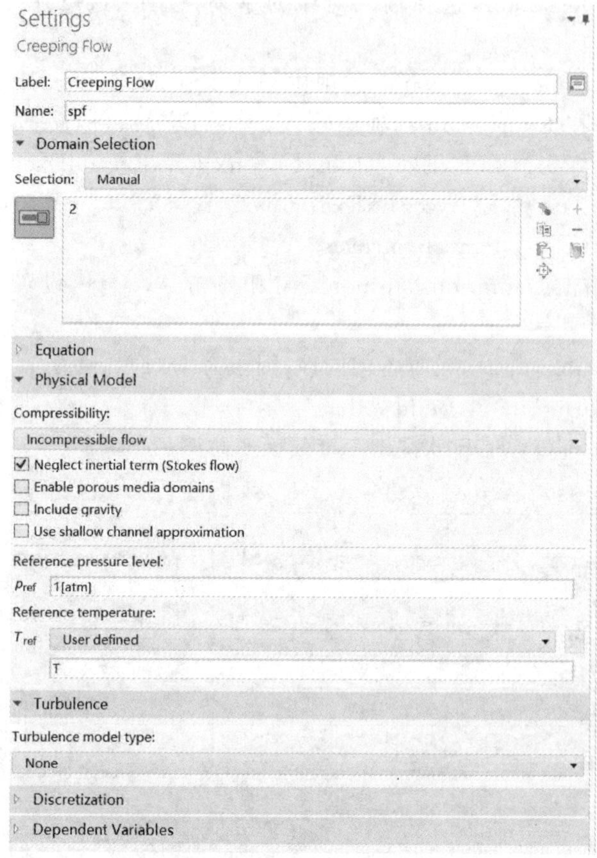

图 4-8 流场参数示意图

5. 电场 Electric Currents

(1) 点击 Current Conservation 1,选择自定义电导率,勾选对角线,在对角线处输入 sigma_f * R_const * T/F_const/a,相对介电常数选择用户自定义,输入 1－i * sigma_f/(omega * eps_f),各向同性。

(2) Electric Potential 1 选择边界 5,电势 V0:0/V_scale。

(3) Electric Potential 2 选择边界 2,7,10,电势 V0:30/V_scale。

(4) 点击 Current Conservation,定义为 Current Conservation_Particle,手动选择域 5,用户自定义电导率,对角线输入 sigma_p * R_const * T/F_const/a,相对介电常数自定义为 1－i * sigma_p/(omega * eps_p)。

(5) 点击 Current Conservation,定义为 Current Conservation_Dark,手动选择域 1 和域 4,用户自定义电导率,对角线输入 sigma_d * R_const * T/F_const/a,相对介电常数用户自定义为 1－i * sigma_d/(omega * eps_s),各向同性。

(6) 同理,Current Conservation_Light 选择域 3,用户自定义电导率,对角线输入 sigma_l * R_const * T/F_const/a,相对介电常数为 1－i * sigma_l/(omega * eps_s)。如图 4-9 所示。

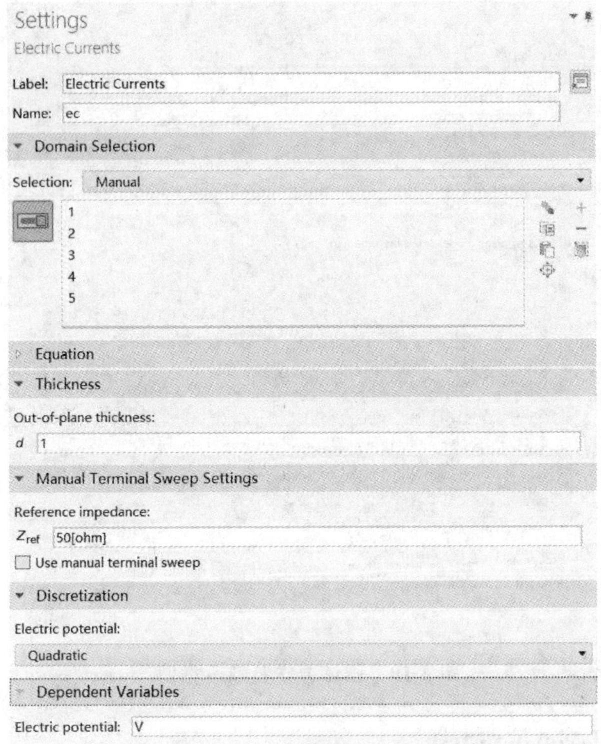

图 4-9 电场参数示意图

6. 固体力学 Solid Mechanics

(1) 手动选择域 5。

(2) 点击 Hyperelastic Material 1,选择域 5,选择 Neo-Hookean,可压缩性为几乎不可压缩材料,二次体积应变能,Lame 参数用户自定义为 G0/P_scale,体积模量:Bulk/P_scale,密度:Re。

(3) 点击 Boundary Load 1,手动选择边界 14～17,载荷类型确定为单位长度的,FL 自定义为 X 方向:(－u_lm＋Fdep_x) * dvol_spatial/dvol,Y 方向:(－v_lm＋Fdep_y) * dvol_spatial/dvol。如图 4-10 所示。

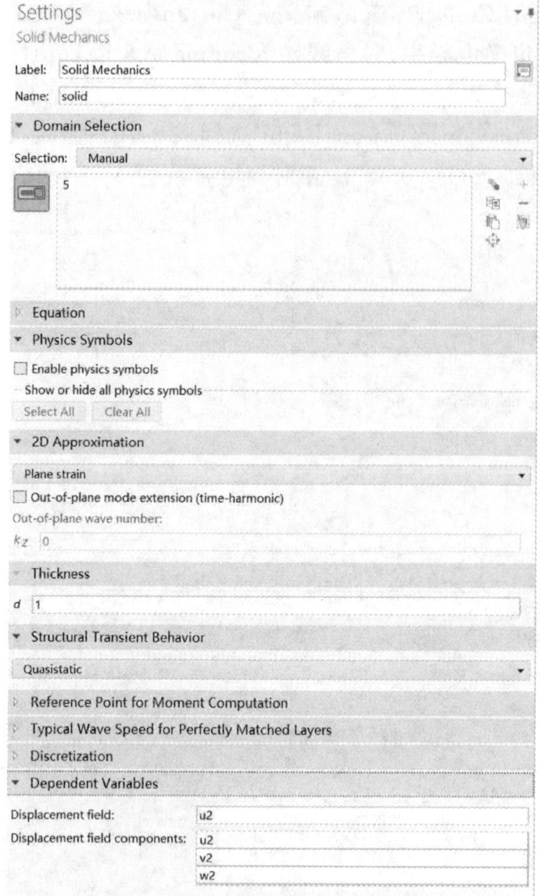

图 4-10　固体力学参数示意图

7. 移动网格 Moving Mesh

(1) 点击 Moving Mesh，选择域 2，Geometry shape function 选择 1。

(2) 点击 Prescribed Mesh Displacement 2，选择边界 14～17，指定 x、y 位移为 u2、v2。

(3) 点击 Prescribed Mesh Displacement 4，选择边界 3，13，指定 x、y 位移为 0。如图 4-11 所示。

8. 网格

(1) 在 Size 中选择 fluid dynamic。

(2) 在 Free Triangular 下勾选剩余部分，点击 Control Entities，在 Number of iterations 选项中输入 8，在 Maximum element depth to process 选项中输入 8。

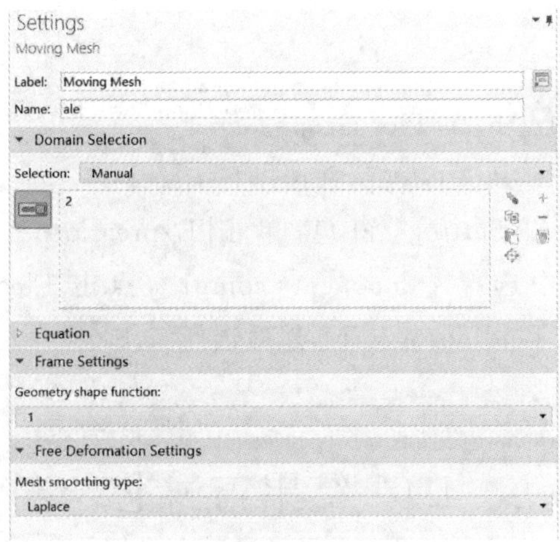

图 4-11 移动网格参数示意图

(3) 点击 Free Triangular 中的 Size1,选择边界 14～17,校准为极细化流体动力学单元大小。

9. 研究 1

(1) 点击 Time Dependent,Output time 范围选择(0,0.1,2)。

(2) 选择 Study Extensions,再选择 Automatic remeshing。

(3) 点击 Compute。如图 4-12 所示。

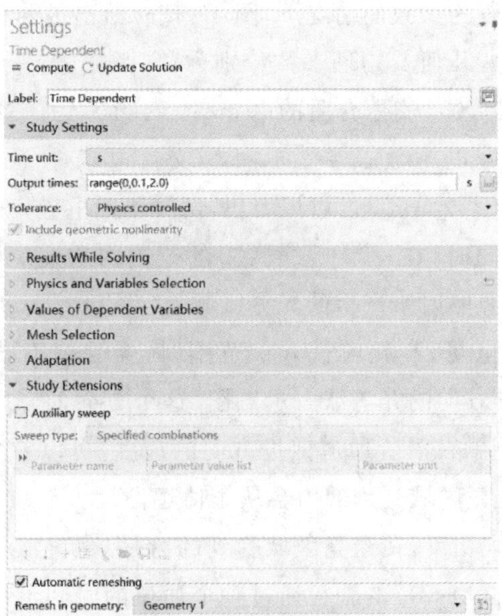

图 4-12 求解器设置

10. 结果

(1) 在 Results 中点击 2D Plot Group。

(2) 用鼠标右击 2D Plot Group,并选择 Surface。

(3) 在 Surface 的 Settings 窗口,单击 Expression 栏右上角的 Replace Expression。从菜单中选择 component(comp1),点击 Electric Currents,点击 Electric,点击 Electric field norm-V/M,然后选择 ec.EX。

(4) 点击 Plot。

4.4 结果与讨论

图 4-13 展示了颗粒运动初始时刻的电势与电场分布。图中一些几何及物理参数分别为:亮区宽度 $d_L=30\ \mu m$,颗粒初始位置是$(x^*,y^*)=(-14,0)$,流体介质的电导率 $\sigma_F=1\times10^{-3}$ S/m,流体介质的介电常数 $\varepsilon_F=80$,颗粒的介电常数 $\varepsilon_P=2.6$,外加交流电场电压 $\varphi=10$ V,频率 $f=1$ MHz,入口流速 $V_{inlet}=1$ mm/s。由该图可以看出,将特定的图案照射到光导材料层时,在光照区附近会形成一个强烈的非均匀电场,并且光亮区与暗区交界处的电场强度显著大于其他区域的电场强度(包括光斑中心区域和远离光斑区域)。

在其他参数均设置为一致的情况下,图 4-14(a)给出了两种不同电导率颗粒的运动轨迹图。图中一些几何及物理参数分别为:亮区宽度 $d_L=30\mu m$,颗粒初始位置是$(x^*,y^*)=(-14,0)$,流体介质的电导率 $\sigma_F=1\times10^{-3}$S/m,流体介质的介电常数 $\varepsilon_F=80$,颗粒的介电常数 $\varepsilon_P=2.6$,外加交流电场电压 $\varphi=10$ V,频率 $f=1$ MHz,入口流速 $V_{inlet}=1$ mm/s。可以看出,两种不同电导率的颗粒在被流体推动向着出口方向移动的同时,在 $x^*=(-5,5)$的范围内均发生明显的 y^* 方向偏移量。这是由于底部光源照射所产生的光亮区域 d_L^* 被设置在该范围内,使得该区域形成了强烈的非均匀电场,当颗粒进入该范围时,会受到不同性质的介电泳力作用。图 4-14(b)是 x^* 方向的介电泳力示意图,这个方向的介电泳力不会影响颗粒的上下运动,只会影响颗粒沿着通道前进方向的速度,可以看到电导率为 $\sigma_P=4\times10^{-2}$ S/m 的颗粒在光亮区域受到的力会从正值逐渐增大至负值,而电导率为 $\sigma_P=4\times10^{-4}$ S/m 的颗粒则相反,在光亮区域受到的力是从负值逐渐增大至正值,这样的差异会导致两种不同电导率的颗粒通过整个通道的时间不一样,具体而言,电导率大的颗粒会更快地通过整个通道,这在颗粒分离时对分离效率有一定的影响。

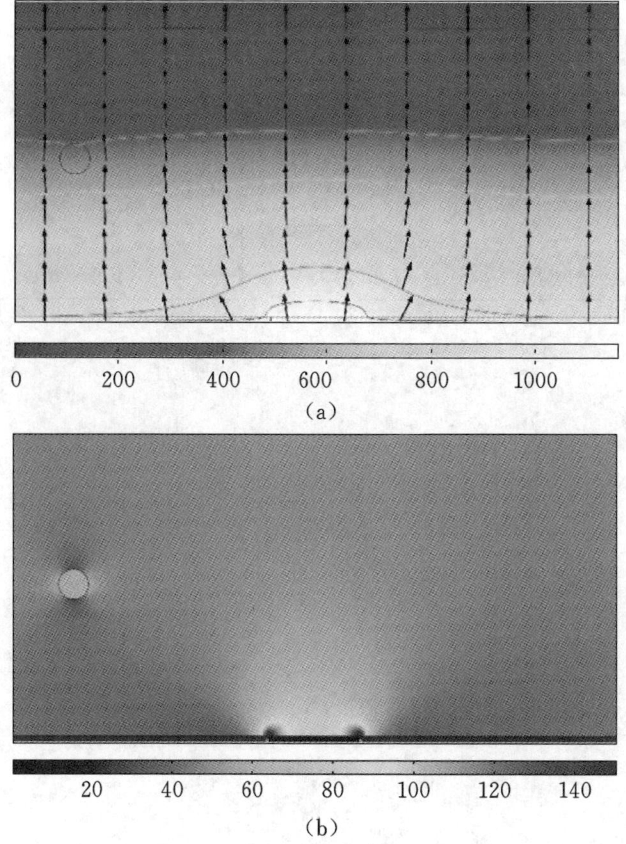

图 4-13 初始时刻颗粒的电势与电场分布

如图 4-14(c)所示，电导率为 $\sigma_P = 4\times10^{-2}$ S/m 的颗粒在此区间受到的 DEP 力为负，吸引颗粒向着电场强度更高的区域即光亮区运动，称为正介电电泳，当外加交流电场频率为 1 MHz 时，由式(4-1)和式(4-2)可以得出其克劳修斯因子的实部值为 0.8663。而电导率为 $\sigma_P = 4\times10^{-4}$ S/m 的颗粒在此区间受到的介电泳力为正值，排斥颗粒向着远离光亮区域的方向运动，称之为负介电电泳，频率为 1 MHz 时其克劳修斯因子的实部值为 −0.4612。在此两种不同的介电泳作用下，电导率不同的颗粒的运动轨迹发生了明显分化，进而可以据此将两种颗粒进行分离。

计算表明本模型的雷诺数小于 1，流体可视为斯托克斯流动，忽略了惯性项，所以不考虑惯性升力的影响。在不施加外加电场时，不同初始位置的颗粒均不会产生 y^* 方向的偏移运动。x^* 方向的介电泳力波动也只能影响颗粒穿过微通道的速度，不能使之产生 y 方向的偏移。因此，我们可以认为这两种电导率的颗粒分离主

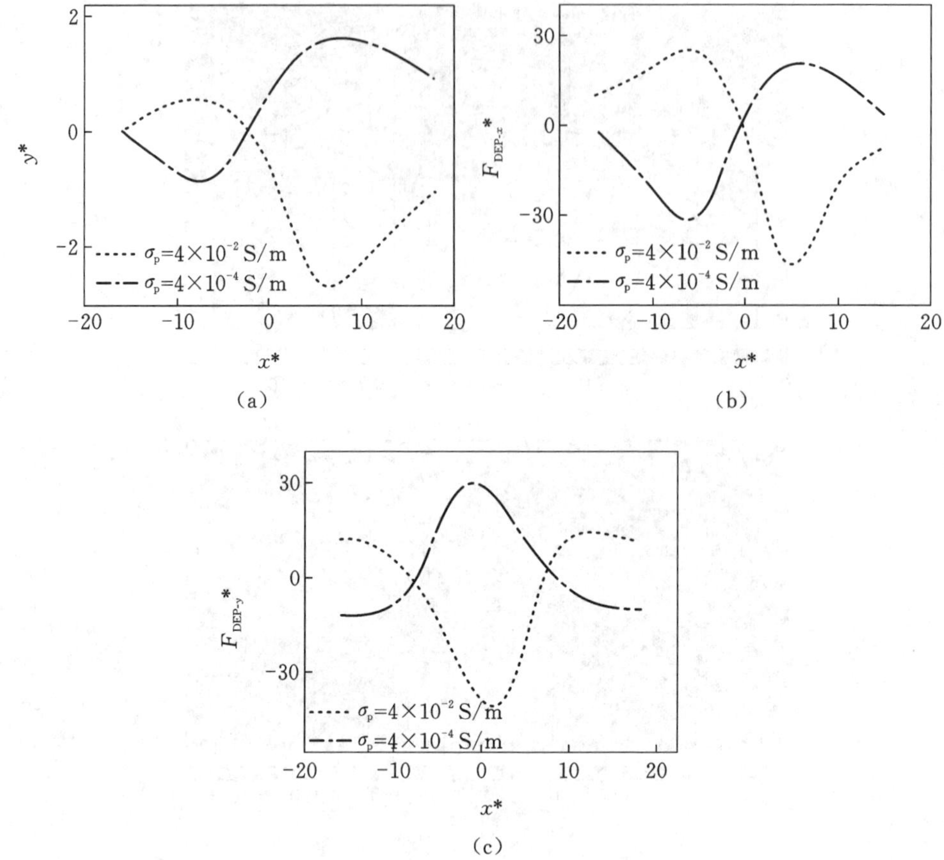

(a)

(b)

(c)

图 4-14　两种不同电导率颗粒的运动轨迹和介电泳力

要是由于颗粒受到由光照引起的正负介电泳作用导致的，尤其是 y^* 方向的介电泳力。同时值得注意的是，两种颗粒在经过光亮区域之前和通过光亮区域之后，均有一小段与在光亮区域运动方向刚好相反的 y^* 方向偏移，这是由于通道内连续分布的非均匀电场所导致的，即微颗粒在微通道内需连续经过一段电场强度由弱变强又由强变弱的运动过程，在此期间内的介电泳力也会出现相应波动。这可能在一定程度上削弱了颗粒的分离效果，但是只要电场、光照区域参数设置合理，还是能够调节颗粒呈现明显不同的运动轨迹，进而保证颗粒的分离效果。

除了颗粒的电导率以外，其他的因素如流场、电场及光导层参数也会对圆形刚体颗粒的运动轨迹及分离效果产生影响。下面采用控制变量的方法分别研究了包括亮区宽度、外加交流电场电压和入口流速在内的三种影响因素下颗粒的运动轨迹。

图 4-15 显示了两种电导率的颗粒在三种亮区宽度 d_L 下的运动轨迹图和速度

变化图。图中一些几何及物理参数分别为：颗粒初始位置是$(x^*, y^*)=(-14,0)$，亮区宽度 d_L 分别是 20 μm、30 μm 和 40 μm，流体介质的电导率 $\sigma_F=1\times10^{-3}$ S/m，流体介质的介电常数 $\varepsilon_F=80$，颗粒的介电常数 $\varepsilon_P=2.6$，外加交流电场电压 $\varphi=10$ V，频率 $f=1$ MHz，入口流速 $V_{inlet}=1$ mm/s。如图 4-15(a)、(d)所示，对比不同的亮区宽度下颗粒的运动轨迹图变化，从中可以看出亮区宽度对颗粒运动轨迹的影响主要是颗粒 y^* 方向的偏移量，颗粒在靠近光照产生的亮区时由于不同性质介电泳力的作用，会产生相应的靠近或远离亮区方向的运动，亮区宽度越大，颗粒靠近或远离亮区的 y^* 方向位移量越大。采用是否合适的亮区宽度对颗粒分离效果的好坏有着较为重要的影响，如果亮区宽度太小，会起不到分离颗粒的作用。相反的，如果亮区宽度太大，会使颗粒碰撞到一边的壁面，影响颗粒的活性，同时导致分离效果不佳。

如图 4-15(b)、(c)所示为颗粒在受到正介电泳作用的情况下，不同的亮区宽度对应的速度变化图。从 x^* 和 y^* 两个方向的速度变化中可以看出，亮区宽度越大，颗粒受到介电泳力的作用范围越大。此外，颗粒经过亮区时，正介电泳对颗粒 x^* 方向的运动起到减速的作用，在经过亮区和暗区交界处时这个作用尤其明显，$d_L=40$ μm 时颗粒的速度对比 $d_L=20$ μm 时的速度缩小程度已经足够大；而对颗粒 y^* 方向速度而言，影响是加速往靠近亮区的方向运动。相反的，如图 4-15(e)、(f)所示，负介电泳对颗粒 x^* 方向的运动起到加速的作用，一方面这会使得颗粒通过亮区的时间变短，另一方面负介电泳对颗粒 y^* 方向速度的影响是加速往远离亮区的方向运动。这也意味着，通过调节亮区宽度不仅可以控制颗粒靠近或远离亮区的运动，同时也能影响颗粒通过整个通道的时间，进而影响颗粒分离效率。

图 4-16 显示了两种电导率的颗粒在三种不同外加交流电压 φ 下的运动轨迹图和速度图。图中一些几何及物理参数分别为：亮区宽度 $d_L=30$ μm，颗粒初始位置是$(x^*, y^*)=(-14,0)$，流体介质的电导率 $\sigma_F=1\times10^{-3}$ S/m，流体介质的介电常数 $\varepsilon_F=80$，颗粒的介电常数 $\varepsilon_P=2.6$，外加交流电场电压 φ 分别为 10 V、20 V 和 30 V，频率 $f=1$ MHz，入口流速 $V_{inlet}=1$ mm/s。如图 4-16(a)、(d)所示，黑线表示的是外加交流电压 $\varphi=10$ V，在这种情形下，无论正介电泳作用或负介电泳作用均不能让颗粒的运动轨迹产生较大 y^* 方向的偏移，也就是无法让两种不同电导率的颗粒分离。在外加交流电压 $\varphi=20$ V 即蓝线所对应的情形下，颗粒能有相对不同的运动轨迹但是分离的效果仍然不够好。当外加交流电压增大到 $\varphi=30$ V 即红线所对应的情形时，两种不同性质的颗粒有比较明显不同的运动轨迹。从图 4-16(a)、(d)所示的轨迹图可以看出，在一定的范围内，电压对颗粒的分离起促进作用，电压越大颗粒的分离效果越好，这也可以从式(4-13)即计算介电泳力的公式中看出，电场越大颗粒受到的介电泳力越大，颗粒往光亮区域的靠近或远离运动的幅度就越大。

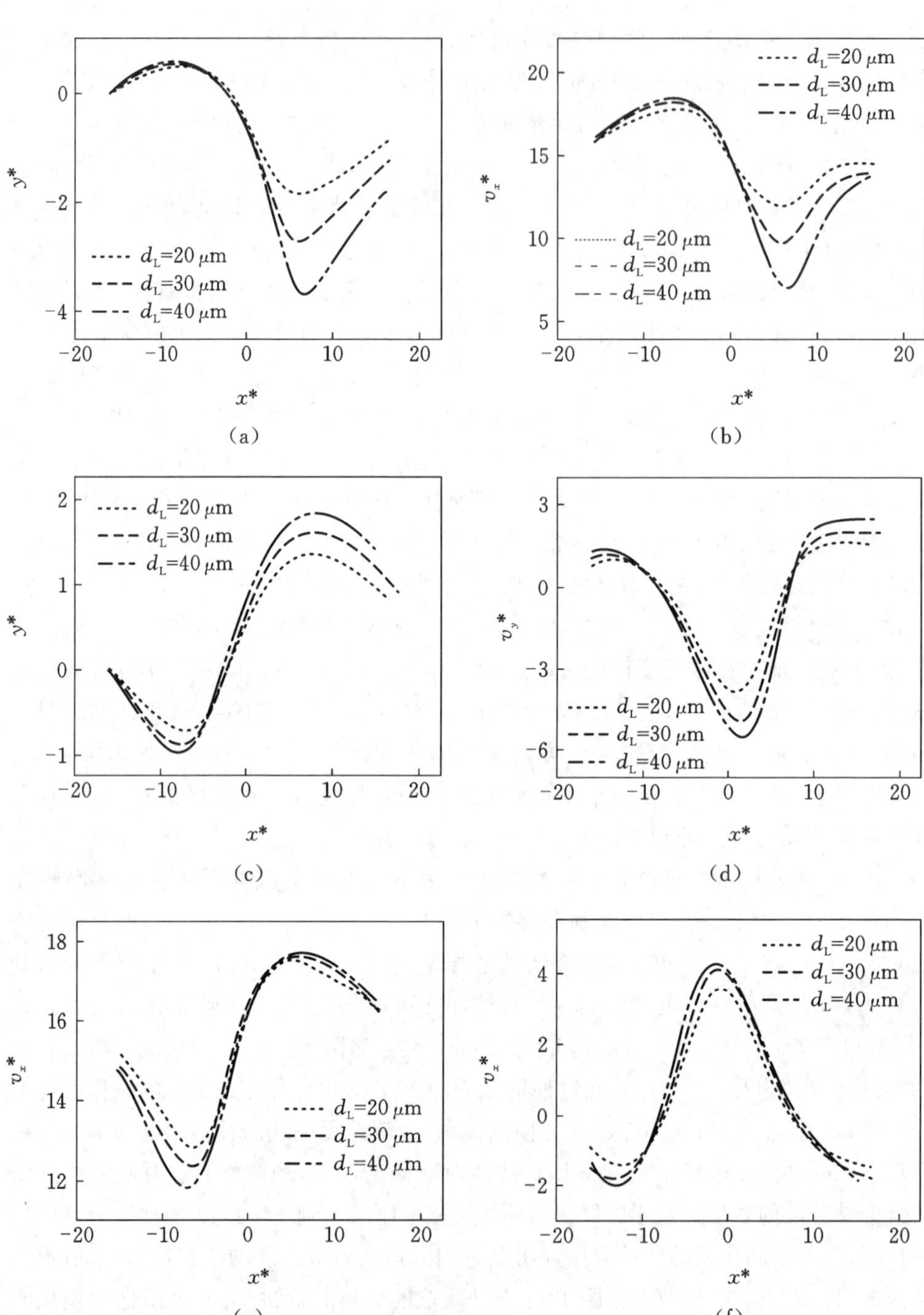

图 4-15　不同亮区宽度下颗粒的运动轨迹和速度

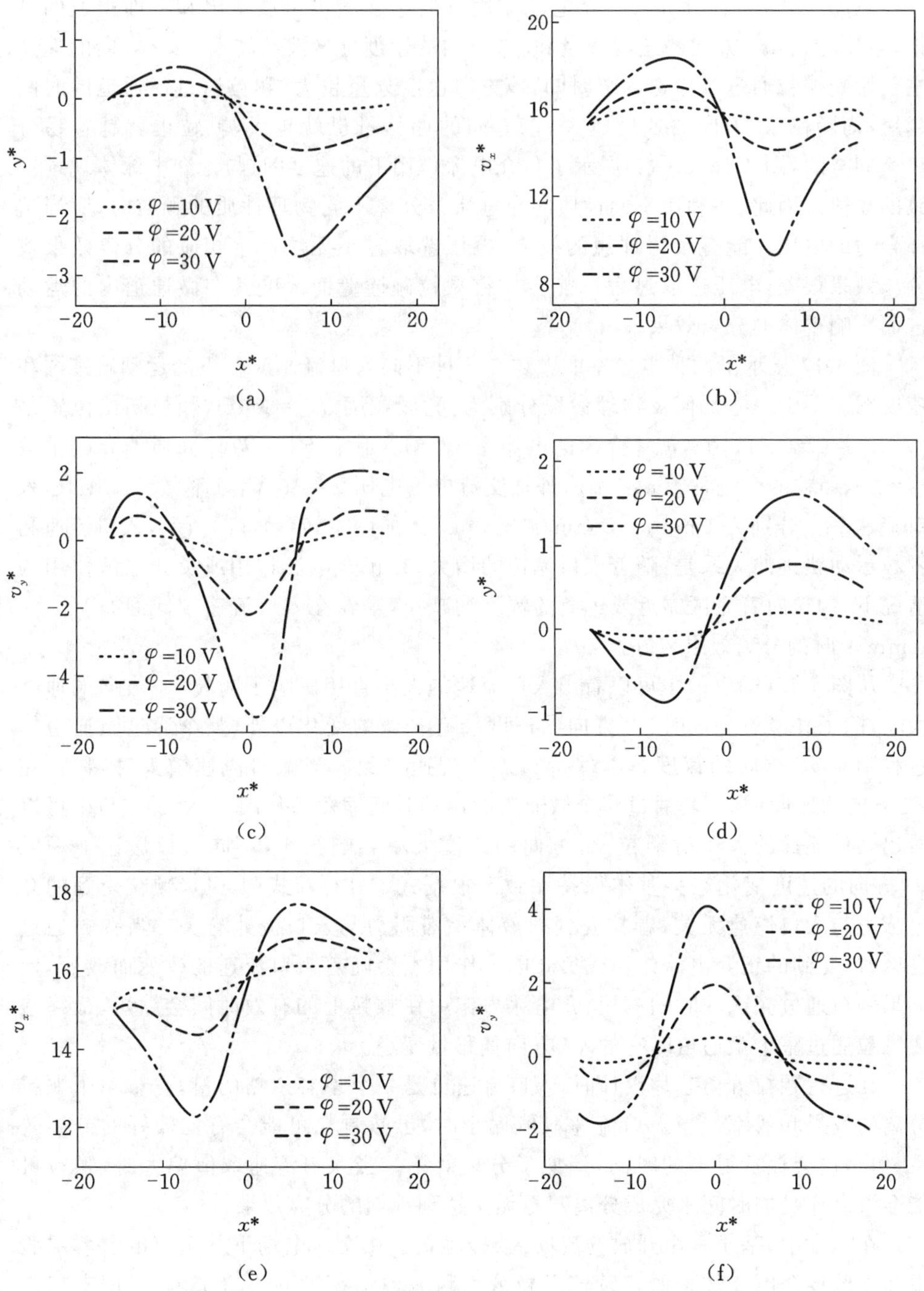

图 4-16　不同交流电场电压下颗粒的运动轨迹和速度

从图 4-16(b)、(c)所示正介电泳作用下的速度图也可以得出和上面类似的结论，电压越大，x^* 方向的速度分量和 y^* 方向的速度分量波动越大。x^* 方向的速度主要影响颗粒通过微通道的总时间，该方向速度分量越大，颗粒通过微通道的时间越短；而颗粒 y^* 方向的速度越大，该方向的偏移量也就越大，颗粒也就越容易分离。同样的，图 4-16(e)、(f)展示了负介电泳作用下的速度图，与正介电泳体现了一致的规律。因此，在利用不同性质的介电泳力分离不同物理性质的颗粒时，应当选择合适的电压才能有较为理想的效果，电压选取过小无法产生相应的分离效果或分离效果很差，电压选取过大可能会导致颗粒碰撞壁面改变其在微通道内的运动进而影响整体的分离效果。

图 4-17 显示了两种电导率的颗粒在三种不同入口流速 V_{inlet} 下的运动轨迹图和速度图。图中一些几何及物理参数分别为：亮区宽度 $d_{\mathrm{L}}=30\mu\mathrm{m}$，颗粒初始位置是 $(x^*, y^*)=(-14,0)$，流体介质的电导率 $\sigma_{\mathrm{F}}=1\times10^{-3}$ S/m，流体介质的介电常数 $\varepsilon_{\mathrm{F}}=80$，颗粒的介电常数 $\varepsilon_{\mathrm{P}}=2.6$，外加交流电场电压 $\varphi=10$ V，频率 $f=1$ MHz，入口流速 V_{inlet} 分别为 1 mm/s、2 mm/s、3 mm/s。如图 4-17(a)、(d)所示，入口流速和颗粒运动轨迹的关系是：随着入口流速的增大，在正介电泳作用或负介电泳作用的情况下，颗粒向着亮区靠近或远离的幅度均减小，颗粒在入口流速较低例如 $V_{\mathrm{inlet}}=$ 1 mm/s 时的分离效果较好。

从图 4-17(b)、(e)中可以看出入口流速的大小直接影响了颗粒 x^* 方向的速度大小，除了在经过亮区时 x^* 方向的速度会有轻微的变化以外，整个通过微通道的过程颗粒 x^* 方向的速度基本保持与入口流速一致。当入口流速增大时，颗粒在 x^* 方向的速度增大，其通过整个微通道的运动时间缩短。从图 4-17(c)、(f)中可以看出入口流速的大小对颗粒 y^* 方向的速度大小影响很小，不同入口流速下颗粒 y^* 方向的速度变化趋势基本保持一致。根据式(4-13)和式(4-14)，颗粒受到的介电泳力与入口流速无关，颗粒受到的液体黏滞阻力与入口流速有关。当颗粒通过亮区时，受到的正介电泳作用或负介电泳作用不会随着入口流速的改变而改变，但如果颗粒通过亮区的时间缩短，介电泳力作用在颗粒上的有效时间会缩短，最终造成颗粒通过整个微通道时它的 y^* 方向偏移量变小。

在进行颗粒分离芯片设计时，入口流速也是一个不容忽略的量，它影响了颗粒分离的效果和效率。当入口流速取值偏小时，虽然颗粒可能会有比较好的分离效果，但是这会耗费更多的时间，降低了分离效率。当入口流速取值偏大时，颗粒可能会没有充足的时间来完成分离甚至无法达到预期的分离效果。

在本章中，基于一个开放的流场区域，建立了在交流电场下基于双电层薄层假设和光诱导介电泳技术的连续流颗粒分离瞬态数值模型并进行求解，采用麦克斯韦应力张量法计算了作用在颗粒上的时间平均交流介电泳力及流体黏滞阻力，使用

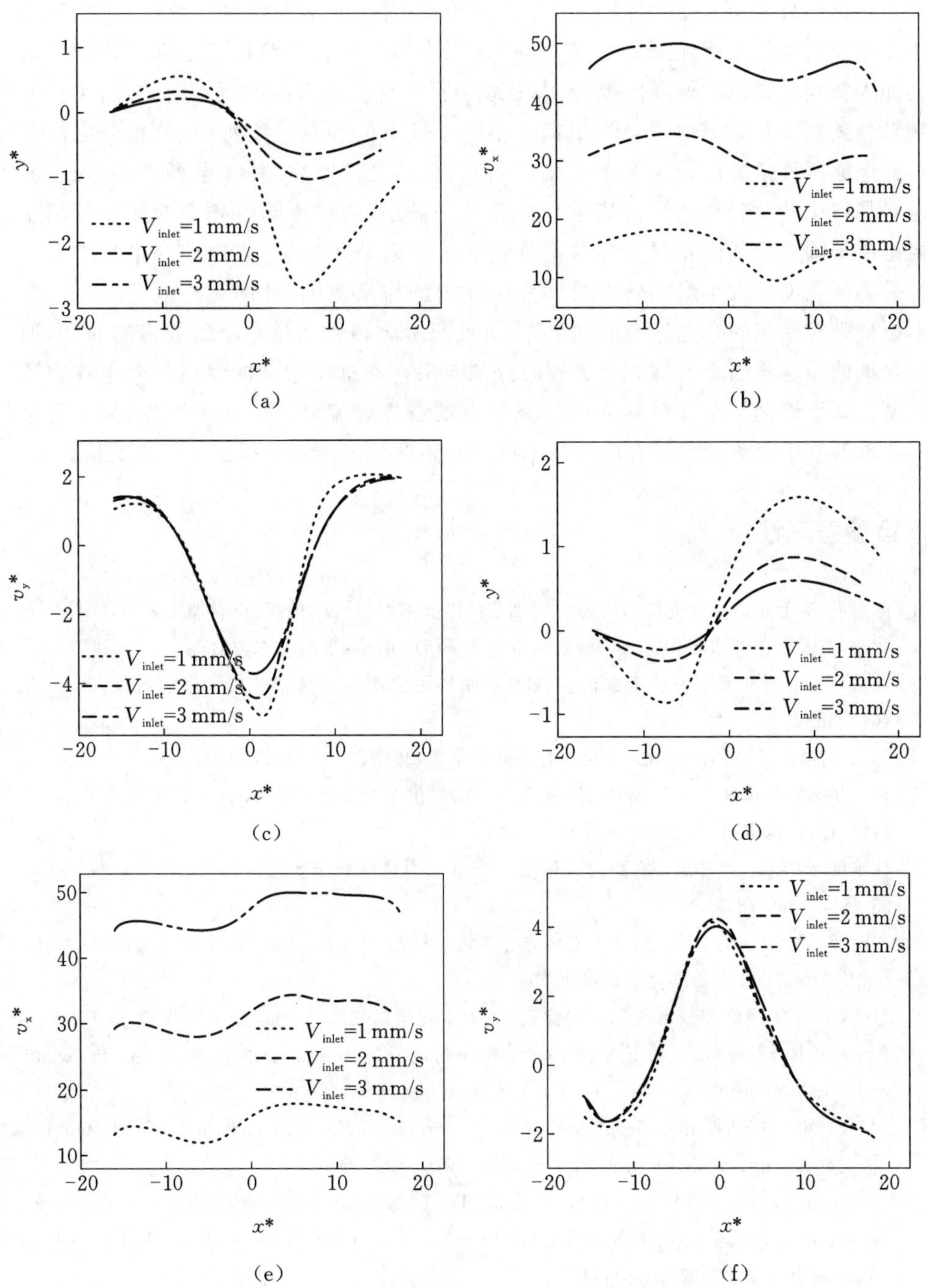

图 4-17　不同入口流速下颗粒的运动轨迹和速度

任意拉格朗日-欧拉法对强耦合下的电场-流体-固体力学问题进行数值求解，该方法在欧拉框架下求解流场和电场，同时以拉格朗日方式跟踪粒子运动。外部流场的加入实现了颗粒的连续操控，大大缩短了颗粒在微通道内的运动时间，对于提升颗粒分离效率有显著效果。为了揭示不同条件下的颗粒分离机理，分正介电泳和负介电泳两种情况讨论了几个重要的因素，包括亮区宽度、外加电场电压、入口流速对颗粒运动及分离效果的影响。计算结果显示，两种不同电导率的颗粒分离主要是由于颗粒受到由光照引起的正负介电泳作用尤其是 y^* 方向的介电泳力导致的。亮区宽度的大小影响颗粒受到介电泳力的作用范围，外加交流电场电压的大小影响颗粒受到的介电泳力的大小，入口流速影响颗粒通过整个微通道的时间，通过合理调控这些因素有望获得更好的分离效果。本章所建立的光诱导介电泳物理模型合理地解释了在光诱导介电泳条件下颗粒连续流分离的基本原理，为未来进一步设计基于交流光诱导介电泳技术的颗粒连续流分离芯片提供了理论支持。

本章参考文献

[1] 陈思兰.基于光诱导介电泳力的磁性靶细胞操纵技术研究[D].长春：长春理工大学，2019.

[2] 程刚.光诱导介电泳芯片的磁控溅射制备与表征[D].南京：东南大学，2017.

[3] 黄笛，项楠，唐文来，等.基于微流控技术的循环肿瘤细胞分选研究[J].化学进展，2015，27(07)：882-912.

[4] 林炳承.微流控芯片的研究及产业化[J].分析化学，2016，44 (04)：491-499.

[5] 倪中华，易红，朱树存，等.基于光诱导介电泳的微纳米生物粒子操纵平台关键技术[J].中国科学(E 辑：技术科学)，2009，39 (10)：1635-1642.

[6] 任玉坤，敖宏瑞，顾建忠，等.面向微系统的介电泳力微纳粒子操控研究[J].物理学报，2009，58 (11)：7869-7877.

[7] 朱晓璐，尹芝峰，高志强，等.基于光诱导介电泳的微粒子过滤、输运、富集和聚焦的实验研究[J].中国科学：技术科学，2011，41 (03)：334-342.

[8] 赵亮，黄岩谊.微流控技术与芯片实验室[J].大学化学，2011，26 (03)：1-8.

[9] Agarwal R，Duderstadt K E.Multiplex flow magnetic tweezers reveal rare enzymatic events with single molecule precision[J].Nature Communications，2020，11 (1) ：4714.

[10] Ai Y，Qian S Z.DC dielectrophoretic particle-particle interactions and their relative motions [J].Journal of Colloid and Interface Science，2010，346 (2)：448-454.

[11] Al-Jarro A，Paul J，Thomas D W P，et al.，Direct calculation of Maxwell stress tensor for accurate trajectory prediction during DEP for 2D and 3D structures[J].Journal of Physics D Applied Physics，2007，40(1)：71-77.

[12] Bzdek B R，Collard L，Sprittles J E，et al.，Dynamic measurements and simulations of airborne picolitre-droplet coalescence in holographic optical tweezers[J].Journal of Chemical

Physics,2016,145(5):4653.

[13] Cervantes N A,Gutierrez-Medina B.Robust deposition of lambda DNA on mica for imaging by AFM in air[J].Scanning,2014,36(6):561-569.

[14] Chen Q,Yuan Y J.A review of polystyrene bead manipulation by dielectrophoresis[J].Rsc Advances,2019,9(1):4963 - 4981.

[15] Chen Y S,Chung K C,Huang W Y,et al.,Generating digital drug cocktails via optical manipulation of drug-containing particles and photo-patterning of hydrogels[J].Lab on a chip,2019,19(10):1764-1771.

[16] Chen Y S,Lai C P K,Chen C C,et al.,Isolation and recovery of extracellular vesicles using optically-induced dielectrophoresis on an integrated microfluidic platform[J].Lab on a chip,2021,21 (8):1475-1483.

[17] Cheung K M,Abendroth J M,Nakatsuka N,et al.,Detecting DNA and RNA and Differentiating Single-Nucleotide Variations via Field-Effect Transistors[J].Nano Letters,2020,20(8):5982-5990.

[18] Chiou P Y,Ohta A T,Wu M C.Massively parallel manipulation of single cells and microparticles using optical images[J].Nature,2005,436(7049):370-372.

[19] Chiu T-K,Chao A C,Chou W-P,et al.,Optically-induced-dielectrophoresis (ODEP)-based cell manipulation in a microfluidic system for high-purity isolation of integral circulating tumor cell (CTC) clusters based on their size characteristics[J].Sensors and Actuators B:Chemical,2018,258(1):1161-1173.

[20] Chu P-Y,Hsieh C-H,Chen C-Y,et al.,Improvement of Background Solution for Optically Induced Dielectrophoresis-Based Cell Manipulation in a Microfluidic System[J].Frontiers in Bioengineering and Biotechnology,2021,9(1):1-12.

[21] Chu P Y,Hsieh C H,Lin C R,et al.,The Effect of Optically Induced Dielectrophoresis (ODEP)-Based Cell Manipulation in a Microfluidic System on the Properties of Biological Cells[J].Biosensors-Basel,2020,10(6):1-13.

[22] Ding H,Liu W,Shao J,et al.,Influence of induced-charge electrokinetic phenomena on the dielectrophoretic assembly of gold nanoparticles in a conductive-island-based microelectrode system[J].Langmuir :the ACS journal of surfaces and colloids,2013,29(39):12093-12103.

[23] Ding T L,Yang J,Pan V,et al.,DNA nanotechnology assisted nanopore-based analysis[J].Nucleic Acids Research,2020,48(6):2791-2806.

[24] Fan Y,Nguyen D T,Akay Y M,et al.,Engineering a Brain Cancer Chip for High-throughput Drug Screening[J].Scientific Reports,2016,6(1):25062.

[25] Figeys,Pinto.Lab-on-a-chip:a revolution in biological and medical sciences[J].Analytical Chemistry,2000,72 9(1):330-335.

[26] Fox J L,Vu E N,Doyle-Waters M,et al.,Prophylactic hypothermia for traumatic brain injury:a quantitative systematic review[J].Canadian Journal of Emergency Medicine,2010,12(4):355-364.

[27] Gimsa J.A comprehensive approach to electro-orientation, electrodeformation, dielectrophoresis, and electrorotation of ellipsoidal particles and biological cells[J]. Bioelectrochemistry, 2001, 54(1):23-31.

[28] Green N G, Ramos A, Morgan H. Numerical solution of the dielectrophoretic and travelling wave forces for interdigitated electrode arrays using the finite element method[J]. Journal of Electrostatics, 2002, 56(2):235-254.

[29] Gupta V, Jafferji I, Garza M, et al., ApoStream, a new dielectrophoretic device for antibody independent isolation and recovery of viable cancer cells from blood.[J]. Biomicrofluidics, 2012, 6(2):453.

[30] Held J, Gaspar J, Ruther P, et al., Systematic Characterization of DRIE-Based Fabrication Process of Silicon Microneedles[J]. Mrs Proceedings, 2007, 1052(1):271-276.

[31] House D L, Luo H X, Chang S Y. Numerical study on dielectrophoretic chaining of two ellipsoidal particles[J]. Journal of Colloid and Interface Science, 2012, 374(1):141-149.

5 一种二维拓扑优化混合器

5.1 引　言

近年来,微流控技术发展迅速,与很多领域联系日益密切。随着芯片实验室(LOC)的快速发展,微流控技术广泛应用于生物科学和化学工程等领域。LOC 指的是一种集成了混合、分离、捕获等功能的微型芯片。而混合作为其中的一个重要部分,依赖流体的对流和扩散效应,作用是混合两个或多个样品,为后期进行流体分析做准备。微流控芯片技术从本质上讲,是一种优秀的流体操纵系统。这种技术使复杂的微米和亚微米结构应用于生物和化学分析。一些在宏观尺度下并不重要的特性在微观尺度下变得重要。在微观下,一些与体积相关的量变得不再重要,比如惯性,而一些与表面积相关的量,如黏性力和表面张力,则恰恰相反。因此,流体往往呈现层流的状态,而混合主要由扩散完成。作为微流控芯片中的一种重要功能器件,微混合器已经被一些中外学者列为研究对象。快速均一混合对于化学组成、生化分析、药物输送、核酸测序等领域中的微流控芯片意义重大。微混合器是指在微通道或微腔室内实现样品快速均一混合的一种微流控器件。

微混合器主要分为主动式混合器和被动式混合器两类。主动式混合器主要通过施加外部能源,如磁场、电场、光照等来增强对流体层流的扰动。如图 5-1 所示为一种主动式微混合器。但是由于主动式微混合器设计和制造过程比较复杂,通常不容易与其他微流控组件集成。而且,主动式微混合器中的热量、机械动作和电场可能会损害脆弱的生物物种。相对于主动式微混合器,被动式微混合器具有结构简单、耗能低、方便控制、易于集成等特点。为了增强被动式微混合器中样品的混合,通常通过设计蜿蜒微通道或者在微通道中设置障碍物,以扰动层流或产生混沌对流,从而达到混合的目的。如图 5-2 和图 5-3 所示为一种被动式微混合器。

在被动式微混合器中,几何形状和流速是影响混合的主要因素。因此,关于被动式微混合器中微通道几何形状的研究变得越来越重要。但是,当前大部分被动式混合器结构的设计存在盲目性和低效性。因此,将拓扑优化引入被动式微混合器结构的设计就显得至关重要,拓扑优化是一种以材料分布为优化对象,在均匀分布材料的设计空间中找到最佳的分布方案的优化方法。拓扑优化具有自由度高、设计空间大、连通性好等特点。在微通道中微流体常常呈层流状态流动,因此在被

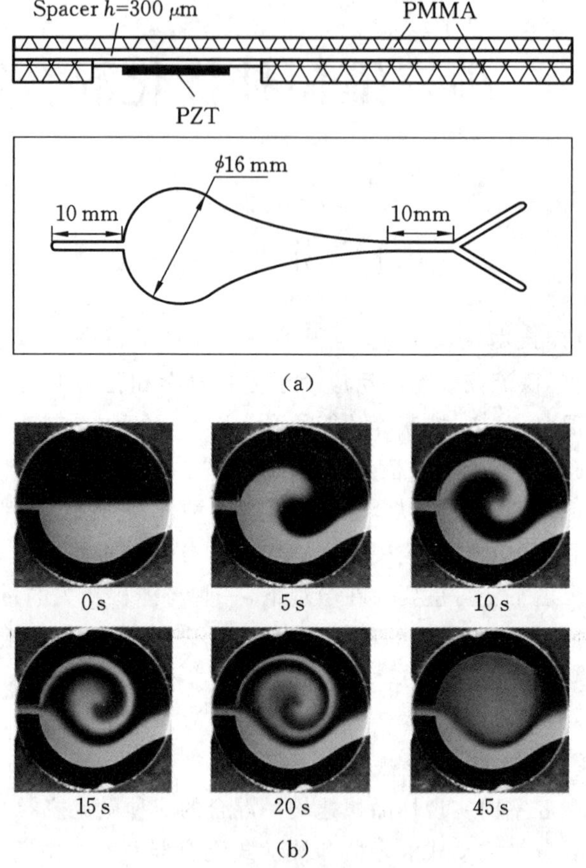

图 5-1　一种电渗流微混合器

(a) 混合器芯片的侧视图和俯视图；(b) 外部施加交流电，微混合器在不同时间的混合效果

动式微混合器中的流体主要通过分子扩散实现混合，然而，单独依靠分子扩散实现混合在微通道环境下是不可取的。为了增强被动式微混合器中样品的混合，通常通过设计蜿蜒微通道或者在微通道中设置障碍物，以细化层流或产生混沌对流，从而达到混合的目的。2015 年，Zhou 等人报道了一种具有优化侧向结构的增强型单层被动式微混合器，他们通过利用拓扑优化的方法进一步优化被动式混合器的结构。如图 5-4 所示。

在本章节中，我们在使用拓扑优化方法的前提下，引入压降系数，实现了在可控的出入口压降而且更大范围雷诺数下较好的混合效果。我们在一个圆形的设计域中优化出一种具有蜿蜒蛇形通道的拓扑结构，并对该拓扑结构进行周期性的排布，然后从浓度分布、速度场及压降等方面对此混合器进行了分析。此外，我们还使用标准软光刻方法制备芯片，对该仿真结果进行了实验验证。结果证明，流体在

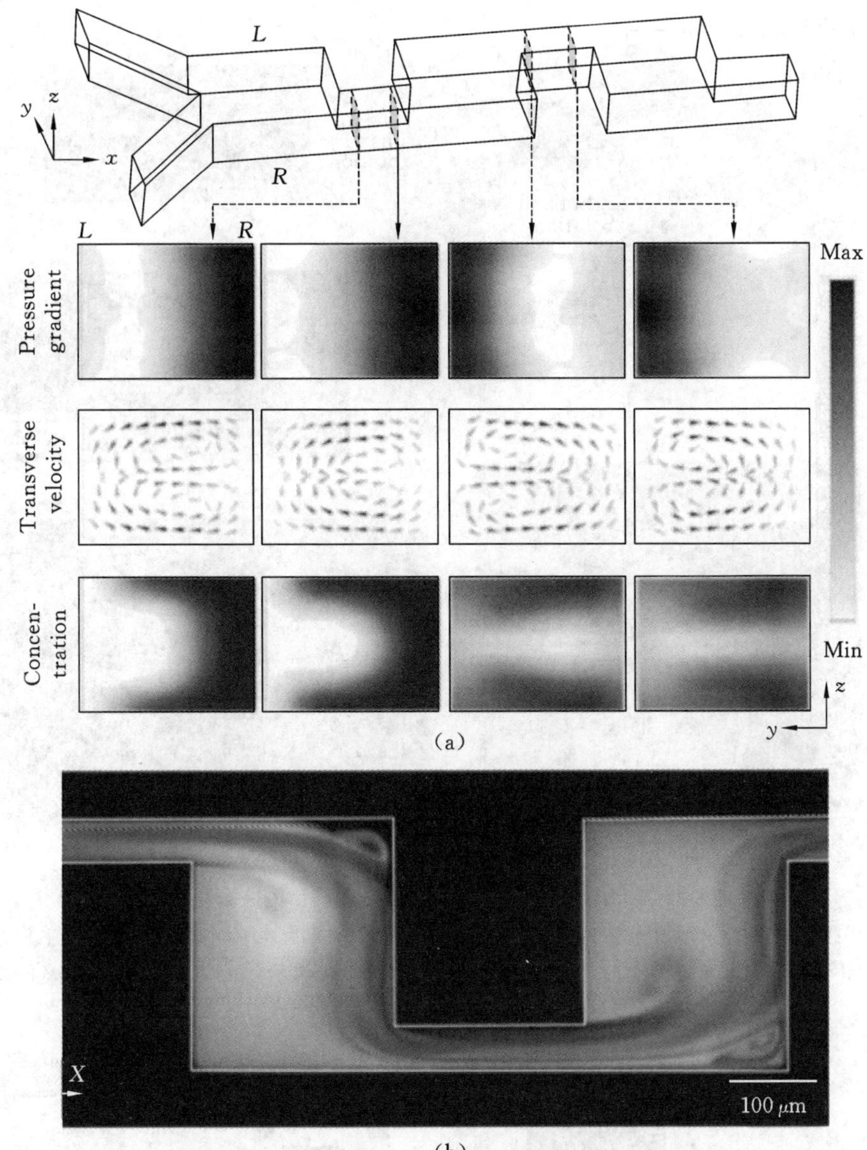

(a)

(b)

图 5-2 一种具有收缩-扩张通道的被动式微混合器

(a) 微混合器结构示意图和部分截面的仿真结果图；

(b) 微混合器芯片通过荧光混合实验观察到的多个混合涡旋

通过该拓扑结构弯曲通道时，由于转弯流体的离心力作用产生二次流。该微混合器利用二次流的作用，在较大的雷诺数范围(0.01～100)内以及较小的压降下，实现了高效快速地混合。如图 5-5 和图 5-6 所示。

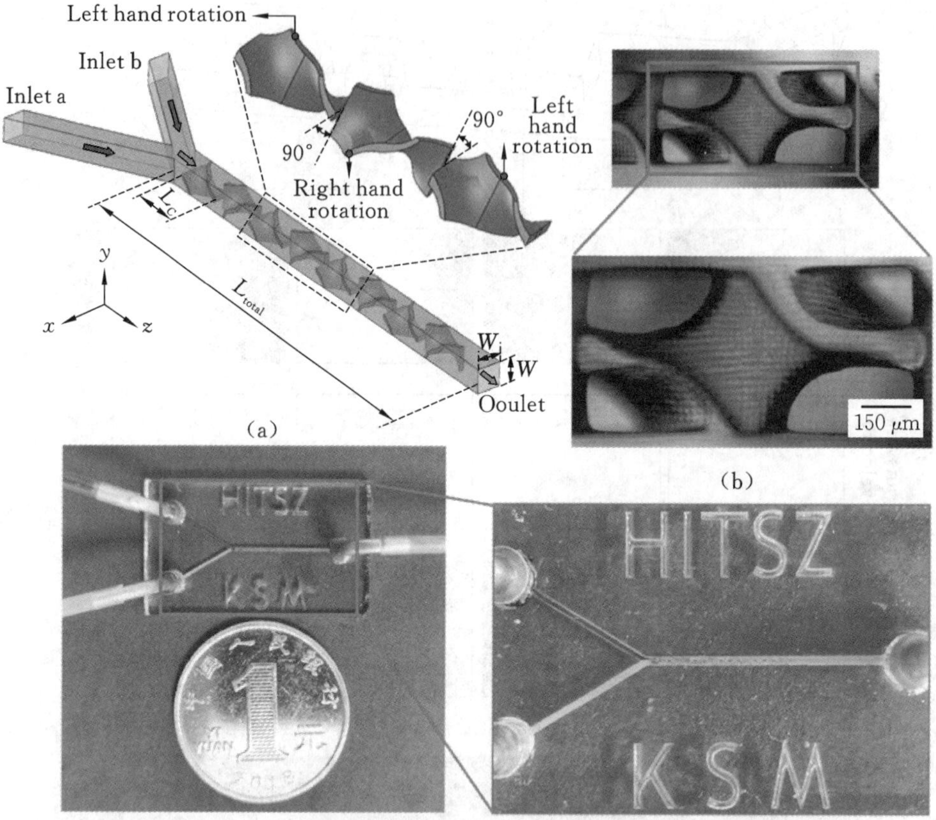

(a)

(b)

(c)

(d)

图 5-3　μKSM（μ 型 Kenics 静态混合器）的设计和制造

(a) 3D 打印的 μKSM 示意图(插图显示了具有不同旋转方向(左旋和右旋)的螺旋结构，螺旋单元长度为 $l=2$，相邻单元的连接角为 90°，混合长度为 $L=1$)；(b) 制造的 μKSM 的显微照片；(c)、(d) μKSM 的实际图像(通道充满绿色和黄色染料以进行可视化)

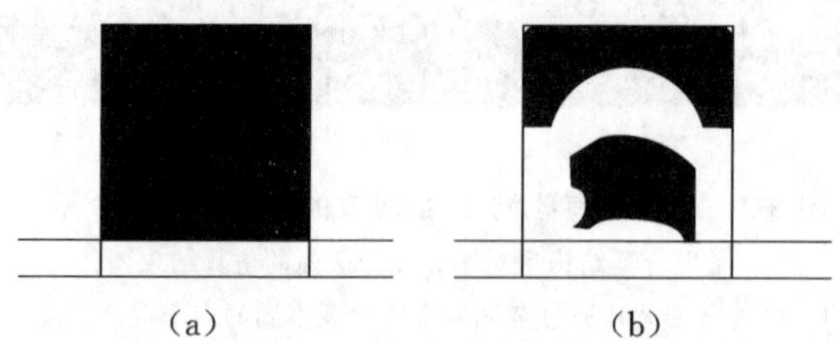

(a)　(b)

图 5-4　优化前仿真和优化后仿真的设计域结构

注：最初的刚性域，用实心黑色表示，通过优化过程，部分转换为流体通道，用白色表示。

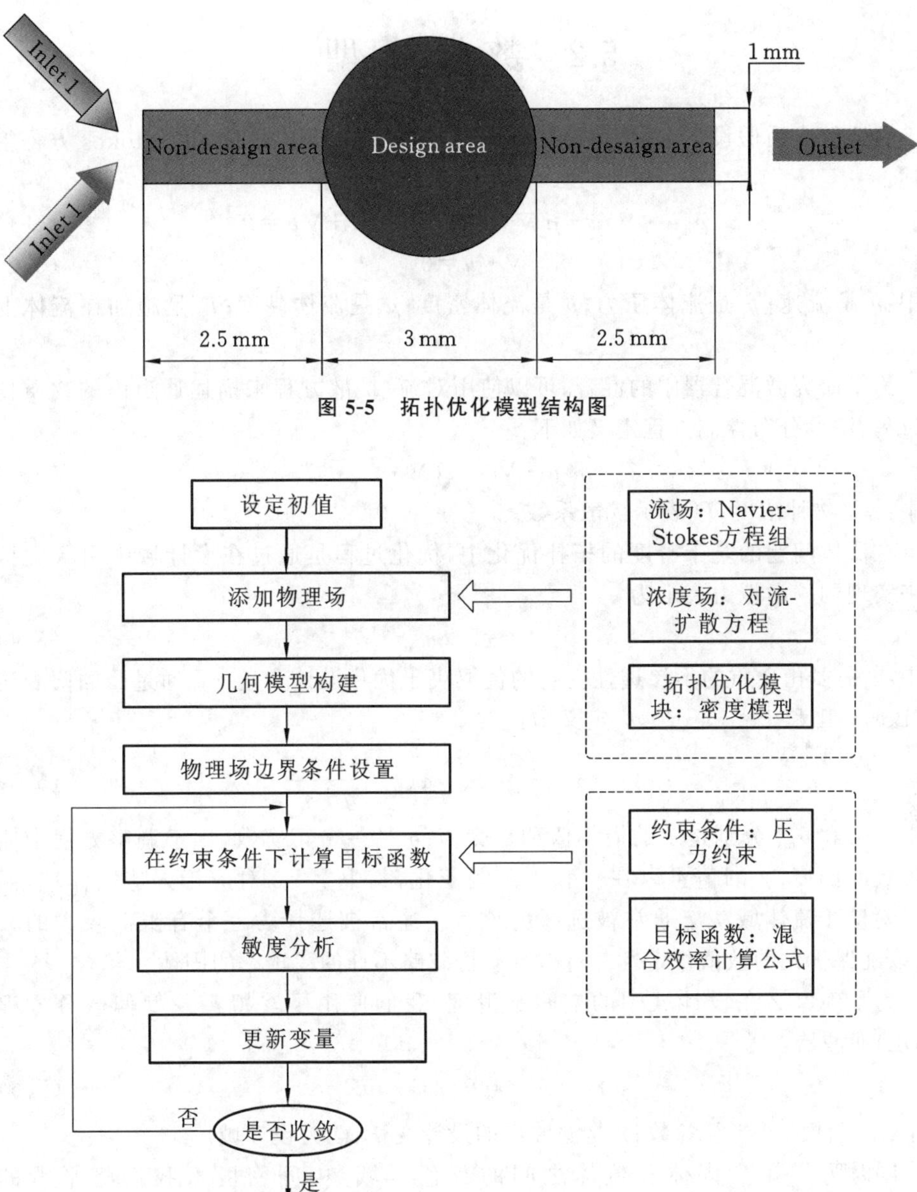

图 5-5 拓扑优化模型结构图

图 5-6 拓扑优化流程图

5.2 数学模型

在连续介质假设下,微流体由描述不可压缩牛顿流体的 Navier-Stokes 方程组描述:

$$\rho(u \cdot \nabla)u - \mu \nabla \cdot (\nabla u + \nabla u^T) + \nabla p = F \tag{5-1}$$

$$\nabla \cdot u = 0 \tag{5-2}$$

式中:u 是流速;p 是流体压力;ρ 是流体密度;μ 是流体黏度;F 是施加在流体上的力。

为了研究微混合器中的混合,可以使用对流-扩散方程来描述通道内的物质传输过程,浓度分布控制方程定义如下:

$$u \cdot \nabla c = D \nabla^2 c \tag{5-3}$$

式中:c 是物种浓度;D 表示扩散系数。

在流体问题的基于密度的拓扑优化中,优化过程是通过在设计域中引入虚拟力来实现的。虚拟力表示为:

$$F = -\alpha u \tag{5-4}$$

式中:α 是多孔介质的不渗透性。它的值取决于优化设计变量 γ。通过凸插值表达式(Borrvall 和 Petersson),α 定义为:

$$\alpha(\gamma) = \alpha_{\min} + (\alpha_{\max} - \alpha_{\min})\frac{q(1-\gamma)}{q+\gamma} \tag{5-5}$$

式中:$\alpha_{\min}$和 $\alpha_{\max}$分别是 α 的最小值和最大值;q 是一个正实数,用于调整方程中插值函数的凸度;γ 的值可以在 0 和 1 之间变化,其中 $\gamma=0$ 对应于人造固体域,而 $\gamma=1$对应于流体域;$\alpha_{\min}$ 通常被选择为 0;$\alpha_{\max}$ 通常被选择为一个有限但较大的数字,以确保优化的数值稳定性并近似具有可忽略不计的渗透率的固体。

为了确保 γ 在设计域中的空间平滑度,我们使用了亥姆霍兹型偏微分方程(PDE)滤波器:

$$\gamma_{\text{filter}} = -r_0^2 \nabla^2 \tilde{\gamma} + \tilde{\gamma} \ \text{in}\Omega \tag{5-6}$$

式中:r_0是滤波器半径参数;$\tilde{\gamma}$ 是滤波后的设计变量;Ω 为设计域。

同时为了减少固体和流体之间的灰色区域(中间密度),我们将平滑的 Heaviside 投影阈值方法应用于过滤设计领域:

$$\gamma_{\text{project}} = \frac{\tanh(\beta\theta_\beta) + \tanh(\beta(\tilde{\gamma} - \theta_\beta))}{\tanh(\beta\theta_\beta) + \tanh(\beta(1-\theta_\beta))} \tag{5-7}$$

式中:γ 是投影设计变量场;θ_β 是投影阈值参数;β 是投影斜率参数。

为了更好地表达流体流动,采用无量纲参数 Re 来表示流体的流动状态,表达式如下:

$$Re = \frac{uD_{\mathrm{d}}\rho}{\eta} \tag{5-8}$$

式中：D_{d} 表示流体流动的特征长度，对于非圆形管道，D_{d} 表示水力直径，计算得 $D_{\mathrm{d}}=1\ \mathrm{mm}$；$\rho$ 表示流体密度；η 表示动态黏度系数。

为了研究混合程度，混合通道中任意截面的物质的混合效率通过如下公式计算得到：

$$M = 1 - \sqrt{\frac{1}{N}\sum_{i-1}^{N}\left(\frac{c_i - \bar{c}}{}\right)^2} \tag{5-9}$$

式中：M 是混合效率；N 是采样点总数；c_i 和 $\bar{c}$ 分别是归一化浓度和预期归一化浓度。混合效率范围从 0(0% 混合) 到 1(100% 混合，完全混合)。

以 M 为目标函数，拓扑优化问题形式化描述如下：

$$\min: J = \int_{\Gamma_{\mathrm{out}}} (c - \bar{c})^2 \mathrm{d}\Gamma \tag{5-10}$$

$$\mathrm{s.t.}\ g = \frac{\Delta p}{\lambda \Delta p_0} - 1 \leqslant 0 \tag{5-11}$$

其中，J 是目标函数，拓扑优化过程其实就是寻找目标函数最小值的过程，$\bar{c}$ 为入口平均浓度，目标函数可以看作出口浓度的方差。混合效果可以看作出口处混合的均匀程度。值得注意的是，我们使用压降作为约束条件。其中 Δp 是一个变量，表示的是在进行拓扑优化时不断变化的出入口压降，因为我们设定出口压力为零，所以压差值等于入口的压力。Δp_0 指的是入口与出口之间的初始压力差，本研究采用的 $\Delta p_0 - 0.00711\ \mathrm{Pa}$，表示的是结构进行拓扑优化前出入口的初始压降。该压降约束式是约束出入口之间的压降不大于初始压降的 λ 倍，λ 是调节拓扑优化结构复杂程度的压降系数，本研究采用的压降系数 $\lambda = 1$。使用压力约束的主要目的是避免无限压降导致混合器结构过于复杂的情况。同时，压降也是一个重要的评价因素，它代表了微混合器所需的功耗。

5.3　模型建立

从 File 菜单中，选择 New。

1. 新建

在新窗口中，单击 Model Wizard。

2. 模型向导

(1) 在模型向导窗口中，单击 2D。

在选择物理树中，选择 Fluid Flow > Single-Phase Flow > Laminar Flow (spf)。

在选择物理树中，选择 Chemical Species Transport > Transport of Diluted Species (tds)。

(2) 点击 Add。

(3) 点击 Study。

(4) 在选择研究树中，选择 General Studies > Stationary。

(5) 点击 Done。

3. 全局定义参数

1) 参数 1

(1) 在模型开发器窗口的 Global Definitions 节点下，单击 Parameters 1。

(2) 在 Parameter 的设置窗口中，定位到 Parameters 栏。

(3) 在表中输入设置如表 5-1 所示。

表 5-1　全局定义参数

名　称	表 达 式	描　述
U0	0.001 [mm/s]	平均流入速度 /mean inflow velocity
D	1e－11 [m^2/s]	溶液的扩散系数 /diffusion coefficient of the solution
c0	1 [mol/m^3]	初始浓度 /initial concentration
alpha_max	1e＋10 [Pa×s/m^2]	多孔介质不渗透性的最大值 /maximal values of the impermeability of a porous medium
H	1000 [μm]	入口宽度 /entrance width
lmta	1	压降系数 /pressure－drop coefficient
W	8000 [μm]	通道长度 /channel length
R	1500 [μm]	设计域半径 /design domain radius
p0	0.00711 [Pa]	初始压降 /initial pressure drop
beta	12	投影斜率 /projection slope
thetabeta	0.5	投影阈值 /projection threshold
q	0.01	达西惩罚参数 /darcy penalization
theta0	0.5	投影阈值初始值 /projection threshold initial value

2）阶跃函数

(1) 用鼠标右击 Global Definitions，选择 Functions > Step。

(2) 在 Smoothing 下的 Size of transition zone 内输入 $0.1*10^{-6}$。

4. 模型建立

1）几何模型

(1) 在 Geometry1 的 Settings 栏目下，选中 Length unit 为 μm。

(2) 用鼠标右击 Geometry1，选择 Rectangle 1，在 Width 中输入 W，在 Height 中输入 H，在 Position 选项中选择 Center。

(3) 用鼠标右击 Geometry1，选择 Circle，在 Radius 中输入 R，在 Position 选项中选择 Center。

(4) 点击 Form Union，Build All。如图 5-7 所示。

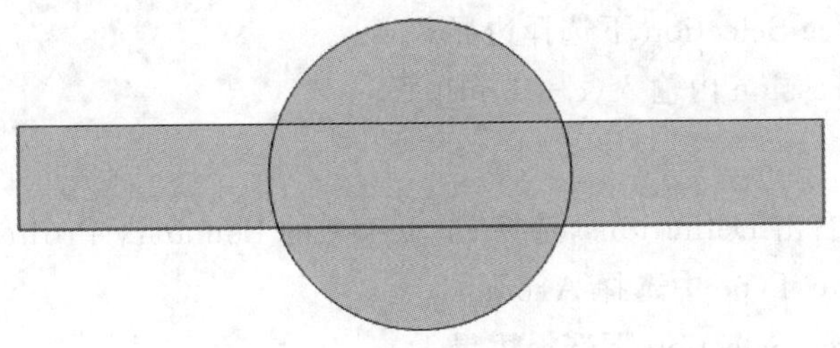

图 5-7　几何模型

2）参数 1

(1) 用鼠标右击 Definitions，选择 Variables。

(2) 选择 Variables 1。

(3) 在表 5-2 中，输入以下变量：

表 5-2　参数 1

名　称	表　达　式	描　述
phi	comp1.bnd2/(comp1.bnd1^2 * H)	目标函数 /objective function
alpha	alpha_max* dtopo1.theta_p	凸插值表达式 /convex interpolation expression

3）参数 2

(1) 用鼠标右击 Definitions，选择 Variables。

(2) 选择 Variables 2。

(3) 在表 5-3 中，输入以下变量：

表 5-3　参数 2

名　称	表　达　式	描　　述
g	(comp1.bnd3/(lmta * p0)) − 1	压降约束 /pressure drop constraint

4) 探针 1

(1) 用鼠标右击 Definitions,选择 Probes 中的 Boundary Probe。

(2) 在 Probe Type 中选择 Average。

(3) 在 Source Selection 下选择边界 8。

(4) 在 Expression 内输入 c。

5) 探针 2

(1) 用鼠标右击 Definitions,选择 Probes 中的 Boundary Probe。

(2) 在 Probe Type 中选择 Integral。

(3) 在 Source Selection 下选择边界 8。

(4) 在 Expression 内输入(c − bnd1)^2。

6) 探针 3

(1) 用鼠标右击 Definitions,选择 Probes 中的 Boundary Probe。

(2) 在 Probe Type 中选择 Average。

(3) 在 Source Selection 下选择边界 1。

(4) 在 Expression 内输入 p。

5. 材料

(1) 在主工具栏中,点击 Material 下的 Add Material。

(2) 在 Add Material 窗口,选择 Built-in 的 Water,liquid。

(3) 在 Geomatric Entity Selection 下选择域 1,2,3,4,5。

6. 拓扑优化

(1) 用鼠标右击 Component 1, 选择 Topology Optimization 下的 Density Model。

(2) 在 Geomatric Entity Selection 下选择域 2,3,4。

(3) 在 Filtering 下选择 Filtering type 为 Helmholz,Filtering radius 选择 From mesh。

(4) 在 Projection 下选择 Projection type 为 Hyperbolic tangent projection;在 Projection slope 内输入 β 的值;在 Projection point 内输入 θ_β 的值。

(5) 在 Interpolation 下选择 Interpolation type 为 Darcy,在 Darcy penalization 内输入 q。

(6) 在 Control Variable Initial Value 内输入 θ_0 的值。如图 5-8 所示。

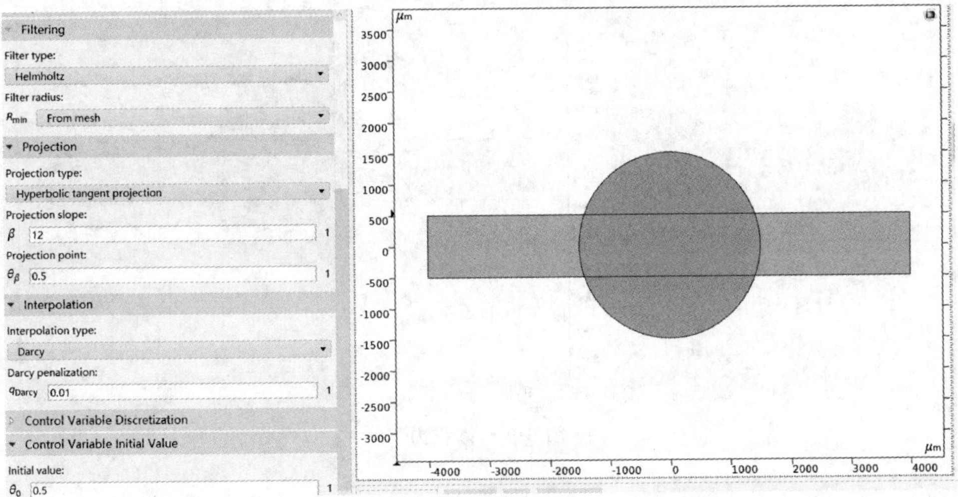

图 5-8　拓扑优化模块

7. 层流 1(spf)

(1) 点击 Laminar Flow (spf),选择域 1,2,3,4,5。在层流的 Discretization 中选择P2 +P1。

(2) 用鼠标右击 Laminar Flow (spf),选择 Inlet。

(3) 点击 Inlet 1,在 Boundary Selection 下选择边界 1。

(4) 在 Boundary Condition 下选择 Fully developed flow。

(5) 在 Fully developed flow 下选择 Average velocity,并输入 U0。

(6) 用鼠标右击 Laminar Flow (spf),选择 Outlet。

(7) 点击 Outlet 1,在 Boundary Selection 下选择边界 1。

(8) 在 Boundary Condition 下选择 Pressure。

(9) 用鼠标右击 Laminar Flow (spf),选择 Volume Force。

(10) 点击 Volume Force,选择域 2,3,4。

(11) 点击 Volume Force 1,在 Volume Force 一栏输入:

— alpha * u	x
— alpha * v	y

如图 5-9 所示。

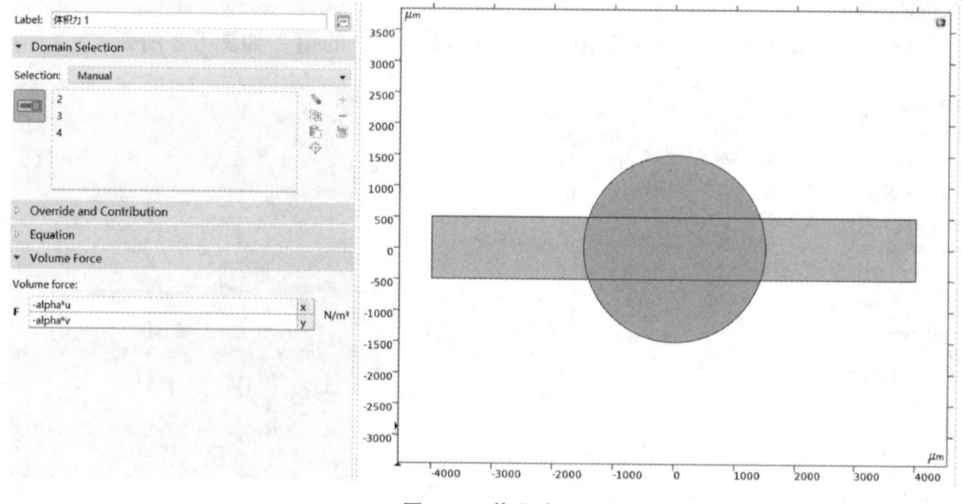

图 5-9　体积力

8. 稀物质传输 1(tds)

(1) 点击 Transport of Diluted Species(tds),选择域 1,2,3,4,5。在 Discretization 一栏中,选择 Concertration 为 Quadratic。

(2) 点击 Transport Properties 1,在 Diffusion 一栏中,选择 Diffusion coefficient 为 User defined,并输入 D。在 Converction 一栏中,选择 Velocity field(spf)。

(3) 用鼠标右击 Transport of Diluted Species(tds),选择 Concentration。

(4) 点击 Concentration 1,勾选 Species c,并输入 c0 * step1(y[1/m]);选择 Concentration 的边界为 1。

(5) 用鼠标右击 Transport of Diluted Species(tds),选择 Outflow,在 Boundary Selection 中选择边界 8。

9. 网格 1

(1) 在 Mesh 1 下,点击 size,在 Element Size 下选择 Fluid dynamics,并选择 Predefined 为 Fine。

(2) 用鼠标右击 Mesh 1,选择 Free Triangular。

(3) 用鼠标右击 Free Triangular,选择 size。

(4) 在 Size 1 下的 Geomatric Entity Selection 下选择域 2,3,4;在 Element Size 下选择 Fluid dynamics,并选择 Predefined 为 Fine。

(5) 点击 Build all。如图 5-10 所示。

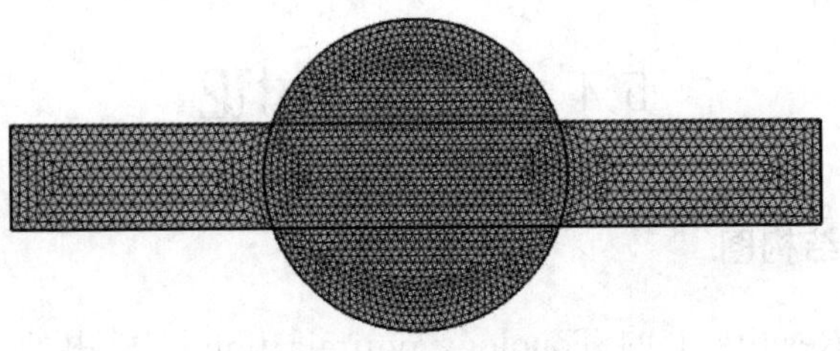

图 5-10　网格划分

10. 研究 1

（1）用鼠标右击 Study 1，在 Optimization 一栏下选择 Topology Optimization。

（2）点击 Topology Optimization 一栏，在 Optimization Solver 下选择 Method 为 MMA；在 Optimality tolerance 内输入 0.01，在 Maximum number of iterations 内输入 3000。

（3）在 Objective Function 一栏，在 Expression 内输入 comp1.phi；Type 选择 Minimization。

（4）在 Constraints 一栏，输入：

Expression	Lower bound	Upper bound
comp1.g		0

（5）点击 Compute。如图 5-11 所示。

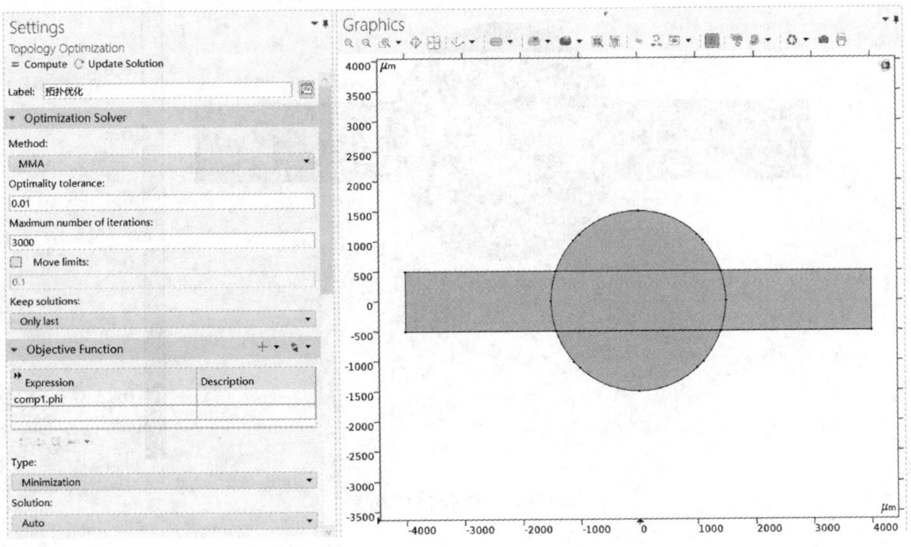

图 5-11　拓扑优化求解器设置

5.4 结果与讨论

1. 拓扑优化结构图

(1) 点击在 Results 下的 Topology optimization 一栏中的 Penalty Material Volume Factor。

(2) 点击 Graphics 中的 Image snapshot。

(3) 在出现的对话框中的 Layout 下可以选择所出结果图中包含的元素。

在拓扑优化的模型中,我们设置入口流速 $u=1\times10^{-6}$ m/s 为边界条件,压降系数 $\lambda=1$ 作为压降约束。图 5-12 为拓扑优化之后的通道结构,其中红色部分为拓扑优化后混合器的流体域,即输出材料体积因子为 1 时;蓝色部分为固体域,即输出材料体积因子为 0 时。圆形设计域中红色弯曲的蛇形通道即为混合器的混合区域。可以看出,拓扑优化后的设计域呈现一种蛇形的曲折结构。图 5-13 所示为拓扑优化混合器的仿真流场图。

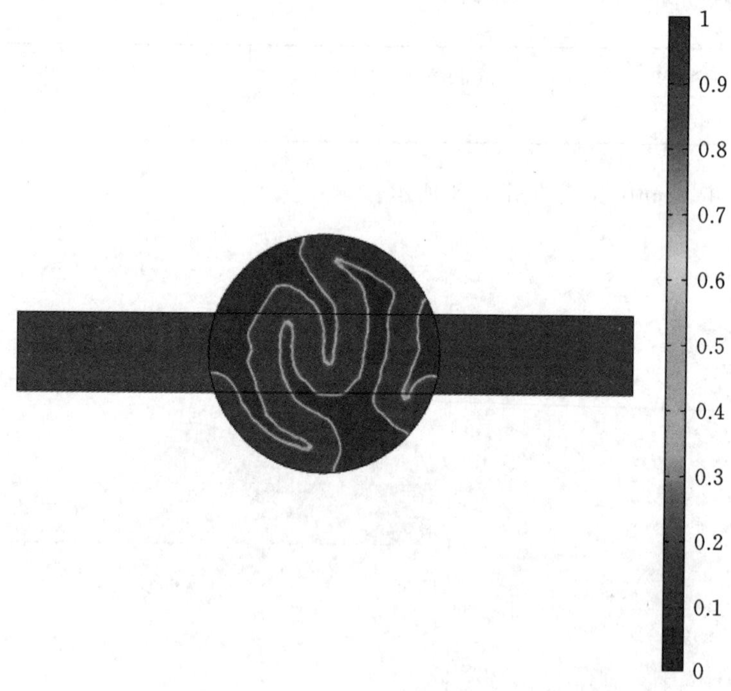

图 5-12　拓扑优化结果

2. 流场结果图

(1) 点击在 Results 下的 Velocity 一栏中的 data。

(2) 在 dataset 里选择 Filter,点击 Plot。

(3) 点击 Graphics 中的 Image snapshot。

(4) 在出现的对话框中的 Layout 下可以选择所出结果图中包含的元素。

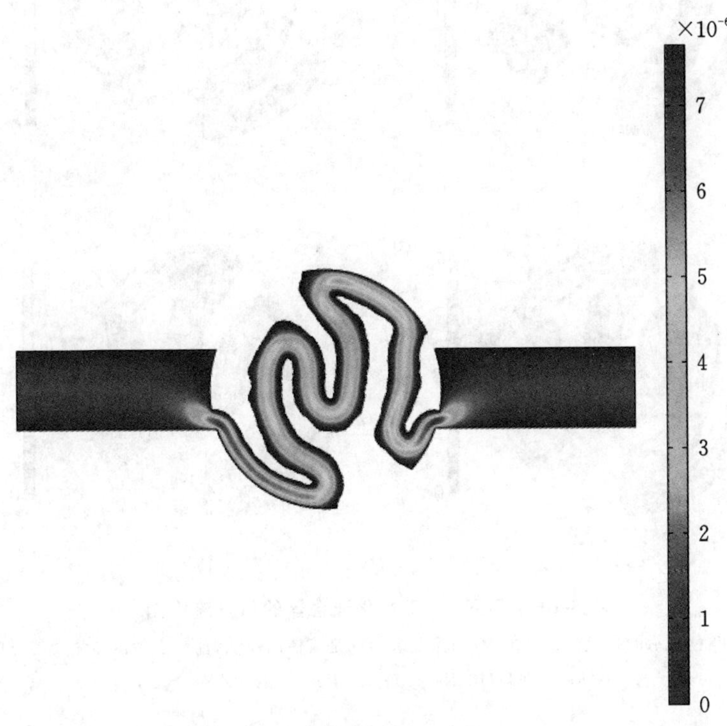

图 5-13 拓扑优化混合器的仿真流场图

图 5-14 显示了不同 Re 下优化混合器的仿真流场图。如图 5-14(a) 所示,在 $Re=0.1$ 时流线分布较均匀,但由于流体流速较慢,此时分子间的扩散占主导。弯曲流道可以增加混合接触面的面积,有助于增强混合效果。从图 5-14(b) 可以看出,$Re=1$ 时,流体速度较低,二次流现象不明显,且通道内无横向涡旋产生。低 Re 时,通道中高流速流体处于通道中间位置。从图 5-14(c) 可以看出,随着雷诺数增加到 $Re=10$,高流速流体有向一侧偏移的趋势。如图 5-14(d) 所示,当 $Re=100$ 时,通道中高流速流体向通道一侧偏移。由此可见,由于 Re 的增加,拓扑优化混合器蜿蜒曲折的结构多次产生二次流动现象,使得流体的横向质量传输成为可能。此外,高流速流体在拐弯处产生小幅度的涡旋,起到一定的混合效果。伴随着 Re 的

增大,流体的转向加速度也随之增大,流体在蛇形弯曲流道的拐弯处形成小型的涡旋,这些涡旋横向扰动流道中的两个平行流体流,使得流体充分混合获得可能。

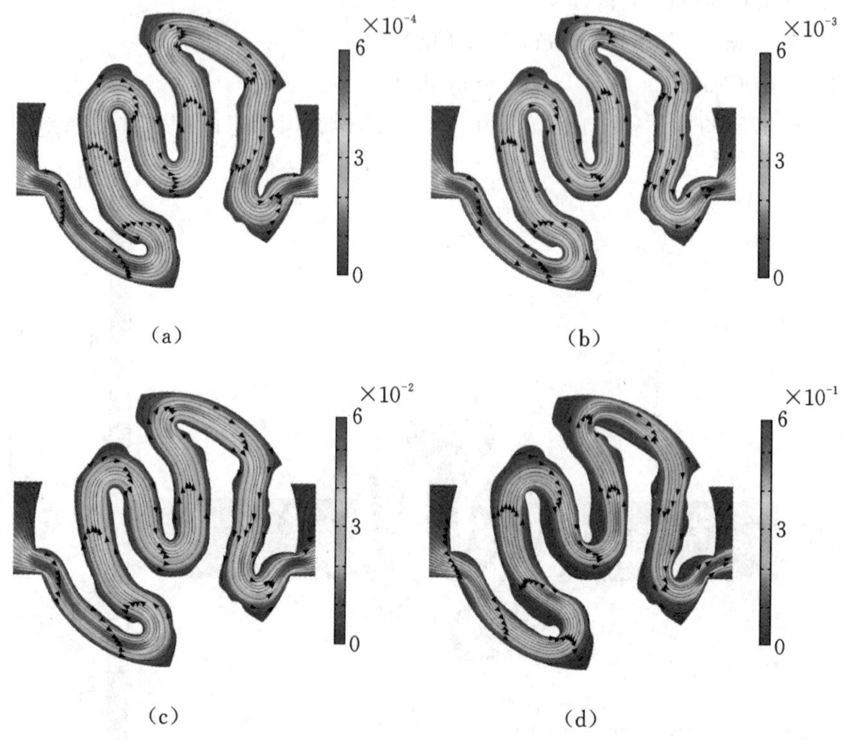

图 5-14 不同 Re 下优化混合器的仿真流场图

(图中颜色表示的是流体速度的大小,黑线表示的是流体的流线,箭头表示流体流动的方向)

(a) $Re = 0.1$;(b) $Re = 1$;(c) $Re = 10$;(d) $Re = 100$

总的来说,二次流通常产生于弯曲流道中,当流体流经转弯处时,靠近内角的流体速度加快,而靠近外角的流体速度减慢。因此,转向度决定了加速度。涡流受加速度的影响,流体之间的涡流界面在转动前更靠近内壁,转动后更接近外壁。也就是说,弯曲的流道会使得通道产生一股由外壁流向内壁的涡流,使最大流速区域向外壁偏移,且流速越大二次流动的现象就越明显。

3. 浓度结果图

(1) 点击在 Results 下的 Concentration 一栏中的 data。

(2) 在 dataset 里选择 Filter,点击 Plot。

(3) 点击 Graphics 中的 Image snapshot。

(4) 在出现的对话框中的 Layout 下可以选择所出结果图中包含的元素。

图例表示的是溶液的浓度，蓝色表示浓度为 0 的溶液，红色表示浓度为 1 的溶液。由图 5-15 可以看出，拓扑优化后的混合器获得了较好的混合效果。

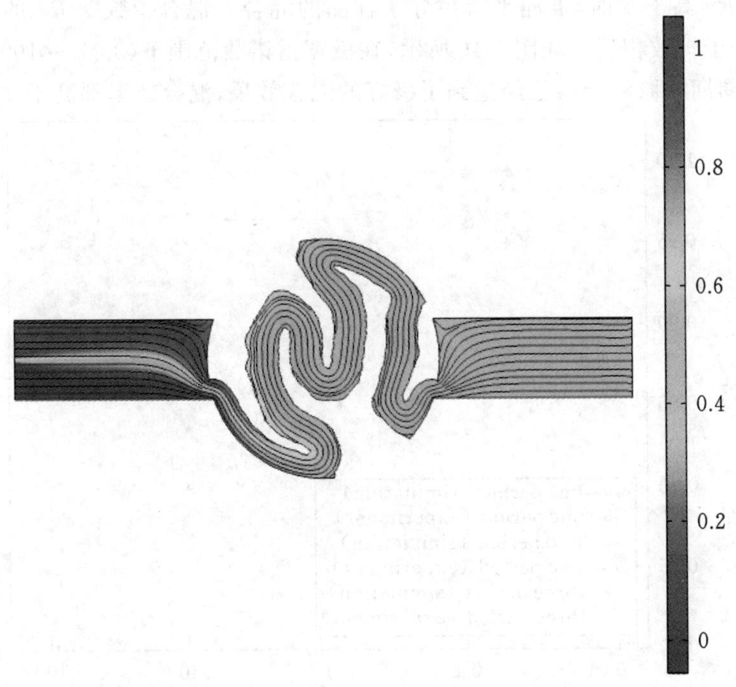

图 5-15　拓扑优化混合器浓度分布图

4. 不同雷诺数下混合效率对比图

为了定量分析混合效果，我们计算了不同 *Re* 下多种不同周期拓扑结构出口处的微混合器混合效率。如图 5-16 所示，单周期、两个周期和三个周期的微混合器都有着非常不错的混合效果。在雷诺数 0.01～100 的范围内，单周期的微混合器混合效率最差。在 *Re* 分别为 0.1、1、10、100 时，通过仿真得到的单周期微混合器的混合效率依次为 88％、83％、84％、99％。两个周期的微混合器的混合效率依次是 97％、96％、97％、99％。三个周期的微混合器的混合效率依次是 98％、96％、97％、99％。

当 *Re* 小于 0.1 时，三种不同周期微混合器的混合性能相似，均超过 80％。由于很低的流速使样品混合的停留时间较长，两种物质的接触时间较长，因此分子传质时间较长，可以获得较高的混合指数。在低 *Re* 下，结构对微混合器混合的影响可以忽略。

随着雷诺数的增加(大于 0.1 小于 1)，两种流体的接触时间变短，分子传质时间也随之变短，从而导致单周期的微混合器和两个周期的微混合器混合性能变差。三个周期的微混合器在不同雷诺数下混合效果都好，所以其混合效率没有下降的趋势。当 Re 高于 1 时，混沌平流主导了样品的混合。混合指数随 Re 的增大而增大，这与分子扩散相反。如图 5-16 所示，在极宽雷诺数范围下(0.01 ～ 100)，两个周期和三个周期的微混合器已经达到了极好的混合效果，混合效率都高于 95%。

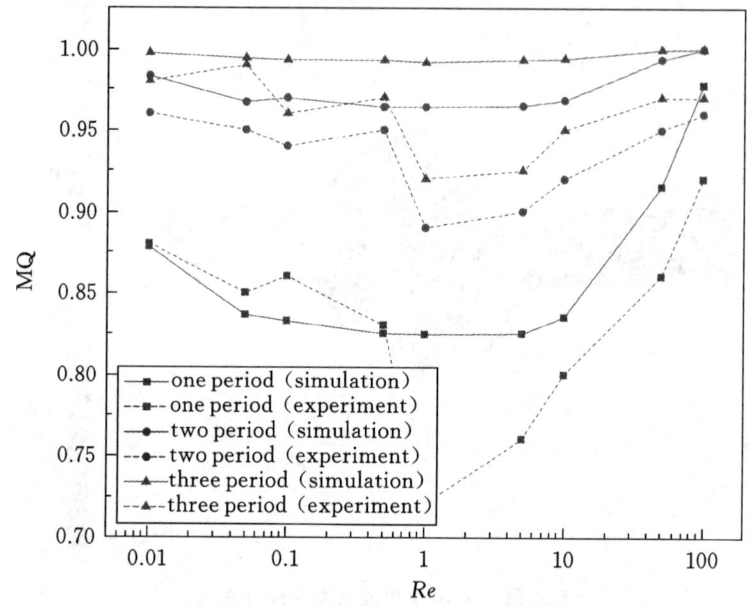

图 5-16　不同雷诺数下，单周期、两个周期、三个周期拓扑优化微混合器的混合效率比较(实线为仿真得到的结果，虚线为实验得到的结果)

5. 不同雷诺数下压降对比图

在微混合器中，结构越复杂混合效果就越好，但是也会导致出入口压降高，高压降直接导致了巨大的能量耗散。因此，在拓扑优化研究中，不仅需要达到高混合效率的目标，还要限制压降升高，本研究引入压降约束来限制压降的无限制增大。虽然拓扑优化结构排布的周期数越多，微混合器的混合效果会越好，但也会导致压降大幅度增大，所以研究不同周期微混合器的压降具有重要意义。图 5-17 显示了多种混合器压降与雷诺数的关系。在所有情况下，通过处理微混合器入口和出口的压力数据来计算压降。如图 5-17 所示，微混合器的压降都不可避免地随着雷诺数的增加而升高。而且在某一雷诺数下，随着拓扑优化结构周期数的增加，压降也随之增加。这是因为微混合器结构越复杂，压降越高。还可以看出，三种不同周期微混合器的压降都低于 MSMA 混合器结构和 TMC 混合器结构。由此可以得出结论，由于压降约束的引入，本研究拓扑优化结构的微混合器在降低压降和保持高效混合方面是成功的。

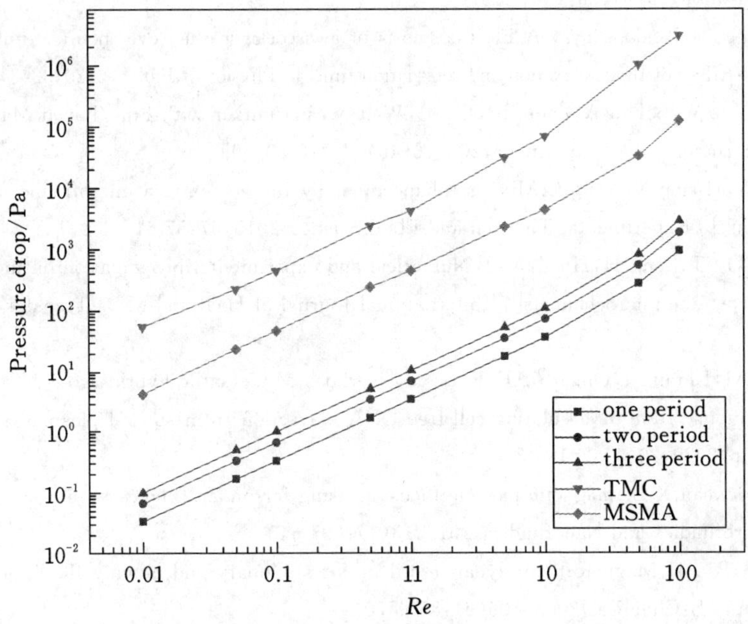

图 5-17　不同雷诺数下多种混合器的压降比较

5.5 本章小结

基于拓扑优化方法，本章节提出了一种优化混合器。我们在进行拓扑优化计算时引入压降约束，这样不仅可以通过调节压降系数来调整优化结构的复杂性，而且大大地降低了优化混合器出入口的压降。通过大量数值模拟和实验，研究了优化混合器在不同雷诺数下的流动和混合机理。

本章参考文献

[1] Ozcelik A, Nama N, Huang PH, Kaynak M, McReynolds MR, Hanna-Rose W, Huang TJ. Acoustofluidic Rotational Manipulation of Cells and Organisms Using Oscillating Solid Structures[J].Small,2016,12(37):5120-5125.

[2] Zhou T,Liu T,Deng Y,Chen L,Qian S,Liu Z.Design of microfluidic channel networks with specified output flow rates using the CFD-based optimization method[J]. Microfluidics and Nanofluidics,2017,21(1).

[3] Rashidi S, Bafekr H, Valipour MS, Esfahani JA. A review on the application, simulation, and experiment of the electrokinetic mixers[J]. Chemical Engineering and Processing - Process Intensification, 2018, 126: 108-122.

[4] Mahapatra B, Bandopadhyay A. Electroosmosis of a viscoelastic fluid over non-uniformly charged surfaces: Effect of fluid relaxation and retardation time[J]. Physics of Fluids, 2020, 32(3).

[5] Yin B, Yue W, Sohan A, Zhou T, Qian C, Wan X. Micromixer with Fine-Tuned Mathematical Spiral Structures[J]. ACS Omega, 2021, 6(45): 30779-30789.

[6] Shang X, Huang X, Yang C. Mixing enhancement by the vortex in a microfluidic mixer with actuation[J]. Experimental Thermal and Fluid Science, 2015, 67: 57-61.

[7] Chen X, Li T, Zeng H, Hu Z, Fu B. Numerical and experimental investigation on micromixers with serpentine microchannels[J]. International Journal of Heat and Mass Transfer, 2016, 98: 131-140.

[8] Conde AJ, Keraite I, Ongaro AE, Kersaudy-Kerhoas M. Versatile hybrid acoustic micromixer with demonstration of circulating cell-free DNA extraction from sub-ml plasma samples[J]. Lab Chip, 2020, 20(4): 741-748.

[9] Liang L, Xuan X. Diamagnetic particle focusing using ferromicrofluidics with a single magnet [J]. Microfluidics and Nanofluidics, 2012, 13(4): 637-643.

[10] Qian S, Bau H. Magneto-hydrodynamic stirrer for stationary and moving fluids. Sensors and Actuators B: Chemical, 2005, 106(2): 859-870.

[11] Chen J-L, Shih W-H, Hsieh W-H. AC electro-osmotic micromixer using a face-to-face, asymmetric pair of planar electrodes[J]. Sensors and Actuators B: Chemical, 2013, 188: 11-21.

[12] Cartier CA, Drews AM, Bishop KJ. Microfluidic mixing of nonpolar liquids by contact charge electrophoresis[J]. Lab Chip, 2014, 14(21): 4230-4236.

[13] Ding H, Zhong X, Liu B, Shi L, Zhou T, Zhu Y. Mixing mechanism of a straight channel micromixer based on light-actuated oscillating electroosmosis in low-frequency sinusoidal AC electric field[J]. Microfluidics and Nanofluidics, 2021, 25(3).

[14] Lee CY, Chang CL, Wang YN, Fu LM. Microfluidic mixing: a review[J]. Int J Mol Sci, 2011, 12(5): 3263-3287.

[15] Li T, Chen X. Numerical investigation of 3D novel chaotic micromixers with obstacles[J]. International Journal of Heat and Mass Transfer, 2017, 115: 278-282.

[16] Woo HS, Yoon BJ, Kang IS. Optimization of zeta potential distributions for minimal dispersion in an electroosmotic microchannel[J]. International Journal of Heat and Mass Transfer, 2008, 51(17-18): 4551-4562.

[17] Deng Y, Zhou T, Liu Z, Wu Y, Qian S, Korvink JG. Topology optimization of electrode patterns for electroosmotic micromixer[J]. International Journal of Heat and Mass Transfer, 2018, 126: 1299-1315.

[18] Chen X. Topology optimization of microfluidics — A review[J]. Microchemical Journal, 2016,

127:52-61.

[19] Zhou T,Xu Y,Liu Z,Joo SW.An Enhanced One-Layer Passive Microfluidic Mixer With an Optimized Lateral Structure With the Dean Effect[J].Journal of Fluids Engineering,2015,137(9).

[20] Andreasen CS,Gersborg AR,Sigmund O.Topology optimization of microfluidic mixers[J].International Journal for Numerical Methods in Fluids,2009,61(5):498-513.

[21] Panton RL,Andreopoulos Y.Incompressible Flow[J].Physics Today,1996,49(11):89-90.

[22] Borrvall T,Petersson J.Topology optimization of fluids in Stokes flow[J].International Journal for Numerical Methods in Fluids,2003,41(1):77-107.

[23] Gersborg-Hansen A,Sigmund O,Haber RB.Topology optimization of channel flow problems[J].Structural and Multidisciplinary Optimization,2005,30(3):181-192.

[24] Lazarov BS,Sigmund O.Filters in topology optimization based on Helmholtz-type differential equations[J].International Journal for Numerical Methods in Engineering,2011,86(6):765-781.

[25] Liang-Hsuan L,Kee Suk R,Chang L.A magnetic microstirrer and array for microfluidic mixing[J].Journal of Microelectromechanical Systems,2002,11(5):462-469.

[26] Chen Y,Chen X.An improved design for passive micromixer based on topology optimization method[J].Chemical Physics Letters,2019,734(1):136706.

6 功能基团修饰的纳米颗粒刷层电荷特性

6.1 引　言

随着科学技术的不断发展与进步，人们开始逐步将仿生学、有机化学与纳米技术相结合，来模拟微观尺度下各类生物和细胞或是通过纳米修饰技术对纳米粒子进行表面改性，利用这项技术对纳米级颗粒或装置进行修饰在其表面形成由仿生聚合电解质组成的功能性离子基团（pH-regulated polyelectrolyte）修饰的刷层，简称为 PE 刷层。这项技术已经广泛应用于离子整流、物质运输、DNA 测序等领域，如图 6-1、图 6-2 所示。将这种 PE 刷层修饰的纳米颗粒（或平板）置于盐溶液中时，改变溶液域中的 pH 值或背景盐溶液浓度会导致 PE 刷层中的电荷性质发生变化，从而产生一些特殊的现象。例如提高纳米颗粒通过纳米孔的速率，改变纳米通道的离子选择性和离子传输效率。这些特殊现象背后的物理意义对于功能化纳米流体力学的发展起到了至关重要的作用。尽管实验与理论研究在不断深入，人们对功能性 PE 刷层在盐溶液中产生的各种现象理解有限。例如 PE 刷层修饰的纳米颗粒其电荷特性是否会影响细胞对纳米颗粒的吸收，盐溶液中 PE 刷层修饰的纳米颗粒与平面基底产生静电交互作用时会对纳米颗粒的刷层性质产生怎样的影响。但是随着研究的不断深入人们利用这项技术在很多领域取得了丰硕的成果，例如，单纯的无机材料制成的纳米颗粒无法直观地描述一些细胞或者微生物的表面特征，通过纳米修饰技术在二氧化硅纳米颗粒表面镀上一层仿生聚合电解质（如赖氨酸），以此来形成一种由有机材料构成的表面刷层。这种对 pH 值或盐溶液浓度敏感的功能性离子基团形成的 PE 刷层在许多科学领域和工业领域中已经引起了人们广泛的兴趣。我们可以通过对这种刷层的研究来探索有机大分子物质在电解质溶液中的各种现象，并意图寻求其在新型纳米材料制作中的可能性。

当 PE 刷层修饰的纳米颗粒与电解质溶液接触时，由于刷层内部的离子富集和功能性官能基团发生去质化/质化反应而导致刷层中产生体电荷。PE 刷层中体电荷密度的变化主要由局部 H^+ 浓度控制，所以调节背景盐溶液浓度和 pH 值并非直接导致体电荷密度变化的原因，而是通过影响刷层中局部 H^+ 离子浓度的变化来达到控制体电荷密度大小的目的，最终还会影响 PE 刷层中的电场能量变化。类似细菌细胞表面的流体动力特性和静电性质，以及生物有机大分子物质在各种运输过程中都会受到这种 PE 刷层电荷性质的影响，例如病毒在纳米孔中的运输效率，受到蛋白质外壳和孔壁表面电荷密度的影响。球形微生物对金属的吸收情况受到微生物尺寸和电荷密度分布等生物界面特性的影响。当然,这种 PE 刷层修饰的颗粒电荷性质本身也受到颗粒的尺寸、电解质溶液的 pH 值、背景盐溶液浓度、刷层的厚度等因素的影响。例如,将不同尺寸的二氧化硅纳米颗粒置入盐溶液中通过改变 pH 值、背景盐溶液浓度等条件调节颗粒表面所接触的局部 H^+ 浓度,以此来改变颗粒表面电荷密度的大小;或通过调节纳米通道的壁面刷层厚度来改变其所接触的局部 H^+ 浓度大小,从而改变通道壁的刷层体电荷密度。由于曲率的影响,不同尺寸的纳米颗粒刷层体电荷密度受到的影响不同,例如猪圆环病毒的尺寸为 17 nm,支原体细胞尺寸大约为 100 nm,它们的蛋白质外壳和细胞膜上的电荷性质不同。

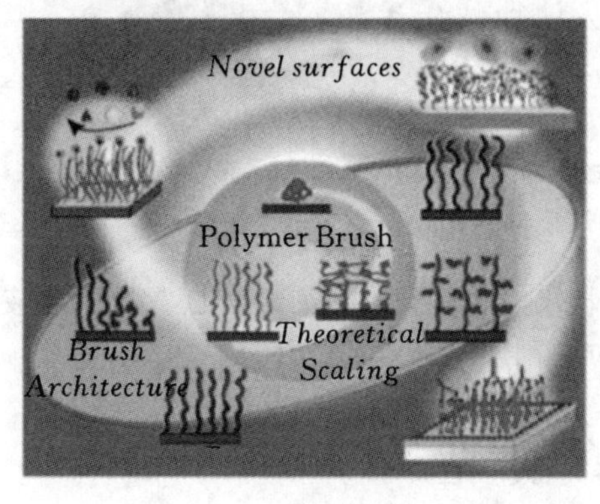

(a)

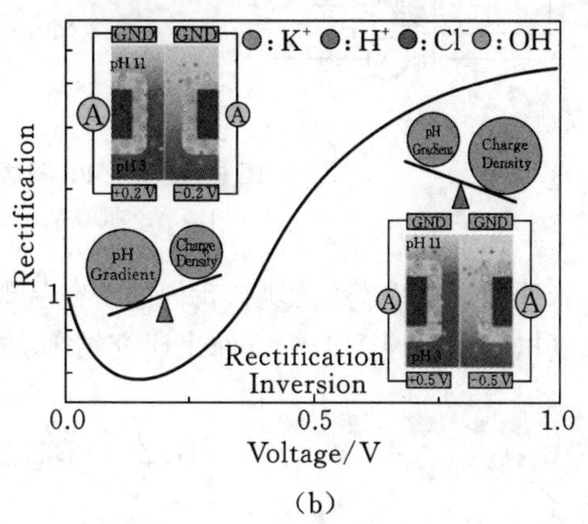

(b)

图 6-1 PE 刷层的应用

(a)物质传输;(b)离子整流

当两个带电物体彼此靠近时,它们之间会产生交互作用,从而导致两个物体间隙处的局部离子浓度与其他位置相比增加或减少,最终导致带电物体表面的电荷性质发生改变。例如,两个带负电荷的物体相互靠近,它们间隙处的阳离子在交互作用下富集,使得相互作用的物体周围产生空间不均匀分布的离子浓度,从而导致物体周围的空间电荷密度分布不均匀。通常情况下交互作用的研究建立在二氧化硅或金属材料的体系下,又或是假设两个相互作用的物体表面电荷性质保持在其体积值上。实际上在纳米生物传感应用中,PE 刷层修饰下的纳米颗粒与纳米通道壁(或纳米孔壁)发生交互作用时,其 PE 刷层中的局部离子浓度可能与其他位置相比会有显著的差异。现阶段研究人员已经对将这种 PE 刷层修饰的粒子或装置在不同状态、环境、交互作用等条件下所产生的各种性质等方面展开了深入细致的研究。

本章节中我们基于 Poisson Nernst Planck 方程来构建可通过化学反应调节电荷密度仿生电解质刷层的理论模型,详细地展示了数学建模过程、所有影响因素以及对应各种结果的讨论。不同于以往只通过讨论颗粒尺寸与电解质溶液 pH 值对

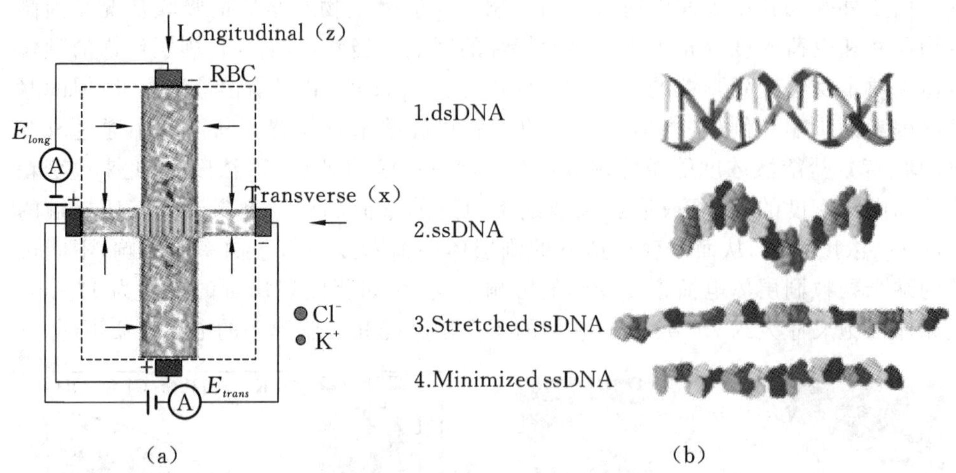

图 6-2　基于 PE 刷层修饰的纳米孔测序

(a) 纳米孔模型；(b) 各类 NDA 分子

纳米颗粒表面电荷的影响，我们的研究从颗粒尺寸、电解质溶液 pH 值、背景盐溶液浓度以及刷层厚度四个方面来研究纳米颗粒的刷层电荷性质。

6.2　数学模型

我们将一个半径为 R_p 的球形纳米颗粒放置在含有 N 种离子的电解质溶液中，如图 6-3 所示。选用浓度为 C_{KCl} 的 KCl 溶液作为电解质中的背景盐溶液，利用 KOH 和 HCl 调节电解质溶液的 pH 值，所以溶液中一共存在 K^+、H^+、Cl^-、OH^- 四种离子。纳米颗粒的表面由仿生聚合电解质形成的功能性离子基团 P～NH_2 及 P～COOH(如赖氨酸)所修饰形成刷层，简称其为 PE 刷层，其厚度为 d_m。颗粒尺寸在纳米尺度下，我们将刷层视为多个电解质基团连接的单链均匀且紧密地连接在颗粒表面，相当于将整个颗粒完全包裹在刷层中，所以忽略颗粒表面本身性质的影响。由于本课题基于准静态仿真研究，所以忽略官能团链产生形变时带来的影响。

考虑到溶液中存在多种离子，溶液中的电势和离子质量传输由稳态下的 Poisson-Nernst-Planck(PNP)方程控制：

$$-\varepsilon_0\varepsilon_f\,\nabla^2\phi=\rho_e=F\sum_{i=1}^{4}z_ic_i \tag{6-1}$$

和

$$\nabla\cdot N_i=\nabla\cdot\left(-D_i\,\nabla c_i-z_i\,\frac{D_i}{RT}Fc_i\,\nabla\phi\right)=0,i=(1,2,3,4) \tag{6-2}$$

式中：ϕ 是溶液中的电势；F 是法拉第常数；c_i、z_i、D_i 分别表示第 i 个离子的摩尔浓

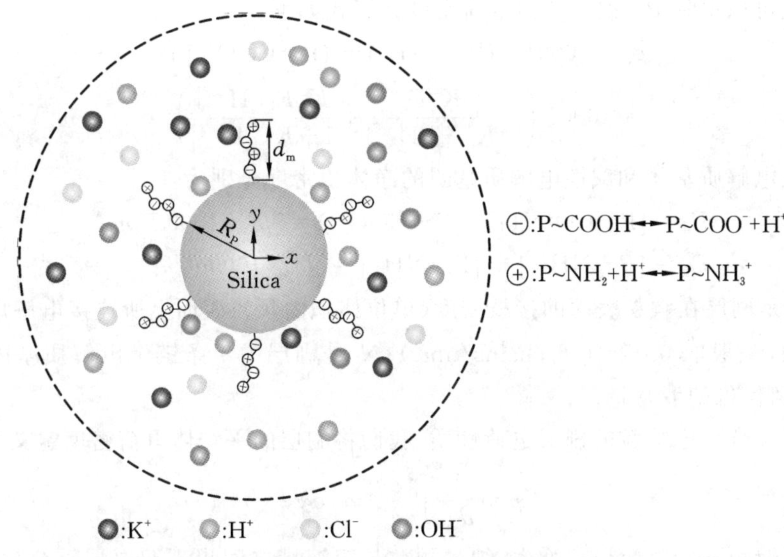

图 6-3　仿生聚合电解质修饰的纳米颗粒示意图

度、化合价及扩散系数($i=1$ 是 H^+,$i=2$ 是 K^+,$i=3$ 是 Cl^-,$i=4$ 是 OH^-);ρ_e 是电解质溶液中的空间电荷密度;R 是通用气体常数;T 是电解质溶液的绝对温度;ε_0 是真空中介电常数;ε_f 是电解质溶液中的相对介电常数;我们设置在无穷远处电势 $\Phi=0$。纳米颗粒的表面各离子通量为 0,即 $n \cdot N_i=0(i=1,2,3,4)$。纳米颗粒刷层中的体电荷密度边界条件为 $-\varepsilon_0\varepsilon_f \cdot n \cdot \nabla\phi=\rho_m$。

我们设置 Y 轴为轴对称边界,用来耦合求解式(6-1)和式(6-2)。我们在远离纳米颗粒的区域(如图 6-3 中虚线),假设每种离子浓度维持其体积浓度不变,$c_i=C_i$,$i=1,2,3,4$。根据电中性条件,溶液中各离子的体积浓度为:

$$C_{10}=10^{-pH+3},\quad C_{40}=10^{-(14-pH)+3} \tag{6-3}$$

$$C_{20}=C_{KCl},\quad C_{30}=C_{KCl}+C_{10}-C_{40}(pH\leqslant 7) \tag{6-4}$$

$$C_{20}=C_{KCl}+C_{10}-C_{40},\quad C_{30}=C_{KCl}(pH>7) \tag{6-5}$$

当我们改变溶液 pH 值时,PE 刷层中的功能性基团 P～COOH 和 $P\sim NH_2$ 会发生质子化/去质子化反应:

$$P\sim COOH \leftrightarrow P\sim COO^- + H^+ \tag{6-6}$$

$$P\sim NH_2 + H^+ \leftrightarrow P\sim NH_3^+ \tag{6-7}$$

设两个反应的平衡常数分别为 K_a 和 K_b:

$$K_a=\frac{[P—COO^-][H^+]}{[P—COOH]},\ K_b=\frac{[P—NH_3^+]}{[P—NH_2][H^+]} \tag{6-8}$$

式中:$[H^+]$表示刷层内局部 H^+ 浓度,$[H^+]=10^{-pH}\exp(-\phi/\phi_0)$;$[P—COO^-]$、$[P—COOH]$、$[P—NH_2]$、$[P—NH_3{}^+]$分别表示各电解质基团在刷层中的体积密

度。由此可以得到 PE 刷层的体电荷密度计算式如下：

$$\begin{aligned}\rho_{\mathrm{m}}&=1000F([\mathrm{P-NH_3^+}]-[\mathrm{P-COO^-}])\\&=1000F\left(-\frac{K_{\mathrm{a}}\Gamma_{\mathrm{a}}}{K_{\mathrm{a}}+[\mathrm{H^+}]}+\frac{K_{\mathrm{b}}\Gamma_{\mathrm{b}}[\mathrm{H^+}]}{1+K_{\mathrm{b}}[\mathrm{H^+}]}\right)\end{aligned}\tag{6-9}$$

其中酸性电解质基团和碱性电解质基团的净体积密度分别为：

$$\begin{aligned}\Gamma_{\mathrm{a}}&=[\mathrm{P-COOH}]+[\mathrm{P-COO^-}]=N\sigma_{\mathrm{m}}/1000d_{\mathrm{m}}n_{\mathrm{a}}\\\Gamma_{\mathrm{b}}&=[\mathrm{P-NH_3^+}]+[\mathrm{P-NH_2}]=N\sigma_{\mathrm{m}}/1000d_{\mathrm{m}}n_{\mathrm{a}}\end{aligned}\tag{6-10}$$

式中：σ_{m} 是刷层在颗粒表面的接枝密度(单位体积内颗粒表面上所连接电解质基团链的个数，一般取 0.05～0.6 chains/nm^2)；N 是刷层中单条链上电解质基团的个数；n_{a}是阿伏伽德罗常量。

为了综合考虑颗粒的刷层电荷性质，我们将刷层的平均体电荷密度定义为：

$$\rho=\frac{1}{d_{\mathrm{m}}}\int_{R_{\mathrm{p}}}^{R_{\mathrm{p}}+d_{\mathrm{m}}}\rho_{\mathrm{m}}\mathrm{d}y\tag{6-11}$$

为了避免随着颗粒尺寸增大，纳米颗粒与溶液域之间出现双电层重合效应，我们将溶液域定义为半径为 R_2 的圆形域，定义外边界为远场边界。

我们采用 COMSOL-Multiphysics(6.0 版)对上述二维轴对称模型进行了求解。本研究运用稳态 PNP 方程组，将电场与流场耦合。通过数值计算结果讨论了纳米颗粒的尺寸、电解质溶液 pH 值、背景盐溶液浓度和刷层厚度对纳米颗粒刷层电荷特性的影响。模型内采用自由三角形网格，三角形网格总数为 28854，刷层三角形网格数为 924。

模型中所用到的参数 $\varepsilon_0=8.854\times10^{-12}$ CV^{-1}m^{-1}，$\varepsilon_{\mathrm{f}}=80$，$R=8.31$ J/(mol·K)，$F=96490$ C/mol，$T=298$ K，刷层中的仿生电解质接枝密度 $\sigma_{\mathrm{m}}=0.15$ chains/nm^2，单链上电解质基团的个数 $N=20$，$pK_{\mathrm{a}}=-\log K_{\mathrm{a}}=2.2$，$pK_{\mathrm{b}}=-\log K_{\mathrm{b}}=8.8$，$H^+$、$K^+$、$OH^-$、$Cl^-$ 的 $D_i(i=1,2,3,4)$分别为 9.31×10^{-9} mol/L、1.96×10^{-9} mol/L、5.30×10^{-9} mol/L、2.03×10^{-9} mol/L。由于本研究采用准静态模型，所以我们定义了纳米颗粒刷层结构的均匀性，并忽略了刷层的变形。这种方法适用于当仿生聚电解质基团的重复单元 N 在较低的范围内(如 $N\leqslant20$)。

为了验证程序的正确性，我们将本研究的数值模拟结果与 Zhou Can 等人的研究结果进行了对比。为了方便验证我们设计了一种仿生聚电解质修饰的平板(无限半径的粒子可视为平板)，置于背景盐浓度为 1 mM 的溶液域中，其他参数均保持一致。通过数值模拟和计算，绘制了 PE 刷层体电荷密度随 pH 值的变化曲线，如图 6-4 所示，并与 Zhou Can 等人设计的纳米通道中栅电压为零时，沟道壁上刷层体电荷密度的结果进行了比较。图 6-4 中黑色曲线(我们的结果)与红色圆点线(对比结果)完全重合，从而验证了程序的正确性。

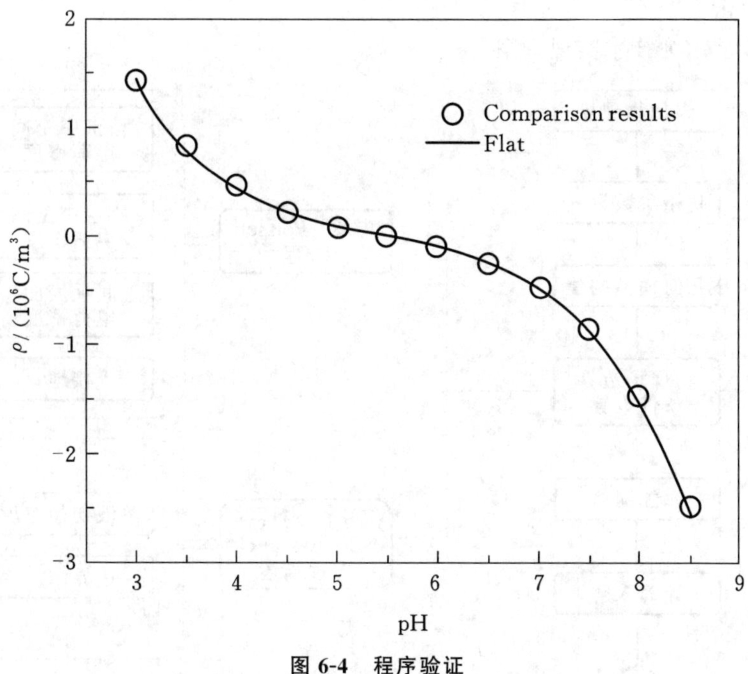

图 6-4 程序验证

6.3 数值实现

从文件菜单中选择 New。

1. 新建

在 New 中,单击 Model Wizard。

2. 模型向导

(1) 在模型向导窗口中,单击 2D Axisymmetric。

(2) 在选择物理场树中选择 AD/DC ＞ Electric Fields and Currents ＞ Electrostatics(es)。

(3) 单击 Add。

(4) 在选择物理场树中选择 Chemical Species Transport ＞ Transport of Diluted Species(tds)。

(5) 单击 Add。

(6) 单击 Study。

(7) 在选择研究树中选择 General Studies＞Stationary。

(8) 单击 Done。

图 6-5 所示为技术实现方案。

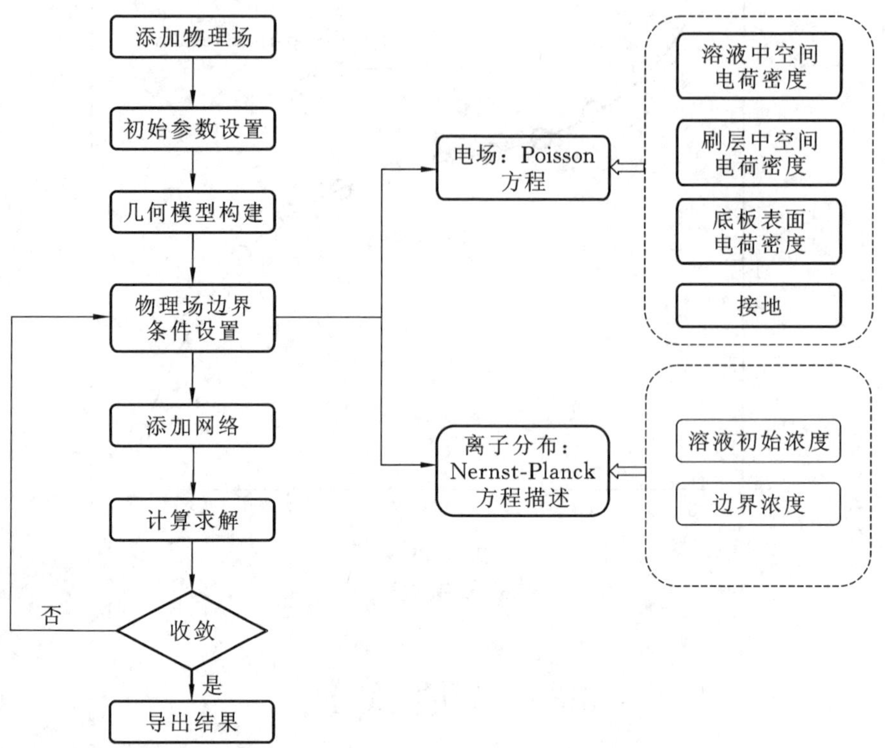

图 6-5 技术实现方案

3. 全局定义

(1) 在模型开发器窗口的全局定义节点下，单击 Parameters 1。

(2) 在表中输入设置如表 6-1 所示。

表 6-1 模型参数

名 称	表 达 式	具 体 值	描 述
rho	1000[kg/m^3]	1000 kg/m^3	流体密度/fluid density
ita	1e−3[Pa * s]	0.001 Pa · s	动力黏度/dynamic viscosity
D1	9.31e−9[m^2/s]	9.31×10^{-9} m^2/s	H 离子扩散系数/H ion diffusion coefficient
D2	1.96e−9[m^2/s]	1.96×10^{-9} m^2/s	K 离子扩散系数/K ion diffusion coefficient

续表

名　称	表 达 式	具 体 值	描　述
D3	2.03e−9[m^2/s]	2.03×10^{-9} m^2/s	Cl 离子扩散系数/Cl ion diffusion coefficient
D4	5.3e−9[m^2/s]	5.3×10^{-9} m^2/s	OH 离子扩散系数/OH ion diffusion coefficient
z1	1	1	H 离子化合价/H ion valence
z2	1	1	K 离子化合价/K ion valence
z3	−1	−1	Cl 离子化合价/Cl ion valence
z4	−1	−1	OH 离子化合价/OH ion valence
e0	1.6e−19 [C]	1.6×10^{-19} C	单位电荷量/unit charge
F0	96490[C/mol]	96490 C/mol	法拉第常数/Faraday constant
R0	8.31[J/(mol * K)]	8.31 J/(mol · K)	通用气体常数/universal gas constant
T0	298[K]	298 K	电解质溶液的绝对温度/the absolute temperature of the electrolyte solution
eps_0	8.854e−12 [F/m]	8.854×10^{-12} F/m	真空中介电常数/dielectric constant in vacuum
eps_f	80	80	电解质溶液中的相对介电常数/relative permittivity in electrolyte solutions
sft	1e−9[m]	1×10^{-9} m	柔软度/softness
gamma	ita/sft^2	1×10^{15} $Pa \cdot s/m^2$	流体动力摩擦系数/hydrodynamic friction coefficient
c0	10 [mol/m^3]	10 mol/m^3	初始盐溶液浓度/initial salt concentration
dm	6e−9 [m]	6×10^{-9} m	刷层厚度/brush thickness
KA	10^−2.2	0.0063096	刷层质子化反应的平衡常数/equilibrium constant for the protonation reaction of the brush layer
KB	10^8.8	6.31×10^{8}	刷层去质子化反应的平衡常数/equilibrium constants for the deprotonation reaction of the brush layer
sigma_PE	2.492e−7[mol/m^2]	2.492×10^{-7} mol/m^2	PE 刷层的接枝密度/grafting density of PE
sigma_A	sigma_PE	2.492×10^{-7} mol/m^2	酸性基团接枝密度/grafting density of acid groups
sigma_B	sigma_PE	2.492×10^{-7} mol/m^2	碱性基团接枝密度/grafting density of basic groups
N	20	20	刷层中单条链上电解质基团的个数/the number of electrolyte groups on a single chain in the brush layer

续表

名　称	表 达 式	具 体 值	描　　述
A	N * sigma_PE/(dm)	830.67 mol/m^3	净体积密度一部分/part of the net bulk density
cA1	10^(3－pH)[mol/m^3]	1×10^{-4} mol/m^3	H 离子浓度/H ion concentration
cB1	1[mol/m^3]	1 mol/m^3	K 离子浓度/K ion concentration
cX1	cB1＋cA1－cY1	1 mol/m^3	Cl 离子浓度/Cl ion concentration
cY1	10^(pH－11)[mol/m^3]	1×10^{-4} mol/m^3	OH 离子浓度/OH ion concentration
Z0	－2	－2	底板带电量/baseplate charge
pH	7	7	酸碱度/pH
W	52[nm]	5.2×10^{-8} m	颗粒中心到二氧化硅底板底部的距离/distance from particle center to bottom of silica bottom plate
KC	10^－7	1.00×10^{-7}	二氧化硅底板质子化反应的平衡常数/equilibrium constants for protonation reactions of silica base plates
KD	10^－1.9	0.012589	二氧化硅底板去质子化反应的平衡常数/equilibrium constants for deprotonation reactions of silica substrates
B	8.00e－6	8.00×10^{-6}	一个常数，用于表面电荷密度/a constant for the surface charge density
R1	16[nm]	1.6×10^{-8} m	颗粒加刷层半径/particle brush radius
R2	500[nm]	5×10^{-7} m	流体域半径/fluid domain radius
R3	10[nm]	1×10^{-8} m	颗粒半径/particle radius

4. 几何 1

点击 Geometry1，在 Length unit 选项中选择 nm。

1) 圆 1

(1) 用鼠标右击 Geometry1，选择 Circle。

(2) 在 Size and Shape 选项中的 Radius 中填入 R1。

(3) 在 Position 选项中的 z 中填入 W。

2) 圆 2

(1) 用鼠标右击 Geometry1，选择 Circle。

(2) 在 Size and Shape 选项中的 Radius 中填入 R2。

3) 差集 1

(1) 用鼠标右击 Geometry1,选择 Booleans and Partitions,选择 Difference。
(2) 在 Objects to add 选项中选择域 c2。
(3) 在 Objects to subtract 选项中选择域 c1。

4) 圆 3

(1) 用鼠标右击 Geometry1,选择 Circle。
(2) 在 Size and Shape 选项中的 Radius 中填入 R1。
(3) 在 Position 选项中的 z 中填入 W。

5) 圆 4

(1) 用鼠标右击 Geometry1,选择 Circle。
(2) 在 Size and Shape 选项中的 Radius 中填入 R3。
(3) 在 Position 选项中的 z 中填入 W。

6) 差集 2

(1) 用鼠标右击 Geometry1,选择 Booleans and Partitions,选择 Difference。
(2) 在 Objects to add 选项中选择域 c3。
(3) 在 Objects to subtract 选项中选择域 c4。

7) 矩形 1

(1) 用鼠标右击 Geometry1,选择 Rectangle。
(2) 在 Size and Shape 选项中的 Width 中填入 R2,在 Height 中填入 2 * R2。
(3) 在 Position 选项中选择 Corner,在选项 r 中填入 −R2,在选项 z 中填入 −R2。

8) 差集 3

(1) 用鼠标右击 Geometry1,选择 Booleans and Partitions,选择 Difference。
(2) 在 Objects to add 选项中选择域 dif1 和 dif2。
(3) 在 Objects to subtract 选项中选择域 r1。

9) 矩形 2

(1) 用鼠标右击 Geometry1,选择 Rectangle。
(2) 在 Size and Shape 选项中的 Width 中填入 R2,在 Height 中填入 R2。
(3) 在 Position 选项中选择 Corner,在选项 z 中填入 −R2。

10) 组合 1

(1) 用鼠标右击 Geometry1,选择 Booleans and Partitions,选择 Compose。
(2) 在 Input objects 选项中选择域 dif3 和 r2。

(3) 在 Set formula 选项中填入 dif3－r2。

11) 矩形 3

(1) 用鼠标右击 Geometry1,选择 Rectangle。

(2) 在 Size and Shape 选项中的 Width 中填入 R2,在 Height 中填入 6。

12) 分割对象 1

(1) 用鼠标右击 Geometry1,选择 Booleans and Partitions,选择 Partition Objects。

(2) 在 Objects to partition 选项中选择域 co1。

(3) 在 Tool objects 选项中选择域 r3。

13) 并集 1

(1) 用鼠标右击 Geometry1,选择 Booleans and Partitions,选择 Union。

(2) 在 Input objects 选项中选择域 par1。

14) 多边形 1

(1) 用鼠标右击 Geometry1,选择 More Primitives,选择 Polygon。

(2) 在 Coordinates 选项中第一行 r 选项中填入 0.01,z 选项中填入 W－10。

(3) 在 Coordinates 选项中第二行 r 选项中填入 0.01,z 选项中填入 W－16。

15) 多边形 2

(1) 用鼠标右击 Geometry1,选择 More Primitives,选择 Polygon。

(2) 在 Coordinates 选项中第一行 r 选项中填入 0.01,z 选项中填入 0。

(3) 在 Coordinates 选项中第二行 r 选项中填入 0.01,z 选项中填入 6。

16) 多边形 3

(1) 用鼠标右击 Geometry1,选择 More Primitives,选择 Polygon。

(2) 在 Coordinates 选项中第一行 r 选项中填入 0.01,z 选项中填入 W＋10。

(3) 在 Coordinates 选项中第二行 r 选项中填入 0.01,z 选项中填入 W＋16。

(4) 点击 Build All Objects。

(5) 在图形工具栏中单击 Zoom Extents。图 6-6 所示为带刷层颗粒与底板的几何模型。

5. 变量 1

找到 Component 1 中的 Definitions,用鼠标右击 Definitions,选择 Variables。

在 Geometric entity level 选项中选择 Domain,选择域 1～6。

在 Variables 1 界面,在 Variables 选项中定义体电荷密度,在 Name 选项中输入 rho_space,在 Expression 选项中输入 F0 * (z1 * cA＋z2 * cB＋z3 * cX＋z4 * cY)。

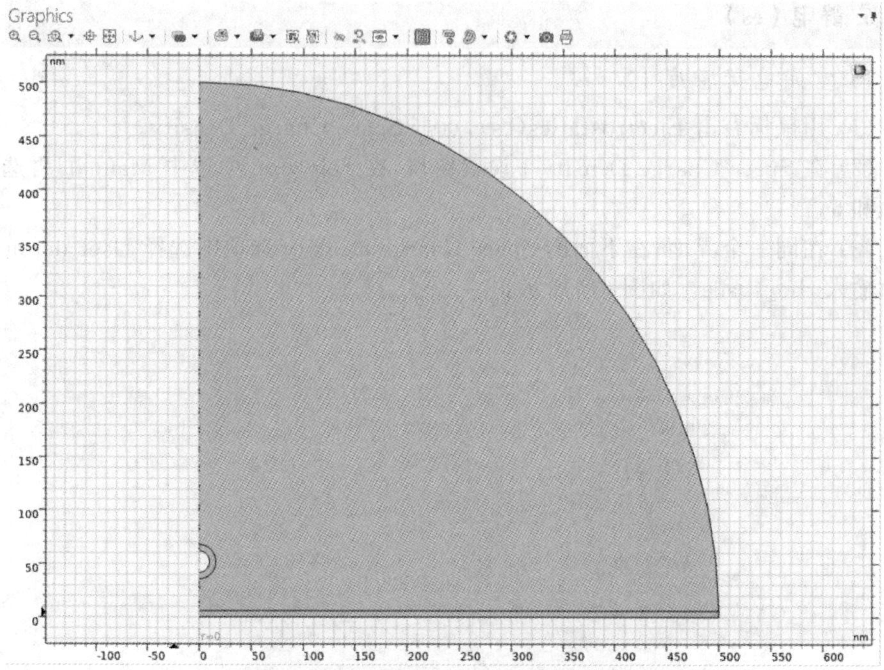

图 6-6 带刷层颗粒与底板的几何模型

1）阶跃 1

（1）找到 Component 1 中的 Definitions，用鼠标右击 Definitions，选择 Functions 中的 Analytic。

（2）在 Label 选项中填入 rho_space2。

（3）在 Function name 选项中填入 rho_space2。

（4）在 Expression 选项中填入 F0 * A *（KB * x/(1 + KB * x) − KA/(KA+x)）。

（5）在 Function 选项中填入 C/m^3。

2）阶跃 2

（1）找到 Component 1 中的 Definitions，用鼠标右击 Definitions，选择 Functions 中的 Analytic。

（2）在 Label 选项中填入 rho_space3。

（3）在 Function name 选项中填入 rho_space3。

（4）在 Expression 选项中填入 F0 * B *（KD * x/(1 + KD * x) − KC/(KC+x)）。

（5）在 Function 选项中填入 C/m^2。

6. 静电（es）

1）空间电荷密度 1

(1) 用鼠标右击 Electrostatics(es)，点击 Space Charge Density。

(2) 在 Space Charge Density 1 设置窗口，在 Selection 中选中 Manual，再选中域 2 和 5。

(3) 在同一个界面，在下面的 Space Charge Density 选项中选择 User defined，数值输入 rho_space。如图 6-7 所示。

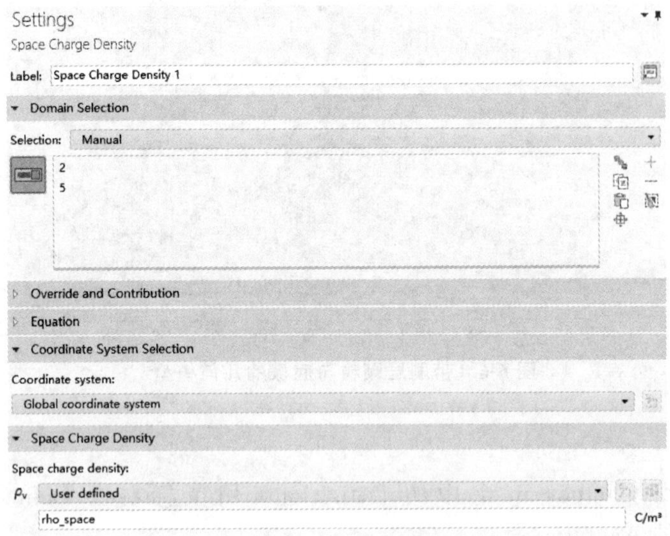

图 6-7　溶液中的空间电荷密度

2）空间电荷密度 2

(1) 用鼠标右击 Electrostatics(es)，点击 Space Charge Density。

(2) 在 Space Charge Density 2 设置窗口，在 Selection 中选中 Manual，再选中域 1,3,4,6。

(3) 在同一个界面，在下面的 Space Charge Density 选项中选择 User defined，数值输入 rho_space2(cA/1000)＋rho_space。如图 6-8 所示。

3）表面电荷密度 1

(1) 用鼠标右击 Electrostatics(es)，点击 Surface Charge Density。

(2) 在 Surface Charge Density 1 设置窗口，在 Selection 中选中 Manual，再选中边界 10。

(3) 在同一个界面，在下面的 Surface Charge Density 选项中数值输入 rho_space3(cA/1000)。如图 6-9 所示。

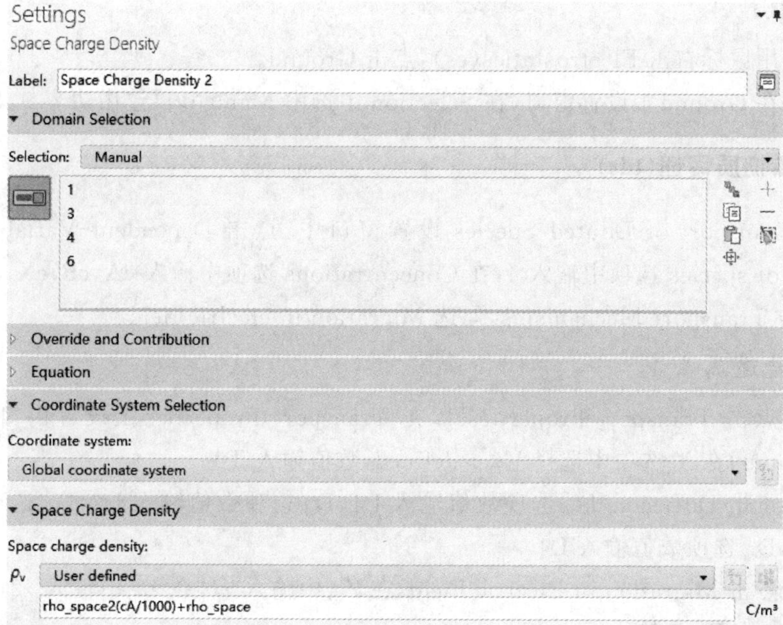

图 6-8 刷层的空间电荷密度

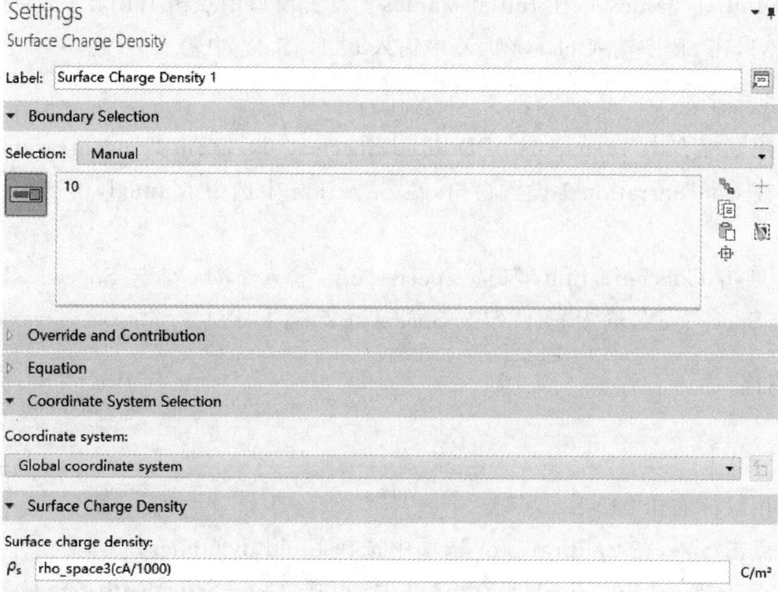

图 6-9 底板的表面电荷密度

4）接地 1

(1) 用鼠标右击 Electrostatics(es)，点击 Ground。

(2) 在 Ground 1 设置窗口，在 Selection 中选中 Manual，再选中边界 9，17，22。

7. 稀物质传递(tds)

在 Transport of Diluted Species 设置窗口中，点击 Dependent Variables，在 Number of species 选项中输入 4，在 Concentrations 选项中输入 cA，cB，cX，cY。

点击 Transport Mechanisms，勾选 Migration in electric field。

1）传递属性 1

(1) 点击 Transport Properties 1，在 Transport Properties 1 设置窗口，点击 Model Input，在 T 选项中选择 User defined，数值输入 T0。

(2) 点击 Diffusion，D_{cA} 选项数值输入 D1，D_{cB} 选项数值输入 D2，D_{cX} 选项数值输入 D3，D_{cY} 选项数值输入 D4。

(3) 点击 Migration in Electric Field，在 Z_{cA} 中输入 z1，在 Z_{cB} 中输入 z2，在 Z_{cX} 中输入 z3，在 Z_{cY} 中输入 z4。

2）初始值 1

点击 Initial Values 1，在 Initial Values 1 设置窗口中点击 Initial Values，在 cA 中输入 cA1，在 cB 中输入 cB1，在 cX 中输入 cX1，在 cY 中输入 cY1。

3）浓度 1

(1) 用鼠标右击 Transport of Diluted Species(tds)，点击 Concentration。

(2) 在 Concentration 1 设置窗口，在 Selection 中选中 Manual，再选中边界 9，17，22。

(3) 点击 Concentration，勾选 Species cA，输入 cA1；勾选 Species cB，输入 cB1；勾选 Species cX，输入 cX1；勾选 Species cY，输入 cY1。

8. 网格

1）大小 1

(1) 用鼠标右击 Mesh 1，点击 Size。

(2) 点击 Size，在 Calibrate for 选项中选择 Fluid dynamics。

(3) 点击 Size1，在 Size1 设置窗口中，点击 Geometric Entity Selection，在 Geometric entity Selection 选项中选择 Domain。

(4) 在 Selection 中选中 Manual。

（5）点击 Element Size，在 Predefined 选项中选择 Coarse。

2）大小 2

（1）用鼠标右击 Mesh 1，点击 Size。

（2）点击 Size2，在 Size2 设置窗口中，点击 Geometric Entity Selection，在 Geometric entity Selection 选项中选择 Domain。

（3）在 Selection 中选中 Manual，再选中域 1～6。

（4）点击 Element Size，在 Predefined 选项中选择 Extremely fine。

3）自由三角形网格 1

（1）用鼠标右击 Mesh 1，点击 Free Triangular。

（2）点击 Free Triangular 1，在 Free Triangular 1 设置窗口中，点击 Geometric Entity Selection，在 Geometric entity Selection 选项中选择 Domain。

（3）在 Selection 中选中 Manual，再选中域 1～6。

（4）点击 Control Entities，在 Number of iterations 选项中输入 8，在 Maximum element depth to process 选项中输入 8。

（5）点击 Mesh 1，点击 Build All，构建网格。如图 6-10 所示。

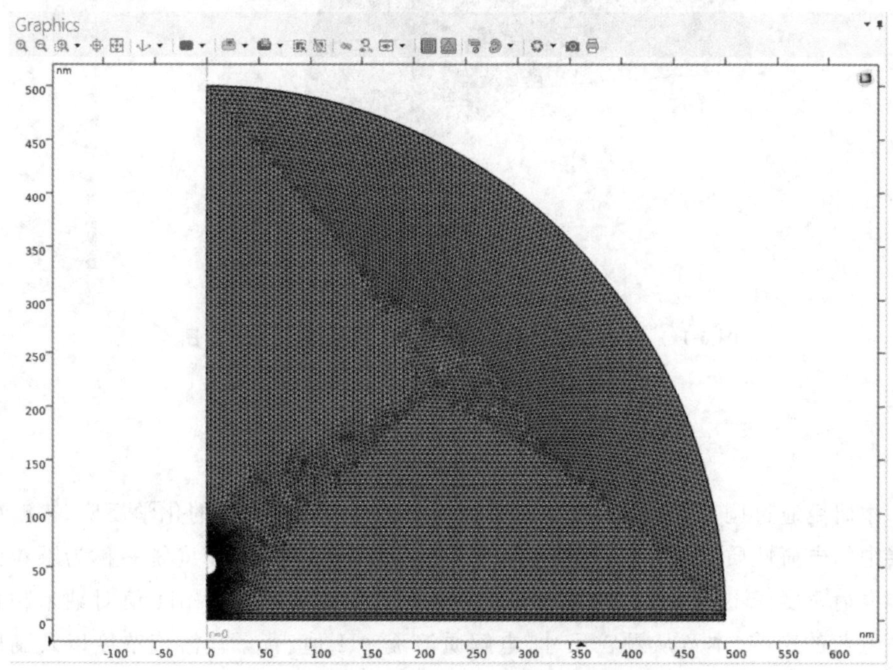

图 6-10 带刷层颗粒与底板的网格设置

9. 研究 1

点击 Study1,点击 Compute。

10. 结果

(1) 点击 Results,点击 Electric Potential,Revolved Geometry (es)。

(2) 此时就可以看到电势的三维分布图,如图 6-11 所示。

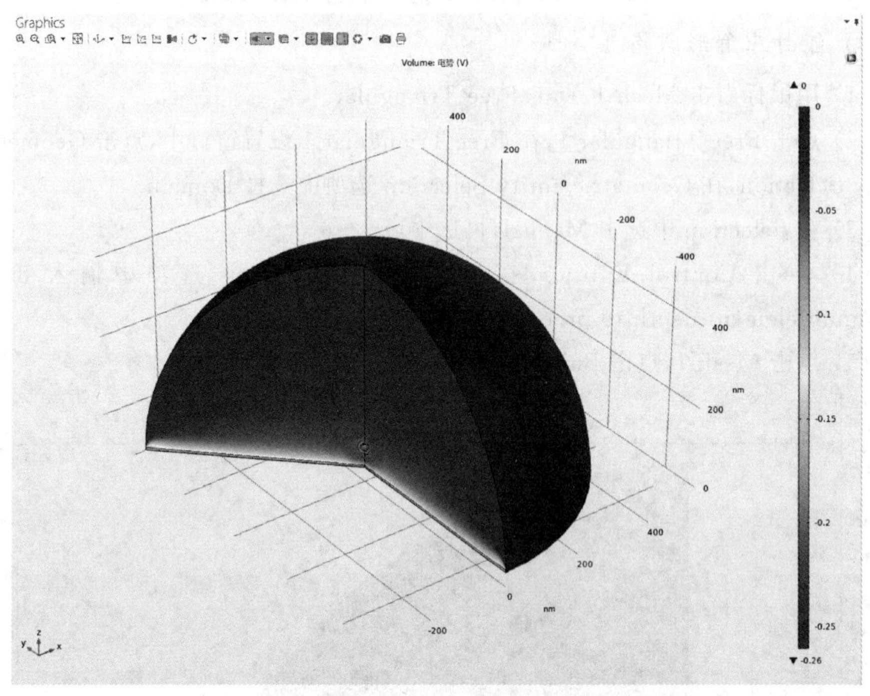

图 6-11 带刷层颗粒与底板作用时的电势的三维分布图

6.4 结果与讨论

本研究通过调节 PE 刷层中功能性离子基团在溶液中发生的化学反应,来改变刷层中的电荷性质,后面的讨论中我们将颗粒 PE 刷层体电荷密度统一称为颗粒刷层体电荷密度。不同于以往只通过讨论颗粒尺寸与电解质溶液 pH 值对纳米颗粒表面电荷的影响,本章从颗粒尺寸、电解质溶液 pH 值、背景盐溶液浓度以及刷层厚度四个方面来研究纳米颗粒 PE 刷层的电荷性质。

6.4.1 纳米颗粒尺寸和溶液 pH

通过对计算结果的分析，我们得出结论：不同颗粒尺寸和溶液中 pH 值的变化都会对 PE 刷层中体电荷密度的变化产生影响。图 6-12 描述了当背景盐溶液浓度等于 1 mM 时，不同尺寸纳米颗粒的刷层体电荷密度随 pH 变化的曲线。为了方便对比我们在图 6-12 中绘制了带刷平板的刷层体电荷密度变化曲线，同时还可以利用带刷平板的刷层体电荷密度为标尺对颗粒刷层体电荷密度进行归一化处理。通过观察图 6-12 我们可以得出结论：当溶液 pH 值小于一定值时，颗粒的刷层体电荷密度呈正极性；当溶液 pH 值大于一定值时，颗粒的刷层体电荷密度呈负极性。通过理论模型计算得出结论：当 pH＝5.5 时刷层体电荷密度接近为零，此时称 pH＝5.5 是颗粒刷层的等电点(IEP)。这说明当 pH＝5.5 时，刷层中的 P～COO 基团与 P～$NH_3{}^+$ 基团数量基本相同，使得刷层处于一种电中性的状态。通过以上现象得出结论：我们可以通过调节 pH 值的方式使纳米颗粒刷层处于电中性状态，从而可以在一定程度上忽略电场对颗粒的作用来构建模型或进行实验。

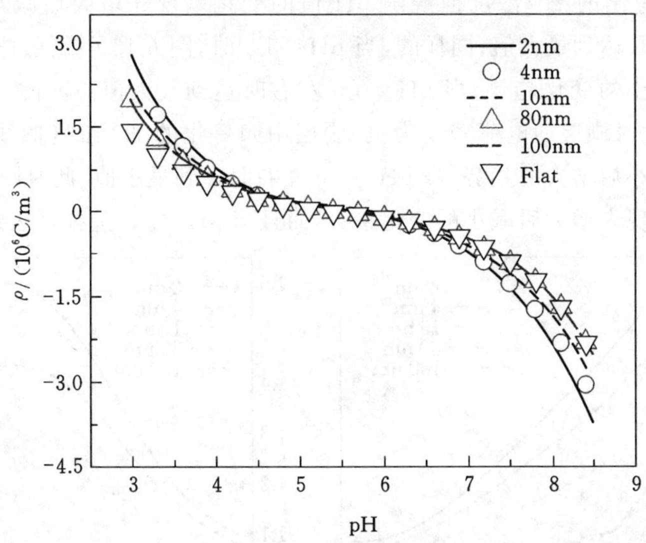

图 6-12 背景盐溶液浓度为 1 mM 时，不同尺寸纳米颗粒的刷层体电荷密度随 pH 变化曲线

通过上述讨论，我们可以从图 6-12 中看出：当 pH＜5.5 时，颗粒刷层的体电荷密度随 pH 值的增大而减小；当 pH＞5.5 时(此时的电荷密度呈负极性)，刷层的体电荷密度随 pH 值的增大而增大。这是由于当 pH＜5.5 时，刷层中以 P～NH_2＋H^+↔P～NH_3^+ 为主导反应，刷层中大量的 P～NH_2 基团结合 H^+ 形成 P～NH_3^+ 基团，从而导致刷层体电荷密度呈正极性，同时随着 pH 值增大，刷层中的 H^+ 浓度减小，使得反应向左进行，最终导致刷层体电荷密度减小；当 pH＞5.5 时，刷层中变成以 P～COOH↔P～COO$^-$ + H$^+$ 为主导反应，此时刷层中大量的 P～COOH 基团解离出 H$^+$ 和 P～COO$^-$ 基团，从而导致刷层体电荷密度呈负极性，同时随着 pH 值增大，刷层中 H$^+$ 浓度减小，使得反应向右进行，最终导致刷层体电荷密度增大。

从图 6-12 中我们还可以看出：纳米颗粒的刷层体电荷密度也取决于它们的尺寸，在 pH 值一定时刷层体电荷密度的绝对值 $|\rho|$ 随着颗粒尺寸的增大而减小。这是由于随着颗粒尺寸的增大，颗粒刷层可以接触的 H$^+$ 数量变多，颗粒刷层的局部 H$^+$ 浓度变大，从而导致颗粒的刷层体电荷密度减小。为了更清楚地显示颗粒尺寸对颗粒刷层体电荷密度的影响，我们在不同 pH 值下将粒子刷层的电荷密度与平板的刷层体电荷密度进行归一化处理。图 6-13 描述了在背景盐溶液浓度为 1 mM 时，纳米颗粒归一化刷层体电荷密度与 pH 值之间的函数关系。当颗粒尺寸达到 80 nm以上时，颗粒的归一化曲线接近于 1，这说明随着颗粒半径增大到一定程度后刷层体电荷密度受尺寸影响变得很小。刷层体电荷密度随 pH 值变化可以用刷层中 H$^+$ 的浓度变化来解释。如图 6-14 所示，当 pH＜5.5 时，此时刷层体电荷密度为正，刷层中归一化的 H$^+$ 浓度曲线随 pH 值的变化呈现先增大后减小的趋势，当 pH＝3.5 左右时达到最大值；同样的，当 pH＜5.5 时，图 6-13 中刷层体电荷密度呈现先增大后减小的变化趋势，当 pH＝3.5 左右时达到最大值。如图 6-14 所示，当 pH＞5.5 时，此时刷层的电荷密度为负，刷层中归一化的 H$^+$ 浓度曲线随 pH 值的变化呈现先减小后增大的趋势，当 pH＝7.5 左右时达到最小值；此时图 6-13 中刷层体电荷密度呈现先增大后减小的变化趋势，而且当 pH＝7.5 左右时达到最大值。

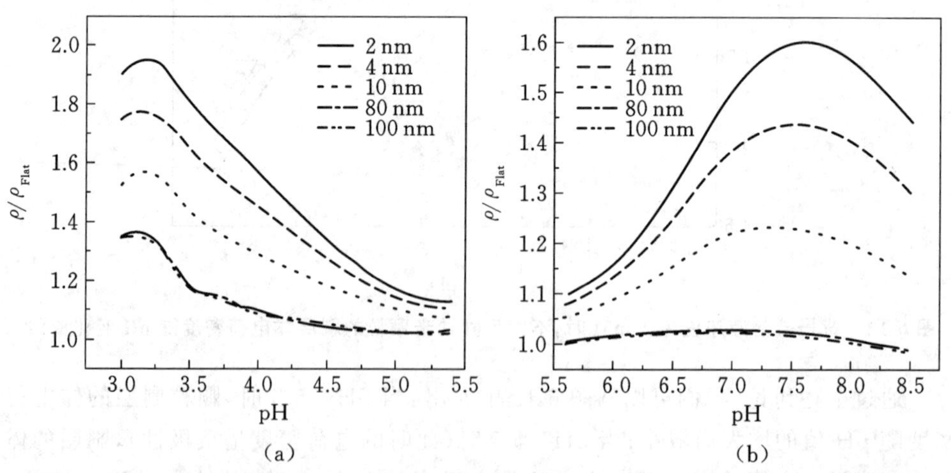

图 6-13　背景盐溶液浓度为 1mM 时，不同尺寸纳米颗粒的刷层体电荷密度归一化曲线

(a) pH＜5.5；(b) pH＞5.5

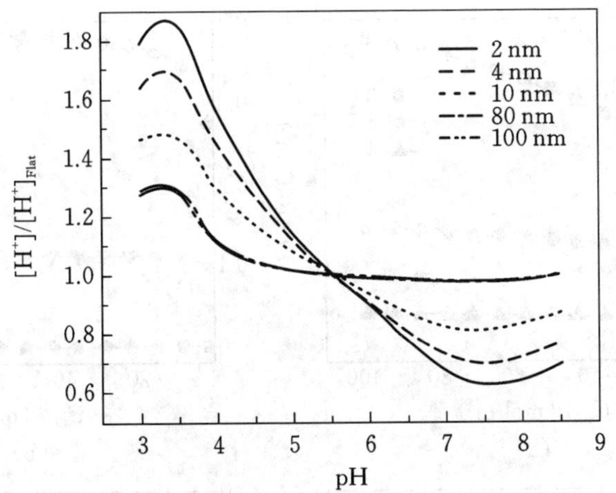

图 6-14 背景盐溶液浓度为 1 mM 时，不同尺寸纳米颗粒刷层中 H^+ 浓度归一化曲线

6.4.2 背景盐溶液浓度

通过观察图 6-12 我们可以看出，颗粒半径为 80 nm 时的曲线与颗粒半径为 100 nm时的曲线基本重合，这说明当纳米颗粒半径增大到 80 nm 时，颗粒尺寸对刷层体电荷密度几乎不产生影响。我们在固定颗粒尺寸为 10 nm 的条件下，通过改变 pH 值和背景盐溶液浓度的大小，来研究不同 pH 值下颗粒的刷层体电荷密度随背景盐溶液浓度的变化。当 pH$<$5.5 时，此时刷层体电荷密度呈正极性，在同一 pH 值下颗粒的刷层体电荷密度随背景盐溶液浓度的增大而增大，当背景盐溶液浓度增大到一定程度时曲线趋于平缓；当 pH=5.5 时颗粒的刷层体电荷密度几乎为 0，且基本不受到背景盐溶液浓度变化的影响，如图 6-15(a)、(b)所示。当 pH$>$5.5 时，此时刷层体电荷密度呈负极性，在同一 pH 值下颗粒刷层体电荷密度随背景盐溶液浓度增大而增大，当背景盐溶液浓度增大到一定程度时曲线趋于平缓，如图 6-15(c)、(d)所示。

6.4.3 刷层厚度

通常纳米颗粒表面的刷层体电荷密度会受到刷层厚度的影响，当基团数 $N=20$ 时，功能性基团链的长度在 α-螺旋结构下为 1～3 nm，在 β-折叠结构下为6 nm (Holm and Sander，1993)。所以我们在固定纳米颗粒尺寸为 10 nm 的条件下，通过对比在不同背景盐浓度和溶液 pH 值下改变刷层厚度刷层体电荷密度的变化，讨论改变刷层厚度对刷层电荷性质的影响。图 6-16(a)、(b)分别是不同刷层厚度下颗粒刷层体电荷密度随背景盐溶液浓度和 pH 值变化的曲线，从图 6-16(a)、(b)中我们可以看出在相同的背景盐溶液浓度或 pH 值下，随着刷层厚度减小，颗粒刷层

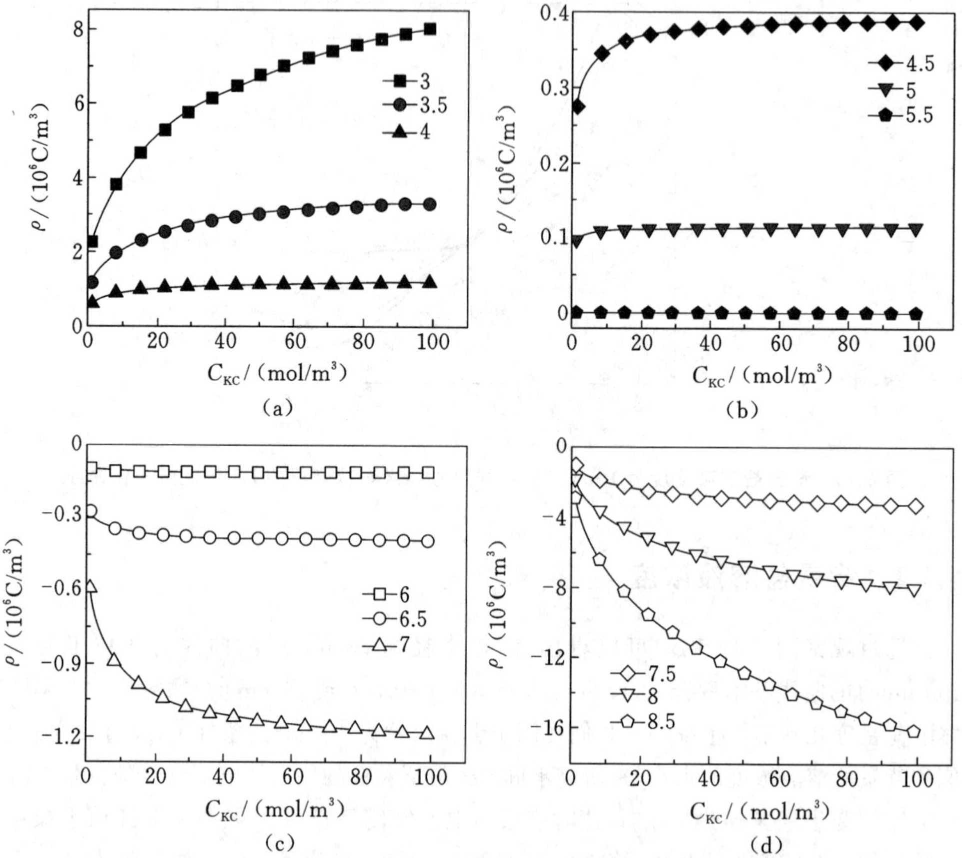

图 6-15　在不同 pH 下，纳米颗粒刷层体电荷密度随背景盐溶液浓度变化曲线

(a) pH＝3,3.5,4;(b) pH＝4.5,5,5.5;(c) pH＝6,6.5,7;(d) pH＝7.5,8,8.5

体电荷密度增大。这是由于减小刷层厚度相当于增大了刷层中功能性基团的密度，使得刷层中参与化学反应的和化学反应所产生的各种基团密度变大，从而导致刷层中的正(或负)电荷密度大大增加。对比图 6-12 与图 6-16(b)我们可以看出，无论改变颗粒尺寸还是改变刷层的厚度，颗粒刷层体电荷密度在不同 pH 值下的变化过程和变化趋势都是不变的。

在 pH＝7 的条件下，此时的刷层体电荷密度为负，刷层体电荷密度随背景盐溶液浓度的增大而增大，如图 6-16(a)所示，这是由于刷层中 H^+ 浓度随背景盐溶液浓度的增大而减小，如图 6-17(a)所示。刷层中的 H^+ 浓度受到刷层中相对 K^+ 浓度的影响(刷层中 K^+ 浓度与溶液中 K^+ 浓度的差值)，如图 6-17(b)所示。由于刷层中相对 K^+ 离子浓度随着背景盐溶液浓度的增大而增大，导致刷层中的大量 H^+ 被排斥，从而使得 H^+ 的局部浓度不断减小。从图 6-17(a)、(b)中我们可以看出，当刷层厚度减小时，

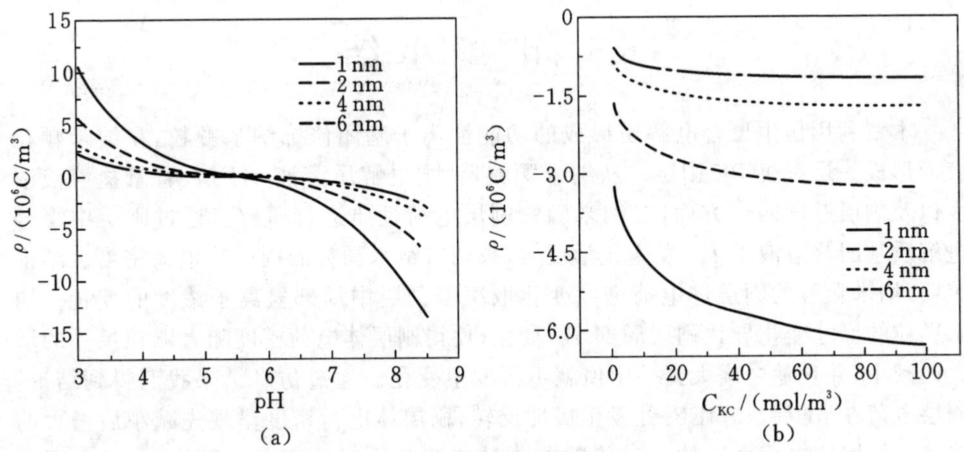

图 6-16　不同刷层厚度下,电荷密度随背景盐溶液浓度和 pH 值变化曲线

(a) 当 $C_{KCl}=1$ Mm 时;(b) 当 pH=7 时

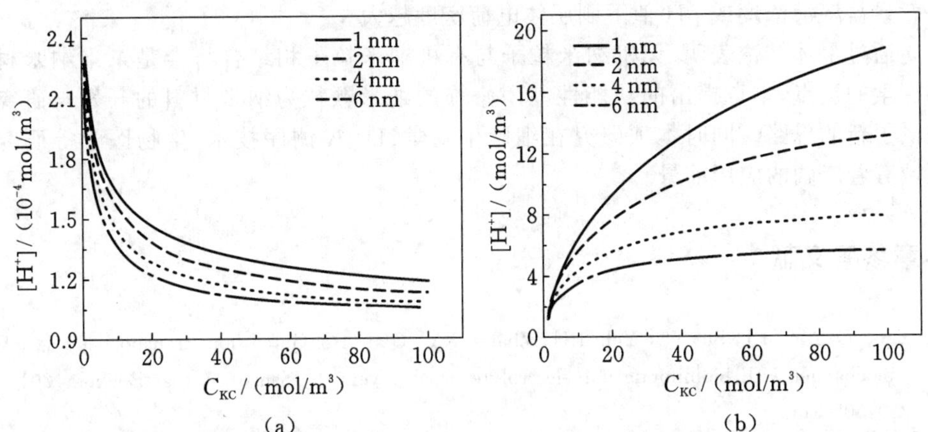

图 6-17　在 pH=7 时,不同刷层厚度下离子浓度随背景盐溶液浓度变化曲线

(a) H^+ 浓度;(b) K^+ 浓度

同一背景盐溶液浓度下刷层中 H^+ 浓度和 K^+ 浓度增大。这是由于随着刷层厚度减小,颗粒刷层的负电荷密度增大,对阳离子的吸引作用增强。从图 6-17(a)、(b)中我们还可以看出,刷层厚度较小时 K^+ 浓度曲线变化更明显,刷层厚度较大时 H^+ 浓度曲线变化更明显。当我们需要观察刷层 K^+ 浓度变化趋势时,可以选择较小的刷层厚度;当我们需要观察刷层 H^+ 浓度变化趋势时,可以选择较大的刷层厚度。

6.5 本章小结

本章利用仿生聚合电解质形成的功能性离子基团修饰纳米颗粒，在纳米颗粒表面形成一层有机 PE 刷层。从纳米颗粒尺寸、电解质溶液 pH 值、背景盐溶液浓度以及刷层厚度四个方面，对纳米颗粒刷层电荷性质进行研究。通过刷层中聚合电解质基团与溶液中 H^+ 发生化学反应，来调节纳米颗粒的刷层体电荷密度。结果表明，纳米颗粒的刷层体电荷密度变化取决于刷层中局部氢离子浓度的变化。纳米颗粒的尺寸变化导致刷层局部 H^+ 变化，使得刷层体电荷密度随着颗粒尺寸的增大而减小，并且随之增大到一定值就不再发生变化。通过仿真结果我们得到结论：刷层电荷在 pH=5.5(IEP)处发生极性反转，刷层体电荷密度呈现先减小后增大的趋势。刷层体电荷密度的绝对值随着背景盐溶液浓度的增大而增大，这是由于溶液中的 H^+ 和 K^+ 浓度梯度发生变化对刷层内的离子浓度产生了影响。同时我们通过改变纳米颗粒的刷层厚度来改变聚合电解质基团的密度，发现刷层厚度越小，同一背景盐溶液浓度或 pH 值下刷层体电荷密度越大。

通过上述结论表明，无机纳米粒子与有机纳米粒子相结合将会是未来纳米材料探索的重点，本章提出的功能性基团修饰的纳米颗粒为纳米材料的开发与研究提供了新的思路。同时本项研究在细胞生物学、DNA 测序技术、生物医学等研究领域有着广阔的应用前景。

本章参考文献

[1] Zhou C, Mei LJ, Su YS, Yeh LH, Zhang XY, Qian SZ. Gated ion transport in a soft nanochannel with biomimetic polyelectrolyte brush layers[J]. Sensor Actuat B-Chem, 2016, 229:305-314.

[2] Hsu JP, Yang ST, Lin CY, Tseng S. Voltage-controlled ion transport and selectivity in a conical nanopore functionalized with pH-tunable polyelectrolyte brushes[J]. J Colloid Interf Sci, 2019, 537:496-504.

[3] Yeh LH, Hughes C, Zeng ZP, Qian SZ. Tuning Ion Transport and Selectivity by a Salt Gradient in a Charged Nanopore[J]. Anal Chem, 2014, 86(5):2681-2686.

[4] Ali M, Ramirez P, Nguyen HQ, Nasir S, Cervera J, Mafe S, Ensinger W. Single Cigar-Shaped Nanopores Functionalized with Amphoteric Amino Acid Chains: Experimental and Theoretical Characterization[J]. Acs Nano, 2012, 6(4):3631-3640.

[5] Tagliazucchi M, Rabin Y, Szleifer I. Transport Rectification in Nanopores with Outer Membranes Modified with Surface Charges and Polyelectrolytes[J]. Acs Nano, 2013, 7(10):9085-9097.

[6] Chanda S, Sinha S, Das S. Streaming potential and electroviscous effects in soft nanochannels:

towards designing more efficient nanofluidic electrochemomechanical energy converters[J]. Soft Matter,2014,10(38):7558-7568.

[7] Zhang Z,Kong XY,Xiao K,Liu Q,Xie GH,Li P,Ma J,Tian Y,Wen LP,Jiang L.Engineered Asymmetric Heterogeneous Membrane:A Concentration-Gradient-Driven Energy Harvesting Device[J].J Am Chem Soc,2015,137(46):14765-14772.

[8] Zeng X,Chen S,Weitemier A,Han SY,Blasiak A,Prasad A,Zheng KZ,Yi ZG,Luo BW,Yang IH,Thakor N,Chai C,Lim KL,McHugh TJ,All AH,Liu XG.Visualization of Intra-neuronal Motor Protein Transport through Upconversion Microscopy[J].Angew Chem Int Edit,2019, 58(27):9262-9268.

[9]Braunger K,Pfeffer S,Shrimal S,Gilmore R,Berninghausen O,Mandon EC,Becker T,F Rster F,Beckmann RJS[J].Structural basis for coupling protein transport and N-glycosylation at the mammalian endoplasmic reticulum,2018,360(6385):7899.

[10] Gierhart BC,Howitt DG,Chen SJ,Zhu Z,Kotecki DE,Smith RL,Collins SDJS,Chemical AB [J].Nanopore with Transverse Nanoelectrodes for Electrical Characterization and Sequencing of DNA,2008,132(2):593-600.

[11] Harms ZD, Haywood DG, Kneller AR, Selzer L, Zlotnick A, Jacobson SCJAC[J]. Single-Particle Electrophoresis in Nanochannels,2015,87(1):699-705.

[12] Lu Y,Ballauff MJPiPS.Spherical polyelectrolyte brushes as nanoreactors for the generation of metallic and oxidic nanoparticles[J].Synthesis and application in catalysis,2016:86-104.

[13] Mei L, Chou TH, Cheng YS, Huang MJ, Yeh LH, Qian SJPCCP. Electrophoresis of pH-regulated nanoparticles[J].impact of the Stern layer,2015:9927-9934.

7 纳米颗粒在聚电解质刷层修饰纳米孔内的电动输运

7.1 引 言

生物体需要不断进行代谢活动来保持机体的正常运作，这依赖于体内细胞中负责物质交换的离子通道。受此现象的启发，各种生物及仿生纳米孔被开发出来以适应不同需求。随着科学技术的不断发展，纳米孔的研究包括了金属离子、蛋白质、DNA 等各种目标物的检测以及离子整流、能量转换，如图 7-1 所示，其中最具代表性的无疑是 DNA 测序。其基本原理是当待检测物穿过纳米孔时，会产生一个可以检测到的离子电流信号。由于不同成分的生物分子表面电荷会有所差异，在穿过纳米孔的时候产生的堵塞程度也会存在差异，从而会产生不同的电流信号。由此可以检测出待测物的种类、大小等参数。但现阶段仍有关键科学问题需要解决，即如何减小颗粒在纳米孔中的输运速度以提高检测精度。

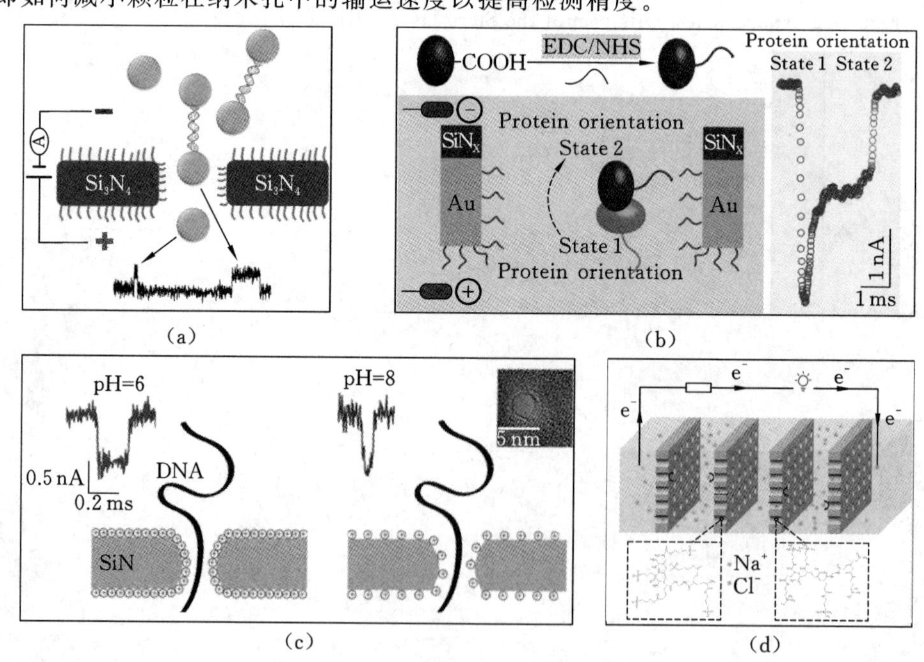

(a) (b) (c) (d)

图 7-1 纳米孔的部分应用

(a) 金属离子检测；(b) 蛋白质检测；(c) DNA 检测；(d) 能量转换

为了解决上述问题，已经做过很多尝试来减缓颗粒在纳米孔中的输运速度，具体包括：在纳米孔外嵌入栅电极、浮动电极，改变溶液的温度、黏度，施加额外的作用力如光镊，聚电解质刷层修饰纳米孔等方法。其中有关聚电解质刷层的研究也是目前的一个研究热点。由于聚电解质刷层可以改变物质的表面性质，因此广泛地应用于离子整流、颗粒修饰、物质输运以及物质检测等方面，如图 7-2 所示。很多研究者将其与纳米孔检测相结合，即使用聚电解质刷层修饰的纳米孔来检测纳米颗粒。从已有的结果可以得知：使用功能化纳米孔即通过使用聚电解质刷层修饰的纳米孔能够有效减缓颗粒在纳米孔内的输运速度。相关研究在一些实验中也得以实现：在纳米孔表面附上一层流体脂质双层以提高单分子的检测精度。但现有的很多研究都将纳米孔表面的聚电解质刷层的电荷密度设为固定值，忽略了聚电解质刷层的一个重要性质，即电荷性质随 pH 值可调。颗粒在穿过纳米孔时必然会改变纳米孔内部的离子浓度，导致刷层内的电荷密度发生大小甚至是极性的变化，进而影响颗粒在纳米孔中的输运。

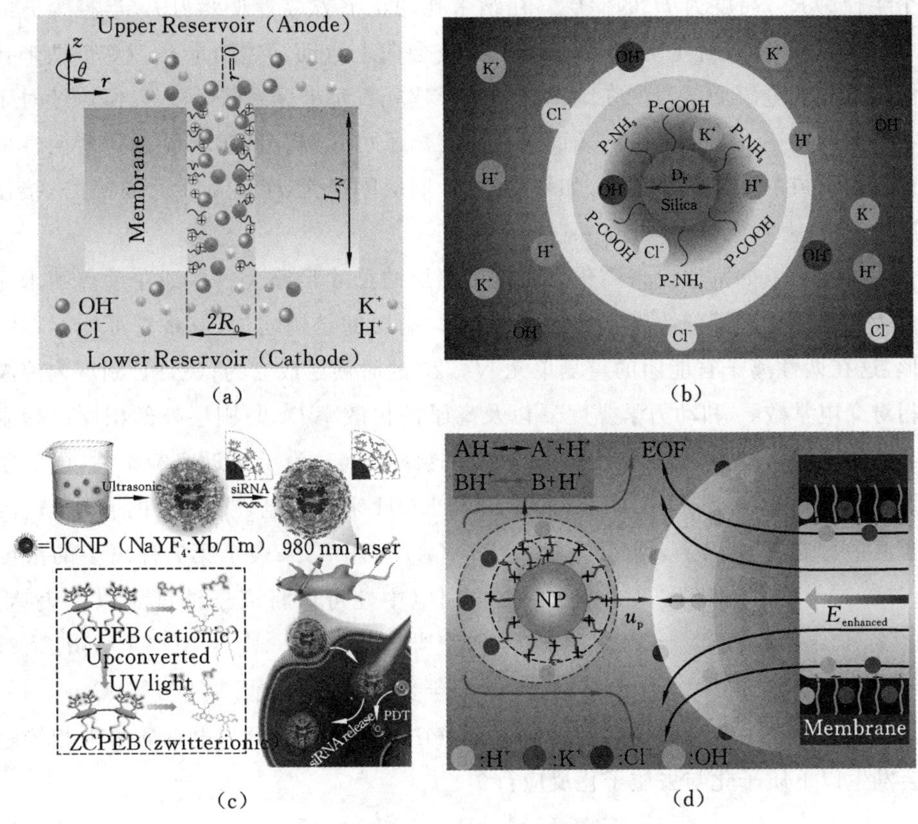

图 7-2　刷层的部分应用

(a) 离子整流；(b) 颗粒修饰；(c) 物质输运；(d) 物质检测

基于此，在本章中通过构建耦合 Poisson 方程、Nernst-Planck 方程以及 Navier-Stokes 方程组的连续介质模型，采用任意拉格朗日欧拉法来描述颗粒与流体的运动，研究纳米颗粒在 pH 值可调聚电解质刷层修饰纳米孔中的输运过程。连续介质模型已被证明可以阐明颗粒穿过纳米孔的整个过程。因此使用该方法对数学模型进行求解较为可靠。基于此数学模型，本章从理论上研究溶液 pH 值和溶液浓度对于聚电解质刷层总电荷密度、纳米颗粒的输运速度以及离子电流的影响。通过对颗粒穿孔过程进行精确的描述，能够直观地反映出聚电解质刷层修饰的纳米孔对颗粒的输运速度以及离子电流的影响规律。

7.2 数学模型

图 7-3 描述的是本章的基本数学模型：一个半径为 R_1，厚度为 h 的纳米孔连接两个半径为 R_2，高度为 H 的储层。在纳米孔的正下方放置长度为 L，半径为 r 的棒状纳米颗粒，在外加电势 V_0 的作用下颗粒会向上运动穿过纳米孔。整个纳米孔和储层都充满电解质溶液。在纳米孔的中心建立直角坐标系(x,y)，以便后续对于颗粒位置的描述。在纳米孔的表面接枝一层离子可穿透、pH 值可调的仿生两性离子官能团组成的聚电解质刷层（如赖氨酸）。刷层厚度为 d（一般为 3～5 nm），接枝密度为 σ（一般为 0.1～0.6 chains · nm^{-2}）。

在这里做了如下假设来简化研究：(1)储层的尺寸足够大以保证在远离纳米孔的位置能够保持溶液的浓度不变，$c_i=c_0$；(2)刷层的结构均匀，忽略它可能存在的变形，这在两性离子官能团的重复单元 $N\leqslant 20$ 的时候是成立的；(3)PE 刷层内溶液的相对介电常数 ε_f 和动力学黏度 μ 以及离子的扩散率 D_i 与刷层外部相同；(4)刷层与流体表面的电场、离子浓度和流场都是连续的；(5)为了接近实验条件，电解质溶液采用 KCl 溶液，浓度为 c_0，通过 HCl 和 KOH 来调节电解质溶液的 pH 值。因此溶液中存在四种离子，即 H^+、K^+、Cl^-、OH^-，用 c_i 来表示第 i 种离子的浓度（$1=H^+$，$2=K^+$，$3=Cl^-$，$4=OH^-$）。根据电中性可以将离子浓度做以下表达：pH≤7，$c_1=10^{(3-\mathrm{pH})}$，$c_2=c_0$，$c_3=c_0+10^{(3-\mathrm{pH})}-10^{(\mathrm{pH}-11)}$，$c_4=10^{(\mathrm{pH}-11)}$；pH>7，$c_1=10^{(3-\mathrm{pH})}$，$c_2=c_0-10^{(3-\mathrm{pH})}+10^{(\mathrm{pH}-11)}$，$c_3=c_0$，$c_4=10^{(\mathrm{pH}-11)}$。

刷层内存在的两性离子官能团（R—COOH 和 $R—NH_2$）与电解质溶液相接触时会发生以下质子化与去质子化反应：

$$\mathrm{R{-}COOH} \longleftrightarrow \mathrm{R{-}COO^-} + \mathrm{H^+} \tag{7-1}$$

$$\mathrm{R{-}NH_2} + \mathrm{H^+} \longleftrightarrow \mathrm{R{-}NH_3^+} \tag{7-2}$$

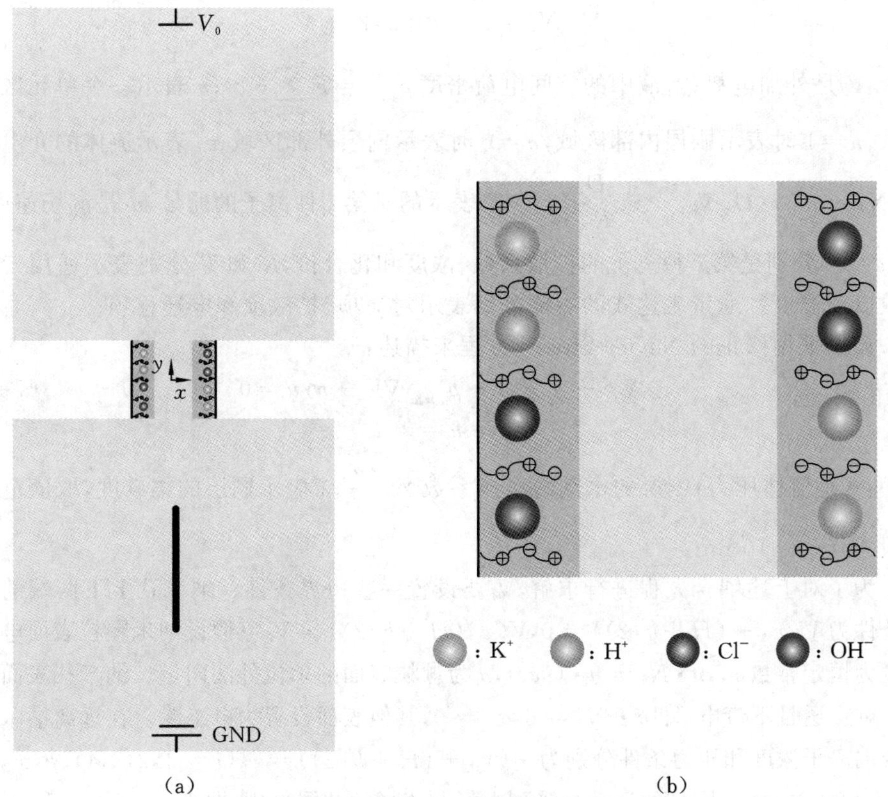

图 7-3　纳米颗粒穿过功能基团修饰纳米孔

(a) 几何示意图；(b) 纳米孔的局部放大图

反应的平衡常数分别为 $K_c=\dfrac{[\mathrm{R—COO^-}]\times[\mathrm{H^+}]}{[\mathrm{R—COOH}]}$和 $K_n=\dfrac{[\mathrm{R—NH_3^+}]}{[\mathrm{R—NH_2}]\times[\mathrm{H^+}]}$，中括号表示该物质在刷层内的摩尔浓度。因此刷层内会产生如下的电荷密度：

$$\rho_b=1000F([\mathrm{R—NH_3^+}]-[\mathrm{R—COO^-}])=1000F\left(\frac{K_n\kappa_n[\mathrm{H^+}]}{1+K_n[\mathrm{H^+}]}-\frac{K_c\kappa_c}{1+K_c[\mathrm{H^+}]}\right)\tag{7-3}$$

式中：F 是法拉第常数；$\kappa_c=[\mathrm{R—COO^-}]+[\mathrm{R—COOH}]=N\sigma/1000dN_A$ 和 $\kappa_n=[\mathrm{R—NH_3^+}]+[\mathrm{R—NH_2}]=N\sigma/1000dN_A$ 分别是酸碱官能团的净体积密度；N_A 是阿伏加德罗常数。

采用早已验证过的连续介质模型来考虑本研究的多离子问题，用 PNP 方程来描述模型内的离子输运：

$$-\nabla^2 V=\frac{\rho_{\text{space}}+n\rho_b}{\varepsilon_f}\tag{7-4}$$

$$\nabla \cdot N_i = 0, \quad i = 1,2,3,4 \tag{7-5}$$

式中：V 是外加电势；溶液中的空间电荷密度 $\rho_{space} = F\sum_{i=1}^{4} z_i c_i$；$n$ 表示一个单元区域函数，$n=1$ 时表示刷层内部区域，$n=0$ 时表示刷层外部区域；ε_f 表示流体的介电常数；$N_i = uc_i - D_i \nabla c_i - z_i \dfrac{D_i}{RT} F c_i \nabla V$ 表示的是第 i 种离子的通量，u 是流场速度，D_i、c_i、z_i 分别是第 i 种离子的扩散系数、浓度和化合价，R 和 T 分别表示通用气体常数以及温度。通量表达式的右侧分别表示对流项、扩散项和电迁移项。

流场采用修正的 Navier-Stokes 方程来描述：

$$-\nabla p + \mu \nabla^2 u - \rho_{space} \nabla V - n\gamma u = 0 \tag{7-6}$$

$$\nabla \cdot u = 0 \tag{7-7}$$

式中：p 是流体压力；刷层的水动力摩擦系数 $\gamma = \dfrac{\mu}{\lambda^2}$，$\lambda$ 表示刷层的柔软度，取值范围一般为 0.1 ～ 10 nm。

为了对上述耦合方程进行求解，需要设置一些边界条件。纳米孔上下两端的电势条件为 $V(x, -(H+h/2)) = 0, V(x, (H+h/2)) = V_0$。假设纳米颗粒表面电荷密度为恒定常数 σ_1，$n \cdot N_i = n \cdot (uc_i)$，$n$ 为颗粒表面的单位外法向量。纳米孔表面离子不可穿透且不带电，即 $n \cdot N_i = 0, \sigma_2 = 0$，其他表面设置为电绝缘。在远离纳米孔的两端离子浓度和压力条件分别为 $c_i(x, \pm(H+h/2)) = c_0 (i = 1,2,3,4)$、$p(x, \pm(H+h/2)) = 0$。颗粒的运动会受到电场和流场的共同作用，即 $F_p = F_E + F_f$，电场力 $F_E = \iint \left[EE - \dfrac{1}{2}(E \cdot E) I \right] \cdot n \mathrm{d}\Gamma_p$，流场力 $F_f = \int [-pI + (\nabla u + \nabla u^T)] \cdot n \mathrm{d}\Gamma_p$，$\Gamma_p$ 表示颗粒表面积。另外，颗粒表面与纳米孔壁面设置为无滑移边界，即 $u_1 = u_1 e_y$，$u_2 = 0$。刷层的总体电荷密度 $\rho_t = \rho_{space} + \rho_b$。

离子电流的计算方法如下所示：

$$I = \int_S F\left(\sum z_i N_i\right) \cdot n \mathrm{d}S \tag{7-8}$$

S 表示两个储层的任意端面。采用离子电流偏差来表征离子电流的变化，即 $\chi = \dfrac{I - I_0}{I_0}$，其中 I_0 表示相同条件下无颗粒时的离子电流。当离子电流偏差小于 0 时，表示发生了离子电流堵塞；当离子电流偏差大于 0 时，表示发生了离子电流增强。为了方便计算，将所有数据都做无量纲处理。比例因子如下：纳米颗粒半径为 r，背景盐溶液浓度为 c_0，参考电势为 RT/F，参考速度为 $\varepsilon R^2 T^2/(\mu r F^2)$，参考压力为 $\varepsilon R^2 T^2/(r^2 F^2)$，参考离子扩散率为 $\varepsilon R^2 T^2/(\mu F^2)$。下文中所有带有上标 * 的变量均为无量纲量。

7.3 数值实现

建模流程图如图 7-4 所示。

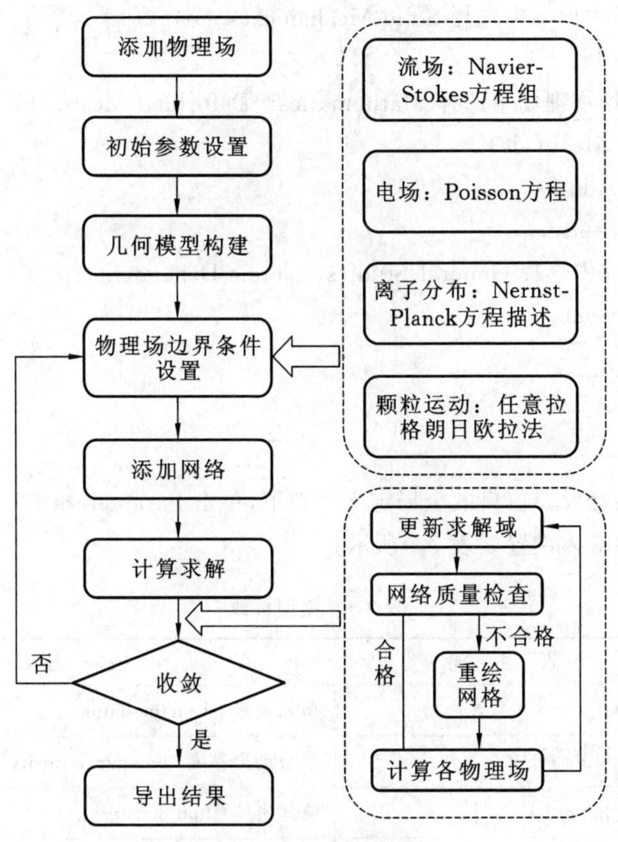

图 7-4　建模流程图

从文件菜单中选择 New。

1. 新建

在 New 中，单击 Model Wizard。

2. 模型向导

(1) 在模型向导窗口中，单击 2D。
(2) 在选择物理场中选择 Electrostatics(es)。
(3) 单击 Add。

(4) 在选择物理场中选择 Transport of Diluted Species(tds)。

(5) 单击 Add。

(6) 在选择物理场中选择 Creeping Flow (spf)。

(7) 单击 Add。

(8) 在选择物理场中选择 Solid Mechanics(solid)

(9) 单击 Add。

(10) 在选择物理场中选择 Mathematics>Deformed Mesh>Legacy Deformed Mesh>Moving Mesh(ale)。

(11) 单击 Add。

(12) 单击 Study。

(13) 在研究中选择 General Studies> Time Dependent。

(14) 单击 Done。

3. 全局定义

1) 参数 1

(1) 在模型开发器窗口的全局定义节点下，单击 Parameters 1。

(2) 在表中输入设置如表 7-1 所示。

表 7-1 模型参数

名　称	表 达 式	描　述
G0	3.3[GPa]	剪切模量/shear modulus
mu	1e −3[Pa * s]	溶液动力黏度/dynamic viscosity
rho	1e 3[kg/m^3]	流体密度/fluid density
T0	300[K]	温度/temperature
eps_f	7.08e −10[F/m]	流体的相对介电常数/relative permittivity of the fluid
eps_H_2O	eps_f/epsilon0_const	水的相对介电常数/relative permittivity of water
rho_surf_w	0[C/m^2]	纳米孔表面电荷/nanopore surface charge
rho_surf_p	−0.01[C/m^2]	颗粒表面电荷/surface charge of particle
W	50[nm]	储层半径/radius of reservoir
H	100[nm]	储层高度/height of reservoir
h_nanopore	3[nm]	纳米孔厚度/thickness of nanopore

续表

名　称	表 达 式	描　述
b	6[nm]	纳米孔半径/radius of nanopore
L_p	10[nm]	颗粒长度/length of particle
a	1[nm]	颗粒半径/radius of particle
x_p	0	颗粒初始横坐标/initial abscissa of particles
y_p	−50[nm]	颗粒初始纵坐标/initial ordinate of particles
V_therm	R_const * T0/F_const	热电压/thermal voltage
Istr_bulk	0.5 * ((zA^2＋zX^2) * cB1)	离子强度/bulk ionic strength
zA	1	阳离子化合价/ cationic valence
zX	−1	阴离子化合价/ anionic valence
Bulk	1e6[Pa]	弹性模量或体积模量/elastic Modulus or bulk Modulus
V0	0.5[V]	初始电势/initial potential
F0	96490[C/mol]	法拉第常数/Faraday constant
L_0	1[nm]	长度尺度/length scale
U_0	epsilon0_const * eps_H_2O * R_const^2 * T0^2/(mu * L_0 * F_const^2)	速度尺度/velocity scale
P_0	mu * U_0/L_0	压力尺度/pressure scale
V_0	R_const * T0/F_const	电压尺度/voltage scale
c_0	Istr_bulk	浓度尺度/concentrate scale
Re	rho * U_0 * L_0/mu	雷诺数/Reynolds number
SpaC_0	eps_f * V_0/L_0^2	体电荷密度尺度/bulk charge density scale
SufC_0	eps_f * R_const * T0/(F_const * L_0)	表面电荷尺度/surface charge scale
D_0	epsilon0_const * eps_H_2O * R_const^2 * T0^2/(mu * F_const^2)	扩散尺度/diffusion scale
sft	1[nm]	刷层柔软度/brush layer softness
gamma	mu/sft^2	摩擦系数/coefficient of friction
dm	3[nm]	刷层厚度/brush layer thickness
KA	10^−2.2	A 反应平衡常数/A reaction equilibrium constant

续表

名　称	表 达 式	描　述
KB	10^8.8	B反应平衡常数/B reaction equilibrium constant
sigma_m	0.15[1/nm^2]	接枝密度/grafting density
na	6.02e 23 [1/mol]	阿伏伽德罗常数/Avogadro constant
N	20	官能团重复单元/functional group repeating units
A	N * sigma_m/(dm * na)	
cA1	10^(3－pH)[mol/m^3]	H^+浓度/H^+ concentration
cB1	20[mol/m³]	K^+浓度/K^+ concentration
cX1	cB1＋cA1－cY1	Cl^-浓度/Cl^- concentration
cY1	10^(pH－11)[mol/m^3]	OH^-浓度/OH^- concentration
pH	5	pH 值
D1	9.31e －9[m^2/s]	H^+扩散系数/H^+ diffusion coefficient
D2	1.96e －9[m^2/s]	K^+扩散系数/K^+ diffusion coefficient
D3	2.03e －9[m^2/s]	Cl^-扩散系数/Cl^- diffusion coefficient
D4	2.03e －9[m^2/s]	OH^-扩散系数/OH^- diffusion coefficient
z1	1	H^+化合价/H^+ valence
z2	1	K^+化合价/K^+ valence
z3	－1	Cl^-化合价/Cl^- valence
z4	－1	OH^-化合价/OH^- valence

2）变量 1

（1）点击 Component 1，在 unit system 中选择 none。

（2）点击 Component 1 中的 Definitions，用鼠标右击 Definitions，选择 Variables 1。

（3）在 Variables 1 中，选择域 1、2、4，在 Name 中输入 rho_space，在 Expression 选项中输入 0.5 * ka^2 *（z1 * cA＋z2 * cB＋z3 * cX＋z4 * cY）。如图 7-5 所示。

（4）在 Variables 2 中，几何选择颗粒表面边界，分别输入 Fdep_x＝(0.5 * ((es.Ex)^2－(es.Ey)^2) * nx＋(es.Ex) * (es.Ey) * ny)，Fdep_y＝(0.5 * ((es.Ey)^2－(es.Ex)^2) * ny＋(es.Ex) * (es.Ey) * nx)。

（5）设置刷层体电荷密度公式，用鼠标右击添加 analytic，label 和 function name 均设置为 rho_b，Expression 中输入 F0 * A *（KB * x/(1＋KB * x)－KA/(KA＋x)），Function 设置为 C/m^3，unit 设置为 mol/m^3。如图 7-6 所示。

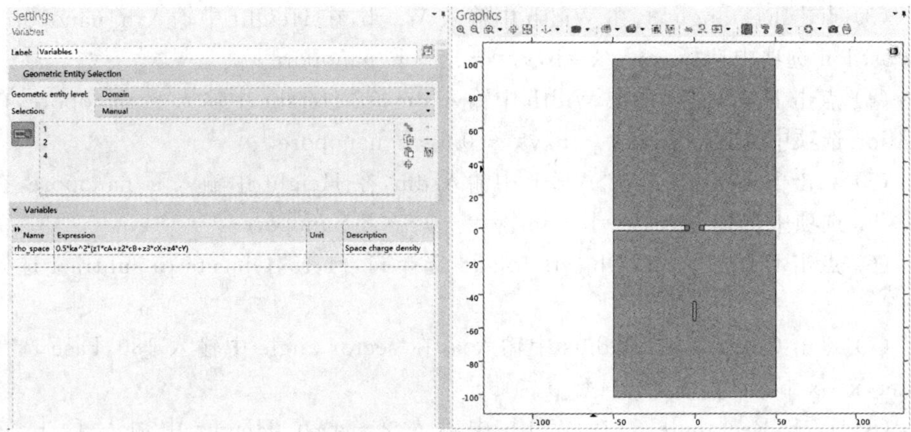

图 7-5　空间电荷密度

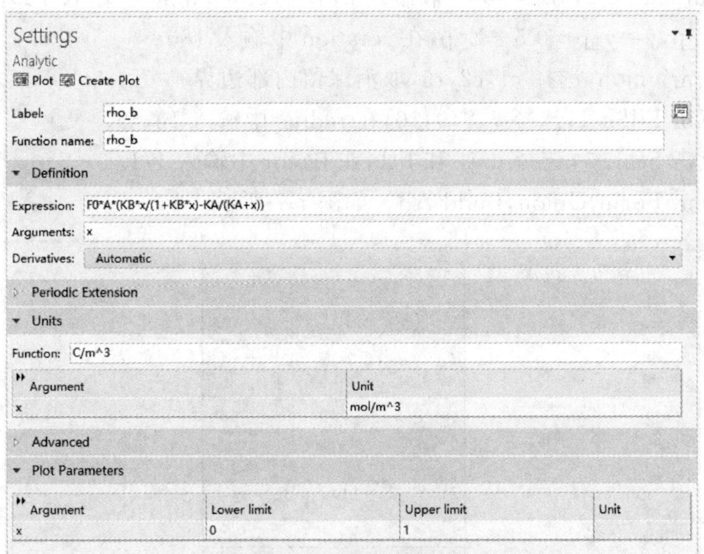

图 7-6　刷层体电荷密度

(6) 用鼠标右击添加 step1 函数，location 中输入－3，从 1 到 0。

(7) 用鼠标右击添加 step2 函数，location 中输入 3，从 0 到 1。

3) 几何

(1) 用鼠标右击 Geometry1，选择 Rectangle 1，在 Width 中输入 2 * W，在 Height 中输入 2 * H＋h_nanopore，在 Position 选项中选择 center。

(2) 点击 Rectangle 2，在 Width 中输入 W－b，在 Height 中输入 h_nanopore，在 Position 选项中选择 corn，x＝－W，y＝－0.5 * h_nanopore。

(3) 点击 Rectangle 3,在 Width 中输入 W－b,在 Height 中输入 h_nanopore,在 Position 选项中选择 corn,x＝b,y＝－0.5 * h_nanopore。

(4) 点击 Rectangle 4,在 Width 中输入 dm,在 Height 中输入 h_nanopore,在 Position 选项中选择 corn,x＝－b,y＝－0.5 * h_nanopore。

(5) 点击 Rectangle 5,在 Width 中输入 dm,在 Height 中输入 h_nanopore,在 Position 选项中选择 corn,x＝b－dm,y＝－0.5 * h_nanopore。

(6) 点击 Difference 1,Objects to add 选择 r1,r4,r5,Objects to subtract 选择 r2,r3。

(7) 点击 Circle 1,在 Radius 中输入 a,在 sector angle 中输入 180,base 选择 center,x＝x_p,y＝y_p＋0.5 * L_p。

(8) 点击 Rectangle 6,在 Width 中输入 2 * a,在 Height 中输入 L_p,在 Position 选项中选择 center,x＝x_p,y＝y_p。

(9) 点击 Circle 2,在 Radius 中输入 a,在 sector angle 中输入 180,base 选择 center,x＝x_p,y＝y_p－0.5 * L_p,在 rotation 中输入 180。

(10) 点击 union,选择 c1,c2,r6,取消保留内部边界。

(11) 点击 Fillet 1,选择 7,8,9,10,在 radius 中输入 1e－9。

(12) 点击 Scale 1,选择 uni1 和 fil1,在 factor 中输入 1/L_0。

(13) 点击 Form Union,Build All。如图 7-7 所示。

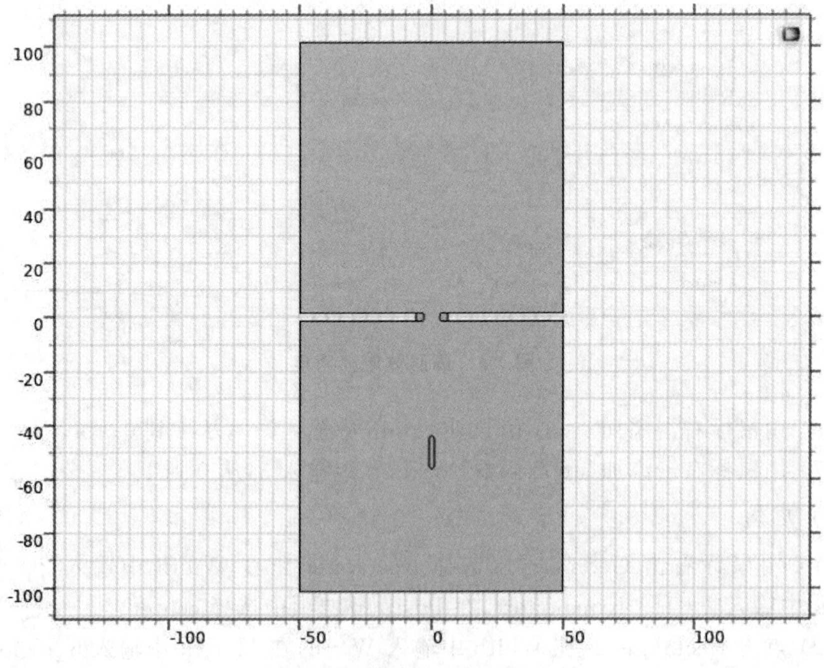

图 7-7 构建成功的几何模型

4. 电场(es)

(1) 点击 Electrostatics,域选择 1,2,4。

(2) 用鼠标右击 Electrostatics(es),点击 Space Charge Density。

(3) 在 Space Charge Density 1 设置窗口,在 Selection 中选中 Manual,再选中域 1,选择 User defined,输入 rho_space。如图 7-8 所示。

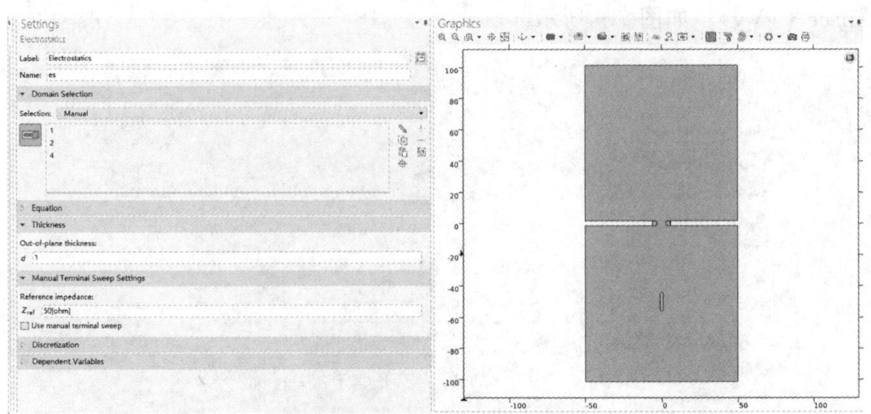

图 7-8 电场作用域选择

(4) 点击 Charge Conservation 1,在 relative permittivity 中输入 1/epsilon0_const。

(5) 点击 Surface Charge Density 1,选择颗粒表面边界,在 surface charge density 中输入 rho_surf_p/SufC_0。

(6) 点击 Surface Charge Density 2,选择纳米孔表面边界(不包括刷层),在 surface charge density 中输入 rho_surf_w/SufC_0。

(7) 点击 Space Charge Density 1,选择域 1,2,4,在 space charge density 中输入 rho_space。

(8) 点击 Space Charge Density 2,选择域 2,4,在 space charge density 中输入 rho_space+(rho_b(cA/1000)/SpaC_0)。

(9) 点击 Electric Potential 1,选择边界 6,输入 V0/V_0。

(10) 点击 Electric Potential 2,选择边界 2,输入 0。

5. 流场(spf)

(1) 点击 Creeping Flow,选择域 1,2,4,相对温度输入 F_const/R_const,取消勾选 Use dynamic subgrid time scale。

(2) 点击 Fluid Properties 1,在 density 中输入 Re,在 dynamic viscosity 中输入 1。

(3) 点击 wall 2，在 label 中输入 particle，边界选择颗粒表面，translational velocity 选择 manual，在 velocity of moving wall 中分别输入 u2t，v2t。在 constraints 中选择 use weak constraints。

(4) 点击 Open Boundary 1，选择边界 2，6。

(5) 点击 Symmetry 1，选择边界 1，4，19，20。

(6) 点击 Volume Force 1，选择域 1，在体积力处输入－rho_space＊(Vx)，－rho_space＊(Vy)。如图 7-9 所示。

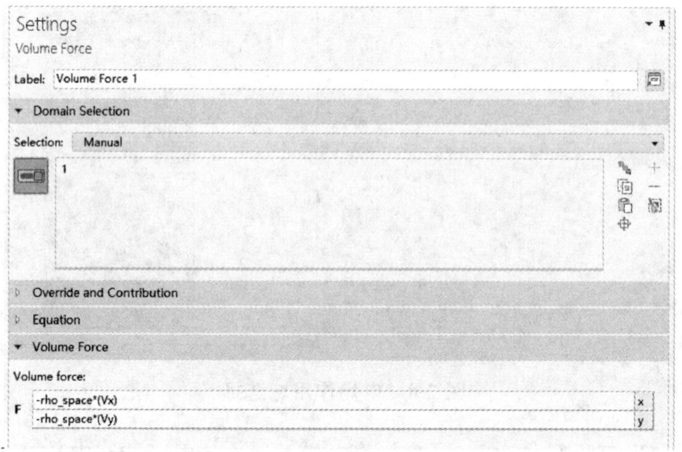

图 7-9　溶液域中体积力

(7) 点击 Volume Force 2，选择域 2，4，在体积力处输入－rho_space＊(Vx)－gamma1＊u＊(step1(x[1/m])＋step2(x[1/m]))，－rho_space＊(Vy)－gamma1＊v＊(step1(x[1/m])＋step2(x[1/m]))。如图 7-10 所示。

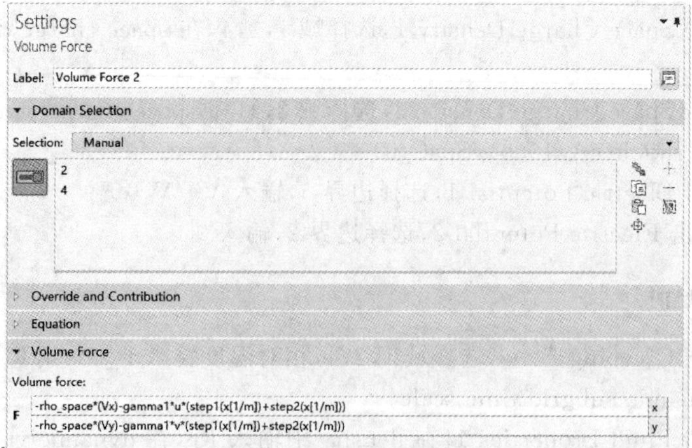

图 7-10　刷层内体积力

6. 稀物质传递(tds)

(1) 点击 Transport of Diluted Species,选择域 1,2,4,取消勾选 Crosswind diffusion,在 Convective term 选项中选择 Conservative form,勾选 Migration in electric field。Number of species 设置为 4,分别输入 cA,cB,cX,cY。

(2) 点击 Transport Properties 1,在 temperature 中输入 F_const/R_const,点击 Convection,u 选项选择 Velocity field(spf)。扩散系数分别设置为 D1/D_0,D2/D_0,D3/D_0,D4/D_0,在 electric potential 中选择 electric potential(es),在 charge number 中分别输入 z1,z2,z3,z4。

(3) 点击 No Flux,点击 Convection,勾选 Include。

(4) 点击 Initial Values 1,在 concentration 中分别输入 cA1/c_0,cB1/c_0,cX1/c_0,cY1/c_0。

(5) 点击 Inflow 1,选择边界 2,6,在 concentration 中分别输入 cA1/c_0,cB1/c_0,cX1/c_0,cY1/c_0。

(6) 点击 Symmetry 1,选择边界 1,4,19,20,点击 Convection,勾选 Include。

(7) 点击 Flux 1,选择颗粒表面边界,勾选 include,分别输入-(nx* u+ny* v) * cA,-(nx* u+ny* v) * cB,-(nx* u+ny* v) * cX,-(nx* u+ny* v) * cY,点击 Convection,勾选 Include。如图 7-11 所示。

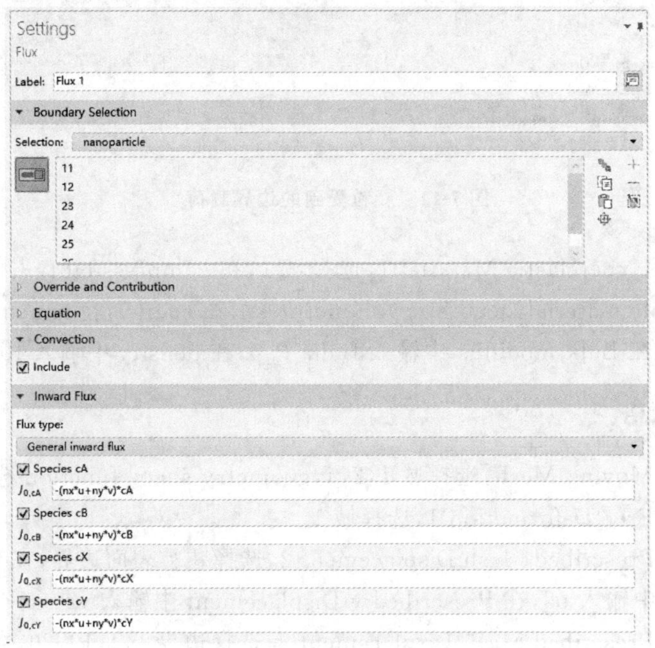

图 7-11 颗粒表面离子通量

7. 固体力学

（1）点击 Solid Mechanics，选择域 1，displacement field 选择 quadratic lagrange。

（2）点击 Boundary Load 1，选择颗粒表面边界，load type 选择 force unit per length，分别输入（－u_lm＋Fdep_x）* dvol_spatial/dvol，（－v_lm＋Fdep_y）* dvol_spatial/dvol。如图 7-12 所示。

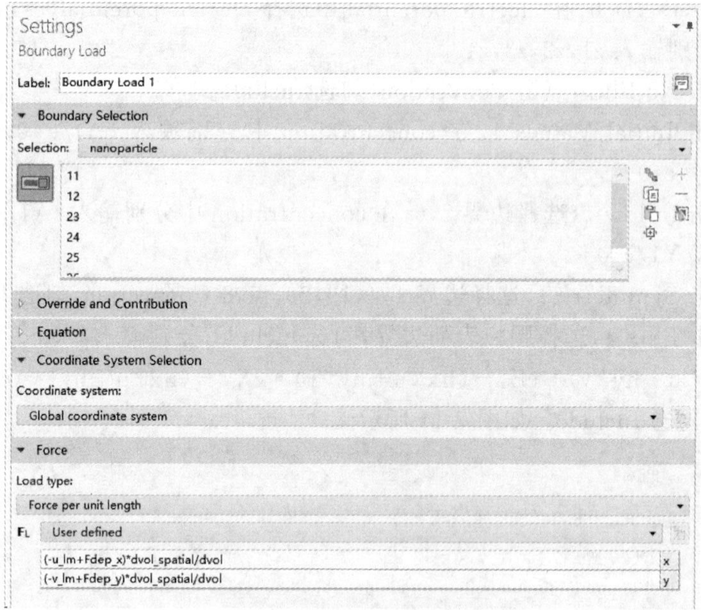

图 7-12　颗粒受到的边界载荷

（3）点击 Hyperelastic Material 1，选择域 1，在 compressibility 中选择 Nearly im compressible material，quadratic volumetric strain energy，在 lame parameter 中输入 G0/P_0，在 Bulk modulus 中输入 Bulk/P_0，在 density 中输入 Re。

8. 移动网格

（1）点击 Moving Mesh，选择域 1，2，4，geometry shape function 选择 1。

（2）点击 Free Deformation 1，选择域 1。

（3）点击 Prescribed Mesh Displacement 2，选择颗粒表面边界，在 Prescribed x Displacement 中输入 u2，在 Prescribed y Displacement 中输入 v2。

（4）点击 Prescribed Mesh Displacement 3，选择边界 1，4，19，20，在 Prescribed x Displacement 中输入 0，取消勾选 Prescribed y Displacement。

9. 网格

(1) 在 Size 中选择 fluid dynamic，predefined 选择 finer。

(2) 在 Size1 中选择纳米孔表面边界，选择 fluid dynamic，predefined 选择 extra fine。

(3) 在 Size2 中选择纳米颗粒表面边界，选择 fluid dynamic，predefined 选择 Extremely fine。

(4) 点击 Free Triangular 1，Build all。如图 7-13 所示。

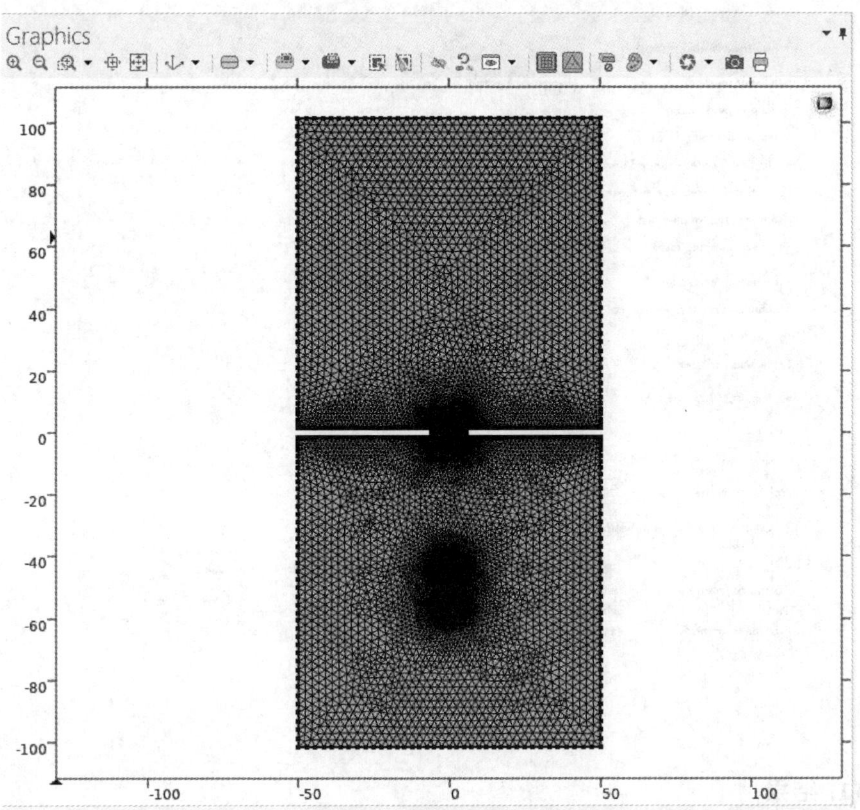

图 7-13 构建成功的网格

10. 研究

(1) 点击 Time Dependent，勾选 automatic remeshing。

(2) 点击 Fully Coupled 1，Nonlinear method 选择 Automatic。

(3) 点击 Direct 1，solver 选择 PARDISO。

(4) 编辑瞬态求解器,点击 Time Stepping,将 Maximum BDF order 更改为 5。

(5) 编辑瞬态求解器,点击 General,将 Time to store 改为 Steps taken by solver,将 Store every Nth step 改为 1。

(6) 点击 Compute 进行计算。如图 7-14 和图 7-15 所示。

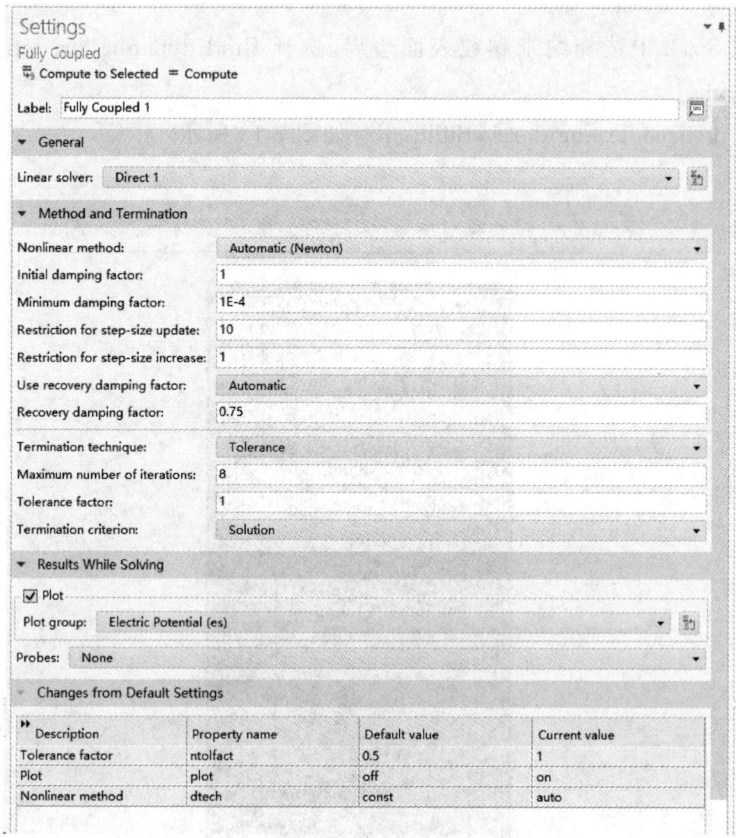

图 7-14　求解器设置 1

11. 结果

(1) 用鼠标右击 Derived values,选择 Line Average。

(2) 点击 Line Average 1,在 selection 部分选择纳米颗粒表面。

(3) 在 expression 中分别输入 y 和 v,并点击计算。

(4) 在 Table1 中将颗粒速度与位置关系的相关数据导出。

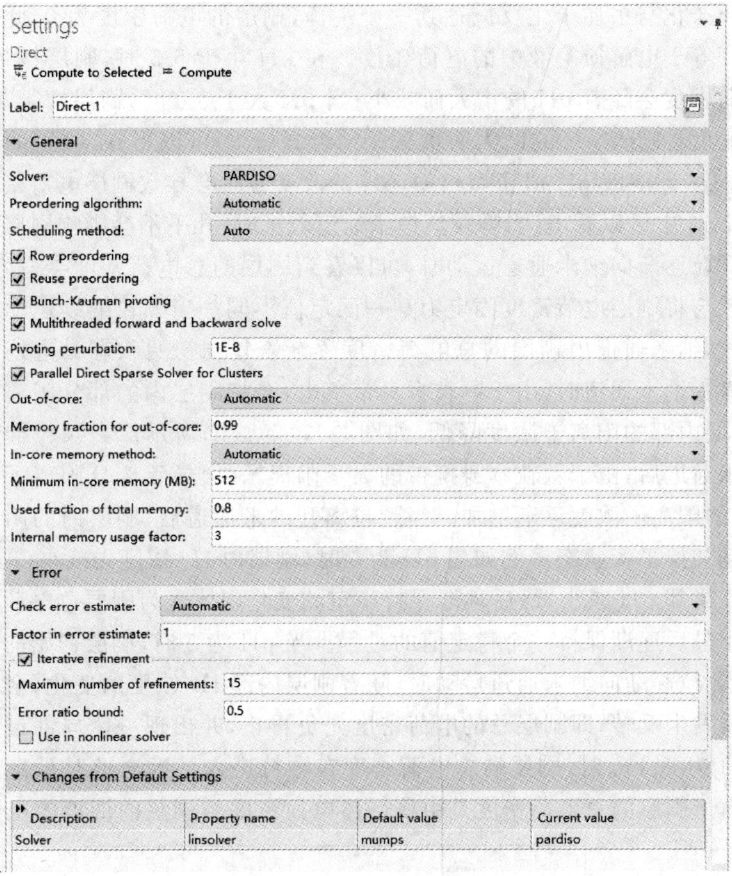

图 7-15　求解器设置 2

7.4　结果与讨论

7.4.1　纳米通道内刷层总电荷密度的影响因素

在本章的数学模型中，由于刷层的电荷性质随 pH 值可调，当颗粒在穿过纳米通道时必然会改变纳米通道内部的离子分布，导致刷层内的电荷密度发生大小甚至是极性的变化。因此，我们分别研究了溶液的 pH 值和浓度对刷层总电荷密度的影响。

1. pH 值

从已有的研究中可以得知，刷层的等电位点为 5.5，即刷层在 pH 为 5.5 时，刷层内部的质子化与去质子化反应达到一个平衡，刷层的电荷密度为 0，此时刷层的总电荷密度等于电解质溶液中的电荷密度。在 pH 小于 5.5 时，刷层携带正电性，刷层的电荷密度会随着 pH 的增大而减小；当 pH 大于 5.5 时，刷层携带负电性，刷层的电荷密度会随着 pH 的增大而增大。结合式(7-3)可以得知，刷层的体电荷密度与 H^+ 浓度，即溶液 pH 值密切相关，pH 的改变必然会导致刷层电荷密度发生变化。从图 7-16 中可以看出，当颗粒离纳米通道较远时，几乎不会影响刷层的总电荷密度。当颗粒逐渐向纳米通道运动时，可以看到刷层的总电荷密度会发生变化，这一现象显然与将刷层电荷密度固定为某一固定值不同。当颗粒继续运动直至远离纳米通道时，纳米通道内刷层的总电荷密度逐渐恢复到初始状态。这是因为颗粒向上运动靠近纳米通道时，由于颗粒本身带负电，会将刷层内的部分阳离子吸引出来，导致刷层内部的阳离子浓度降低，如图 7-17(a)、(b)所示。当颗粒继续运动直至穿过纳米通道后，由于颗粒本身携带的大量阳离子，会导致部分阳离子被刷层吸附，刷层内的阳离子浓度逐渐增加。当颗粒离开纳米通道后，刷层内的阳离子逐渐减少恢复到初始平衡状态。例如当 pH 为 6 时，刷层内 H^+ 浓度先减小(局部 pH 增大)再增大(局部 pH 减小)最后逐渐保持稳定的变化则体现为刷层总电荷密度的先增大再减小最后逐渐保持一个稳定值的过程。当 pH 为 5 时，刷层初始的总电荷密度为负，当颗粒逐渐向纳米通道运动时，随着刷层内部 H^+ 浓度的变化，会导致刷层的电荷性质发生反转，即刷层总的电荷密度先负再正，并出现一个局部最大值。图 7-16 中，pH 为 3、4、5 时，刷层的总电荷密度在颗粒进入纳米通道时没有出现减小的现象。由于刷层的总电荷密度是由刷层体电荷密度与刷层内溶液的电荷密度共

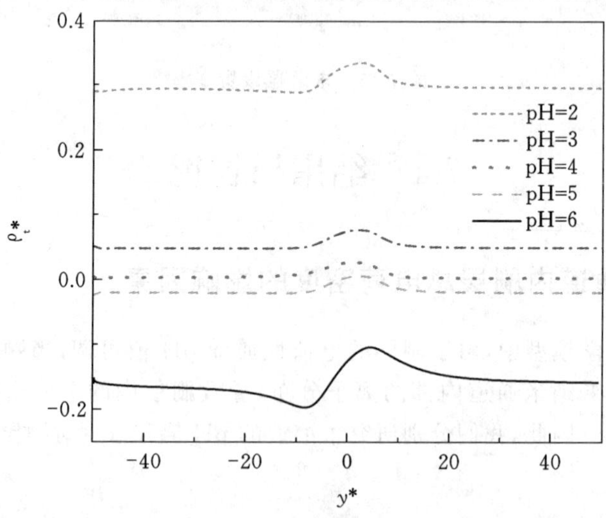

图 7-16　溶液浓度为 20 mol/m³，接枝密度为 0.15 chains/nm² 时，不同 pH 值下，纳米通道内刷层总电荷密度与颗粒位置的关系

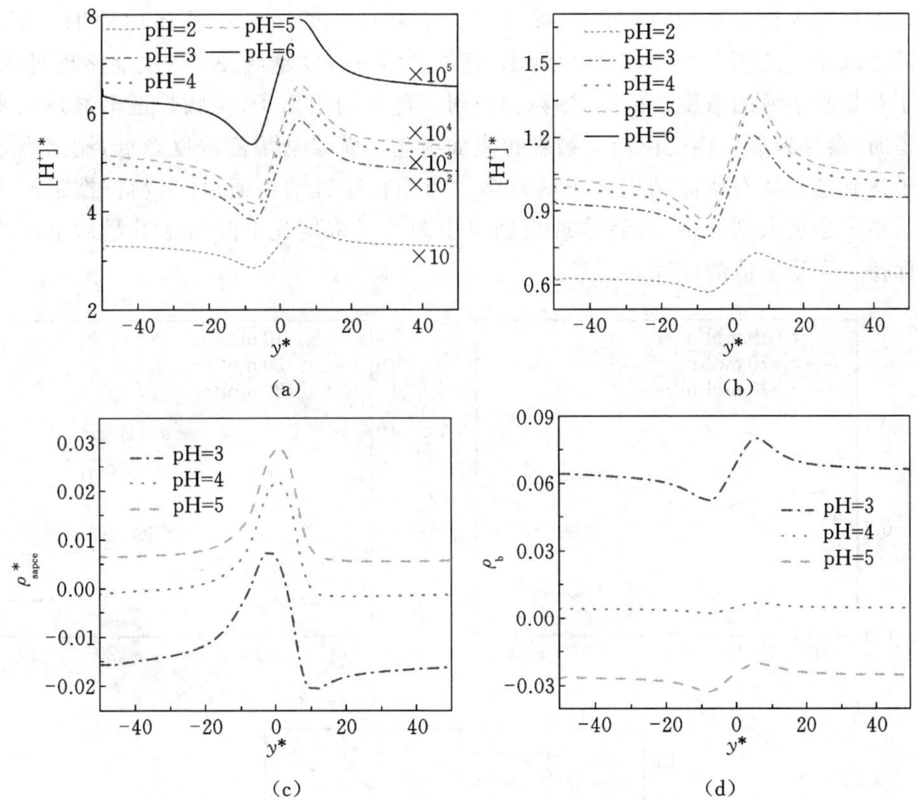

图 7-17　溶液浓度为 20 mol/m³，接枝密度为 0.15 chains/nm² 时，不同 pH 下，H^+ 浓度、K^+ 浓度、刷层内空间电荷密度以及体电荷密度与颗粒位置的关系

同决定，结合图 7-17(c)、(d)可知，在 pH 为 4 和 5 时，刷层的体电荷密度较小，总电荷密度主要由溶液电荷密度决定。当 pH 为 3 时，刷层体电荷密度先减小再增大，但是刷层内溶液电荷密度(负值)的减小值大于刷层体电荷密度(正值)的减小值，因此呈现出刷层总电荷密度先增大再减小的一个过程。

2. 背景盐溶液浓度

图 7-18 描述的是 pH 为 6 时，不同背景盐溶液浓度下，刷层总电荷密度、刷层内 H^+ 浓度以及 K^+ 浓度随颗粒位置的变化关系。从图 7-18(a)中可以看出，刷层总电荷密度随着颗粒逐渐向纳米通道运动时逐渐增大(负值)。当颗粒逐渐运动并穿过纳米通道时，刷层的总电荷密度会先减小再增大，最终保持一个稳定值。背景盐溶液浓度越大，刷层的总电荷密度越大，总电荷密度的最大值与最小值的差值也越大，差值分别为 0.083、0.093、0.094。带负电荷的刷层会吸附大量的阳离子，随着背景盐溶液浓度的增加，由于反离子的排除效应存在，会导致刷层内的 H^+ 浓度降低。

这也解释了为什么在相同 pH 下，随着背景盐溶液浓度的增加，刷层内的 H^+ 浓度会随之减小。从图 7-18(c)中可以看出，背景盐溶液浓度越低，K^+ 浓度变化越明显。由于背景盐溶液的浓度较低时，颗粒会吸附一部分的阳离子，当颗粒逐渐靠近纳米通道时，会导致刷层内的阳离子被颗粒表面吸附。背景盐溶液浓度越低，刷层吸附离子达到饱和状态所需的阳离子就越多。当颗粒穿过纳米通道时，颗粒携带的大量反离子会进入刷层中，最终体现为刷层中阳离子浓度先下降再上升最后下降直至保持一个稳定值的过程。

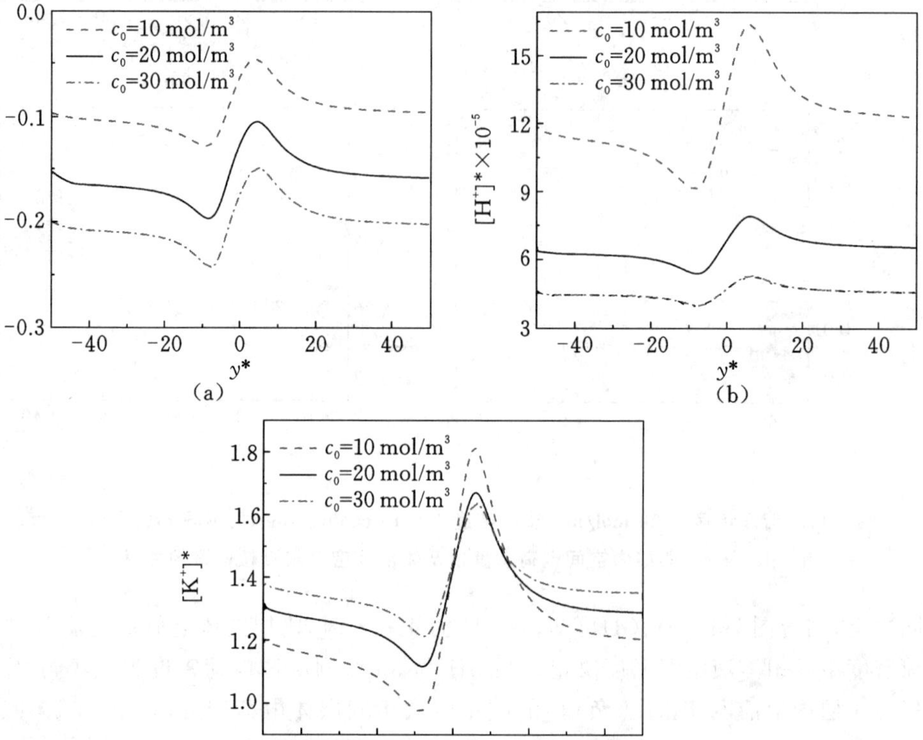

(a)

(b)

(c)

图 7-18　pH＝6，接枝密度为 0.15 chains/nm² 时，不同背景盐溶液浓度下，刷层总电荷密度、刷层内 H^+ 浓度以及 K^+ 浓度随颗粒位置的变化关系

7.4.2　纳米颗粒输运过程中的影响因素

当颗粒逐渐向纳米通道运动并穿过时，会导致纳米通道内聚电解质刷层的电荷性质发生改变。这一改变必然会反过来影响颗粒在纳米通道中的输运过程。因此，需进一步研究溶液的 pH 值和浓度对颗粒输运速度以及离子电流偏差的影响。

1. pH 值

图 7-19 表示了 pH 值对颗粒输运速度和离子电流偏差的影响。从图 7-19(a)中可以看出，随着 pH 的增大，最大速度逐渐减小，达到最大速度的位置也逐渐靠后，颗粒达到速度最大值的位置总是在纳米通道中心位置的附近。例如，当 pH 为 2 时，颗粒达到最大速度的位置在纳米通道中心的下方($y^*=-2.06$)；当 pH 为 6 时，颗粒达到最大速度的位置在纳米通道中心的上方($y^*=1.72$)。颗粒在进入纳米通道之前的捕获速度也随着 pH 的增大而减小，这主要与纳米通道内接枝的 PE 刷层的总电荷密度有关。如图 7-16 所示，当 pH 为 4 时，在颗粒远离纳米通道时刷层的总电荷密度接近 0；当 pH 小于 4 时，刷层的总电荷密度为正；当 pH 大于 4 时，刷层的总电荷密度为负。因此，颗粒在电泳的作用下向上运动，会与刷层之间产生静电相互作用。刷层总电荷密度为正时，与颗粒之间的静电相互作用为吸引力，同时会在纳米通道内形成与颗粒运动方向相同的电渗流，颗粒的运动速度加快；当刷层总电荷密度为负时，与颗粒之间的静电相互作用为排斥力，同时会在纳米通道内形成与颗粒运动方向相反的电渗流，颗粒的运动速度减慢。这里要注意的一点是当 pH 过大，在本研究的条件下是 pH 大于 7，刷层的总电荷密度为负且数值过大，颗粒与刷层之间较大的静电排斥力以及纳米通道内极强的电渗流会导致颗粒在纳米通道附近被捕获，即颗粒无法穿过纳米通道。

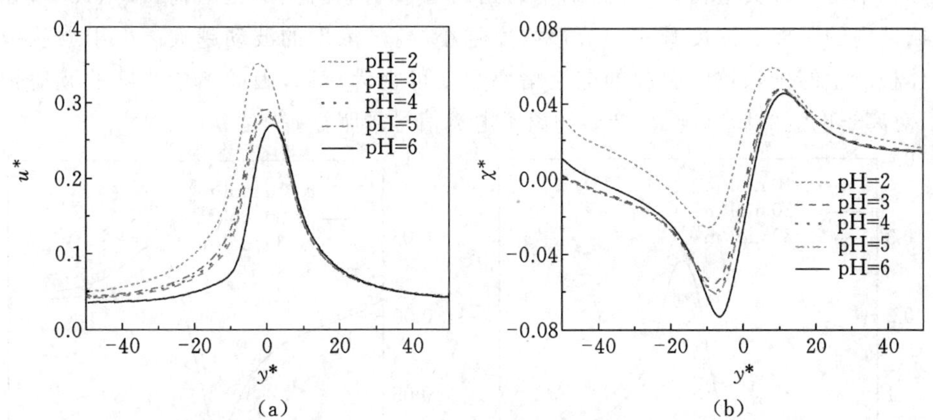

图 7-19 溶液浓度为 20 mol/m³，接枝密度为 0.15 chains/nm² 时，不同 pH 值下，颗粒输运速度以及离子电流偏差随颗粒位置的变化关系

从图 7-19(b)中可以看出，颗粒在进入纳米通道时会产生离子电流堵塞现象，并且随着 pH 的增大，堵塞程度越来越大。颗粒在离开纳米通道时会产生离子电流增强现象，pH 越小，离子电流增强越明显。在颗粒进入纳米通道前，pH 为 2 或 6

时的离子电流偏差都明显大于其他值，由于当 pH 为 2 或 6 时，刷层的总电荷密度较大，会在纳米通道内产生较强的电渗流，促进了离子的流动，导致离子电流偏差较大。由于纳米通道内部的体积有限，当颗粒进入纳米通道时，颗粒会占据纳米通道内的一部分体积，导致离子传输的可用体积减小，离子电流降低，产生离子电流堵塞现象。由于颗粒本身带负电，会在颗粒外侧吸附大量的反离子。当颗粒向上运动时，这些反离子逐渐聚集在颗粒的下半部分，当颗粒穿过纳米通道时，颗粒底部携带的大量反离子会导致离子电流增强。

2. 背景盐溶液浓度

图 7-20 描述了背景盐溶液浓度对颗粒输运速度以及离子电流偏差的影响。从图 7-20(a)中可以看出，随着背景盐溶液浓度的增大，颗粒的捕获速度以及最大速度都在减小。这主要是由两个原因造成的，首先由于颗粒表面的电荷密度视为恒定，因此作用在粒子上的电泳力随着背景盐溶液浓度的增加而减小。其次，当 pH 为 6 时，纳米通道内刷层的总电荷密度为负，并且随着背景盐溶液浓度的增加，总电荷密度也随之变大，如图 7-18(a)所示。因此颗粒与纳米通道之间的静电排斥力也随之增大，进而导致颗粒的输运速度减小。从图 7-20(b)中可以看出，随着背景盐溶液浓度的逐渐增大，颗粒在穿过纳米通道时的电流堵塞以及电流增强的程度都逐渐减小，产生电流堵塞的位置也有所差异。结合图 7-18(b)、(c)可以知道，由于颗粒本身携带负电荷，当接近纳米通道时会吸引刷层内的正电荷(H^+、K^+)，导致刷层内的阳离子浓度减小。溶液浓度越小，离子浓度的波动越大。由于颗粒本身体积产生的排除效应引起的电流堵塞程度可视为相同，因此离子浓度的波动越大，对离子电流的影响越大，产生的离子电流信号越明显。

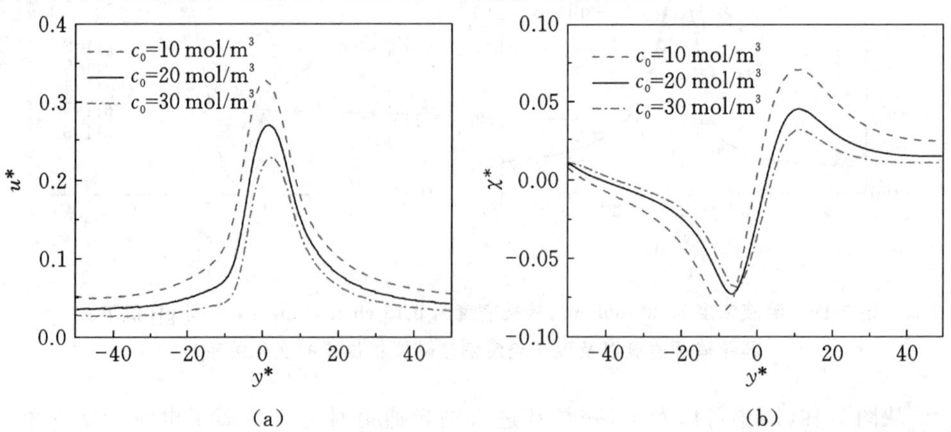

图 7-20　pH=6，接枝密度为 0.15 chains/nm² 时，不同背景盐溶液浓度下，颗粒输运速度以及离子电流偏差随颗粒位置的变化关系

7.5 本章小结

本章构建了一个聚电解质刷层修饰纳米通道的连续介质模型,从理论上研究了纳米颗粒在聚电解质刷层修饰纳米通道中的电动输运。结果显示,刷层的总电荷密度会随着颗粒的运动而发生改变,同时 pH 值可以有效调节刷层电荷的极性,能够有效减缓颗粒在纳米通道中的输运速度。pH 值较大时由于刷层电荷密度为负且数值较大,会导致颗粒无法进入纳米通道,即在纳米通道的入口处被捕获。溶液浓度会改变刷层电荷密度的大小而不会改变极性,增大溶液浓度可以有效减缓颗粒在纳米通道中的输运速度。这些都意味着 pH 值可调聚电解质修饰的纳米通道能够有效调节颗粒的输运速度而不改变基本的离子电流变化规律。这为减缓纳米颗粒在纳米通道中的输运提供了新的理论解释,并为实验中聚电解质刷层修饰纳米通道的构建以及单分子传感器件的设计提供了一定的理论指导。

本章参考文献

[1] Moreau CJ, Dupuis JP, Revilloud J, Arumugam K, Vivaudou M. Coupling ion channels to receptors for biomolecule sensing[J]. Nat Nanotechnol, 2008, 3(10): 620-625.

[2] Lepoitevin M, Ma TJ, Bechelany M, Janot JM, Balme S. Functionalization of single solid state nanopores to mimic biological ion channels: A review[J]. Advances in Colloid and Interface Science, 2017, 250: 195-213.

[3] Shi WQ, Friedman AK, Baker LA. Nanopore Sensing[J]. Analytical Chemistry, 2017, 89(1): 157-188.

[4] Liu L, Zhang K. Nanopore-Based Strategy for Sequential Separation of Heavy-Metal Ions in Water[J]. Environ Sci Technol, 2018, 52(10): 5884-5891.

[5] Roozbahani GM, Zhang YW, Chen XH, Soflaee MH, Guan XY. Enzymatic reaction-based nanopore detection of zinc ions[J]. Analyst, 2019, 144(24): 7432-7436.

[6] Karmi A, Dachlika H, Sakala GP, Rotem D, Reches M, Porath D. Detection of Au Nanoparticles Using Peptide-Modified Si3N4 Nanopores[J]. Acs Applied Nano Materials, 2021, 4(2): 1000-1008.

[7] Li Q, Ying YL, Liu SC, Lin Y, Long YT. Detection of Single Proteins with a General Nanopore Sensor[J]. Acs Sensors, 2019, 4(5): 1185-1189.

[8] Waduge P, He R, Bandarkar P, Yamazaki H, Cressiot B, Zhao Q, Whitford PC, Wanunu M. Nanopore-Based Measurements of Protein Size, Fluctuations, and Conformational Changes[J]. Acs Nano, 2017, 11(6): 5706-5716.

[9] Fanget A, Traversi F, Khlybov S, Granjon P, Magrez A, Forro L, Radenovic A. Nanopore Integrated Nanogaps for DNA Detection[J].Nano Lett,2014,14(1):244-249.

[10] Anderson BN,Muthukumar M,Meller A.pH Tuning of DNA Translocation Time through Organically Functionalized Nanopores[J].Acs Nano,2013,7(2):1408-1414.

[11] Yadav P,Cao ZL,Farimani AB.DNA Detection with Single-Layer Ti3C2 MXene Nanopore [J].Acs Nano,2021,15(3):4861-4869.

[12] Zhang MK,Yeh LH,Qian SZ,Hsu JP,Joo SW.DNA Electrokinetic Translocation through a Nanopore: Local Permittivity Environment Effect[J]. J Phys Chem C, 2012, 116(7): 4793-4801.

[13] Yeh LH, Hughes C, Zeng ZP, Qian SZ. Tuning Ion Transport and Selectivity by a Salt Gradient in a Charged Nanopore[J].Analytical Chemistry,2014,86(5):2681-2686.

[14] Kovarik ML,Zhou KM,Jacobson SC.Effect of Conical Nanopore Diameter on Ion Current Rectification[J].J Phys Chem B,2009,113(49):15960-15966.

[15] Davis SJ, Macha M, Chernev A, Huang DM, Radenovic A, Marion S. Pressure-Induced Enlargement and Ionic Current Rectification in Symmetric Nanopores[J].Nano Lett,2020,20(11):8089-8095.

[16] Chen WP,Wang Q,Chen JJ,Zhang QR,Zhao XL,Qian YC,Zhu CC,Yang LS,Zhao YY, Kong XY,Lu BZ,Jiang L,Wen LP.Improved Ion Transport and High Energy Conversion through Hydrogel Membrane with 3D Interconnected Nanopores[J].Nano Lett,2020,20(8): 5705-5713.

[17] Sui X,Zhang Z,Li C,Gao LC,Zhao Y,Yang LJ,Wen LP,Jiang L.Engineered Nanochannel Membranes with Diode-like Behavior for Energy Conversion over a Wide pH Range[J].Acs Appl Mater Inter,2019,11(27):23815-23821.

[18] Ma TJ, Balanzat E, Janot JM, Balme S. Nanopore Functionalized by Highly Charged Hydrogels for Osmotic Energy Harvesting[J]. Acs Appl Mater Inter, 2019, 11(13): 12578-12585.

[19] Wanunu M.Nanopores:A journey towards DNA sequencing[J].Phys Life Rev,2012,9(2): 125-158.

[20] Maugi R, Hauer P, Bowen J, Ashman E, Hunsicker E, Platt M. A methodology for characterising nanoparticle size and shape using nanopores[J]. Nanoscale, 2020, 12(1): 262-270.

[21] Yeh LH,Zhang MK,Qian SZ,Hsu JP.Regulating DNA translocation through functionalized soft nanopores[J].Nanoscale,2012,4(8):2685-2693.

[22] Yeh LH,Zhang MK,Joo SW,Qian S,Hsu JP.Controlling pH-Regulated Bionanoparticles Translocation through Nanopores with Polyelectrolyte Brushes[J]. Analytical Chemistry, 2012,84(21):9615-9622.

[23] Ai Y, Liu J, Zhang B, Qian S. Field effect regulation of DNA translocation through a nanopore [J]. Anal Chem, 2010, 82(19): 8217-8225.

[24] Mei L, Yeh LH, Qian S. Gate modulation of proton transport in a nanopore[J]. Phys Chem Chem Phys, 2016, 18(10): 7449-7458.

[25] Liu YF, Yobas L. Slowing DNA Translocation in a Nanofluidic Field-Effect Transistor[J]. Acs Nano, 2016, 10(4): 3985-3994.

[26] He YH, Tsutsui M, Fan C, Taniguchi M, Kawai T. Controlling DNA Translocation through Gate Modulation of Nanopore Wall Surface Charges[J]. Acs Nano, 2011, 5(7): 5509-5518.

[27] He X, Wang P, Shi L, Zhou T, Wen L. Electrokinetic translocation of a deformable nanoparticle controlled by field effect in nanopores[J]. Electrophoresis, 2021, 42(21-22): 2197-2205.

[28] Zhang MK, Ai Y, Sharma A, Joo SW, Kim DS, Qian SZ. Electrokinetic particle translocation through a nanopore containing a floating electrode[J]. Electrophoresis, 2011, 32(14): 1864-1874.

[29] Luan BQ, Stolovitzky G, Martyna G. Slowing and controlling the translocation of DNA in a solid-state nanopore[J]. Nanoscale, 2012, 4(4): 1068-1077.

[30] Trepagnier EH, Radenovic A, Sivak D, Geissler P, Liphardt J. Controlling DNA capture and propagation through artificial nanopores[J]. Nano Lett, 2007, 7(9): 2824-2830.

[31] Sadeghi M, Saidi MH, Moosavi A, Kroger M. Tuning Electrokinetic Flow, Ionic Conductance, and Selectivity in a Solid-State Nanopore Modified with a pH-Responsive Polyelectrolyte Brush: A Molecular Theory Approach[J]. J Phys Chem C, 2020, 124(34): 18513-18531.

[32] Lin JY, Lin CY, Hsu JP, Tseng S. Ionic Current Rectification in a pH-Tunable Polyelectrolyte Brushes Functionalized Conical Nanopore: Effect of Salt Gradient[J]. Analytical Chemistry, 2016, 88(2): 1176-1187.

[33] Yeh LH, Zhang M, Qian S, Hsu JP, Tseng S. Ion Concentration Polarization in Polyelectrolyte-Modified Nanopores[J]. J Phys Chem C, 2012, 116(15): 8672-8677.

[34] Zhou C, Mei LJ, Su YS, Yeh LH, Zhang XY, Qian SZ. Gated ion transport in a soft nanochannel with biomimetic polyelectrolyte brush layers[J]. Sensor Actuat B-Chem, 2016, 229: 305-314.

[35] Deng L, Shi L, Zhou T, Zhang X, Joo SW. Charge Properties and Electric Field Energy Density of Functional Group-Modified Nanoparticle Interacting with a Flat Substrate[J]. Micromachines, 2020, 11(12): 1038.

[36] Zhou T, Deng L, Shi L, Li T, Zhong X, Wen L. Brush Layer Charge Characteristics of a Biomimetic Polyelectrolyte-Modified Nanoparticle Surface[J]. Langmuir, 2020, 36(50): 15220-15229.

[37] Ohno K, Sakaue M, Mori C. Magnetically Responsive Assemblies of Polymer-Brush-

Decorated Nanoparticle Clusters That Exhibit Structural Color[J].Langmuir,2018,34(32):9532-9539.

[38] Zhao H,Hu WB,Ma HH,Jiang RC,Tang YF,Ji Y,Lu XM,Hou B,Deng WX,Huang W,Fan QL.Photo-Induced Charge-Variable Conjugated Polyelectrolyte Brushes Encapsulating Upconversion Nanoparticles for Promoted siRNA Release and Collaborative Photodynamic Therapy under NIR Light Irradiation[J].Adv Funct Mater,2017,27(44):1702592.

[39] Das PK.DNA translocation through polyelectrolyte modified hairy nanopores[J].Colloid Surface A,2017,529:942-949.

[40] Yusko EC, Johnson JM, Majd S, Prangkio P, Rollings RC, Li JL, Yang J, Mayer M. Controlling protein translocation through nanopores with bio-inspired fluid walls[J].Nature Nanotechnology,2011,6(4):253-260.

[41] van Dorp S,Keyser UF,Dekker NH,Dekker C,Lemay SG.Origin of the electrophoretic force on DNA in solid-state nanopores[J].Nature Physics,2009,5(5):347-351.

[42] Ghosal S.Effect of salt concentration on the electrophoretic speed of a polyelectrolyte through a nanopore[J].Phys Rev Lett,2007,98(23):238104.

[43] Tagliazucchi M,Rabin Y,Szleifer I.Ion Transport and Molecular Organization Are Coupled in Polyelectrolyte-Modified Nanopores[J].J Am Chem Soc,2011,133(44):17753-17763.

[44] Liu H,Qian S,Bau HH.The effect of translocating cylindrical particles on the ionic current through a nanopore[J].Biophys J,2007,92(4):1164-1177.

[45] Das PK.DNA translocation through polyelectrolyte-modified nanopores: An analytical approximation[J].Electrophoresis,2018,39(11):1370-1374.

[46] Yeh LH, Hsu JP, Tseng S. Electrophoresis of a Membrane-Coated Cylindrical Particle Positioned Eccentrically along the Axis of a Narrow Cylindrical Pore[J].J Phys Chem C,2010,114(39):16576-16587.

8 纳米尺度受限空间中表面电荷调节的非对称离子输运

8.1 引 言

纳米尺度受限空间中的各种离子传输行为(例如选择性、检测、整流)越来越受到关注,因此在能量转换和存储、生化传感器、水处理、离子器件、化学反应器等领域得到了广泛应用。离子通过多物理场(例如浓度、电、温度、应力等)在纳米受限空间中传输。浓度和电场是典型电化学系统的主要和重要驱动力。例如,在锂金属电池系统中,锂离子在电化学电位差下被驱动以产生能量输出。但是电极附近的浓度梯度引起的树枝状沉积严重破坏了电池的性能。在高电流密度输出过程中,这个问题更为严重。由于扩散限制了离子传输,锂离子的快速耗尽导致明显的浓差极化,并促进了锂枝晶的快速生长,从而导致出现安全问题。纳米受限空间中离子传输的另一个应用是渗透能量收集系统,渗透能量是一种基于海洋和河流之间浓度差异的潜在绿色能源,如图 8-1 所示。例如,通过使用一系列阳离子和阴离子选择性纳米通道,已经实现了 110 V 的超高电压。它通过模拟具有不对称离子传输行为的生物体内自然离子通道的过程,为缓解能源危机提供了一个新的视角,它可以有效地将细胞内部(高浓度)和外部(低浓度)之间的盐度差转化为电能(扩散电流和电压)。

在这些电化学体系中,浓度驱动的离子传输是决定锂枝晶生长和渗透能转换性能的关键过程。通过引入或增加表面电荷密度,可以有效地改善这些系统的性能,因为在纳米受限空间中,表面对离子传输行为的影响不容忽视。例如,根据 Sand 方程,锂金属沉积的枝晶生长时间可以延长,该方程主要由扩散系数、局部电流密度和锂离子转移数三个关键参数决定。在该模型的指导下,通过在高表面电荷多孔海绵中引入电动表面传导和电渗效应,实现了在高电流密度和沉积容量下具有高库仑效率的电池。在带电多孔海绵表面形成了界面双电层(EDL)。它加速了锂离子的传输、自浓缩动力学过程,并改善了锂离子镀/剥离过程中浓度驱动的受限离子传输。对于渗透能转换,获得了具有极高表面电荷密度的单个氮化硼纳米管,产生的功率密度为 4 kW/m^2,有明显的 EDL 效应和完美的离子选择性。具有不对称电荷分布的纳米通道具有优先的离子传输行为,这可以进一步提高渗透

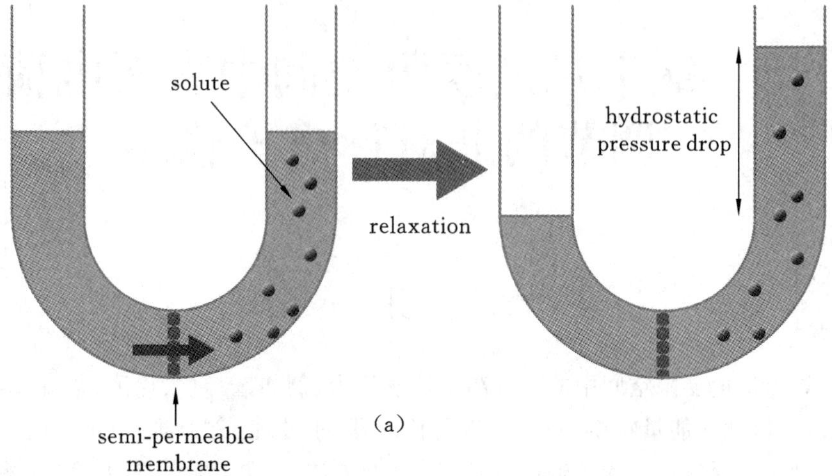

(a)

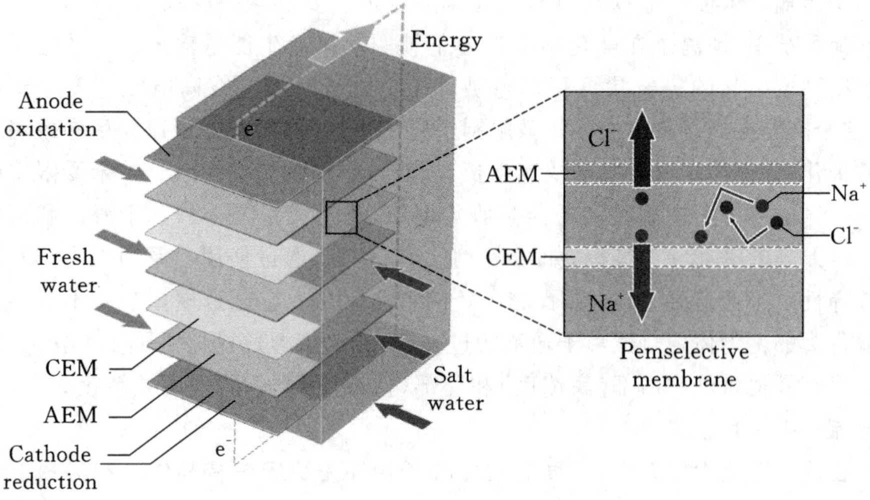

(b)

图 8-1　渗透能量收集

能转换性能。影响受限离子传输、能量储存和转化的因素很多，包括表面电荷、pH值、受限空间的几何形状、温度等。如上所述，受限空间的表面电荷在调节离子行为方面起着重要的作用，而纳米受限空间内表面电荷与离子传输行为之间关系的具体机制尚不清楚，也未进行过系统研究。

因此，在本章中我们从理论上探讨了纳米受限体系中表面电荷调节的不对称离子输运行为。离子传输行为和能量转换对表面电荷密度非常敏感，表面电荷密度主要由内表面电荷（活性基团）和溶液环境（如 pH 值、浓度）决定。提出通过引入不对称电荷分布来提高离子选择性的一种有效方法，即提高局部表面电荷密度。这些发现揭示了非对称表面电荷在受限离子传输和能量转换过程中的重要性。

8.2 数学模型

纳米受限体系中的离子输运行为可以用泊松-能斯特-普朗克(PNP)方程来描述：

$$\nabla^2 \phi = -\frac{\mathrm{e}}{\varepsilon}(c_+ - c_-) \tag{8-1}$$

$$\vec{J}_i = -D_i\left(\nabla c_i + \frac{z_i \mathrm{e} c_i}{k_\mathrm{B} T}\nabla\phi\right) \tag{8-2}$$

式中：ϕ、c_i、$\vec{J}_i$、D_i、z_i 和 i 分别是局部电势、离子浓度、离子通量、扩散系数和离子化合价(K^+ 为 $+1$，Cl^- 为 -1)；T、e、ε 和 k_B 分别是开尔文温度、电子电荷、介电常数和玻尔兹曼常数。采用二维(2D)轴对称模型(见图 8-2)模拟纳米受限空间中的离子传输。它应遵循连续性方程(高斯定律)和边界条件(零离子通量)：

$$\nabla \cdot \vec{J}_i = 0, i = +,- \tag{8-3}$$

$$-\vec{n} \cdot \nabla\phi = \frac{\sigma}{\varepsilon} \tag{8-4}$$

$$\vec{n} \cdot \vec{J}_i = 0, i = +,- \tag{8-5}$$

式中：$\vec{n}$ 和 σ 分别表示法向单位矢量和表面电荷密度。采用有限元方法求解完全耦合的偏微分方程。电流(I)和阳离子转移数(t^+)可通过以下方程式获得：

$$I = \int F\left(\sum_{i=+,-} z_i \vec{J}_i\right) \cdot \vec{n}\,\mathrm{d}\Lambda \tag{8-6}$$

$$t^+ = \frac{I_+}{I_+ + |I_-|} \tag{8-7}$$

式中：F、Λ、$I_{+/-}$ 分别表示法拉第常数、储层端面和离子电流。扩散电流 I_diff 和电压 V_diff 可以从电流-电压曲线的电流轴和电压轴上的截距获得。因此，渗透产生的最大输出功率可以根据以下公式计算：

$$V_\mathrm{diff} = (2t_+ - 1)\frac{RT}{zF}\ln\left(\frac{\gamma_{C_\mathrm{H}} C_\mathrm{H}}{\gamma_{C_\mathrm{L}} C_\mathrm{L}}\right) \tag{8-8}$$

$$P_\mathrm{max} = \frac{|V_\mathrm{diff} \times I_\mathrm{diff}|}{4} \tag{8-9}$$

具体模型包括一个圆柱形纳米受限空间，长度(L 表示扩散距离)、直径(D 表示扩散区域)和两个储层。储层设置为 1000 nm，长度(B)和半径(A)相等，以避免储层效应。一个储层的浓度选择为高浓度(C_H)，而另一个储层设置为低浓度

(C_L),模拟渗透能转换过程。

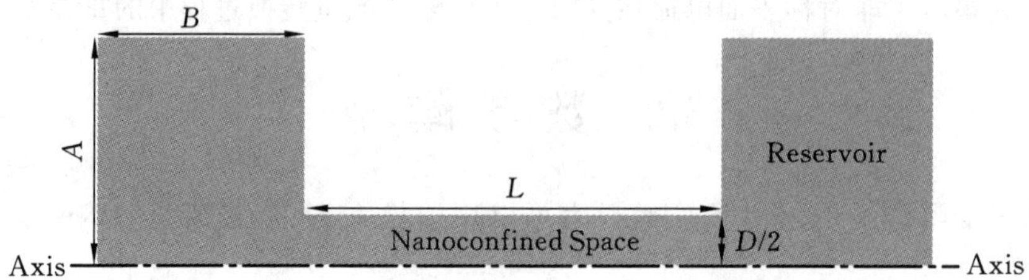

图 8-2 纳米受限离子传输模拟的 2D 轴对称模型示意图

8.3 数值实现

建模流程如图 8-3 所示。

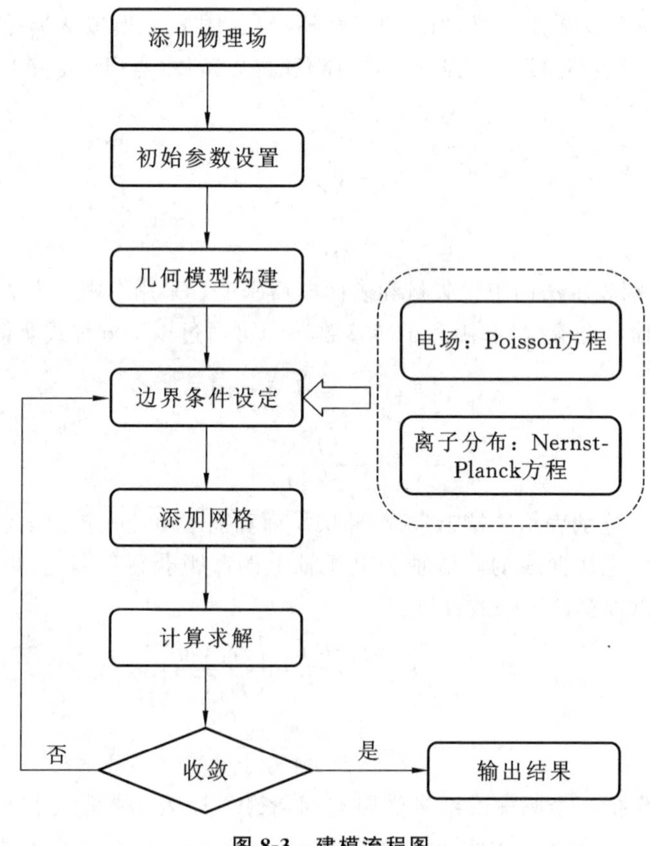

图 8-3 建模流程图

从文件菜单中选择 New。

1. 新建

在 New 中,单击 Model Wizard。

2. 模型向导

(1) 在模型向导窗口中,单击 2D Axisymmetric。
(2) 在选择物理场中选择 Electrostatics(es)。
(3) 单击 Add。
(4) 在选择物理场中选择 Transport of Diluted Species(tds)。
(5) 单击 Add。
(6) 单击 Study。
(7) 在研究中选择 General Studies>Stationary。
(8) 单击 Done。

3. 全局定义

1) 参数 1

(1) 在模型开发器窗口的全局定义节点下,单击 Parameters 1。
(2) 在表中输入设置如表 8-1 所示。

表 8-1 模型参数

名 称	表 达 式	描 述
T0	298[K]	温度/temperature
eps_f	80	流体的相对介电常数/relative permittivity of the fluid
rho_surface	−50[mC/m^2]	纳米通道表面电荷/nanochannel surface charge
A	1000[nm]	储层半径/radius of reservoir
B	1000[nm]	储层高度/height of reservoir
l_n	800[nm]	纳米通道长度/length of nanochannel
r_n	5[nm]	纳米通道半径/radius of nanochannel
z_K	1	阳离子化合价/ cationic valence
z_Cl	−1	阴离子化合价/ anionic valence
c_0	1[mM]	初始浓度/initial concentration
c_H	50[mM]	高浓度/high concentration

续表

名　称	表 达 式	描　述
c_L	1[mM]	低浓度/low concentration
D_K	1.96e−9[m^2/s]	K^+扩散系数/K^+ diffusion coefficient
D_Cl	2.03e−9[m^2/s]	Cl^-扩散系数/Cl^- diffusion coefficient

2）变量 1

（1）点击 Component 1 中的 Definitions，用鼠标右击 Definitions，选择 Variables 1。

（2）在 Variables 1 中，在 Name 中输入 rho_space，在 Expression 选项中输入 F0 * (z_K * c_K+z_Cl * c_Cl)。如图 8-4 所示。

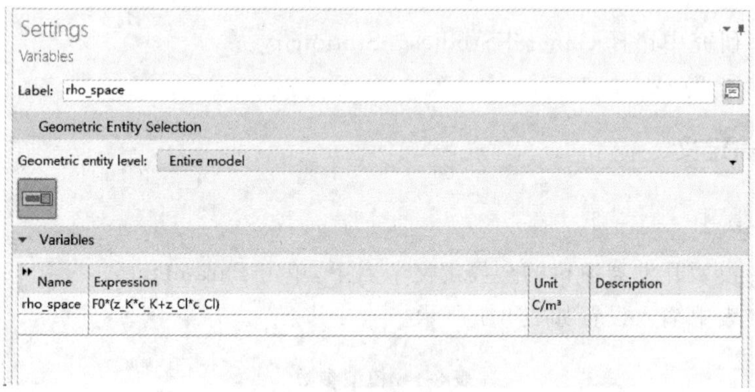

图 8-4　空间电荷密度

3）几何

（1）用鼠标右击 Geometry1，选择 Rectangle 1，在 Width 中输入 A，在 Height 中输入 B。

（2）点击 Rectangle 2，在 Width 中输入 r_n，在 Height 中输入 l_n，在 Position 选项中选择 corn，r=0，z=B。

（3）点击 Rectangle 3，在 Width 中输入 A，在 Height 中输入 B，在 Position 选项中选择 corn，r=0，z=B+l_n。

（4）点击 Form Union，Build All。如图 8-5 所示。

4. 电场(es)

（1）点击 Electrostatics，选择域 1，2，3。

（2）点击 Charge Conservation 1，在 relative permittivity 中输入 eps_f。

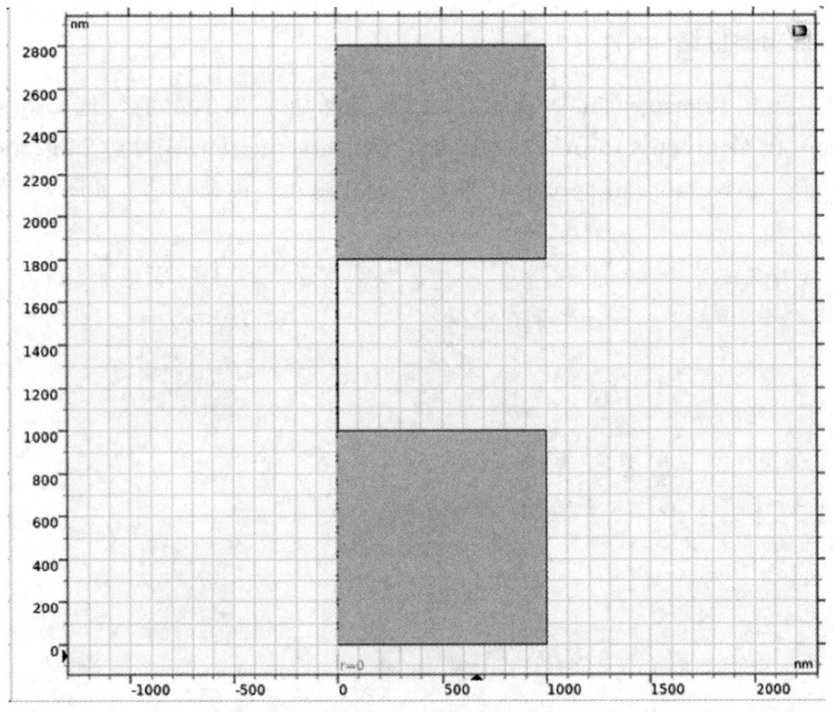

图 8-5　构建成功的几何模型

(3) 用鼠标右击 Electrostatics(es),点击 Space Charge Density。

(4) 在 Space Charge Density 1 设置窗口,在 Selection 中选中 Manual,再选中域 1,2,3,选择 User defined,输入 rho_space。

(5) 点击 Surface Charge Density 1,选择边界 8,在 surface charge density 中输入 rho_surface。如图 8-6 所示。

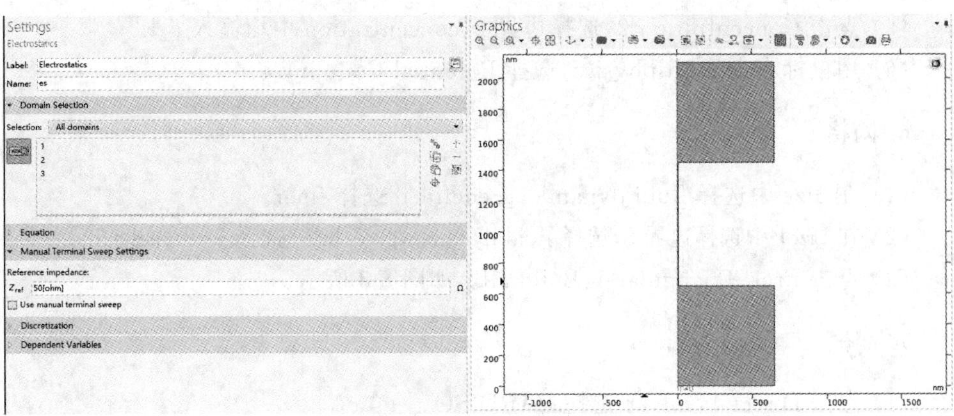

图 8-6　电场作用域选择

5. 稀物质传递(tds)

(1) 点击 Transport of Diluted Species,选择域 1,2,3,取消勾选 Crosswind diffusion,在 Convective term 选项中选择 Conservative form,勾选 Migration in electric field。Number of species 设置为 2,分别输入 c_K 和 c_Cl。如图 8-7 所示。

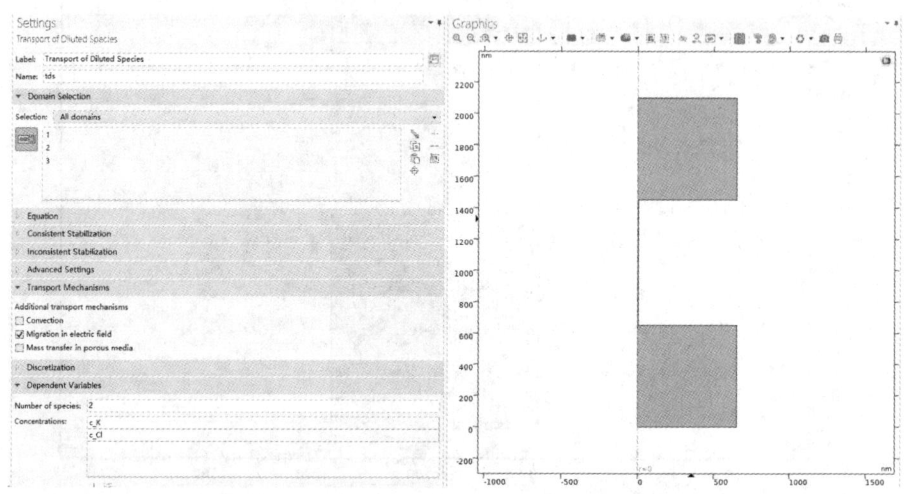

图 8-7 浓度场作用域设置

(2) 点击 Transport Properties 1,在 temperature 中输入 T0,扩散系数分别设置为 DK 和 DCl,在 electric potential 中选择 electric potential(es),在 charge number 中分别输入 z_K 和 z_Cl。

(3) 点击 Initial Values 1,concentration 中均输入 c_0。

(4) 点击 Concentration 1,选择边界 7,concentration 中均输入 c_h。

(5) 点击 Concentration 2,选择边界 2,concentration 中均输入 c_l。

(6) 用鼠标右击 multiphysics,选择 Potential Coupling 1。

6. 网格

(1) 在 Size 中选择 fluid dynamic,predefined 选择 finer。

(2) 在 Size1 中选择边界 8,选择 fluid dynamic,predefined 选择 Extremely fine。

(3) 点击 Free Triangular 1,Build all。如图 8-8 所示。

7. 研究

(1) 点击 Direct 1,solver 选择 PARDISO。

(2) 点击 Compute 进行计算。

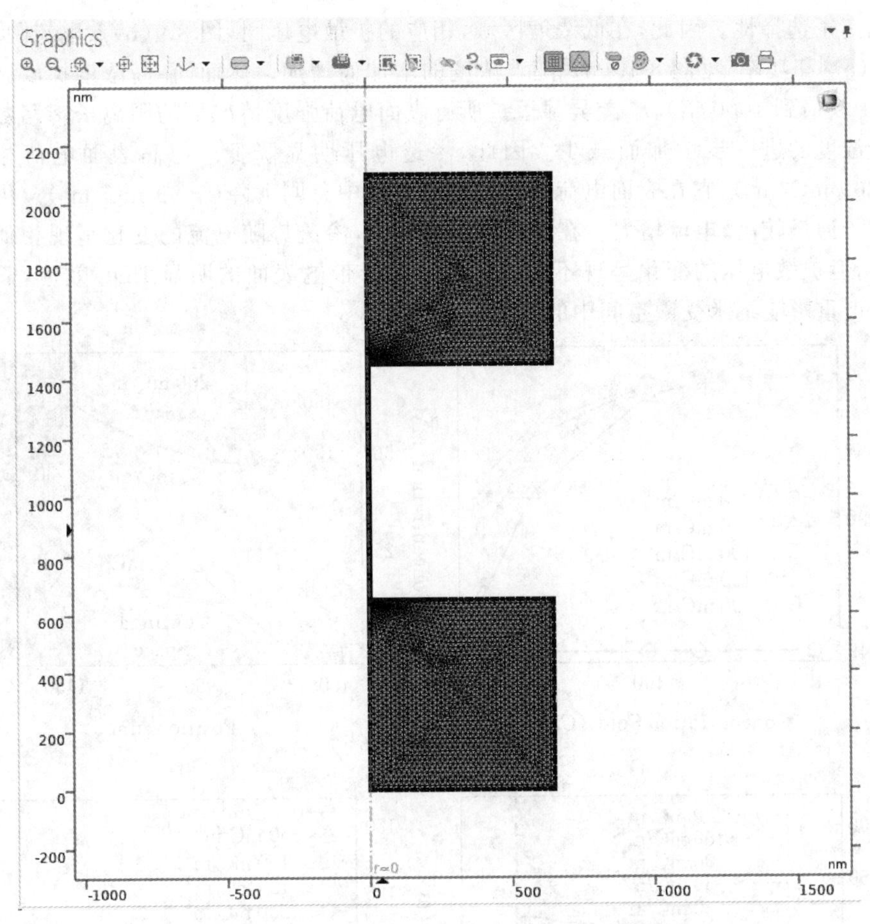

图 8-8 构建成功的网格

8.4 结果与讨论

8.4.1 表面电荷调节的离子输运行为

通过改变不同浓度梯度下的电荷强度，探讨了表面电荷与离子传输行为之间的关系(见图 8-9)。如果表面没有电荷，受限空间将不会显示离子选择性行为。阳离子转移数[见图 8-9(a)]接近 0.5，这是由于阳离子和阴离子之间的扩散系数存在微小差异，从而导致渗透能降低(扩散电压和电流均接近于零)。离子只受无离子扩散和菲克定律控制。阳离子转移数随表面电荷强度的增加而增加。在低浓度梯度区域(低于 100 倍)，EDL 可以有效重叠，因此，低表面电荷密度（$-50\ mC/m^2$）和高表面电荷密度($-200\ mC/m^2$)下 t^+ 的差异不明显。t^+ 接近 1，这意味着完美的阳离子选择性。因此，在低浓度区域，相应的扩散电压[见图 8-9(b)]、电流[见图 8-10(a)]和功率[见图 8-10(b)]随着浓度的增加而增加。然而，在高浓度梯度区域(从 100 倍到 1000 倍)，t^+ 差异显著。所有表面电荷强度情况下的阳离子转移数都随着浓度的进一步增加而减少。因此，渗透电压明显降低。与高表面电荷相比($-200\ \mathrm{mC/m^2}$)，它在表面电荷较低的密闭空间中急剧下降($-50\ \mathrm{mC/m^2}$)。由于净离子通量较高，电流增大。在所有浓度梯度下，渗透势随电流的变化呈现相似的趋势，但扩散电压的变化呈现不同的趋势。由于带电表面的明显 EDL 效应，表面电荷严重影响纳米受限空间中的离子迁移行为。

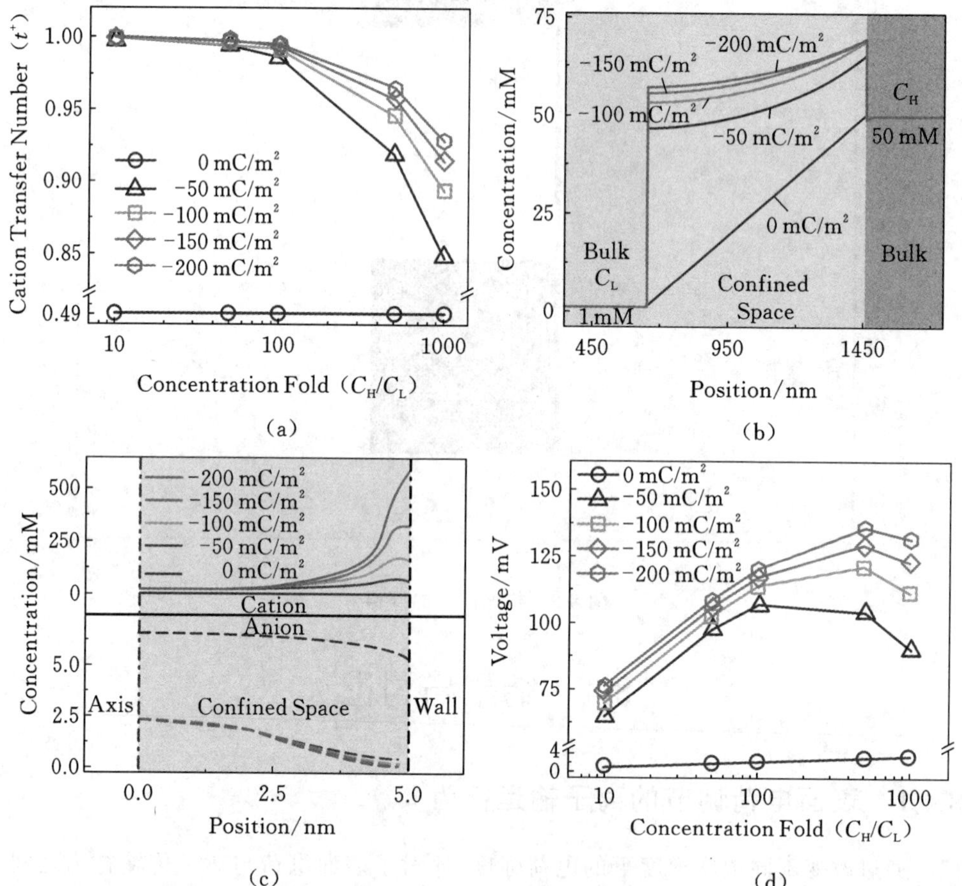

图 8-9　在不同浓度梯度($C_L=1\times10^{-3}$ M)下，表面电荷对受限空间($L=800$ nm，$D=10$ nm)离子传输和浓度分布的影响

注：图(a)说明了阳离子转移数(t^+)随着高表面电荷的增加而增加，但随着高浓度的增加而减少；图(b)表明通过增加表面电荷来提高扩散电压。它显示了一个具有高浓度梯度的最大点。50 倍浓度梯度下，沿轴向的阳离子[见图(c)]和阴离子[见图(d)]浓度分布，以及限制在 1000 倍浓度梯度下的 C_L 出口[见图(e)]和 C_H 入口[见图(f)]侧的离子浓度沿径向分布。

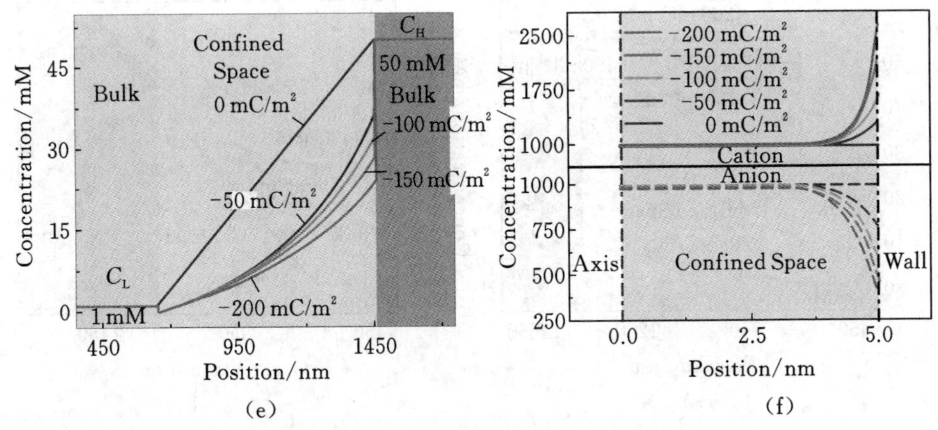

(e) (f)

续图 8-9

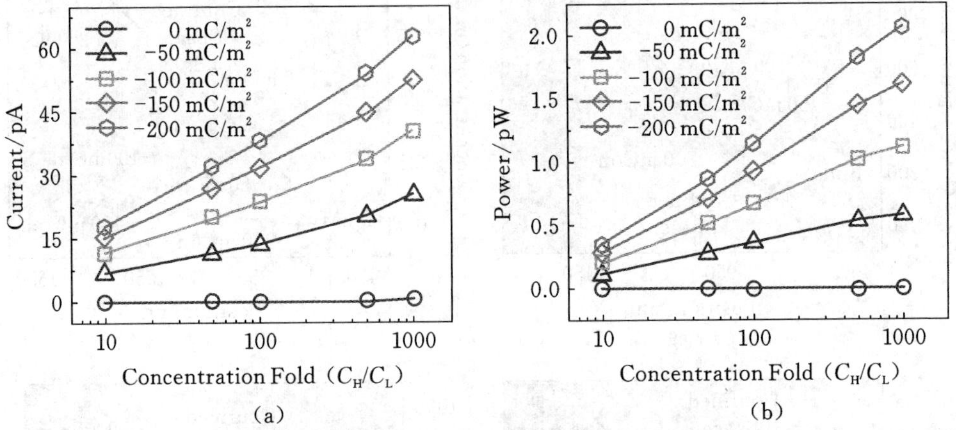

(a) (b)

图 8-10 不同表面电荷和浓度梯度下的电流和扩散功率

这些离子传输行为是 EDL 控制状态，高度依赖于表面电荷，并且对局部浓度敏感。为了进一步了解其机理，展示了纳米受限空间中沿轴向[见图 8-9(c)、(d)和图 8-11]和径向[见图 8-9(e)、(f)和图 8-12]方向的离子浓度分布。在低浓度倍数区(低于 100 倍)下的负电荷受限空间中，沿轴向有明显的阳离子富集[见图 8-9(c)]和阴离子排斥[见图 8-9(d)]现象。它能有效地进行阳离子/阴离子分离，并具有阳离子选择性。阳离子的浓度高于阴离子的浓度，特别是在表面电荷密度较高和浓度梯度较低的情况下，但由于 EDL 较薄，在高浓度梯度区域(高于 100 倍)，离子分离降低[见图 8-11(c)、(c′)]。因此，高表面电荷在该区域的作用非常重要。值得注意的是，在低浓度倍数区，纳米受限空间中的阳离子富集浓度远高于 C_H 侧和 C_L 侧，这意味着局部浓度与体积浓度存在偏差。这种偏差在带电纳米受限空间中普遍存

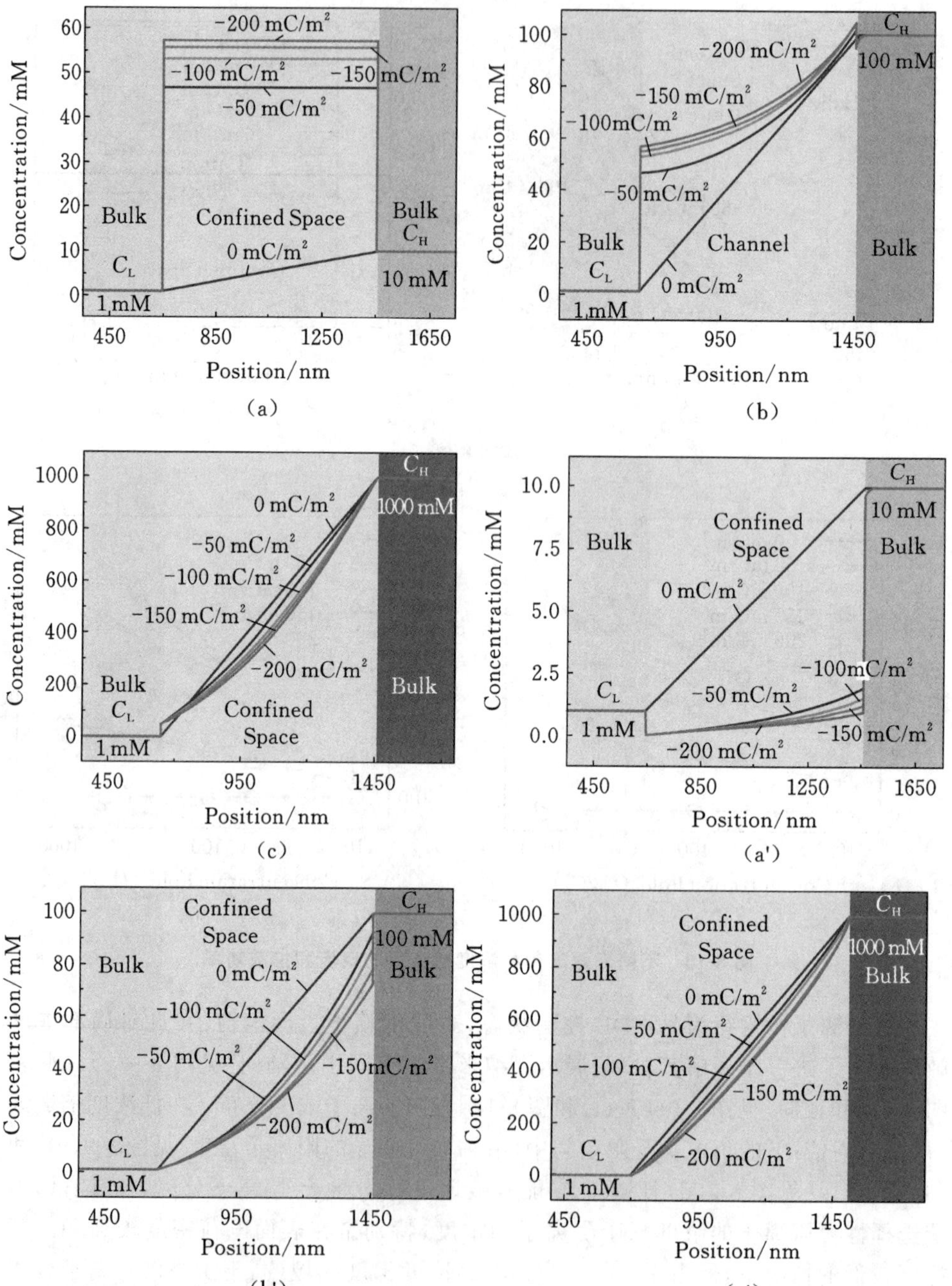

(a)

(b)

(c)

(a')

(b')

(c')

图 8-11　阳离子(a,b,c)和阴离子(a′,b′,c′)在不同浓度梯度下沿轴向的浓度分布，浓度倍数分别为 10(a,a′)、100(b,b′)和 1000(c,c′)

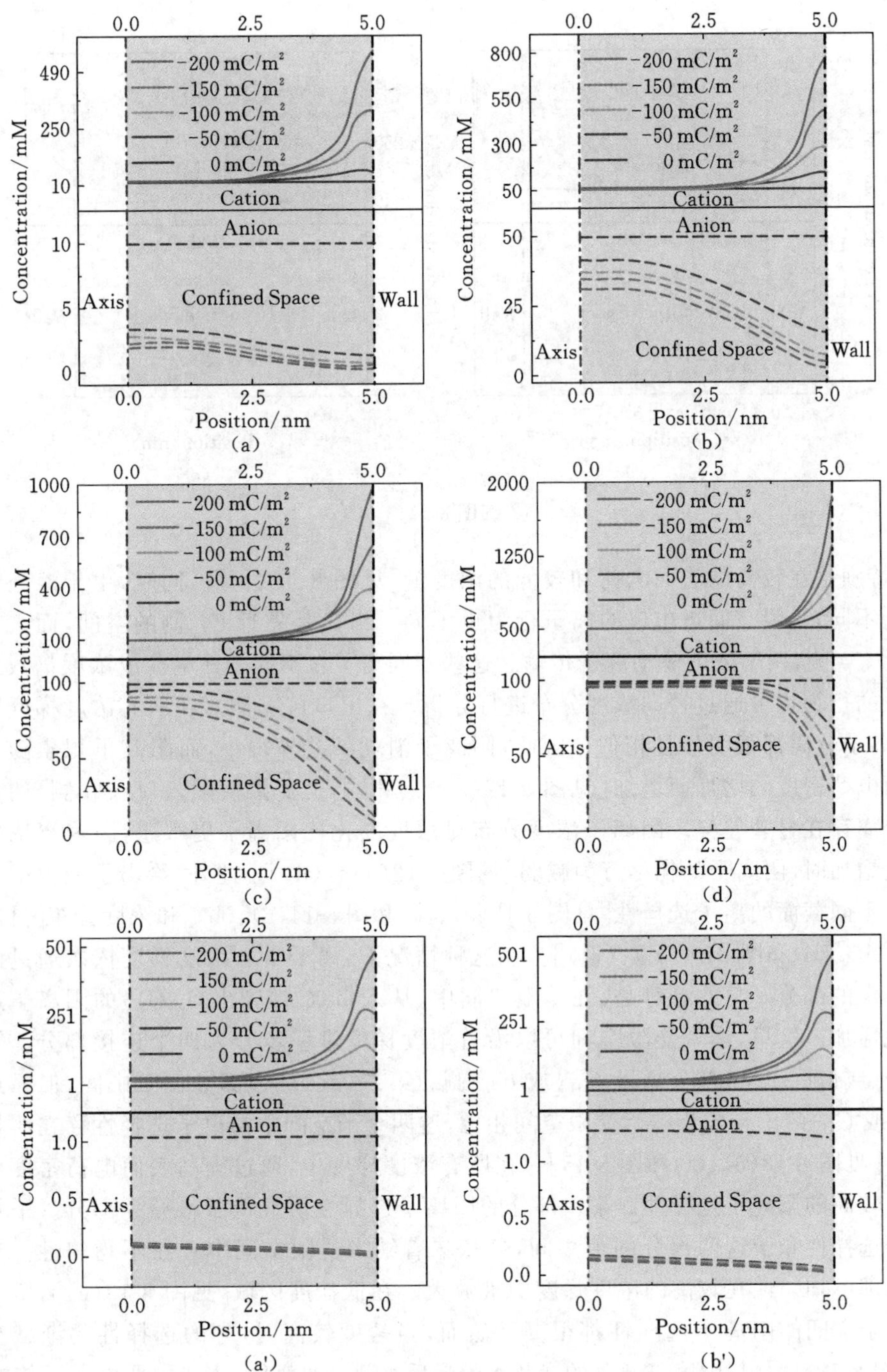

图 8-12　在不同浓度梯度下，纳米受限空间的 C_H 入口(a,b,c,d)和 C_L 出口(a′,b′,c′,d′)位置的阳离子(实线)和阴离子(虚线)浓度沿径向的分布，浓度倍数分别为 10(a,a′)、50(b,b′)、100(c,c′)和 500(d,d′)

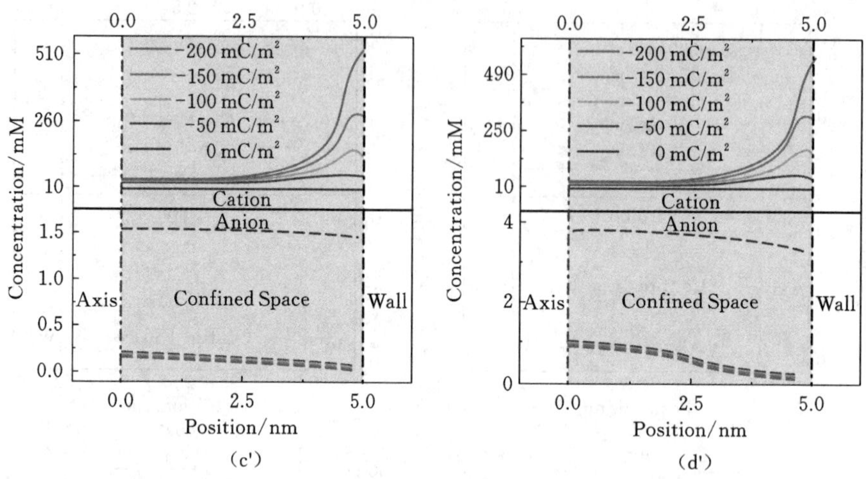

续图 8-12

在，特别是在较高的表面电荷和较低的浓度侧[见图 8-11(a)]。同时，由于溶液环境的不同，受限空间进出口的离子行为也不同。出口是靠近 C_L 侧的空间，而入口靠近 C_H 侧，用于浓度驱动离子传输。这些不同离子在不同表面电荷或浓度倍数情况下的行为也可通过径向浓度分布进行分析。在出口(C_L 侧)，在所有浓度梯度区域，离子分离都很明显且相似。因此，阴离子消耗的差异很小，而阳离子积累随着表面电荷密度的增加而增加[见图 8-12(a′)～(d′)]，但受限空间入口(C_H 侧)的离子分离存在显著差异。阴离子浓度分布对浓度变化比阳离子更敏感，因为当浓度梯度增加时，阴离子的耗尽行为减弱[见图 8-12(a)～(d)]。此外，给出了受限空间轴向不同截面的离子选择性[见图 8-13(a)、(c)和图 8-14(a)、(b)]和浓度分布[见图 8-13(b)、(d)和图 8-14(a′)、(b′)]。在这种情况下，离子沿着浓度梯度依次通过这些选定的部分。总的趋势是，在受限空间中，从入口(C_H)到出口(C_L)的阳离子选择性增加。这里，纳米受限空间可以沿着浓度梯度进一步分为四个连接部分。第一个(或最后一个)部分靠近 C_H(或 C_L)侧。第二(或第三)部分位于中间，但靠近 C_H(或 C_L)侧。与整个纳米受限空间相比，这四个子空间中的离子选择性存在明显差异[见图 8-13(e)、(f)和图 8-15]。在所有浓度梯度中，通过提高表面电荷密度可获得较高的阳离子选择性。第一部分的阳离子选择性明显低于最后一部分。平均离子选择性介于这两部分的值之间，这意味着纳米受限空间中存在不均匀性。这种局部不均匀性在较高的浓度梯度中被放大。在低盐度区域[见图 8-13(e)]，所有四个子空间的阳离子选择性都很高。然而，当盐度较高时，它的选择性逐渐减少[见图 8-13(f)]，其中第一部分的变化大于最后一部分的变化。因此，平均离子传输

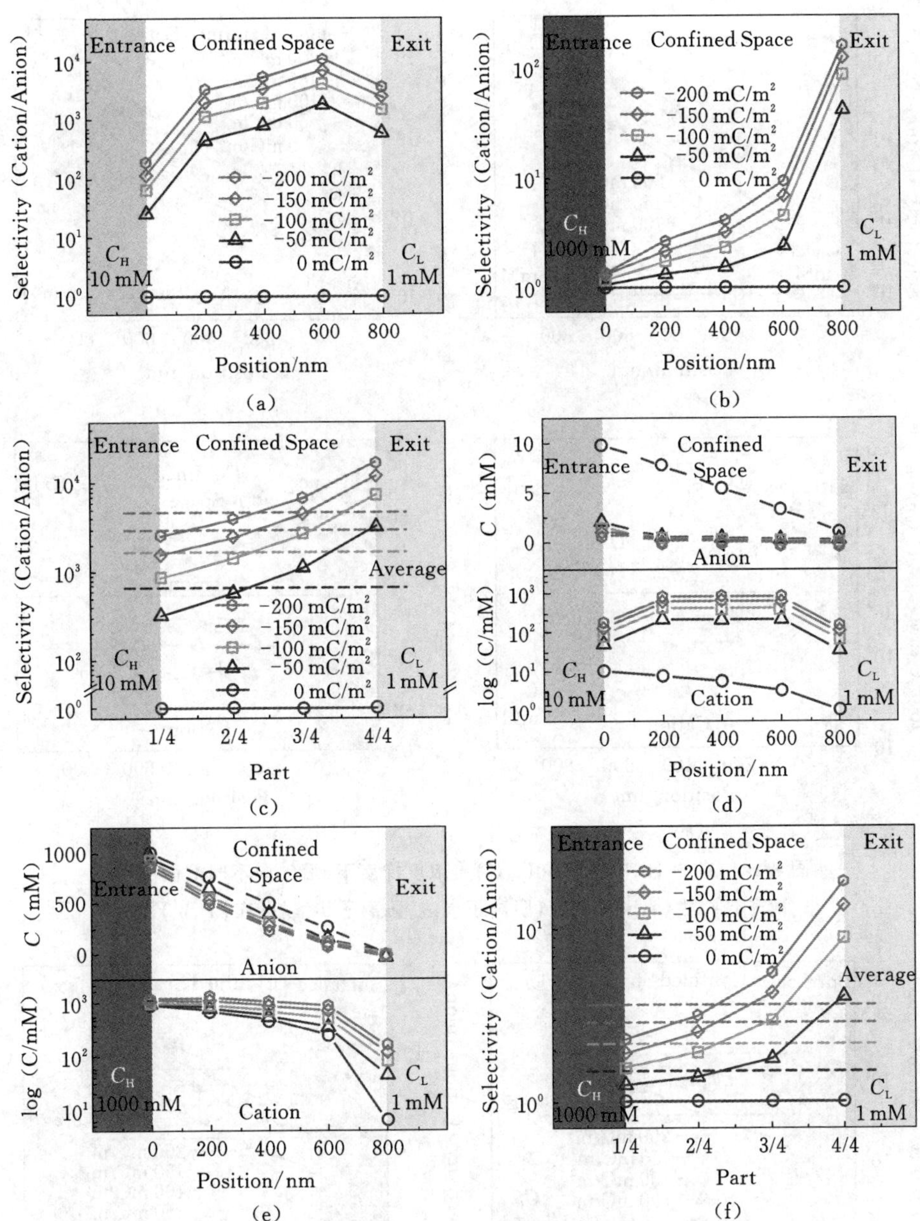

图 8-13 受限空间内的离子选择性特性(阳离子浓度/阴离子浓度)

注:图(a)和图(b)分别表示在 10 倍和 1000 倍浓度梯度下,纳米受限空间中不同位置的阳离子选择性。图(c)和图(d)分别表示在 10 倍和 1000 倍下不同位置的阳离子(实线)和阴离子(虚线)浓度分布。图(e)、图(f)中虚线表示通过在整个空间中整合阳离子和阴离子计算的平均离子选择性。纳米受限空间被分成四个等长的部分。第一部分设置在入口(C_H 侧),而最后一部分位于空间出口(C_L 侧)。各部分的离子选择性用相同的方法计算。平均选择性介于第一部分和最后一部分之间。

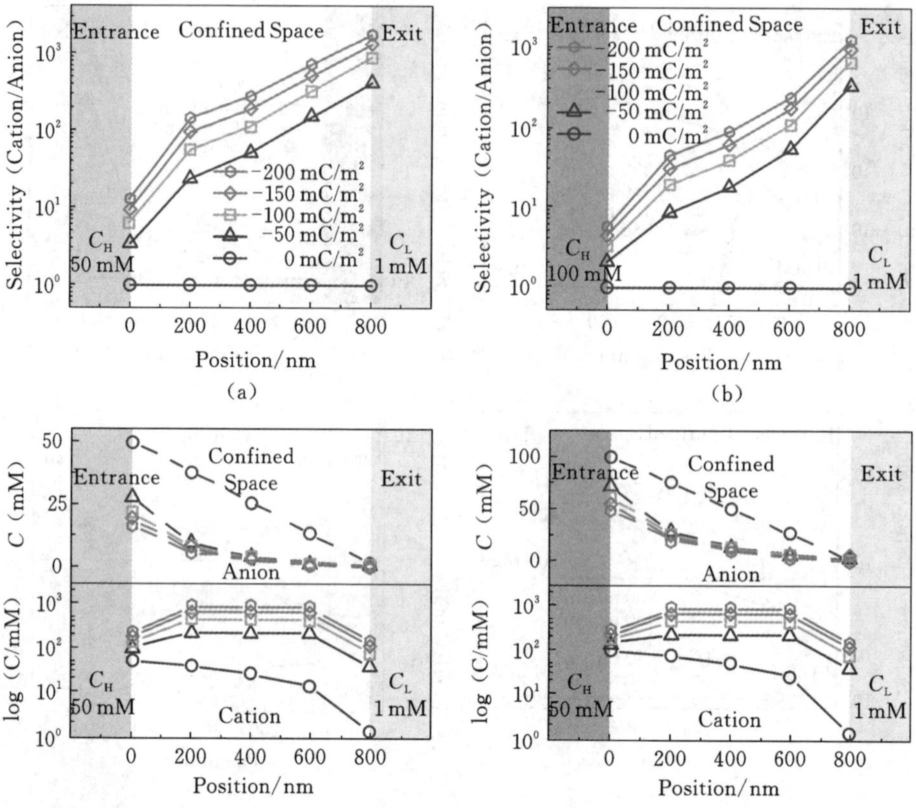

(a) (b)

(a') (b')

图 8-14　在 50(b,b′)和 100(c,c′)倍浓度梯度下,沿轴向不同截面的离子选择性(a,b)和浓度(阴离子虚线,阳离子实线)分布(a′,b′)

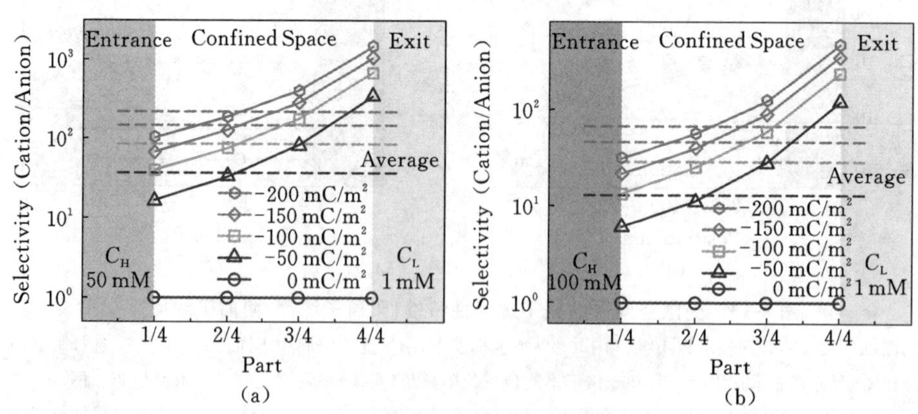

图 8-15　在 50 倍和 100 倍浓度梯度下,纳米受限空间不同部分的离子选择性

(a)50 倍;(b)100 倍

行为主要取决于 C_L 侧的电荷密度。此外，较高的表面电荷密度对于 EDL 控制的离子在纳米受限空间中的行为至关重要，特别是在高浓度环境中。

进一步研究具有不同表面电荷强度的几何形状(不同长度和直径)的影响，以揭示受限空间内的离子传输行为。长度表示离子传输距离，直径表示受限空间区域。长通道(传输距离)可以提高离子选择性[见图 8-16(a)～(c)和图 8-17(a)、(d)、(g)]，即使在低表面电荷密度和高浓度倍数的情况下，也可以提高扩散电压[见图 8-17(b)、(e)、(h)]。然而，它增加了电阻并减小了输出电流[见图 8-17(c)、(f)、(i)]。因此，根据能量转换方程，有一个最大功率点可以平衡增加的电压和减少的电流。浓度倍数也会影响这个转折点。在低盐度条件下[见图 8-17(a)]，电压的变化很小，短通道中的阳离子转移数足够高[见图 8-17(b)]。因此，它通过增加空间的扩散距离来破坏功率输出。随着浓度的增加，长扩散距离和高表面电荷密度的作用变得重要[见图 8-17(d)、(g)]。对于高能转换，有一个合适的扩散距离[见图 8-16(c)]。扩散区域[见图 8-17(d)～(f)]与功率之间的关系与受限空间扩散距离的关系相反。能量转换随着扩散区域(直径)的增大而增大，但在所有浓度倍数中，能量转换在进一步增大的区域急剧减小[见图 8-17(d)～(f)]。在较小的扩散区，EDL 可以有效重叠，从而导致较高的阳离子转移数和电压。扩散区域的轻微增加允许更多的净离子通过受限空间[见图 8-18(a)～(c)]。因此，功率随着空间的扩大而增加，但 EDL 的长度在高浓度倍数中变得非常薄，这导致阳离子转移数变少[见图 8-18(g)]和电压变小[见图 8-18(h)]。虽然有更多的流动离子，但净离子通量大大减少，导致电流急剧减少[见图 8-18(i)]，能量转换几乎为零。有趣的是，由于离子扩散系数的差异，在高浓度和低表面电荷密度的情况下，电流输出方向相反。这种现象在短距离受限空间中更为明显(见图 8-19)，这意味着 EDL 的影响在大空间中可以忽略不计。因此，纳米受限空间的表面电荷和几何形状共同调节受限离子传输行为，而离子传输、能量转换和存储系统也需要良好匹配的受限空间几何形状。

8.4.2 非对称离子输运行为

表面电荷强度对受限离子输运和能量转换性能有很大影响。一方面，在低浓度倍数和低表面电荷密度下，扩散电压和 t^+ 较高，由于流动离子较少，净离子通量较低。另一方面，它通过提高浓度来增强电流，从而简单地增加流动离子，牺牲了低表面电荷密度受限空间中的扩散电压。通过对具有相同盐度梯度(10 倍)的离子选择性行为进行系统研究(见图 8-20)，表明它在很大程度上取决于低浓度侧的浓度。因此，较高的表面电荷密度对于提高能量转换性能至关重要，特别是在高浓度梯度下。然而，构建具有高表面电荷密度的纳米受限空间仍有许多困难。通常，电荷密

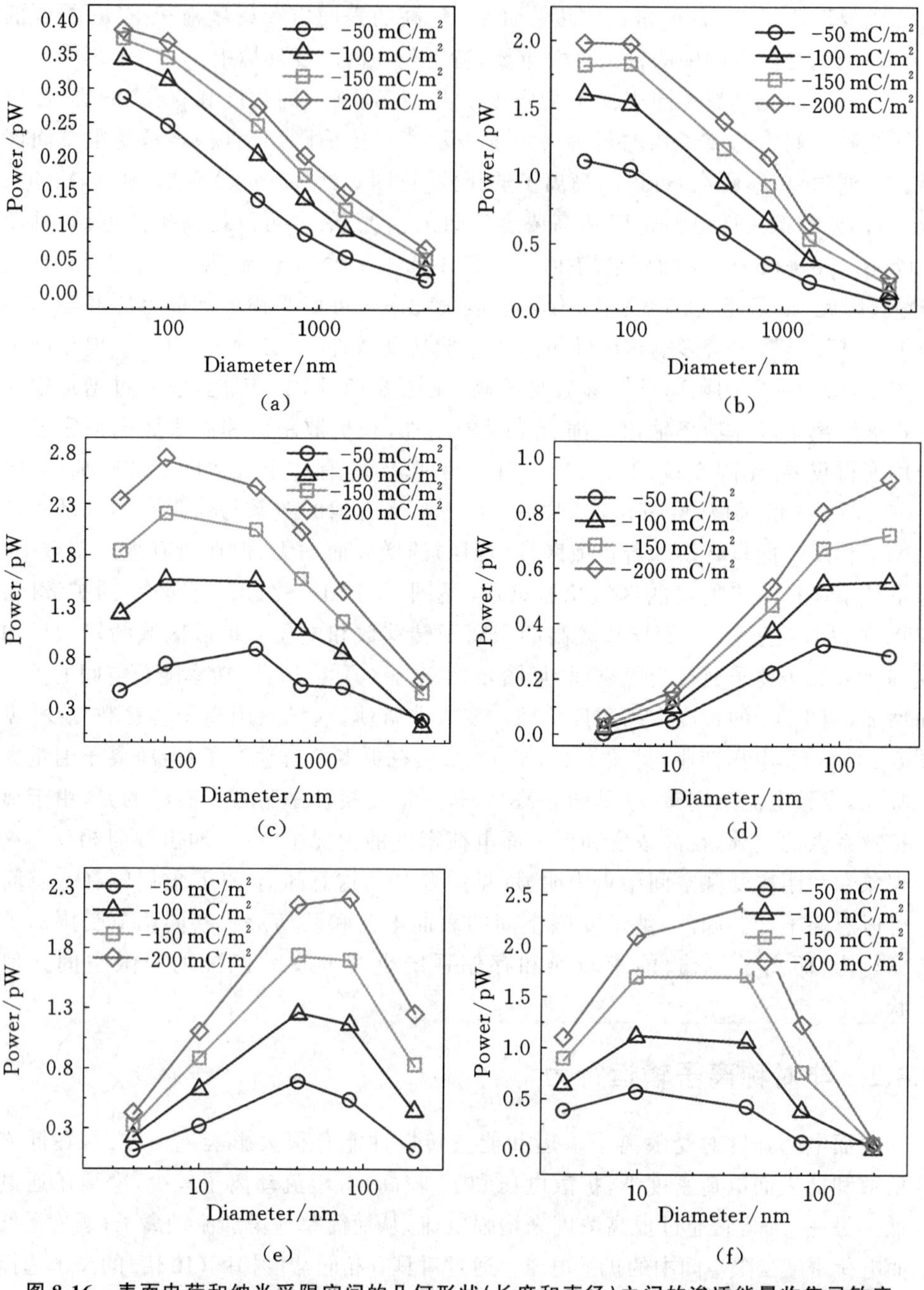

(a)

(b)

(c)

(d)

(e)

(f)

图 8-16　表面电荷和纳米受限空间的几何形状(长度和直径)之间的渗透能量收集灵敏度

注:图(a)～图(c)表示空间长度从 50 nm(超薄)到 5000 nm(厚)不等,而直径固定在 10 nm;图(d)～图(f)表示直径从 4 nm(超小孔)控制到 200 nm(大孔),而长度固定在 800 nm。分析了浓度梯度的敏感性。图(a)为 10 倍;图(d)和图(e)为 100 倍;图(c)和图(f)表示 1000 倍。

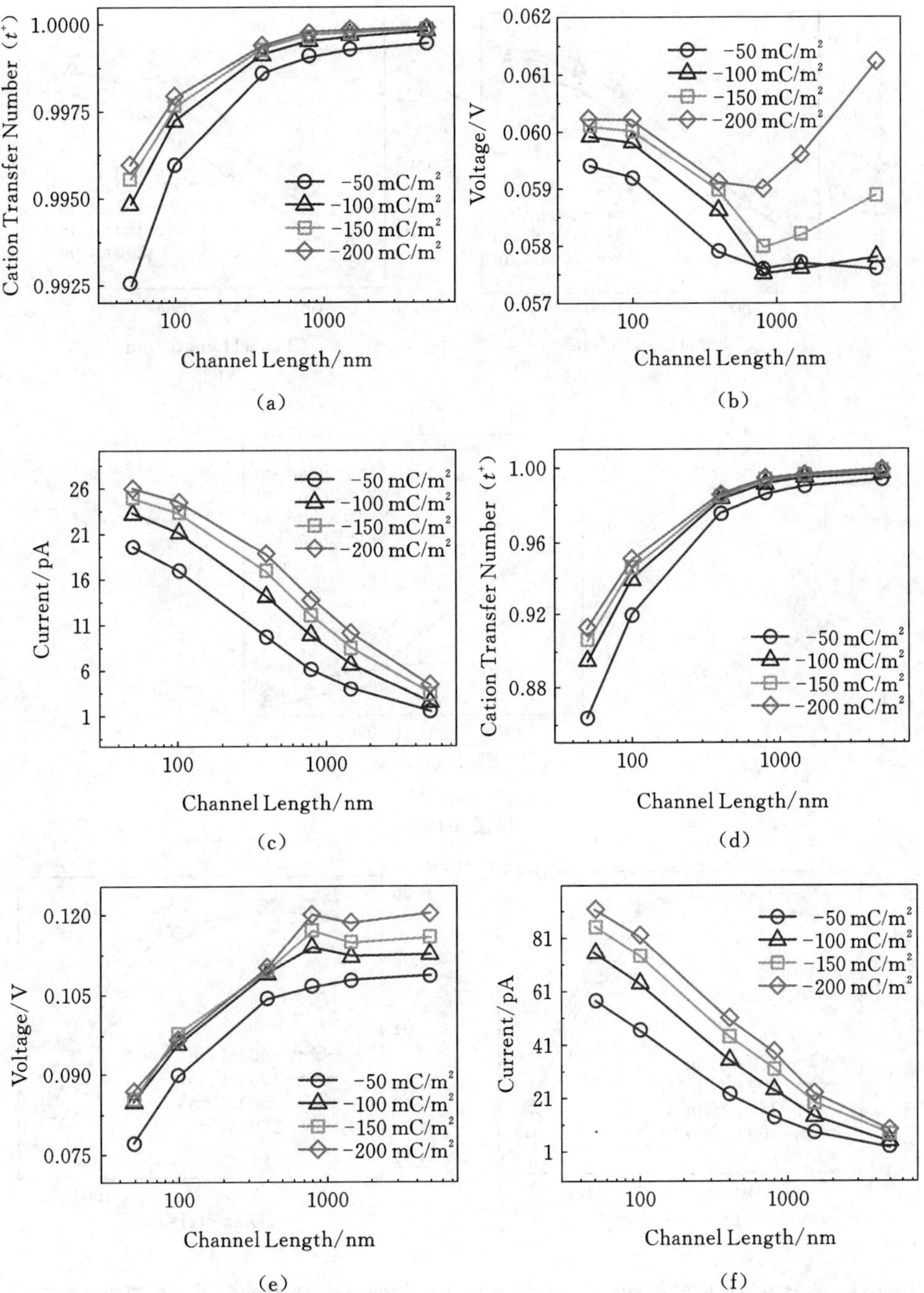

图 8-17 当直径固定在 10 nm 时，在 10(a,b,c)、100(d,e,f)、1000(g,h,i)倍浓度梯度下，表面电荷密度和空间长度对阳离子转移数(a,d,g)、渗透电压(b,e,h)和电流(c,f,i)的影响

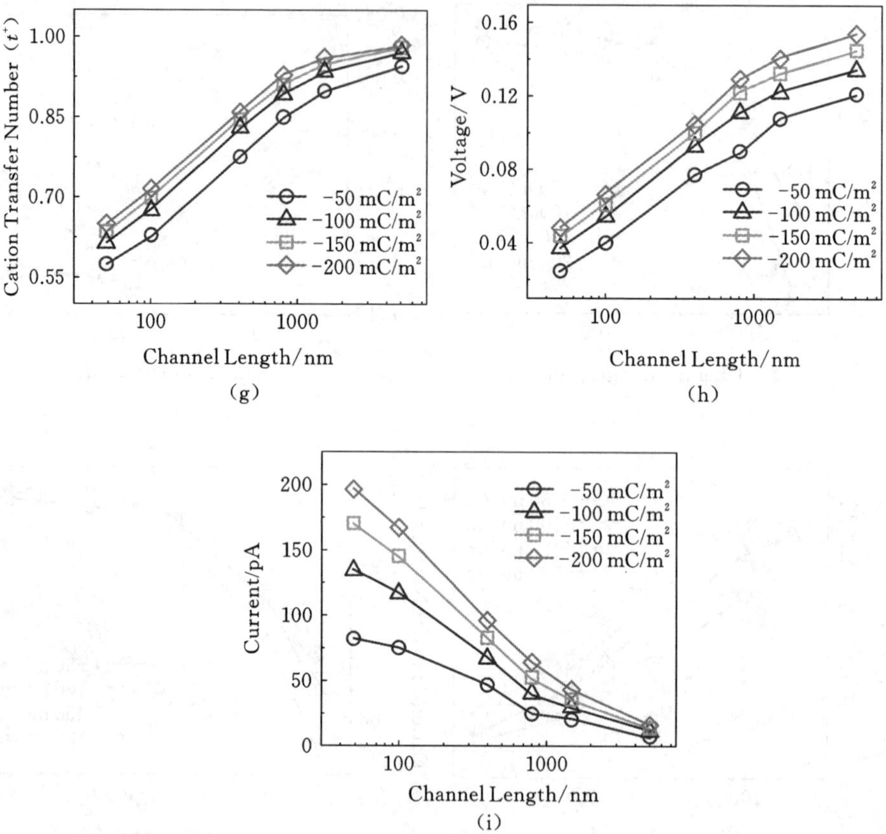

(g)

(h)

(i)

续图 8-17

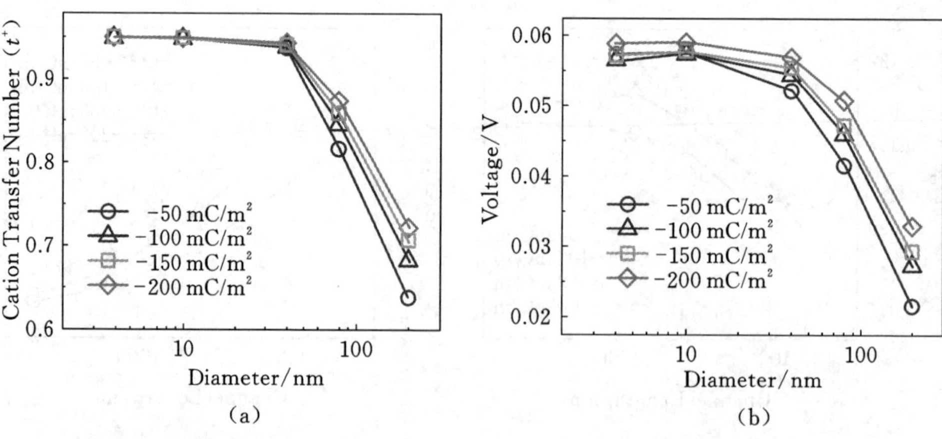

(a)

(b)

图 8-18　当空间长度固定在 800 nm 时，在 10(a,b,c)、100(d,e,f)，1000(g,h,i)倍浓度梯度下，纳米受限空间的表面电荷密度和直径对阳离子转移数(a,d,g)、渗透电压(b,e,h)和电流(c,f,i)的影响

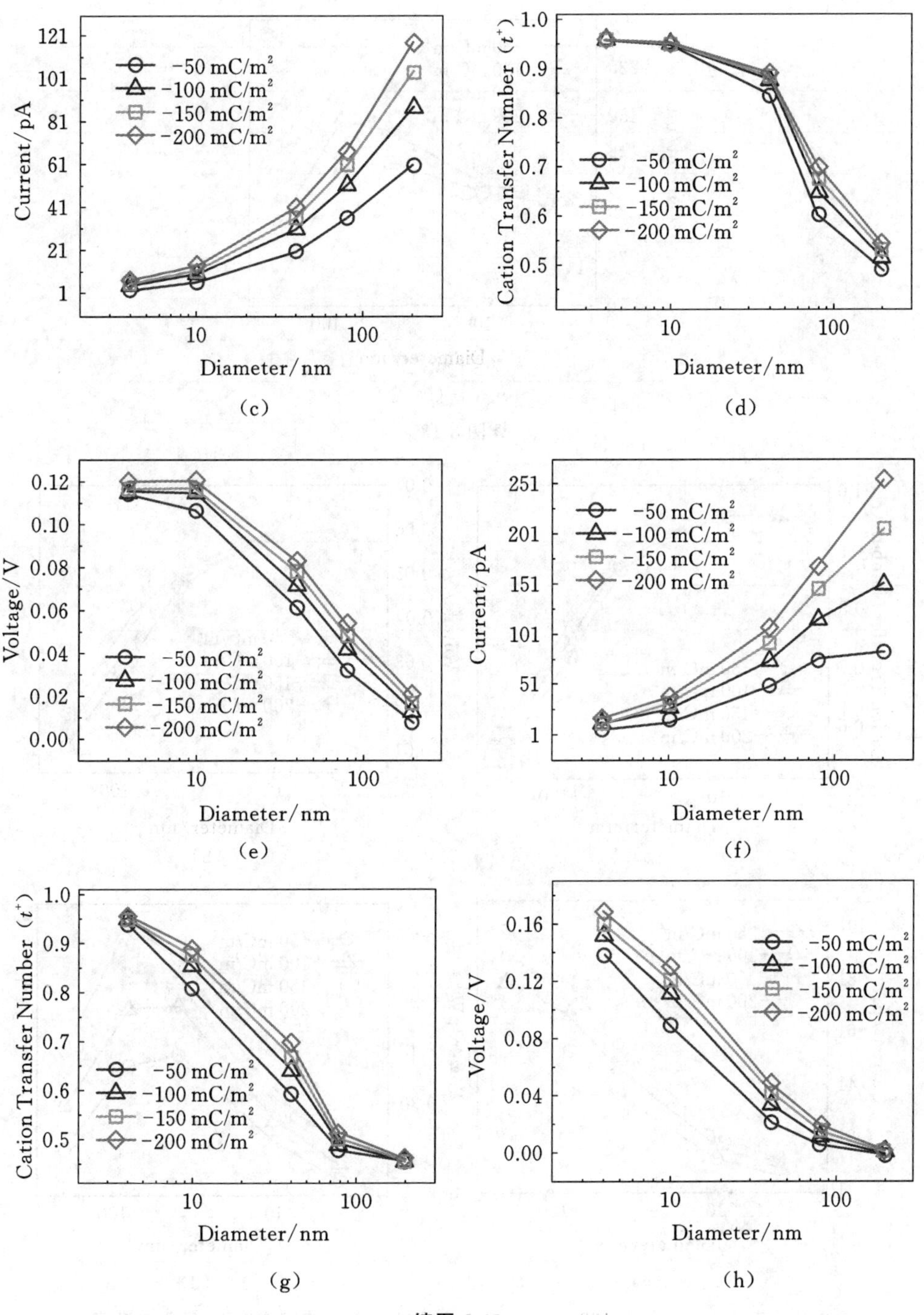
Current/pA
121
101
81
61
41
21
1
−50 mC/m²
−100 mC/m²
−150 mC/m²
−200 mC/m²
10
100
Diameter/nm
(c)
Cation Transfer Number (t^+)
1.0
0.9
0.8
0.7
0.6
0.5
Diameter/nm
(d)
Voltage/V
0.12
0.10
0.08
0.06
0.04
0.02
0.00
Diameter/nm
(e)
Current/pA
251
201
151
101
51
1
Diameter/nm
(f)
Cation Transfer Number (t^+)
Diameter/nm
(g)
Voltage/V
0.16
0.12
0.08
0.04
0.00
Diameter/nm
(h)

续图 8-18

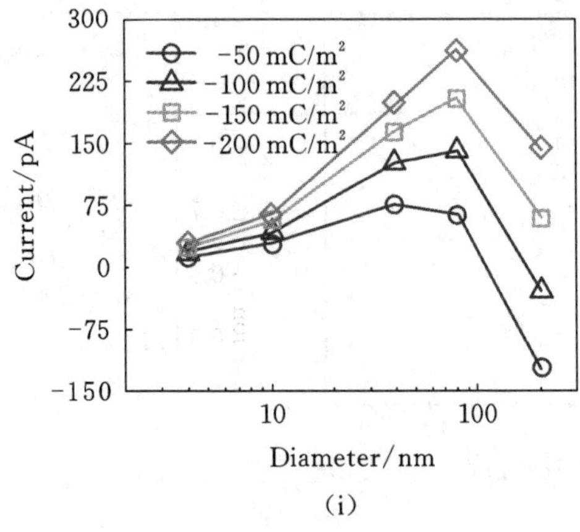

(i)

续图 8-18

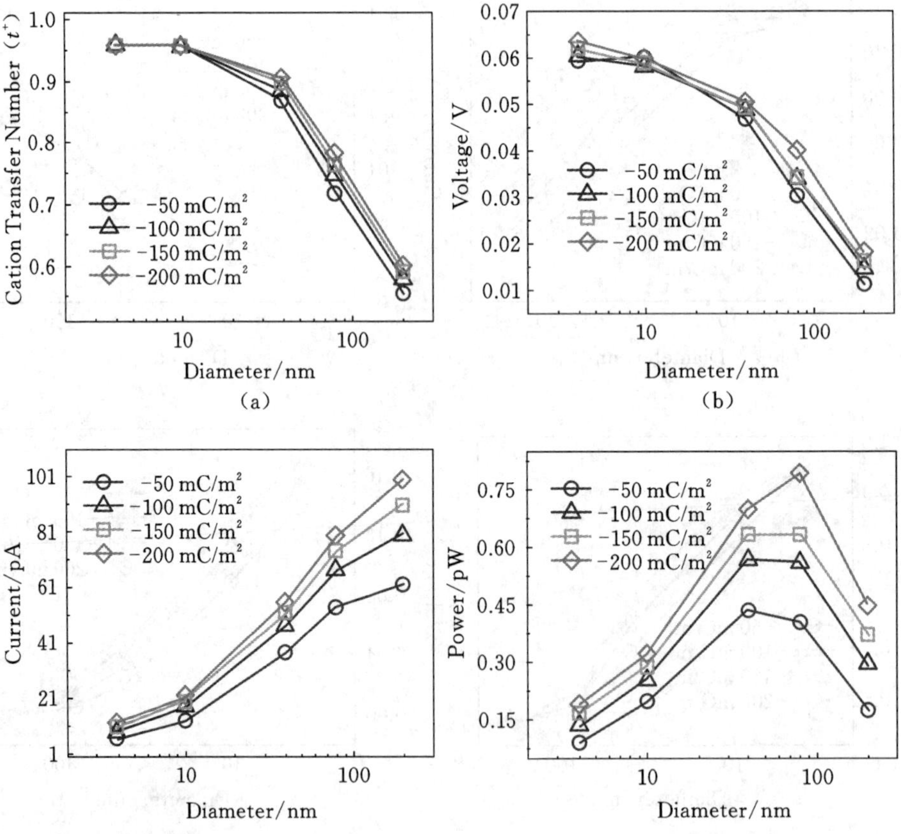

(a)

(b)

(c)

(d)

图 8-19　在 10(a,b,c,d)、100(e,f,g,h),1000(i,j,k,l)倍浓度梯度下,表面电荷密度和直径对阳离子转移数(a,e,i)、渗透电压(b,f,j)、电流(c,g,k)和功率(d,h,l)的影响

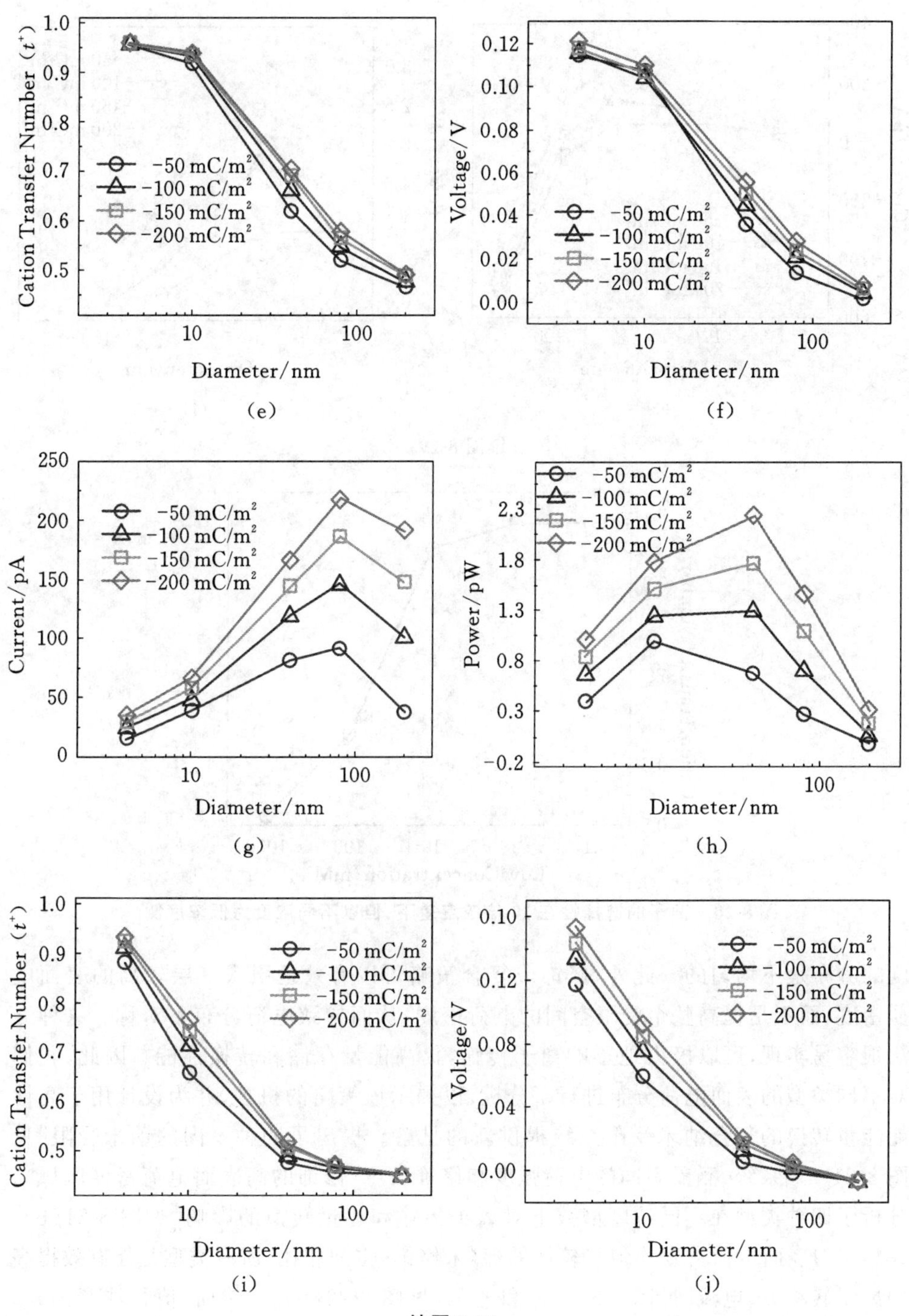

Cation Transfer Number (t^+)
Voltage/V
Current/pA
Power/pW
Diameter/nm
−50 mC/m²
−100 mC/m²
−150 mC/m²
−200 mC/m²
(e)
(f)
(g)
(h)
(i)
(j)

续图 8-19

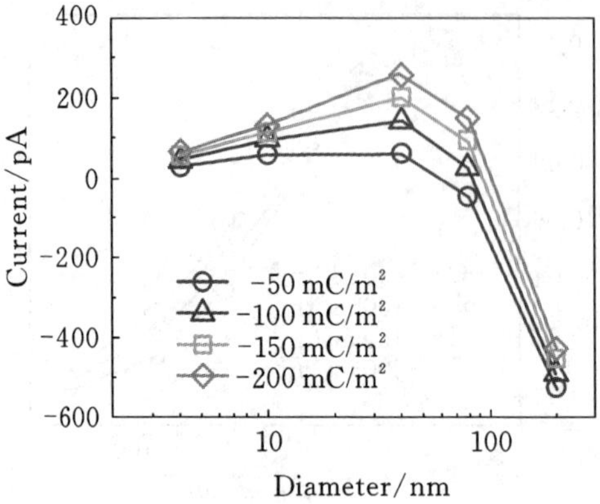

(k) 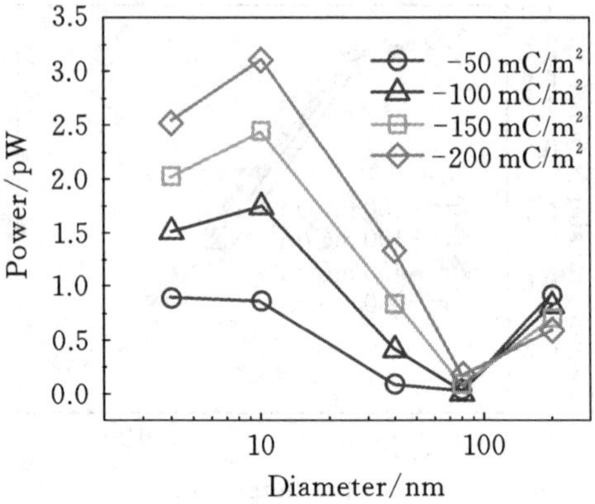　　(l)

续图 8-19

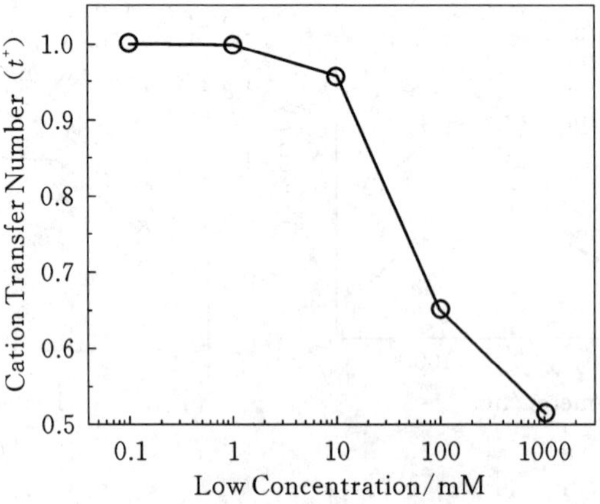

图 8-20　离子的选择性在 10 倍浓度差下，但以不同浓度为低浓度侧

度的分布是不均匀的。此外，修饰或复合策略可以有效地引入一层较高的表面电荷密度，而不是提高整个受限空间的电荷密度，从而导致电荷分布不对称。这种方法很容易实现，可以极大地影响离子传输，提高能量存储和转换性能。因此，我们对不同类型的表面电荷分布进行了分析，以揭示该策略的机理，并为设计用于高性能能量转换的复合纳米受限系统提供新的见解。提出了四种不同的纳米受限[见图 8-21(a)]系统，涵盖不同的电荷强度和修饰长度(修饰的高表面电荷密度区域)。分析了四种类型在不同浓度倍数下对离子传输和能量转换的影响[见图 8-21(b)、(c)]。与表面电荷密度均匀且较低的裸(未修饰)空间相比，所有类型都能有效提高阳离子转移数、电流[见图 8-22(a)]和电压[见图 8-22(b)]。然而，值得注意的是，这四种类型在增强效果上存在明显差异，特别是在高浓度倍数下，而与裸空间相

比，在低浓度(10 倍)下，这种差异可以忽略不计。这证实了表面电荷分布在高浓度溶液中的重要作用。根据电荷分布和方向，这四种类型可进一步分为两类。类型 1 和类型 3 的高表面电荷密度区位于高浓度侧。同时，受限空间内的表面方向(从高表面电荷强度到低表面电荷强度)是沿着浓度梯度的方向(从低浓度到高浓度)。类型 2 和类型 4 的高表面电荷密度区位于低浓度侧。因此，空间中表面的方向与浓度梯度的方向相反。在这种情况下，类型 1 和类型 3 属于一个类别，而类型 2 和类型 4 属于另一个类别。相反方向(2 型和 4 型)的能量转换性能明显高于顺向(1 型和 3 型)和裸空间。同时，t^+、电压、电流和功率都得到了显著改善。高表面电荷密度的不同区域长度对同一类别离子输运的影响较小。根据轴向上的浓度分布[图 8-21(d)、(e)和图 8-23]，进一步分析了四种类型的不同离子行为。由于 EDL

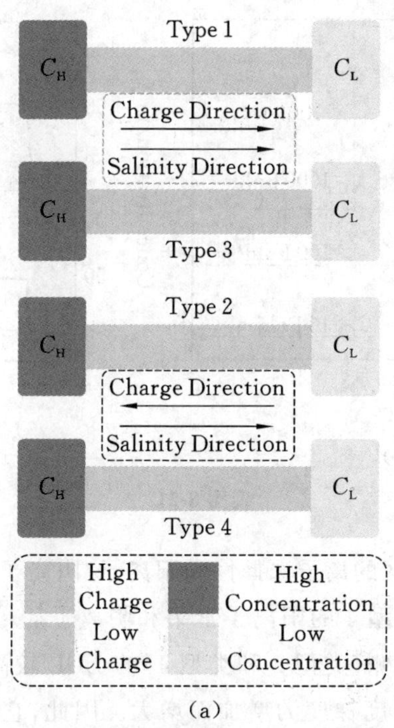

(a)

图 8-21 通过增加表面电荷改善离子传输行为

注：图(a)表示浓度驱动离子传输的四种表面电荷分布(1、2、3、4)。高电荷长度分为短区(1,2)和长区(3,4)。高电荷区面向高(1,3)和低(2,4)浓度侧。图(b)和图(c)表示四种类型系统的表面电荷分布对离子选择性和功率的影响。虚线表示电荷均匀分布的未修饰纳米受限空间的能量转换(−50 mC/m²)。高表面电荷密度为−100 mC/m²。图(d)和图(e)表示在 100 倍浓度梯度下，表面电荷分布对受限空间离子浓度分布的影响。

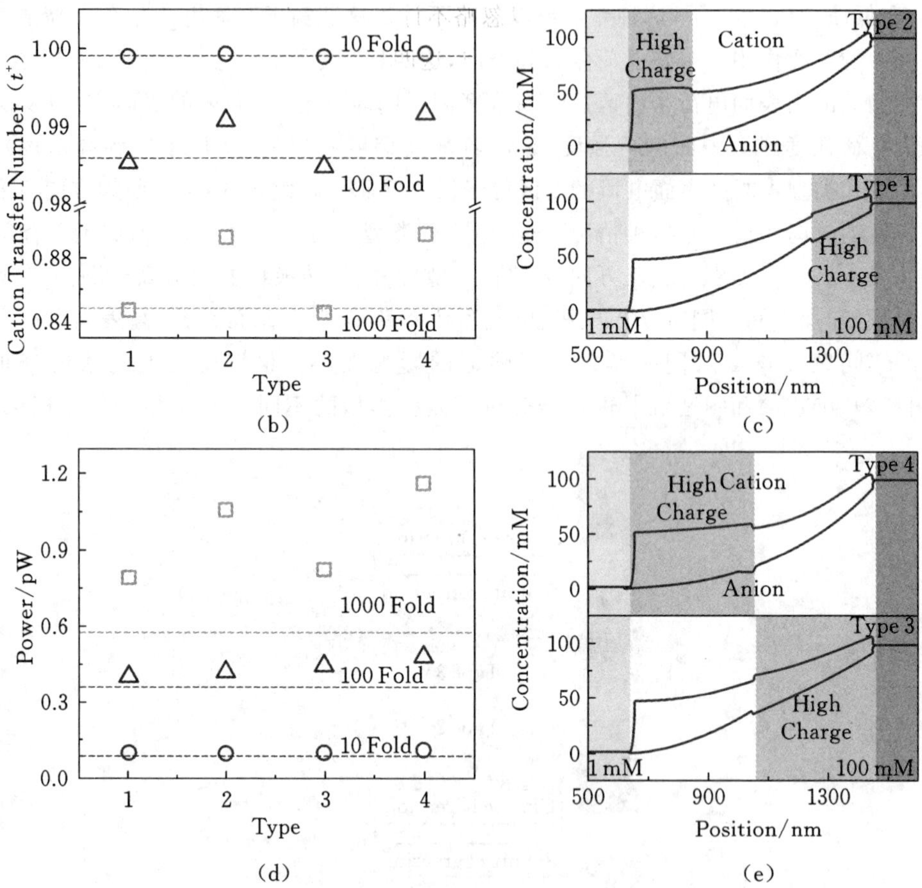

续图 8-21

效应的增强，高电荷密度区的离子选择性和阳离子/阴离子分离性能比低电荷密度区更为明显。类型 2 和类型 4 的阳离子富集和阴离子耗尽现象比类型 1 和类型 3 更为显著。原因是低浓度侧(类型 2 和类型 4)的 EDL 较高浓度侧(类型 1 和类型 3)更厚。这种差异随着浓度梯度的增加而增大。因此，它展示了不对称离子输运的优势和电荷分布的反向策略(类型 2 和类型 4)。与顺电荷方向策略(类型 1 和类型 3)相比，反电荷方向的不对称离子输运可以有效提高离子选择性和能量转换性能。这一结论可以通过修改更高的表面电荷密度和先前参考文献中的实验进一步证实(见图 8-24 和图 8-25)。

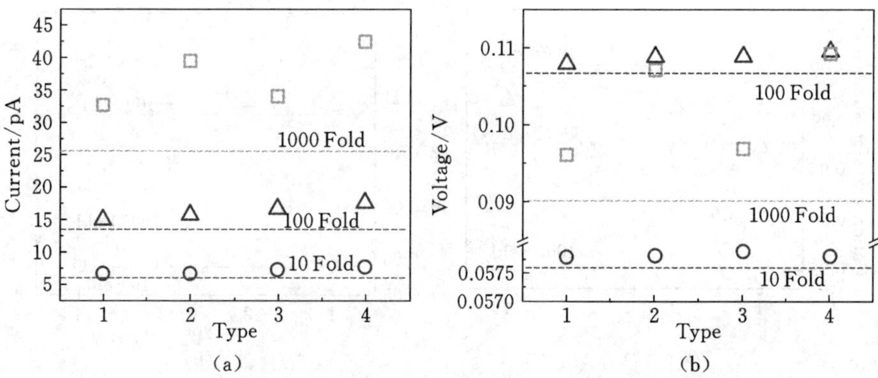

图 8-22　四种类型系统的表面电荷分布对渗透能转换的影响

注：虚线表示电荷均匀分布的未改性纳米受限空间的能量转换（$-50\ \mathrm{mC/m^2}$）。高表面电荷为$-100\ \mathrm{mC/m^2}$。图(a)和图(b)表示不同类型的离子传输和渗透能转换的比较[图(a)表示扩散电流，图(b)表示扩散电压]。

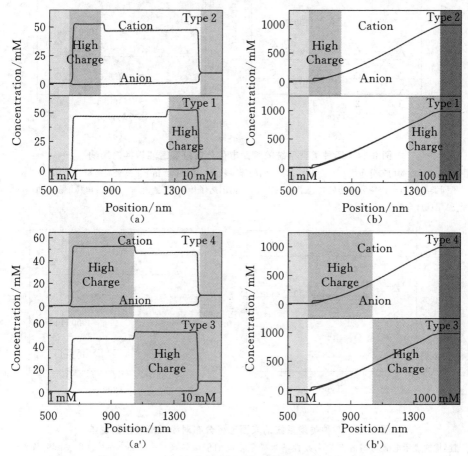

图 8-23　四种(1、2、3、4)能量转换系统的阳离子(红线)和阴离子(蓝线)浓度沿轴向在 10(a,a′)和 1000(b,b′)倍浓度梯度上的分布

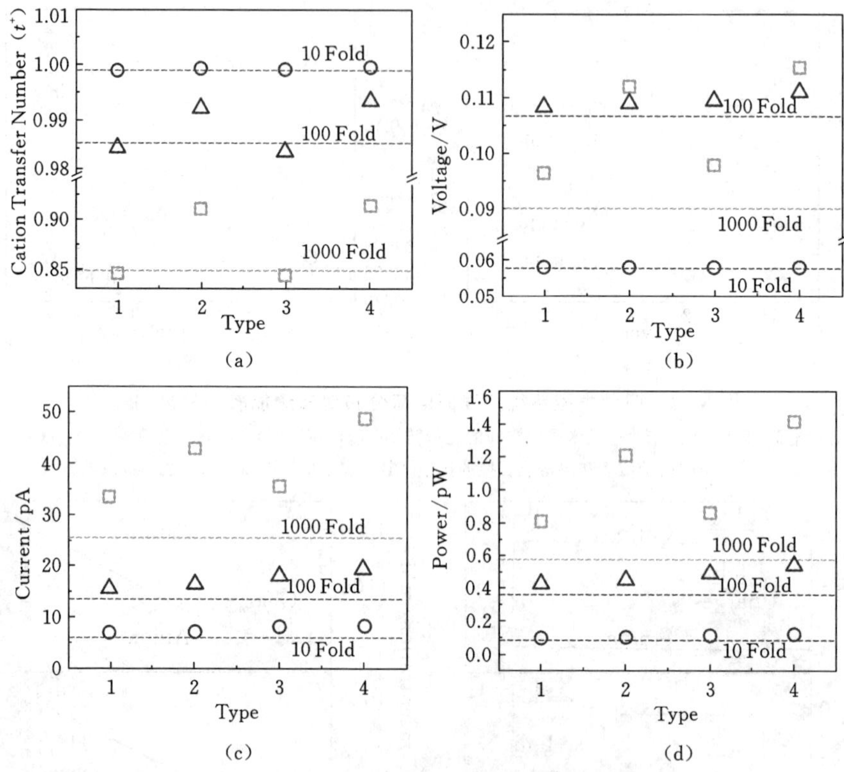

图 8-24　四种类型系统的表面电荷分布对渗透能转换的影响

注:虚线表示电荷均匀分布的未改性纳米受限空间的能量转换(−50 mC/m²)。高表面电荷为−150 mC/m²。对不同类型的离子传输和渗透能转换进行了比较,包括阳离子传输数[见图(a)]、渗透电压[见图(b)]、电流[见图(c)]和功率[见图(d)]。

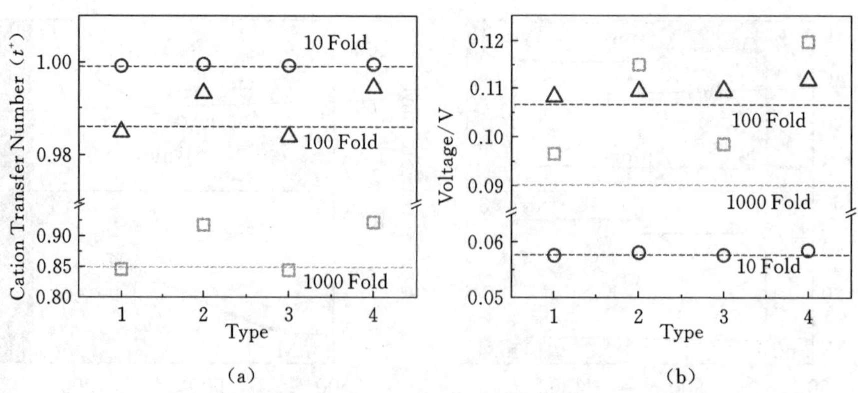

图 8-25　四种类型系统的表面电荷分布对渗透能转换的影响

注:虚线表示电荷均匀分布的未改性纳米受限空间的能量转换(−50 mC/m²)。高表面电荷为−200 mC/m²。对不同类型的离子传输和渗透能转换进行了比较,包括阳离子传输数(a)、渗透电压(b)、电流(c)和功率(d)。

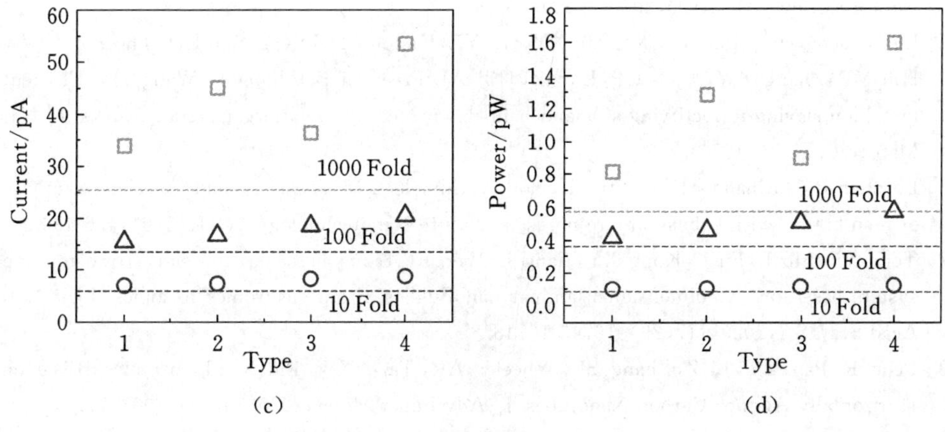

(c) (d)

续图 8-25

8.5 本章小结

通过模拟的方法，对受限空间中表面电荷依赖的非对称离子输运行为进行了全面的研究。表面电荷由受限空间和溶液环境(如 pH 值、浓度等)的固有电荷(活性基团)决定。适当的 pH 值可以提高官能团的活性，从而提高表面电荷密度。离子传输受不同状态的调节，包括扩散、EDL、极化控制状态，这些状态由表面电荷决定。受限空间的几何形状也对离子行为有很大影响，与表面电荷相配合。具有狭长扩散区、高表面电荷密度和低浓度环境的纳米受限空间可以表现出明显的表面电荷效应，并具有高离子选择性。在不同浓度下，不对称电荷分布和电荷方向通过 EDL 效应进一步有效地影响离子选择性和能量转换。因此，通过匹配这些因素可以改善离子传输和选择性行为。这些结果为理解受限空间中的离子传输行为提供了重要的见解，并为设计高性能能量转换装置和纳米受限空间传感器、水处理器、化学反应器系统提供了参考。

本章参考文献

[1] Zhang Z, Wen LP, Jiang L. Bioinspired smart asymmetric nanochannel membranes[J]. Chem Soc Rev, 2018, 47(2): 322-356.

[2] Xiao K, Jiang L, Antonietti M. Ion Transport in Nanofluidic Devices for Energy Harvesting[J]. Joule, 2019, 3(10): 2364-2380.

[3] Huang XD, Kong XY, Wen LP, Jiang L. Bioinspired Ionic Diodes: From Unipolar to Bipolar [J]. Adv Funct Mater, 2018, 28(49): 1801079.

[4] Xue L, Yamazaki H, Ren R, Wanunu M, Ivanov AP, Edel JB. Solid-state nanopore sensors[J].

Nature Reviews Materials,2020,5(12):931-951.

[5] Lu J,Zhang HC,Hou J,Li XY,Hu XY,Hu YX,Easton CD,Li QY,Sun CH,Thornton AW,Hill MR,Zhang XW,Jiang GP,Liu JZ,Hill AJ,Freeman BD,Jiang L,Wang HT.Efficient metal ion sieving in rectifying subnanochannels enabled by metal-organic frameworks[J].Nat Mater,2020,19(7):767.

[6] Epsztein R,DuChanois RM,Ritt CL,Noy A,Elimelech M.Towards single-species selectivity of membranes with subnanometre pores[J].Nature Nanotechnology,2020,15(6):426-436.

[7] Teng YF,Liu P,Fu L,Kong XY,Jiang L,Wen LP.Bioinspired nervous signal transmission system based on two-dimensional laminar nanofluidics:From electronics to ionics[J].P Natl Acad Sci USA,2020,117(29):16743-16748.

[8] Peng R,Pan YY,Li Z,Zhang SL,Wheeler AR,Tang XW,Liu XY.Ionotronics Based on Horizontally Aligned Carbon Nanotubes[J].Adv Funct Mater,2020,30(38):2003177.

[9] Grommet AB,Feller M,Klajn R.Chemical reactivity under nanoconfinement[J].Nature Nanotechnology,2020,15(4):256-271.

[10] Lin DC,Liu YY,Cui Y.Reviving the lithium metal anode for high-energy batteries[J].Nature Nanotechnology,2017,12(3):194-206.

[11] Zhang XY,Wang AX,Liu XJ,Luo JY.Dendrites in Lithium Metal Anodes:Suppression,Regulation,and Elimination[J].Accounts Chem Res,2019,52(11):3223-3232.

[12] Marbach S,Bocquet L.Osmosis,from molecular insights to large-scale applications[J].Chem Soc Rev,2019,48(11):3102-3144.

[13] Siria A,Bocquet ML,Bocquet L.New avenues for the large-scale harvesting of blue energy[J].Nat Rev Chem,2017,1(11):91.

[14] Schroeder TBH,Guha A,Lamoureux A,VanRenterghem G,Sept D,Shtein M,Yang J,Mayer M.An electric-eel-inspired soft power source from stacked hydrogels[J].Nature,2017,552(7684):214.

[15] Logan BE,Elimelech M.Membrane-based processes for sustainable power generation using water[J].Nature,2012,488(7411):313-319.

[16] Ji JZ,Kang Q,Zhou Y,Feng YP,Chen X,Yuan JY,Guo W,Wei Y,Jiang L.Osmotic Power Generation with Positively and Negatively Charged 2D Nanofluidic Membrane Pairs[J].Adv Funct Mater,2017,27(2):1603623.

[17] Gotter AL,Kaetzel MA,Dedman JR.Electrophorus electricus as a Model System for the Study of Membrane Excitability[J].Comparative Biochemistry and Physiology Part A:Molecular & Integrative Physiology,1998,119(1):225-241.

[18] Bai P,Li J,Brushett FR,Bazant MZ.Transition of lithium growth mechanisms in liquid electrolytes[J].Energ Environ Sci,2016,9(10):3221-3229.

[19] Li GX,Liu Z,Huang QQ,Gao Y,Regula M,Wang DW,Chen LQ,Wang DH.Stable metal battery anodes enabled by polyethylenimine sponge hosts by way of electrokinetic effects[J].Nat Energy,2018,3(12):1076-1083.

[20] Li GX,Liu Z,Wang DW,He X,Liu S,Gao Y,AlZahrani A,Kim SH,Chen LQ,Wang DH.Electrokinetic Phenomena Enhanced Lithium-Ion Transport in Leaky Film for Stable

Lithium Metal Anodes[J].Adv Energy Mater,2019,9(22):1900704.

[21] Siria A,Poncharal P,Biance AL,Fulcrand R,Blase X,Purcell ST,Bocquet L.Giant osmotic energy conversion measured in a single transmembrane boron nitride nanotube[J].Nature,2013,494(7438):455-458.

[22] Gao J, Guo W, Feng D, Wang HT, Zhao DY, Jiang L. High-Performance Ionic Diode Membrane for Salinity Gradient Power Generation[J].J Am Chem Soc, 2014, 136(35): 12265-12272.

[23] Yeh LH,Chen F,Chiou YT,Su YS.Anomalous pH-Dependent Nanofluidic Salinity Gradient Power[J].Small,2017,13(48):1702691.

[24] Wang X, Xue J, Wang L, Guo W, Zhang W, Wang Y, Liu Q, Ji H, Ouyang Q. How the geometric configuration and the surface charge distribution influence the ionic current rectification in nanopores [J]. Journal of Physics D: Applied Physics, 2007, 40 (22): 7077-7084.

[25] Long R,Kuang ZF,Liu ZC,Liu W.Ionic thermal up-diffusion in nanofluidic salinity-gradient energy harvesting[J].Natl Sci Rev,2019,6(6):1266-1273.

[26] Cao LX,Xiao FL,Feng YP,Zhu WW,Geng WX,Yang JL,Zhang XP,Li N,Guo W,Jiang L. Anomalous Channel-Length Dependence in Nanofluidic Osmotic Energy Conversion[J].Adv Funct Mater,2017,27(9):1604302.

[27] Cao LX,Wen Q,Feng YP,Ji DY,Li H,Li N,Jiang L,Guo W.On the Origin of Ion Selectivity in Ultrathin Nanopores: Insights for Membrane-Scale Osmotic Energy Conversion[J].Adv Funct Mater,2018,28(39):1804189.

[28] Wu YD,Qian YC,Niu B,Chen JJ,He XF,Yang LS,Kong XY,Zhao YF,Lin XB,Zhou T, Jiang L, Wen LP. Surface Charge Regulated Asymmetric Ion Transport in Nanoconfined Space[J].Small,2021,17(28).

[29] Xiao K,Xie GH,Zhang Z,Kong XY,Liu Q,Li P,Wen LP,Jiang L.Enhanced Stability and Controllability of an Ionic Diode Based on Funnel-Shaped Nanochannels with an Extended Critical Region[J].Adv Mater,2016,28(17):3345-3350.

[30] Zhang Z,Kong XY,Xiao K,Liu Q,Xie GH,Li P,Ma J,Tian Y,Wen LP,Jiang L.Engineered Asymmetric Heterogeneous Membrane: A Concentration-Gradient-Driven Energy Harvesting Device[J].J Am Chem Soc,2015,137(46):14765-14772.

[31] Li RR,Jiang JQ,Liu QQ,Xie ZQ,Zhai J.Hybrid nanochannel membrane based on polymer/MOF for high-performance salinity gradient power generation[J].Nano Energy,2018,53:643-649.

[32] Zhao YY,Wang J,Kong XY,Xin WW,Zhou T,Qian YC,Yang LS,Pang JH,Jiang L,Wen LP.Robust sulfonated poly (ether ether ketone) nanochannels for high-performance osmotic energy conversion[J].Natl Sci Rev,2020,7(11):1793-1793.